Coordinati Chemistry
配位化学

第二版

刘伟生　主　编
卜显和　副主编

化学工业出版社
·北京·

本书由[illegible]州大学、南开大学、南京大学、中山大学、西北大学、厦门大学等学校联合撰写，系统介绍了配位化学的形成与发展，配合物的基本概念，配位化学中的化学键理论，配合物的合成、结构、表征、反应性能与反应动力学、与生命过程相关的配位化学，以及配位化学在新材料、新领域方面的前沿进展。兼顾基础知识的讲授与学科前沿领域研究成果与热点的介绍。每章后面都列有参考文献和习题，可以帮助读者加深理解与融会贯通。

本书可作为高等学校化学专业高年级本科生、研究生的教材，同时也可供从事配位化学与金属有机化学领域的科研人员参考。

图书在版编目（CIP）数据

配位化学 / 刘伟生主编. —2 版. —北京：化学工业出版社，2018.11（2025.1 重印）

ISBN 978-7-122-32891-5

Ⅰ. ①配… Ⅱ. ①刘… Ⅲ. ①络合物化学 Ⅳ. ①O641.4

中国版本图书馆 CIP 数据核字（2018）第 194181 号

责任编辑：李晓红　　装帧设计：王晓宇

责任校对：王　静

出版发行：化学工业出版社（北京市东城区青年湖南街 13 号　邮政编码 100011）

印　　装：河北延风印务有限公司

710mm×1000mm　1/16　印张 27¾　字数 521 千字　　2025 年 1 月北京第 2 版第 7 次印刷

购书咨询：010-64518888　　售后服务：010-64518899

网　　址：http: // www. cip. com. cn

凡购买本书，如有缺损质量问题，本社销售中心负责调换。

定　　价：**98.00 元**

《配位化学》编写组

本书由兰州大学、南开大学、南京大学、中山大学、西北大学、厦门大学等学校联合编写。

主　编： 刘伟生

副主编： 卜显和

编　者： 刘伟生　卜显和　孙为银　王尧宇　童明良　左景林
李炳瑞　唐　宁　曾正志　杨正银　唐　瑜　覃文武
于澍燕　张　岐　邬金才　卜伟锋　章　慧　王　薇
刘　相　田金磊　周利君　周毓萍　李建荣　吕东煜
倪兆平　姚卡玲　陈凤娟　杨莉梓　唐晓亮

前　言

本教材是在第一版的基础上，经过编者修改后推出的，供本科生高年级及相关专业研究生的配位化学课程教学和学习使用。教材内容增加了一些新的概念、理论和方法及近年来配位化学有关研究的新成果。为了适应不同层次的读者学习需要，第 3 章增加了“晶体场理论概述”一节，第 7 章重写了“圆二色谱”一节，第 10 章增加了“光电转换配合物”一节。为了方便读者查阅相关的资料，在书末的附录中增加了附录Ⅲ和附录Ⅳ。为了使读者能够清晰地识别一些复杂结构图，在相应的章节增加了二维码，扫描二维码就可以识别彩色图片。

本教材共分 10 章，各章节主要参与修订的人员如下：

第 1 章　绪论（王薇、刘伟生、卜显和）；

第 2 章　配合物的基本概念（王薇）；

第 3 章　配合物的化学键理论（李炳瑞）；

第 4 章　配合物的合成化学（田金磊、卜显和）；

第 5 章　配合物的空间结构（周毓萍、唐晓亮）；

第 6 章　配合物的反应性（唐瑜、邬金才、吕东煜、陈凤娟）；

第 7 章　配合物的表征方法：7.1 电子吸收光谱（刘相），7.2 荧光光谱（覃文武、刘伟生），7.3 红外光谱（刘相），7.4 拉曼光谱（刘相），7.5 X 射线光电子能谱（刘相），7.6 核磁共振（杨正银），7.7 顺磁共振（杨正银），7.8 圆二色谱（章慧），7.9 电化学（吕东煜），7.10 X 射线衍射（李建荣、卜显和），7.11 电喷雾质谱（孙为银）；

第 8 章　配合物的反应动力学（周利君、王尧宇）；

第 9 章　生命体系中的配位化学（孙为银）；

第 10 章　功能配合物：10.1 配合物发光材料（唐瑜、卜伟锋），10.2 荧光探针及分子传感器（覃文武、刘伟生），10.3 导电配合物（左景林），10.4 磁性配合物（童明良、倪兆平），10.5 磁共振成像造影剂（张岐），10.6 配合物光电转换材料（左景林），10.7 配合物杂化材料（唐瑜），10.8 配合物分子器件（于澍燕）。

杨莉梓参加了部分章节格式的整理。此外，多位研究生也参加了材料的收集及整理工作，因篇幅所限不能一一列出。在此表示感谢！

因编者水平有限，不妥之处在所难免，望广大读者不吝赐教。

编者感谢化学工业出版社、兰州大学教务处和研究生院的资助和支持。

编　者

2018 年 9 月 7 日

第一版前言

随着现代科学技术的飞速发展，配位化学的重要性日益凸显。配位化学的知识内容和应用领域不断地发展与延伸，出现了一些新的概念、理论、合成方法和表征手段，已有的概念和理论也有了新的内涵与外延；大量新型结构配合物的出现，使得现有的命名规则难以给出准确的命名等。因而亟需一本新的教材来介绍配位化学新的概念、理论、方法与知识，以满足目前高等学校本科生和研究生的教学需求。由兰州大学、南开大学、南京大学、中山大学、西北大学等学校合编的这本配位化学教材，正是在这种背景下策划和编写的。

本教材是在化学工业出版社策划的系列研究生教材基础上，经过编者多次讨论和反复修改后初步推出的，供本科生高年级及相关专业研究生的配位化学课程教学和学习使用。教材内容增加了新的概念、理论、方法及近年来配位化学有关研究的新成果。

本教材共分 10 章，各章节的参编人员如下：

第 1 章　绪论（王薇、姚卡玲、卜显和、刘伟生）；

第 2 章　配合物的基本概念（王薇、姚卡玲）；

第 3 章　配合物的化学键理论（李炳瑞）；

第 4 章　配合物的合成化学（田金磊、卜显和）；

第 5 章　配合物的空间结构（唐宁、周毓萍）；

第 6 章　配合物的反应性（曾正志、唐瑜、郄金才、吕东煜、陈凤娟）；

第 7 章　配合物的表征方法：7.1 电子吸收光谱（刘相），7.2 荧光光谱（覃文武、刘伟生），7.3 红外光谱（刘相），7.4 拉曼光谱（刘相），7.5 X 射线光电子能谱（刘相），7.6 核磁共振（杨正银），7.7 顺磁共振（杨正银），7.8 圆二色谱（曾正志），7.9 电化学（吕东煜），7.10 X 射线衍射（李建荣、卜显和），7.11 电喷雾质谱（孙为银）；

第 8 章　配合物的反应动力学（周利君、王尧宇）；

第 9 章　生命体系中的配位化学（孙为银）；

第 10 章　功能配合物：10.1 配合物发光材料（唐瑜、卜伟锋），10.2 荧光探针及分子传感器（覃文武、刘伟生），10.3 导电配合物（左景林），10.4 磁性配合物（童明良、倪兆平），10.5 磁共振成像造影剂（张岐），10.6 配合物杂化材料（唐瑜），10.7 配合物分子器件（于澍燕）。

此外，不少研究生也参加了材料的收集及整理工作，因篇幅所限不一一列出。

因编者水平有限，不妥之处在所难免，望广大读者不吝赐教。

编者感谢化学工业出版社、兰州大学教务处和研究生院的资助和支持。

编　者

2012 年 12 月 12 日

目 录

第 8 章 配合物的反应动力学

第1章 绪论

配位化学 (coordination chemistry) 旧称络合物化学 (complex chemistry)，其研究的对象是配位化合物 (coordination compound，简称配合物) 的合成、结构、性质和应用。在传统的意义上，它被认为是无机化学的一个重要分支学科。早期的配位化学主要研究经典的“维尔纳” (Werner) 型配合物，这些配合物大多以具有空轨道的金属阳离子作为中心受体，以具有孤对电子的 N、O、S、As、Se 等给体原子的分子或离子作为配体，并具有一定的空间构型。但一系列非经典配合物随后相继被发现，如 1827 年合成出了蔡氏盐 (Zeise 盐) $K[PtCl_3(C_2H_4)]\cdot H_2O$，二茂铁 $[Fe(C_5H_5)_2]$ 和二苯铬 $[Cr(C_6H_6)_2]$ 分别在 1951 年和 1955 年被合成出来。随后齐格勒-纳塔 (Ziegler-Natta) 金属烯烃催化剂、原子簇化合物、大环配合物等一大批新型配合物也陆续被合成出来。这些配合物的发现打破了传统配合物的概念，使传统无机化合物和有机化合物的界限变得模糊；同时，这些具有多样的价键形式和空间构型的新型配合物的出现，拓展了传统配合物的新领域，促进了配合物化学键理论的发展，使配合物的研究向纵深拓展。目前，配位化学不但是无机化学的主流学科，而且与分析化学、有机化学、物理化学、高分子化学、生物化学、材料化学等其它学科间的联系也越来越紧密，它已在学科间的相互融合与渗透中成为众多学科的交叉点，并凸显出自身的独特性与新颖性。因此，现在有越来越多的科学家认为，配位化学正在跨越无机化学与其它化学二级学科的界限，处于现代化学的中心地位。

1.1 配位化学发展简史

18 世纪初，德国柏林的染料工人迪斯巴特 (Diesbach) 制得了普鲁士蓝 (Prussian blue) $KFe[Fe(CN)_6]\cdot nH_2O$，这种蓝色染料是最早见于记录的配合物。但人们通常提起的第一个配合物是 1798 年法国化学家塔索尔特 (Tassaert) 在氯化铵和氨水介质中加入亚钴盐得到的橙黄色的六氨合钴(Ⅲ)氯化物 $CoCl_3\cdot 6NH_3$，这个看似简单的化合物的发现标志着配位化学的真正开始。六氨合钴(Ⅲ)氯化物有很多当时的化学理论无法解决的问题，最初，塔索尔特认为这种化合物是三氯化钴和氨形成的加合物，但在此加合物中氨却很稳定，加热到 150 °C 也未见有氨释放出来，若用稀硫酸将这种橙黄色的晶体溶解，也未发现有硫酸铵生成，说明氨分子并非仅仅通过分子间作用力与 $CoCl_3$ 结合；另外，向新制备的 $CoCl_3\cdot 6NH_3$ 溶液中加入 $AgNO_3$ 溶液可使 3 个 Cl^- 立即沉淀，说明 $CoCl_3\cdot 6NH_3$ 中 3 个 Cl^- 以游离的形式存在；同时，摩尔电导测定结果表明 $CoCl_3\cdot 6NH_3$ 是 1:3 型电解质。

这一性质独特的化学物质一经发现，就引起了化学家的广泛关注。在此后的一百多年间，无机化学家还发现，氨与铬、镍、铜、铂和钯等金属盐也可形成类似的物质。像氨一样，其它小分子或离子，如 H_2O、Cl^-、CN^-、NO_2^-、SCN^- 等也可以与金属离子或原子形成类似的物质。

那么，这些化合物内部的作用力究竟属于哪一种类型？如何解释这些化合物所具有的独特的化学稳定性和相应的电学性质？德国化学家霍夫曼 (R. Hoffmann) 首先提出了“铵盐理论”，1869 年，瑞典化学家布洛姆斯特兰德 (Blomstrand) 采用了有机化合物结构理论提出了“链式理论”，但这些理论均不能对配合物的性质给予很好的解释。1893 年，年仅 26 岁的瑞士化学家阿尔弗雷德·维尔纳 (A. Werner) (图 1-1) 发表了论文《无机化合物的组成》，在论文中，他突破了传统的化学价键概念，天才性地提出了配位数、配合物内外界等概念，创建了近代的配位理论，奠定了配位化学的基础。

图 1-1　阿尔弗雷德·维尔纳 (A. Werner，1866—1919)

维尔纳配位理论的主要假说如下：

(1) 大多数元素表现出两种价态，主价和副价。主价相应于元素的氧化数，每一个处于特定氧化数的金属都可以用副价与阴离子或中性分子 (如水分子) 结合，因此副价相当于现在的配位数。例如，在 $CoCl_3·6NH_3$ 中，Co 的主价是 +3，3 个 Cl^- 满足了 Co 的主价，副价 (配位数) 是 6。

(2) 配合物结构分为“内界”和“外界”，内界是由结合较紧密的中心原子和配体组成，在化学式中以 [ ] 括起；外界离子与中心原子的结合较弱。在 $CoCl_3·6NH_3$ 中，6 个 NH_3 在内界，直接与金属原子相连，加热也不容易释放出来；3 个 Cl^- 在外界，在水溶液中可以游离出来，并与 $AgNO_3$ 溶液反应形成 AgCl 沉淀；因为 3 个 Cl^- 均游离，故 $CoCl_3·6NH_3$ 是 1:3 型电解质。根据以上性质可以得出上述钴氨配合物的化学式是 $[Co(NH_3)_6]Cl_3$。相似的配合物 $CoCl_3·5NH_3$ 中，有 5 个 NH_3 和 1 个 Cl^- 在内界，2 个 Cl^- 处于游离的外界，$CoCl_3·5NH_3$ 是 1:2 型电解质，因此化学式是 $[Co(NH_3)_5Cl]Cl_2$。但是内界中的物质在空间是如何排列的呢？

1904 年，维尔纳出版了著作《立体化学教程》。1905 年，他出版了《无机化学领域的新观念》，这是他一生中最重要的著作，书中针对配合物的同分异构现象，提出了配合物的空间几何构型。维尔纳指出，在配合物的内界，配体的空间指向是固定的，这就使配合物具有一定的几何构型。如在 $[Co(NH_3)_6]Cl_3$ 中，6 个 NH_3 以八面体构型排在 Co 的周围 (图 1-2)，而在 $[Co(NH_3)_4Cl_2]Cl$ 中，根据配体排列方式的不同，可以有两种几何异构体 (图 1-3)，这就解释了 $[Co(NH_3)_4Cl_2]Cl$ 的两种几何异构体颜色不同 (顺式是紫色，反式是绿色) 的原因。对于含有螯合剂的配合物 $[Co(en)_2Cl_2]Cl$，同样也存在几何异构现象，同时还存在光学异构现象 (图 1-4)。维尔纳认为，异构现象是化学领域的一种普遍现象，据此，他提出并命名了各种类型的无机异构现象，如几何异构、电离异构、光学异构等，并于 1914 年制备了纯无机的多核配合物 $\left[Co\left((OH)_2Co(NH_3)_4\right)_3\right]Cl_6$，成功拆分了两种旋光异构体，证明了无机化合物也具有旋光性。他的这一系列工作为无机化学开辟了崭新的研究领域。由于维尔纳在配位化学理论上的杰出贡献，他于 1913 年获得了诺贝尔化学奖。

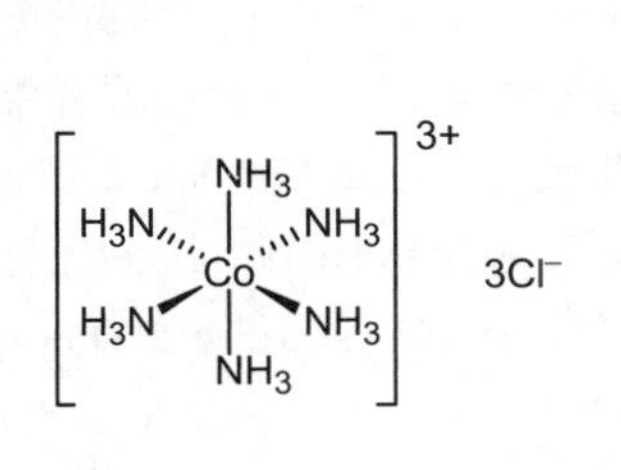

图 1-2 $[Co(NH_3)_6]Cl_3$ 的结构

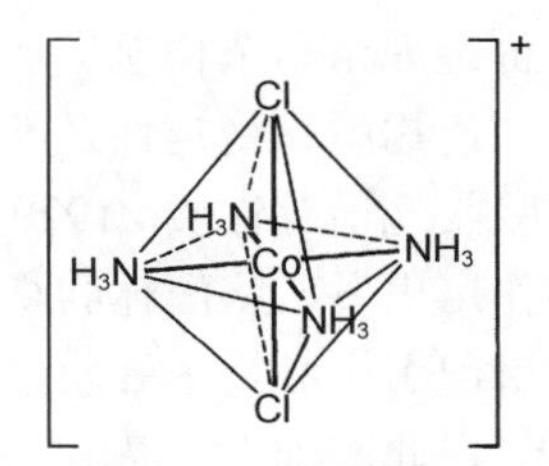

cis-$[Co(NH_3)_4Cl_2]^+$，紫色　trans-$[Co(NH_3)_4Cl_2]^+$，绿色

图 1-3 $[Co(NH_3)_4Cl_2]Cl$ 的两种几何异构体

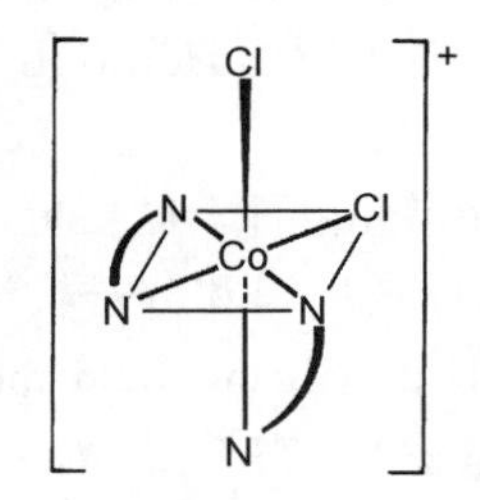

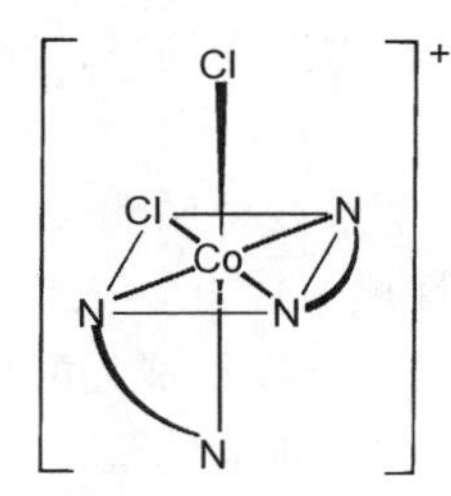

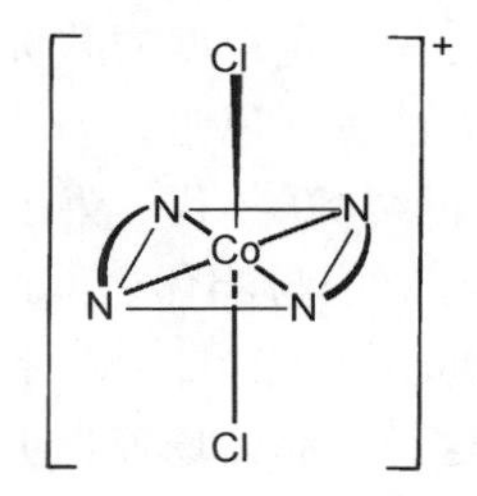

顺式异构体（光学对映体）　反式异构体

图 1-4 $[Co(en)_2Cl_2]Cl$ 的立体异构体

维尔纳在他的配位理论中用副价的概念解释了 $[Co(NH_3)_6]Cl_3$ 的稳定存在，创造性地将有机化学中的结构理论应用于配合物的领域，预见了配合物的立体性质。但当时的化学研究还没有深入到原子-分子这一微观层次，化学键理论尚未提出。因此，这一理论无法说明内界中心离子与配体的作用方式，也无法从本质上解释究竟什么是“副价”。

图 1-5 吉尔伯特·牛顿·路易斯 (G. N. Lewis，1875—1946)

1916 年，美国化学家路易斯 (Lewis) (图 1-5) 提出了经典共价键理论：两个原子可以采用共享电子对的方式形成外层电子的稳定构型；1923 年，他又提出了酸碱电子理论：“酸是电子对的接受体；碱是电子对的给予体，酸碱反应是电子对给予体和电子对接受体之间形成配位共价键 (coordination covalent bond) 的过程”，该理论从微观的成键角度对经典配合物的本质进行了更为深刻的解释，即配位键在本质上是由具有空轨道的中心原子与具有孤对电子的配体之间通过共享电子对而产生的作用力。

进入 20 世纪后，随着电子和放射性的发现，玻尔 (N. H. D. Bohr) 在普朗克 (M. K. E. L. Plank) 的量子论和卢瑟福 (E. Rutherford) 的原子模型基础上提出了原子结构理论，这些都为创立化学键的电子理论打下了基础。1930 年，鲍林 (L. Pauling) 提出了价键理论和杂化轨道理论，并将其应用于配合物中，从而解释了配合物的配位数、几何构型、稳定性及某些配合物的磁性。该理论虽然经典，但它无法解释配合物的吸收光谱等性质。1929 年，贝蒂 (H. Bethe) 和范弗莱克 (J. H. Van Vleck) 从静电场作用出发，将配体和金属间的作用看作是点电荷之间的静电作用，认为配体的存在引起了中心离子 d 轨道的分裂，从而提出了晶体场理论 (Crystal Field Theory，CFT)，在此基础上，提出了晶体场稳定化能等概念，并对配合物的立体结构、磁性、吸收光谱以及配合物在溶液中的稳定性进行了很好的解释。该理论在 20 世纪 50 年代取得了长足的发展。但该理论只考虑了中心离子和配体之间的静电作用，没有考虑两者之间一定程度的共价作用，模型过于简单，因此，对于配体的光谱化学序列等现象无法进行说明。

20 世纪 50 年代，为了深入理解过渡金属配合物的光谱和磁性，就要更进一步考虑中心原子与配体之间的共价性质，因此，人们将晶体场理论和分子轨道理论 (molecular orbital theory，MOT) 结合，发展成为配体场理论 (ligand field theory，LFT)，这是比晶体场理论更接近配位键本质的理论。但是在配位场理论中，虽然考虑了配位键的共价作用，但在本质上仍将中心原子与配体之间的作用作为离子键考虑，只是默认了轨道一定程度的重叠而已，因此，对于 π 酸配体配合物如羰基配合物等的形成仍然无法解释。而配合物的分子轨道理论则考虑了配位键的共价性，将中心原子的原子轨道与配体的轨道重叠线性组合形成分子轨道，计算出各分子轨道能量的高低，从而定量地解释配合物尤其是π酸配体配合物的物理及化学性质，如配合物的吸收光谱、核磁共振谱等，但由于相应的计算过程复杂，从而限制了该理论的进一步应用。

在配位化学的发展中，不仅配合物的成键理论在不断发展更新，新型配合物也不断地被发现或合成出来。19 世纪，配合物中的配体主要是无机和饱和的有机分子或离子。到了 20 世纪，人们发现，具有不定域共轭电子的不饱和烯烃作为配体不仅能提供电子，还能进一步接受中心原子的电子形成反馈π键，从而形成稳定的配合物，使配合物的研究对象和研究方向向纵深发展；20 世纪 50 年代初，二茂铁 (图 1-6) 等一大批夹心状和链状不饱和配体配合物的合成进一步突破了传统配合物的范围。近 50 年来，新型配合物如螯合物、金属有机化合物、大环配合物、原子簇合物以及具有特殊光、电、热、磁

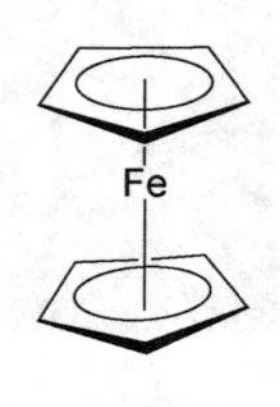

图 1-6 二茂铁的结构

等性质的功能配合物的合成和结构研究取得了丰硕的成果，如1965年分子氮配合物$[Ru(N_2)(NH_3)_5]Cl_2$的合成对研究温和条件下化学方法模拟生物固氮起着非常重要的作用。与此同时，配位反应的热力学和动力学机理方面的研究也十分活跃，如利用近代物理实验技术测定了大量配合物的稳定常数，总结出一些稳定性规律；针对溶液中的配位取代反应，提出了缔合机理、解离机理、反位影响和反位效应等多种概念；针对电子转移反应，诺贝尔化学奖得主陶布（H. Taube）于1983年提出了内界机理和外界机理，马库斯（R. A. Marcus）提出了Marcus理论模型，这些反应机理与模型的提出为配合物在催化剂和生物探针方面的应用奠定了坚实的理论基础。

配位化学在广度、深度和应用方面不断迈上新的台阶。在深度上表现在有众多与配位化学研究有关的学者获得了诺贝尔奖，如维尔纳创建了配位化学，齐格勒（K. Ziegler）和纳塔（G. Natta）发明了金属烯烃催化剂，艾根（M. Eigen）提出了快速反应，利普斯科姆（W. N. Lipscomb）创建了硼烷理论，威尔金森（G. Wilkinson）和费歇尔（E. O. Fischer）发展了有机金属化学，霍夫曼提出了等瓣相似原理（isolobal analogy principle），陶布研究了配合物和固氮反应机理，克拉姆（D. J. Cram）、莱恩（J.-M. Lehn）和佩德森（C. J. Pedersen）在超分子化学方面做出了重要贡献，Marcus模拟了电子传递过程。在以他们为代表的开创性成就的基础上，配位化学在其合成、结构、性质和理论研究方面取得了一系列进展。在广度上表现在自维尔纳创立配位化学以来，配位化学一直是无机化学研究的主流，配位化合物还以其花样繁多的价键形式和空间结构在化学键理论的发展中、在其与其它学科的相互渗透中成为众多学科的交叉点。在应用方面，配合物的研究与生产实践结合紧密。例如金属簇合物作为均相催化剂，在C_1化学、能源开发中有重要应用，它可以使烯烃等小分子活化，合成出人类所需要的下游产品；利用螯合物稳定性的差异，在湿法冶金和元素分析、分离中找到了重要应用。

自从维尔纳创建配位化学理论以来，以莱恩为代表的学者所创建的超分子化学成为配位化学发展的另一个主要领域。超分子是指配位饱和的物种通过非共价键作用形成的具有高度组织的实体。超分子化学可以看作是广义的配位化学，配位化学又包含在超分子化学概念之中。配位化学的原理和规律，无疑将在分子水平上对未来复杂的分子层次、聚集态体系的研究起重要作用，其概念和方法也将超越传统学科的界限。相信随着科学研究和高新技术的日益发展，具有特殊物理、化学和生物化学功能的功能配合物必将迎来更加广泛的研究和应用空间。

在中华人民共和国成立之前，我国配位化学的研究几乎属于空白。1949年之后，随着国家经济建设的发展，仅在个别重点高等院校及科研单位开展了这方面的教学和科研工作。20世纪60年代中期以前，研究工作主要集中在简单配合物的合成、性质、结构及其应用方面，特别是在溶液配合物的平衡理论、混核和多核配合物的稳定性、取代动力学、过渡金属配位催化、稀土和W、Mo等我国丰产元素的分离提纯以及配位场理论的研究。除了个别方面的研究外，总体来说与国际水平差距还较大。

20世纪80年代后，在改革开放、尊重科学和发展经济的大背景下，我国在化学领域取得了更快的发展，配位化学研究逐步步入国际先进行列，研究水平大为提高。特别在下列几个方面取得了重要进展：① 在新型配合物、簇合物、有机金属化合物和生物无机配合物，特别是在配位超分子化合物的合成及其结构研究方面取得丰硕成果，丰富了配合物的内涵；② 开展了配位反应热力学、动力学和反应机理方面的研究，特别在溶液中离子萃取分离和均向催化等应用方面取得了成果；③ 现代溶液结构的谱学研究、分析方法以及配合物的结构和性质的基础研究水平大为提高；④ 随着高新技术的发展，具有光、电、热、磁特性和生物功能的配合物的研究正在取得进展。很多成果也逐步渗透在其它不同学科的研究中和化学教学中。

作为化学学科重要领域的配位化学，在学科本身发展的同时创造出更为奇妙的新材料，揭示出更多生命科学的奥妙。在研究对象方面，日益重视与材料科学和生命科学的结合；在从分子设计到材料合成的研究中，更加重视功能体系的分子设计；在生物体系中，金属离子几乎都是以配位键形式结合，这是金属离子重要的成键特征。其功能体系组装是一个更为复杂的问题。这就要求将正确的物种放在正确的位置 (在与动力学有关的问题中，还要按着正确的时间) 才能发挥应有的功能。高效、经济和微量的组合化学的应用，将有助于分子设计和合成的实现。

在配位化学的新理论、新思想和新方法指导下研究功能分子的合成和组装，在我国日益受到重视。化学模板有助于提供组装的物种和创造有序的组装过程，但是其最大的困难在于克服时空无序，这是热力学所面临的最大难题。配位化学家的任务之一就是和热力学进行妥协。尽管目前我们了解一些局部的组装规律和方法，但与自然界长期进化而得到的完满相比，还有很大差距。这就像我们已经拥有了一群能分别演奏各种乐器的音乐家，但若没有很好的指挥，还不能演奏出一场满意的交响乐。其原因就在于缺乏有效和有意识的组装，对于组装的本质和规律，还有很多基础性研究有待深入进行。我国配位化学家在进一步促进超分子自组装和有机化学、物理化学、分析化学、高分子化学、环境化学、材料化学、生物化学以及凝聚态物理、分子电子学等学科的结合方面有了很好的开端，这方面的研究和渗透必将给配位化学带来新的发展前景。

1.2　配位化学的重要性

配位化学是无机化学中一门充满活力、极其重要的基础性学科，在化学基础理论和实际应用方面都有非常重要的意义和作用。我们在对历史的回顾中不难体会这一点。1963 年诺贝尔化学奖联合授给德国普朗克学院的齐格勒博士和意大利米兰大学的纳塔教授。他们的研究工作是发展了乙烯的低压聚合，这项研究成果使数千种聚乙烯物品成为日常用品。齐格勒-纳塔聚合催化剂是金属铝和钛的配合物。当人们想到植物光合作用所必需的叶绿素是一种镁的配合物，以及在动物细胞中载输氧的血红素是一种铁的配合物时，金属配合物的重要性就很清楚了。

我国著名化学家徐光宪院士认为，21 世纪的配位化学处于现代化学的中心地位。自从维尔纳在 1893 年提出配位理论以来，配位化学的发展已有一百多年的历史。到了 21 世纪，配位化学已远远超出无机化学的范围，正在形成一个新的二级化学学科，并且处于现代化学的中心地位。

配位化学与所有二级化学学科以及生命科学、材料科学、环境科学等一级学科都有紧密的联系和交叉渗透，这些交叉和渗透表现如下：

① 与理论化学的交叉产生“理论配位化学”——配位场理论，配合物的分子轨道理论，配合物的分子力学、从头计算等。

② 与物理化学的交叉产生“物理配位化学”，包括“结构配位化学”和“配合物的热力学和动力学”。

③ 在均相和固体表面的配位作用是催化科学的基础。

④ 配合物在分析化学、分离化学和环境科学中有广泛的应用。

⑤ 配位化学是无机化学和有机化学的桥梁。它们间的交叉产生“金属有机化学”“簇合物化学”和“超分子化学”等。

⑥ 配位化学与高分子化学交叉产生“配位高分子化学”。配合物是无机-有机杂化和复合材料的黏结剂。

⑦ 配位化学与生物化学交叉产生“生物无机化学”，其必将进一步发展成“生命配位化学 (life coordination chemistry)”，包括“给体-受体化学”“配位药物化学”，再与理论化学及计算化学交叉产生“药物设计学”等。

⑧ 配位化学与材料化学交叉产生“功能配位化学”。

⑨ 配位化学与纳米科学技术交叉产生“纳米配位化学”。

⑩ 配位化学在工业化学中有广泛应用，如鞣革、石油化工和精细化工中用的催化剂等。

徐光宪指出：“如果把 21 世纪的化学比作一个人，那么物理化学、理论化学和计算化学是脑袋，分析化学是耳目，配位化学是心腹，无机化学是左手，有机化学和高分子化学是右手，材料科学 (包括光、电、磁功能材料，结构材料，催化剂及能量转换材料等等) 是左腿，生命科学是右腿。通过这两条腿使化学学科坚实地站在国家目标的地坪上。”配位化学之所以充满活力，不仅仅因为它涉及的面广、与其它学科交叉多，还因为它本身的发展也十分迅速。在已经过去的一个世纪，“配体”和“中心原子”的概念大大扩充了，配位化学的内涵也有很大的发展。这主要表现在以下几个方面：

① 新的配体逐渐引起人们的关注。分子配体如分子氢 (H_2) 配体、分子氮 (N_2) 配体、分子氧 (O_2) 配体、一氧化碳 (CO) 分子配体，可能还有二氧化碳 (CO_2) 分子配体等，这些配体与中心原子的成键方式是引起人们极大兴趣的研究课题。

② 用非共价键结合的超分子配体，如冠醚等。

③ 配合物配体 (complex ligand)，即配合物作为配体，分子中还有孤对电子可

与另一金属原子结合，形成异核配合物。

④ 多点配位配体 (multisite ligand)，即含有多个配位点能与多个金属离子结合的配体。在生命科学中，配体的涵义更为广泛。总之，在配体领域还有很大的开拓空间。

配位化学的飞速发展不仅仅是配体的发展与更新，自从 1981 年霍夫曼在他的诺贝尔奖的演讲中首次提出了等瓣相似原理后，中心原子已由金属原子扩充到非金属原子。

在新的世纪中，配位化学的定义也随着配位化学的发展而充实了起来。配位化学是研究广义配体与广义中心原子结合的“配位分子片”，及由分子片组成的单核或多核配合物、簇合物、功能复合配合物及其组装器件、超分子、锁钥复合物、一维/二维/三维配位空腔及其组装器件等的合成和反应、剪裁和组装、分离和分析、结构和构象、粒度和形貌、物理和化学性能、各种功能性质、生理和生物活性、输运和调控的作用机制，以及上述各方面的规律、相互关系和应用的学科。简而言之，配位化学是研究具有广义配位作用的泛分子的化学。配位化学不再是纯粹的实验科学，它还要求广泛使用理论方法和计算方法。在人体中有几十种无机元素，它们和小分子以及生物大分子几乎都是以配位作用相结合的。血红素、骨头、牙、胆结石等含有复杂的配合物。所以，对配位化学的深入研究，必将极大地促进生命科学的研究向纵深方向发展。

21 世纪的配位化学处于化学的中心地位，与许多学科都有交叉和渗透，是化学学科前沿最活跃的研究领域之一，对配位化学工作者来说，这既是机遇，也是挑战。这就要求我们必须具备宽广的化学基础，特别是物理化学、理论化学和计算化学的基础，熟练掌握现代合成方法和各种谱学技术，对生命科学和材料科学有充分的了解。在我们的研究工作中，既要考虑学科的发展，又要适应国家的战略需求。这就是面向前沿领域的转向问题。对于配位化学工作者来说，这种转向比较容易。

目前，在建设创新型国家的背景下，社会经济发展对基础研究和应用研究提出了更高的要求。在配位化学的研究领域，还存在一些薄弱环节，如配位光化学、界面配位化学、纳米配位化学、新型和功能配合物以及配位超分子化合物的研究等。配合物的研究具有明显的应用背景，具有开发的广阔前景，也必将会产生重大的经济效益。它的基础和理论性研究也处在现代化学发展的前沿领域，对我国未来化学学科的发展将会产生深远的影响。

参 考 文 献

[1] 戴安邦. 配位化学 // 无机化学丛书，第 12 卷. 北京：科学出版社, **1987**.
[2] 徐志固. 现代配位化学. 北京：化学工业出版社, **1987**.
[3] 游效曾，孟庆金，韩万书. 配位化学进展. 北京：高等教育出版社, **2000**.
[4] 徐光宪. 21 世纪的配位化学是处于现代化学中心地位的二级学科. 北京大学学报, **2002**, *38*, 149.
[5] Seyferth D. $[(C_2H_4)PtCl_3]^-$, The Anion of Zeise's Salt, $K[(C_2H_4)PtCl_3]\cdot H_2O$. *Organometallics*, **2001**, *20*, 2.
[6] Werner A. Z. *Anorg. Chem.*, **1893**, *3*, 267.

[7] 孙为银. 配位化学. 第 2 版. 北京: 化学工业出版社, **2010**.
[8] 孟庆金, 戴安邦. 配位化学的创始与现代化. 北京: 高等教育出版社, **1998**.
[9] 杨素苓, 吴谊群. 新编配位化学. 哈尔滨: 黑龙江教育出版社, **1993**.
[10] 罗勤慧等. 配位化学. 北京: 科学出版社, **2012**.
[11] 陈慧兰. 高等无机化学. 北京: 高等教育出版社, **2005**.
[12] Lehn J. M., Supramolecular chemistry: concepts and perpectives. New York: VCH, **1995**.
[13] 徐光宪, 王祥云. 物质结构. 第 2 版. 北京: 高等教育出版社, **1987**.
[14] 徐光宪. 北京大学学报. 自然科学版, **2002**, *2*, 149.
[15] 洪茂椿, 陈荣, 梁文平. 21 世纪的无机化学. 北京: 科学出版社, **2005**.

第 2 章　配合物的基本概念

2.1 配合物的定义

配位化合物 (coordination compound 或者 complex)，简称配合物，其传统定义是“由可以给出孤对电子或多个不定域电子的离子或分子，与具有空轨道的原子或离子，以一定的组成和空间构型形成的化合物”。

配合物中接受孤对电子或不定域电子的原子或离子称为中心原子 (central atom) 或中心离子 (central ion)，统称为中心原子 (常用 M 表示)。能够给出孤对电子或不定域电子的分子或离子称为配位体 (ligand，常用 L 表示)，简称配体。配体中直接与中心原子结合的原子称为配位原子 (coordination atom)。配位原子的总数是中心原子的配位数 (coordination number，简写为 C. N.)。中心原子与配位原子之间形成的化学键为配位键 (coordination bond)，一般用“→”表示，以示与共价键“—”区别。中心原子与配体组成的内配位层称为内界 (inner sphere)，用方括号标示，内界以外的部分称为外界 (outer sphere)[1]。

配合物既包括配位中性分子，又包括含有配离子的化合物。前者如 $Ni(CO)_4$ 或 $[Pt(NH_3)_2Cl_2]$，后者如 $K_4[Fe(CN)_6]$ 或 $[Cu(NH_3)_4]SO_4$。配位阳离子和配位阴离子统称为配离子 (coordination ion)，配离子外还有与之平衡电荷的抗衡阳离子 (counter cation) 或抗衡阴离子 (counter anion)。

如 $[CrCl_2(H_2O)_4]Cl$ 中，中心原子是 Cr(Ⅲ)，配体有两种，分别是 H_2O 和 Cl^-，其中的配位原子分别是 O 和 Cl，Cr(Ⅲ) 的配位数是 6。在该配合物中存在两种键合形式的 Cl^-，在内界中的 2 个 Cl^- 以配位键与 Cr(Ⅲ) 相连，而外界 Cl^- 则以离子键与配阳离子相连 (图 2-1)。

内界　外界

$[CrCl_2(H_2O)_4]Cl$

中心原子　配位原子　配位原子

图 2-1　配合物 $[CrCl_2(H_2O)_4]Cl$ 的有关概念

但随着新型配合物不断出现，现代配合物的概念已得到极大的扩展，南京大学戴安邦院士将现代配合物定义为两个或者多个可以独立存在的简单物种通过各种结合作用形成的组成、结构一定的化合物；北京大学徐光宪院士则将现代配合物定义为由广义配体与广义中心原子结合形成的“配位分子片”，如单核配合物、多核配合物、簇合物、功能复合型配合物及其组装器件、超分子化合物、锁与钥匙 (lock and key) 复合物，以及具有不同维数配位空腔的化合物及其组装器件等[2]。

由于配合物概念的扩展，2005 年，国际纯粹与应用化学协会 (IUPAC) 对配合物做了新的定义：“任何包含有配位实体的化合物都是配合物。配位实体可以是离子或者中性分子，配位实体中有中心原子，通常为金属，中心原子周围有序排列的原子或基团称为配体。”该定义强调了配合物组成的两个要素：中心原子和配体，但未对中心原子和配体之间的结合作用做出要求。

罗勤慧[3]补充了中心原子和配体之间的多种相互作用，包括配位作用、氢键、离子-偶极、偶极-偶极、疏水作用、π-π 相互作用等。因此现代配位化学研究的对象拓展至配位实体，配位实体是由中心原子和配体通过配位键或弱相互作用（氢键、静电引力、疏水作用、π-π 堆积等）组成的具有明确结构的物质。

2.2 配体的类型

配体可以是简单的阴离子如 Cl^-，也可以是多原子的阴离子或电中性的分子，如 CN^-、OH^-、NO_2^-、RCO_2^-、NH_3、H_2O、$NH_2(CH_2)_2NH_2$、CO、C_2H_4 等。经典配合物的配体必须有能给出孤对电子的配位原子，元素周期表中有多个元素可作为配位原子，除 C 和 H 外，剩下的多集中在ⅤA、ⅥA、ⅦA 族 (表 2-1)。

配体数目繁多，种类丰富，分类方法也多种多样，表 2-2 中列出了一些常见的简单配体。下面介绍两种比较常见的配体分类方法。

表 2-1　常见配体的配位原子与配位基团

配位原子	配位基团
O	H_2O，NO，O_2，OH^-，ONO^-，NO_3^-，SO_4^{2-}，PO_4^{3-}，CO_3^{2-}，O_2^{2-}，—OH (醇、酚)，—O— (醚)，$-\overset{O}{\overset{\Vert}{C}}-R$ (醛、酮、醌)，—COOH，—COOR，$-\overset{O}{\overset{\Vert}{S}}-R$ (亚砜)、$-\overset{O}{\overset{\Vert}{\underset{\underset{O}{\Vert}}{S}}}-R$ (砜)
N	NH_3，NO，N_2，N_3^-，NO_2^-，NC^-，NCS^-，$-NH_2$，—NHR，$-NR_2$，—C=N— (席夫碱)，—C=N—OH (肟)，—CO—NH—OH (异羟肟酸)，$-CONH_2$ (酰胺)，$-CONHNH_2$ (酰肼)，—N=N— (偶氮)，—C≡N，含氮杂环
C	CO，CN^-，$C_5H_5^-$，$C_8H_8^{2-}$，∶CR_2 (亚烷基)，⋮CR (次烷基)，C_2H_2，C_2H_4，C_4H_6，C_6H_6
S	SCN^-，—SH (硫醇、硫酚)，—S— (硫醚)，$-\overset{S}{\overset{\Vert}{C}}-R$ (硫醛、硫酮)，—COSH (硫代羧酸)，—CSSH (二硫代羧酸)，$-CSNH_2$ (硫代酰胺)
P	PH_3，PF_3，PCl_3，PBr_3，PR_3 (膦类)
As	AsH_3，$AsCl_3$，AsR_3 (胂类)
Se	—SeH (硒醇、硒酚)，$-\overset{Se}{\overset{\Vert}{C}}-R$ (硒醛、硒酮)，—CSeSeH (二硒代羧酸)
X	F^-，Cl^-，Br^-，I^-

表 2-2　常见配体的名称、化学式与缩写符号

名　称		结构式(或化学式)	缩　写
小分子配体			
卤素		F^-、Cl^-、Br^-、I^-	
氢氧根		OH^-	
氰根和异氰根		CN^- , NC^-	
双氧		O_2	
硫氰酸根和异硫氰酸根		SCN^-, NCS^-	
硝基和亚硝酸根		NO_2^-, O=N—O^-	
叠氮酸根		N_3^-	
碳酸根		CO_3^{2-}	
硫代硫酸根		$S_2O_3^{2-}$	
氨		NH_3	
水		H_2O	
一氧化碳		CO	
一氧化氮		NO	
有机配体			
酚类：	对苯二酚	 HO—(苯环)—OH	
	1,1'-联二萘酚	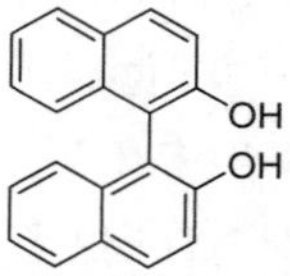 OH OH	binol
羧酸类：	草酸根	$C_2O_4^{2-}$	ox^{2-}
	乙酸根	CH_3COO^-	OAc^-
	苯甲酸根	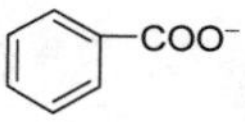 (苯环)—COO^-	
	对苯二甲酸根	 ^-OOC—(苯环)—COO^-	
***β*-二酮类：**	乙酰丙酮	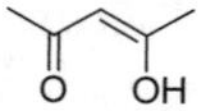 O OH	acac
	1-苯基-3-甲基-4-苯甲酰基-5-吡唑啉酮	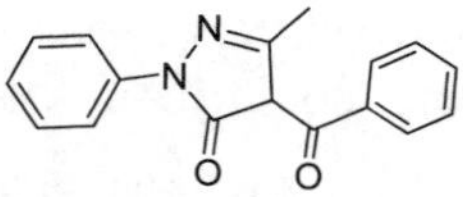 N N O O	bmbp
	噻吩甲酰三氟丙酮	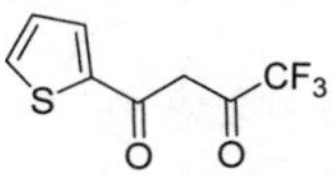 S CF_3 O O	tta
氨基羧酸类：	甘氨酸	NH_2CH_2COOH	gly
	谷氨酸	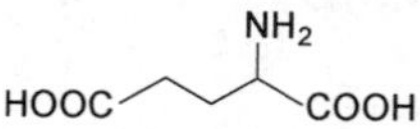 NH_2 HOOC COOH	glu
	氨三乙酸根	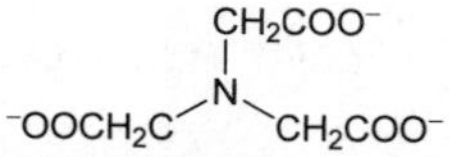 CH_2COO^- N $^-OOCH_2C$ CH_2COO^-	nta^{3-}

续表

名　称		结构式（或化学式）	缩　写
	乙二胺四乙酸根	$(^{-}OOC—H_2C)(^{-}OOC—H_2C)N—CH_2—CH_2—N(CH_2—COO^{-})(CH_2—COO)$	$edta^{2-}$
	二乙三胺五乙酸根	$(^{-}OOCH_2C)_2N—H_2C—H_2C—N(CH_2COO^{-})—CH_2—CH_2—N(CH_2COO^{-})_2$	$dtpa^{5-}$
大环配体：			
	15-冠-5		15C5
	苯并 12-冠-4		B12C4
	18-冠-6		18C6
	二苯并 18-冠-6		DB18C6
	二苯并 18-六硫杂冠-6		
	四氮杂 12-冠-4		
	穴醚[2.2.2]		C[2.2.2]
脂肪胺类：	乙二胺	$H_2N—CH_2CH_2—NH_2$	en
	丙二胺	$H_2N—CH_2CH_2CH_2—NH_2$	pn
	二乙三胺	$HN(CH_2CH_2NH_2)_2$	dien
	四乙五胺	$HN(CH_2CH_2NHCH_2CH_2NH_2)_2$	tetren

续表

名　称	结构式(或化学式)	缩　写
2,2′,2″-三氨基三乙基胺	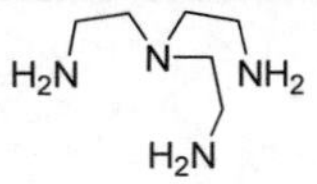	tren
氮杂芳香环类:		
吡啶	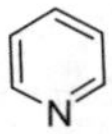	py
2,2′-联吡啶	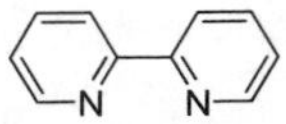	2,2′-bipy
4,4′-联吡啶	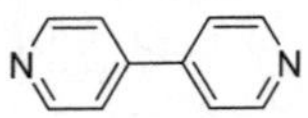	4,4′-bipy
2,2′,2″-三联吡啶	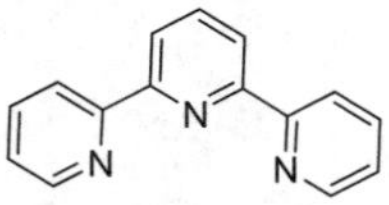	2,2′,2″-terpy
1,10-邻二氮杂菲	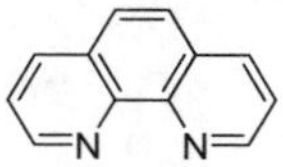	1,10-phen
咪唑	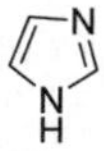	imid
1,2,4-三氮唑	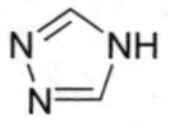	
四氮唑	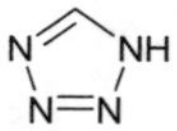	
噁唑	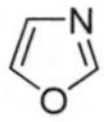	
异噁唑	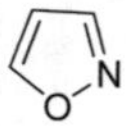	
噁二唑	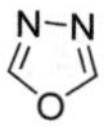	
喹啉	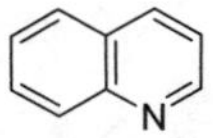	
卟吩	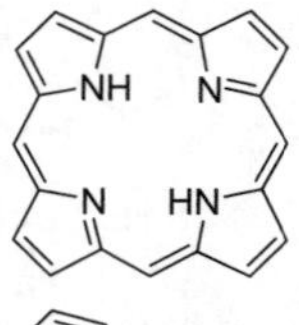	
酞菁	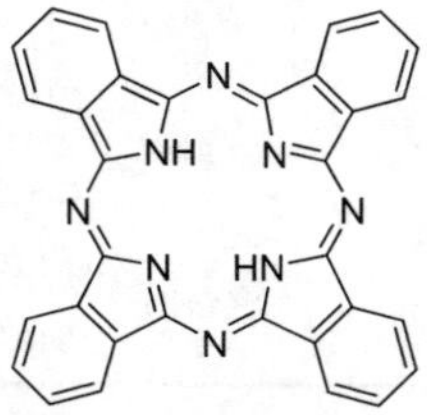	H_2pc

续表

名 称		结构式(或化学式)	缩 写
不饱和烃类:	乙烯	$CH_2=CH_2$	
	乙炔	$CH\equiv CH$	
	环戊二烯基	$C_5H_5^-$	cp^-
	苯	C_6H_6	ph
	环辛四烯基	$C_8H_8^{2-}$	cot^{2-}
其它杂原子配体:	三乙基膦	$(C_2H_5)_3P$	Et_3P
	三苯基膦	$(C_6H_5)_3P$	Ph_3P
	三苯基氧膦	$(C_6H_5)_3P=O$	$OP(Ph)_3$
	三氟化磷	PF_3	
	1,2-亚乙基双(二苯基膦)	$Ph_2PCH_2CH_2PPh_2$	diphos
	三乙基胂	$(C_2H_5)_3As$	Et_3As
	邻亚苯基双(二甲胂)	$(CH_3)_2AsC_6H_4As(CH_3)_2$	diars
	三乙基锑	$(C_2H_5)_3Sb$	Et_3Sb
	二乙基硫醚	$(C_2H_5)_2S$	Et_2S

2.2.1 经典配体和非经典配体

按照配体与中心原子键合方式的不同，可将配体分为经典配体和非经典配体。

经典配体是指“维尔纳”型配合物中的配体。这类配体的配位原子仅提供孤对电子与中心原子形成 σ 配键，如卤族离子 F^-、Cl^-、Br^-、I^-，含氧酸根离子 SO_4^{2-}、OH^-、RCO_2^-，以及 NH_3、H_2O 等。在这类配合物中，中心原子往往有明确的氧化数。

与经典配体不同，非经典配体可以用 π 电子或者 σ 成键与 π 成键的协同作用与中心原子成键[4]。

提供 π 电子的是 π 配体，π 配体往往以不饱和有机分子上的 π 电子与中心原子键合，如直链型的不饱和烃 (烯烃、炔烃、丁二烯等) 和具有离域 π 键的环状体系 (如环戊二烯基、苯、环辛四烯基等)。

而 π 酸配体不仅能给中心原子提供孤对电子形成 σ 配键，同时还用自身空的 π 轨道接受中心原子的反馈电子，形成反馈 π 键，如 CO、N_2、NO、CN^-、R_3P (膦)、R_3As (胂) 等。按照 Lewis 酸碱理论，这类配体既是 σ 碱，又是 π 酸，故称为 π 酸配体。

非经典配体中还有含碳的有机基团如亚烷基 ($:CR_2$) 和次烷基 ($:CR$)，它们与金属形成多重键的卡宾 (carbene) 配合物和卡拜 (carbyne) 配合物[5](图 2-2)。

在配合物中，可以同时存在不同类型的配体，如在蔡氏盐 $K[PtCl_3(C_2H_4)]\cdot H_2O$ (图 2-3) 中就既有经典配体 Cl^-，又有 π 配体 C_2H_4。

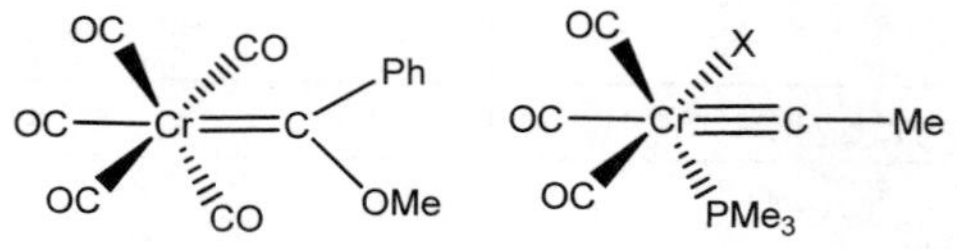

图 2-2 卡宾与卡拜配合物

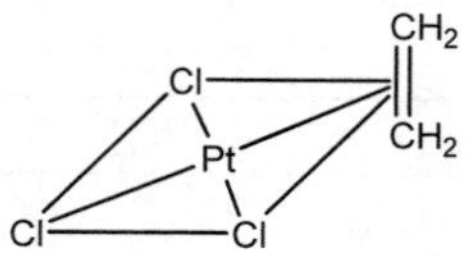

图 2-3 $[PtCl_3(C_2H_4)]^-$ 的结构

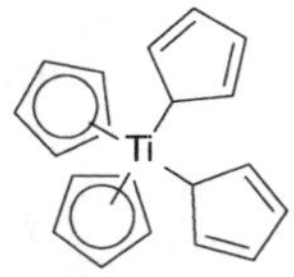

图 2-4 $(\sigma\text{-}C_5H_5)_2(\eta\text{-}C_5H_5)_2Ti$ 的结构

值得注意的是，同一种配体在不同的配位环境中既可作为经典配体，也可作为非经典配体，甚至在一个配合物中同时可存在多种配体形式[6]。如 $Ti(C_5H_5)_4$ 中的 4 个环戊二烯基配体就有两种共存的配体形式，2 个是经典配体，另外 2 个是 π 配体 (图 2-4)。

2.2.2 单齿配体与多齿配体

配体的分类方式还可以根据配体中配位原子的数目将其分为单齿配体和多齿配体[7]。

单齿配体 (monodentate ligand) 是指一个配体中只含有一个配位原子的配体，如 F^-、Cl^-、Br^-、I^-、NH_3、OH^-、H_2O、$P(CH_3)_3$ 等。

多齿配体 (multidentate ligand) 是指含有两个或两个以上配位原子的配体。根据配体中的配位原子数可将配体分为双齿配体 (bidentate ligand) (如乙二胺、丙二胺、2,2′-联吡啶、4,4′-联吡啶、1,10-邻二氮杂菲、草酸根等)、三齿配体 (tridentate ligand) (如二乙三胺、2,2′,2″-三联吡啶等)、四齿配体 (tetradentate ligand) (如氨三乙酸根、酞菁、12-冠-4 等)、五齿配体 (quinquidentate ligand) (如四乙五胺、15-冠-5 等)、六齿配体 (hexadentate ligand) (如乙二胺四乙酸根、18-冠-6 等)，还有齿数更高的配体，如八齿配体二乙三胺五乙酸根等。

值得注意的是，同一配体在不同配合物中的配位方式可能不止一种，如羧酸根可以用如图 2-5 所示的多种方式进行配位，因此配体的“有效”齿数并不是固定不变的。

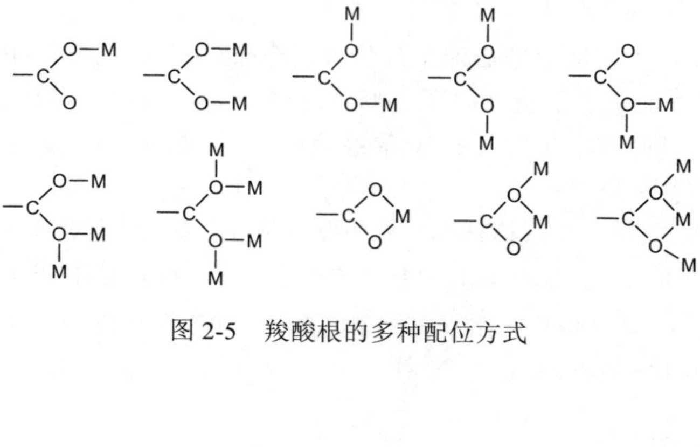

图 2-5 羧酸根的多种配位方式

另外某些配体可以同时与两个或者两个以上中心原子形成配合物，这类配体被称为桥联配体，如 OH^-、Cl^-、O^{2-}、N_3^-、CO、S^{2-}、H_2O 等单齿桥联配体，4,4′-联吡啶、咪唑、吡嗪、CN 等双齿桥联配体。桥联配体往往连接多个中心原子形成多核配合物或配位聚合物。如 $[Nb_6Cl_{12}]^{2+}$ 中 8 个 Cl 原子起桥联作用，连接在八面体的各条边上（图 2-6）；4,4′-联吡啶作为双齿桥联配体，连接 $[Cu_3(\mu_3\text{-OH})(\mu\text{-pz})_3(Me(CH_2)_4COO)_2(EtOH)]$ 结构单元形成配位聚合物，结构见图 2-7[8]。

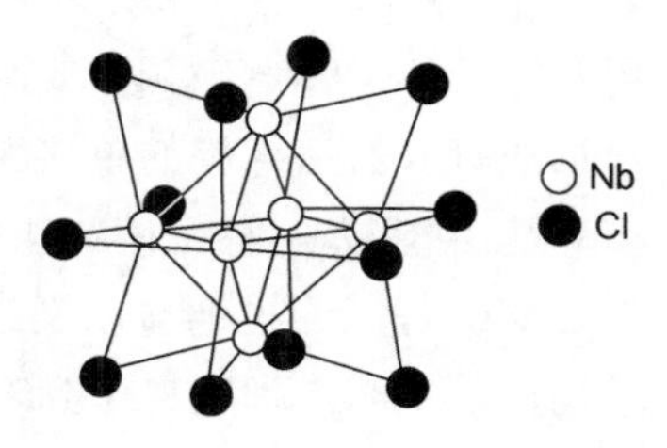

图 2-6　$[Nb_6Cl_{12}]^{2+}$ 的结构

某些配体虽然有两个配位原子，但两个配位原子靠得太近，形成配合物时仅有一个配位原子与中心原子键合，这类配体被称为两可配体或异性双齿配体 (ambidentate)。如硫氰根 (SCN^-，以 S 配位) 与异硫氰根 (NCS^-，以 N 配位)，硝基 (NO_2^-，以 N 配位) 与亚硝酸根 ($O{=}N{-}O^-$，以 O 配位)，氰根 (CN^-，以 C 配位) 与异氰根 (NC^-，以 N 配位) 等。

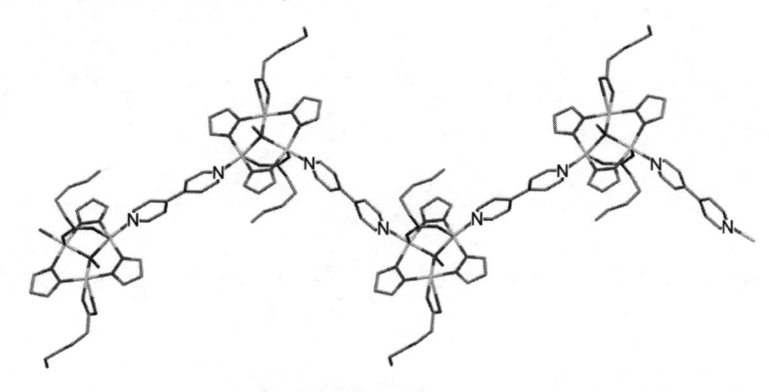

图 2-7　$[Cu_3(\mu_3\text{-OMe})(\mu\text{-pz})_3(Me(CH_2)_4COO)_2(\mu\text{-}C_{10}H_8N_2)]$ 的结构

上面描述的多齿配体中有一种特殊而重要的配体——大环配体 (macrocyclic ligand)。大环配体是指在环的骨架上含有 O、N、S、P、Se、As 等多个配位原子的多齿配体，如冠醚 (crown ether)、穴醚 (cryptand)、索醚 (catenand)、氮杂冠醚 (aza-crown ether)、全氮冠醚（又称为大环多胺，macrocyclic polyamine）、硫杂冠醚 (thiacrown ether) 以及卟啉 (porphyrin)、酞菁 (phthalocyanine) 等，还有用金属原子取代冠醚环上的烷碳得到的金属冠醚 (metallacrown) 以及金属氮杂冠醚 (azametallacrown) 等（图 2-8）。这些大环配体独特的环状结构及性质已经应用在分子识别、生物无机化学和超分子领域中[9]。

在多齿配体中，很多配体虽然在配位前不是环状的，但是在形成配合物的过程中其行为很像大环配体，这类配体被称为开链配体或多足配体 (podand)。开链配体和多足配体具有良好的构象柔性，配位时能将中心原子环绕起来形成类球状配位空穴，并可通过对骨架和末端基的调控得到各种有序的超分子结构。刘伟生小组[10]利用开链配体 *N,N,N′,N′*-四苯基-3,6,9-三氧杂十一烷二酰胺 (TTD) 与碱土金属苦味酸盐形成具有右手螺旋的单核配合物 (图 2-9)；利用三足配体 [1,3,5-三(2′-苄胺甲酰基苯氧基)甲基]苯与稀土硝酸盐形成非贯穿手性 (10,3)-a 型网状配位聚合物 (图 2-10)。C. Orvig 等[11]通过调节以氮原子为桥头原子的三足配体，实现了从单帽结构到双帽结构，从单帽包埋阳离子到双帽包埋阳离子类穴状，再到三明治夹心型配合物的设计与组装 (图 2-11)。

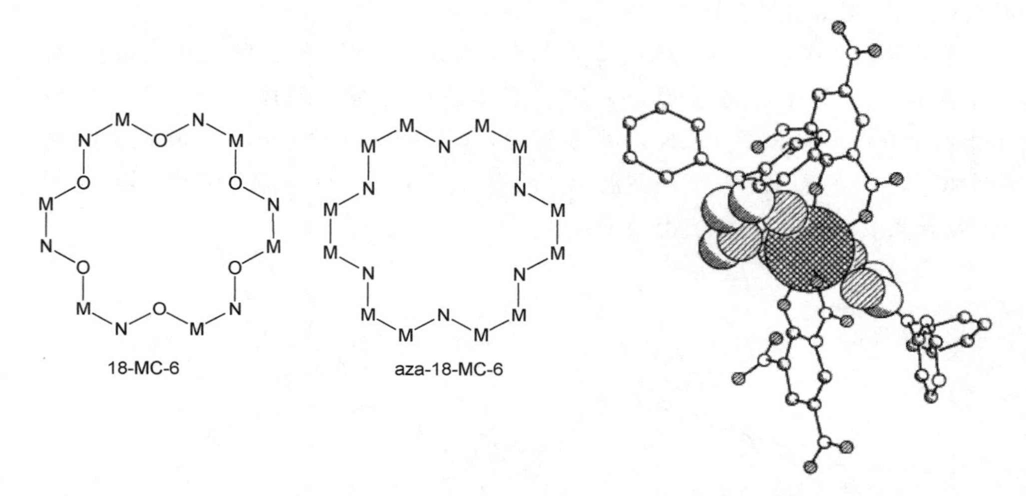

图 2-8　金属冠醚与金属氮杂冠醚　　　　图 2-9　右手螺旋单核配合物 $Sr(Pic)_2TTD$

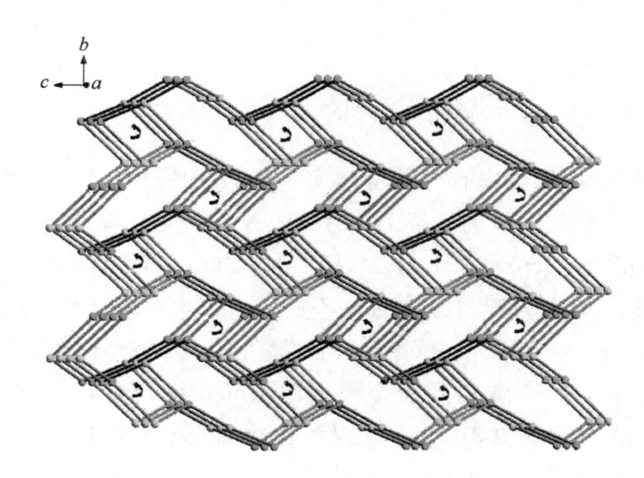

图 2-10　配合物 $[TbL(NO_3)_3]_n$ 的 (10,3)-a 型网状结构拓扑图

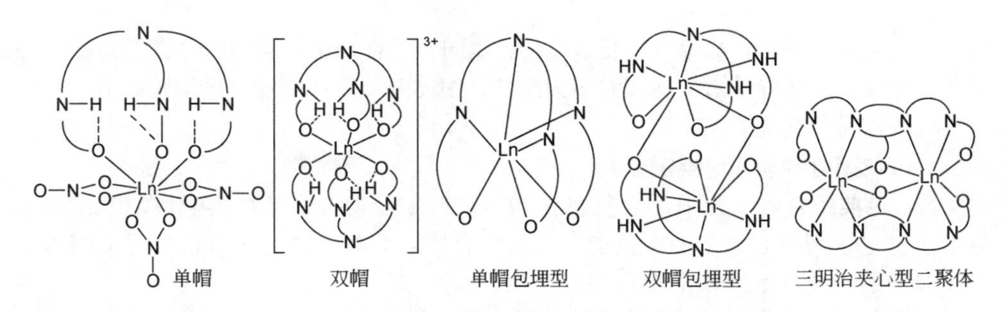

图 2-11　C. Orvig 等人对三足配体配合物结构的设计思路

现代配位化学的飞速发展已经使配合物范围变得更加广泛，配体的概念也随之不断扩大，如分子配体、配合物配体等。因此克拉姆将现代配合物定义为主客体化学，将与中心原子相应的部分称为“客体 (guest)”，将与配体相应的部分称为“主体 (host)”，如二茂铁作为客体分子组装到环糊精中形成主客体体系。莱恩提出将与中心原子相应的部分称为“底物 (substrate)”，将与配体相应的部分称为“受体 (receptor)”，“底物”与“受体”之间通过弱相互作用连接，同时“受体”的活性结合位点使这种弱相互作用具有分子识别能力。在此概念基础上，可以将超分子化学看作是广义的配位化学，也可以将配位化学包括在超分子化学内容中，因此超分子化学扩大了配位化学中的成键含义，加强了不同学科的联系，开拓了配位化学研究领域[12]。

2.3　中心原子的特征

几乎所有元素的原子均可作为中心原子。但经典“维尔纳”型配合物中的中心原子一般是能提供空轨道的阳离子，最常见的是金属离子，特别是过渡元素金属离子，也有很多电中性的原子，甚至极少数氧化数为负值的离子。如 $Fe(CO)_5$ 中氧化数为 0 的 Fe，$Na[Co(CO)_4]$ 中氧化数为 -1 的 Co；非金属也可作为中心原子，如 $[SiF_6]^{2-}$ 中的 Si(Ⅳ) 和 $[BF_4]^-$ 中的 B(Ⅲ)。随着配合物范围的拓展，配位化学与主客体化学和超分子化学之间的界限越来越模糊，中心原子的定义也越来越深化。广泛意义上的中心原子还包括卤素离子、羧酸根离子、磷酸根离子、铵根离子等无机离子和有机离子以及中性分子 (如苯、吡咯) 等。

2.4　配合物的类型

配合物种类繁多、结构复杂，分类方法也多种多样。例如，可根据配体与中心原子的成键方式将配合物分为经典配合物与非经典配合物，根据中心原子的个数分为单核配合物、多核配合物与配位聚合物，根据配体中配位原子的个数分为简单配合物与螯合物，还可以根据配体的种类分为单一配体配合物与混合配体配合物等。但由于配合物种类多种多样，配位方式复杂多变，在同一配合物中可能同时存在经典配体与非经典配体，或既有单齿配体又有多齿配体，因此分类方法不能一概而论。下面介绍两种比较常见的分类方法。

2.4.1 经典配合物与非经典配合物

(1) 经典配合物 经典配合物也称维尔纳型配合物，它是经典配体中配位原子给出孤对电子到中心原子的空轨道形成的化合物。此类配合物又可根据每个配体上配位原子的个数分为简单配合物和螯合物。

经典的单齿配体形成的配合物称为简单配合物，如 $[Ag(NH_3)_2]Cl$、$Na[BF_4]$ 等。在简单配合物中，中心原子的配位数等于配体的个数，如在 $[Cu(NH_3)_4]SO_4$ 中，Cu^{2+} 的配位数为 4。

多齿配体与中心原子形成的具有环状结构的配合物称为螯合物 (chelate complex)，如双齿配体草酸根和 Mn^{3+} 键合形成配阴离子 $[Mn(C_2O_4)_3]^{3-}$ (图 2-12)。螯合物中心原子的配位数等于所有参与配位的原子总数，因此在上述配合物中 Mn^{3+} 的配位数为 6。乙二胺四乙酸根中 2 个 N 原子和 4 个 O 原子往往同时参与配位 (图 2-13)，因此乙二胺四乙酸根是六齿配体。

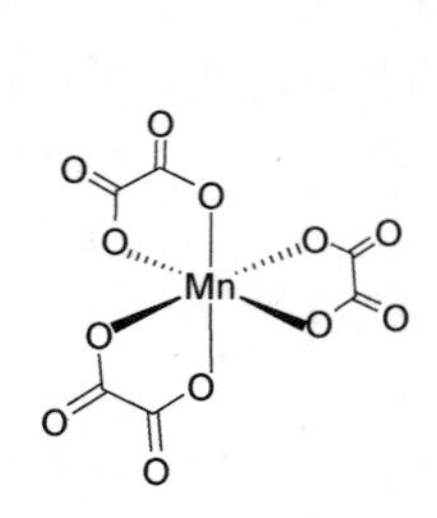

图 2-12 $[Mn(C_2O_4)_3]^{3-}$ 的结构

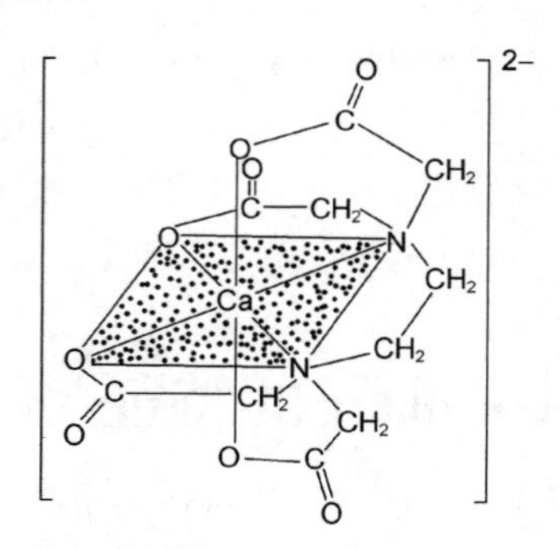

图 2-13 $[Ca(edta)]^{2-}$ 的结构

大环也是一种多齿配体，大环配合物的研究是对配位化学发展的重要贡献。1967 年 Pedersen 和 Lehn 相继报道了冠醚和穴醚两大类大环配体对碱金属及碱土金属的特殊配位能力，如发现二苯并 18-冠-6 对 K^+ 的选择性配位能力强于 Cs^+ 和 Na^+ (图 2-14)，通过改变大环配体中杂原子的种类、数目以及大环的空腔大小，会显著改变配体对不同金属离子的选择性。根据软硬酸碱理论，将冠醚上的配位原子 O 替换为 N、S、Se、Te 等可以改善大环配体对过渡金属离子的配位能力，如用 N 原子取代 18-冠-6 和二苯并 18-冠-6 中的 O 原子，通过对稳定常数的测定发现全氮冠醚对 K^+ 的配位作用减弱。

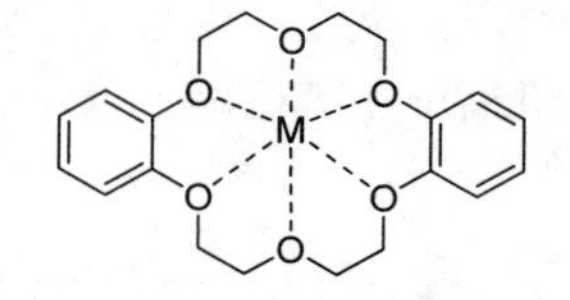

图 2-14 二苯并 18-冠-6 金属配合物

穴醚同样表现出特殊的配位性质和配合物结构，与其配位能力最强的是较硬的阳离子，如铵离子和镧系元素、碱金属、碱土金属的阳离子。由于不同尺寸的离子与不同空腔的穴醚匹配能力不同，通过选取适当的穴醚，可以将离子区分或分离出来。但这类大环配合物的配体与中心原子间不是经典的配位键。如金属阳离子与冠醚或者穴醚是通过离子-偶极作用、NH_4^+与大环配体是通过氢键作用形成的几何构型互补。

采用具有杂原子的大环配体，如对过渡金属离子和重金属离子有着特殊配位能力的氮原子，可合成某些具有特定结构的金属配合物，这些配合物可作为研究生命活动过程的模型分子。如大环配合物镁卟啉（图2-15）、铁卟啉（图2-16）等对生物体的光合作用、氧的运输以及酶催化作用有着重要意义。

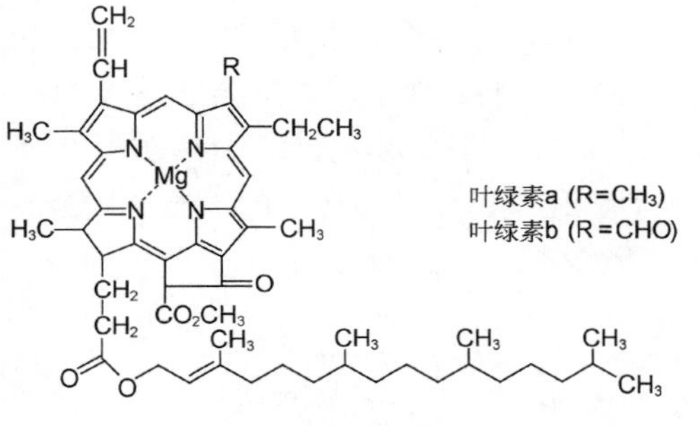

图2-15 叶绿素的结构

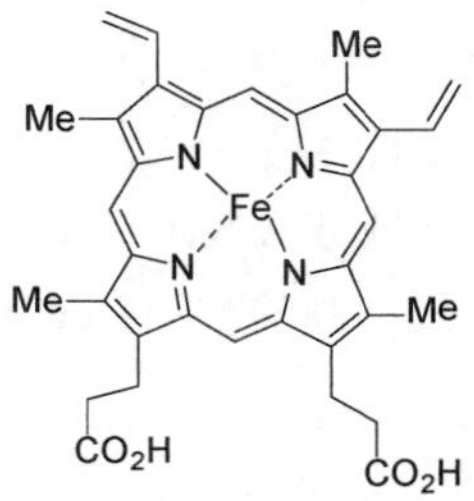

图2-16 原卟啉铁(Ⅱ)的结构

(2) 非经典配合物 非经典配合物也被称为非维尔纳型配合物。以蔡氏盐 $K[PtCl_3(C_2H_4)]\cdot H_2O$ 为例，乙烯利用 π 电子进入 Pt(Ⅱ) 的 dsp^2 杂化轨道，同时 Pt(Ⅱ) 又将 d_{xz} 轨道上的电子反馈到乙烯空的 π^* 反键轨道上，这类利用 π 配体形成的非经典配合物被称为 π 配合物（π-complex）。π 配合物的配体含有能给出 π 电子的多重键（C=C、C≡C、C=O、C=N、S=O、N=O 等），主要有直链不饱和烃和环状多烯烃。这类配合物的中心原子主要是有一定数量 d 电子的过渡元素，以第Ⅷ族元素最为典型，如 Pt^{2+}、Pd^{2+} 等。

如利用富勒烯球面上的双键可以通过配位 π 键与 Pt 形成 π 配合物（图2-17）。

环戊二烯基和苯环是 π 配合物中最典型的离域碳环配体。这些配体可以以离域的 π 电子作为给体与金属的空轨道形成金属-环多烯化合物，著名的二茂铁就是这类化合物的代表。金属茂及其类似配合物主要有以下三种结构（图2-18）：

① 夹心型结构 夹心型结构中金属原子夹在两个平行的环烯烃之间，形成三明治式结构。理想状态下，这两个茂基处于覆盖式（eclipsed）或者交错式（staggerred）结构。

② 弯曲型结构 该结构中两个碳环之间有一定的夹角。

③ 单环型结构 单环型结构是指配合物中仅有一个碳环和中心原子配位，剩下的位置被其它配体占据。

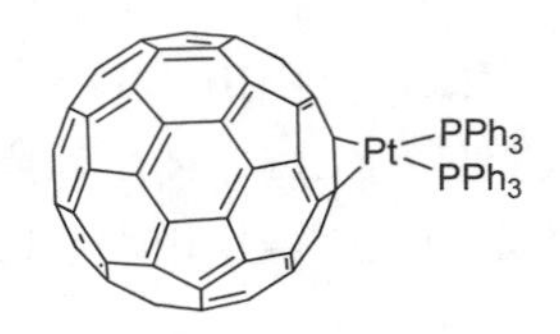

图 2-17 [$Pt(PPh_3)_2C_{60}$]的结构

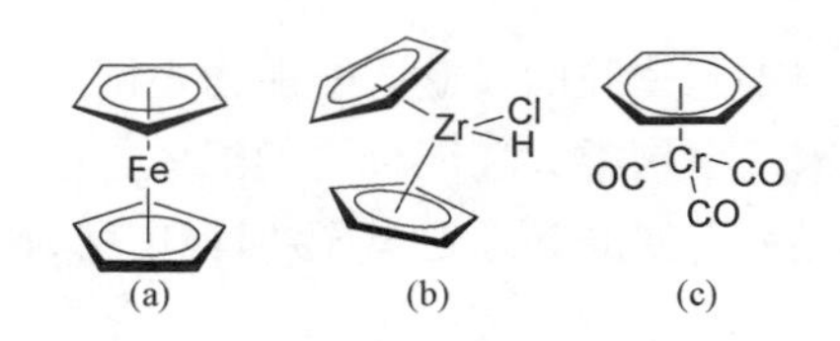

图 2-18 金属茂及其类似配合物的结构类型

苯也能与过渡金属形成对称夹心式配合物，如二苯铬、二苯钒、二苯钼、二苯钨等。C_6H_6 与 $C_5H_5^-$ 都是 6 电子 π 配体，因此二苯铬的键合方式及结构与二茂铁类似。

如果苯环上部分碳原子被金属取代，形成的一系列金属杂环己三烯化合物被称为金属苯化合物[13]。G. P. Elliott 等[14]在 1982 年合成了首个具有芳香性的稳定金属苯化合物 [$Os(CSCHCHCHCH)(CO)(PPh_3)_3$]，随后人们合成了一大批其它金属 (Ir、Ru、Fe、Ni、Mo、W、Ta、Nb、Pt 等) 取代的金属苯化合物、苯上含有杂原子的多杂苯化合物或双金属取代的双金属苯化合物 (图 2-19)，以及萘环上的碳原子被金属取代的金属萘化合物 (metallanaphthalene)[15] (图 2-20)。

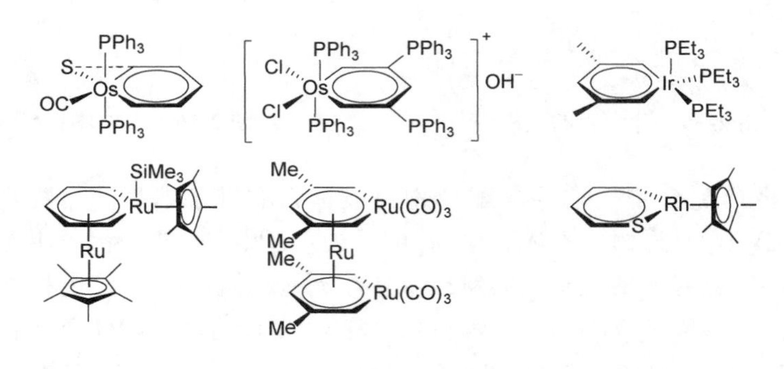

图 2-19 金属苯的结构

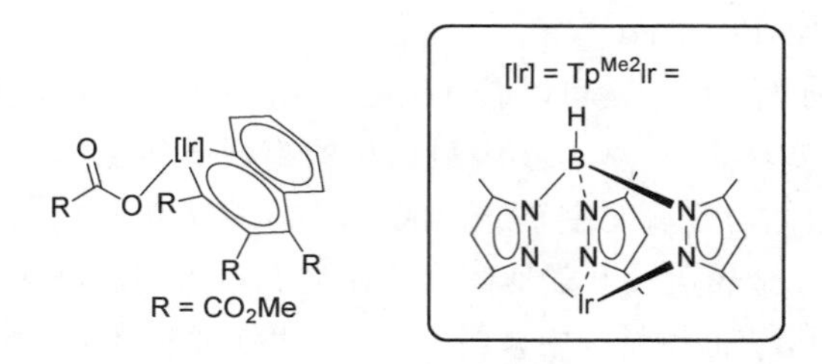

图 2-20 铱萘化合物的结构

非经典配合物中还有一类利用 π 酸配体与中心原子形成的 π 酸配体配合物，这类配体不仅可与中心原子以 σ 键键合，还可以通过反馈 π 键或不定域 π 键接受中心原子上的电子。在 π 酸配合物中比较常见的有羰基化合物和类羰基化合物。

中性分子 CO 是最重要的 σ 电子给予体和 π 电子接受体，它与过渡元素形成的配合物及其衍生物被称为羰基化合物 (carbonyl compounds)，简称羰合物。首次发现的羰合物是 $Ni(CO)_4$ (1890 年) 和 $Fe(CO)_5$ (1891 年)，随后人们发现几乎所有的过渡金属都能形成羰基化合物。羰合物中心原子的常见氧化数为零，但随着新型配合物的不断合成，现在还出现了众多中心原子为氧化数为负值的配合物，如羰合物阴离子 $[Mo(CO)_4]^{4-}$、$[Mn(CO)_3]^{3-}$。根据羰合物中心原子的个数可将其分为单核 [如 $Cr(CO)_6$、$Mo(CO)_6$、$W(CO)_6$ 等]、双核 [如 $Mn_2(CO)_{10}$、$Tc_2(CO)_{10}$、$Re_2(CO)_{10}$ 等]、多核 [如 $Fe_3(CO)_{12}$、$Ir_4(CO)_{12}$、$Rh_6(CO)_{16}$ 等] 以及异核羰合物 [如 $MnRe(CO)_{10}$] 等。在羰合物中，CO 可以和 1 个、或多个金属键合，CO 与金属的配位方式常见的有端基配位、边桥基配位、面桥基配位以及侧基配位等方式 (图 2-21)，如 $Co_2(CO)_8$ 中就有端基和边桥基两种配位方式 (图 2-22)。在双核及多核配合物的结构中均包含由金属-金属原子直接键合组成的多面体骨架，如三核原子簇可形成三角形骨架，四核原子簇大多具有四面体骨架。

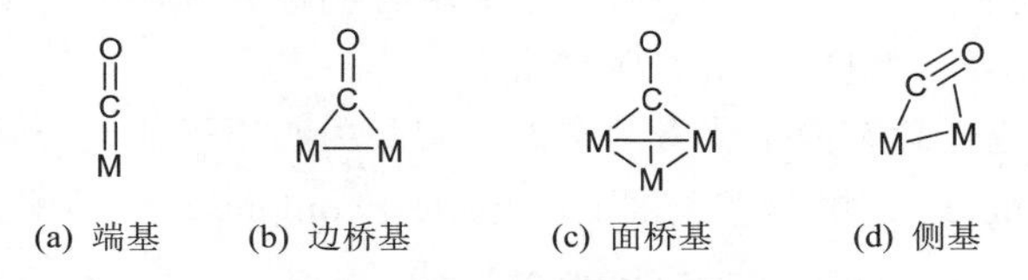

图 2-21 CO 与金属的配位方式

图 2-22 $Co_2(CO)_8$ 的两种结构

除 CO 外，常见的 π 酸配体还有 N_2、O_2、CN^-、NO、PF_3、PCl_3、$P(C_6H_5)_3$、$P(OCH_3)_3$ 等，这些配体形成的配合物统称为类羰基化合物。

1965 年发现了第一个 N_2 配合物 $[Ru(NH_3)_5(N_2)]Cl_2$ 之后，在化学模拟生物固氮的推动下，近几十年分子氮配合物的研究取得了巨大的进展。目前元素周期表中自第 ⅣB 族起的过渡元素绝大多数已制得了各种不同的分子氮配合物，其中第 Ⅷ 族过渡金属具有与 N_2 形成配合物的突出能力。通过结构研究发现，配合物中 N_2 与金属主要有端基和侧基两种配位方式。

以上介绍的 π 酸配合物和 π 配合物中很多都是中心金属与有机基团之间通过金属-碳键形成的配合物，这类配合物被统称为金属有机化合物 (metallorganic compound) 或有机金属化合物 (organometallic compound)，周期表中几乎所有的金属元素都能和碳结合形成形式不同的金属有机化合物。现在类金属如硼、硅、砷等与碳成键的化合物习惯上也被称为金属有机化合物，如二乙氧基二甲基硅烷 $(CH_3)_2Si(OC_2H_5)_2$。

人类历史上第一个制备的金属有机化合物是 1827 年问世的蔡氏盐 $K[PtCl_3(C_2H_4)]\cdot H_2O$。此后有机硅、有机钠、有机锌等相继问世并得到应用，其中著名的格氏试剂、齐格勒-纳塔催化剂极大地推动了金属有机化合物的发展，也带来了巨大的工业经济效益。1951 年二茂铁的制备以及 1952 年该化合物特殊的三明治结构的确证，开辟了一大类新型金属有机化合物的新领域。

但要注意的是，金属有机化合物中金属与碳原子成键方式不仅仅是上面介绍的 π 配体与 π 酸配体的成键过程，也有可能形成 M−C σ 键。如烷基、芳基等在形成 M−C 键时，只有碳原子作为 σ 电子给予体直接和金属进行键合，这类配合物的种类很多，如工业上和实验室常用的烷基金属 [C_4H_9Li、$(CH_3)_3SnCl$、格氏试剂 RMgBr 等]。

以上是根据成键方式对配合物进行的分类，还可以根据配合物中心原子的数目将其分为单核配合物、多核配合物与配位聚合物。

2.4.2 单核、多核配合物与配位聚合物

(1) 单核配合物 只含有一个中心原子的配合物称为单核配合物 (mononuclear complex)，如 $[Cu(NH_3)_4]SO_4$、$Ni(CO)_4$ 等。

(2) 多核配合物 含有两个或者两个以上有限中心原子的配合物称为多核配合物(multinuclear complex)，如双核配合物 (binuclear complex)、三核配合物 (trinuclear complex)、四核配合物 (tetranuclear complex)、甚至数百个核的配合物等。多核配合物中心原子之间可以直接键合，也可以通过单齿桥联、双齿桥联或无桥联 (图 2-23) 等方式连接。

图 2-23 无桥联的双核 Fe 配合物

在多核配合物中，如果中心原子相同，称为同核配合物 (homonuclear complex)，否则称为异核配合物 (heteronuclear complex)，又称为杂核配合物。如包含 108 个金属的 3d-4f 异核配合物 $[Gd_{54}Ni_{54}(ida)_{48}(OH)_{144}(CO_3)_6(H_2O)_{25}](NO_3)_{18}\cdot 140H_2O$ (ida = iminodiacetate，亚氨基二乙酸根)[16] (图 2-24)。

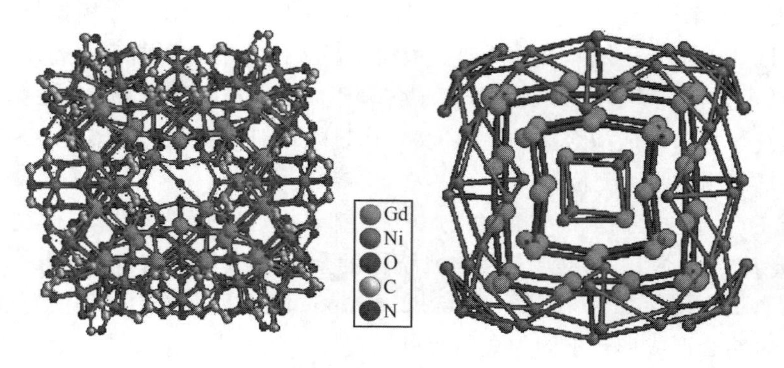

图 2-24 3d-4f 异核配合物中 $Gd_{54}Ni_{54}$ 形成的四层嵌套结构

多核配合物中心原子之间直接键合时形成原子簇合物 (cluster compound)，当中心原子为金属时形成的具有多面体结构的原子簇合物则被称为金属原子簇合物 (metal cluster compound) 或金属原子簇配合物。金属原子簇配合物是原子簇合物最初的概念，但随着人们对硼烷、碳硼烷和过渡金属碳硼烷的认识，发现这些化合物在电子结构上具有相同的规律性，因此现在把这些非金属簇也包括在原子簇合物的概念中。还有一类无配体“裸露”的金属簇离子，如 Bi_9^{5+}、Pb_9^{4-}、Sb_7^{8-}、Se_4^{2+} 等习惯上也被称为金属原子簇合物。原子簇合物的研究开始于 20 世纪初对 $Co_2(CO)_8$、$Fe_2(CO)_9$、$Fe_3(CO)_{12}$ 的研究。原子簇合物不仅在结构上有其重要意义，而且在催化领域也起着重要的作用。

原子簇合物有很多种类型，如按照配体类型可分为两类，即经典配体 (卤素离子、氧离子、硫离子等) 多核配合物和 π 酸配体 (羰基、烯、炔、氰基等) 多核配合物。

经典配体原子簇配合物中比较常见的配体是卤素离子，如 1963 年发现的第一个金属-金属四重键双核配合物 $K_2[Re_2Cl_8]\cdot 2H_2O$ (图2-25)，以及人们熟知的三核配合物 $[Re_3X_{12}]^{3-}$ 及其衍生物。

羰基簇合物是 π 酸配体原子簇配合物中的典型代表。羰基簇合物是指配体是 CO 或 CO 加上其它配体，如 $Ir_4(CO)_{12}$ 和 $Ni_2(CO)_2(Cp)_2$ (图 2-26)，这类配合物中 CO 既可以和金属直接相连，也可以起桥联作用将金属连接起来。

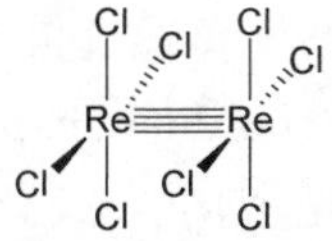

图 2-25 $[Re_2Cl_8]^{2-}$ 的结构

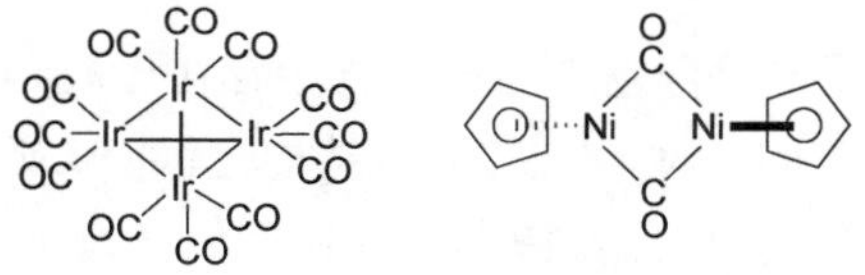

图 2-26 $Ir_4(CO)_{12}$ 和 $Ni_2(CO)_2(Cp)_2$ 的结构

自从 1985 年验证了 C_{60} 的空心笼状结构后，碳原子簇合物作为崭新的原子簇合物新领域，受到了广泛瞩目。碳原子簇合物可以与金属形成离子型化合物，也可以形成加成化合物或包合物，如吡啶中，OsO_4 加成到 C_{60} 的双键上形成的 1:1 加成化合物 (图 2-27)；$Ni^{II}(Me_3P)_2Cl_2$ 和 C_{60} 形成的 Ni 桥联富勒烯聚合物[17] (图 2-28)。

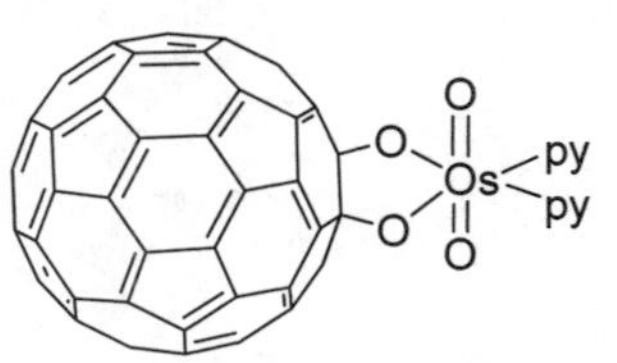

图 2-27 $[Os(py)_2O_2O_2C_{60}]$ 的结构

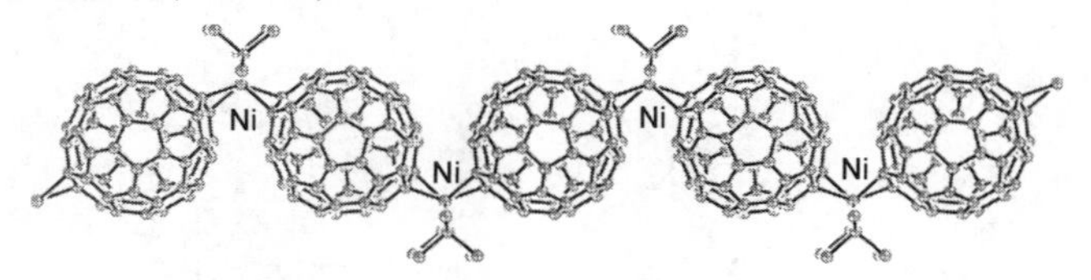

图 2-28 $[\{Ni(Me_3P)_2\}(\mu\text{-}\eta^2,\eta^2\text{-}C_{60})]_\infty$ 的结构

原子簇合物奇特的结构、丰富的成键方式、可变的价态决定了该类物质具有多样的物理和化学反应性，如可在较低温度和压力下催化聚烯烃的反应；同时，或者还在生物酶和生物蛋白中作为重要的活性中心存在。

多核配合物中有一类利用多酸作为配体的配合物，称为多酸配合物，也被称为金属-氧簇化合物 [metal-oxygen (oxide) clusters]。多酸配合物结构复杂，如图 2-29 中分别利用碱金属 K^+ 和 Cs^+ 作为模板中心离子，采用缺位的 α-$AsW_9O_{33}^{9-}$ 作为六齿配体与稀土离子构筑了具有纳米尺寸的冠状六聚及四聚物[18]。

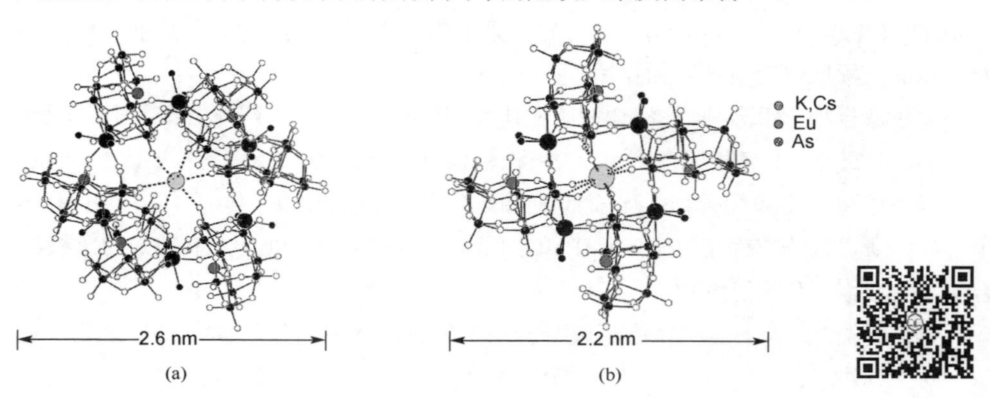

图2-29 (a) $[K\subset\{Eu(H_2O)_2(\alpha\text{-}AsW_9O_{33})\}_6]^{35-}$ 和 (b) $[Cs\subset\{Eu(H_2O)_2(\alpha\text{-}AsW_9O_{33})\}_4]^{23-}$ 的结构

(3) 配位聚合物 当配合物中存在无限个中心原子，并与配体通过自组装形成的高度规整的一维、二维、三维结构时，即形成了配位聚合物 (coordination polymer)。配位聚合物的概念是 1964 年由 J. C. Bailar 首先定义的。至今化学家已经在该领域做了深入的工作，有大量的研究论文、评论和专著发表。这类配合物之所以受到如此的重视，一方面是其彰显了极为丰富的结构类型 (图 2-30)，如采用取代基位置

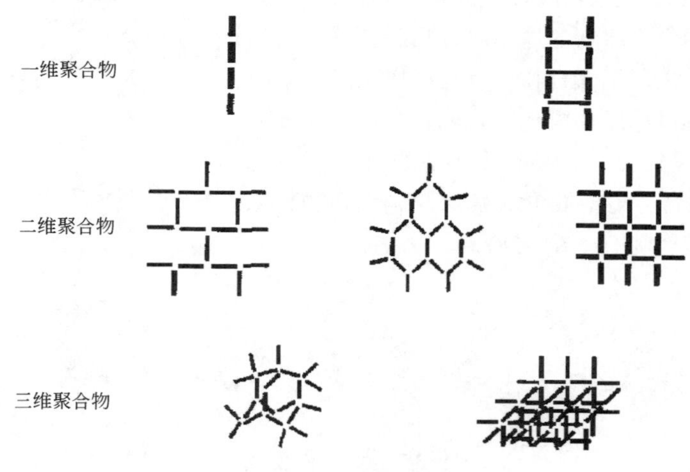

图 2-30 常见配位聚合物的结构

不同的 bimb [二(*N*-咪唑基甲基)苯] 作为辅助配体，利用第一配体 D-樟脑酸与硝酸锌形成了不同拓扑结构的三维配位聚合物[19] (图 2-31)；另一方面是配位聚合物具有的独特性质，在非线性光学材料、磁性材料、超导材料、多孔材料及催化等诸多方面都有很好的应用前景。这类配合物所具有的独特性质来源于配体与中心原子各自的特性，因此人们可以利用晶体工程预先选择具有特定物理与化学性质的结构单元，用金属离子将具有特定功能和结构的配体分子按照设计排列起来，从而获得具有预期结构和功能的晶体材料。

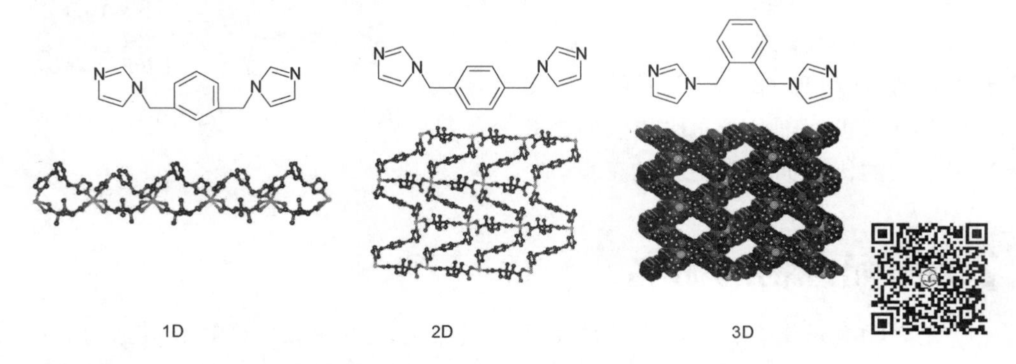

图 2-31　不同拓扑结构的 $[Zn(bimb)(D\text{-}ca)]_n$ 配位聚合物

在多核配合物及配位聚合物中，现在最受人们关注的是多孔金属-有机框架化合物(metal-organic framework，MOF)，2013 年，国际纯粹与应用化学联合会 (IUPAC) 将 MOFs 定义为含有机配体的、有潜在孔隙的配位网格 (coordination network)[20]。这种孔隙材料对金属离子与桥联有机配体的调控，设计出孔径大小不同的、结构变化多样的 MOFs。如 Yaghi[21] 采用 $[M_2(CO_2)_4]$ (M = Cu 和 Zn) 作为第二构筑单元 (second building units, SBUs) 构筑了一系列从 0D 到 3D 的结构 (图 2-32)。若有机

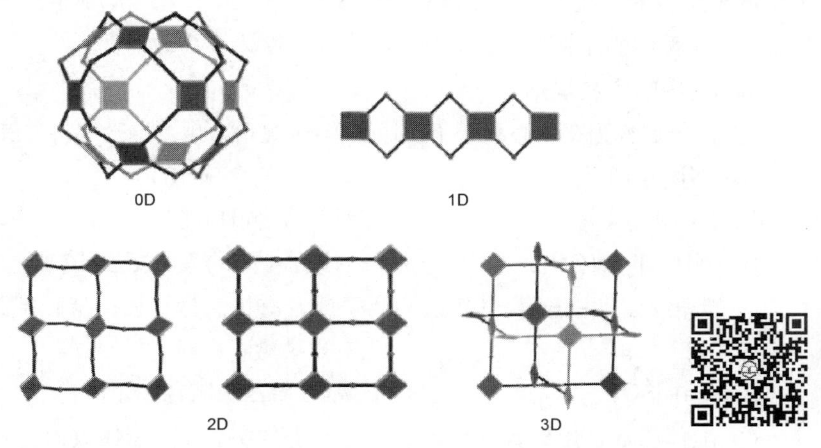

图 2-32　$M_2(CO_2)_4$ (M = Cu 和 Zn) 与有机配体连接形成的多种空间结构

配体上修饰功能基团，可使孔洞根据催化或吸附等性能要求而功能化。MOF 作为一种超低密度多孔材料，在孔结构和孔表面上具有的独特性和功能化，使其在催化、分离、气体储存、医学诊断、磁光电复合材料等众多领域都拥有诱人的应用前景，引起了众多研究者的极大兴趣。2003 年，Yaghi 小组[22]首次报道了以对苯二甲酸 (1,4-BDC) 为配体，合成出的孔径为 12.94 Å (1.294 nm) 的 MOFs-$Zn_4O(BDC)_3$ (图 2-33)，这种晶体孔材料的骨架空旷程度约为 55%~61%，Langmuir 比表面积高达 2900 $cm^2 \cdot g^{-1}$，可以吸附氮气、氢气和多种有机溶剂分子，比传统的微孔分子筛具有更大的比表面积和更小的密度。

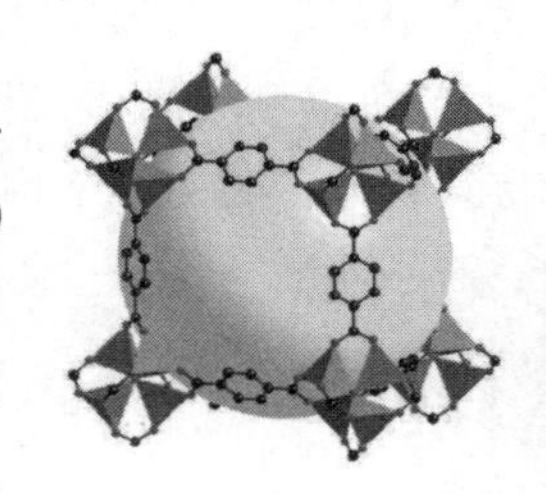

图 2-33　MOFs-$Zn_4O(BDC)_3$ 的孔洞

2.5 配合物的命名

配合物数量繁多，少数配合物采用习惯命名，如 $K_4[Fe(CN)_6]$ 被称为亚铁氰化钾或黄血盐，$K_3[Fe(CN)_6]$ 被称为铁氰化钾或赤血盐，$K[PtCl_3(C_2H_4)] \cdot H_2O$ 习惯上被称为蔡氏盐等。

大多数配合物的命名方法服从一般无机化合物的命名原则，参考国际纯粹与应用化学联合会 (IUPAC) 无机物命名委员会推荐的系统命名方法，1980 年中国化学会无机化学专业委员会根据《无机化学命名原则》制定了一套配合物的命名规则：

(1) 根据盐类命名的常用习惯，先命名阴离子，再命名阳离子　若与配阳离子结合的负离子是简单酸根 (如 Cl^-、OH^-、S^{2-})，则该配合物被称为“某化某”；若与配阳离子结合的负离子是复杂酸根 (如 SO_4^{2-}、ClO_4^-、NO_3^-)，则该配合物被称为“某酸某”。非离子型的中性分子配合物则作为中性化合物命名。

(2) 内界的命名规则

① 配体名称列在中心离子 (或中心原子) 之前，用“合”字将二者联在一起。如

$[Ag(NH_3)_2]Cl$　　氯化二氨合银(Ⅰ)

$H[AuCl_4]$　　四氯合金(Ⅲ)酸

$[Cr(NH_3)_6][Co(CN)_6]$　　六氰合钴(Ⅲ)酸六氨合铬(Ⅲ)

② 带倍数词头的无机含氧酸阴离子或者有机配体，要用括弧括起来，如

$[P_3O_{10}]^{5-}$　　三聚磷酸根

$[Cu(en)_2]SO_4$　　硫酸二(乙二胺)合铜(Ⅱ)

③ 配体的数目用倍数词头二、三、四等数字表示 (配体数为一时省略)。如

$K_4[Ni(CN)_6]$　　六氰合镍(Ⅱ)酸钾

④ 中心离子的氧化数在其名称后用带括号的罗马数字表示 (氧化数为 0 时可省略，负氧化数在罗马数字前加一个负号)。

$K_3[Fe(CN)_6]$	六氰合铁(Ⅲ)酸钾
$K_4[Fe(CN)_6]$	六氰合铁(Ⅱ)酸钾
$Na[Co(CO)_4]$	四羰基合钴(−Ⅰ)酸钠
$Co_2(CO)_8$	八羰基合二钴

(3) 配体命名规则　若配体不止一种，不同配体名称之间以中圆点“·”分开。配体列出的顺序按如下规定：

① 若既有无机配体又有有机配体，无机配体先于有机配体。如

$[PtCl_2(Ph_3P)_2]$　　二氯·二(三苯基膦)合铂(Ⅱ)

② 无机配体中，先阴离子，其次为中性配体，最后是阳离子配体。如

$K[PtCl_3NH_3]$　　三氯·氨合铂(Ⅱ)酸钾

$K_2[Cr(CN)_2O_2NH_3(O_2)]$　　二氰·过氧根·氨·双氧合铬(Ⅵ)酸钾

③ 同类配体若不止一种，名称按配位原子元素符号的英文字母顺序排列。如

$[CoCl(NH_3)_3(H_2O)_2]Cl_2$　　二氯化氯·三氨·二水合钴(Ⅲ)

④ 同类配体若配位原子相同，则含较少原子数的配体在前，较多原子数的配体在后。如

$[Pt(NO_2)(NH_3)(NH_2OH)(py)]Cl$　　氯化硝基·氨·羟胺·吡啶合铂(Ⅱ)

⑤ 同类配体配位原子相同，配体中原子个数也相同，按照在配体结构式中与配位原子相连的原子的元素符号的顺序依次排列。如

$[Pt(NH_2)(NO_2)(NH_3)_2]$　　氨基·硝基·二氨合铂(Ⅱ)

⑥ 配体化学式相同但配位原子不同的两可配体，其名称不同，如 SCN^- 分别被称为硫氰根 (以 S 配位) 和异硫氰根 (以 N 配位，写为 NCS^-)，NO_2^- 被称为硝基 (以 N 配位) 和亚硝酸根 (以 O 配位)，CN^- 被称为氰基 (以 C 配位) 和异氰基 (以 N 配位)；若配位原子尚不清楚，则以化学式中所列的顺序为准。如

$NH_4[Cr(NCS)_4(NH_3)_2]$　　四(异硫氰根)·二氨合铬(Ⅲ)酸铵

$Na_2[Fe(CN)_5NO]$　　五氰·亚硝酰合铁(Ⅲ)酸钠

⑦ 烃基配体与金属相连时，一般都表现为阴离子，但在命名时将其称为“基”。如

$K[B(C_6H_5)_4]$　　四苯基合硼(Ⅲ)酸钾

$K_4[Ni(C_2C_6H_5)_4]$　　四(苯乙炔基)合镍酸钾

⑧ 含有多齿配体的配合物，无机化学专业委员会未给出命名原则，因此参考配合物的英文命名方法，命名时将多齿配体中配位原子的元素符号用“κ”标示在配体之后，并在 κ 的右上角标明配位的原子数目。如

二(硝酸根-κ^2O,O')·(苯甲酰苯乙酮-κ^2O,O')·(4'-烯丙氧基-2,2':6',2''-三联吡啶-κ^3N,N',N'')合钕(III)

(4'-allyloxy-2,2':6',2''-terpyridine-κ^3N,N',N'')(dibenzoylmethanido-κ^2O,O')bis(nitrato-κ^2O,O')neodymium(III)

二(3,4-二甲氧基苯甲酸根-κ^2O,O')·(1,10-邻二氮杂菲-κ^2N,N')合铜(II)

bis(3,4-dimethoxybenzoato-κ^2O,O')(1,10-phenanthroline-κ^2N,N')copper(II)

(4) 多核配合物的命名

① 多核配合物中若中心原子之间有金属键直接相连且结构对称，可命名最小重复单元，并在其前加倍数词头。如

$[(CO)_5Mn\text{-}Mn(CO)_5]$　　二(五羰基合锰)

② 若结构不对称，则将英文字母在前的中心原子及相连配体作为另一个中心原子的配体（词尾用“基”）来命名。如

$[(C_6H_5)_3As\text{-}AuMn(CO)_5]$　　五羰基·[(三苯基胂)金基]合锰

③ 多核配合物中桥联配体前以希腊字母“μ”标明，配合物中桥基不同时，每个桥基前均要用“μ”表示。若并桥联的中心多于两个，则在 μ 的下角标明数目。同一种配体既有桥联基团，又有非桥联基团，先列桥联基团。当中心原子间既有桥联基团又有金属键相连时，在整个名称后将金属-金属键的元素符号括在括弧中。如

$[(NH_3)_5Cr\text{-}OH\text{-}Cr(NH_3)_5]Cl_5$

五氯化 μ-羟·十氨合二铬(III)
或 五氯化 μ-羟·二[五氨合铬(III)]

$[(H_2O)_4Fe(\mu\text{-}OH)_2Fe(H_2O)_4](SO_4)_2$

硫酸μ-二羟·八水合二铁(III)
或 硫酸μ-二羟·二[四水合铁(III)]

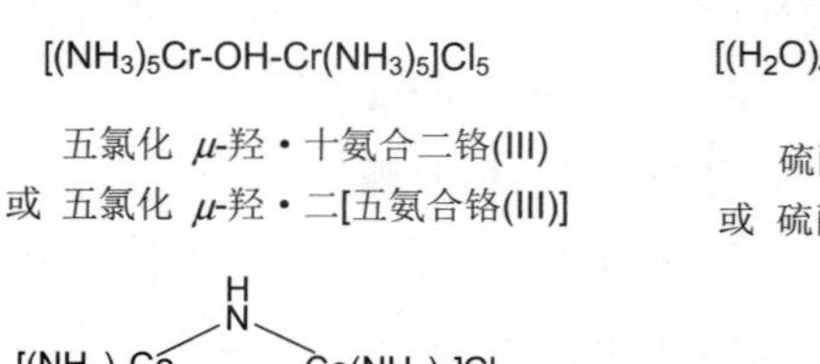

氯化μ-氨基·μ-亚硝酸根·八氨基合二钴(III)
或氯化μ-氨基·μ-亚硝酸根·二[四氨合钴(III)]

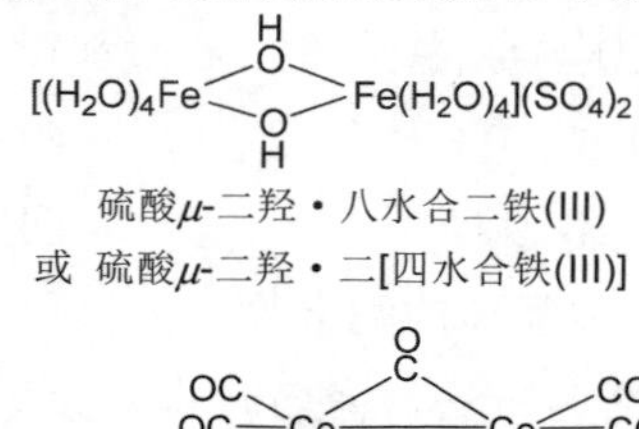

二(μ-羰基)·二(三羰基合钴)(Co-Co)

④ 原子簇合物中还应该标明中心原子的几何形状，如三角 (triangle)、正方 (quadra)、四面体 (tetrahedron)、八面体 (octahedron) 等。如

十二羰基合-三角-三锇　　十二羰基合-四面体-四铱　　十八羰基合-双冠四面体-六锇

⑤ 无机化学专业委员会仅针对配位聚合物中的链状配位聚合物进行了命名，命名方法是在重复单元的名称前加“链”字。据此，配位聚合物命名时可在重复单元的名称前加“聚”字。如

聚[三(μ-氯)・二(μ_2-4,4'-联吡啶-κ^2 N:N')合银(I)]
catena-poly[silver(I)-μ_2-4,4'-bipyridine-κ^2N:N'-μ_3-chlorido]

聚[二氯・二(μ-4-苯甲酰基-1-异烟酰基-氨基硫脲-κ^2N:S)合镉(II)]
poly[bis(μ-4-benzoyl-1-isonicotinoylthiosemi-carbazide-κ^2N:S)dichloridocadmium(II)

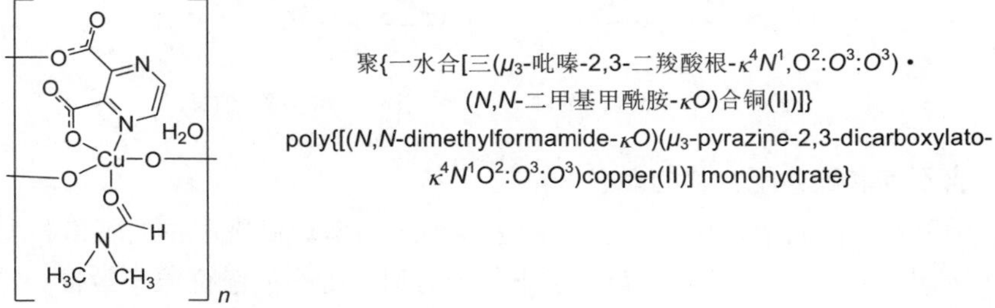

聚{一水合[三(μ_3-吡嗪-2,3-二羧酸根-κ^4N^1,O^2:O^3:O^3)・(N,N-二甲基甲酰胺-κO)合铜(II)]}
poly{[(N,N-dimethylformamide-κO)(μ_3-pyrazine-2,3-dicarboxylato-$\kappa^4N^1O^2$:O^3:O^3)copper(II)] monohydrate}

(5) 几何异构体的命名　几何异构一般发生在配位数为 4 的平面正方形和配位数为 6 的八面体配合物中，这类配合物用词头顺式 (*cis*-)、反式 (*trans*-)、面式 (fac-)、经式 (mer-) 进行命名，当配合物中存在多种配体时，用小写英文字母作为位标表明配体具体的空间位置。

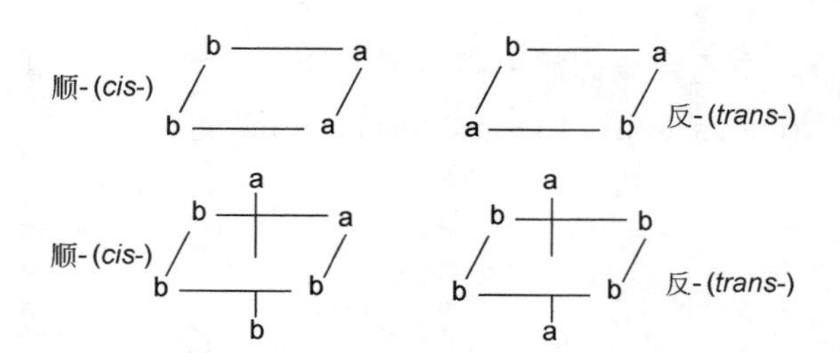

面式和经式用于八面体构型中 MA_3B_3 的情况，面式表示八面体构型中有一面的 3 个顶点被相同配体占据，而经式表示 3 个配体 A 和 3 个配体 B 形成的平面互相垂直。

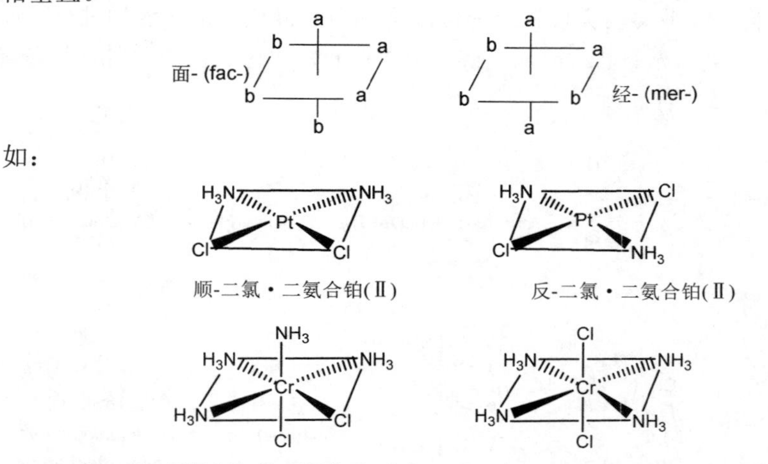

如：

顺-二氯·二氨合铂(Ⅱ)　　反-二氯·二氨合铂(Ⅱ)

顺-二氯·四氨合铬(Ⅲ)配阳离子（紫色）　反-二氯·四氨合铬(Ⅲ)配阳离子（绿色）

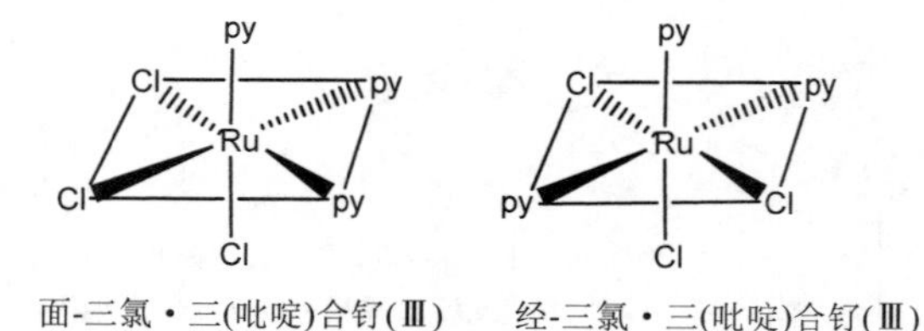

面-三氯·三(吡啶)合钌(Ⅲ)　　经-三氯·三(吡啶)合钌(Ⅲ)

(6) 含不饱和配体配合物的命名

① 对于有机金属配合物，为了表示键合情况，在以 π 键配位的不饱和配体的名称前加词头 η，并在 η 的右上角标示出与中心原子键合的配位原子数目。若不饱和配体提供一个原子与中心原子键合，则在配体前加词头 σ 或 η^1。如

$K[PtCl_3(C_2H_4)]$	三氯·(η^2-乙烯)合铂(Ⅱ)酸钾
$Fe(C_5H_5)_2$	二(η^5-茂基)合铁(Ⅱ)
$Cr(C_6H_6)_2$	二(η^6-苯基)合铬
$[Ni(NO)_3(C_6H_6)]$	三亚硝酰·(η^6-苯)合镍
$[ReH(C_5H_5)_2]$	氢·二(η^5-茂)合铼(III)

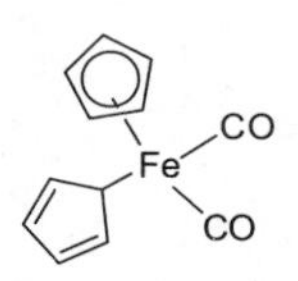

二羰基·(η^5-茂)·(η^1-茂)合铁(II)

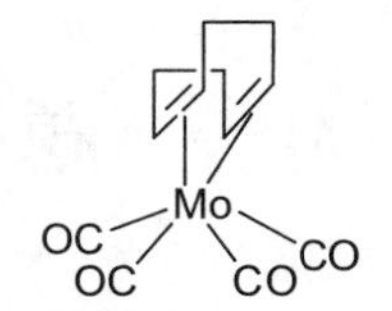

四羰基·(η^4-1,4-环辛二烯)合钼

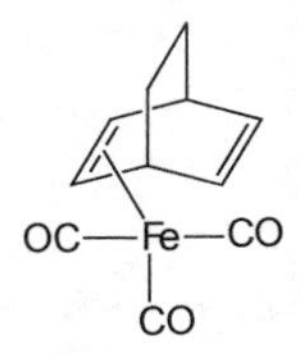

三羰基·(η^2-二环[2.2.1]庚-2,5-二烯)合铁

② 若配体的链上或环上只有一部分原子参加配位，或其中只有一部分双键参加配位，则在 η 后插入参加配位原子的坐标。如果是配体中相邻的 n 个原子与中心原子成键，则可将第一个配位原子与最末的配位原子的坐标列出，写成 (1–n)。如

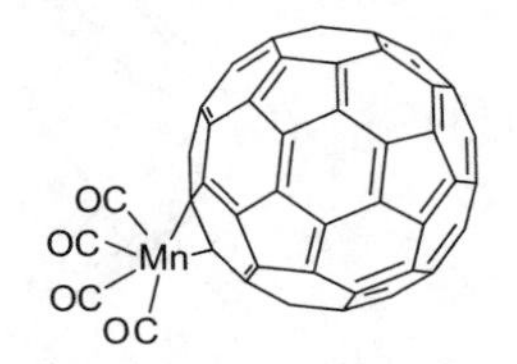

四羰基·(η^2-1,2-C_{60})合锰(−I)配阴离子

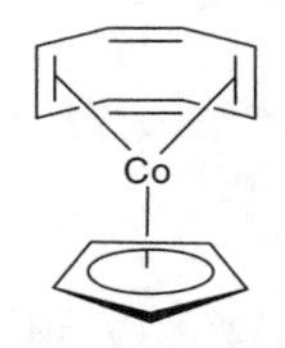

(η^5-茂基)·(η^4-1-2:5-6-环辛四烯)合钴

以上对配合物的基本概念做了初步介绍。目前已合成发现的配合物种类繁多，结构复杂，功能独特，尤其是以功能配合物为代表的纳米材料、超分子器件的发展前景无限。配位化学已经跨越了学科间的界限，逐渐成为化学的中心学科。

参 考 文 献

[1] 戴安邦．配位化学//无机化学丛书．第 12 卷．北京：科学出版社, **1987**.

[2] 徐光宪．北京大学学报, **2002**，*38(2)*, 149.

[3] 罗勤慧等．配位化学．北京：科学出版社, **2012**.

[4] 陈慧兰．高等无机化学．北京：高等教育出版社, **2005**.

[5] 项斯芬, 姚光庆．中级无机化学．北京：北京大学出版社, **2003**.

[6] 徐志固．现代配位化学．北京：化学工业出版社, **1987**.

[7] 孙为银．配位化学．北京：化学工业出版社, **2004**.

[8] F. Condello, F. Garau, A. Lanza, et al. *Cryst. Growth Des*., **2015**, *15*(*10*), 4854.

[9] 游效曾，孟庆金，韩万书．配位化学进展．北京：高等教育出版社, **2000**.

[10] (a) W. S. Liu, Y. H. Wen, X. Y. Liu, M. Y. Tan, *Sci China, Ser. B*, **2003**, *46(4)*, 399. (b) Y. Tang, K. Z. Tang, et al. *Sci. China, Ser. B*, **2008**, *51(7)*, 614.

[11] (a) P. Caravan, T. Hedlund, S. Liu, et al. *J. Am. Chem. Soc.,* **1995**, *117(45)*, 11230. (b) I. A. Setyawati, S. Liu, S. J. Rettig, C. Orvig. *Inorg. Chem.,* **2000**, *39(3)*, 496.

[12] [法] J. M. Lehn 著．超分子化学——概念和展望．沈兴海等译．北京：北京大学出版社, **2002**.

[13] 章慧等．配位化学—原理与应用．北京：化学工业出版社，**2008**.

[14] G. P. Elliott, W. R. Roper, J. M. Waters. *J. Chem. Soc., Chem. Commun.*, **1982**, *(14),* 811.

[15] M. Paneque, C. M. Posadas, M. L. Poveda, et al. *J. Am. Chem. Soc.*, **2003**, *125(33)*, 9898.

[16] X.-J. Kong, Y. -P. Ren, W. -X. Chen，et al. *Angew. Chem., Int. Ed*., **2008**, *47(13)*, 2398.

[17] K. Fukaya, T. Yamase. *Angew. Chem., Int. Ed*., **2003**, *42(6)*, 654.

[18] D. V. Konarev, S. S. Khasanov, et al. Inorg. Chem., **2014**, *53(22)*, 11960.

[19] X.-Q. Liang, D.-P. Li, C.-H. Li, et al, *Cryst. Growth Des.*, **2010**, *10(6)*, 2596.

[20] S. R. Bathen, N. R. Champness, X.-M. Chen, et al. *Pure Appl.Chem*., **2013**, *85(8)*, 1715.

[21] H. Furukawa, J. Kim, N. W. Ockwig, et al. *J. Am. Chem. Soc.*, **2008**, *130(35)*, 11650.

[22] N. L. Rosi, J. Eckert，M. Eddaoudi, et al. *Science,* **2003**, *(300)*, 1127.

习　题

1. 根据 σ 配体、π 配体和 π 酸配体的定义，对下列配体进行分类。

CO　N_2　CN^-　OH^-　N_3^-　NO　H_2O　C_6H_6　$C_5H_5^-$　C_2H_4

phen　bipy　binol (1,1′-联二萘酚)　Ph_3P　AsR_3

2. 选择题

(1) 下列配合物中，配体中包含 π 配体的是（　）

(A) $[Ni(C{\equiv}CR)_4]^{2-}$　(B) $Ti(CH_2Ph)_4$　(C) $[Fe(CO)_4(PEt_3)]$　(D) Zr⁺ THF OBu-t $[BPh]_4^-$

(2) 下列配合物或配离子中，没有反馈 π 键的是（　）

(A) $[FeF_6]^{3-}$　(B) $[Co(CN)_6]^{4-}$　(C) $Ni(CO)_4$　(D) $[Ru(NH_3)_5(N_2)]Cl_2$

(3) 下列物质不属于金属有机化合物的是（　）

(A) $[Co(bipy)_3]^{3+}$　(B) $Co(NO)(CO)_3$　(C) $[(\eta^5\text{-}C_5H_5)_2Co]^+$　(D) $[(Cp)(CO)_3Cr\text{-}Cr(CO)_3(Cp)]$

(4) 在 ①$Co(NO_3)_4^{2-}$、②$(NH_4)_4CeF_8$、③$[UO_2(acac)_3]^-$、④$Ce(NO_3)_6^{3-}$ 中，中心离子配位数为 8 的是（　）

(A) ①②③　(B) ①④　(C) ②④　(D) ③④

3. 画出 $(\eta^3\text{-}C_6H_7)(\eta^5\text{-}C_5H_5)Mo(CO)_2$ 的结构。

4. 命名下列配合物，并画出可能的几何异构体。

(1) $[Pt(NH_3)_2(NO_2)Cl]$　(2) $[Cr(H_2O)_4Cl_2]Cl\cdot 2H_2O$

(3) $[Pt(py)(NH_3)BrCl]$　(4) $[Rh(en)_2Cl_2]$

(5) $NH_4[Cr(SCN)_4(NH_3)_2]$　(6) $[ReI(CO)_3(py)_2]$

5. 判断富马酸和马来酸与过渡金属（如 Co^{2+}、Ni^{2+}）形成的配合物的类型，并进行解释。

6. 对下面配合物进行命名。

(1) $(\eta^5\text{-}C_5H_5)Mo(CO)_3NO$　(2) $(\eta^1\text{-}C_5H_5)_2(\eta^5\text{-}C_5H_5)_2Ti$

(3) $[Co(en)_2(CN)_2]ClO_3$　(4) $[Co_6(\mu_3\text{-}CO)_3(\mu_2\text{-}CO)_3(CO)_9]^{2-}$（八面体）

(5) 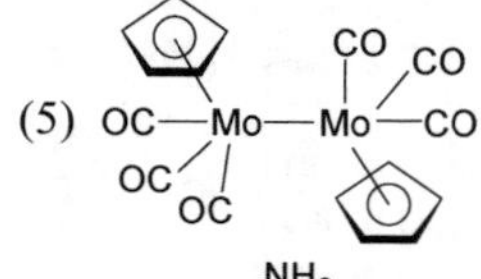

(6) Mo—NO

(7) 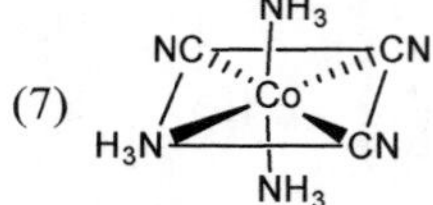

(8) 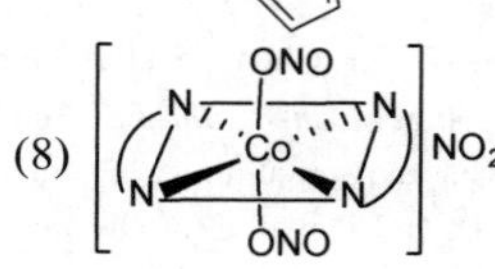

第 3 章　配合物的化学键理论

有关配合物的化学键理论，20 世纪以来发展起来的有三种，即价键理论、晶体场理论和分子轨道理论。其中，由鲍林 (L. C. Pauling) 发展和推广的价键理论 (valence bonding theory, VBT) 较早用于解释配合物中配体 L 与中心原子 M 的化学键，对于说明配合物的几何构型和磁学性质作出过重要贡献。它的严重缺陷之一是没有反键轨道的概念，甚至不涉及非键轨道，因而难以解释配合物的电子光谱，此外对含有较多 d 电子的过渡金属配合物的稳定性也不能给予圆满解释，后来就很少使用了。目前很多文献中所说配合物的三种化学键理论，是指晶体场理论 (crystal field theory, CFT)、分子轨道理论 (molecular orbital theory, MOT) 和配位场理论 (ligand field theory, LFT)。所以，在本章中对于价键理论我们只作扼要回顾。

晶体场理论和配合物的分子轨道理论是配位场理论的两种极限情况，或者说，配位场理论是晶体场理论与分子轨道理论的结合。所以，有些文献在配位场理论框架下介绍晶体场理论与分子轨道理论；也有的文献是在晶体场理论之后，将配合物的分子轨道理论包含在配位场理论中加以介绍，本章采用后一种方式，以便于反映理论发展的延续和递进关系。

晶体场理论、分子轨道理论和配位场理论具有密切联系。对称性知识和群论基础对于晶体场理论几乎是必需的，对于分子轨道理论和配位场理论同样适用。考虑到大多数读者在结构化学课程中已学过分子的对称元素、对称操作等知识，并能熟练地确定分子点群，本章不再重复那些概念，而侧重于群论基础，应用实例也主要针对配合物的对称性处理。

3.1　群论基础

对称性的研究离不开群论。配合物分子通常具有相当对称的结构，所以，在配位化学中，群论更是必不可少的重要数学工具。

3.1.1　群的定义与子群

(1) 群的定义　设元素 $E, A, B, C, \cdots$ 构成集合 G，在 G 中定义有称为“乘法”的某种组合运算 (运算结果反映在乘法表中)。如果满足以下 4 个条件，则称集合 G 是一个群，其中的元素称为群元素。这 4 个条件是：

① 封闭性。设 P 和 Q 为 G 中任意两个元素，$R = PQ$，则 R 也必属于 G；G 中任意一个元素的平方仍属于 G。

② 恒等元。G 中有一个且仅有一个恒等元 E，满足 $RE = ER = R$，R 是群中任一元素。

③ 缔合性。群中元素满足缔合性。例如，对任意 3 个元素 R、P、Q，$(RP)Q = R(PQ)$。但乘法交换律一般不成立。

④ 逆元。G 中任一元素 R 都有逆元 R^{-1}，且逆元也是群中元素，满足 $R^{-1}R = RR^{-1} = E$，$E^{-1} = E$；若 $R^{-1} = S$，则 $S^{-1} = R$；$(ABC)^{-1} = C^{-1}B^{-1}A^{-1}$。

【示例】全体实数构成实数加法群 (这里的“群乘法”就是加法)：(i) 任意两实数之和仍是实数；(ii) 恒等元为 0；(iii) 实数的加法满足结合律；(iv) 实数的逆元为其相反值。

群元素的数目称为群的阶 h。

可见，群论是非常抽象的，它既不限定元素的性质，也不限定“乘法”的具体运算，只要满足这 4 个条件即可，正是这一点使它具有强大威力，在许多科学领域具有重要用途。有趣的是，这样一种抽象、复杂的理论，不但在实验色彩颇浓的化学中得到广泛应用，而且计算并不复杂。

在结构化学中，主要涉及分子的对称操作群，即分子点群，其群元素是分子的对称操作而不是对称元素。

(2) 子群　群元素的子集合按原来的组合规则若也能形成一个较小的群，称为该群的一个“子群”。子群与群的乘法相同；子群的阶 g 是群的阶 h 的整数因子 (称为 Lagrange 定理)。分子点群中的真轴旋转与恒等操作总是形成一个子群——旋转群，例如，24 阶的 O 群就是 48 阶的 O_h 群的子群。

在配位化学中，例如，通过绕 z 轴旋转确定弱场中 d 轨道能级的分裂、利用降低对称性法确定强场谱项的自旋多重度等场合，我们将会看到子群的重要应用。

3.1.2　相似变换与共轭类

设群中有元素 A 和 X，若 $B = X^{-1}AX$，则 B 也是群中的一个元素 (X 也可以是 A 或 B)，且称 B 是 A 借助于 X 得到的相似变换，或称 A 与 B 共轭 (当然，也可以借助于 A 或 B 对 A 作相似变换)。再将 $B=X^{-1}AX$ 进行逆变换：$XBX^{-1} = XX^{-1}AXX^{-1} = EAE = A$，表明 A 与 B 互共轭。显然，若 $X = E$，则任一元素 R 都满足 $R=E^{-1}RE$，即群元素都有自共轭性。E 在任何元素 X 的相似变换下不变：$E = X^{-1}EX = EX^{-1}X = EE = E$，所以 E 只有自共轭性；其它元素除自共轭外，还可能与别的元素互共轭。

相互共轭的元素构成共轭类，简称类；E 自成一类。类的阶也是群的阶 h 的整数因子，但类与子群不同。例如，E 自成一类，但却存在于任何子群中。

3.1.3　群的表示与特征标表

(1) 对称操作方阵的特征标　分子点群是分子的对称操作群，每个对称操作是一个群元素，可用一个方阵 (行数与列数相等的矩阵) 表示，方阵的集合相应地构成矩阵群，每个方阵是矩阵群的一个群元素。方阵的维数 (即方阵的行数或列数) 由作用对象——基的数目决定。方阵的对角元之和称为迹 (trace)，记作 χ，对称操作方阵的迹又名特征标。特征标具有下列性质：

① 几个方阵之积的特征标，不会被循环置换所改变

$$\chi_{ABC\cdots}=\chi_{BC\cdots A}=\chi_{C\cdots AB}$$

② 相似变换不改变方阵的特征标。设 P 是矩阵群中任一元素

$$\chi_A=\chi_{P^{-1}AP}$$

表明同一类操作的特征标相同。

这些重要性质使得许多实际问题只利用特征标即可，不必直接处理方阵。

(2) 群的可约表示与不可约表示 如上所述，分子的对称操作群与矩阵群的元素一一对应，两个群遵守相同的“群乘法”，这种关系称为同构。(另一种情况是：一个群的元素与另一个群的几个元素相对应，称为同态。)

设有一组方阵 $E, A, B, C, \cdots$构成某群的一种表示。若借助于任意同阶非奇异 (即可逆) 方阵 Q 对这些方阵作相似变换 (Q 不属于该群，否则，变换后元素的集合不变)：

$$E'=Q^{-1}EQ$$

$$A'=Q^{-1}AQ$$

$$B'=Q^{-1}BQ$$

$$C'=Q^{-1}CQ$$

$$\vdots \qquad \vdots$$

则 $E', A', B', C', \cdots$ 也是该群的一种表示，群乘法不变，乘积对应相等。例如，若 $BC=X$，则 $B'C'=X'$。不过，在这种变换下，可能出现下面两种情况[1]之一。

① 新矩阵具有维数对应相同的分块对角形式。例如，E' 包含分块 $E_1', E_2', E_3', \cdots$；A'包含分块 $A_1', A_2', A_3', \cdots$；B' 包含分块 $B_1', B_2', B_3', \cdots$；C' 包含分块 $C_1', C_2', C_3', \cdots$；等等。这个变换过程叫做“约化 (reduce)”。此时称 $E, A, B, C, \cdots$ 构成群的一种可约表示 Γ，而 $E_1', A_1', B_1', C_1', \cdots$ 构成群的第一个不可约表示 Γ_1；$E_2', A_2', B_2', C_2', \cdots$ 构成群的第二个不可约表示 Γ_2；$\cdots$ 依此类推。每一种不可约表示 Γ_i 与可约表示 Γ 满足相同的群乘法，乘积对应相等，例如，若 $BC=X$，则 $B_i' C_i'=X_i'$。

若 Γ_i 是 n 阶方阵的集合，就称为 n 维不可约表示。这意味着群的基分成了互相独立的组。若某组只有一个基，属于一维不可约表示；另一组有两个基，属于二维不可约表示，等等。

上述约化可记作

$$\Gamma=a_1\Gamma_1\oplus a_2\Gamma_2\oplus a_3\Gamma_3\oplus\cdots$$

系数 a_i 是不可约表示 Γ_i 的数目。这种加法称为求“直和”，在不会混淆的场合，直和符号简记为算术加号。

② 另一种可能是，没有一种相似变换能将 $E, A, B, C, \cdots$ 变为相同的分块对角阵，表明 $E, A, B, C, \cdots$ 本身就是不可约表示，再不能被约化。

不可约表示 (irreducible representation，I.R.) 非常重要，原因之一是：一个群

原则上有无穷多种表示，但不可约表示的数目却是一定的。

(3) 特征标表 群的不可约表示数目确定，且等于类的数目 (严格说来是群的互不等价的不可约表示数目确定，且等于类的数目。目前不必强调也不解释这一点)，最适合于作为群的表示；又因方阵的特征标不受相似变换影响，所以，找出不可约表示的特征标即可，而不必写出其中的方阵。将群中每个不可约表示的特征标按一定格式排成一个表，即为群的特征标表 (character table)。群论在化学中的应用几乎总是借助于特征标表。

以正八面体配合物所属的 O_h 点群的特征标表 (表 3-1) 为例[2]：

表 3-1 O_h 点群的特征标表

O_h	E	$8C_3$	$6C_2$	$6C_4$	$3C_2=C_4^2$	i	$6S_4$	$8S_6$	$3\sigma_h$	$6\sigma_d$			
A_{1g}	1	1	1	1	1	1	1	1	1	1		$x^2+y^2+z^2$	
A_{2g}	1	1	–1	–1	1	1	–1	1	1	–1			
E_g	2	–1	0	0	2	2	0	–1	2	0		$(2z^2-x^2-y^2, x^2-y^2)$	
T_{1g}	3	0	–1	1	–1	3	1	0	–1	–1	(R_x, R_y, R_z)		
T_{2g}	3	0	1	–1	–1	3	–1	0	–1	1		(xy, yz, zx)	
A_{1u}	1	1	1	1	1	–1	–1	–1	–1	–1			
A_{2u}	1	1	–1	–1	1	–1	1	–1	–1	1			xyz
E_u	2	–1	0	0	2	–2	0	1	–2	0			
T_{1u}	3	0	–1	1	–1	–3	–1	0	1	1	(x, y, z)		(x^3, y^3, z^3)
T_{2u}	3	0	1	–1	–1	–3	1	0	1	–1			$[x(z^2-y^2), y(z^2-x^2), z(x^2-y^2)]$

最上边一行是对称操作 (为简单起见，在不会混淆的场合，例如特征标表中，通常略去对称操作符号顶上的算符记号)，系数是该对称操作的数目，即类的阶。例如，恒等操作 E 总是自成一类；$8C_3$ 表明 8 个 C_3 操作构成一个类，类的阶为 8。

最左一列的 $A_{1g}, A_{2g}, E_g, T_{1g}, T_{2g}, A_{1u}\cdots$ 是不可约表示的慕利肯符号。根据慕利肯 (R. S. Mulliken) 的定义，A, B 是一维不可约表示，绕主轴转动分别为对称 (即特征标为 1) 和反对称 (即特征标为 –1)；E 是二维不可约表示 (不要与恒等操作 E 混淆)，T 或 F 是三维不可约表示 (对于电子结构问题通常用 T，而对振动问题通常用 F)。在更高阶的 I_h 群中，G 或 U 是四维不可约表示，H 或 W 是五维不可约表示。维数大于 1 的不可约表示亦称简并不可约表示。

右下标 1 或 2 多用于一维不可约表示 A 和 B，表示绕垂直于主轴的二次副轴 C_2 旋转为对称或反对称 (无 C_2 时对于镜面 σ_v 反映)；g 或 u 表示在反演操作下对称或反对称，这种对称性质即为“宇称”；右上标一撇或两撇表示对于镜面 σ_h 反映为对称或反对称。

每个不可约表示右边的一行数就是特征标 (同一类对称操作的特征标相同，共同占据一列)，第一个不可约表示总是全对称表示，其中各种对称操作的特征标都是 +1。

表的最后几列是一些变量或函数，含义比较抽象，简单来说就是所谓的“基”，例如，变量 x、y、z 按 T_{1u} 变换，其二元乘积 xy、yz、zx 按 T_{2g} 变换，而函数 $2z^2-x^2-y^2$、x^2-y^2 按 E_g 变换，等等。研究函数在对称操作下的变换性质有重要意义。例如，原子轨道 (或某些物理量) 就是坐标的函数。由于轨道径向部分 $f(r)$ 有球对称性，不受对称操作影响，于是，$p_x=f(r)x/r$、$p_y=f(r)y/r$、$p_z=f(r)z/r$ 的变换性质分别等同于函数 x、y、z 的变换性质；而 $d_{xy}=f(r)xy$、$d_{yz}=f(r)yz$、$d_{zx}=f(r)zx$、$d_{z^2}=f(r)(2z^2-x^2-y^2)$、$d_{x^2-y^2}=f(r)(x^2-y^2)$ 的变换性质分别等同于函数 xy、yz、zx、$2z^2-x^2-y^2$、x^2-y^2 的变换性质。在 O_h 场配合物中，由特征标表可知，d_{xy}、d_{yz}、d_{zx} 属于三维不可约表示 t_{2g}，而 d_{z^2}、$d_{x^2-y^2}$ 属于二维不可约表示 e_g。

分子轨道是分子点群不可约表示的基，所以轨道简并度受不可约表示维数的严格限制，更不可能超越不可约表示的最大维数。不过，这是从否定的角度讲的，至于哪种简并度的轨道会存在，则必须从可约表示的约化得到。

(4) 不可约表示和特征标的一些重要定理　特征标表看似简单，却有非常严格的规律性，这可以从下述定理看出，这些定理源于一个更加普遍的“广义正交定理”。

定义群的阶为 h，第 i 个不可约表示的维数为 l_i，第 i 个不可约表示中对称操作 $\hat{R}$ 的特征标为 $\chi_i(\hat{R})$，则：① 群中类的数目等于不可约表示的数目；② $\sum_i l_i^2 = h$，或 $\sum_i \left[\chi_i(\hat{E})\right]^2 = h$；③ $\sum_{\hat{R}} \left[\chi_i(\hat{R})\right]^2 = h$；④ 除全对称不可约表示外，其余不可约表示的每一类的特征标乘以类的阶，对所有类求和等于 0；⑤ $\sum_{\hat{R}} \chi_i(\hat{R})\chi_j(\hat{R}) = 0 \ (i \neq j)$，即任意两个不可约表示相互正交。

3.1.4　直积与约化

(1) 直积　矩阵有几种定义不同的乘积，其中有一种称为直积。矩阵 C 与 D 的直积定义如下：

$$C \otimes D = \begin{bmatrix} c_{11}D & c_{12}D & \cdots & c_{1n}D \\ c_{21}D & c_{22}D & \cdots & c_{2n}D \\ \vdots & \vdots & & \vdots \\ c_{n1}D & c_{n2}D & \cdots & c_{nn}D \end{bmatrix} \tag{3-1}$$

在配位化学中经常用到直积，例如，相关图上的强场谱项就来自于无限强场组态直积的约化。

根据群论原理，若以一组基 $\{u\}$ 和另一组基 $\{v\}$ 作为群表示的基函数时，群表示分别为 $\Gamma(u)$ 和 $\Gamma(v)$，则以 $\{uv\}$ 作为群表示的基函数时，群表示 $\Gamma(uv)$ 是 $\Gamma(u)$ 和 $\Gamma(v)$ 的直积。直积有一个重要性质：两个不可约表示直积的特征标等于两个不

可约表示特征标的 (对应) 乘积；多个不可约表示的直积也是如此。

两个或多个不可约表示的直积可能是不可约表示，也可能是可约表示。以正四面体配合物所属的 T_d 点群为例，由特征标表 (表 3-2)[2]可以作出两个或多个不可约表示的直积，方法是：写出这些不可约表示特征标的对应乘积，然后确定它是否属于哪个不可约表示，如果是可约表示则进行约化。

表 3-2　T_d 点群的特征标表

T_d	E	$8C_3$	$3C_2$	$6S_4$	$6\sigma_d$			
A_1	1	1	1	1	1		$x^2+y^2+z^2$	xyz
A_2	1	1	1	−1	−1			
E	2	−1	2	0	0		$(2z^2-x^2-y^2, x^2-y^2)$	
T_1	3	0	−1	1	−1	(R_x, R_y, R_z)		$[x(z^2-y^2), y(z^2-x^2), z(x^2-y^2)]$
T_2	3	0	−1	−1	1	(x, y, z)	(xy, yz, zx)	(x^3, y^3, z^3)

【示例】 A_1 与 A_2 的直积的特征标是 {1, 1, 1, −1, −1}，相当于 A_2 的特征标；而 A_2 与 E 的直积的特征标是 {2, −1, 2, 0, 0}，相当于 E 的特征标。换言之，这些不可约表示的直积仍是某种不可约表示，记作：

$$A_1 \otimes A_2 = A_2, \quad A_2 \otimes E = E$$

但 E^2 的特征标 {4, 1, 4, 0, 0} 不再是不可约表示，而是可约表示，可以约化成几个不可约表示的直和。对这种简单情况，用目视法就可以看出：

$$E^2 = E \otimes E = A_1 \oplus A_2 \oplus E$$

然而，对比较复杂的情况，通常需要利用约化公式。

(2) 可约表示的约化　约化公式如下

$$a_i = \frac{1}{h}\sum_{\hat{R}} \chi(\hat{R})\chi_i(\hat{R}) \tag{3-2}$$

a_i 是可约表示中第 i 个不可约表示的数目，求和遍及所有对称操作；每一项中第一个因子是可约表示特征标，第二个因子是第 i 个不可约表示特征标。已知同一类对称操作的特征标相同，故可将各乘积项与类的阶相乘，再对所有类求和。以 E^2 的约化为例：

$$a_{A_1} = \frac{1}{24}[4\times1\times1+1\times1\times8+4\times1\times3+0\times1\times6+0\times1\times6]=1$$

$$a_{A_2} = \frac{1}{24}[4\times1\times1+1\times1\times8+4\times1\times3+0\times(-1)\times6+0\times(-1)\times6]=1$$

$$a_{E} = \frac{1}{24}[4\times2\times1+1\times(-1)\times8+4\times2\times3+0\times0\times6+0\times0\times6]=1$$

$$a_{T_1} = \frac{1}{24}[4\times3\times1+1\times0\times8+4\times(-1)\times3+0\times1\times6+0\times(-1)\times6]=0$$

$$a_{T_2} = \frac{1}{24}[4\times3\times1+1\times0\times8+4\times(-1)\times3+0\times(-1)\times6+0\times1\times6]=0$$

即

$$E^2 \equiv E \otimes E = A_1 \oplus A_2 \oplus E$$

3.1.5　对称性匹配线性组合

在配合物的分子轨道理论和配位场理论中，需要将中心原子与配体的轨道进行线性组合，以构成配合物的 MO。轨道重叠的前提是对称性匹配，所以，往往将配体轨道按配合物所属点群的对称性首先线性组合成群轨道，作为某些不可约表示的基，然后与中心原子相同不可约表示的原子轨道 (atomic orbital, AO) 进一步组成配合物的分子轨道 (MO)。

群轨道亦称“对称性匹配线性组合 (symmetry adapted linear combinations, SALC)”。构成 SALC 需要借助于投影算符。投影算符有不同形式，最方便的形式是只利用特征标的投影算符：

$$\hat{P}^j = \frac{l_j}{h}\sum_{\hat{R}} \chi(\hat{R})^j \hat{R} \tag{3-3}$$

其中，$\chi(\hat{R})^j$ 是第 j 个不可约表示的特征标。在配合物的分子轨道理论中，经常利用投影算符构成配体群轨道。

在配位化学中，群论把配合物的对称性处理置于严格的数学基础上，准确推断对称性产生的后果，或减少计算量。例如，确定中心原子的 AO 所属的不可约表示，构成对称性匹配的配体群轨道，对 AO、MO 或谱项进行分类，确定状态之间的跃迁选律，确定电子允许跃迁的偏振作用，找出分子简正振动模式，等等。这些应用几乎都离不开特征标表。

3.2　价键理论

配合物的价键理论 (VB 理论) 认为，配体与中心原子之间有配位键生成，配体的电子对转移到金属的杂化原子轨道 (hybrid atomic orbital，HAO) 中。

【示例】$Fe^{3+}(d^5)$ 可以形成配合物 $[FeF_6]^{3-}$ 和 $[Fe(CN)_6]^{3-}$

对于 $[FeF_6]^{3-}$，配体 F^- 的电负性很大。$[FeF_6]^{3-}$ 磁矩的测量值为 5.8–5.9β_e，与唯自旋公式 $\mu_s = \sqrt{n(n+2)}\beta_e$ (n 为离子中未成对电子数) 的计算值 5.92β_e 相当符合，表明中心离子的电子结构仍然与自由离子相同。根据 VB 理论，Fe^{3+} 使用图 3-1(a) 虚线框中的一个 4s、三个 4p 和两个 4d 轨道，形成六个 sp^3d^2 杂化原子轨道接受配体的电子对，因而中心离子仍保持 5 个未成对电子，具有这类结构的配合物为高自旋配合物 (HS)，相当于电价配合物。这类配合物往往不稳定，在水中易解离。

$[Fe(CN)_6]^{3-}$ 的配体 CN^- 的电负性较小。$[Fe(CN)_6]^{3-}$ 的磁矩测量值为 2.0–2.3β_e，与唯自旋公式计算值 1.73β_e 比较接近，表明中心离子的电子结构与自由离子不同。根据 VB 理论，Fe^{3+} 使用图 3-1(b) 虚线框中的两个 3d、一个 4s 和三个 4p 轨道，形成六个 d^2sp^3 杂化原子轨道接受配体的电子对，因而中心离子只能保持 1 个未成对电子，具有这类结构的配合物为低自旋配合物 (LS)，相当于共价配合物。这类配合物通常比较稳定，在水中不易解离。

不过，高、低自旋配合物的差别主要在于磁性大小，而电价与共价配合物的差别则在于配位键的弱强，所以高自旋配合物未必总是相当于电价配合物，低自旋配合物也未必总是相当于共价配合物。进一步说，除了 d^4、d^5、d^6、d^7，其余电子组态的中心原子形成的正八面体配合物没有高、低自旋之分，更谈不到与电价、共价有什么对应关系。

面对诸如此类的困难，VB 理论后来放弃电价与共价之分，将所有配合物视为共价配合物，改用外轨与内轨配合物来区分。外轨配合物的杂化轨道由 ns、np、nd 组成，相当于高自旋配合物；内轨配合物的杂化轨道由 $(n-1)$d、ns、np 组成，相当于低自旋配合物。

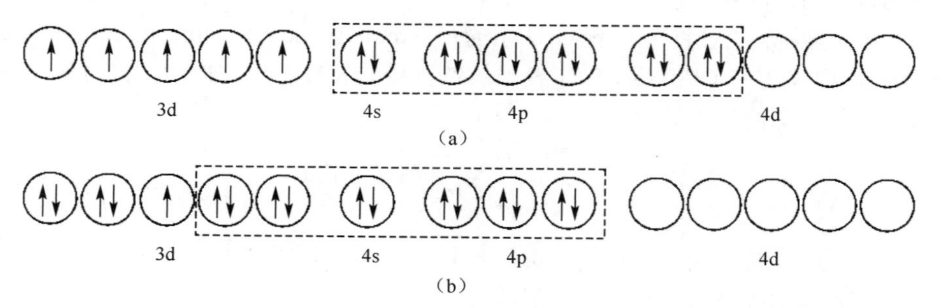

图 3-1 (a) Fe^{3+} 的 sp^3d^2 杂化与(b) d^2sp^3 杂化(杂化轨道中的电子对来自配体)

VB 理论对配合物的磁性解释的比较好，也用中心原子的原子轨道杂化解释了配合物的几何构型。然而，它没有反键轨道的概念，不能考虑激发态，解释电子光谱就遭遇了困难。此外，对含有较多 d 电子的过渡金属配合物的稳定性也不能给予满意的说明，因此逐步让位于新的理论，这就是下面要介绍的晶体场理论、分子轨道理论和配位场理论。

3.3 晶体场理论

3.3.1 晶体场理论概述

晶体场理论起源于 1929 年，贝特 (H. Bethe) 在“晶体中谱项的分裂”论文中证明了自由离子特定电子组态的简并态在晶体中必然分裂，一定对称性的晶体环境导致的分裂状况可用群论决定，并给出纯静电作用假设下计算分裂能大小的方法。后来，范弗莱克 (J. H. Van Vleck) 指出，若假设过渡金属配合物的中心离子与配体之间只是静电相互作用，晶体场模型也适用于配合物。

晶体场理论认为配合物中金属-配体键由点电荷之间的作用形成，类似于离子晶体中的电价键。它将配体视为点电荷或偶极子，而不考虑中心离子 d 轨道与配体轨道的重叠，不考虑电子交换的共价成分。与晶体环境的差别只在于：配合物中心离子仅与周围有限的少数配体发生作用，而不像离子晶体中任一离子那样与周围无穷多个异号和同号离子相互作用。

(1) 晶体场中 d 轨道能级的分裂 配合物的中心原子 M 处于 n 个配体 L 形成的晶体场中，L 可能相同或不同 (如果不同，则一般地记作 X、Y 等，以示区分)。晶体场通常具有某种对称性，例如，对于正八面体配合物是 O_h 场，正四面体配合物是

T_d 场，平面正方形配合物是 D_{4h} 场，等等。任何晶体场的对称性都必然低于自由原子所处的球对称 K_h 场，根据量子力学原理，中心原子的轨道 (或谱项) 能级通常会发生分裂，即简并度降低。一般说来，晶体场的对称性越低，简并解除得越彻底 (回忆一下无限深正方体势阱变为长方体势阱时，阱中电子能级简并度的降低)。用群论可以准确预测分裂后的具体形式和简并度，但不能预测分裂的大小和能级的相对高低，那需要用量子力学进行计算。

下面主要讨论过渡金属原子或离子 M 的五重简并 d 轨道能级在正八面体 O_h 或正四面体 T_d 晶体场中的分裂。由于本章不讨论正方体 O_h 配合物 (唯一例外的是图 3-6 中出现一次)，我们约定：以下所谓 O_h 场或 O_h 配合物，都是针对正八面体而不包括正方体。

首先说明，尽管通常用轨道界面图表示轨道，例如图 3-2 (a) 所示，但在图 3-2 (b) 和 (c) 中将用轨道角度分布图 Y 代替轨道界面图。Y 图与径向分布无关，也与主量子数 n 无关，但不影响问题的讨论，因为在这些场合，轨道的角度分布比径向分布更重要，不标明主量子数也更方便。所以，本章只有图 3-2 (a)、图 3-9 和图 3-10 用了轨道界面图。此外，轨道相位无论正负都不影响电子云带负电这一事实，晶体场理论只考虑 d 电子与配体负电荷的静电排斥，故不强调轨道相位；而配位场理论考虑共价键的形式，故强调轨道相位。

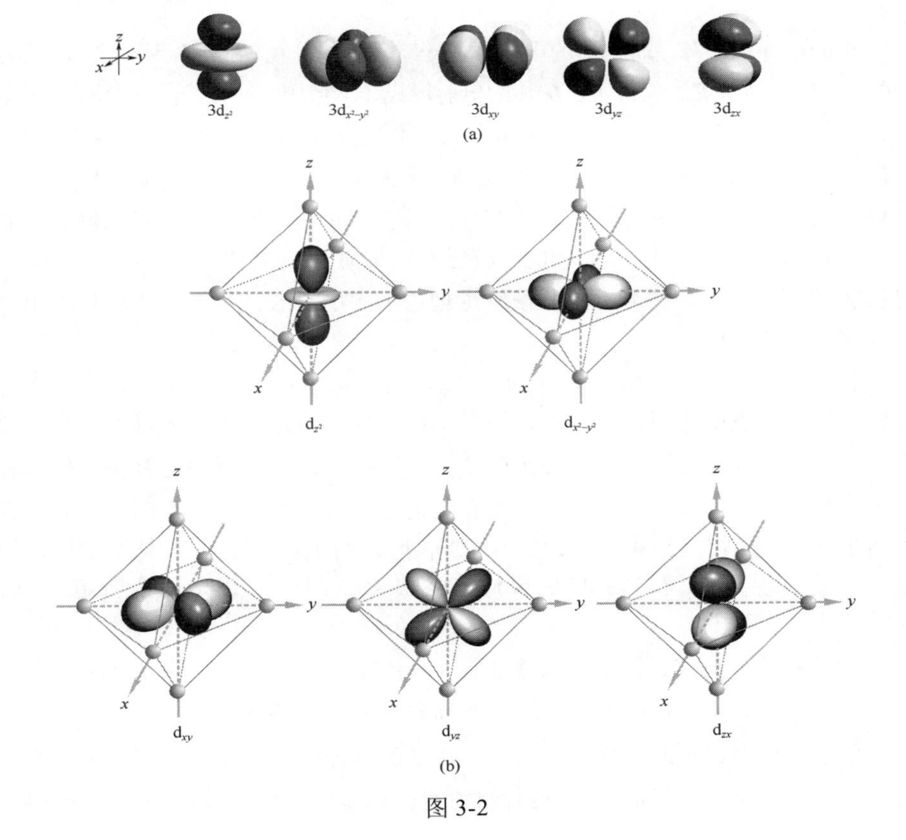

图 3-2

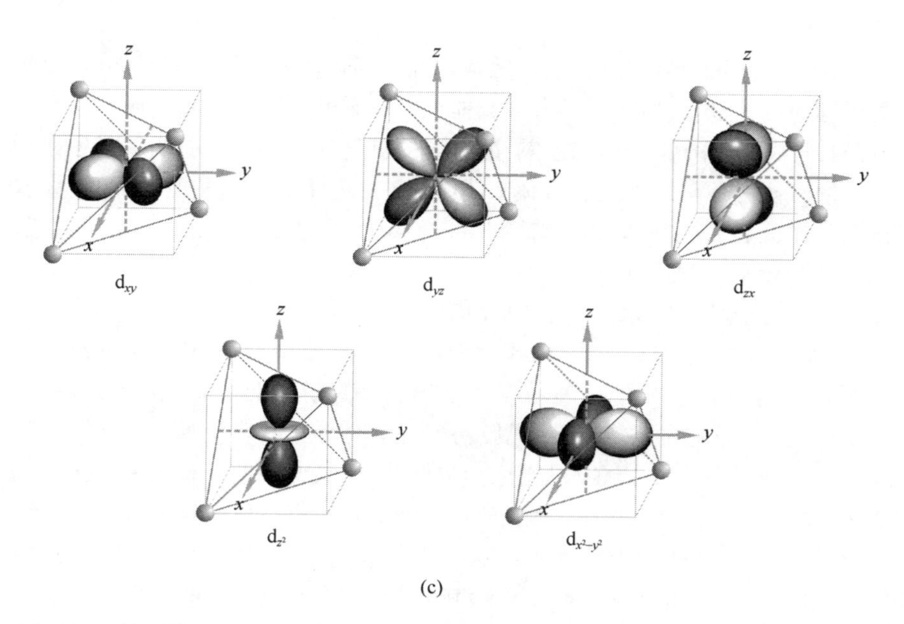

图 3-2 （a）中心原子 M 的 3d 轨道界面图；（b）正八面体 O_h 配合物中 M 的 d 轨道及 6 个配体 L 的分布；（c）正四面体 T_d 配合物中 M 的 d 轨道及 4 个配体 L 的分布

根据静电理论计算，若配体的电荷形成一个球形场，可使 M 的 d 轨道能级都提高 20~40 eV，达到能级 E_s。实际上，配体的电荷形成非球形场。例如，在笛卡尔坐标系中，正八面体配合物中M的d轨道取向及6个配体L的分布如图3-2 (b) 所示，d_{z^2}、$d_{x^2-y^2}$ 轨道的极大值分别对准 z 方向和 x、y 方向的配体，而 d_{xy}、d_{yz}、d_{zx} 轨道的极大值避开配体。由于配体负电荷与 d 轨道中电子的排斥，d 轨道能级将分裂成能级较高的二重简并 e_g 轨道（d_{z^2}、$d_{x^2-y^2}$）和能级较低的三重简并 t_{2g} 轨道（d_{xy}、d_{yz}、d_{zx}）。e_g 和 t_{2g} 是群论的不可约表示符号，是分子轨道理论惯用的符号（早期晶体场理论中分别记作 d_γ 和 d_ε，现已少见）。

这种图示法能够定性表明 O_h 场中的 e_g 轨道能级为什么高于 t_{2g}，但不能像群论处理那样清楚地表明 d_{z^2} 与 $d_{x^2-y^2}$ 轨道的二重简并性。不过可以换一种方式来理解：已知 d 轨道有指向坐标轴间角平分线的 d_{xy}、d_{yz}、d_{zx}，你可以设想还有指向坐标轴的另外 3 个轨道 $d_{x^2-y^2}$、$d_{y^2-z^2}$、$d_{z^2-x^2}$；可是 d 轨道只能有 5 个是独立的，即后三者中只有两个独立，通常选择 $d_{x^2-y^2}$ 为其一，则并不独立的 $d_{y^2-z^2}$ 和 $d_{z^2-x^2}$ 就必须按某种方式线性组合成一个轨道（若 $d_{y^2-z^2}$ 和 $d_{z^2-x^2}$ 也独立，组合后仍是两个轨道），例如 $d_{z^2-x^2}-d_{y^2-z^2}$，简记作

$$(z^2-x^2)-(y^2-z^2)=(z^2-x^2)+(z^2-y^2)=2z^2-x^2-y^2=2z^2-(x^2+y^2)$$
$$=3z^2-(x^2+y^2+z^2)=3z^2-r^2=3(r\cos\theta)^2-r^2=r^2(3\cos^2\theta-1)$$

因此，角度部分为 $(3\cos^2\theta-1)$ 的轨道，在点群的特征标表中作为不可约表示的基时就记作 $2z^2-x^2-y^2$，或简记作 z^2，这种轨道也就记作 d_{z^2}。在此基础上就可以理解 d_{z^2}

和 $d_{x^2-y^2}$ 在 O_h 场中为何二重简并：从指向 L 的方式看，$d_{y^2-z^2}$、$d_{z^2-x^2}$ 与 $d_{x^2-y^2}$ 等价，由 $d_{y^2-z^2}$、$d_{z^2-x^2}$ 组成的 d_{z^2} 也应当与 $d_{x^2-y^2}$ 等价，尽管表面看来似乎不同。

量子力学原理指出：d 轨道在这种分裂过程中保持重心不变（称为重心不变原理）。这意味着有些轨道能级升高时，另一些轨道能级降低；再考虑到轨道简并度，上升总值正好等于下降总值。不过升降的参考点不是自由原子的简并 d 轨道能级，而是 E_s（图 3-3）。

对于正四面体配合物，M 的 d 轨道及 4 个配体 L 的分布借助于一个正方体看得更清楚，如图 3-2（c）。正四面体晶体场的对称性为 T_d。其中，d_{xy}、d_{yz}、d_{zx} 轨道的极大值指向正方体的棱心，而 d_{z^2}、$d_{x^2-y^2}$ 轨道的极大值指向正方体的面心，前者的排斥作用大于后者。因此，d 轨道能级也分裂成两组：能级较高的三重简并 t_2 轨道（d_{xy}、d_{yz}、d_{zx}）和能级较低的二重简并 e 轨道（d_{z^2}、$d_{x^2-y^2}$），能级的相对高低与 O_h 场中刚好相反（图 3-3）。t_2 和 e 不加下标 g 是因为 T_d 场没有对称中心。

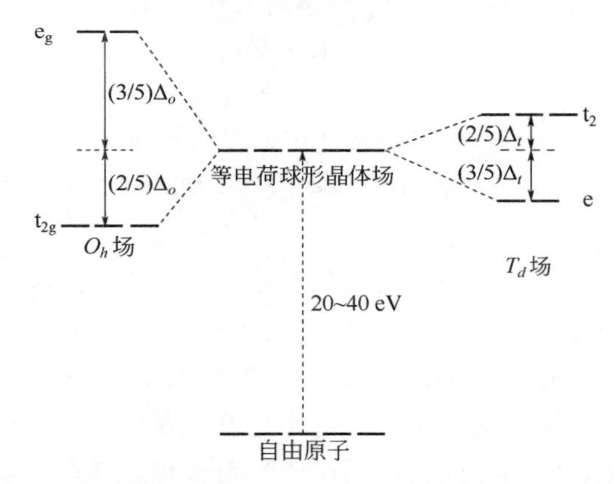

图 3-3　O_h 场和 T_d 场中 d 轨道能级的分裂（等电荷球形场的作用未按比例画）

d 轨道能级在 O_h 场和 T_d 场中都分裂为两组，场分裂能（能级差）分别记作 Δ_o 和 Δ_t。理论计算表明，在配体相同且 M-L 距离相同的条件下，$\Delta_t = (4/9)\Delta_o$。Δ_o 在光谱学上也用 Schlapp 和 Penney 的场强参数 $10Dq$ 表示（D 和 q 分别代表中心原子的极化度和配体电荷，通常以乘积形式出现）。

以 E_s 为能量零点，O_h 场中 $\Delta_o = 10Dq$，根据重心不变原理可以计算出：t_{2g} 轨道为$-(2/5)\ \Delta_o$ 或$-4Dq$，e_g 轨道为 $(3/5)\Delta_o$ 或 $6Dq$；由于 e_g 轨道二重简并，t_{2g} 轨道三重简并，上升总值和下降总值均为 $(6/5)\Delta_o$ 或 $12Dq$。在 T_d 场中，$\Delta_t = 4/9\Delta_o = 4.44Dq$，e 轨道为$-(3/5)\Delta_t = -(12/45)\Delta_o = -2.66Dq$，$t_2$ 轨道为 $(2/5)\Delta_t = (8/45)\Delta_o = 1.78Dq$，上升总值和下降总值均为 $(6/5)\Delta_t = (24/45)\Delta_o = 5.33Dq$（顺便说明，配体的接近使中心原子 d 轨道能级升高到 E_s，比自由原子 d 轨道能级高出 20~40eV，相比之下，Δ_o 则小得多，通常只有 1~3eV。那么，配体为什么还要接近中心原子呢？这是因为中心原子与配体的成键将使能量得到补偿且有余，所以，配体还是倾向于接近中心原子

而形成配合物分子。对成键作用的全面分析需要用到配位场理论）。

对同一种对称性的晶体场而言，Δ 值大意味着强场，Δ 值小意味着弱场，关于强场和弱场的许多问题，将在 3.3.2 节和后续部分详加讨论。不同配合物的 Δ 大小不同，这与中心原子（或离子）和配体的性质都有关，根据电子光谱数据，已得到下列经验规律：

① 对任何一种中心离子，配体产生的 Δ 几乎都有下列顺序，通常称为配体的光谱化学序列：

I^-<Br^-<S^{2-}<SCN^-<Cl^-<NO_3^-<F^-<OH^-<$C_2O_4^{2-}$<H_2O<NCS^-<CH_3CN<NH_3<en (乙二胺) <bipy (2,2′-联吡啶) <phen (1,10-二氮菲) <NO_2^-<PPh_3<CN^-<CO

卤素 (包括 F^-) 产生的场分裂能小于 H_2O，H_2O (偶极矩 $\mu = 1.84$ D) 产生的场分裂能小于 NH_3 ($\mu = 1.46$ D)，这从只考虑静电作用的晶体场理论看来不可思议，而从分子轨道理论看却很正常，我们将在后面说明这一点。

② 对确定的配体，中心离子的电荷越高 Δ 越大 (对 O_h 场配合物，中心离子的氧化数每增加一个单位，Δ_o 提高到大约 1.5~2.0 倍)；含 d 电子的壳层主量子数 n 越大 Δ 越大，同族元素自上而下增大，因为 n 较大的 d 轨道在空间伸展较远，与配体的相互作用也较强。部分中心离子的光谱化学序列大致如下：

Mn^{2+}<Ni^{2+}<Co^{2+}<Fe^{2+}<V^{2+}<Fe^{3+}<Co^{3+}<Mn^{4+}<Mo^{3+}<Rh^{3+}<Ru^{3+}<Pd^{4+}<Ir^{3+}<Pt^{4+}

第一过渡系二价、三价离子的 Δ 大约分别为 12000 cm^{-1} 和 20000 cm^{-1}，第二、三过渡系离子的 Δ 更大。

(2) 晶体场稳定化能 晶体场中 d 轨道能级的分裂对于中心原子 (或离子) 与配体的成键具有重要作用：在 d 壳层未充满电子的情况下，电子进入分裂的 d 轨道后，与轨道分裂前相比，组态总能量有所降低，降低值就是晶体场稳定化能 (crystal field stabilization energies，CFSE)，也就是晶体场中各电子占据的轨道能级的代数和 (对每个电子求和) 的绝对值。

对于组态 d^1、d^2、d^3、d^8、d^9、d^{10}，强场与弱场的 CFSE 没有区别，但对于 d^4、d^5、d^6、d^7，强场的 CFSE 总是更大。一般说来，CFSE 越大，配合物越稳定。但上述 CFSE 定义并未考虑电子成对能 P (即一个 d 轨道中已有一个电子，另一个电子要进入其中与之配对时必须克服相互排斥所需的能量) 的不稳定作用，实际的稳定化能应扣除 P 。稳定化能可用于研究配合物的热力学和反应动力学性质。

(3) Jahn-Teller 效应 Jahn-Teller 效应与配合物的立体化学有关。因为它涉及简并组态，所以学过晶体场的基本概念后，才可以理解这一效应。

H. A. Jahn 和 E. Teller 在 1937 年指出，如果一个非线型分子处于简并的电子组态，就会发生变形而解除简并；如果分子原来具有对称中心，畸变后仍然保留。这就是 Jahn-Teller 定理。究其原因，简并组态的电子分布不均衡，电子云缺少分子的完整对称性，作用在核上不对称的力使分子倾向于以某种方式振动而导致畸变，从而解除简并，使分子处于相应稳定构型的最低能量状态。

以 d^9 组态的 Cu^{2+}为例，它在正八面体 O_h 场中的组态为 $t_{2g}^6e_g^3$。未充满的二重简并轨道 e_g 包括 d_{z^2} 和 $d_{x^2-y^2}$，3 个电子填充于其中，可能形成简并的两种组态之一：$d_{z^2}^2d_{x^2-y^2}^1$ 或 $d_{z^2}^1d_{x^2-y^2}^2$。前一种组态下 z 轴方向电子云密度较大，z 轴方向的配体倾向于远离 M，而 x、y 轴方向的配体倾向于朝 M 靠近，结果成为拉长的变形八面体配合物（导致 d_{z^2} 能级下降而 $d_{x^2-y^2}$ 能级上升，解除 e_g 轨道的二重简并）；后一种组态下 x、y 轴方向电子云密度较大，该方向的配体倾向于远离 M，而 z 轴方向的配体倾向于朝 M 靠近，成为压扁的变形八面体配合物（同时导致 $d_{x^2-y^2}$ 能级下降而 d_{z^2} 能级上升，解除 e_g 轨道的二重简并）。Jahn-Teller 定理不能预言究竟会产生哪种形变，不过，详细计算表明，拉长的可能性更大。对于 Cu 的八面体配合物，几乎总是沿 z 轴拉长。由于 Jahn-Teller 畸变改变晶体场的对称性，从而影响到电子光谱，所以，可以通过电子光谱研究这种效应。

不难理解，d^5 高自旋、d^6 低自旋和 d^0、d^3、d^8、d^{10} 离子的八面体配合物不会发生 Jahn-Teller 畸变，因为它们不具有简并基组态。

由 t_{2g} 轨道（d_{xy}、d_{yz}、d_{zx}）产生的简并组态，理论上也应有 Jahn-Teller 效应，例如，Ti^{3+}的组态为 d^1，其正八面体 O_h 配合物也会因 Jahn-Teller 效应发生四方畸变，使 t_{2g} 中 d_{xy} 轨道能级降至 d_{yz} 和 d_{zx} 之下。但由于 d_{xy}、d_{yz}、d_{zx} 轨道都不是指向 M-L 坐标轴向，而是指向坐标轴之间，排斥作用不明显，通常难以观测到畸变。这使问题变得相对简单，只需要关注 e_g 轨道的简并组态。

正四面体 T_d 配合物也应存在 Jahn-Teller 效应。不过，由于 $\Delta_t = (4/9)\Delta_o$，已知的 T_d 配合物都是高自旋；且 T_d 配合物中 t_2 轨道能级高于 e 轨道，因此 Mn^{2+}、Fe^{3+}、Ru^{3+}、Os^{3+}的组态为 $e^2t_2^3$，Co^{2+}的组态为 $e^4t_2^3$，这都不存在简并组态，也就不发生 Jahn-Teller 畸变。其它某些四面体配合物则有可能畸变。

对于线型分子，Jahn-Teller 定理不适用，但仍受 Renner-Teller 定理的限制，这是电子运动与振动之间的一种相互作用，可使能级的简并解除。不过，Renner-Teller 效应对于配合物的重要性远不如 Jahn-Teller 效应。

Jahn-Teller 效应也能推广到含有配合的顺磁离子的晶体。在材料科学中，研究缺陷的 Jahn-Teller 效应，尤其是对于材料的制作和成品可靠性（如大规模集成电路）的影响具有重要意义。

附带说明，对于奇数电子体系，在没有外磁场存在的条件下，任一能级总保持偶数重、至少是二重的自旋简并，此即 Kramers 定理，它源于时间反演对称性。这种自旋简并不会被任何对称性的电场微扰所解除，当然也不会被 Jahn-Teller 畸变所解除。

(4) 晶体场理论的应用实例 晶体场理论可用于研究配合物的相对稳定性、反应动力学、磁学、光谱等性质。兹举数例。

① 水化热。离子的水化热是一个气态金属离子与水作用生成一个水化离子时所产生的热量 ($-\Delta H$)。Ca^{2+}和第一系列过渡金属二价离子几乎都能形成八面体形

水化离子（只有 Sc^{2+}的化合物尚未发现）。若不考虑 CFSE 而只从静电作用来看，从 Ca^{2+} 到 Zn^{2+}，M^{2+}的核电荷渐增，3d 电子层逐步收缩，极性的水分子配体与 M^{2+} 的距离渐减，离子水化热曲线应当如图 3-4 虚线所示单调上升，然而实验结果却如图 3-4 实线所示呈双峰形。

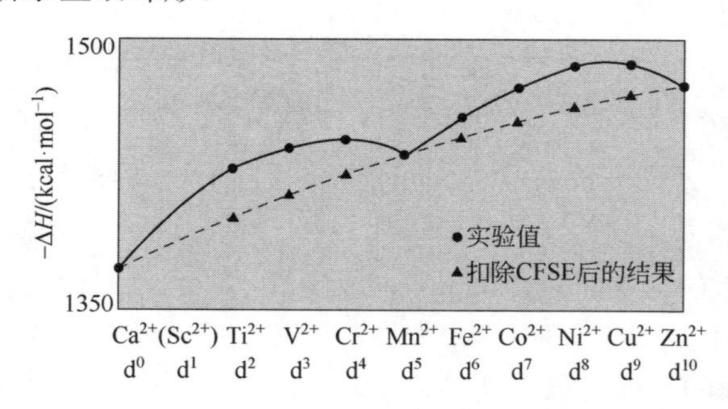

图 3-4　一些金属离子的水化热与 d 电子数的关系

当考虑到 CFSE，其中原因就一目了然：这些$[M(H_2O)_6]^{2+}$都是 O_h 场的弱场高自旋配合物，1 个 d 电子若由球形场轨道转入能量较低的 t_{2g} 轨道则 CFSE 值增加 $4Dq$，转入能量较高的 e_g 轨道则 CFSE 值减少 $6Dq$。由此即可计算出 O_h 场高自旋配合物的 CFSE：

M^{2+}的 d^n	d^0	d^1	d^2	d^3	d^4	d^5	d^6	d^7	d^8	d^9	d^{10}
e_g 轨道电子数	0	0	0	0	1	2	2	2	2	3	4
t_{2g} 轨道电子数	0	1	2	3	3	3	4	5	6	6	6
CFSE/Dq	0	4	8	12	6	0	4	8	12	6	0

将图 3-4 虚线上的点加上 CFSE 而抬高，就得到实线上的点（实验值）；反之，将实线上的点减去 CFSE 而降低，就得到虚线上的点。类似情况也出现于 $4d^n$ 和 $5d^n$ 金属离子、水或非水配体的八面体配合物的晶体中。

② 配合物的磁学性质。自由离子的轨道角动量在配合物中会完全或部分丧失，称为轨道角动量猝灭或轨道冻结。原因是电子未充满的 d 亚层处于最外层，受配体电场的干扰所致。由于轨道磁矩 = 轨道角动量×磁旋比，轨道角动量猝灭意味着轨道磁矩也消失。轨道磁矩对于状态 A 和 E 是完全猝灭，而对于状态 T 则不完全。在轨道冻结近似下，配合物的磁矩来自于不受电场影响而受磁场影响的自旋磁矩 μ_s：

$$\mu_s = |\boldsymbol{\mu}_s| = |\gamma_s \boldsymbol{S}| = \left| -\frac{g_s e}{2m_e}\boldsymbol{S} \right| = \sqrt{s(s+1)}g_s\frac{eh}{2m_e} = \sqrt{s(s+1)}g_s\beta_e$$

$$\approx 2\sqrt{s(s+1)}\beta_e = 2\sqrt{\frac{n}{2}\left(\frac{n}{2}+1\right)}\beta_e = \sqrt{n(n+2)}\beta_e$$

此即“唯自旋公式”。式中，$\boldsymbol{S}$ 为自旋角动量；γ_s 为电子自旋的磁旋比；自旋 g 因子 $g_s = 2.0023 \approx 2$；β_e 为 Bohr 磁子（电子磁矩的自然单位）；e 为电子电荷；m_e 为

电子静质量；n 为离子中未成对电子数（不是电子总数，更不是主量子数）。可见，配合物的磁矩取决于原子或离子中未成对电子数。

自由原子的组态 d^1、d^2、d^3、d^8、d^9，在正八面体 O_h 场中无论 Δ_o 大小如何变化，未成对电子数总是保持最多，没有高、低自旋之分 (d^{10} 当然也没有高、低自旋之分，但没有未成对电子)，即 O_h 场中的电子组态不随场强改变，所以，任何场强下的基谱项总是保持着来自于自由原子的基谱项，其余激发谱项的相对高低随场强渐增而改变，但不可能降到基谱项之下。而 d^4、d^5、d^6、d^7 则不然，随着 Δ_o 大小变化，它们有高、低自旋之分，可能引起自旋多重度改变，其中有的激发谱项可能在场强大到某一临界值时降到基谱项之下。

同一种组态 d^n 采取高自旋还是低自旋，取决于 Δ_o 与电子成对能 P 的相对大小，因为低自旋有更多电子成对，产生较大的电子间排斥，但如果 Δ_o 很大，这样做在能量上还是有利的，反之则不然。亦即，$\Delta_o>P$ 采取低自旋，$\Delta_o<P$ 采取高自旋。

类似的分析也适用于 T_d 场配合物，但由于 Δ_t 只相当于 Δ_o 的 4/9，已知的 T_d 场配合物都是高自旋。

③ 配合物的分子或晶体中八面体构型的变形现象。这种解释往往借助于 Jahn-Teller 定理。

对于配合物的化学键理论的深入探讨必须使用群论方法，详见以下各节。

3.3.2 弱场与强场

自由原子或离子的谱项在晶体场中会发生分裂。若能知道分裂后各状态的相对能量，以及场强如何影响中心原子与配体的作用强度，就能给出能级相关图，解释配合物的电子光谱、磁性等。原则上，中心原子的谱项能级在晶体场中分裂后，能级的高低和间隔需用量子力学计算，而谱项分裂方式 (如简并度降低到什么程度) 只用群论就能决定。

为此，需要根据晶体场作用大小来区分两种情况：弱场与强场，并相应地采用两种方案来处理。那么，如何区分弱场与强场？

在忽略电子的自旋-轨道耦合 (简称旋-轨耦合) 前提下，自由原子或离子的哈密顿 (Hamilton) 算符为

$$\hat{H}_0=-\frac{\hbar^2}{2m_e}\sum_i^n\nabla_i^2-\sum_i^n\frac{Ze^2}{4\pi\varepsilon_0 r_i}+\sum_{i<}\sum_j^n\frac{e^2}{4\pi\varepsilon_0 r_{ij}} \tag{3-4}$$

等号右端三项依次为电子动能项、电子-核吸引项、电子相互排斥项。

处于晶体场中的原子或离子的哈密顿算符则增加了配体产生的晶体场势能项 $\hat{H}_L$：

$$\hat{H}=\hat{H}_0+\hat{H}_L=[-\frac{\hbar^2}{2m_e}\sum_i^n\nabla_i^2-\sum_i^n\frac{Ze^2}{4\pi\varepsilon_0 r_i}+\sum_{i<}\sum_j^n\frac{e^2}{4\pi\varepsilon_0 r_{ij}}]+\hat{H}_L \tag{3-5}$$

所谓强场和弱场，是针对晶体场势能项与电子相互排斥项的相对大小而言。弱场是晶体场势能项远小于电子相互排斥项；而强场则是晶体场势能项远大于电子相互排

斥项。若能分别搞清楚弱场与强场中的能级关系，并按某些规则关联起来，就能构成能级相关图，进而讨论各种中间场强的状态。不过，要了解弱场与强场中的能级，需要先分别了解弱场极限与强场极限，确定这两种极端条件下能级的相对高低，为相关图提供一种支持点。

① 弱场极限的晶体场是如此之弱，以至于中心原子可以被看作是自由的，只需要考虑其中的电子间排斥作用，这需要用自由原子谱项描述；然后，在此极限上引入晶体场的影响作为微扰，就得到弱场（即弱相互作用）中谱项分裂的能级。

② 与此相反，强场极限的晶体场是如此之强，以至于只需要考虑晶体场对中心原子轨道的作用，而完全忽略电子间排斥，这自然就不产生谱项，只能用中心原子轨道分裂后的组态来描述；然后，在此极限上适当减小晶体场的强度，使电子开始感受到它们相互之间的排斥，即引入电子间排斥作为微扰，这就需要用谱项描述，得到强场（即强相互作用）中的谱项能级。

明白了弱场极限与强场极限的这一重要区别，也就容易理解为什么要对弱场和强场分别采用不同的方案来处理。

在能级相关图上，这四种情况的能级分别画在四列上。其中，弱场极限（即无限弱场中的自由离子谱项）和强场极限（即无限强场中的组态）都不过是出发点，是为相关图确定支持点的手段，而我们主要关心的是弱场和强场，以及二者之间逐步过渡的中间场强状态，这就需要将弱场与强场的谱项关联起来。

下面主要以 d^2 离子为例，先分别介绍如何得到这四种情况下的能级。

3.3.3 弱场极限：自由离子的谱项

弱场极限就是完全没有晶体场，中心原子处于自由状态。对于这样的过渡金属离子，5 个 d 轨道完全简并，处于同一能级。

轨道本身是单电子态。对多电子原子来说，需要用光谱项（term）描述原子的状态（state）。读者从结构化学中已经了解，求原子的光谱项有 L-S 耦合与 j-j 耦合两种方案，分别适用于静电相互作用大于旋-轨耦合作用（较轻的原子）和旋-轨耦合作用大于静电相互作用（较重的原子）两种情况。不过，即使 Pb 这样的重原子也远未达到纯粹的 j-j 耦合，对于第一、第二过渡族元素，L-S 方案已足够好。所以，下面讨论弱场极限、弱场、强场极限、强场，以及相关图时，都是在 L-S 耦合方案下，而把 j-j 耦合方案留到 3.3.9 节介绍。

用任何一种方案求谱项，都必须区分非等价和等价组态。下面分别以非等价组态 d^1d^1（这意味着两个 d 轨道的主量子数 n 不同）和等价组态 d^2 为例，用 L-S 方案求其谱项及支谱项。

(1) 非等价组态 d^1d^1 的谱项 非等价组态的电子排布不可能违背 Pauli 原理，所以，谱项求法极其简单。只要写出两个电子的轨道角量子数 l 值，从二者之和开始，以间隔为 1 递降至差值绝对值，所有的数就是各谱项的 L 值；再用两个电子的 s 值，按同样规则求出各谱项的 S 值。这种数字序列叫做 Clebsch-Gordon 序列。对于本例

$L = 2+2, 2+2-1, 2+2-2, \cdots, |2-2| = 4, 3, 2, 1, 0$

$S = 1/2+1/2, |1/2-1/2| = 1, 0$

将每一种自旋多重度 $2S+1$ 与每一个 L 组合，就得到全部谱项 (L = 0, 1, 2, 3, 4, 5, …的代号分别为 S, P, D, F, G, H, …)：

^3G　^3F　^3D　^3P　^3S

^1G　^1F　^1D　^1P　^1S

最后求光谱支项。支项属于每个特定谱项，只有针对每一具体谱项，才能用

$$J = L+S, L+S-1, L+S-2, \cdots, |L-S|$$

计算出属于它的各个 J 值，写出如下支项：

$^3G_5$　$^3G_4$　$^3G_3$　$^1G_4$

$^3F_4$　$^3F_3$　$^3F_2$　$^1F_3$

$^3D_3$　$^3D_2$　$^3D_1$　$^1D_2$

$^3P_2$　$^3P_1$　$^3P_0$　$^1P_1$

$^3S_1$　　　　$^1S_0$

谱项是在组态基础上考虑电子间排斥的结果，支项是在谱项基础上进一步考虑旋-轨耦合的结果，不过，这种旋-轨耦合小于电子间排斥。

(2) 等价组态 d^2 的谱项　求等价组态谱项的做法不同于非等价组态谱项，否则会产生一些违反 Pauli 原理的谱项。方法虽有多种，但基本方法是行列式波函数法。这种方法并不复杂，但过程冗长而繁琐，此处不再讨论，不熟悉的读者可参阅结构化学教科书[3]。对于等价组态 d^2，谱项为 ^3F、^3P、^1G、^1D、^1S。

对只有两个等价电子的组态，可用非常简单的 M_L 表求出谱项，图 3-5 示出对 d^2 求谱项的步骤：

① 按图所示，分别写出两个等价电子的 l 和 m_l 值；

② 在行、列交叉点上对两个 m_l 值求和，构成 M_L 表；

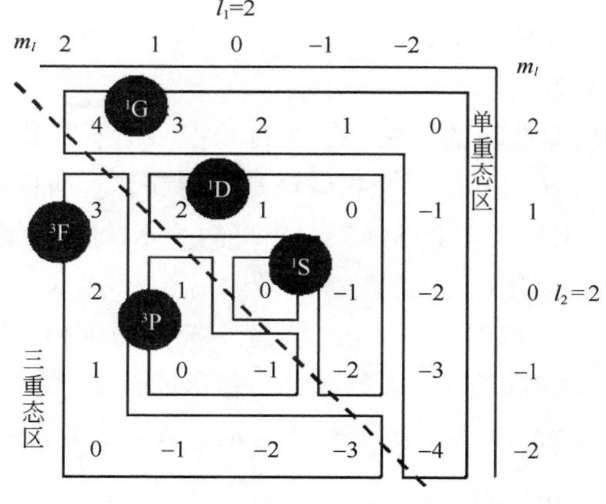

图 3-5　用 M_L 表法求 d^2 组态的谱项

③ 在主对角元之下画一条分界线，右上区为单重态区，左下区为三重态区；

④ 在两个区中，分别划分拐角形框；

⑤ 每个拐角形框中的最大值 (第一个数) 就是谱项的 L 值，而所在区就决定了自旋多重度 $2S+1$。

于是，谱项为 $^3F, ^3P, ^1G, ^1D, ^1S$。

进而对每个谱项运用 $J = L+S$，$L+S-1$，$L+S-2$，…，$|L-S|$，得到支谱项：

$$^3F_4 \quad ^3F_3 \quad ^3F_2$$
$$^3P_2 \quad ^3P_1 \quad ^3P_0$$
$$^1G_4$$
$$^1D_2$$
$$^1S_0$$

d^1 是单电子组态，只可能产生谱项 ^2D; d^{10} 是全充满组态，只可能产生谱项 ^1S。等价组态 d^3, d^4, d^5 的谱项可用行列式波函数法求出 (尽管过程非常冗长)。再利用空穴规则 (一个亚层上填充 N 个电子与留下 N 个空穴，其组态为互补组态，产生的谱项相同，例如，d^2 与 d^8 组态产生的谱项相同)，又可以导出等价组态 d^6-d^9 的谱项。

自由原子的能量最低谱项——基谱项，可用 Hund 第一规则确定：S 最大的谱项能级最低；其中又以 L 最大者能级最低。对于 d^2 组态，基谱项是 ^3F；不过，Hund 规则只用于由基组态而非激发组态产生的谱项，且只能用于挑选基谱项，而不能为其余谱项的能级高低排序。借助于光谱数据，可得到如下结果：

$$^3F < {}^1D < {}^3P < {}^1G < {}^1S$$

在基谱项中，再用 Hund 第二规则又可挑出能级最低的支谱项：若谱项来自少于半充满的组态，J 最小的支项能级最低；若谱项来自多于半充满的组态，J 最大的支项能级最低；对半充满组态，只有一个 $J = S$ 的支项，不必用 Hund 第二规则。因此，尽管互补组态产生的谱项相同，但能级最低的支谱项不同，例如，d^2 的 $^3F_2$ 能级最低，而 d^8 的 $^3F_4$ 能级最低。

3.3.4 弱场：谱项的分裂

(1) 弱晶体场中轨道能级的分裂 首先讨论中心原子的轨道在弱晶体场中的分裂，这也是讨论谱项分裂的基础。基本做法是：将晶体场所属点群的对称操作，作用于中心原子的每个 d 轨道，操作结果给出可约表示，然后约化为不可约表示。不过，利用子群可以大大简化这个过程[1]。

以正八面体场为例，点群 O_h 与其纯转动子群 O 的主要差别是子群缺少反演操作。所以，可以先考虑轨道在子群 O 的对称操作下的行为，然后增加反演操作即可，而轨道在反演下的奇偶性 (宇称) 等于轨道角量子数 l 的奇偶性，例如，所有 d 轨道的宇称都是 g。

化学环境不与电子自旋直接作用，故自旋函数不必考虑。轨道波函数 $\psi_{nlm}(r,\theta,\phi) =$

$R_{nl}(r)\,\Theta_{lm}(\theta)\Phi_m(\phi)$ 中，绕 z 轴转动 α 角时受影响的也只有 $\Phi_m(\phi)=\mathrm{e}^{\mathrm{i}m\phi}$ (归一化系数已略去。m 是轨道磁量子数 m_l 的简记，$m=l, l-1, \cdots, 1-l, -l$。对于 d 轨道，$m=2, 1, 0, -1, -2$)。所以，可以只考虑这一影响的结果，给出可约表示特征标。

$$R(\alpha)\begin{bmatrix}\mathrm{e}^{2\mathrm{i}\phi}\\ \mathrm{e}^{\mathrm{i}\phi}\\ \mathrm{e}^{0}\\ \mathrm{e}^{-\mathrm{i}\phi}\\ \mathrm{e}^{-2\mathrm{i}\phi}\end{bmatrix}=\begin{bmatrix}\mathrm{e}^{2\mathrm{i}(\phi+\alpha)}\\ \mathrm{e}^{\mathrm{i}(\phi+\alpha)}\\ \mathrm{e}^{0}\\ \mathrm{e}^{-\mathrm{i}(\phi+\alpha)}\\ \mathrm{e}^{-2\mathrm{i}(\phi+\alpha)}\end{bmatrix}$$

立即看出，转动矩阵 $R(\alpha)$ 及其特征标 $\chi(\alpha)$ 是

$$R(\alpha)=\begin{bmatrix}\mathrm{e}^{2\mathrm{i}\alpha} & 0 & 0 & 0 & 0\\ 0 & \mathrm{e}^{\mathrm{i}\alpha} & 0 & 0 & 0\\ 0 & 0 & \mathrm{e}^{0} & 0 & 0\\ 0 & 0 & 0 & \mathrm{e}^{-\mathrm{i}\alpha} & 0\\ 0 & 0 & 0 & 0 & \mathrm{e}^{-2\mathrm{i}\alpha}\end{bmatrix}$$

$$\chi(\alpha)=\mathrm{e}^{2\mathrm{i}\alpha}+\mathrm{e}^{\mathrm{i}\alpha}+\mathrm{e}^{0}+\mathrm{e}^{-\mathrm{i}\alpha}+\mathrm{e}^{-2\mathrm{i}\alpha} \tag{3-6}$$

利用 Euler 公式 $\mathrm{e}^{\mathrm{i}\alpha}=\cos\alpha+\mathrm{i}\sin\alpha$，可以改写为

$$\chi(\alpha)=1+2\cos\alpha+2\cos 2\alpha \tag{3-7}$$

或许有的读者会奇怪，配位化学中用的 d 轨道几乎都是实轨道，为何要对复轨道进行操作？原因是：d_{z^2} 的 $m_l=0$，其 $\Phi(\phi)$ 为常数，没有复、实之分；而 $m_l=+1$ 和 -1 的复轨道线性组合产生实轨道 d_{zx} 和 d_{yz}，$m_l=+2$ 和 -2 的复轨道线性组合产生实轨道 $\mathrm{d}_{x^2-y^2}$ 和 d_{xy}，这 4 个实轨道的 $\Phi(\phi)$ 函数分别为 $\cos\phi$、$\sin\phi$、$\cos 2\phi$、$\sin 2\phi$。绕 z 轴转动 α 角时，根据两角和的三角函数公式

$$\cos(\phi+\alpha)=\cos\phi\cos\alpha-\sin\phi\sin\alpha$$
$$\sin(\phi+\alpha)=\sin\phi\cos\alpha+\cos\phi\sin\alpha$$
$$\cos 2(\phi+\alpha)=\cos 2\phi\cos 2\alpha-\sin 2\phi\sin 2\alpha$$
$$\sin 2(\phi+\alpha)=\sin 2\phi\cos 2\alpha+\cos 2\phi\sin 2\alpha$$

因此，转动变换的矩阵方程必然具有下列形式

$$R(\alpha)\begin{bmatrix}\mathrm{d}_{z^2}\\ \mathrm{d}_{zx}\\ \mathrm{d}_{yz}\\ \mathrm{d}_{x^2-y^2}\\ \mathrm{d}_{xy}\end{bmatrix}=\begin{bmatrix}1 & 0 & 0 & 0 & 0\\ 0 & \cos\alpha & -\sin\alpha & 0 & 0\\ 0 & \sin\alpha & \cos\alpha & 0 & 0\\ 0 & 0 & 0 & \cos 2\alpha & -\sin 2\alpha\\ 0 & 0 & 0 & \sin 2\alpha & \cos 2\alpha\end{bmatrix}\begin{bmatrix}\mathrm{d}_{z^2}\\ \mathrm{d}_{zx}\\ \mathrm{d}_{yz}\\ \mathrm{d}_{x^2-y^2}\\ \mathrm{d}_{xy}\end{bmatrix} \tag{3-8}$$

可见，以实轨道为基，转动矩阵 $R(\alpha)$ 的特征标也是

$$\chi(\alpha)=1+2\cos\alpha+2\cos2\alpha$$

上述转动矩阵的普遍形式是

$$\begin{bmatrix} e^{li\alpha} & 0 & \cdots & \cdots & 0 \\ 0 & e^{(l-1)i\alpha} & 0 & \cdots & 0 \\ \vdots & \vdots & \ddots & \vdots & \vdots \\ 0 & \cdots & 0 & e^{(1-l)i\alpha} & 0 \\ 0 & \cdots & \cdots & 0 & e^{-li\alpha} \end{bmatrix} \tag{3-9}$$

对式 (3-9) 主对角元求和时，先反向排列并提出公因子 $e^{-li\alpha}$，再用等比级数求和公式

$$S_n=\frac{k(r^n-1)}{r-1}$$

首项 $k=1$，公比 $r=e^{i\alpha}$，项数 $n=2l+1$，由此得到任何亚层的轨道绕 z 轴转动任意角 α 的可约表示特征标通用公式

$$\chi(\alpha)=\frac{\sin(l+\frac{1}{2})\alpha}{\sin\frac{\alpha}{2}} \qquad (\alpha\neq0) \tag{3-10}$$

当$\alpha=0$时，利用罗比达第一法则可得

$$\chi(0)=\lim_{\alpha\to0}\frac{\sin(l+\frac{1}{2})\alpha}{\sin\frac{\alpha}{2}}=\lim_{\alpha\to0}\left[\frac{\cos(l+\frac{1}{2})\alpha}{\cos\frac{\alpha}{2}}\times\frac{l+\frac{1}{2}}{\frac{1}{2}}\right]=2l+1 \tag{3-11}$$

式 (3-10) 和式 (3-11) 也适用于按 L-S 耦合方案得到的谱项，只要以总轨道角量子数 L 取代 l 即可 [L 总是整数，因而仍能保证 $\chi(\alpha)=\chi(\alpha+2\pi)$]：

$$\chi(\alpha)=\frac{\sin(L+\frac{1}{2})\alpha}{\sin\frac{\alpha}{2}} \qquad (\alpha\neq0)$$

$$\chi(\alpha)=2L+1 \qquad (\alpha=0) \tag{3-12}$$

对于重原子，如稀土离子，由于自旋与轨道的耦合，需要在 L-S 耦合方案中进一步考虑支项，耦合更强时甚至需要代之以 j-j 耦合方案。在这种情况下，对于奇数电子的离子，支项或谱项中的量子数 J 成为半整数，$\chi(\alpha)\neq\chi(\alpha+2\pi)$，必须使用双值群，将在 3.3.10 节介绍。

利用式 (3-10) 和式 (3-11) 可求出 d 轨道在 O 群的可约表示，列于表 3-3。

表 3-3　d 轨道在 O 群中的可约表示

O	E	$6C_4$	$3C_2(=C_4^2)$	$8C_3$	$6C_2$
Γ	5	−1	1	−1	1

利用 O 群的特征标表 (表 3-4)[2]约化为

$$\Gamma = E \oplus T_2$$

再考虑到 d 轨道在反演操作下宇称全为 g，则 O_h 群中 $\Gamma = E_g \oplus T_{2g}$，表明正八面体配合物中 d 轨道分裂成二重简并和三重简并轨道，因为 E_g 和 T_{2g} 分别是二维和三维不可约表示。为区别于谱项在晶体场中的分裂，将轨道不可约表示改用小写字母表示为 e_g 和 t_{2g}。对其它亚层的 AO，只要取相应的轨道角量子数 l，也能求出它们在 O_h 场中的分裂。

表 3-4 O 群的特征标表

O	E	$6C_4$	$3C_2(=C_4^2)$	$8C_3$	$6C_2$			
A_1	1	1	1	1	1		$x^2+y^2+z^2$	
A_2	1	−1	1	1	−1			xyz
E	2	0	2	−1	0		$(2z^2-x^2-y^2, x^2-y^2)$	
T_1	3	1	−1	0	−1	(R_x, R_y, R_z), (x, y, z)		(x^3, y^3, z^3)
T_2	3	−1	−1	0	1		(xy, yz, zx)	$[x(z^2-y^2), y(z^2-x^2), z(x^2-y^2)]$

采用类似步骤，还能求出轨道能级在 T_d、D_{4h} 等其它对称性晶体场中的分裂，但更简单的作法是使用相关表，它表明点群 G 递降为它的某个子群 S 时，G 中的每个不可约表示将降解为 S 中的哪个或哪些不可约表示。例如，正八面体 O_h 场配合物沿 z 轴方向伸长时 (这是 Cu^{2+} 八面体配合物发生 Jahn-Teller 畸变的典型情况)，对称性降低为 D_{4h}，根据 O_h 群的相关表 (表 3-5)，e_g 轨道分裂为 $a_{1g} \oplus b_{1g}$，t_{2g} 轨道分裂为 $b_{2g} \oplus e_g$。

表 3-5 O_h 群的相关表

O_h	O	T_d	D_{4h}	C_{2v}	C_{2h}
A_{1g}	A_1	A_1	A_{1g}	A_1	A_g
A_{2g}	A_2	A_2	B_{1g}	A_2	B_g
E_g	E	E	$A_{1g} \oplus B_{1g}$	$A_1 \oplus A_2$	$A_g \oplus B_g$
T_{1g}	T_1	T_1	$A_{2g} \oplus E_g$	$A_2 \oplus B_1 \oplus B_2$	$A_g \oplus 2B_g$
T_{2g}	T_2	T_2	$B_{2g} \oplus E_g$	$A_1 \oplus B_1 \oplus B_2$	$2A_g \oplus B_g$
A_{1u}	A_1	A_2	A_{1u}	A_2	A_u
A_{2u}	A_2	A_1	B_{1u}	A_1	B_u
E_u	E	E	$A_{1u} \oplus B_{1u}$	$A_1 \oplus A_2$	$A_u \oplus B_u$
T_{1u}	T_1	T_2	$A_{2u} \oplus E_u$	$A_1 \oplus B_1 \oplus B_2$	$A_u \oplus 2B_u$
T_{2u}	T_2	T_1	$B_{2u} \oplus E_u$	$A_2 \oplus B_1 \oplus B_2$	$2A_u \oplus B_u$

表 3-6 列出各种轨道能级在 O_h, T_d 和 D_{4h} 场中的分裂。

表 3-6 轨道能级在 O_h、T_d 和 D_{4h} 场中的分裂

轨道	l	宇称	O_h	T_d	D_{4h}
s	0	g	a_{1g}	a_1	a_{1g}
p	1	u	t_{1u}	t_2	$a_{2u}\oplus e_u$
d	2	g	$e_g\oplus t_{2g}$	$e\oplus t_2$	$a_{1g}\oplus b_{1g}\oplus b_{2g}\oplus e_g$
f	3	u	$a_{2u}\oplus t_{1u}\oplus t_{2u}$	$a_2\oplus t_1\oplus t_2$	$a_{1u}\oplus b_{1u}\oplus b_{2u}\oplus 2e_u$
g	4	g	$a_{1g}\oplus e_g\oplus t_{1g}\oplus t_{2g}$	$a_1\oplus e\oplus t_1\oplus t_2$	$2a_{1g}\oplus a_{2g}\oplus b_{1g}\oplus b_{2g}\oplus 2e_g$
h	5	u	$e_u\oplus 2t_{1u}\oplus t_{2u}$	$e\oplus t_1\oplus 2t_2$	$a_{1u}\oplus 2a_{2u}\oplus b_{1u}\oplus b_{2u}\oplus 3e_u$
i	6	g	$a_{1g}\oplus a_{2g}\oplus e_g\oplus t_{1g}\oplus 2t_{2g}$	$a_1\oplus a_2\oplus e\oplus t_1\oplus 2t_2$	$2a_{1g}\oplus a_{2g}\oplus 2b_{1g}\oplus 2b_{2g}\oplus 3e_g$

一些不同几何构型的晶体场中，M 的 d 轨道能级分裂如图 3-6 所示，其中 X 和 Y 代表不同的配体（注意：正方体 O_h 晶体场只在本图中出现一次。本章其余各处的 O_h 都是针对正八面体而言，不包括正方体）。

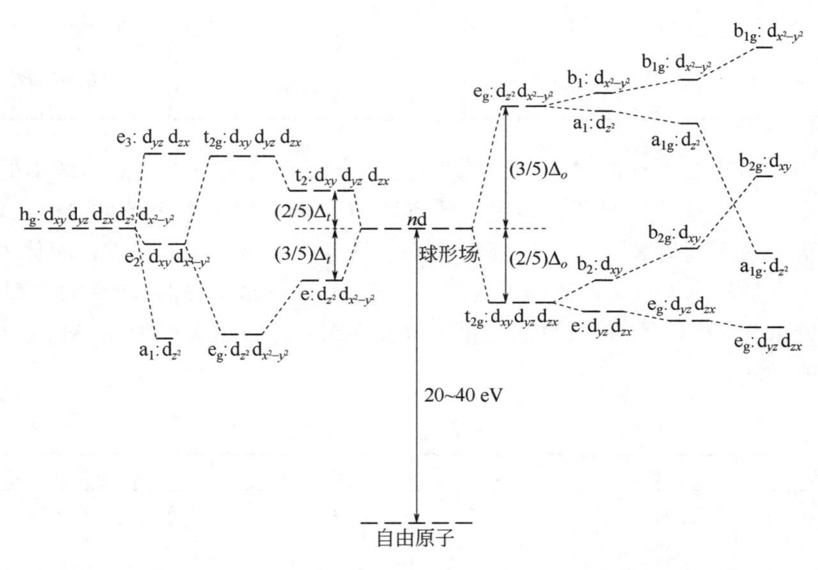

图 3-6 几种几何构型的晶体场中 d 轨道能级分裂示意图 (等电荷球形场的作用未按比例画)

有一种现象可能使读者感到困惑：12 个相同的配体分布在正二十面体顶点形成的 I_h 晶体场尽管对称性很高，毕竟还低于球形场的对称性，那么，d 轨道能级在 I_h 场中为什么完全不分裂？要消除这种困惑，只要用式 (3-10) 和式 (3-11) 求出 d 轨道在 I 群中的可约表示并约化，结果只能得到一个五维不可约表示 H；再考虑到 $I_h=I\otimes C_i$ 且 d 轨道的宇称为 g，在 I_h 群中就是 H_g，这就证明 d 轨道能级在 I_h 场中仍保持五重简并（更简单的做法是，只对恒等操作用 $2l+1$ 计算出可约表示特征标 $2\times2+1=5$，并考虑 d 轨道的宇称，立即可知约化结果只可能是一个 H_g，而不可

能是 $A_g \oplus G_g$，因为在 I_h 群中，d 轨道只是 H_g 的基，而不是 A_g 和 G_g 的基）。顺便看看：七重简并的 f 轨道若处于 I_h 场中是否也不分裂？答案是：必定分裂！这是因为 I_h 群中不可约表示的维数最高是五维而没有七维，只对恒等操作计算出 $2l+1=2\times3+1=7$，并考虑 f 轨道的宇称为 u，立即可知约化结果只可能是 $T_{2u} \oplus G_u$，即分裂为三重简并和四重简并的两组轨道（而不可能是 $T_{1u} \oplus G_u$，也不可能是 $A_u \oplus T_{1u} \oplus T_{2u}$，因为在 I_h 群中，f 轨道只是 T_{2u} 和 G_u 的基）。这再次显示了群论的威力，它不需要那种模棱两可的唯象分析，而能确切无误地揭示某些被表面现象掩盖的本质。

(2) 弱晶体场中谱项的分裂 自由原子谱项在晶体场中也会分裂 (表 3-7)。有的文献把分裂前的谱项称为谱项或状态，分裂后的谱项称为能级。也有文献则不管分裂前后都称为谱项或状态，而将旋-轨耦合分裂结果称为支项，对谱项或支项的能量统称为能级。本章采用后一种作法，不过在英文中，支项和能级都是“level”。

由于谱项的 Φ 函数 $\Phi_M(\phi) = e^{iM\phi}$ (M 是总轨道磁量子数 M_L 的简记，$M = L, L-1, \cdots, 1-L, -L$。例如，D 谱项的 $M = 2, 1, 0, -1, -2$) 与轨道的 Φ 函数 $\Phi_m(\phi) = e^{im\phi}$ 具有相似的形式，故谱项在晶体场中的分裂类似于轨道，这指的是：无论从哪种组态导出的谱项 S, P, D, F, G, …都分别类似于轨道 s, p, d, f, g, … 在相同对称性晶体场中的分裂情况。所以，表 3-7[1]与表 3-6 很相似。只是要注意：①谱项分裂后自旋多重度不变；②在中心对称晶体场中，轨道的宇称只取决于 l 的奇偶性，但谱项的宇称却取决于导出谱项的组态中各电子所占据轨道的宇称之直积 (每个电子一项)，而不取决于 L 的奇偶性。例如，自由原子的轨道 s, p, d, f, g, … 的宇称分别为 g, u, g, u, g, …，在 O_h 场中分裂后仍保持相应的宇称，但 d^2 组态导出的谱项 $^1S, ^3P, ^1D, ^3F, ^1G$ 的宇称却全为 g，而不是分别为 g, u, g, u, g，因为这些谱项都来自于组态 d^2，宇称为 $g\otimes g = g$。

表 3-7 自由原子 d^2 组态的谱项在几种对称性环境中的分裂

自由原子谱项	谱项在几种对称性环境中的分裂		
	O_h	T_d	D_{4h}
^1S	$^1A_{1g}$	$^1A_1$	$^1A_{1g}$
^1G	$^1A_{1g}\oplus{}^1E_g\oplus{}^1T_{1g}\oplus{}^1T_{2g}$	$^1A_1\oplus{}^1E\oplus{}^1T_1\oplus{}^1T_2$	$2^1A_{1g}\oplus{}^1A_{2g}\oplus{}^1B_{1g}\oplus{}^1B_{2g}\oplus2^1E_g$
^3P	$^3T_{1g}$	$^3T_1$	$^3A_{2g}\oplus{}^3E_g$
^1D	$^1E_g\oplus{}^1T_{2g}$	$^1E\oplus{}^1T_2$	$^1A_{1g}\oplus{}^1B_{1g}\oplus{}^1B_{2g}\oplus{}^1E_g$
^3F	$^3A_{2g}\oplus{}^3T_{1g}\oplus{}^3T_{2g}$	$^3A_2\oplus{}^3T_1\oplus{}^3T_2$	$^3A_{2g}\oplus{}^3B_{1g}\oplus{}^3B_{2g}\oplus2^3E_g$

3.3.5 强场极限：d 轨道分裂产生的组态

强场极限就是晶体场无限强，在这种情况下，可以认为电子只感受到来自晶体场的作用，电子间排斥可以忽略不计。所以，产生的不是谱项而是组态 (因为谱项是考虑电子间排斥才出现的)。以 O_h 场中的 d^2 为例，两个电子填入较低能级的 t_{2g} 轨道和较高能级的 e_g 轨道，产生的三种组态的能量将按下列顺序递增：

$$t_{2g}^2 \qquad t_{2g}^1e_g^1\ (\text{有些文献记作}\ t_{2g}e_g) \qquad e_g^2$$

已知，与等电荷球形场中的中心原子能级 E_s 相比，O_h 场中 e_g 轨道升高 $(3/5)\Delta_o$ 或 $6Dq$，

t_{2g} 轨道降低 $(2/5)\Delta_o$ 或 $4Dq$。在强场极限，轨道能级高低决定着各组态的能量：

$$E(t_{2g}^2) = E_s - 2\left(\frac{2}{5}\Delta_o\right) = E_s - \frac{4}{5}\Delta_o = E_s - 8Dq$$

$$E(t_{2g}^1 e_g^1) = E_s - \frac{2}{5}\Delta_o + \frac{3}{5}\Delta_o = E_s + \frac{1}{5}\Delta_o = E_s + 2Dq \quad (3\text{-}13)$$

$$E(e_g^2) = E_s + 2\left(\frac{3}{5}\Delta_o\right) = E_s + \frac{6}{5}\Delta_o = E_s + 12Dq$$

即，t_{2g}^2 能量最低，e_g^2 能量最高，而 $t_{2g}^1 e_g^1$ 位于二者之间。

3.3.6　强场：组态直积分解出的谱项

在强场极限基础上适当减小晶体场强度，电子就开始感受到相互之间的作用，相当于引入电子间排斥作为微扰。于是，电子之间开始耦合，由组态产生状态，即强场谱项。这可以将组态的直积分解为不可约表示的直和来得到：

$$t_{2g} \otimes t_{2g} = A_{1g} \oplus E_g \oplus T_{1g} \oplus T_{2g}$$

$$t_{2g} \otimes e_g = T_{1g} \oplus T_{2g} \quad (3\text{-}14)$$

$$e_g \otimes e_g = A_{1g} \oplus A_{2g} \oplus E_g$$

但我们马上就面临一个困难的问题：如何确定这些强场谱项的自旋多重度？

对于非等价组态 $t_{2g}^1 e_g^1$ 产生的谱项 T_{1g}、T_{2g}，确定自旋多重度不成问题，因为不可能违背 Pauli 原理。两个不成对电子会产生单重态和三重态，且这两种自旋多重度会出现在每一种谱项上，即

$$t_{2g} \otimes e_g \rightarrow {}^1T_{1g} \oplus {}^3T_{1g} \oplus {}^1T_{2g} \oplus {}^3T_{2g}$$

然而，对 t_{2g}^2 和 e_g^2 就比较麻烦，它们都是等价组态，由此产生的谱项，确定自旋多重度相当困难。解决这一难题的有力手段是降低对称性方法，这需要利用子群。

这一方法的基本思想是：假设晶体场的对称性逐步降低到它的某个子群，简并轨道也会逐步解除简并。相应地，由简并轨道形成的等价组态所产生的谱项，也会过渡到子群中的某些谱项，且子群中的谱项维数只可能更低而不会更高。相关表可以给出过渡结果。

这样做有什么意义？意义在于：由于降低对称性的过程不会改变自旋多重度，这就意味着在高对称和低对称性晶体场中，或说在 (母) 群和子群中，用相关表联系起来的谱项具有相同的自旋多重度。然而，由于子群解除了简并，确定自旋多重度变得容易。一旦在子群中确定了谱项的自旋多重度，就可以返回去赋予 (母) 群中相应的谱项。换言之，降低对称性是一种迂回战术，它借用低对称性场中确定自旋多重度的简易性，克服了高对称性场中决定自旋多重度的困难。因此，我们总是希望通过降低对称性，使简并不可约表示尽可能过渡到非简并不可约表示。可供选择的子群也许不唯一，但那也没有任何妨碍，只要任选一种即可。(但在某些复杂情况下，可能要用一种以上的子群，才能唯一确定谱项的自旋多重度。)

下面用降低对称性方法确定等价组态 t_{2g}^2 和 e_g^2 在强场中谱项的自旋多重度。

(1) t_{2g}^2 组态　已知 O_h 场中 t_{2g}^2 组态产生谱项 A_{1g}、E_g、T_{1g}、T_{2g}，现在用降低对称性方法求其自旋多重度。为此需要从 O_h 相关表中找一个子群，使这 4 个谱项都必须过渡到一维表示或一维表示的直和，且任何两个谱项都不能过渡到完全相同的结果。查阅相关表可知，子群 C_{2h} 和 C_{2v} 都满足这一要求 (表 3-8)。由于可用的子群不唯一，可任意地选用 C_{2v} 来处理 (读者可改用 C_{2h} 作为练习，结果当然应相同)。不过，选定这一子群后，首先并不考虑 O_h 群中各谱项如何向 C_{2v} 子群过渡，而是先考虑 O_h 群中的轨道 t_{2g} 如何向 C_{2v} 子群过渡 (相关表既可用于轨道，也可用于谱项，且用法相同，只是轨道和谱项的不可约表示分别用小写和大写字母)，进而考虑子群中的组态。

表 3-8　O_h 群与子群 C_{2v} 和 C_{2h} 的相关

O_h 群	C_{2v} 子群	C_{2h} 子群	O_h 群	C_{2v} 子群	C_{2h} 子群
A_{1g}	A_1	A_g	T_{1g}	$A_2 \oplus B_1 \oplus B_2$	$A_g \oplus 2B_g$
E_g	$A_1 \oplus A_2$	$A_g \oplus B_g$	T_{2g}	$A_1 \oplus B_1 \oplus B_2$	$2A_g \oplus B_g$

当 O_h 降低到 C_{2v} 时，轨道 t_{2g} 的三重简并被解除，降到 a_1、b_1、b_2。2 个电子占据这 3 个轨道将产生 6 种组态，组态示意图见表 3-9 (将 a_1、b_1、b_2 三个轨道画在同一高度只是为了方便，并不意味着三重简并，这与习惯画法不同。不言而喻，一维不可约表示不可能有三重简并)，由组态直积得到的都是不可约表示 (这是一维不可约表示直积的特点)，无需约化就给出子群中的谱项。这些谱项的自旋多重度由组态就能轻而易举地确定：a_1、b_1、b_2 任一轨道填充 2 个电子只产生单重态，两个轨道各填充一个电子产生单重态和三重态，从而子群中的谱项 (表 3-9) 是 $3{}^1A_1 \oplus {}^1A_2 \oplus {}^3A_2 \oplus {}^1B_1 \oplus {}^3B_1 \oplus {}^1B_2 \oplus {}^3B_2$。

表 3-9　O_h 的 t_{2g}^2 在子群 C_{2v} 中的组态及其直积分解

组态							组态的直积		谱项
a_1	b_1	b_2		a_1	b_1	b_2			
↑↓	—	—					$a_1 \otimes a_1 = A_1$	→	${}^1A_1$
↑	↓	—	和	↑	↑	—	$a_1 \otimes b_1 = B_1$	→	${}^1B_1 \oplus {}^3B_1$
↑	—	↓	和	↑	—	↑	$a_1 \otimes b_2 = B_2$	→	${}^1B_2 \oplus {}^3B_2$
—	↑↓	—					$b_1 \otimes b_1 = A_1$	→	${}^1A_1$
—	↑	↓	和	—	↑	↑	$b_1 \otimes b_2 = A_2$	→	${}^1A_2 \oplus {}^3A_2$
—	—	↑↓					$b_2 \otimes b_2 = A_1$	→	${}^1A_1$

下一步需要做的是，如何将这些谱项的自旋多重度赋予 O_h 群中 t_{2g}^2 组态的谱项。为此要解决一个问题：已知 O_h 群中 t_{2g}^2 组态的谱项 A_{1g}、E_g、T_{1g}、T_{2g} 与 C_{2v} 子群中谱项相关如表 3-10 第 1~3 列所示，那么，子群 C_{2v} 中的 $3{}^1A_1 \oplus {}^1A_2 \oplus {}^3A_2 \oplus {}^1B_1 \oplus {}^3B_1 \oplus$

$^1B_2 \oplus {}^3B_2$ 分别对应于 O_h 群中哪个谱项？我们首先寻找最明确的信息：C_{2v} 子群中有 3 个 A_1 都是单重态 $^1A_1$，这就要求与之构成直和的其余谱项 (来自 O_h 群同一谱项) 也必须是单重态，于是，在子群的 9 个谱项中，一下子就指定了 6 个单重态，进而限定了其余 3 个三重态只能在直和 $A_2 \oplus B_1 \oplus B_2$ 中，即 $^3A_2 \oplus {}^3B_1 \oplus {}^3B_2$，如表 3-10 第 4 列所示。

至此，C_{2v} 子群中各谱项 (及其自旋多重度) 与 O_h 群中各谱项的对应关系已完全确定，可以将自旋多重度反过来赋予 O_h 群中各谱项 (表 3-11)。

表 3-10　O_h 群中 t_{2g}^2 组态的谱项与 C_{2v} 子群中谱项的相关

O_h 群	⟶	C_{2v} 子群	C_{2v} 子群
A_{1g}	⟶	A_1	$^1A_1$
E_g	⟶	$A_1 \oplus A_2$	$^1A_1 \oplus {}^1A_2$
T_{1g}	⟶	$A_2 \oplus B_1 \oplus B_2$	$^3A_2 \oplus {}^3B_1 \oplus {}^3B_2$
T_{2g}	⟶	$A_1 \oplus B_1 \oplus B_2$	$^1A_1 \oplus {}^1B_1 \oplus {}^1B_2$

表 3-11　用 C_{2v} 子群中谱项自旋多重度确定 O_h 群中 t_{2g}^2 组态的谱项自旋多重度

O_h 群	⟵	C_{2v} 子群
$^1A_{1g}$	⟵	$^1A_1$
^1E_g	⟵	$^1A_1 \oplus {}^1A_2$
$^3T_{1g}$	⟵	$^3A_2 \oplus {}^3B_1 \oplus {}^3B_2$
$^1T_{2g}$	⟵	$^1A_1 \oplus {}^1B_1 \oplus {}^1B_2$

我们还可以从另一角度验证这一结果。简并度为 m 的轨道上分布 n 个电子，产生的微状态总数可以从以下组合公式计算出来 (m 也是轨道或谱项不可约表示的维数)：

$$C_{2m}^n = \frac{(2m)!}{n!(2m-n)!} \tag{3-15}$$

这一结果应等于各谱项自旋多重度与不可约表示维数之积的总和，而且在对称性降低后仍然不变。

在 O_h 群中，组态 t_{2g}^2 的 $m = 3$，$n = 2$，微状态总数为

$$C_{2\times3}^2 = \frac{(2\times3)!}{2!(2\times3-2)!} = \frac{6!}{2!4!} = 15$$

谱项为 $^1A_{1g} \oplus {}^1E_g \oplus {}^3T_{1g} \oplus {}^1T_{2g}$，其自旋多重度与不可约表示维数之积的总和同样如此：

$$1\times1+1\times2+3\times3+1\times3=15$$

降低到 C_{2v} 子群后，谱项为 $3\,{}^1A_1 \oplus {}^1A_2 \oplus {}^3A_2 \oplus {}^1B_1 \oplus {}^3B_1 \oplus {}^1B_2 \oplus {}^3B_2$，其自旋多重度与不可约表示维数之积的总和不变：

$$3\times1\times1+1\times1+3\times1+1\times1+3\times1+1\times1+3\times1 = 15$$

(2) e_g^2 组态　O_h 场中该组态产生谱项 A_{1g}、A_{2g} 和 E_g，观察 O_h 群相关表可知，利用 D_{4h} 子群可以确定自旋多重度。做法类似于对 t_{2g}^2 组态的处理，无须赘述。结果列于表 3-12。

表 3-12　用 D_{4h} 子群中谱项自旋多重度确定 O_h 群中 e_g^2 组态的谱项自旋多重度

O_h 群	←	D_{4h} 子群
$^1A_{1g}$	←	$^1A_{1g}$
$^3A_{2g}$	←	$^3B_{1g}$
^1E_g	←	$^1A_{1g}\oplus{}^1B_{1g}$

强场中谱项的能级高低可借助于修改的 Hund 规则来估计：① 自旋多重度最高者能量最低；② 不可约表示维数最高的谱项往往能量较低，但这并不总是正确的，更准确的能量计算是量子力学的任务。

3.3.7　谱项能级相关图

汇总以上结果，对于 O_h 场中的 d^2：

① 自由原子各谱项在弱场中分裂为

$$^1S \rightarrow {}^1A_{1g}$$
$$^1G \rightarrow {}^1A_{1g}\oplus{}^1E_g\oplus{}^1T_{1g}\oplus{}^1T_{2g}$$
$$^3P \rightarrow {}^3T_{1g}$$
$$^1D \rightarrow {}^1E_g\oplus{}^1T_{2g}$$
$$^3F \rightarrow {}^3A_{2g}\oplus{}^3T_{1g}\oplus{}^3T_{2g}$$

② 无限强场中各组态直积给出的强场谱项为

$$\begin{aligned} e_g^2 &\rightarrow {}^1A_{1g}\oplus{}^3A_{2g}\oplus{}^1E_g \\ t_{2g}e_g &\rightarrow {}^1T_{1g}\oplus{}^3T_{1g}\oplus{}^1T_{2g}\oplus{}^3T_{2g} \\ t_{2g}^2 &\rightarrow {}^1A_{1g}\oplus{}^1E_g\oplus{}^3T_{1g}\oplus{}^1T_{2g} \end{aligned} \tag{3-16}$$

不难看出，弱场与强场方案得到了完全相同的谱项，这是意料之中的事，因为场强变化并不改变晶体场对称性。因此，弱场向强场过渡时，各谱项的能级高低会发生变化，但谱项的不可约表示不变，这正是构成谱项能级相关图的基础。谱项能级相关图亦称 Orgel 图，它给出从弱场向强场过渡时谱项能级的变化，由此可知各种中间强度场的定性结果。唯一的问题是如何确定谱项能级的高低。如前所述，谱项能级高低原则上属于量子力学计算范畴，需要通过建立和求解久期方程来解决，而不属于群论的范畴，所以本章对此不多加讨论，而是直接引用有关结果。

构成相关图的原则如下：

① 由弱场谱项能级出发，由下而上，与强场谱项能级相连。规则是：将不可约表示相同且自旋多重度相同的谱项一一对应连接相关线。

② 不可约表示相同且自旋多重度相同的谱项，其相关线不可相交，此即“不相交规则”。这不是人为规定，而是从量子力学证明的。在量子化学的许多场合（例如分子轨道对称性守恒原理）都可以看到不相交规则的应用，它对于轨道和谱项都适用，在构成轨道相关图和谱项相关图时起着非常重要的作用。对称性不同或自旋多重度不同的谱项，其相关线可以相交。

③ 若某种谱项在弱场和强场中各出现仅仅一次，则相关线是直线，谱项能量随场强线性变化；否则，若某种谱项在弱场和强场中至少各出现两次，这种相关线之间倾向于靠近，原因是：相对于自由离子同一谱项在晶体场中分裂的一级晶体场相互作用而言，自由离子的不同谱项在晶体场中分裂后产生的相同谱项之间存在二级晶体场相互作用。设想先忽略不相交规则，这些相关线可能交叉；再考虑不相交规则而避免交叉，相关线就发生弯曲，谱项能量与场强不再线性相关。不过，定性图形通常不强调这一点。

于是，O_h 场中 d^2 原子（或 T_d 场中 d^8 原子）的谱项能级相关图如图 3-7 (a)[4]。

d^n 和 d^{10-n} 原子（或离子）在正八面体 O_h 场和正四面体 T_d 场中的谱项能级相关图存在下列转换关系（表 3-13）[5]。

表 3-13　d^n 和 d^{10-n} 原子在 O_h 场和 T_d 场中谱项能级关系

能级关系	无限弱场	弱　场	强　场	无限强场
$d^n \leftrightarrow d^{10-n}$ 或 O_h 场 $\leftrightarrow T_d$ 场	自由离子谱项能级顺序不变	每一自由离子谱项在弱场中分裂出来的各谱项能级反转	无限强场时每一组态直积给出的谱项能级顺序不变	各组态的能级反转

由此给出 O_h 场中 d^8 原子（或 T_d 场中 d^2 原子）的谱项能级相关图［图 3-7 (b)］[4]。

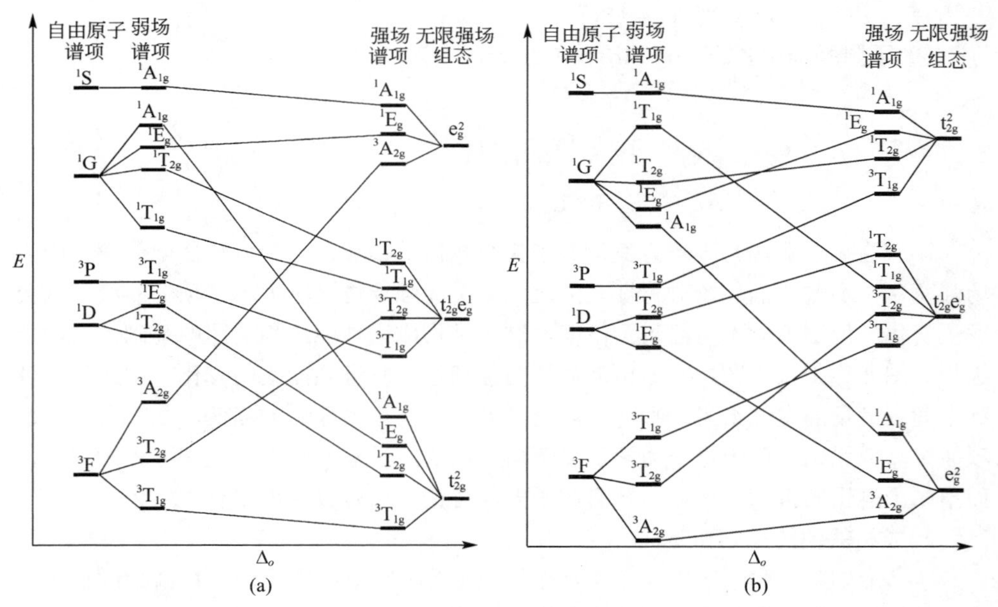

图 3-7　谱项能级相关图：(a) O_h 场中 d^2 原子或 T_d 场中 d^8 原子；(b) O_h 场中 d^8 原子或 T_d 场中 d^2 原子

如果将 O_h 场 d^n（等价于 T_d 场 d^{10-n}）和 T_d 场 d^n（等价于 O_h 场 d^{10-n}）两种相关图合并于一图，更容易看清这种反转关系，这种复合图也是 Orgel 图的一种形式，如图 3-8 所示。由于 T_d 场没有对称中心，没有宇称，O_h 场也未标出代表宇称的下标。

其中，图 3-8(a) 是 d^1、d^4(HS)、d^6(HS) 和 d^9，图 3-8(b) 是 d^2、d^3、d^7(HS) 和 d^8，图 3-8(b)

还表现了二级晶体场相互作用引起的相关线弯曲。图中谱项的自旋多重度，对 d^1 和 d^9 是 2，d^2 和 d^8 是 3，d^3 和 d^7(HS) 是 4，d^4(HS) 和 d^6(HS) 是 5。HS 代表高自旋 (High-Spin) 状态。

显然，如果在转换电子组态 d^n 与 d^{10-n} 的同时，也转换晶体场对称性 O_h 与 T_d，相关图不变，即 O_h 场中 d^n 原子与 T_d 场中 d^{10-n} 原子的相关图相同，T_d 场中 d^n 原子与 O_h 场中 d^{10-n} 原子的相关图也相同。

谱项能级相关图反映了谱项能量序列随晶体场强度变化而发生的变化，对解释配合物的磁学性质、电子光谱等具有重要作用。但是，仅仅在晶体场基础上并不能对光谱作出圆满解释，还需要用分子轨道理论，所以留到 3.4.5 小节讨论。

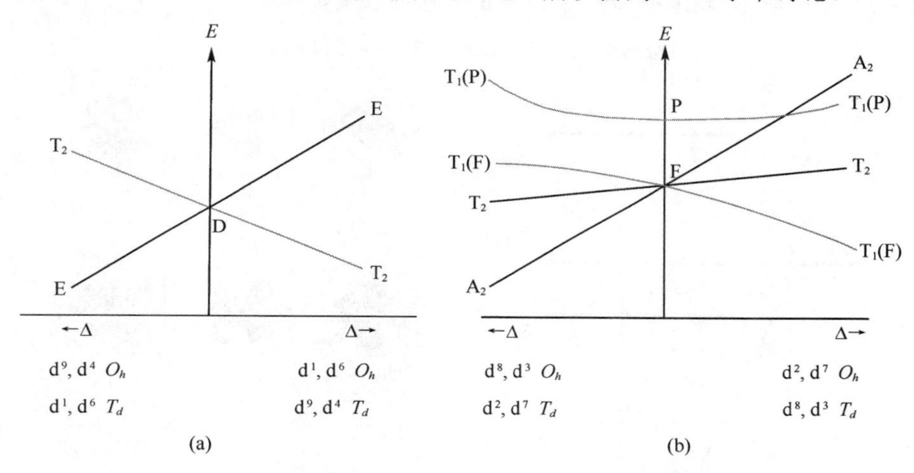

图 3-8　d^n 与 d^{10-n} 在 O_h 与 T_d 场中能级图的转换关系

3.3.8　f 轨道能级在晶体场中的分裂

迄今为止，我们尚未讨论 f 轨道能级在晶体场中的分裂。鉴于稀土配合物在材料科学中的极端重要性，有必要了解相关知识。

f 轨道能级在 O_h 场中的分裂很容易处理：首先在子群 O 中，利用式 (3-10) 和式 (3-11) 计算各个对称操作的特征标 χ (公式中轨道角量子数 $l = 3$)，得到可约表示 Γ (表 3-14)。

表 3-14　f 轨道在 O 群的可约表示 Γ

O	E	$6C_4$	$3C_2\ (=C_4^2)$	$8C_3$	$6C_2$
Γ	7	–1	–1	1	–1

利用 O 群的特征标表 (表 3-4) 和约化公式，约化为

$$\Gamma = a_2 \oplus t_1 \oplus t_2$$

由于 f 轨道的宇称为 u，所以，在 O_h 群中成为

$$\Gamma = a_{2u} \oplus t_{1u} \oplus t_{2u}$$

查阅 O_h 群的特征标表 (表 3-1) 可知，f_{xyz} 是 a_{2u} 的基，f_{x^3}、f_{y^3}、f_{z^3} 是 T_{1u} 的基，

$f_{x(z^2-y^2)}$、$f_{y(z^2-x^2)}$、$f_{z(x^2-y^2)}$ 是 T_{2u} 的基。根据群论就能准确地预言七重简并的 f 轨道在 O_h 场中将分裂为三组，其中一组是非简并轨道，两组是三重简并轨道[图 3-9(a)]。但群论不能预测分裂后能级的相对高低及其能量。不过，借助于轨道图形，可以直观地定性判断能级的相对高低：f_{x^3}、f_{y^3}、f_{z^3} 分别在 x、y、z 方向指向配体，能量最高；f_{xyz} 在 x、y、z 方向都离配体最远，能量最低；$f_{x(z^2-y^2)}$、$f_{y(z^2-x^2)}$、$f_{z(x^2-y^2)}$ 的情况介于这二者之间，能量适中。各能级相对于分裂之前 f 轨道能级的升降值也示于图 3-9(a)，考虑到各能级的轨道简并度，不难看出，升降总值满足重心不变原理（f 轨道的 Dq' 不等于 d 轨道的 Dq）：

$$(6Dq')\times 3+(-2Dq')\times 3+(-12Dq')=0$$

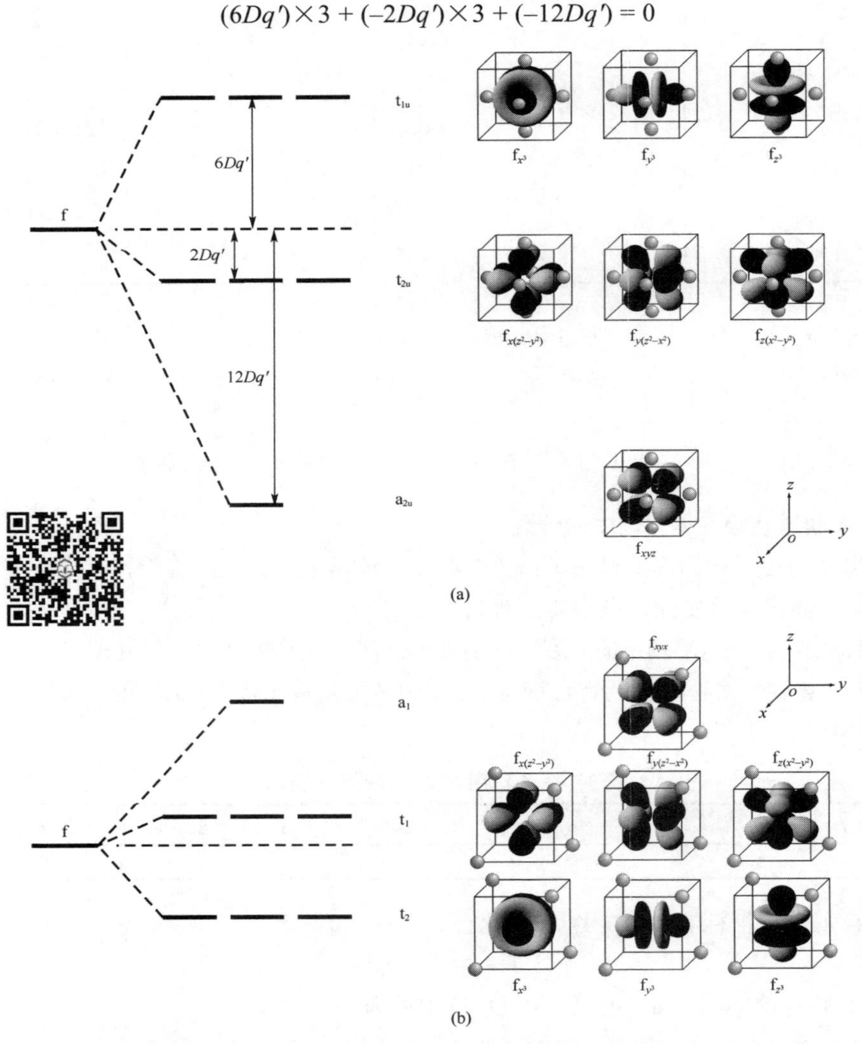

图 3-9　f 轨道能级在晶体场中的分裂（正方体只是辅助图形而不是晶体场的形式）

(a) O_h 场（6L 位于正方体面心）；(b) T_d 场（4L 位于正方体交错的顶点）

f 轨道在 T_d 场中的分裂可借助于 T_d 点群的特征标表（表 3-2）导出，也可利用 O_h 群的相关表（表 3-5）直接查出。应当注意：T_{1u} 与 T_2 相关，而不与 T_1 相关；T_{2u} 与 T_1 相关，而不与 T_2 相关：

O_h	A_{2u}	T_{1u}	T_{2u}
T_d	A_1	T_2	T_1

与 d 轨道相似，f 轨道在 T_d 场中的分裂也小于在 O_h 场中的分裂，分裂后的能级顺序也与 O_h 场中相反 [图 3-9(b)]。

顺便说明，f 轨道有“立方组”和“通用组”两种不同的表现形式，二者之间是线性变换关系。立方组比较适用于八面体、四面体晶体场的情况，所以图 3-9 (a) 和 (b) 中都是 4f 轨道界面图的立方组形式；而孤立原子中的 f 轨道往往以通用组形式表现，例如，4f 轨道界面图的通用组形式如图 3-10 所示。

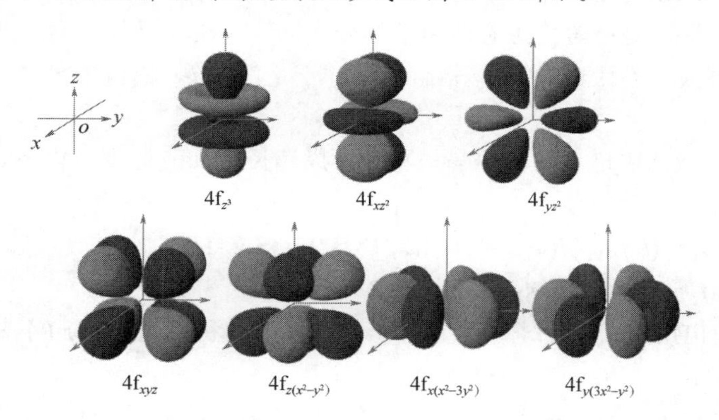

图 3-10　4f 轨道界面图的通用组形式

3.3.9　*j-j* 耦合方案导出的谱项

在重原子中，旋-轨耦合逐渐变强，不过，若电子处于等价轨道或大小相近的轨道，*L-S* 耦合方案仍可作为一个好的出发点，导出谱项，进而考虑旋-轨耦合导出支项。当然，这种旋-轨耦合仍小于电子间排斥。

如果旋-轨耦合超过电子间排斥（例如，电子处于非等价轨道，尤其是处于大小悬殊的轨道时），考虑 *L-S* 谱项的支项也不足以说明问题，因为 *L* 和 *S* 的数值变得不确定，需要用 *j-j* 耦合方案来导出谱项。

j-j 耦合是首先由单个电子的轨道角动量矢量 $\boldsymbol{l}$ 与自旋角动量矢量 $\boldsymbol{s}$ 进行耦合，形成电子自身的总角动量矢量 $\boldsymbol{j}$，再由各个电子的 $\boldsymbol{j}$ 耦合，形成原子的总角动量矢量 $\boldsymbol{J}$。

$\boldsymbol{j}$ 的模 $|\boldsymbol{j}|$ 由电子的内量子数 j 决定，$\boldsymbol{j}$ 的 z 分量大小 j_z 由电子的内磁量子数 m_j 决定；$\boldsymbol{J}$ 的模 $|\boldsymbol{J}|$ 由原子的内量子数 J 决定；$\boldsymbol{J}$ 的 z 分量大小 J_z 由原子的内磁量子数 M_J 决定（角动量矢量用粗体字母表示，相关的同名量子数用普通字母表示）。

$$\boldsymbol{j}=\boldsymbol{l}+\boldsymbol{s},\quad |\boldsymbol{j}|=\sqrt{j(j+1)}\hbar;\ j_z=m_j\hbar,\qquad m_j=j,j-1,\ \cdots,\ -j \tag{3-17}$$

$$\boldsymbol{J}=\sum_i \boldsymbol{j}_i,\quad |\boldsymbol{J}|=\sqrt{J(J+1)}\hbar;\ J_z=M_J\hbar,\qquad M_J=J,J-1,\cdots,-J \tag{3-18}$$

由各个电子的 $\boldsymbol{j}$ 耦合成 $\boldsymbol{J}$ 是矢量加和，$\boldsymbol{J}$ 的 z 分量也必须量子化。因此，相应的量子数必须按如下法则进行组合：

每个电子的内量子数 j 为

$$j=l+s,\ l-s\quad (即\ j=l\pm 1/2) \tag{3-19}$$

而各个电子的 j 要组合成原子的内量子数 J，必须区分非等价组态与等价组态。一旦求出了 J，谱项就用 $(j_1,j_2,\cdots)_J$ 标记。

(1) 非等价组态的谱项 在 j-j 耦合方案中，非等价组态的谱项要比等价组态的谱项更重要。原因是：等价组态的电子既处于同一主层、又处于同一亚层，静电相互作用总是很大，不太适合于 j-j 耦合方案，于是，在 j-j 耦合方案中更关注非等价组态的谱项[6]。

求非等价组态的谱项非常容易，不必顾虑违反 Pauli 原理。以 p^1d^1 (通常简记作 pd)为例：

p 电子：$j_1=(l_1+s_1,\ l_1-s_1)=(1+1/2,\ 1-1/2)=(3/2,\ 1/2)$

d 电子：$j_2=(l_2+s_2,\ l_2-s_2)=(2+1/2,\ 2-1/2)=(5/2,\ 3/2)$

对这 4 个 j 作出所有组合来求 J 值，每一种组合都是利用式(3-20) (不要与物理量的矢量和相混淆)：

$$J=j_1+j_2,\ j_1+j_2-1,\ \cdots,\ |j_1-j_2| \tag{3-20}$$

由此得到相应的 J 值和谱项 (表 3-15)。

表 3-15 非等价组态 pd 的 j-j 耦合的谱项

j_1	j_2	J	谱项 $(j_1,j_2)_J$
3/2	5/2	4，3，2，1	$(3/2, 5/2)_4$，$(3/2, 5/2)_3$，$(3/2, 5/2)_2$，$(3/2, 5/2)_1$
3/2	3/2	3，2，1，0	$(3/2, 3/2)_3$，$(3/2, 3/2)_2$，$(3/2, 3/2)_1$，$(3/2, 3/2)_0$
1/2	5/2	3，2	$(1/2, 5/2)_3$，$(1/2, 5/2)_2$
1/2	3/2	2，1	$(1/2, 3/2)_2$，$(1/2, 3/2)_1$

如果非等价组态中电子多于 2 个，就涉及多个 j 组合求 J 值的问题。此时，只能先将 j_1 和 j_2 按 $J=j_1+j_2, j_1+j_2-1,\ \cdots, |j_1-j_2|$ 组合出所有可能的 J，再把每个 J 与 j_3 按类似的方式进行组合。依此类推。

(2) 等价组态的谱项 求等价组态的谱项比较麻烦，必须注意不可违反 Pauli 原理。正如在 L-S 耦合方案中不允许任何两个电子的 (n, l, m_l, m_s) 对应相等那样，在 j-j 耦合方案中也不允许任何两个电子的 (l, s, j, m_j) 对应相等。

以等价组态 p^2 为例，计算 j_1、j_2 的方法与非等价组态并无差别

$$j_1 = l_1+s_1,\ l_1-s_1 = 1+1/2,\ 1-1/2 = 3/2,\ 1/2$$

$$j_2 = l_2+s_2,\ l_2-s_2 = 1+1/2,\ 1-1/2 = 3/2,\ 1/2$$

但计算 J 的做法却不同于非等价组态，不能再用公式 $J = j_1+j_2,\ j_1+j_2-1,\ \cdots,\ |j_1-j_2|$，否则就可能违反 Pauli 原理。为此，必须在 m_j 的基础上画出符合 Pauli 原理的所有排布方式，即微状态。p^2 组态的微状态共有 15 种，每一种微状态如表 3-16 的一行所示，每行内 2 个黑点代表 2 个电子，读者可以验证这确实是符合 Pauli 原理的所有微状态。

表 3-16　等价组态 p^2 的 j-j 耦合的谱项

j_1						j_2						M_J	J	谱项 $(j_1, j_2)_J$
1/2		3/2				1/2		3/2						
m_{j_1}		m_{j_1}				m_{j_2}		m_{j_2}						
1/2	−1/2	3/2	1/2	−1/2	−3/2	1/2	−1/2	3/2	1/2	−1/2	−3/2			
•							•					0	0	$(1/2, 1/2)_0$
•								•				2		
	•							•				1		
	•								•			0	2	$(1/2, 3/2)_2$
•											•	−1		
	•										•	−2		
•									•			1		
•										•		0	1	$(1/2, 3/2)_1$
	•									•		−1		
			•					•				2		
				•				•				1		
					•			•				0	2	$(3/2, 3/2)_2$
					•				•			−1		
					•					•		−2		
				•					•			0	0	$(3/2, 3/2)_0$

然后按下列步骤确定谱项：

① 计算表中每一行的 M_J 值。这只要将行内 2 个电子的 m_j 值加起来即可。

② 求 J 值，确定谱项。从所有各行的 M_J 中，挑出一个最大的 M_J，这也是所求谱项的 J。它具有 $(2J+1)$ 个分量 M_J（每个分量占一行），分别是：$M_J = J,\ J-1,\ J-2,\ \cdots,\ -J$，这些分量属于同一种谱项。此外，还要求这些分量具有相等的 j_1，也具有相等的 j_2（但 j_1 和 j_2 可以相等或不相等），由此决定谱项。

【示例】 先选出最大的 $M_J = 2$，它决定了 $J = 2$；J 共有 $M_J = 2, 1, 0, -1, -2$ 的 5 个分量；若选择这 5 个分量的 j_1=3/2 和 j_2=3/2，就挑出表中第 10~14 行共 5 个微状态，给出一个谱项 $(3/2, 3/2)_2$。

将已确定谱项的行划掉，对剩余行继续进行挑选，又选出最大的 $M_J = 2$，决定了 $J = 2$；它也有 $M_J = 2, 1, 0, -1, -2$ 共 5 个分量，不过，这 5 个分量只能是 $j_1 = 1/2$、

$j_2=3/2$，给出谱项 $(1/2, 3/2)_2$。

重复挑选，又得到谱项 $(1/2, 3/2)_1$、$(3/2, 3/2)_0$、$(1/2, 1/2)_0$。至此得到全部谱项。

在 *j-j* 耦合方案中，空穴规则也成立。例如，f^1 与 f^{13} 具有相同的谱项，f^2 与 f^{12}、f^3 与 f^{11}、f^4 与 f^{10}、f^5 与 f^9、f^6 与 f^8 也是如此。

L-S 耦合方案导出的支项与 *j-j* 耦合方案导出的谱项，都包含有旋-轨耦合，但程度不同。它们之间的关系可用 p^2 组态为例示于图 3-11[7]。前者是在电子间排斥远大于旋-轨耦合的前提下，用 *L-S* 方案导出谱项，再进一步考虑支项；后者则是旋-轨耦合远大于电子间排斥，此时，*J* 相同的能级趋向于聚集，谱项中已经没有 *S*，不存在自旋多重度，所以，自旋选律在重原子中会逐步失效。

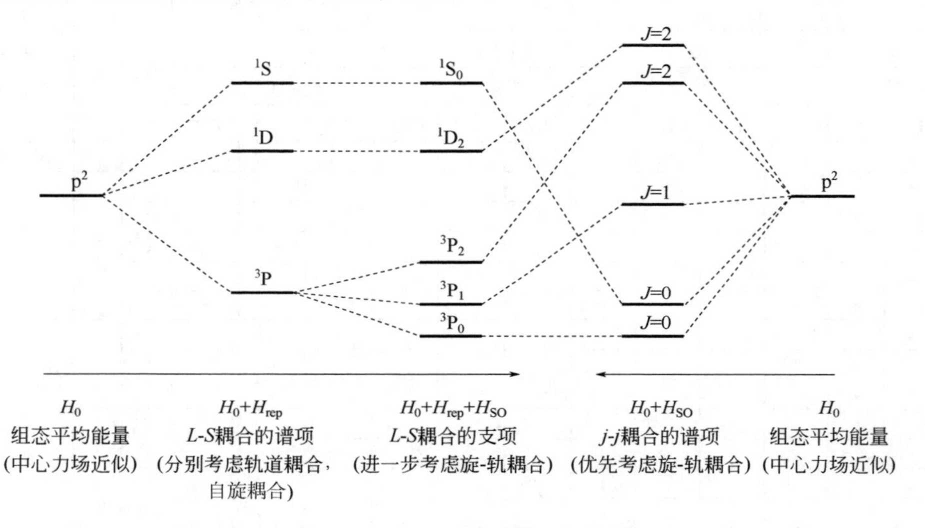

图 3-11　*L-S* 耦合与 *j-j* 耦合的谱项相关图

3.3.10　双值群

以上由 *j-j* 耦合方案导出的谱项是针对自由的重原子，尚未涉及晶体场。当重原子处于晶体场中时，也需要考虑谱项的分裂。虽然第一过渡系元素的旋-轨耦合作用比已知最弱的晶体场还弱，但其它重原子未必如此，尤其稀土离子的旋-轨耦合作用相当强。对于这类配合物，无论用 *L-S* 耦合方案的支项，或用 *j-j* 方案的谱项来处理轨-旋耦合作用，都会涉及量子数 *J*。若谱项的 *J* 为整数，只要把式 (3-12) 中的 *L* 换成 *J* 来计算可约表示特征标：

$$\chi(\alpha)=\frac{\sin(J+\frac{1}{2})\alpha}{\sin\frac{\alpha}{2}}\qquad(\alpha\neq 0)$$
$$\chi(\alpha)=2J+1\qquad(\alpha=0)\tag{3-21}$$

然而，对于奇数电子的离子，J 是半奇整数，周期性条件 $\chi(\alpha+2\pi)=\chi(\alpha)$ 对于式 (3-21) 不再成立，而变成了 $\chi(\alpha+2\pi)=-\chi(\alpha)$ 。注意到 J 为半奇整数时，$J+1/2=K$，K 为整数，即可证明这一点：

$$\chi(\alpha+2\pi)=\frac{\sin(J+\frac{1}{2})(\alpha+2\pi)}{\sin\frac{\alpha+2\pi}{2}}=\frac{\sin[K(\alpha+2\pi)]}{\sin(\frac{\alpha}{2}+\pi)}=\frac{\sin(K\alpha+2\pi K)}{\sin\frac{\alpha}{2}\cos\pi+\cos\frac{\alpha}{2}\sin\pi}$$

$$=\frac{\sin(K\alpha)\cos(2\pi K)+\cos(K\alpha)\sin(2\pi K)}{\sin\frac{\alpha}{2}\times(-1)+\cos\frac{\alpha}{2}\times 0}=\frac{\sin(K\alpha)\times 1+\cos(K\alpha)\times 0}{-\sin\frac{\alpha}{2}} \tag{3-22}$$

$$=\frac{\sin(K\alpha)}{-\sin\frac{\alpha}{2}}=\frac{\sin(J+\frac{1}{2})\alpha}{-\sin\frac{\alpha}{2}}=-\chi(\alpha)$$

为解决这一难题，贝特提出了双值群的概念，将旋转 2π 视为对称操作 R 但不是恒等操作。这是一种没有物理意义的数学概念，但确实能解决问题。将这个 R 乘到寻常转动群（简单群）的各个对称操作 C_n^m 上（由于转动操作的可交换性，$C_n^m R=RC_n^m$），转动群的阶就被加倍，因而称为双值群。双值群的类和不可约表示的数目也会增加（尽管不一定加倍）。

$C_n^m R$ 的特征标 $\chi[m(2\pi/n)+2\pi]$ 具有下列性质：

$$\chi\left[m\frac{2\pi}{n}+2\pi\right]=\chi\left[(n-m)\frac{2\pi}{n}\right] \tag{3-23}$$

对于恒等操作 E，$\alpha=0$ 或 4π，而不是 2π（类似于蚂蚁在 Möbius 环上爬行时的感受）；对于操作 R，$\alpha=2\pi$，相应的特征标可用罗必达法则求出：

$$\chi(0)=2J+1$$

$$\chi(2\pi)=\begin{cases}2J+1\ (J为整数)\\-(2J+1)\ (J为半奇整数)\end{cases} \tag{3-24}$$

由此计算出双值群表示的特征标，并按相同特征标归类。双值转动群通常分类如下：① E 自成一类；② R 自成一类；③ C_n^m 与 $C_n^{n-m}R$ 同类，$m=1$ 的特例是 C_n 与 $C_n^{n-1}R$ 同类，进而得到 $n=2$ 的特例是 C_2 与 C_2R 同类。

双值群中不可约表示的数目也等于类的数目，双值群的不可约表示维数平方和也等于双值群的阶（双值群的阶两倍于简单群的阶），据此可确定双值群中不可约表示的维数。

真旋转群 C_n、D_n、O 等能够用上述方法扩展为双值群（再利用点群与子群的直积，以及群的同构关系，可求出所有点群的双值群）。双值群是相对于简单群而言，通常在简单群符号上加撇号代表相应的双值群。例如，O 群的双值群记作 O'；D_4 群的双值群记作 D_4'。双值群特征标表中不可约表示有两种符号：一种是贝特 (Bethe) 符号 Γ_i (i 为序号)，另一种是加了撇号的慕利肯 (Mulliken) 符号。例如，双值群 O' 和 D_4' 的特征标表分别如表 3-17 和表 3-18[1]。每个表中第一列是不可约表示的贝特符号，第二列是不可约表示的慕利肯符号。

表 3-17　双值群 O' 的特征标表

O' $h=48$		$E=R^2$ $(\alpha=4\pi)$	R $(\alpha=2\pi)$	$4C_3$ $4C_3^2R$	$4C_3^2$ $4C_3R$	$3C_2$ $3C_2R$	$3C_4$ $3C_4^3R$	$3C_4^3$ $3C_4R$	$6C_2'$ $6C_2'R$
Γ_1	A_1'	1	1	1	1	1	1	1	1
Γ_2	A_2'	1	1	1	1	1	−1	−1	−1
Γ_3	E_1'	2	2	−1	−1	2	0	0	0
Γ_4	T_1'	3	3	0	0	−1	1	1	−1
Γ_5	T_2'	3	3	0	0	−1	−1	−1	1
Γ_6	E_2'	2	−2	1	−1	0	$\sqrt{2}$	$-\sqrt{2}$	0
Γ_7	E_3'	2	−2	1	−1	0	$-\sqrt{2}$	$\sqrt{2}$	0
Γ_8	G'	4	−4	−1	1	0	0	0	0

表 3-18　双值群 D_4' 的特征标表

D_4' $h=16$		$E=R^2$ $(\alpha=4\pi)$	R $(\alpha=2\pi)$	C_4 C_4^3R	C_4^3 C_4R	C_2 C_2R	$2C_2'$ $2C_2'R$	$2C_2''$ $2C_2''R$
Γ_1	A_1'	1	1	1	1	1	1	1
Γ_2	A_2'	1	1	1	1	1	−1	−1
Γ_3	B_1'	1	1	−1	−1	1	1	−1
Γ_4	B_2'	1	1	−1	−1	1	−1	1
Γ_5	E_1'	2	2	0	0	−2	0	0
Γ_6	E_2'	2	−2	$\sqrt{2}$	$-\sqrt{2}$	0	0	0
Γ_7	E_3'	2	−2	$-\sqrt{2}$	$\sqrt{2}$	0	0	0

关于双值群的应用，以平面正方形 D_{4h} 场中 d^1 离子 (如 Ti^{3+}) 的谱项分裂为例来说明是最简单的。实际上，过渡金属平面正方形配合物中电子组态 d^n 少有 d^1 实例 (较普遍的情况是 $6<n\leqslant 9$)。不过，这并不影响对于问题的理解 (也可以根据空穴规则，用 Ag^{2+}、Cu^{2+} 等 d^9 离子来讨论，只要记住它们的 d 亚层中有一个空穴即可)。根据实际情况中晶体场分裂与旋-轨耦合分裂的相对大小，谱项分裂可按两种不同的次序来讨论 (较大的作用总是被优先考虑)。当然，谱项分裂结果是相同的。

(1) 旋-轨耦合分裂大于晶体场分裂

① 首先考虑旋-轨耦合引起的分裂。这种分裂结果可能是指 L-S 耦合方案中的支项 $^{2S+1}L_J$，如果旋-轨耦合更强，也可能是指 j-j 耦合下的谱项 $(j_1,j_2,\cdots)_J$。无论哪

种情况，具有 d^1 电子组态的自由金属离子都有 $J = L+S, L–S = 5/2, 3/2$ (对于单电子体系，L 与 l 相同，S 与 s 相同)。

② 考虑晶体场对谱项能级的分裂。尽管平面正方形晶体场是 D_{4h} 场，但只用它的纯转动群 D_4 即可；又因为 J 是半奇整数，需要用双值群 D_4'。先分别计算 $J = 5/2$ 和 3/2 的谱项在双值群 D_4' 中的可约表示特征标 $\Gamma_{5/2}$ 和 $\Gamma_{3/2}$，结果如表 3-19 所示。

表 3-19　$J = 5/2$ 和 3/2 的谱项在双值群 D_4' 的可约表示

D_4'	$E = R^2$ ($\alpha = 4\pi$)	R ($\alpha = 2\pi$)	C_4 / C_4^3R	C_4^3 / C_4R	C_2 / C_2R	$2C_2'$ / $2C_2'R$	$2C_2''$ / $2C_2''R$
$\Gamma_{3/2}$	4	–4	0	0	0	0	0
$\Gamma_{5/2}$	6	–6	$-\sqrt{2}$	$\sqrt{2}$	0	0	0

为了说明可约表示的特征标是如何计算出来的，只要从表 3-19 中举几例即可。例如，对于 $\Gamma_{5/2}$，$J = 5/2$，前四类对称操作的可约表示特征标计算如下：

$$E: \chi(4\pi) = \chi(0) = 2J+1 = 2\times5/2+1 = 6 \tag{3-25}$$

$$R: \chi(2\pi) = -(2J+1) = -(2\times5/2+1) = -6 \tag{3-26}$$

对其余的旋转操作，式 (3-21) 照常可用，这就是说，对于 J 为半奇整数的谱项，只要采用双值群的对称操作 (C_n 的旋转角 α 仍然为 $2\pi/n$，C_n^m 的 α 仍然为 $m2\pi/n$，C_nR 的 α 为 $\frac{2\pi}{n}+2\pi$，C_n^mR 的 α 为 $m\frac{2\pi}{n}+2\pi$)，可约表示特征标仍然是用式 (3-21) 计算。于是

$$C_4^3R: \chi(C_4) = \frac{\sin\left(J+\frac{1}{2}\right)\alpha}{\sin\frac{\alpha}{2}} = \frac{\sin\left(\frac{5}{2}+\frac{1}{2}\right)\frac{\pi}{2}}{\sin\frac{\pi}{4}} = \frac{\sin\frac{3\pi}{2}}{\sin\frac{\pi}{4}} = \frac{-1}{\sqrt{2}/2} = -\sqrt{2} \tag{3-27}$$

$$\begin{aligned} C_4^3: \chi(C_4R) &= \frac{\sin\left(J+\frac{1}{2}\right)\alpha}{\sin\frac{\alpha}{2}} = \frac{\sin\left(\frac{5}{2}+\frac{1}{2}\right)\left(\frac{2\pi}{4}+2\pi\right)}{\sin\left(\frac{\pi}{4}+\pi\right)} \\ &= \frac{\sin\frac{30\pi}{4}}{\sin\left(\frac{\pi}{4}+\pi\right)} = \frac{\sin\frac{3\pi}{2}}{\sin\left(\frac{\pi}{4}+\pi\right)} = \frac{\sin\left(\pi+\frac{\pi}{2}\right)}{\sin\left(\pi+\frac{\pi}{4}\right)} \\ &= \frac{-\sin\frac{\pi}{2}}{-\sin\frac{\pi}{4}} = \frac{\sin\frac{\pi}{2}}{\sin\frac{\pi}{4}} = \frac{1}{\sqrt{2}/2} = \sqrt{2} \end{aligned} \tag{3-28}$$

根据双值群 D_4' 的特征标表 (见表 3-17)，利用约化公式 [式 (3-2)] 或凑数法，将 $J =$

5/2 和 3/2 的谱项的可约表示 (见表 3-18) 约化为不可约表示。结果是

$$\Gamma_{3/2}=\Gamma_6\oplus\Gamma_7 \tag{3-29}$$

$$\Gamma_{5/2}=\Gamma_6\oplus 2\Gamma_7 \tag{3-30}$$

这就是 d^1 或 d^9 离子的谱项 ^2D 在旋-轨耦合与晶体场双重作用下的能级分裂。对于 d^9 离子，示于图 3-12 左半部。

(2) 晶体场分裂大于旋-轨耦合分裂 这种情况与前一种情况相反。由于旋-轨耦合较弱，可先不考虑自旋而只考虑谱项“轨道部分”受晶体场的分裂，然后再考虑旋-轨耦合。步骤如下：

① 考虑平面正方形晶体场对于 *L-S* 耦合的谱项 ^2D 能级的分裂。这可以通过不同的途径给出。例如一种做法是：由于从各种组态导出的谱项 S, P, D, F, G, … 都分别类似于轨道 s, p, d, f, g, … 在相同对称性晶体场中的分裂情况，所以，D 谱项“轨道部分”(由于不考虑自旋，不必写出自旋多重度) 在 O_h 场中的分裂类似于 d 轨道，分裂为 $E_g\oplus T_{2g}$；再利用 O_h 群相关表给出 D_{4h} 群中分裂结果为 $A_{1g}\oplus B_{1g}\oplus B_{2g}\oplus E_g$，这对应于 D_4 群的 $A_1\oplus B_1\oplus B_2\oplus E$ 和双值群 D_4' 的 $\Gamma_1\oplus\Gamma_3\oplus\Gamma_4\oplus\Gamma_5$。

② 考虑旋-轨耦合引起的进一步分裂。做法是：

(i) 求出 $S=1/2$ 的自旋波函数在双值群 D_4' 对称操作下的不可约表示 (对于谱项 ^2D，$S=1/2$)。由于只考虑自旋，可将 S 视为 J，仿照导出表 3-18 的做法，求出自旋波函数在 D_4' 群中的表示 (见表 3-20)。

表 3-20 $S=1/2$ 的自旋波函数在双值群 D_4' 的表示

D_4'	E	R	C_4 / C_4^3R	C_4^3 / C_4R	C_2 / C_2R	$2C_2'$ / $2C_2'R$	$2C_2''$ / $2C_2''R$
$\Gamma_{1/2}$	2	−2	$\sqrt{2}$	$-\sqrt{2}$	0	0	0

观察 D_4' 的特征标表，可知 $\Gamma_{1/2}$ 已经是不可约表示 Γ_6，即 $\Gamma_{1/2}=\Gamma_6$，不需要再约化。

(ii) 将 D 谱项“轨道部分”在双值群 D_4' 的不可约表示 Γ_1、Γ_3、Γ_4、Γ_5，分别与自旋波函数在 D_4' 群的不可约表示 Γ_6 构成直积，并进行约化：

$$\begin{aligned}\Gamma_1\otimes\Gamma_6&=\Gamma_6\\ \Gamma_3\otimes\Gamma_6&=\Gamma_7\\ \Gamma_4\otimes\Gamma_6&=\Gamma_7\\ \Gamma_5\otimes\Gamma_6&=\Gamma_6\oplus\Gamma_7\end{aligned} \tag{3-31}$$

得到谱项 ^2D 在晶体场中分裂后再被旋-轨耦合分裂的结果，示于图 3-12 右半部。

由图 3-12 不难看出，这两种处理方式的最终结果一致。尽管这仅仅是一个示意图，各能级的高低及其相对顺序并不是量子力学计算的结果，但已能定性表明旋-轨耦合和晶体场对谱项的分裂。

上述讨论表明，当涉及旋-轨耦合时，*J* 可能出现半奇整数，此时必须用双值群

进行处理。

晶体场理论是研究配位化学的重要理论。然而，该理论只考虑中心原子或离子的电子结构而不考虑配体的结构；只考虑中心离子与配体的静电作用而不考虑它们之间的轨道重叠，因而有明显的局限。例如，对中心为零价金属原子、对非极性配体 (如烯烃) 的配合物等不适用。因为在这些情况下，中心原子的纯静电稳定作用不明显，而中心原子与配体之间因轨道重叠形成的共价键应有更重要的作用；即使对极性配体，不考虑重叠效应也难以得到好的定量结果。这就不得不引入分子轨道理论，并与晶体场理论结合，发展成配位场理论。

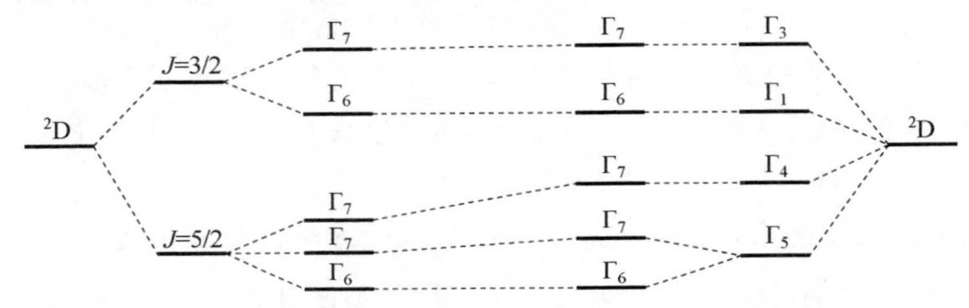

图 3-12　d^9 离子谱项受旋-轨耦合和 D_{4h} 晶体场作用的相关图 (示意图)

3.4 配位场理论

当中心原子与配体之间以较强的共价键结合时，分子轨道理论 (MOT) 处理必不可少。原则上，非经验 MO 理论可以完全脱离晶体场理论的现有技巧，又超越晶体场理论而得到更准确的定量结果。然而，非经验 MO 理论的计算相当困难，原因不仅在于配合物中电子数目很多，而且多半是开壳层结构，导致工作量很大，往往需要采取各种不同程度的近似方法。

早在 1935 年，范弗莱克就指出，即使考虑中心原子与配体之间存在某种程度的共价键，晶体场理论的对称性部分也不会改变，只是能量表示式会变复杂。若共价性比较小，能量表示式至少在形式上与晶体场理论中相同；即使共价键很强，晶体场理论的对称性部分也仍然有效。所以，可以对晶体场理论加以改造，在静电作用之外再加上轨道重叠的共价作用，这就是配位场理论，它在 20 世纪 50 年代以来发展非常迅速，成为化学键理论的重要分支。配位场理论实质上属于配合物分子轨道理论，在预测和说明配合物的结构-性能关系、催化反应机理、激光物质工作原理、晶体物理性质、配合物的电子自旋共振谱和电子能谱等方面得到广泛应用。

3.4.1 分子轨道形成条件

MO 理论认为，电子是在属于整个配合物的 MO 中运动，MO 可以近似地用 AO 线性组合而成 (LCAO-MO)。

AO 要有效地组成 MO，必须满足下列三个条件 (通常不确切地称为“成键三

原则”）:

① 对称性匹配原则，即产生净的同号重叠或异号重叠。这一条是关键。应当注意，对称性匹配并非仅指同号重叠。净的同号重叠或异号重叠都符合对称性匹配原则，区别只在分别形成成键分子轨道 (bonding molecular orbital，BMO) 或反键分子轨道 (antibonding molecular orbital，AMO)。而对称性不匹配使得同号重叠与异号重叠效果完全抵消，AO 既不能形成 BMO，也不能形成 AMO，相当于成为非键分子轨道 (nonbonding molecular orbital，NBMO)。

② 能级相近原则。AO 形成 MO 时，相互作用的 AO 之间能级差越小，形成的 MO 能级分裂越大，电子转移到低能级的 BMO 后能量下降得越多；反之，相互作用的 AO 之间能级差越大，形成的 MO 能级分裂越小，电子转移到低能级的 BMO 后能量下降越不明显。根据量子力学原理，AO 形成 MO 后，BMO 中含有较多的低能级 AO 组分，AMO 中含有较多的高能级 AO 组分。

③ 轨道最大重叠原则。这一原则与共价键的方向性有密切关系。

为构成配合物的 MO，原则上可把中心原子与配体的 AO 统统放在一起组合。但这样的组合往往有许多并不满足对称性匹配原则，这些无效组合让我们不得不浪费时间去求解高阶久期方程。如何避免这种无效性？稍加分析即知，配合物通常有某种对称性，MO 必然是分子点群某一不可约表示的基。于是，可按如下步骤处理：

① 将中心原子 M 的 AO 按点群的不可约表示分类；

② 将配体的 AO (或 HAO) 构成相应的对称性匹配线性组合 (SALC)，也称为群轨道；

③ 将属于相同不可约表示的 M 的 AO 与配体群轨道进行同相位和反相位组合，分别构成配合物的 BMO 和 AMO；如果某种轨道找不到与之匹配的对象，通常成为配合物的 NBMO。

下面以 O_h 场配合物为例加以讨论。坐标系选择如下[8]：

① 配合物分子坐标系采用直角坐标右手系，坐标轴用 X、Y、Z 标记。其中，M 置于原点，其 AO 的定向采用右手规则；

② 6 个配体 L 位于配合物分子坐标系的轴上，其中，L_1、L_2、L_3 分别位于 X、Y、Z 正方向，L_4、L_5、L_6 分别位于 X、Y、Z 负方向；每个 L 有自己的局部坐标系且采用直角坐标左手系，坐标轴用 x、y、z 标记。6 个 L 的 z 轴均指向 M，而 x、y 轴取向如图 3-13 所示。

读者应当注意，虽然在许多教科书和文献中，O_h 场配合物 6 个 L 的局部坐标系都采用这种取向，但 6 个 L 的编号却有所不同，这对问题的本质当然毫无影响，但不同文献中配体群轨道和配合物 MO 的组成形式难以互相对照。

3.4.2 中心原子的原子轨道

通常情况下，对过渡金属中心原子，考虑价层的 9 个 AO：s、p_x、p_y、p_z，d_{z^2}、$d_{x^2-y^2}$、d_{xy}、d_{yz}、d_{zx}。注意到 AO 具有下列特点：s 轨道为球形，在 O_h 群的

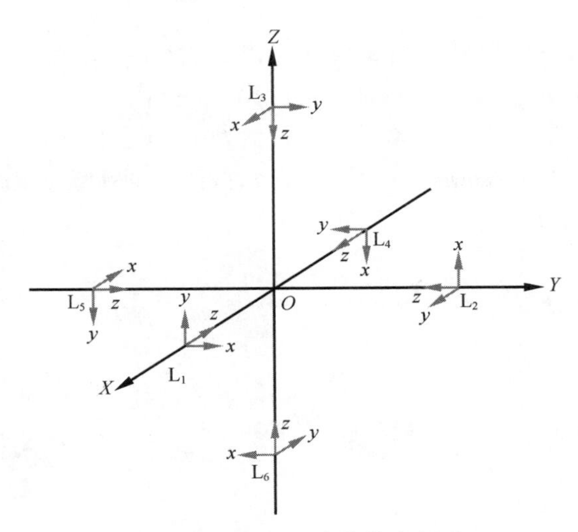

图 3-13 O_h 场配合物的坐标系

任何操作下都不变，属于全对称不可约表示；p_x、p_y、p_z 与 x、y、z 属于相同的不可约表示；d_{z^2}、$d_{x^2-y^2}$、d_{xy}、d_{yz}、d_{zx} 分别与二元函数 z^2、x^2-y^2、xy、yz、zx 属于相同的不可约表示。从 O_h 群的特征标表（表 3-1）可以查出各 AO 所属的不可约表示（唯一不明显的可能是 d_{z^2} 轨道，在特征标表中，基 z^2 通常记作 $2z^2-x^2-y^2$ 或 $x^2+y^2-2z^2$）：

a_{1g}：s　　　　　　　　e_g：d_{z^2}、$d_{x^2-y^2}$

t_{1u}：p_x、p_y、p_z　　　　t_{2g}：d_{xy}、d_{yz}、d_{zx}

如果你对此仍有疑惑，可用 p_x、p_y、p_z 的集合为基作一练习（注意：3 个 p 轨道共同构成三维不可约表示 t_{1u} 的基，任何单一的 p 轨道都不能在所有对称操作下保持不变或仅仅变号，所以不能只用任何一个 p 轨道为基）；又因为 p_x、p_y、p_z 与 x、y、z 属于相同的不可约表示，可用 x、y、z 为基。将 O_h 群的各个对称操作依次施加于这个集合，记下各个操作矩阵的特征标，即可知 p_x、p_y、p_z 属于 t_{1u}。更简单的做法是：先用子群 O 的 5 种对称操作的操作矩阵作用于 x、y、z 列矢量，由操作矩阵的特征标（3 1 −1 0 −1）可知是 O 群的不可约表示 t_1。然后，根据 p 轨道宇称为 u，进一步可知 p 轨道在 O_h 群中属于不可约表示 t_{1u}。

应当注意：M 的 AO 中，只有属于 t_{2g} 的 AO（d_{xy}、d_{yz}、d_{zx}）不对准 L，因而不可能参与形成配合物的 σ 分子轨道。

3.4.3 配体的群轨道

配体 L 以 AO 或 HAO 参与形成配合物，AO 或 HAO 有不同类型。例如，$[Co(NH_3)_6]^{3+}$ 中的 NH_3 以 N 的 sp^3 杂化轨道（有一孤电子对）与 Co^{3+} 形成 σ 键；$[CoF_6]^{3-}$ 中的 F^- 则以 p_z 与 Co^{3+} 形成 σ 键，以 p_x 和 p_y 与 Co^{3+} 形成 π 键。自身具有 π 和 π^* 轨道的 L（如 CO、CN^-、SCN^- 等）情况更复杂。

下面只讨论 L 有 1 个 s 轨道和 3 个 p 轨道的情况。

6 个配体共有 24 个 AO。从图 3-14 可看出 6 个 L 的 s 轨道或 p_z 轨道（或 s 与 p_z 组成的杂化轨道）的取向。显然，这都符合与 M 上适当的 AO 形成 σ 型 MO 的要求。

L 的 p_x 和 p_y 轨道都不指向 M，属于 π 型 AO（但这不等于配体自身具有 π 体系），所以不可能与 M 的 AO 形成 σ 型 MO，但有可能与 M 上适当的 AO 形成 π 型 MO，如图 3-15 属于此类。

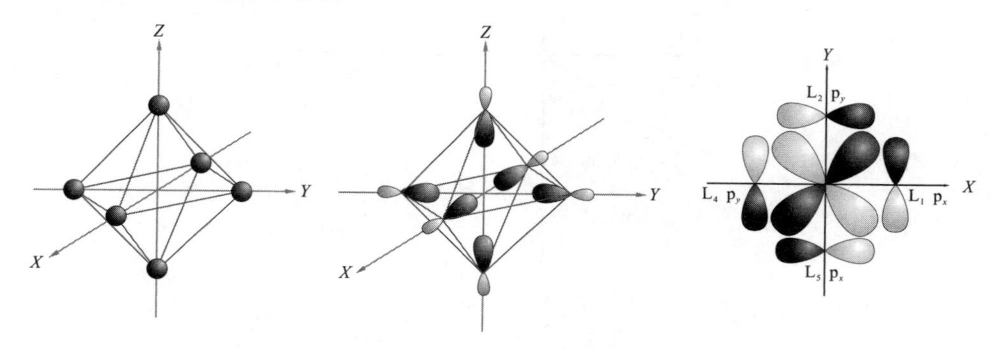

图 3-14 O_h 场配合物中配体的 σ 轨道取向

图 3-15 O_h 场配合物中 L_1、L_5 的 p_x 和 L_2、L_4 的 p_y 与 M 的 d_{xy} 形成 π 型 MO

这种差别在 O_h 群对称操作下看得更明显。根据其相互变换关系，6 个 L 的 24 个 AO 可以分成以下 3 个集合，

sσ 集合：6 个 s 轨道；

pσ 集合：6 个 p_z 轨道；

pπ 集合：6 个 p_x 和 6 个 p_y 轨道。

尽管这种划分不是必需的，却具有实际意义，可大大减少使用投影算符或目视法构建群轨道的工作量。

必须注意到：单个 L 的任一 σ 型或 π 型轨道都不是 O_h 群不可约表示的基，各 L 上同一集合中 σ 型轨道线性组合或 π 型轨道线性组合而成的群轨道，才可能作为某个不可约表示的基。

在有些配合物，例如 $[Co(NH_3)_6]^{3+}$ 中，6 个 L 只有 σ 型 AO；而在另一些配合物中，例如 $[CoF_6]^{3-}$ 中，6 个 L 兼有 σ 型和 π 型 AO。对后一种情况，可将 σ 型和 π 型 AO 分开处理，分别构成 σ 型和 π 型群轨道。

(1) 配体 σ 型 AO 构成的群轨道 以 sσ 集合的 6 个 s 轨道或 pσ 集合的 6 个 p_z 轨道为基（注意：不能将 sσ 与 pσ 合并成包含 12 个 AO 的集合），记录每一个轨道 φ_i 在 O_h 群各对称操作下的结果：若轨道被移动了位置，特征标为 0；若轨道的位置与符号均不改变，特征标为 1；若轨道位置不变而符号被改变，特征标为 –1。将这 6 个轨道的特征标加起来，得到可约表示 Γ：

O_h	E	$8C_3$	$6C_2$	$6C_4$	$3C_2$	i	$6S_4$	$8S_6$	$3\sigma_h$	$6\sigma_d$
Γ	6	0	0	2	2	0	0	0	4	2

再用约化公式，得到

$$\Gamma = \mathrm{a_{1g}} \oplus \mathrm{e_g} \oplus \mathrm{t_{1u}} \tag{3-32}$$

下面的任务是利用投影算符［式 (3-3)］

$$\hat{P}^j = \frac{l_j}{h}\sum_{\hat{R}} \chi(\hat{R})^j \hat{R}$$

构成属于这些不可约表示的群轨道。具体操作时，可先略去因子 l_j/h，因为每个群轨道都要在最后进行归一化。原则上，MO 法并不排除配体之间的 AO 发生重叠，不过，目前不考虑这种次要因素，于是，群轨道的归一化系数就简化为其中各 AO 组合系数平方和的平方根之倒数。

① 对于一维不可约表示 $\mathrm{a_{1g}}$，只要将投影算符作用于 sσ 集合或 pσ 集合中某一个任选的轨道 (可用 φ_i 代表)，例如 φ_1，将每一种对称操作后变换出来的轨道乘以该对称操作的特征标，对所有对称操作求和，然后归一化，就得到属于这个不可约表示的群轨道 $\psi_\sigma(\mathrm{a_{1g}})$。

② 对于简并不可约表示，例如二维不可约表示 $\mathrm{e_g}$，情况却有些复杂，因为它需要构成 2 个相互正交的群轨道。首先将投影算符作用到 sσ 集合或 pσ 集合中某个任选轨道，例如 φ_1，得到其中一个群轨道 ψ_1。如何得到另一个群轨道？解决这一问题有不同途径，一种做法是将投影算符作用到同一集合的另一个轨道上得到 ψ_2，然后将 ψ_2 改造成与 ψ_1 相互正交的 ψ_2'。例如，Gram-Schmit 正交化方法是保持 ψ_1 不动，造出与 ψ_1 正交的新函数 $\psi_2' = \psi_2 + c\psi_1$，其中系数 c 的求法是

$$\because \quad \int \psi_1\psi_2' \mathrm{d}\tau = \int \psi_1(\psi_2 + c\psi_1)\mathrm{d}\tau = \int (\psi_1\psi_2 + c\psi_1^2)\mathrm{d}\tau$$

$$= \int \psi_1\psi_2 \mathrm{d}\tau + c\int \psi_1^2 \mathrm{d}\tau = \int \psi_1\psi_2 \mathrm{d}\tau + c = 0 \tag{3-33}$$

$$\therefore \quad c = -\int \psi_1\psi_2 \mathrm{d}\tau$$

ψ_1 和 ψ_2' 就是二重简并群轨道 $\psi_\sigma(\mathrm{e_g})_1$ 和 $\psi_\sigma(\mathrm{e_g})_2$ (表 3-21)。

③ 三维不可约表示 $\mathrm{t_{1u}}$ 群轨道也可用投影算符按类似步骤求出，但具体计算更复杂。注意到投影算符是求群轨道的通用手段，但并非必要手段。在现在的情况下，用目视法反而更简单：因为配体的 σ 型 AO 构成的群轨道 $\mathrm{t_{1u}}$ 将来要与中心原子的 p_x、p_y、$\mathrm{p}_z(\mathrm{t_{1u}})$ 分别对应组合形成 MO。图 3-16 示出了这种 $\psi_\sigma(\mathrm{t_{1u}})$ 群轨道，可知未归一化的群轨道只能是 $\varphi_1-\varphi_4$、$\varphi_2-\varphi_5$、$\varphi_3-\varphi_6$，归一化的三重简并群轨道 $\psi_\sigma(\mathrm{t_{1u}})_1$、$\psi_\sigma(\mathrm{t_{1u}})_2$、$\psi_\sigma(\mathrm{t_{1u}})_3$ 见表 3-21。

图 3-16 也附带示出群轨道与 p_x、p_y、p_z 的同相匹配关系。群轨道构成后，只要将群轨道或 p 轨道的相位反转 (但不能将二者都反转)，即可得到反相匹配关系。不过，此处暂不关心这个问题。

表 3-21 中心原子 M 与配体之间仅有 σ 键的 O_h 场配合物的 MO

对称性	M 的 AO	配体的 σ 型群轨道	配合物的 MO	
			BMO	AMO
a_{1g}	s	$\psi_\sigma(a_{1g})=6^{-1/2}(\varphi_1+\varphi_2+\varphi_3+\varphi_4+\varphi_5+\varphi_6)$	$\Psi_\sigma(a_{1g})=c_1 s+c_2\psi_\sigma(a_{1g})$	$\Psi_\sigma^*(a_{1g})=c_2 s-c_1\psi_\sigma(a_{1g})$
e_g	d_{z^2} $d_{x^2-y^2}$	$\psi_\sigma(e_g)_1=12^{-1/2}(2\varphi_3+2\varphi_6-\varphi_1-\varphi_2-\varphi_4-\varphi_5)$ $\psi_\sigma(e_g)_2=(\varphi_1-\varphi_2+\varphi_4-\varphi_5)/2$	$\Psi_\sigma(e_g)_1=c_3 d_{z^2}+c_4\psi_\sigma(e_g)_1$ $\Psi_\sigma(e_g)_2=c_5 d_{x^2-y^2}+c_6\psi_\sigma(e_g)_2$	$\Psi_\sigma^*(e_g)_1=c_4 d_{z^2}-c_3\psi_\sigma(e_g)_1$ $\Psi_\sigma^*(e_g)_2=c_6 d_{x^2-y^2}-c_5\psi_\sigma(e_g)_2$
t_{1u}	p_x p_y p_z	$\psi_\sigma(t_{1u})_1=2^{-1/2}(\varphi_1-\varphi_4)$ $\psi_\sigma(t_{1u})_2=2^{-1/2}(\varphi_2-\varphi_5)$ $\psi_\sigma(t_{1u})_3=2^{-1/2}(\varphi_3-\varphi_6)$	$\Psi_\sigma(t_{1u})_1=c_7 p_x+c_8\psi_\sigma(t_{1u})_1$ $\Psi_\sigma(t_{1u})_2=c_9 p_y+c_{10}\psi_\sigma(t_{1u})_2$ $\Psi_\sigma(t_{1u})_3=c_{11} p_z+c_{12}\psi_\sigma(t_{1u})_3$	$\Psi_\sigma^*(t_{1u})_1=c_8 p_x-c_7\psi_\sigma(t_{1u})_1$ $\Psi_\sigma^*(t_{1u})_2=c_{10} p_y-c_9\psi_\sigma(t_{1u})_2$ $\Psi_\sigma^*(t_{1u})_3=c_{12} p_z-c_{11}\psi_\sigma(t_{1u})_3$
t_{2g}	d_{xy} d_{yz} d_{zx}		仅由 M 贡献的 NBMO： d_{xy} d_{yz} d_{zx}	

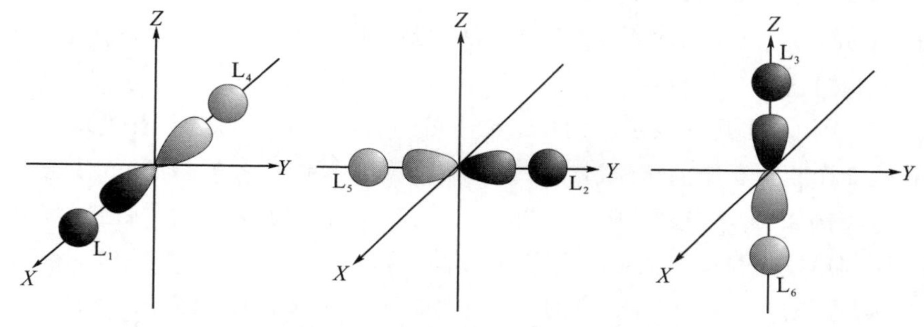

图 3-16 O_h 场配合物中的三重简并群轨道 $\psi_\sigma(t_{1u})$ 及其与 M 的 p 轨道的同相匹配关系

O_h 是 48 阶群，对称操作多达 48 个，我们略去这一繁琐冗长的操作过程，将配体的 σ 型群轨道汇总如下：

$$
\left.\begin{aligned}
\psi_\sigma(a_{1g}) &= \frac{1}{\sqrt{6}}(\varphi_1+\varphi_2+\varphi_3+\varphi_4+\varphi_5+\varphi_6)\\
\psi_\sigma(e_g)_1 &= \frac{1}{\sqrt{12}}(2\varphi_3+2\varphi_6-\varphi_1-\varphi_2-\varphi_4-\varphi_5)\\
\psi_\sigma(e_g)_2 &= \frac{1}{2}(\varphi_1-\varphi_2+\varphi_4-\varphi_5)\\
\psi_\sigma(t_{1u})_1 &= \frac{1}{\sqrt{2}}(\varphi_1-\varphi_4)\\
\psi_\sigma(t_{1u})_2 &= \frac{1}{\sqrt{2}}(\varphi_2-\varphi_5)\\
\psi_\sigma(t_{1u})_3 &= \frac{1}{\sqrt{2}}(\varphi_3-\varphi_6)
\end{aligned}\right\} \tag{3-34}
$$

(2) 配体 π 型 AO 构成的群轨道 以 pπ 集合的 12 个 p 轨道（p_{x_1}、p_{y_1}、p_{x_2}、p_{y_2}、p_{x_3}、p_{y_3}、p_{x_4}、p_{y_4}、p_{x_5}、p_{y_5}、p_{x_6}、p_{y_6}）为基，仿照以上过程，记录每个 AO 在 O_h 群

各对称操作下的结果，得到可约表示Γ：

O_h	E	$8C_3$	$6C_2$	$6C_4$	$3C_2$	i	$6S_4$	$8S_6$	$3\sigma_h$	$6\sigma_d$
Γ	12	0	0	0	–4	0	0	0	0	0

约化为

$$\Gamma = t_{1u} \oplus t_{2g} \oplus t_{1g} \oplus t_{2u} \tag{3-35}$$

用投影算符或目视法可得到每一种不可约表示的群轨道［式 (3-36)~式 (3-39)]：

$$\left.\begin{aligned}\psi_\pi(t_{1u})_1 &= \frac{1}{2}(p_{x_3}+p_{y_2}-p_{x_5}-p_{y_6})\\ \psi_\pi(t_{1u})_2 &= \frac{1}{2}(p_{x_1}+p_{y_3}-p_{y_4}-p_{x_6})\\ \psi_\pi(t_{1u})_3 &= \frac{1}{2}(p_{x_2}+p_{y_1}-p_{x_4}-p_{y_5})\end{aligned}\right\} \tag{3-36}$$

$$\left.\begin{aligned}\psi_\pi(t_{2g})_1 &= \frac{1}{2}(p_{x_1}+p_{y_2}+p_{x_5}+p_{y_4})\\ \psi_\pi(t_{2g})_2 &= \frac{1}{2}(p_{x_2}+p_{y_3}+p_{y_5}+p_{x_6})\\ \psi_\pi(t_{2g})_3 &= \frac{1}{2}(p_{x_3}+p_{y_1}+p_{x_4}+p_{y_6})\end{aligned}\right\} \tag{3-37}$$

$$\left.\begin{aligned}\psi_\pi(t_{1g})_1 &= \frac{1}{2}(p_{x_3}-p_{y_2}-p_{y_6}+p_{x_5})\\ \psi_\pi(t_{1g})_2 &= \frac{1}{2}(p_{x_1}-p_{y_3}-p_{y_4}+p_{x_6})\\ \psi_\pi(t_{1g})_3 &= \frac{1}{2}(p_{x_2}-p_{y_1}-p_{y_5}+p_{x_4})\end{aligned}\right\} \tag{3-38}$$

$$\left.\begin{aligned}\psi_\pi(t_{2u})_1 &= \frac{1}{2}(p_{x_3}+p_{y_6}-p_{y_1}-p_{x_4})\\ \psi_\pi(t_{2u})_2 &= \frac{1}{2}(p_{x_2}+p_{y_5}-p_{y_3}-p_{x_6})\\ \psi_\pi(t_{2u})_3 &= \frac{1}{2}(p_{x_1}+p_{y_4}-p_{y_2}-p_{x_5})\end{aligned}\right\} \tag{3-39}$$

3.4.4 配合物的分子轨道

最后一步是把属于相同不可约表示的中心原子M的AO与配体的群轨道进行同相位和反相位组合，分别构成配合物的BMO和AMO。不过，对简并不可约表示，M的AO和配体的群轨道都不止一个，必须首先搞清楚组合对象，才能进行组合。简单作法是，在 O_h 场配合物的坐标系中画出M上有关的AO和配体的群轨道图形，直接观察其对称性匹配关系。这包含两种情况：同号的瓣重叠（等价于相加组合）产生配合物BMO；异号的瓣重叠（等价于同号的瓣相减组合）产生配合物的AMO；但不应当一些同号的瓣重叠而另一些异号的瓣重叠。用这种办法，很快就能确定M

的哪个 AO 与配体的哪个群轨道可能组合。

M 的 AO 和配体的轨道对 MO 的贡献不一定相等。若配体的轨道贡献大，MO 主要体现配体的性质；反之，则体现 M 的性质。实验证据表明，配体轨道的能量通常低于 M 的 d 轨道 (因为配体通常比 M 的电负性大)，包含未配对电子的 MO 主要位于 M 上 (但仍不是纯粹的金属原子轨道)。

下面分两种情况来讨论 O_h 场配合物的分子轨道能级图：一种是中心原子与配体之间只有 σ 键的配合物，另一种是中心原子与配体之间兼有 σ 键和 π 键的配合物。

(1) 中心原子与配体之间只有 σ 键的 O_h 场配合物 这一类配合物很多，以 NH_3、H_2O 为配体的 $[Co(NH_3)_6]^{3+}$、$[Cr(H_2O)_6]^{3+}$、$[Ti(H_2O)_6]^{3+}$等都是其代表。例如，在 $[Co(NH_3)_6]^{3+}$中，N 原子上孤对电子占据的 sp^3 杂化轨道方向性很强，指向 Co^{3+} (附带说明，无论 N 采用纯粹的 s 或 p_z 轨道，还是 sp^3 杂化轨道，对于讨论都没有影响)，但 NH_3 并没有 π 型轨道。下面以 $[Co(NH_3)_6]^{3+}$ 为例进行讨论，但其中许多结论具有普遍性。

这类配合物 MO 的形式汇总于表 3-21，同时附上 M 的 AO 和配体的群轨道。对于简并不可约表示，已将 M 的 AO 与对称性匹配的配体群轨道写在同一行上。读者可能要问，在属于某种对称性的 BMO 和 AMO 中，M 的 AO 的系数与配体的群轨道的系数为什么要对调？例如，同属于 a_{1g} 对称性的 $\Psi_\sigma(a_{1g}) = c_1 s + c_2\psi_\sigma(a_{1g})$和 $\Psi_\sigma^*(a_{1g}) = c_2 s - c_1\psi_\sigma(a_{1g})$，系数 c_1 与 c_2 为何对调？这是源于量子化学基本原理：当两种轨道——此处就是 M 的 s 轨道和配体的群轨道 $\psi_\sigma(a_{1g})$——以同相位和反相位组合分别形成配合物分子的 BMO 和 AMO 时，在 BMO 中占比较大的那种轨道，在 AMO 中占比就较小；且低能级轨道在 BMO 中占比较大，高能级轨道在 AMO 中占比较大。

对于 $[Co(NH_3)_6]^{3+}$，分子轨道能级图如图 3-17[4] (同一种配合物的分子轨道能级图在不同文献中主要特征相似，但细节不尽相同，尤其是配体能级的相对位置，但这不妨碍定性理解其主要内容)。

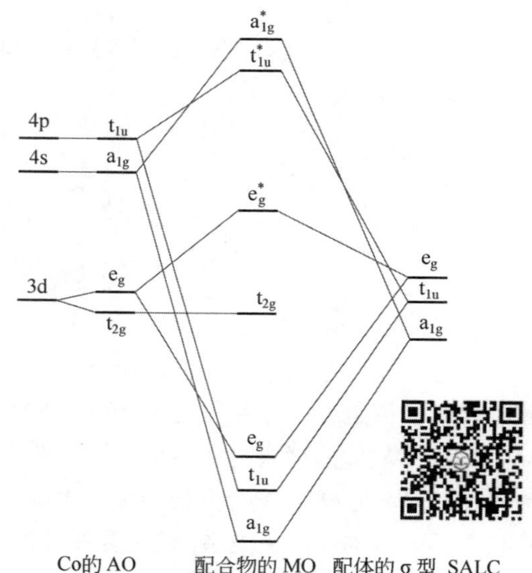

图 3-17 $[Co(NH_3)_6]^{3+}$ 的分子轨道能级图

配合物分子的价电子从能量最低的 MO 开始，按照 Pauli 原理依次填入各能级，构成配合物的电子组态。成键电子数与反键电子数之差是决定分子键合程度的重要因素。

从分子轨道能级图可以看出：

① 三种 BMO 是非简并的 a_{1g}、三重简并的 t_{1u}和二重简并的 e_g，容纳 6 个配体的 12 个 σ 电子，对配合物的稳定性起着主要作用；三重简并的 t_{2g} 是 Co^{3+} 单方面提供的 d_{xy}、d_{yz}、

d_{zx} (因为配体没有 t_{2g} 的 σ 型群轨道与之匹配)，容纳 Co^{3+} 的 6 个 d 电子，这种 MO 仍保留 AO 的特性，因而是 NBMO；e_g^*、t_{1u}^*、a_{1g}^* 都是空的 AMO。由此可见，$[Co(NH_3)_6]^{3+}$ 的价层电子组态为 $a_{1g}^2t_{1u}^6e_g^4t_{2g}^6$，这就不难理解为什么此类配合物具有稳定性。

② 在晶体场理论中，e_g^* 是纯粹的中心原子轨道，且看不出任何反键性质，通常记作 e_g。然而，在 MO 理论中，e_g^* 具有反键性质，它以中心原子轨道为主，但也含有配体的 σ 型群轨道。在本例这种只有 σ 键的 O_h 场配合物中，t_{2g} 是 M 单方面提供的 NBMO。所以，还可以将 t_{2g} 与 e_g^* 的能级间隔视为 Δ_o 或 $10Dq$。

③ 尽管 MO 理论的成键组态 $a_{1g}^2t_{1u}^6e_g^4$ 与 VB 理论中 d^2sp^3 杂化轨道容纳 6 对电子有对应关系，但 VB 理论对 d 电子数超过 6 个的配合物引入“外轨”的做法，对 MO 理论是不需要的，多余的 d 电子填入反键轨道 e_g^* 即可。“外轨”配合物的不稳定性，特别是易氧化性，在 MO 理论中可以用反键特性给予解释。实际上，O_h 场配合物的中心原子被还原和被氧化，从 MO 理论看来就是组态 $t_{2g}^xe_g^{*y}$ (x、y 代表电子数) 得失电子。

(2) 中心原子与配体之间兼有 σ 键和 π 键的 O_h 场配合物 这类配合物的代表之一是 $[CoF_6]^{3-}$，F^-除有电子对占据的指向中心离子的σ型轨道 p_z 以外，还有电子对占据的 π 型轨道 p_x 和 p_y。图 3-18 给出此类配合物的分子轨道能级示意图，并据此进行讨论。

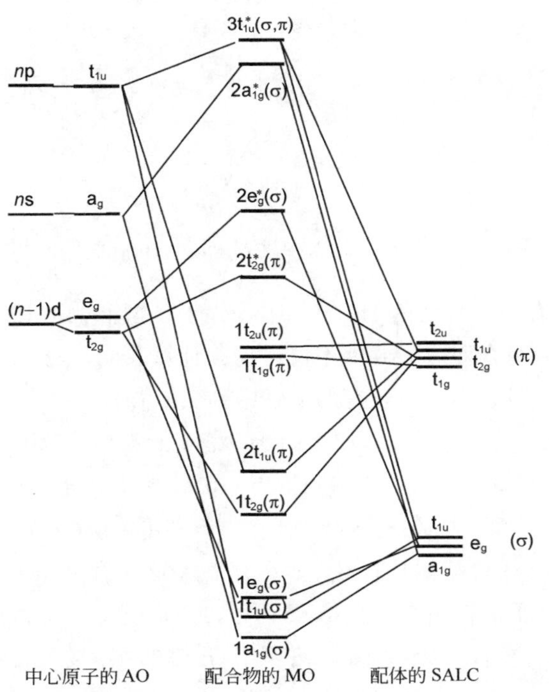

图 3-18 兼有σ键和 π 键的 O_h 场配合物的分子轨道能级示意图

这种配合物的成键轨道 $1a_{1g}(\sigma)$ 和 $1e_g(\sigma)$ 及其对应的反键轨道 $2a_{1g}^*(\sigma)$ 和 $2e_g^*(\sigma)$，都没有配体的 π 型轨道参与，所以，与只有 σ 键的配合物情况相似，不必重复讨论。下面着重讨论中心离子与配体之间的 π 键。

如前所述，6 个配体的 12 个 π 型轨道 p_x 和 p_y 构成 4 种群轨道：t_{1u}、t_{2g}、t_{1g}、t_{2u}，具体形式如式 (3-36) ~式 (3-39) 所示。其中：

① t_{1g} 群轨道和 t_{2u} 群轨道在 M 上都找不到对称性相同的 AO。所以，这些由配体单方面贡献的群轨道就成为配合物的 NBMO。这种轨道不太重要，有些文献的能级图甚至不画出它们。

② t_{1u} 的 3 个群轨道 $\psi_\pi(t_{1u})_1$、$\psi_\pi(t_{1u})_2$、$\psi_\pi(t_{1u})_3$ 分别与 M 的 t_{1u} 轨道 p_x、p_y、p_z 组合。注意这种组合是每一个群轨道 $\psi_\pi(t_{1u})$ 与对应的一个 p 轨道进行同相和反相组合[而不可能将配体的 $\psi_\pi(t_{1u})_1$、$\psi_\pi(t_{1u})_2$、$\psi_\pi(t_{1u})_3$ 与 M 的 p_x、p_y、p_z 一起组合]，分别产生一个 BMO 和一个 AMO。图 3-19 示出每一个群轨道与对应的一个 p 轨道的同相组合，即成键组合。要得到反键组合，只需将群轨道或 p 轨道的相位反转即可 (但不能将二者都反转)。最终结果是形成配合物的三重简并成键轨道 $2t_{1u}(\pi)$ 及其对应的三重简并反键轨道 $3t_{1u}^*(\sigma,\pi)$。

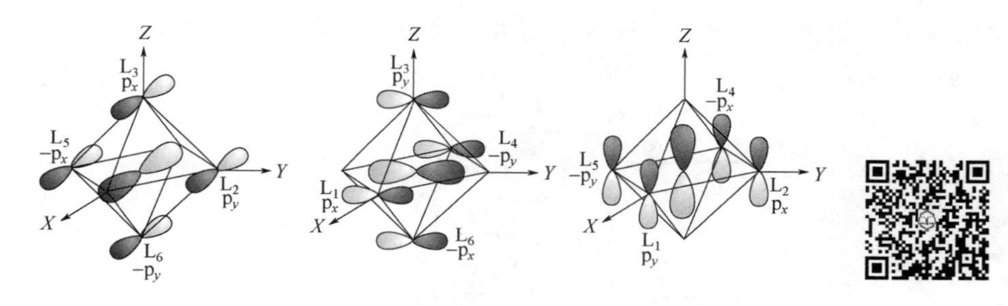

图 3-19　配体的 t_{1u} 群轨道与 M 的 p_x、p_y、p_z 的同相组合

图 3-18 中还有能量较低的 $1t_{1u}(\sigma)$，由配体的 σ 型群轨道 t_{1u} (参见图 3-16) 与 M 的 p_x、p_y、p_z 对应组合而成，此处不再讨论。计算表明，与 $t_{1u}(\sigma)$ 相比，$t_{1u}(\pi)$ 与 M 的 p 轨道相互作用较小，所以有的文献中略去 $t_{1u}(\pi)$。

此外，尽管我们为了方便，让配体的 σ 型和 π 型的群轨道 t_{1u} 分别与 M 的 p_x、p_y、p_z 组合，但由于轨道数守恒，M 的 p_x、p_y、p_z 被重复使用并不会在配合物中产生额外的 MO。所以，配合物中 $1t_{1u}(\sigma)$ 和 $2t_{1u}(\pi)$ 共同对应着兼有 σ 和 π 特性的 $3t_{1u}^*(\sigma,\pi)$。

③ 综上所述，尽管配体具有 t_{1u}、t_{2g}、t_{1g}、t_{2u} 这 4 种 π 型群轨道，然而 t_{1g}、t_{2u}、t_{1u} 都无足轻重，真正值得关心的只是 t_{2g} 而已，下面就此详加讨论。与只有 σ 键的 O_h 场配合物相比，一个重要区别是：在只有 σ 键的 O_h 场配合物中，t_{2g} 只是由 M 单方面提供的 NBMO，因为配体没有 t_{2g} 群轨道。而在兼有 σ 键和 π 键的 O_h 场配合物中，这一点不再成立，这种配合物的配体虽然也没有属于 t_{2g} 的 σ 型群轨道，

却有属于 t_{2g} 的 3 个 π 型群轨道 $\psi_\pi(t_{2g})_1$、$\psi_\pi(t_{2g})_2$、$\psi_\pi(t_{2g})_3$，可以分别与 M 上 t_{2g} 的 d_{xy}、d_{yz}、d_{zx} 对应组合，即每一个群轨道与对应的一个 d 轨道进行同相和反相组合，分别产生一个 BMO 和一个 AMO。图 3-20 示出每一个群轨道与对应的一个 d 轨道的同相组合，即成键组合。要得到反键组合，只需将群轨道或 d 轨道的相位反转 (但不能将二者都反转)。最终结果是形成配合物的三重简并成键轨道 t_{2g} 及其对应的三重简并反键轨道 t_{2g}^*。

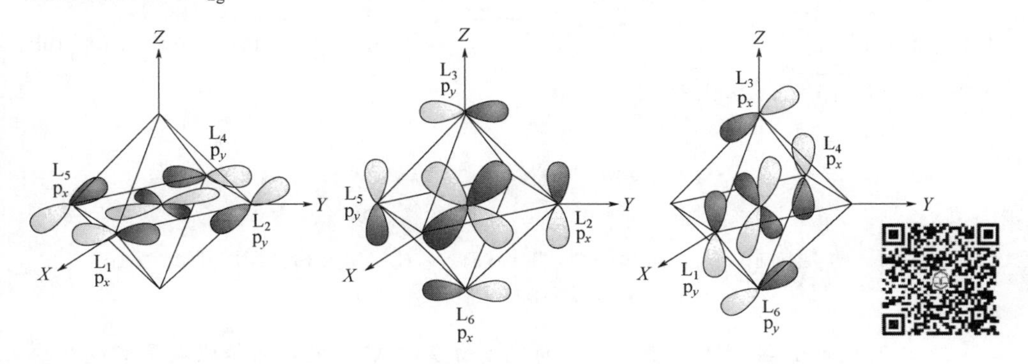

图 3-20 配体的 t_{2g} 群轨道与 M 的 d_{xy}、d_{yz}、d_{zx} 的同相组合

值得注意的是，在不同的配合物中，可能有两类不同的 t_{2g} π 型配体，它们与 M 上 t_{2g} 的 d 轨道相互作用，对 Δ_o (即 $10Dq$) 产生不同的影响。为理解这一点，读者可回顾前面提到的量子化学原理：几个 AO (或几个群轨道，或 AO 与群轨道) 线性组合成 MO 后，能量较高的 MO 中的组分通常以能量较高的 AO 为主，而能量较低的 MO 中的组分则以能量较低的 AO 为主。

下面分别讨论两类不同的 π 型配体与 M 的 t_{2g} 轨道作用时，对 Δ_o 的不同影响：

(i) L 有 π 型充满轨道 (例如，F^- 等卤素离子的 p_x、p_y 轨道)，且能级低于中心原子 t_{2g} 能级。此时，同相组合产生的 t_{2g} 是 BMO，容纳配体的未共享电子对，构成 t_{2g}^6，配体是电子给体；反相组合产生的 t_{2g}^* 是 AMO (而在只有 σ 键的 O_h 场配合物中，t_{2g} 是仅由 M 贡献的 NBMO)，其主要成分是 M 的 t_{2g} 轨道 d_{xy}、d_{yz}、d_{zx}，容纳 d 电子。因为配体是电子给体，故记作 (L→M)π 相互作用，它使 t_{2g}^* 能级升高。t_{2g}^* 主要成分是 d_{xy}、d_{yz}、d_{zx}，故 t_{2g}^* 与其上方 e_g^* 的能量间隔仍可被视为 Δ_o，t_{2g}^* 能级升高导致 Δ_o 减小，如图 3-21(a) 所示。

(ii) L 有高于中心原子 t_{2g} 能级的 π 型空轨道。这种配体往往极性较小，如 CO、SCN^-、CN^-等，自身具有 π 和 π^* 体系。不过，其中的 π 体系类似于上述卤素离子的 p_x、p_y 轨道，所以，我们只关心其中的 π^* 体系与 M 的 t_{2g} 轨道相互作用。此时，同相组合产生的 t_{2g} 是 BMO，主要成分是 M 的 d_{xy}、d_{yz}、d_{zx} [这与 (L→M)π 情况下以 d_{xy}、d_{yz}、d_{zx} 为主的 t_{2g}^* 是 AMO 情况不同]。现在提供 π 电子的是中心原子 M，而配体则提供 π^* 空轨道，故记作 (M→L)π^*，它使 t_{2g} 能级降低。t_{2g} 主要成分是 d_{xy}、d_{yz}、

d_{zx}，故 t_{2g} 与其上方 e_g^* 的能量间隔仍可被视为 Δ_o，t_{2g} 能级的下降导致 Δ_o 增大，如图 3-21(b) 所示。

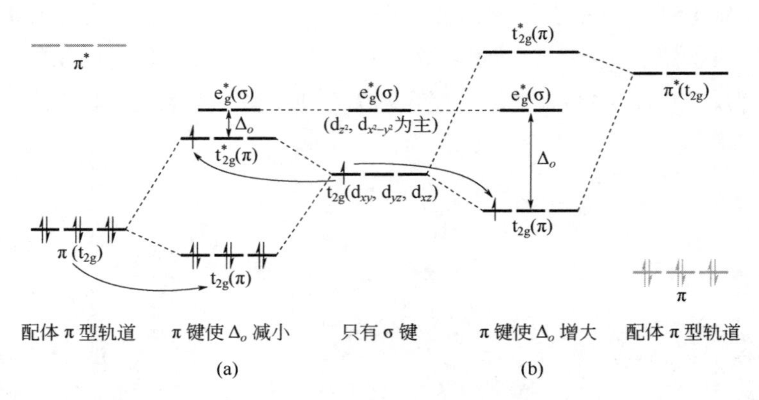

图 3-21　两类不同的 t_{2g} π 型配体对 Δ_o 的影响：(a) (L→M)π 相互作用使 Δ_o 减小；(b) (M→L)π^* 相互作用使 Δ_o 增大

M 与 L 之间的共价键通常是由 L 的充满轨道向 M 的空轨道提供电子形成，结果使 M 的正电荷逐渐被中和，妨碍其它 L 进一步向 M 提供电子，限制了 M 与 L 之间形成共价键的数量。与此相反，(M→L)π^* 相互作用是反馈键的特征，使 M 的电子反过来向 L 疏散，增加配合物稳定性。例如，在 $Ni(CN)_4{}^{2-}$ 中，Ni^{2+} 接受配体 CN^- 孤对电子，形成σ 配键；与此同时，Ni^{2+}充满电子的 d_{xy} 轨道与 CN^-的 π^* 空轨道对称性匹配，互相叠加，由 d_{xy} 向 CN^- 提供电子形成 π 配键。这两方面的键合称 σ-π 配键，电子授受作用使 M−C 键强于纯粹的共价单键。

由于反馈键是 M 用合适的 d 轨道向配体的 π^* 轨道输送电子，必然导致配体分子中化学键削弱，事实确实如此。例如，溶液中自由的 CO 的伸缩振动频率为 2143 cm^{-1}，而 $Ni(CO)_4$ 中 CO 的振动频率下降为 2057 cm^{-1}，这是反馈键形成的直接证据。羰基的红外光谱是研究 d→π^* 趋势的有效工具。

附带说明，除 (L→M)π 和 (M→L)π^* 两种情况以外，O_h 场配合物中还可能有强配位体与中心原子的 (L→M)σ 相互作用，使 e_g^* 升高导致 Δ 增大。$[Ni(en)_3]^{2+}$ 电子光谱的谱带相对于 $[Ni(H_2O)_6]^{2+}$的谱带发生蓝移就是如此，我们将在图 3-25 看到这一点。

大量研究和比较表明，MO 理论对许多问题的结论与晶体场理论相似或一致，但在某些问题上，MO 理论的解释不同于晶体场理论，且更胜一筹。例如：

① 晶体场理论只考虑静电作用，因此不能解释为什么卤素 (包括 F^-) 的场分裂能小于 H_2O，H_2O (偶极矩 $\mu = 1.84$ D) 的场分裂能又小于 NH_3 ($\mu = 1.46$ D)。而从 MO 理论看来，NH_3 只有 σ 型 HAO 与 M 成键，卤素却与 M 具有 (L→M) π 相互作用，必然使 Δ_o 减小[8]。

② 晶体场理论将配合物的稳定性仅仅归结于中心离子正电荷与配体负电荷的库仑作用，这对于中性配体 NH_3、H_2O 等显然解释不通，而 MO 理论则用成键组态

$a_{1g}^2t_{1u}^6e_g^4$解释了这种稳定性。

③ 对于过渡金属配合物,早就有所谓“18 电子规则 (或称有效原子序数规则)”,即中心原子外层的电子总数等于 18 时特别稳定。以往的解释是：18 个电子可以形成惰气原子结构，类似于主族原子的 8 电子规则，只不过比主族原子多了 5 个 d 轨道和 10 个 d 电子。然而，MO 理论认为：

(i)“惰气原子结构”的解释是牵强的，稳定性的起因从电子组态就可以解释，因为从最低能级算起，BMO 和 NBMO 上刚好容纳 18 个电子，形成组态 $a_{1g}^2t_{1u}^6e_g^4t_{2g}^6$，而 AMO 未被电子占据。

(ii)“惰气原子结构”并非必要。实际上，配合物在这一点上分为三种类型：

第一类包括许多第四周期过渡金属 (即第一过渡系) 配合物，如 $[Co(H_2O)_6]^{2+}$、$[Cu(NH_3)_6]^{2+}$ 等，它们的 t_{2g} 为非键轨道，其中电子数从 0 到 6 都不明显影响配合物的稳定性；另一方面，这类配合物 Δ_o 小，e_g^* 为弱 AMO，也可能被电子占据。所以，对 d 电子数目限制很小或没有限制。

第二类包括许多第五、六周期过渡金属 (即第二、三过渡系) 配合物，如 $[WCl_6]^{2-}$、$[PtF_6]^-$ 等，t_{2g} 为 NBMO，其中电子数从 0 到 6 都不明显影响配合物的稳定性。不过，这类配合物 Δ_o 大，e_g^* 为强 AMO，不易被电子占据。所以，价电子数等于或少于 18。

第三类包括许多羰基化合物，t_{2g} 因反馈键形成而成为强 BMO，如图 3-21(b) 所示，其中电子数以 6 为最稳定。这类配合物 Δ_o 大，e_g^* 为强 AMO 而不易被电子占据。所以，价电子数等于 18。

(iii) 18 电子规则对于 O_h 场以外的其它配合物不适用，主要是因为 BMO 的分布不同于 O_h 场配合物。

3.4.5 分子轨道、对称性与光谱

配合物的电子吸收光谱 (紫外-可见吸收光谱) 主要源于3种类型的电子跃迁：①中心金属离子的 d-d 跃迁或 f-f 跃迁；②配体轨道之间的电荷跃迁 (通常在紫外区是强带)；③金属到配体的电荷迁移 (MLCT) 或配体到金属的电荷迁移 (LMCT)。谱带的类型主要有 3 种：①弱宽带；②弱窄带；③强宽带。

吸收带的位置 (即波数) 取决于跃迁始态与终态的谱项能级差，可以根据相关图上场强的定性或定量知识加以解释。吸收带的强弱则与跃迁选律 (亦称选择定则) 有密切关系，跃迁选律决定着跃迁是允许还是禁阻。弱宽带和弱窄带都与禁阻跃迁有关，禁阻跃迁的强度远小于允许跃迁，但仍可以非零，这是由于某些原因破坏了跃迁选律赖以成立的前提所致。

(1) 跃迁选律 自由原子的光谱是电子在原子谱项之间跃迁产生的，允许的电偶极跃迁选律如下：

$\Delta S = 0$

$\Delta L = 0, \pm 1$ (但 $L = 0$ 到 $L = 0$ 禁阻)

$\Delta J = 0, \pm 1$ (但 $J=0$ 到 $J=0$ 禁阻)

$\Delta M_J = 0, \pm 1$ (但 $\Delta J = 0$ 时，从 $M_J = 0$ 到 $M_J = 0$ 禁阻)

此外，由于原子都具有球对称性，允许的电偶极跃迁还必须满足 Laporte 选律：电偶极跃迁只能发生在宇称不同的态 (谱项) 之间。

配合物的电子吸收光谱也遵从类似的跃迁选律，主要有自旋选律、状态对称性选律和 Laporte 选律。有时需要在分子谱项的基础上考虑。

① 自旋选律 $\Delta S = 0$。这一选律非常重要，它要求跃迁过程中自旋多重度不变。自旋允许跃迁通常比自旋禁阻跃迁的强度大几百倍。例如，高自旋 d^5 配合物的 d-d 跃迁必定改变谱项的自旋多重度，所以，这类配合物近乎无色。$[Mn(H_2O)_6]^{2+}$ 即为一例，它在可见区虽有吸收，但强度比其它离子小两个数量级，原因就是这种跃迁为自旋禁阻跃迁。

自旋选律在旋-轨耦合可忽略的情况下成立，但在旋-轨耦合不可忽略的情况下，S 逐渐变得没有确定值，不同自旋态之间也能跃迁而产生弱带，$\varepsilon_{max} < 1\ L \cdot mol^{-1} \cdot cm^{-1}$，这种现象就是所谓的重原子效应。由于旋-轨耦合强度随原子序数 Z 的 4 次方增长，轻原子中非常弱的自旋禁阻跃迁在重原子中变强，例如，彩色电视荧光屏的红光 (610 nm) 就是 Eu^{3+} 的自旋禁阻跃迁发光，不过，4f 轨道钻穿效应较差，核电场尚未使 L-S 耦合方案完全失效，这种跃迁仍然可以用 ${}^5D_0 \rightarrow {}^7F_2$ 来描述。

② 状态对称性选律。光谱的跃迁强度 I 正比于跃迁矩阵元的绝对值平方：

$$I \propto \left| \int \psi_i^* \hat{M} \psi_j \mathrm{d}\tau \right|^2 \equiv \left| \langle \psi_i \mid \hat{M} \mid \psi_j \rangle \right|^2 \tag{3-40}$$

矩阵元是一种定积分，式中尖括弧部分是矩阵元的狄拉克 (P. A. M. Dirac) 符号。所以，跃迁是否会发生，取决于跃迁始态 ψ_i、终态 ψ_j、跃迁矩算符这三者构成的矩阵元是否不为零。矩阵元不为零的必要条件 (但不是充分条件) 是这三者的直积是全对称不可约表示，或从直积中能约化出全对称不可约表示；相反的情况是矩阵元为零的充分条件 (但不是必要条件)。这一选律在有些文献中称为“轨道选律”。

这一判据的等价表述是：先把始态 (若是复波函数则取复共轭) 与终态波函数构成直积，若直积至少与跃迁矩算符的一个分量属于同一不可约表示，就满足矩阵元不为零的必要条件。由于很多情况下，作为始态的基态是全对称表示，问题就更简单，只要终态与跃迁矩算符的某个分量属于相同的不可约表示即可。若跃迁矩算符是偶极矩矢量算符，其 x, y, z 分量都是不可约表示的基。在有的分子点群中，这 3 个分量可能属于同一个不可约表示，而在另一些分子点群中则可能分属于 2 个甚至 3 个不可约表示。若始态与终态波函数的直积与 x 分量属于同一不可约表示，跃迁是允许的 (且是 x 偏振的)；对 y 或 z 也类似。

对于具有高对称性的配合物分子，分子点群通常有较多的不可约表示 (尽管二者并无严格的定量关系)，而 x、y、z 分量最多只能属于 3 个不可约表示。于是，始态与终态波函数的直积与 x、y、z 某分量属于同一不可约表示的可能性减小；若不属于同一不可约表示，这些跃迁就被禁阻。所以，对称性较低的分子中的某些允许跃迁，在对称性较高的分子中可能被禁阻。

③ 中心对称配合物的Laporte选律。具有对称中心的配合物，其MO也像原子中的AO那样，具有确定的宇称g或u。电子排布在轨道上形成组态，进而导出谱项，故谱项也有确定的宇称。将组态中各个电子按所在轨道的宇称求直积（每个电子一项，而不是每个轨道一项）：

$$g\otimes g = u\otimes u = g，\quad g\otimes u = u\otimes g = u \tag{3-41}$$

就得到该组态导出的所有谱项的宇称。若谱项的宇称为u，就在右上角标处加"°"，如$^3F^o$等。

Laporte选律亦称宇称定则，它指出：电偶极跃迁只能发生在宇称不同的态之间，即

$$g\leftarrow\!\!/\!\!\rightarrow g，\quad u\leftarrow\!\!/\!\!\rightarrow u，\quad g\longleftrightarrow u \tag{3-42}$$

这对于原子和有对称中心的分子都是适用的。

这一选律依据的数学原理极其简单。无疑，你对函数$f(x)$的奇偶性很熟悉，并且知道，若被积函数$f(x)$为奇函数，则

$$\int_{-a}^{a} f(x)\mathrm{d}x = 0$$

反之，若$f(x)$为偶函数，则

$$\int_{-a}^{a} f(x)\mathrm{d}x = 2\int_{0}^{a} f(x)\mathrm{d}x$$

电偶极跃迁的跃迁矩算符是偶极矩矢量算符，宇称为u。所以，跃迁强度不为零的必要条件是：始态与终态的宇称必须相反，只有这样才能保证跃迁矩阵元的被积函数反演对称性为$g\otimes u\otimes u=g$（或$u\otimes u\otimes g = g$）。这正是电偶极跃迁的Laporte选律。

d轨道宇称都是g，如果粗略地利用电子在轨道之间跃迁的概念来讨论问题，过渡金属配合物中的d-d跃迁都是宇称不变的g-g禁阻跃迁。不过，宇称禁阻在一定的前提下才能使跃迁概率真正为零。当轨道不是纯粹的d而是混入了某些p成分时，就可能以小的概率发生跃迁，因为在这种情况下跃迁包含了一定成分的d-p跃迁，而这是宇称允许的g-u跃迁。此外，具有6个配体的配合物不一定是严格的O_h场配合物，即使对严格的O_h场配合物分子，它在振动过程中也具有不同的瞬间构型，某些瞬间构型中M的中心对称环境被不同程度地改变，吸收峰的强度由全部构型取平均来决定。在这些情况下，d-d谱带强度会远大于自旋禁阻跃迁，但仍小于电荷迁移光谱。

与此类似，镧系元素的f-f跃迁是宇称不变的u-u禁阻跃迁，这种跃迁的发生也是由于Laporte选律所要求的前提不完全成立。与d-d跃迁不同的是，4f受外层电子云的屏蔽，与配体轨道重叠较少，吸收峰位置受配体影响小，在一级近似下可按自由原子讨论，使得f电子跃迁在一定程度上减少了一些复杂性；另一方面，f轨道与配体作用较弱也使f电子跃迁不明显激发分子振动，因而谱带尖锐狭窄。此外，具有f^n与f^{14-n}组态的镧系三价离子的水合物呈现相似的颜色。

用轨道之间的跃迁来解释吸收光谱是比较粗略的做法，更好的解释应当基于谱项之间的跃迁：如果跃迁的始终态宇称相同 (例如，同一组态导出的谱项就是如此)，跃迁就是禁阻的，即使发生吸收也是弱带。确实，强带几乎总是对应于不同组态的谱项之间的允许跃迁。

显然，Laporte 选律对非中心对称配合物不起作用。尽管自由原子的 d 轨道具有 g 宇称，但在 T_d 场配合物中对称中心不复存在，宇称无从谈起。所以，O_h 场配合物中 d-d 跃迁的 ε_{max} 小于或近于 100 $L \cdot mol^{-1} \cdot cm^{-1}$，而在 T_d 场配合物中可能大于 250 $L \cdot mol^{-1} \cdot cm^{-1}$。

Laporte 选律可被看作是状态对称性选律的特例。

(2) 选择定则和偏振作用 三个坐标轴等价，即 (x, y, z) 共同作为三维不可约表示的基的分子点群通称为高阶群，如 O_h、T_d 等。对不属于高阶群的分子，只有入射光的电场矢量沿着分子的特定方向 (通常说是沿该方向偏振)，这种激发才会产生允许跃迁。我们用对称性分析来判断哪些跃迁被允许或禁阻；如果允许，沿哪个方向偏振。

激发前电子在轨道上的排布构成基组态，吸收引起的跃迁产生某些激发组态。对基组态的电子对称性取直积得到基谱项，通常属于全对称表示；对于各种激发组态，只需对未充满轨道中的电子对称性取直积而得到激发谱项。为了考察跃迁是否允许，以及允许情况下的偏振方向，用基谱项 (始态)、跃迁矩算符和激发态谱项 (终态) 三者的直积构成跃迁矩阵元的被积函数。基谱项几乎总是全对称表示，不需要特别关心，所以只要看各激发态谱项与跃迁矩分量 x、y、z 是否属于同一不可约表示。若某种跃迁产生的激发态谱项与 x 属于同一不可约表示，跃迁允许且是 x 方向偏振的 (其它方向的分析也类似)；若某种跃迁的激发态谱项与 x、y、z 都不属于同一不可约表示 (或者说激发态谱项不可约表示的基不含任一分量 x、y、z)，则这种跃迁是禁阻的。

(3) 电荷迁移光谱 (CT) 短波长的强宽带通常是中心金属与配体之间的电荷迁移谱带 (简称荷移谱带)[9]，ε_{max} 可高达 1000~50000 $L \cdot mol^{-1} \cdot cm^{-1}$。荷移谱带需要用 MO 理论解释，晶体场理论只考虑 M 与 L 的静电作用而不考虑它们之间的轨道重叠，不能解释荷移谱带。

电子从主要位于配体 L 的 MO 转移到主要位于金属 M 的 e_g^* 或 t_{2g} 分子轨道，这种跃迁记作 LMCT。以 $[Co(NH_3)_6]^{3+}$ 为例，t_{2g}(HOMO) 是仅由 M 贡献的非键轨道 d_{xy}、d_{yz}、d_{zx}，e_g^*(LUMO) 也主要是 M 的 d_{z^2} 和 $d_{x^2-y^2}$，所以，电子从 t_{2g} 跃迁到 e_g^* 基本上是 d-d 跃迁，属于禁阻的 g-g 跃迁。但如果从能量较低的 t_{1u} 跃迁到 e_g^*，则是允许的 u-g 跃迁，且出现在波数更大的位置，这种短波长、高强度的谱带经常掩盖 d-d 谱带。由于对 t_{1u} 和 e_g^* 的主要贡献分别来自 L 和 M，伴随这种吸收的是 L 向 M 转移电荷。显然，M 的氧化能力和 L 的还原能力较大，有利于 LMCT。

相反的跃迁是 M 至 L 的电荷迁移，记作 MLCT。通常发生在配体具有低能级 π^* 空轨道 (特别是芳香性配体)，而金属为低氧化态 (d 轨道相对较高) 的配合物中。

(4) Tanabe-Sugano 图 (T-S 图)　利用 Orgel 图可以定性解释配合物的电子光谱。例如，$[V(H_2O)_6]^{3+}$ 的电子光谱在 17100 cm^{-1} 和 25200 cm^{-1} 处显示 2 个弱带 (图 3-22)[10]。

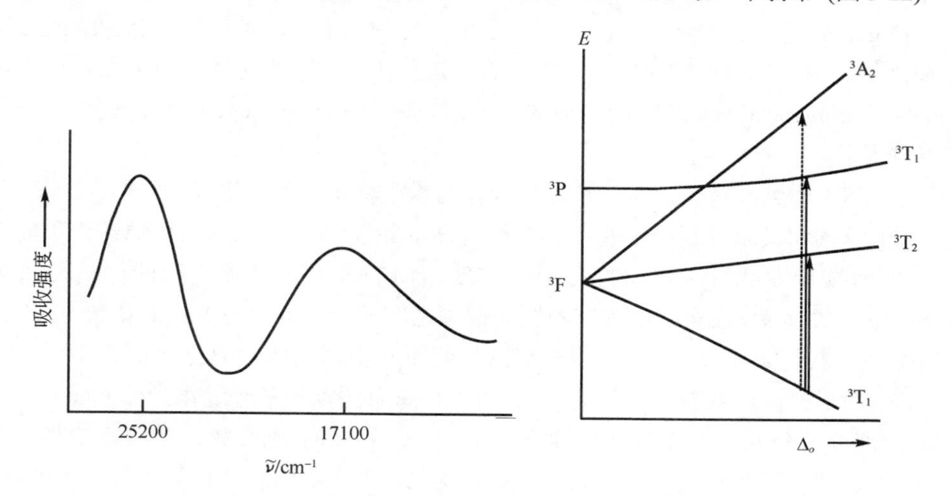

图 3-22　d^2 组态 Orgel 图对 $[V(H_2O)_6]^{3+}$ 电子光谱的解释 (示意图)

若按最邻近的 6 个配位原子，将 $[V(H_2O)_6]^{3+}$ 近似看作 O_h 场配合物 (严格说来它是 T_h 场配合物)，其电子光谱就可以从 d^2 组态 Orgel 图的自旋允许跃迁来解释。由光谱化学序列可知 H_2O 是中等强度配体，据此估计 Orgel 图上的 Δ_o，可以确定，17100 cm^{-1} 的弱带对应于 $^3T_2\,(^3F)\leftarrow{}^3T_1\,(^3F)$ 跃迁，25200 cm^{-1} 的弱带对应于 $^3T_1\,(^3P)\leftarrow{}^3T_1\,(^3F)$。(根据 IUPAC 的建议，表示光谱跃迁时先写高能态后写低能态，吸收和发射跃迁分别用向左和向右的箭头表示。)

这里似乎留下一个疑问：为什么不将 25200 cm^{-1} 处的弱带指认为 $^3A_2\,(^3F)\leftarrow{}^3T_1\,(^3F)$ 跃迁？为理解这一点，不妨考察 ^3F 在 O_h 场中的分裂。与 d 轨道在配位场中的分裂相似，谱项在配位场中的分裂也遵从重心不变原理，所以，^3F 在 O_h 场中分裂为 $^3T_1\,(^3F)$、$^3T_2\,(^3F)$、$^3A_2\,(^3F)$ 后，各谱项能级升降总值为零。考虑到 T 谱项为三重简并而 A 谱项非简并，^3F 的分裂应当满足

$$(-0.6\Delta_o)\times 3 + 0.2\Delta_o\times 3 + 1.2\Delta_o = 0$$

即谱项 $^3T_1\,(^3F)$、$^3T_2\,(^3F)$、$^3A_2\,(^3F)$ 能级的改变量分别为 $-0.6\Delta_o$、$0.2\Delta_o$ 和 $1.2\Delta_o$。在此基础上，指认了跃迁能最小 (17100 cm^{-1}) 的跃迁为 $^3T_2\,(^3F)\leftarrow{}^3T_1\,(^3F)$，就可知对应的能级差为 $0.2\Delta_o-(-0.6\Delta_o) = 0.8\Delta_o$，相当于 $\Delta_o = 17100\ cm^{-1}/0.8 = 21375\ cm^{-1}$；若把 25200 cm^{-1} 的弱带指认为 $^3A_2\,(^3F)\leftarrow{}^3T_1\,(^3F)$ 跃迁，能级差为 $1.2\Delta_o-(-0.6\Delta_o) = 1.8\Delta_o$，将给出 $\Delta_o = 25200\ cm^{-1}/1.8 = 14000\ cm^{-1}$，这远小于 $^3T_2\,(^3F)\leftarrow{}^3T_1\,(^3F)$ 跃迁给出的 Δ_o 值 21375 cm^{-1}，所以，25200 cm^{-1} 的弱带不可能对应 $^3A_2\,(^3F)\leftarrow{}^3T_1\,(^3F)$ 跃迁，而应是 $^3T_1\,(^3P)\leftarrow{}^3T_1\,(^3F)$ 跃迁。那么，$^3A_2\,(^3F)\leftarrow{}^3T_1\,(^3F)$ 跃迁 (图 3-22 虚线箭头所示) 的吸收带又在何处？该跃迁的能级差为 $1.8\Delta_o$，若按 $\Delta_o = 21375\ cm^{-1}$ 粗略估计，大约位于 38475 cm^{-1} (有些文献估计

为 36000 cm^{-1} 或 34595 cm^{-1})，但此处有荷移强带，$^3A_2(^3F)\leftarrow{}^3T_1(^3F)$ 跃迁可能被遮蔽了。在有几个吸收带的情况下，当然不能只根据某个吸收带计算 Δ_o。

Orgel 图无疑是重要的，但有不便之处：它的基态 (即基谱项) 能量随场强增加而降低。由于基态通常是跃迁始态，将它选作不变的参考态才比较方便，所以，Tanabe 和 Sugano 作了改进，改进后的相关图被称为 Tanabe-Sugano 图，简称 T-S 图，其特点是：

① 基态作为参考态，其能量始终处在与横坐标重合的水平线上。

② 纵轴和横轴分别以 E/B 和 Δ/B 标度，Racah 参数 B 是表达自由原子谱项能量的电子间排斥参数 (基谱项与自旋多重度相同的激发态谱项之间的能量差只与 Racah 参数 B 有关，而自旋多重度不同的谱项之间的能量差则与 Racah 参数 B、C 都有关)。这使得 T-S 图适用于 M 电子组态相同而 L 不同的各种配合物。

③ 对于有高、低自旋之分的 d^4-d^7 组态，每个图以一条竖线作为分界线，分为左右两部分，分别用于高自旋 (弱场) 和低自旋 (强场) 配合物。要注意的是：由 Orgel 图已知，基态和激发态能量都随场强变化，但 T-S 图总是将基态置于水平轴。因此，在 T-S 图上，场强逐渐增大到某个临界值时越过分界线，配合物由高自旋转变为低自旋，原来的基态变成激发态而不再置于水平轴，原来的某种激发态则变为新基态而被置于水平轴，作为新参考态。参考态的转变也使其它激发态 (包括由原来的基态转化而来的激发态) 的相关线斜率在分界线位置发生突变 (图 3-23)。这是由 T-S 作图方法所致，并不表示谱项能量发生了突变。

以 d^5 组态 O_h 场配合物的 T-S 图为例 [图 3-23(a)] (其中的谱项略去了宇称 g，显然，d^n 组态产生的所有谱项的宇称都是 g)，弱场时有 5 个未成对电子，基态为 $^6A_1$。场强增大到分界线位置时，原来的基态 $^6A_1$ 变为激发态，而原来的激发态 $^2T_2$ (1 个

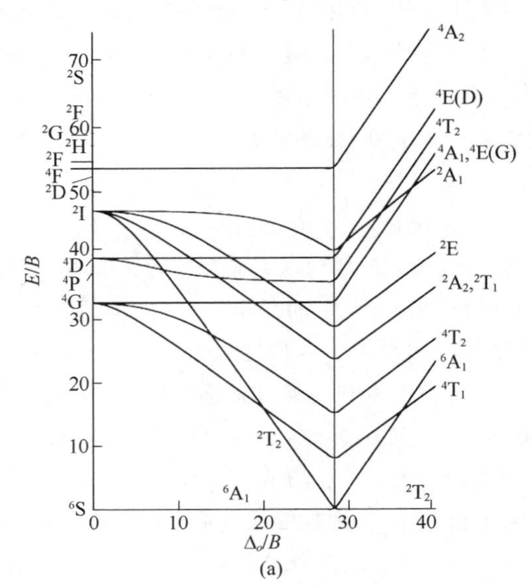

(a)

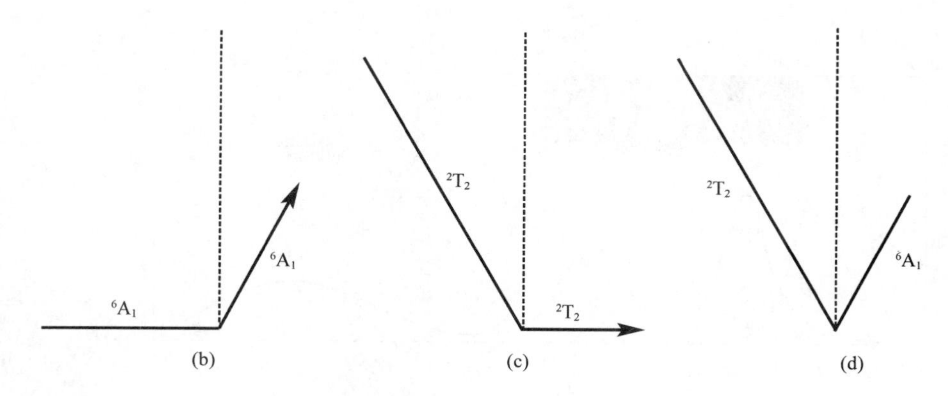

图 3-23 d^5 组态 O_h 场配合物的 T-S 图

未成对电子) 则降到 $^6A_1$ 以下成为新基态。这两种态随场强增加发生的变化分别如图 3-23 中 (b) 和 (c) 所示。与水平轴重合的基态容易被一些初学者忽略，而将基态的变化误解为图 3-23(d)，其实，图 3-23(d) 那条折线根本不是同一个态的相关线，它的两段分别是新基态转化前与原有基态转化后两种不同的态。

$[V(H_2O)_6]^{3+}$ 的电子光谱若用 T-S 图来解释，如图 3-24 所示。T-S 图上虚线箭头表示可能被荷移强带遮蔽的 $^3A_2(^3F)\leftarrow{}^3T_1(^3F)$ 跃迁。

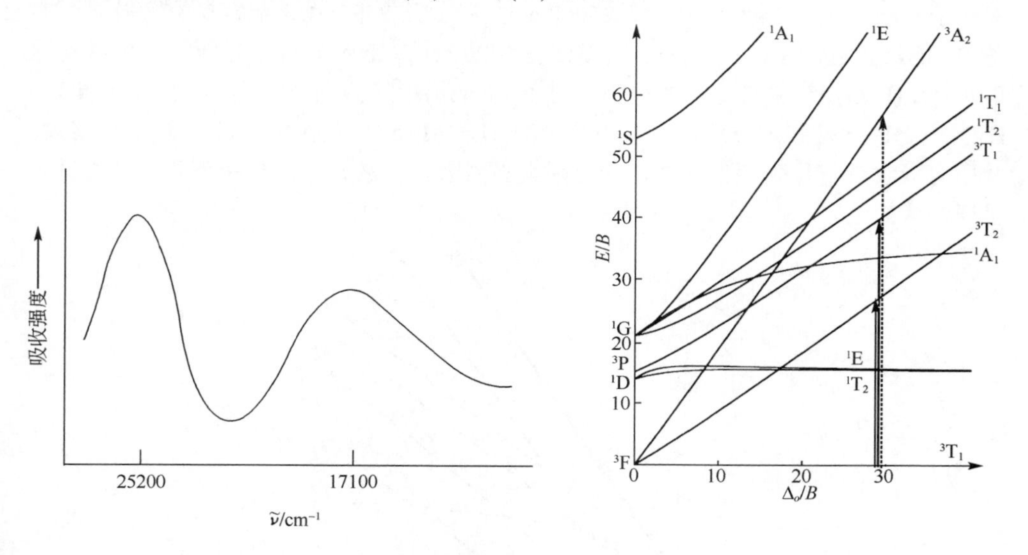

图 3-24 d^2 组态 T-S 图对 $[V(H_2O)_6]^{3+}$ 电子光谱的解释 (示意图)

图3-25是 d^8 配合物 $[Ni(H_2O)_6]^{2+}$ 和 $[Ni(en)_3]^{2+}$(en 是乙二胺的缩写) 的电子光谱 (经过重新绘制)，该图被许多文献所引用，非常适合于用 Orgel 图或 T-S 图解释电子光谱，了解轨道、对称性与配合物电子光谱的关系，以及光谱化学序列概念和配合物显色等问题。

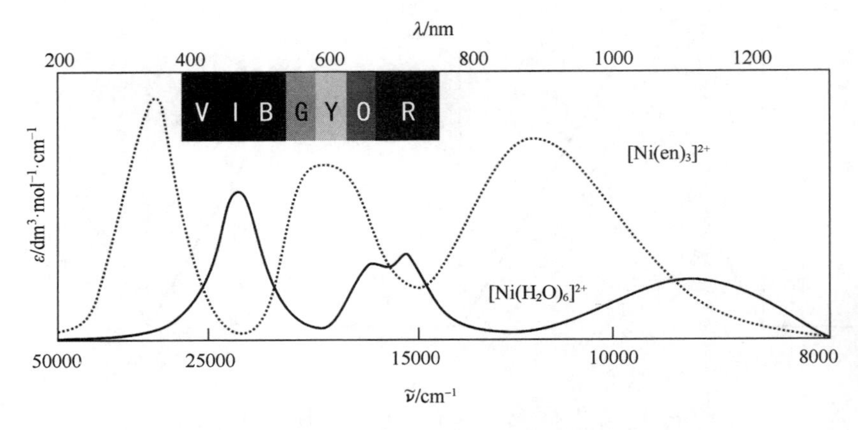

图 3-25 $[Ni(H_2O)_6]^{2+}$(实线) 和 $[Ni(en)_3]^{2+}$(虚线) 的电子光谱

$[Ni(en)_3]^{2+}$与 $[Ni(H_2O)_6]^{2+}$的配体数目虽然不同，但配位数都是 6，具有近似的 O_h 对称性，可用 O_h 场中 d^8 的 T-S 图 (图 3-26) 来定性解释其光谱。

谱带的位置：由 T-S 图可见，基谱项为 $^3A_2(^3F)$，其上 3 个激发三重态依次为 $^3T_2(^3F)$、$^3T_1(^3F)$、$^3T_1(^3P)$。由此预言 3 个自旋允许跃迁的波数由小到大依次为：$^3T_2(^3F) \leftarrow {}^3A_2(^3F)$、$^3T_1(^3F) \leftarrow {}^3A_2(^3F)$、$^3T_1(^3P) \leftarrow {}^3A_2(^3F)$。对于 $[Ni(H_2O)_6]^{2+}$，这分别对应于 9000 cm^{-1}、14000 cm^{-1} 和 25000 cm^{-1} 三个吸收带 (在该配合物的场强下，$^3T_1$ 与 ^1E 能级相近，它们之间的轨-旋耦合使 14000 cm^{-1} 谱带分裂为双峰)。绿色区的透射是 $[Ni(H_2O)_6]^{2+}$ 呈现绿色的原因。对于 $[Ni(en)_3]^{2+}$，从光谱化学序列 en > NH_3 > H_2O，可知 en 是强配位体，与中心原子的 (L→M) σ 相互作用使 e_g^* 升高，Δ 增大。故所有吸收带都显著蓝移。黄、绿色区有强烈吸收，紫光、蓝光和部分红光透射而呈现深紫蓝色。

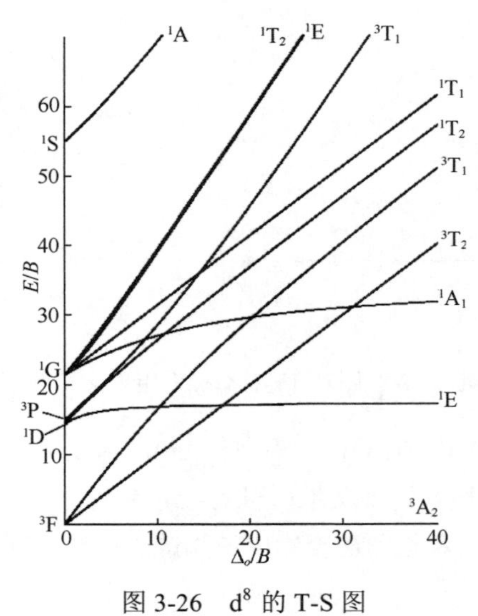

图 3-26 d^8 的 T-S 图

谱带的强度: $[Ni(H_2O)_6]^{2+}$ 和 $[Ni(en)_3]^{2+}$ 严格说来都不属于 O_h 点群。$[Ni(H_2O)_6]^{2+}$ 的结构如图 3-27(a)，属于中心对称的 T_h 群; $[Ni(en)_3]^{2+}$ 是 Ni 与 3 个二齿配体 en 形成的螯合物，属于非中心对称的 D_3 点群，有一对对映异构体，图 3-27(b) 示出其中之一。

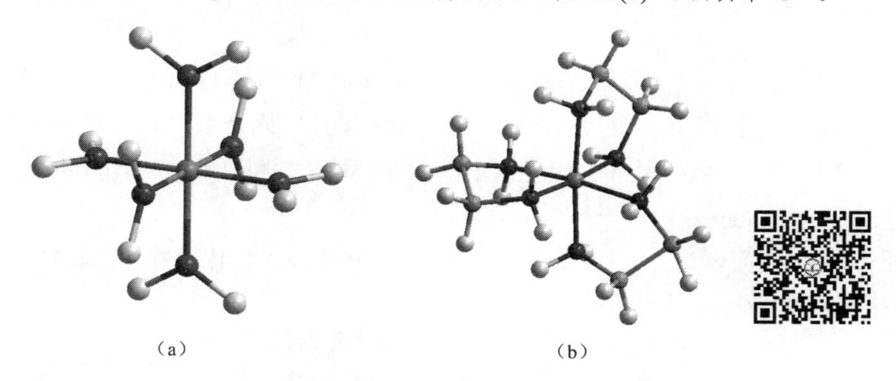

图 3-27 $[Ni(H_2O)_6]^{2+}$ (a) 和 $[Ni(en)_3]^{2+}$ (b) 的结构示意图

因此，$[Ni(H_2O)_6]^{2+}$ 和 $[Ni(en)_3]^{2+}$ 的这三种跃迁在严格意义上不能记作 O_h 场的 $^3T_{2g}(^3F)\leftarrow{}^3A_{2g}(^3F)$、$^3T_{1g}(^3F)\leftarrow{}^3A_{2g}(^3F)$、$^3T_{1g}(^3P)\leftarrow{}^3A_{2g}(^3F)$，尤其是 $[Ni(en)_3]^{2+}$ 没有对称中心，其所属的 D_3 点群也没有三维不可约表示 T。然而在事实上，$[Ni(H_2O)_6]^{2+}$ 和 $[Ni(en)_3]^{2+}$ 的电子光谱都可用 O_h 场的 T-S 图相当好地加以解释，表明配位场主要由最邻近的 6 个配位原子所决定。不过，对于 $[Ni(H_2O)_6]^{2+}$ 来说，无论严格的 T_h 场或近似的 O_h 场都有对称中心，上述跃迁的始态、终态都是组态 d^8 的谱项，有相同的宇称 g，受 Laporte 选律所禁阻；而对于 $[Ni(en)_3]^{2+}$，只有近似视为 O_h 场才有对称中心，而严格地视为 D_3 场则无对称中心，上述跃迁都不被 Laporte 选律所禁阻。这是 $[Ni(H_2O)_6]^{2+}$ 和 $[Ni(en)_3]^{2+}$ 的这三种吸收强度分别较小和较大的重要原因之一。

Orgel 图和 T-S 图都可以定性解释电子光谱，而 T-S 图还可以进一步作出定量或半定量解释，因为这种图以既有电子间排斥又有中等强度晶体场作用的 d^n 能级的量子力学计算为基础。更准确的结果必须借助于足够严格的量子化学计算。

(5) 由电子吸收光谱计算 Δ 和 *B* 配合物的电子光谱起源于谱项之间的跃迁。所以，通过跃迁能表达式和电子光谱数据，可以计算过渡金属配合物的场分裂能 Δ 和电子间排斥参数 B 值 (自旋允许跃迁的能量差或波数，所涉及的 Racah 参数只有 B)[11]。

① 对于 d^4、d^6 高自旋和 d^1 组态的八面体配合物，光谱图只出现一个吸收峰，其能量就是 Δ，可以直接读出。例如，M 为 d^1 组态的 $[Ti(H_2O)_6]^{3+}$ 在 20400 cm^{-1} 处的弱带，表明 $\Delta = 20400\ cm^{-1}$ (这个处于黄、绿、蓝色区域的吸收带使 $[Ti(H_2O)_6]^{3+}$ 呈现淡紫红色)。

其它组态的八面体和四面体配合物的 Δ，则必须根据跃迁能的具体表达式和光谱数据来计算。

② 八面体 d^3、d^8 组态 (或四面体 d^7、d^2 组态) 的配合物，自旋允许跃迁有 3 个，

其波数的能量表达式为：

$$\tilde{\nu}_1(\mathrm{T_{2g}} \leftarrow \mathrm{A_{2g}}) = \Delta$$
$$\tilde{\nu}_2(\mathrm{T_{1g}} \leftarrow \mathrm{A_{2g}}) = 7.5B + 1.5\Delta - 0.5(225B^2 + \Delta^2 - 18B\Delta)^{1/2}$$
$$\tilde{\nu}_3(\mathrm{T_{1g}} \leftarrow \mathrm{A_{2g}}) = 7.5B + 1.5\Delta + 0.5(225B^2 + \Delta^2 - 18B\Delta)^{1/2}$$

所以，$\Delta = \tilde{\nu}_1$(即波数最小吸收峰的相应能量)，$B = (\tilde{\nu}_3 + \tilde{\nu}_2 - 3\tilde{\nu}_1)/15$

【示例】 d^8 组态的八面体配合物 $[Ni(H_2O)_6]^{2+}$ 光谱给出 $\tilde{\nu}_1 = 9000\ cm^{-1}$，$\tilde{\nu}_2 = 14000\ cm^{-1}$，$\tilde{\nu}_3 = 25000\ cm^{-1}$(不同文献给出的数值略有差别)。由此求出 $\Delta = 9000\ cm^{-1}$，$B = 800\ cm^{-1}$。

③ 八面体 d^2、d^7 组态 (或四面体 d^8、d^3 组态) 的配合物，自旋允许跃迁有 3 个，其波数的能量表达式为：

$$\tilde{\nu}_1(\mathrm{T_{2g}} \leftarrow \mathrm{T_{1g}}) = 0.5\Delta - 7.5B + 0.5(225B^2 + \Delta^2 + 18B\Delta)^{1/2}$$
$$\tilde{\nu}_2(\mathrm{T_{1g}} \leftarrow \mathrm{T_{1g}}) = (225B^2 + \Delta^2 + 18B\Delta)^{1/2}$$
$$\tilde{\nu}_3(\mathrm{A_{2g}} \leftarrow \mathrm{T_{1g}}) = 1.5\Delta - 7.5B + 0.5(225B^2 + \Delta^2 + 18B\Delta)^{1/2}$$

所以，$\Delta = \tilde{\nu}_3 - \tilde{\nu}_1$(即最大与最小波数之差相应的能量)。

由配合物 $[Ni(H_2O)_6]^{2+}$光谱计算的 B 值 (800 cm^{-1})，比 Ni^{2+}自由离子的电子排斥参数 B_0 值 (1130 cm^{-1}) 小得多，其它一些配合物中的 B 值也是如此，表明配合物中 d 电子间排斥变小，意味着电子密度由中心离子离域到配体上，称为电子云伸展效应。电子云伸展系数 $\beta = B/B_0$ 越小，中心离子电子云离域程度越大 (与配体的重叠越多)，共价性越强。

3.5 配合物的理论计算

分子轨道理论是研究配合物几何结构、化学键、电子结构、物理性质的理论基础。20 世纪 50 年代以后，对配合物进行了大量的分子轨道理论计算，结果表明，MO 理论能够更全面地说明配合物的结构，成功地解释电荷迁移光谱，对配合物的物理、化学性质的解释和预测也比晶体场理论更胜一筹。然而，这类计算相当困难，原因不仅在于配合物中电子数目很多，而且多半是开壳层结构。Hartree-Fock 水平的计算对于几何构型、偶极矩、磁学性质可以得到较好的结果，但不能解决配合物的稳定性问题；考虑 CI 则导致工作量很大。在实际计算中，往往需要采取各种不同程度的近似方法。

游效曾等曾用自然杂化轨道理论对簇合物进行了多中心键定域处理；从量子化学出发，对簇状化合物的电子结构和光化学反应机理等一系列结构和性质的关系作过系统研究。

1951 年 J. C. Slater 提出 X_α 方法，用一个正比于电荷密度立方根的密度泛函近似取代了 ab initio 计算中最为困难的电子交换作用项，计算量正比于基函数数目的平方，比 MO 方法低两个数量级。20 世纪 70 年代发展起来的自洽场多重散射波 X_α 方法，即 MS-X_α，原则上可用于包含所有元素的体系。MS-X_α 采用 Muffin-tin 球对称势，这是它计算分子总能量一般不成功的重要原因，但另一方面，用它计算含重原子体系时并不显著增加工作量，较适于处理具有立方形状的原子簇和重金属配合物，因此广泛用于过渡金属配合物的电子结构、光谱和其它有关性质的计算。K. H. Johnson 等对 ClO_4^- 和 SO_4^{2-} 的计算，得到的 MO 次序与精确计算结果相同。此后，对 MnO_4^-、$CuCl_4^{2-}$、$PtCl_4^{2-}$、$PdCl_4^{2-}$、TiF_6^{3-}、CrF_6^{3-}、CrF_6^{5-}、MnF_6^{2-}、MnF_6^{4-}、FeF_6^{3-}、NiF_6^{2-}、NiF_6^{4-}、$Pt(CN)_4^{2-}$、UF_6 等典型的配离子，$Mo_2Cl_8^{4-}$、$Re_2Cl_8^{2-}$ 等双核配合物，$Pt(C_2H_4)Cl_4^-$、$Ti(C_2H_4)F_5^{2-}$、$Ti(C_2H_4)Cl_5^{2-}$、$Fe(C_5H_5)_2$ 等含烯烃配体的配合物也进行过计算。在 X_α 法中，电子占据数表示的状态若介于电子跃迁始终态之间，称为“过渡态”(不同于化学反应过渡态)，其能量负值为电离能，从而把电离能计算直接归结为过渡态能量计算，在处理分子的电子激发态、光学性质和光化学行为方面显示了强大威力，对配合物的计算尤其重要[12]。MS-X_α 用过渡态方法计算的 d-d 跃迁和荷移光谱与实验结果相当吻合；在解释光电子能谱 (包括 Auger 能谱) 方面占有重要地位；也为解释 ESR 的 g 因子和金属超精细相互作用张量发挥了作用。

随后发展起来的电荷自洽离散变分 X_α 方法 (SCC-DV-X_α)，以及多极电荷密度自洽离散变分 X_α 方法 (SCM-DV-X_α)，理论模型更趋合理，摆脱了 Muffin-tin 球对称势的限制，且可调节计算精度，亦被用于过渡金属配合物和原子簇等研究[13]。离散变分方法对重原子体系通常用“冻芯近似”，将内层轨道经与价层轨道正交处理后冻结，冻结轨道取决于体系性质与精度要求，对第一过渡系只冻结 1s、2s、2p，不同于 MO 方法中价轨道与内层电子无关的有效核芯势 (ECP)。用 SCC-DV-X_α 计算 $Fe(CO)_3(N_4R_2)$、$Fe(CO)_2L[N_4(CH_3)_2]$、$Fe(CO)L_2[N_4(CH_3)_2]$ 和 $Fe[P(OCH_3)_3]_3[N_4(CH_3)_2]$ [L = $P(C_6H_5)_3$, $P(CH_3)_3$, $P(OCH_3)_3$; R= CH_3, C_6H_5 等]，定量解释了 470~520 nm 和 349~390 nm 两个区间的电子跃迁。对 $Ru(NH_3)_6^{3+}$、$Ru(NH_3)_6^{2+}$ 等计算表明分子中有明显的 σ 键和强反馈 π 键。对过渡金属卟啉化合物电子结构的计算，其单电子能级、波函数和电荷密度与 LCAO 法相符。

20 世纪 60 年代，W. Kohn 和 L. J. Sham 提出著名的 Kohn-Sham (K-S) 正则方程。其中唯一的近似来自交换相关能 $E_{xc}[\rho]$，只要成功获得 $E_{xc}[\rho]$，即可精确计算体系电荷密度与总能量，为密度泛函理论 (DFT) 实际计算开辟了道路[14]。对 $E_{xc}[\rho]$ 的不同假设产生了现在流行的各种方法，以用于不同目的。最简单的假设是由 Kohn 和 sham 提出的局域密度近似 (LDA)，即假设体系内部电荷密度处处均匀相等，由此较精确地解出 $E_{xc}[\rho]$ 项。真实体系当然不可能如此，故用 LDA 得到的能量误差较大，比较适用于电荷密度变化缓慢的体系，在固体计算中用得较多，其商品化程序 SVWN 和 SVWN5 被集成到 Gaussian 等软件中。为得到更准确的能量，人们用体系电荷密度梯度去校正 LDA 的 $E_{xc}[\rho]$ 项，发展了广义梯度近似法 (GGA)，计算的能量大为精确，接近或达到所谓化学精度 ($8.4\ kJ\cdot mol^{-1}$)。由于 Hartree-Fock 计算可给出精确的交换项，使人们想到将其按适当比

例混入 $E_{xc}[\rho]$ 中得到杂化密度泛函，著名的 B3LYP 即为一例（3 表示有三个经验参数），可相当精确地计算含金属原子体系的构型和能量。游效曾等还将此方法推广应用于包含有分子间电荷迁移的超分子体系。DFT 用密度泛函描述和确定体系性质而不求助于体系波函数，计算量只随电子数目的 3 次方增长，精度优于 Hartree-Fock 方法，近年来在分子和固体电子结构研究中得到广泛应用，对于含过渡金属体系更显出优越性，研究基态物理性质经济省时。W. Kohn 也荣获 1998 年诺贝尔化学奖。不过，Kohn-Sham 方法原则上只适用于闭壳层体系基态电子结构计算，为此，许多人致力于各种改进，以处理激发态与电子多重态结构问题，先后提出了系综密度泛函理论与过渡态方法、含时密度泛函响应理论方法、DFT-LFT 等 6 类改进方法[15]。其中，DFT-LFT 是在 LFT 处理电子多重态结构及其分裂的理论框架下，用 DFT 方法计算 LFT 中的一些参数。因为过渡金属和镧系元素配合物在基态附近有密集的激发态和多重态结构，通常的多参考组态 CI 方法（MRCI）难以处理，目前的 DFT 方法亦无能为力；配位场理论（LFT）是处理过渡金属和镧系元素配合物电子结构问题的有力工具，但待定参数须通过拟合实验数据确定，配位结构单元对称性低时参数多，拟合结果不确定性大，甚至无足够实验数据可供拟合。二者结合将使 LFT 成为处理过渡金属及镧系配合物电子结构方面更强有力的工具，并扩展 DFT 的应用领域。DFT-LFT 较适用于高对称性强场配合物。1991 年杨金龙等用 DFT-过渡态方法计算晶体场轨道能级差，结合 LFT 计算 d 组态配合物的配位场谱项能级，对 $[CrF_6]^{3-}$ 计算结果较好[16]。DFT-LFT 方法适用于过渡金属和镧系元素配合物，在基态附近有大量激发态和多重态存在的情况，计算也比较简单。但是，用 Kohn-Sham 轨道代替真正的 MO 而不加校正，或用 AO 代替定域 MO，不能达到很高精度。另外的途径还有：①利用 DFT 计算的精确电荷密度计算晶体场参数；②直接用 DFT 计算得到的势场计算配位场参数的 CLDT (combined ligand field and density functional theory) 方法，比较方便，但难以得到精确的 Pauli 排斥势，对结果有一定影响。

近年来，国际国内利用 DFT 研究配合物的结构、反应性、光谱与光学性质、磁学性质的文献非常多，兹举数例：

王娴、林梦海、张乾二用 DFT 对过渡金属双原子 Nb_2、Co_2 和 NbCo 的电子态进行研究[17]，得到三者的基态分别为 $^3\Sigma_g^-$、$^5\Sigma_g^+$ 和 $^3\Delta$，并以此为基础讨论四核簇 Nb_4、Co_4 和 Nb_2Co_2 的成键情况，发现稳定的单金属簇 Nb_4 具有高对称性的密堆结构，稳定的 Co_4 具有低对称性的变形封闭结构，二者都是典型的金属键；而 Nb_2Co_2 在封闭式结构中是一般的金属键，在线型结构中有强弱交替的定域键，Nb 原子易相互靠近成键，Co 原子趋于远离不成键。三种团簇的多重度按 $Nb_4 < Nb_2Co_2 < Co_4$ 的顺序依次升高。

P. Pietrzyk 等借助于 EPR 指纹的 DFT 分析，对 Ni^I 的 Y 形和 T 形三配位羰基化合物进行了构象解析[18]。S. Flugge 等研究了中性的 14 电子金-炔的 π-配合物及其阳离子的结构与键[19]。A. Reisinger 等研究了银-乙烯配合物[20]。为结合实验数据深入理解键的形成，使用 DFT (BP86/TZVPP, PBE0/TZVPP) 和 MP2/TZVPP，并部分使用 CCSD(T)/AUG-cc-pVTZ，对配合物 $[Ag(\eta^2\text{-}C_2H_4)_n][Al(OR^F)_4]$ 进行了理论研究。

A. T. Normand 等研究了 Pd(Ⅱ)的π-烯丙基配合物与卤代芳烃的反应机理[21]。J. Guihaume 等研究了 $[Cp_2(Cl)Hf(SnH_3)]$ 与 $[Cp_2(Cl)Hf(\mu\text{-}H)SnH_2]$ 的相互转换[22]。A. G. Algarra 等研究了立方簇合物 $[W_3PdS_4H_3(dmpe)_3(CO)]^+$ 质子转移机理的溶剂效应[23]。

王延金、曹泽星、张乾二用相对论有效核势 DFT 研究了 Cu_n^- 和 Cu_nCO^- 簇的平衡几何构型、稳定性、主要碎片化模式、CO 吸附能及其团簇的光谱性质[24]。计算结果表明，奇数簇 Cu_n^- 比其相邻偶数簇 Cu_n^- 的电离势大，奇数的 Cu_5CO^- 簇有最大的 CO 解离能。奇数铜簇阴离子相对较高的稳定性与近似浆汁模型的 8 电子闭壳层效应一致。计算得到的 Cu_n^- 簇碎片化能量表明，较小 Cu_n^- 的优势解离通道与其包含 Cu 原子数目的奇偶性有关，偶数的 Cu_n^- 簇主要解离为 Cu 原子和 Cu_{n-1}^-，而奇数 Cu_n^- 簇易解离为铜的二聚物 Cu_2 和 Cu_{n-2}^-。

张佳颖等分别在 B3PW91/Lanl2DZ 和 B3PW91/6-31G**水平上比较了 $Ni(OH)_6{}^{4-}$ 和 $Ni(H_2O)_6{}^{2+}$ 化合物的几何参数、能量、前线轨道、电荷分布及振动频率[25]。优化的 Ni−O 键长与文献实验数据较一致。$Ni(H_2O)_6{}^{2+}$ 比 $Ni(OH)_6{}^{4-}$ 更稳定，但后者更易吸引带正电荷的阳离子。$Ni(OH)_6{}^{4-}$ 的 HOMO 主要集中于配体 O 上。$Ni(H_2O)_6{}^{2+}$ 和 $Ni(OH)_6{}^{4-}$ 的红外吸收峰与实验值相一致。

潘立新等用不同泛函计算了配合物 $Ni(CO)_n$ ($n = 1\sim4$) 的平衡几何构型和振动频率，考察了泛函和基组重叠误差对预测 Ni−CO 键解离能的影响[26]。得到与实验一致的优化几何构型和较合理的振动频率。对 $Ni(CO)_n$ ($n = 2\sim4$) 体系，用"纯"泛函，如 BP86 和 BPW91 可得到与 CCSD(T) 更符合、并与实验值接近的解离能。并发现解离产物出现单个金属原子或离子时，BSSE 校正项的计算中应保持金属部分的电子结构一致；只有考虑配体基组和不考虑配体基组两种情况下金属电子构型与配合物中金属构型一致时，才能得到合理的 BSSE 校正，从而预测合理的解离能。

洪涛等利用含时密度泛函理论 (TD-DFT) 对 *trans*-$(PEt_3)_2Pt(X)(p\text{-}Ph\text{-}NO_2)$ 的有机金属配合物进行结构优化，并计算了电子光谱和二阶非线性光学 (NLO) 性质[27]，结果表明在 1064 nm 光场下，两种 Pt(Ⅱ) 平面型分子的共振效应都很强，在远离共振的 1907 nm 下，一阶超极化率约为尿素的 40 倍。谷新等用 DFT 和 TD-DFT 的 B3LYP 方法研究了以苯基吡唑 (ppz)为主配体的 4 种 Ir 配合物 $Ir(ppz)_3$、$Ir(ppz)_2(acac)$、$Ir(ppz)_2(pic)$ 和 $Ir(ppz)_2(dbm)$ 的电子结构和光谱性质[28]。结果表明，辅助配体的改变对 HOMO 影响不大，但会显著改变 LUMO 能级，从而调节 HOMO-LUMO 间隙；并研究了 4 种配合物的发射跃迁，认为配合物发光颜色可选择合适的辅助配体来调节。舒鑫等利用 DFT 和 TD-DFT 研究一系列配合物 $Pt(ppy)(C{=}C)_nPh$ ($n = 1\sim6$) 的基态和激发态的电子结构和发射光谱[29]。通过分析前线轨道成分，预测 n 趋于无穷时，电荷跃迁将完全发生在炔基链的 π 轨道之间。X. N. Li 等用 DFT 研究了含取代基 $-CH_3$、$-OCH_3$、$-NO_2$、$-CF_3$ 的 Pt(Ⅱ) 系列配合物的电子结构与光谱性质[30]。其中，含 $-NO_2$、$-CF_3$、−COOH 的假想配合物被用于研究吸电子效应对电荷注入、运输、吸收效果、磷光性质的影响。结果表明，较强的给电子基和吸电子基显示较强的吸收强度，而含给电子基的配合物一般磷光效率较高。3种假想配合物可能在有机发光二极管中作为新的发光体。

任杰等通过对桥联双核铁(Ⅲ)化合物 $[Cl_3FeOFeCl_3]^{2-}$ 的磁耦合常数的计算[31]，探讨了DFT计算条件对结果的影响。基于破损态方法，讨论了双核 $Fe(Ⅲ)_2$ 的 d^5-d^5 电子通过氧桥的超交换作用，发现反铁磁通道主要是Fe(Ⅲ)的 d_{yz} 与 d_{z^2} 的 μ-O的p轨道形成的具有 π^*/π^* 和 σ^*/σ^* 特征的超交换通道。任杰等还在对混合价化合物分类基础上，将双核耦合模型推广到三核磁耦合体系[32]，研究了定域与离域两类混合价化合物的磁学性质，对混合价三核锰得到可与实验比较的磁耦合常数 J。

至此，我们结束关于配合物化学键理论的一般性讨论。我们看到，配位场理论在一定程度上克服了晶体场理论完全不考虑d电子离域的缺陷，又不像非经验MO理论那样完全脱离晶体场理论简单而卓有成效的技巧。关于能级图和相关图的知识对于理解配合物的光谱和磁学性质是非常重要的，读者在有关章节将会进一步发现它们的许多应用实例。用DFT处理配合物电子激发态和多重态问题仍有许多难题需要解决，但这是一个非常活跃的研究领域。

参考文献

[1] F. A. 科顿著. 群论在化学中的应用. 刘春万，游效曾，赖伍江译. 北京: 科学出版社, **1975.**

[2] 麦松威，周公度，李伟基. 高等无机结构化学. 第2版. 北京：北京大学出版社, **2006.**

[3] 李炳瑞. 结构化学. 多媒体版. 第2版. 北京：高等教育出版社, **2011**.

[4] M. 奥钦，H. H. 雅费著. 对称性、轨道和光谱. 徐广智译. 北京: 科学出版社, **1980.**

[5] D. M. 毕晓普著. 群论与化学. 新民，胡文海等译. 北京: 高等教育出版社, **1983.**

[6] 王国文. 原子与分子光谱导论. 北京: 北京大学出版社, **1985.**

[7] J. I. Steinfeld 著. 分子和辐射. 李铁津，蒋栋成，朱自强译. 北京: 科学出版社, **1983.**

[8] M. E. 加特金娜著. 分子轨道理论基础. 朱龙根译. 北京: 人民教育出版社, **1978.**

[9] D. F. Shriver，P. W. Atkins 等著. 无机化学. 第2版. 高忆慈，史启祯，曾克慰，李炳瑞等译. 北京: 高等教育出版社, **1997.**

[10] J. N. 默雷尔，S. F. A. 凯特尔等著. 原子价理论. 文振翼，姚惟馨等译. 北京: 科学出版社, **1978.**

[11] 陈慧兰. 高等无机化学. 北京: 高等教育出版社, **2005**.

[12] 潘毓刚，李俊清，祝继康，李笃. X_α 方法的理论和应用. 北京: 科学出版社, **1987.**

[13] 肖慎修等. 量子化学中的离散变分 X_α 方法及计算程序. 成都: 四川大学出版社, **1986.**

[14] 林梦海. 量子化学计算方法与应用. 北京: 科学出版社, **2004.**

[15] 戴瑛，黎乐民. 化学进展，**2001**, *13*, 167.

[16] 李震宇，贺伟，杨金龙. 化学进展，**2005**, *17*, 192.

[17] 王娴，林梦海，张乾二. 化学学报，**2004**, *62*, 1689.

[18] P. Pietrzyk, K. Podolska, et al. *Chem. Eur. J.*, **2009**, *15*, 11802.

[19] S. Flugge, A. Anoop, et al. *Chem. Eur. J.*, **2009**, *15*, 8558.

[20] A. Reisinger, N. Trapp, et al. *Chem. Eur. J.*, **2009**, *15*, 9505.

[21] A. T. Normand, M. S. Nechaev. *Chem. Eur. J.*, **2009**, *15*, 7063.

[22] J. Guihaume, C. Raynaud, et al. *Angew. Chem., Int. Ed.*, **2010**, *49*, 1816.

[23] A. G. Algarra, M. G. Basallote, et al. *Chem. Eur. J.*, **2010**, *16*, 1613.

[24] 王延金，曹泽星等. 高等学校化学学报，**2003**, *24*, 678.
[25] 张佳颖，郭玉华等. 计算机与应用化学，**2007**, *24*, 1014.
[26] 潘立新，张干兵等. 高等学校化学学报，**2006**, *27*, 1327.
[27] 洪涛，吴克琛等. 结构化学，**2004**, *23*, 788.
[28] 谷新，张厚玉等. 高等学校化学学报，**2009**, *30*, 1392.
[29] 舒鑫，周欣等. 无机化学学报，**2008**, *24*, 971.
[30] X. N. Li, Z. J. Wu, et al. *J. Phys. Org. Chem.*, **2010**, *23*, 181.
[31] 任杰，陈志达. 化学学报，**2003**, *61*, 1537.
[32] 任杰，王炳武等. 高等学校化学学报，**2008**, *29*, 2331.

习　　题

1. 利用行列式波函数法求出组态 p^2 的所有 Russell-Saunders 谱项和支项，并用 Hund 规则确定基谱项。试考虑：能否利用 Hund 规则对所有谱项和支项进行能量排序？
2. 利用 M_L 表方法导出组态 d^2 的所有 Russell-Saunders 谱项。试说明：如何用简洁的方法求出组态 d^8 的所有谱项？d^2 与 d^8 能量最低的支项是否相同？
3. 试说明，对于半充满组态，只有一个 $J = S$ 的支项，因而不必用 Hund 第二规则选择能量最低的支项。
4. 试用最简单的方法求出组态 d^5 的基谱项。
5. 已知 D_{4h} 群有下列不可约表示：A_{1g}、A_{2g}、B_{1g}、B_{2g}、E_g、A_{1u}、A_{2u}、B_{1u}、B_{2u}、E_u。如何确定该群的阶 h？
6. 子群的阶和类的阶，都是群的阶 h 的整数因子。那么，子群和类有何不同？
7. O_h 场中能级分裂 Δ_o 通常为 1~3 eV，但这只不过是配合物总生成能的一小部分。主要部分来自何处？
8. 试用群论证明 5 个 d 轨道在 T_d 场中分裂为 e 和 t_2 两组，然后借助于几何图形简要说明 t_2 的能级高于 e。
9. 八配位的配合物主要出现在第二、第三过渡系，La 系和 Ac 系的 d^0、d^1、d^2，以及氧化态大于等于 3 的金属离子。为什么？
10. d^5 高自旋、d^6 低自旋、d^0、d^3、d^8、d^{10} 离子的 O_h 场配合物都不会发生 Jahn-Teller 畸变。为什么？
11. 试求 O_h 强场中组态 $t_{2g}{}^2$ 产生的谱项，并根据降低对称性法，用子群 C_{2h} 确定谱项的自旋多重度。
12. 利用相关表确定：正八面体配合物畸变为拉长的八面体时，t_{2g} 和 e_g 轨道分别变成什么轨道。
13. d^n 组态导出的谱项总是具有宇称 g，那么，f^n 组态导出的谱项总是具有宇称 u 吗？
14. Cr_2O_3 和 Al_2O_3 的混晶体可作为压致变色材料，受压可从灰色变至红色。从配位场的观点来解释这是为什么。

15．在一些包含重原子的发光材料中，往往可以观察到自旋禁阻跃迁发光？这是为什么？

16．在什么情况下才需要使用双值群处理问题？

17．(L→M)π 和 (M→L)π^*，对 Δ_o 的影响为什么相反？

18．反馈键为什么会增强中心金属离子与配体的键而削弱配体分子中的键？

19．强极性配体产生的场分裂能一定大于弱极性配体吗？

20．从 MO 理论看来，中心原子外层具有 18 个电子时特别稳定的原因是什么？为什么这一规则对 O_h 场以外的其它配合物不适用？

21．高自旋 d^5 的 d-d 跃迁必然是自旋禁阻跃迁，高自旋 d^6 也必然如此吗？

22．跃迁矩阵元的被积函数中不含全对称不可约表示是跃迁强度为零的必要条件还是充分条件？

23．分子的高对称性往往导致某些跃迁被禁阻，这是为什么？

24．磁偶极的宇称为 g，磁偶极跃迁时宇称应当反转还是不变？

25．镧系元素的 f-f 跃迁与过渡元素的 d-d 跃迁，在哪些方面相似？哪些方面不同？

26．试说明，在下列哪种配位场中 Laporte 选律有效：T_d、D_{4h}、D_{3h}、C_{2v}、C_{2h}。

27．在什么情况下，T-S 图的相关线斜率发生突变？为什么说这种扭曲是“人为”的？

28．对 T_d 场配合物的 Jahn-Teller 效应通常不需关注，这与哪些因素有关？

第 4 章　配合物的合成化学

配合物的合成是配位化学的重要组成部分，也是配位化学研究的基础。随着配位化学研究范围的不断扩大，其制备方法和合成途径更加丰富。一些特殊的实验方法如水热合成法、原位合成法等不断应用到配合物的合成中，使得结构新颖、性能独特的配合物不断涌现。面对种类繁多的配合物，要对其合成方法进行一个完整的总结是很难的。到目前为止，还没有一个较完善的理论体系用来指导配合物的合成，这需要配位化学工作者的经验和不断努力来完善[1~8]。下面将从经典配合物、非经典配合物和单晶配合物三个方面介绍常见配合物的合成方法。

4.1　经典配合物的合成方法

经典配合物的金属与配体之间形成 σ-配位键。此类配合物的合成往往是从已有的配合物出发，通过取代、加成、消去或氧化还原等反应生成配合物。下面分别对其进行简单介绍。

4.1.1　水溶液中的取代反应

配体取代反应是合成配合物最常用的反应。一般来讲，是否发生配体取代反应主要是由配体浓度和配体的配位能力差异决定的。如果两种配体的配位能力相近，可加入过量的新配体来进行取代反应，由于新配体的浓度远远大于原配体，从而取代反应有可能进行。许多过渡金属氨配合物就是利用这种方法得到的，即将金属盐加入到浓氨水中。当新配体的配位能力很强时，不需要过量的新配体就能得到稳定的新配合物。多数的取代反应是由于配体间的配位能力差异造成的。

水是最常见的溶剂。在水溶液中利用取代反应合成金属配合物是最常见的方法之一。水溶液中的取代反应可以通过金属盐水溶液直接与配体进行反应，这类反应实际上是利用配体来取代水合金属离子中的配位水分子。这样的取代反应往往是分步骤进行的，并且配体过量时，水合金属离子中的配位水分子可能完全被取代。下面以经典金属氨类配合物来举例说明。例如，将 $NiBr_2$ 的水溶液添加到过量的浓氨水中，配位水分子完全被氨分子取代，即反应彻底：

$$[Ni(H_2O)_6]^{2+} + 2Br^- + 6NH_3 \longrightarrow [Ni(NH_3)_6]Br_2 + 6H_2O$$

然而室温下，当 $CuSO_4$ 水溶液与过量的浓氨水反应时，溶液的颜色由浅蓝色变为深蓝色，其中与 Cu^{2+} 配位的四个水分子被氨分子取代。当向反应液中加入乙醇来降低配合物的溶解度时，可以使得深蓝色的结晶盐从溶液中析出。

$$[Cu(H_2O)_6]^{2+} + 4NH_3 \longrightarrow [Cu(NH_3)_4(H_2O)_2]^{2+} + 4H_2O$$

Co^{2+} 和 Zn^{2+} 的氨配合物也可以通过这种方法制备。但 Fe^{3+}、Al^{3+} 和 Ti^{4+} 等硬酸离子的氨配合物则不能通过这种方法制备，这是由于氨分子与其电离出的 OH^- 对金属离子存在着竞争，易形成氢氧化物沉淀。

$[Co^{III}(NH_3)_5L]^{n+}$ (L 为其它配体) 体系的制备可通过配体在水溶液中发生取代反应来完成。例如，$[Co^{III}(NH_3)_5(H_2O)]^{3+}$ 中 H_2O 与金属离子中心配位能力较差，在水溶液中它可以被其它小分子或离子配体取代，如 CH_3COO^-、NO_3^-、$C_2O_4^{2-}$、NO_2^-、N_3^-、SCN^- 等，得到 $[Co^{III}(NH_3)_5(CH_3COO)]^{2+}$、$[Co^{III}(NO_3)(NH_3)_5]^{2+}$、$[Co^{III}(C_2O_4)(NH_3)_5]^+$、$[Co^{III}(NO_2)(NH_3)_5]^{2+}$、$[Co^{III}(N_3)(NH_3)_5]^{2+}$、$[Co^{III}(SCN)(NH_3)_5]^{2+}$ 等配合物。

氨分子可被配位能力更强的乙二胺 (en) 分子取代，如可以利用 $[CoCl(NH_3)_5]Cl_2$ 制备 $[Co^{III}(en)_3]Cl_3$，室温下此反应的速度较慢，需要在蒸汽浴上进行。反应过程中具有螯合配位能力的乙二胺取代了全部的氨分子。理论上讲，配体取代反应是逐级进行的，因此，得到中间过渡的混配配合物是有可能实现的。例如通过控制配体的浓度或比例，可以成功合成一系列混配化合物，如 $[Ni(en)_2(H_2O)_2]Br_2$、$[Cu(en)_2(H_2O)_2](ClO_4)_2$、$Na[Co(C_2O_4)_2(en)]$、$[PtCl_2(en)]$、$[Pt(en)(NH_3)_2]Cl_2$ 等。

当向 $RhCl_3 \cdot 3H_2O$ 和 $en \cdot 2HCl$ 的回流水溶液中加入 KOH 时，可以得到清晰的黄色溶液。冷却后向反应混合物中加入硝酸时，出现金黄色结晶，该结晶体已被证明是 *trans*-$[RhCl_2(en)_2]NO_3$，旋蒸残留液可以使溶解度更大的金黄色 *cis*-$[RhCl_2(en)_2]NO_3$ 沉淀出来，如图 4-1 所示。

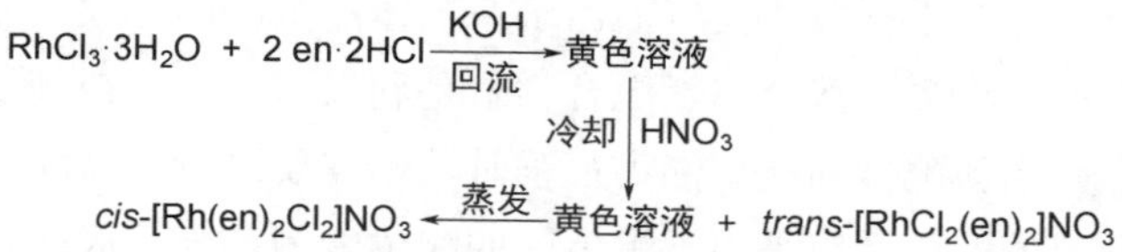

$$RhCl_3 \cdot 3H_2O + 2\,en \cdot 2HCl \xrightarrow[\text{回流}]{KOH} \text{黄色溶液}$$

$$\downarrow \text{冷却} \quad HNO_3$$

$$cis\text{-}[Rh(en)_2Cl_2]NO_3 \xleftarrow{\text{蒸发}} \text{黄色溶液} + trans\text{-}[RhCl_2(en)_2]NO_3$$

图 4-1 *cis*- 和 *trans*- $[RhCl_2(en)_2]NO_3$ 在水溶液中的制备反应

目前在配合物的合成中，利用水溶液中的金属盐或其简单的金属配合物直接与配体进行反应仍然是制备配合物的常用方法之一。如配体 TACA (1,4,7-三氮杂环-*N,N',N''*-三乙酸) 是一种配位能力很强的多齿配体，其水溶性很好，在水溶液中它可以和多种金属盐反应得到不同的配合物[9]。

于澍燕等[10]选择双核金属配合物 $[(bipy)M(\mu_2\text{-}NO_3)M(bipy)](NO_3)_2$ 或 $[(phen)\text{-}M(\mu_2\text{-}NO_3)M(phen)](NO_3)_2$ (M 为金属 Pd 或 Pt)，利用其水溶液和联吡唑配体进行反应，通过配位协同去质子过程自组装得到结构新颖的环状金属大环配合物，其中联吡唑配体取代了原配体中硝酸根的位置，见图 4-2。

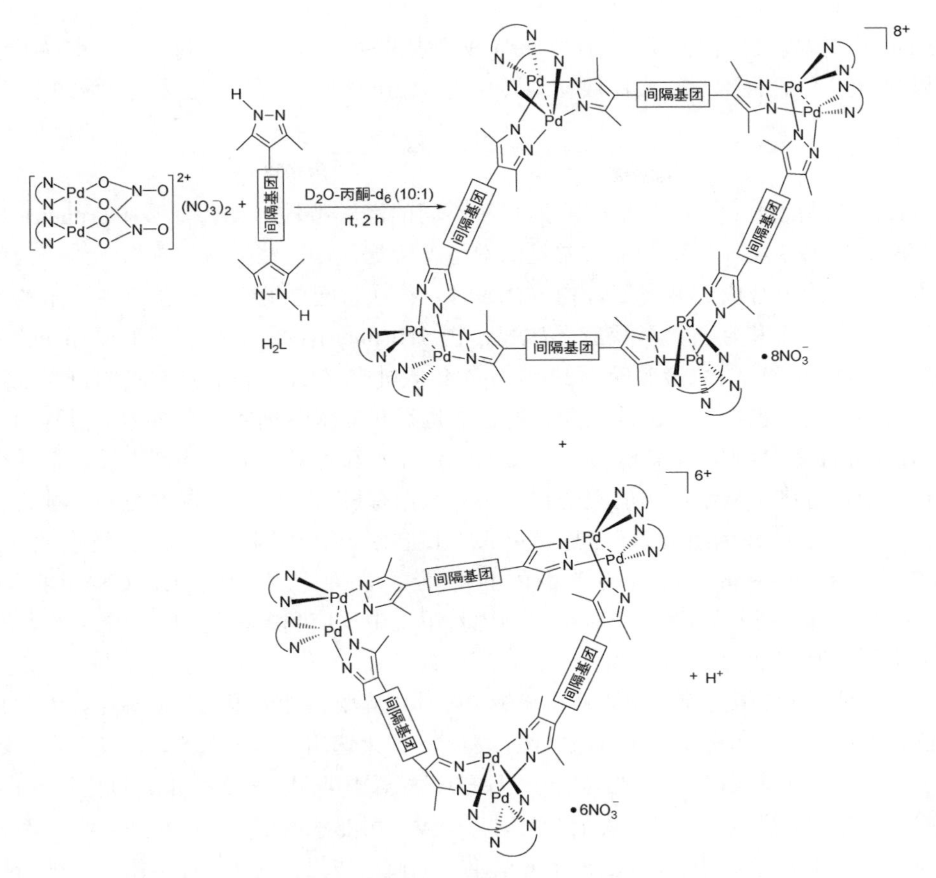

图 4-2　水溶液中进行的取代反应实例

4.1.2　非水溶液中的取代反应

值得注意的是，在水溶液体系中，溶剂分子本身就是一个配体，如果选择的配体配位能力弱，水溶液中水分子可能会与配体竞争，从而得不到目标产物。此时可选择一些配位能力较弱的非水溶剂取代水溶剂达到合成的目的。常见的非水溶剂有：无水乙醇、无水甲醇、丙酮，氯仿、二氯甲烷、四氢呋喃 (THF)、*N,N*-二甲基甲酰胺 (DMF) 和乙醚等。

具体来说，合成配合物中使用非水溶剂主要基于以下目的：防止某些金属离子 (如 Fe^{3+}、Al^{3+}、Cr^{3+} 等) 水解；使用非水溶剂或混合溶剂溶解配体；若所用配体的配位能力较弱，可选用配位能力更弱的非水溶剂；非水溶剂分子本身为配体或客体分子。

(1) 防止金属离子水解　合成 $[Cr(en)_3]Cl_3$ 时，如果使用原料 $CrCl_3 \cdot 6H_2O$ 和乙二胺 (en) 在水溶液中反应，由于金属离子 Cr^{3+} 的水解作用，很难得到目标产物，因此不能使用水作溶剂。制备时，首先利用无水 $Cr_2(SO_4)_3$ 和 en 在乙醚中反应，然后加入 KI，可制得 $[Cr(en)_3]I_3$。之所以使用 KI，是由于大的配合物阳离子

$[Cr(en)_3]^{3+}$ 需要大的抗衡阴离子 I^- 来形成稳定的配合物。然后，利用离子交换方法可以将合成得到的 $[Cr(en)_3]I_3$ 成功地转化为 $[Cr(en)_3]Cl_3$，具体的反应过程如下：

$$Cr_2(SO_4)_3 \xrightarrow[\triangle]{en \cdot Et_2O} 溶液 \xrightarrow{KI} [Cr(en)_3]I_3 \xrightarrow{AgCl} [Cr(en)_3]Cl_3$$

(2) 溶解配体 各种类型的配体有着不同的溶解特性，如邻菲啰啉 (phen) 和 2,2′-联吡啶 (2,2′-bipy) 都是非常常见的双齿螯合配体，这些配体较难溶于水，因而很难在水溶液中合成其金属配合物。合成时，往往将配体溶于有机溶剂或含水的混合溶剂，然后再和金属离子反应。如配合物 $[Ni(phen)_3]Cl_2$ 就是利用配体 phen 的乙醇溶液和 $NiCl_2$ 的浓溶液反应得到的。4,4′-联吡啶 (4,4′-bipy) 是常见的自组装配体，它的水溶性也很差，因此其配合物往往也是在非水溶剂或混合溶剂中得到的。如 M. Fujita 等[11]利用 4,4′-bipy 与 $Cd(NO_3)_2$ 在水和乙醇的混合溶剂中反应，获得具有二维正方格子网络结构的配合物。另外，在有机溶剂中，该课题组利用顺式乙二胺保护的 Pd^{II} 作为组装单元，与 4,4′-联吡啶自组装得到四核“分子方”配合物[12]。1989 年 R. Robson[13]报道的首例配位聚合物就是利用 $[Cu^{I}(CH_3CN)_4]BF_4$ 和 4,4′,4″,4‴-四(氰基苯基)甲烷在非水溶剂硝基甲烷中反应制备得到的，该配合物具有三维金刚石网状结构。

(3) 配体配位能力差 如亚砜和硫醚类配体含有配位能力很弱的硫原子，因此其配位能力远远不如水分子。在合成其配合物时，如果选用水作为溶剂，即使在反应过程中有可能生成此类配合物，但水分子很快将此类配体取代，因而得不到目标化合物。为避免水分子的影响，合成此类配合物时，一般选用非水溶剂。卜显和课题组[14]率先研究了亚砜和硫醚类配体，并取得了一些重要的研究成果，发现了此类配体与配合物结构相关性的一些规律，获得了从有限多核到一维、二维、三维网络的系列配合物，展示了这类配合物丰富的结构多样性，图 4-3 列出的是几个代表性的结构。

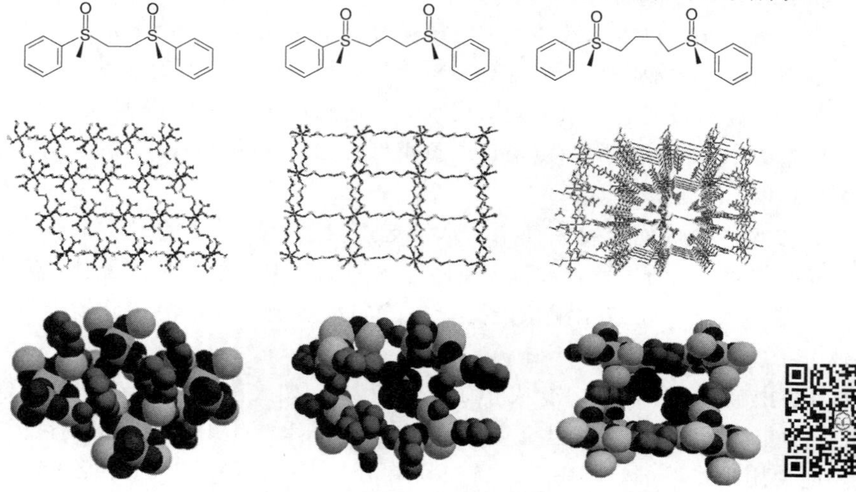

图 4-3 配位能力较差的亚砜类配体可形成丰富多彩的结构

(4) 溶剂为配体或客体分子　一般来说，乙醇的配位能力不如水，如果目标产物需要乙醇作为配体时，若使用水溶剂，因水分子往往和其产生稳定的配合物，从而得不到目标产物，此时可以选用乙醇作溶剂。如合成 $[Ni(EtOH)_6](ClO_4)_2$，首先 $NiCl_2·6H_2O$ 在原甲酸乙酯中脱水，之后，乙醇和金属镍形成 $[Ni(EtOH)_6]^{2+}$，它可以与 ClO_4^- 形成目标产物。合成 $[Fe^{II}(py)_4]Cl_2$ 时，吡啶是重要的配体也是反应溶剂，反应过程中，将纯 $FeCl_2$ 的饱和溶液加入到大量的纯吡啶溶剂中。此反应需要在惰性气氛中进行，目的是防止 Fe^{II} 的氧化。

选用具有一定配位能力的溶剂如甲醇、乙醇和 DMF 时，这些溶剂分子常常和金属离子配位，占据金属中心空的配位点。这种情况在配合物的合成中经常发生，如 M. Schröder 等[15]使用 $Zn(NO_3)_2$ 与配体 3,6-双(3′-吡啶基)-1,2,4,5-四唑 (pytz) 按相同的反应配比，分别在甲醇和异丙醇中反应，获得两个结构完全不同的配合物 (图 4-4)。在甲醇中反应获得的配合物 $\{[Zn_2(pytz)_3(NO_3)_4(CH_3OH)_2]\}_\infty$ 为一维链状结构，甲醇参与了配位，每个 Zn^{2+} 与两个配体配位；而在异丙醇中反应获得的配合物 $\{[Zn_2(pytz)_3(NO_3)_4]\ (CH_2Cl_2)_2\}_\infty$ 为梯形网络结构，异丙醇没有参与配位，每个 Zn^{2+} 与三个配体配位，CH_2Cl_2 被包结在晶格中。

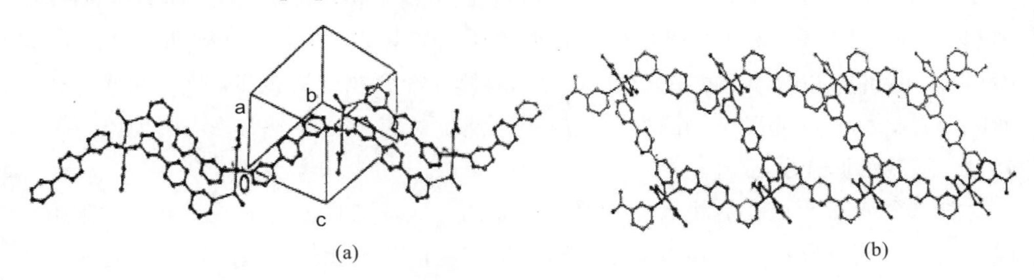

图 4-4　$\{[Zn_2(pytz)_3(NO_3)_4(CH_2OH)_2]\}_\infty$ (a) 和 $\{[Zn_2(pytz)_3(NO_3)_4](CH_2Cl_2)_2\}_\infty$ (b) 的结构图

有时，溶剂分子 (如乙醇、甲醇等) 容易与配合物骨架发生弱的相互作用，从而影响骨架的结构。溶剂也能进入到骨架中，占据骨架的空隙，从而对骨架结构产生一定的影响。总之，溶剂分子的选择对配合物的合成有着重要的影响，相同的配体和金属盐在不同溶剂中反应可能形成不同结构的配合物。M. J. Zaworotko 等[16]利用 $Co(NO_3)_2$ 与 1,2-双(四甲基吡啶)乙烷 (bpe) 分别在甲醇/乙腈、甲醇/二茂铁、甲醇/氯仿中反应，所得配合物化学式均为 $[Co(NO_3)_2(bpe)_{1.5}]$，但是由于溶剂的差别，所得配合物为三种结构迥异的异构体，其结构分别为一维链状、双层结构和梯形结构。

4.1.3　利用反位效应制备配合物

在某些具有平面四边形和八面体构型的配合物取代反应中，取代反应常常发生在反位效应较大的配体的反位位置上，这是反应动力学的问题。配体的反位效应强度大小和中心原子及其价态、内界和外界的不同配体、溶剂及所处条件 (如进攻配体、温度、压力等)有关。例如，Pt(Ⅱ) 配合物中配体的反位效应强度可排列成下列序列：$CN^- \approx CO \approx C_2H_4 > R_3Sb > R_3P > R_3As > CH_3^- > C_6H_5^- > SCN^- > NO_2^- > I^- > Br^- > Cl^- >$ py (吡啶) > 胺类 $\approx NH_3 > OH^- > H_2O$。可见在 Pt(Ⅱ) 配合物中，有 π 键的配体的反位效应是很具特征的。图 4-5 为一个反位效应的实例：

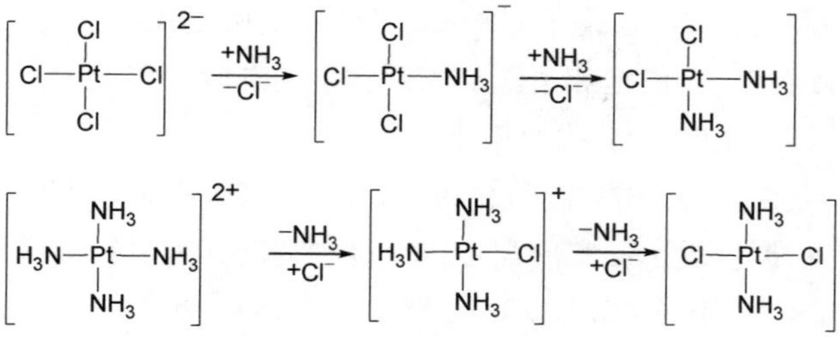

图 4-5　利用反位效应制备顺铂和反铂

利用 $[PtCl_4]^{2-}$ 和 $[Pt(NH_3)_4]^{2+}$ 两种不同的起始原料，分别与 NH_3 和 Cl^- 进行分步取代反应。由于 NH_3 和 Cl^- 两者具有不同的反位效应强度，得到了两种相反构型的 $[PtCl_2(NH_3)_2]$：顺式 (顺铂) 和反式 (反铂)，其中顺铂拥有良好的抗癌作用，而反铂却没有这种作用。反位效应不仅在 Pt 配合物中存在，而且在 Ni(Ⅱ)、Pd(Ⅱ)、Au(Ⅲ)、Rh(Ⅰ) 和 Ir(Ⅰ) 等的平面正方形配合物以及 Pt(Ⅳ)、Co(Ⅲ)、Fe(Ⅲ)、Rh(Ⅲ)、Ir(Ⅲ)、Pb(Ⅳ) 和 Mn(Ⅱ) 等的八面体形配合物中均存在。由此可见，在几何图形有对称中心的配合物的取代反应中，反位效应是一种较为普遍的现象。

4.1.4　加成和消去反应

加成和消去反应在有机合成中是很常见的反应，同时也是制备配合物的常用手段之一，反应过程往往伴随着中心金属离子的配位数和配位构型的转换，有时还伴随着金属离子价态的变化。最常见的例子是四配位的平面正方形配合物，它通过加成反应转化成五配位的四方锥或六配位的八面体配合物。代表性的具有平面正方形配位构型的金属离子有 Ni(Ⅱ)、Cu(Ⅱ)、Rh(Ⅰ)、Ir(Ⅰ)、Pd(Ⅱ)、Pt(Ⅱ) 等。平面正方形配合物中，由于四个配位原子分布在同一个平面上，在平面的上下方均留有空的配位位置，这样在发生取代反应时就容易生成配位数增加的中间过渡配合物。如 Wilkinson 催化剂 $[RhCl(PPh_3)_3]$ 中心金属 Rh(Ⅰ) 为四配位的平面正方形 (图 4-6)，在催化过程中，它可以和 H_2 或 Cl_2 反应得到八面体配合物 $[RhClH_2(PPh_3)_3]$ 或 $[RhCl_3(PPh_3)_3]$，即发生了氧化加成反应。生成的配合物可以在减压的条件下发生还原消去反应，回到四配位状态。

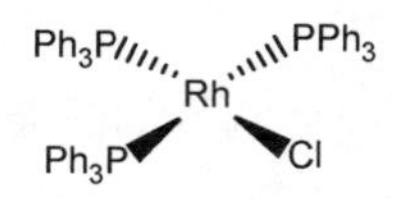

图 4-6　Wilkinson 催化剂

目前，选择带有空配位点的简单配合物为构筑模块，通过适当的桥联配体来占据空的配位位置，进而组装得到结构新颖的功能配合物，是当前配合物合成研究的热点之一。从反应实质来讲，金属的空配位点被其它原子占据，可以简单地认为是加成反应的类型。另外，加成反应和消去反应在金属有机化合物中是常见的反应类型。

4.1.5 热分解合成

当固体配合物加热到某一温度或受到光照时，易挥发的配体分解掉，其原配体位置被外界阴离子或其它配体取代，这就是配合物的热分解合成。最简单的例子就是 $CuSO_4 \cdot 5H_2O$ 的失水过程。当蓝色的 $CuSO_4 \cdot 5H_2O$ 通过加热变成无色的 $CuSO_4$ 时，与铜配位的水分子被硫酸根取代，由于配位场的强弱发生变化，从而导致配合物颜色发生了变化。另外一个例子是变色硅胶，变色硅胶就是在硅胶中加入了一些带有结晶水的无机盐类，如钴盐，失去结晶水时状态是蓝色的 $Co[CoCl_4]$，吸水时为粉红色的 $[Co(H_2O)_6]Cl_2$。变色硅胶可以循环使用，当粉红颜色出现后，可以在干燥箱中烘烤，使其回到无水的状态就可以继续使用了。

水分子、氨分子或胺类配体（如 en）可以通过加热的方法将其从配合物中部分脱离，如将 $[Co(NH_3)_5(H_2O)](NO_3)_3$ 在 100 °C 加热一定时间后，配位的水分子与中心金属脱离，外界的 NO_3^- 占据原来水分子的位置，形成新的配合物 $[Co(NH_3)_5(NO_3)](NO_3)_2$。其它一些代表性的反应如图 4-7 所示。

$$[Rh(NH_3)_5(H_2O)]I_3 \xrightarrow{100\ °C} [Rh(NH_3)_5I]I_2 + H_2O$$

$$[Pt(NH_3)_4]Cl_2 \xrightarrow{250\ °C} \textit{trans}\text{-}[Pt(NH_3)_2Cl_2] + 2NH_3$$

$$[Cr(en)_3](NCS)_3 \xrightarrow[NH_4SCN]{130\ °C} \textit{trans}\text{-}[Cr(en)_2(NCS)_2](NCS) + en$$

$$[Cr(en)_3]Cl_3 \xrightarrow{200\ °C} \textit{cis}\text{-}[Cr(en)_2Cl_2]Cl + en$$

图 4-7　几种典型的热分解反应

4.1.6 氧化还原合成

许多金属配合物的制备，往往伴随着中心金属离子氧化态的变化，即发生了氧化还原反应。合成中，氧化剂和还原剂的选择很重要，一方面要考虑其氧化或还原能力，另一方面要考虑产物的分离和纯化，要尽可能地避免副反应的发生。最好的氧化剂是空气和过氧化氢，因为它们不引入杂质离子。有时也用卤素，但它会引进卤离子。PbO_2 是一个较好的氧化剂，有 Cl^- 与还原剂存在时，可生成 $PbCl_2$ 沉淀来去除。同样，SeO_2 也是一个较好的氧化剂，还原产物 Se 是沉淀物，易除去。合成中最好不用 $KMnO_4$、$K_2Cr_2O_4$、Ce（Ⅳ），因为反应中它们引入许多其它离子，增加了分离杂质的步骤。常见的还原剂有：液氨中的 Na 和 K、四氢呋喃（THF）中的 Li 和 Mg、Na(Hg)、Na（石墨）、N_2H_4 或 NH_2OH、H_3PO_2、$Na_2S_2O_3$ 等。其中，N_2H_4 或 NH_2OH 是比较理想的还原剂，因为反应过程中会产生 N_2，不会引入其它副产物。

(1) 钴配合物 钴配合物的制备过程中，常发生 $Co^{2+}\rightarrow Co^{3+}$ 的转变，因为在简单的盐中 Co^{2+} 往往是稳定的，而配合物中 Co^{3+} 稳定性常高于 Co^{2+}，这一点可以用键价理论和配位场理论得到很好的解释。制备三价钴的配合物往往是以二价钴开始，通常使用的氧化剂是空气和过氧化氢。例如，以 $CoCl_2\cdot 6H_2O$ 为原料，在含有铵盐的溶液中，用活性炭作催化剂，过氧化氢为氧化剂，即可发生下面的反应：

$$2[Co^{II}(H_2O)_6]Cl_2 + 10NH_3 + 2NH_4Cl + H_2O_2 \rightarrow 2[Co^{III}(NH_3)_6]Cl_3 + 14H_2O$$

利用同样的方法，可以合成 *trans*-$[Co^{III}(en)_2Cl_2]Cl$ 和 *cis*-$[Co^{III}(en)_2Cl_2]Cl$，如图 4-8 所示：

图 4-8 以 $CoCl_2\cdot 6H_2O$ 为原料制备三价钴配合物

有时配合物本身就是氧化剂或还原剂，可以直接用于合成变价的配合物，实际上是发生了配合物之间的电子转移。如还原剂 $[Co^{II}(edta)]^{2-}$ 可以直接被氧化型配合物 $[Fe^{III}(CN)_6]^{3-}$ 氧化为 $[Co^{III}(edta)]^{-}$，而后者被还原为 $[Fe^{II}(CN)_6]^{4-}$。

(2) 锰配合物 锰的价态多变性使其在生物体的氧化还原过程中发挥着重要作用，因此锰配合物是配位化学研究的热点之一。锰的配合物中，很多是以 +3 或 +4 价氧化态存在。制备此类配合物有时也是以二价锰开始，如制备 $[Mn^{III}(acac)_3]$，其中 acac 为带一个负电荷的双齿配体乙酰丙酮。反应中，以 $MnCl_2\cdot 4H_2O$ 为原料，反应介质为醋酸钠的水溶液，以高锰酸钾为氧化剂，最后得到黑棕色的产物，见图 4-9。$[Mn^{III}(acac)_3]$ 可溶于苯、氯仿和乙酸乙酯，可以作为其它 Mn(Ⅱ) 配合物合成中 Mn(Ⅲ) 的起始原料。卤代氢可使其中的三价锰还原为二价锰。

图 4-9 $[Mn^{III}(acac)_3]$ 的合成途径

制备 $K_3[Mn^{III}(C_2O_4)_3]\cdot 3H_2O$ (其中 $C_2O_4^{2-}$ 为草酸根) 时，向草酸水溶液中慢慢加入高锰酸钾，即以高锰酸钾作为三价锰的来源，另外草酸既作为配体又作为反应中的还原剂。此配合物晶体为深红紫色结晶，纯产品可在隔绝空气的条件下于 20 °C 可以长期保存。具体制备反应方程如下：

$$KMnO_4 + 5\,H_2C_2O_4\cdot 2H_2O + K_2CO_3 \longrightarrow K_3[Mn^{III}(C_2O_4)_3]\cdot 3H_2O + 12H_2O + 5CO_2$$

以高锰酸钾为原料同样可以制备四价锰配合物，如 $K_2[Mn^{IV}(C_2O_4)_2(OH)_2]\cdot 2H_2O$，

该化合物为绿色结晶，在室温下迅速分解，接触到光时特别容易分解，因此需要在低温和避光的条件下保存。

$$2KMnO_4 + 6H_2C_2O_4 \cdot 2H_2O + K_2C_2O_4 \cdot H_2O \longrightarrow 2K_2[Mn^{IV}(C_2O_4)_2(OH)_2] \cdot 2H_2O + 13H_2O + 6CO_2$$

氧化还原过程中，有时可以控制电极进行电极氧化，这种方法无需额外加入氧化还原试剂。例如，制备 $K_2[Mn^{III}F_5(H_2O)]$ 时，以 $MnCO_3$ 为原料，将其慢慢地加入到 40% HF 中，当出现白色浑浊 (形成了 MnF_2) 时，就停止加入。用铂电极 (2~3 V、0.75 A) 将此溶液进行电解氧化，溶液很快出现三价锰配合物的红棕色。当氧化进行得很完全时，处理得到浅红色结晶。结晶析出后如果继续电解，则三价锰配合物很快溶解，最后可以得到黄色的目标产物结晶。$K_2[Mn^{IV}F_6]$ 也可以通过无水 $MnCl_2$ 被 F_2 氧化得到。

$$MnCl_2 + 2KCl + 3F_2 \longrightarrow K_2[Mn^{IV}F_6] + 2Cl_2$$

Mn 的一价配合物较少报道，配合物 $Na_5[Mn^{I}(CN)_6]$ 就是其中的一例。其制备方法是以二价锰配合物 $Na_4[Mn^{II}(CN)_6]$ 为原料，通过还原剂 Al 的作用制备得到的，具体反应式如下：

$$3Na_4[Mn^{II}(CN)_6] + Al + 4NaOH \longrightarrow 3Na_5[Mn^{I}(CN)_6] + NaAl(OH)_4$$

(3) 铜配合物　合成一价铜配合物的原料中往往用到 $[Cu^{I}(CH_3CN)_4]ClO_4$，而此配合物的合成中利用了二价铜与零价铜之间的氧化还原反应。其合成方法是将六水合高氯酸铜(Ⅱ) 用 CH_3CN 溶解，然后加入铜粉后加热回流使溶液变成无色；将热溶液过滤，滤液经冷却即析出产品的晶体。

在配合物 $[Cu^{I}(phen)_2]ClO_4$ 的制备中，可以选择 $CuSO_4 \cdot 5H_2O$ 为一价铜的来源，利用羟胺盐作为还原剂，可以得到目标配合物。

(4) 镍配合物　$K_4[Ni^{0}(CN)_4]$ 中镍原子是零价的，它与 $Ni(CO)_4$ 是等电子体。此配合物可以通过 $K_2[Ni^{II}(CN)_4]$ 在液氨中被还原剂 K 还原制备得到。

M. Bénard 等[17]选择线型配体 napy (双萘啶胺) 在二氯甲烷中与 $NiCl_2$ 反应得到了一个线性的五核混价镍配合物 **1**，合成途径如图 4-10 所示。DFT 计算表明镍中心就有不同的价态，其中有两个镍中心为一价的，这可能是反应过程中加入还

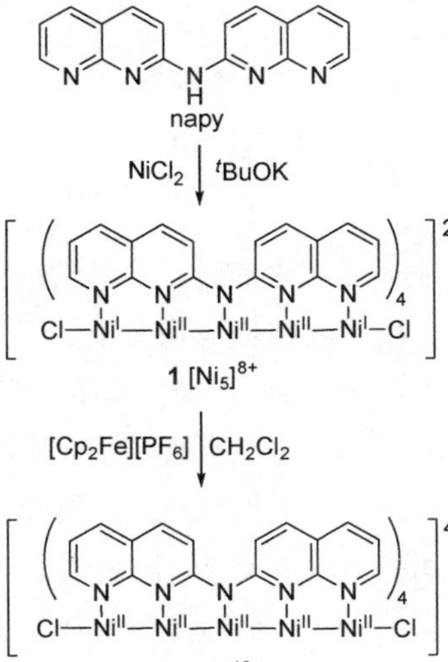

图 4-10　线型的五核混价镍配合物 **1** 和 **2** 的制备方法

原剂 *t*-BuOK 导致的。另外，配合物 **1** 可以被金属有机配合物 $[Cp_2Fe][PF_6]$ 进行双电子氧化得到配合物 **2**，其中五个镍中心均为二价，即一价镍被氧化。

另外，古时候人们就开始利用 Pt、Pd、Au 等贵金属直接与王水发生氧化还原反应以制备相应的配合物，如 $H[Au^{III}Cl_4]$ 和 $H_2[Pt^{IV}Cl_6]$ 等，这类反应在这些贵金属的回收过程中仍然在应用。

4.1.7 模板合成配合物

模板法是合成配合物的重要手段，其中模板试剂的选择非常重要。使用不同的模板试剂，可能会产生完全不同的配合物，甚至某些特定结构的配合物必须在模板试剂的作用下才能合成。金属离子本身可以作为模板试剂用于配合物的合成，如大环配合物的合成。除此之外，阴离子和一些中性的分子 (如溶剂) 也可以作为模板试剂用于配合物的合成，在这一节中我们分别举例说明。

(1) 金属离子作为模板试剂 传统意义上的配合物合成是将已合成的配体和金属离子发生反应，即配合物的合成不涉及配体的合成。但是某些配体很难合成，只有在合适的金属离子充当模板试剂时，才能合成出来。这类模板反应研究最多的就是大环及其配合物的合成。如冠醚的合成一般需要碱金属作为模板试剂，并且冠醚对与之大小相匹配的碱金属离子有着极强的配位能力，能形成稳定的相应配合物。如合成二苯并-18-冠-6 时，需要钾离子 (K^+) 作为模板试剂，如果换成钠离子，效果就不是很理想；相反，苯并-15-冠-5 环的大小与钠离子匹配，合成时需要钠离子 (Na^+) 作为模板，此配体和钾离子配位时很容易形成 2:1 的夹心结构。

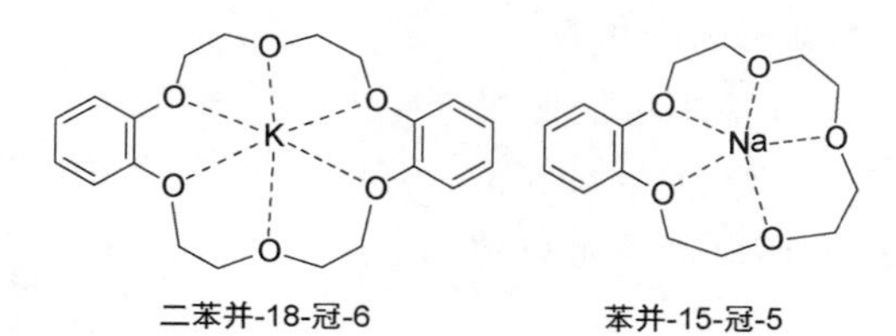

合成大环席夫碱时，也常常使用金属离子作为模板试剂。最常见的反应就是双羰基化合物与双胺化合物发生分子间缩合，在金属离子作为模板试剂时，两者之间可以发生 [1+1] 或 [2+2] 关环反应，见图 4-11。环的大小以及环中配位点的数目，在一定的范围内可以进行调节。图 4-12 和图 4-13 分别给出了 [1+1] 或 [2+2] 关环反应的实例，由于篇幅所限，这里不详细描述[18]。

金属离子对于形成新颖结构的化合物，可能起着一定的调节作用。如卜显和等[19]利用阳离子 (Li^+ 或 Na^+) 为模板，以二氮大环羧酸衍生物为配体，通过自组装得到了以四核和八核铜为基本单元的超分子聚集体 (图 4-14)。研究表明阳离子起了模板作用，并且其半径大小对结构产生重要的影响。

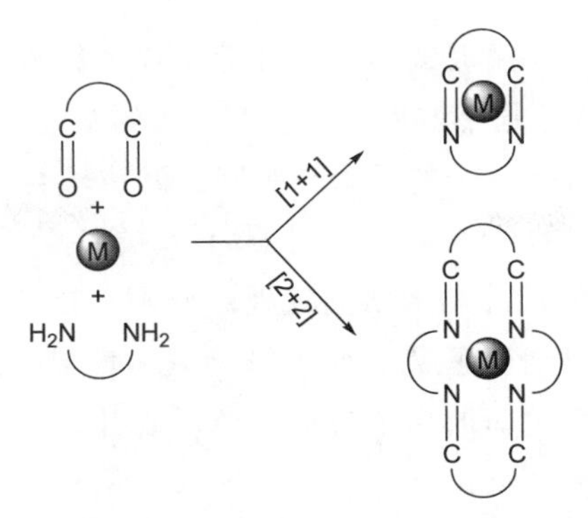

图 4-11　金属离子作为模板剂时发生的 [1+1] 或 [2+2] 关环反应

图 4-12　[1+1] 分子间缩合实例

图 4-13　[2+2] 分子间缩合形成的配体

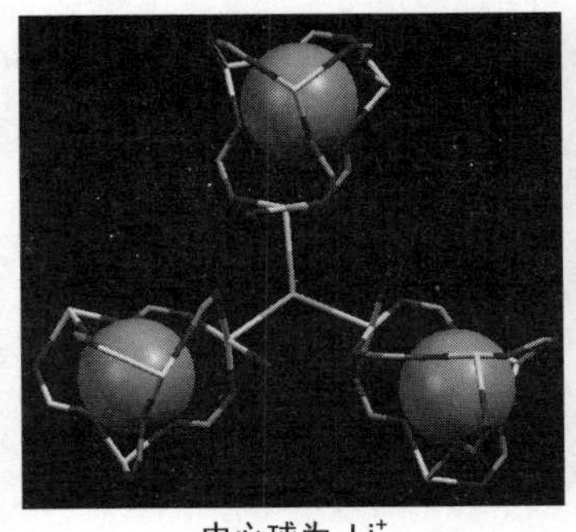

中心球为 Li^+

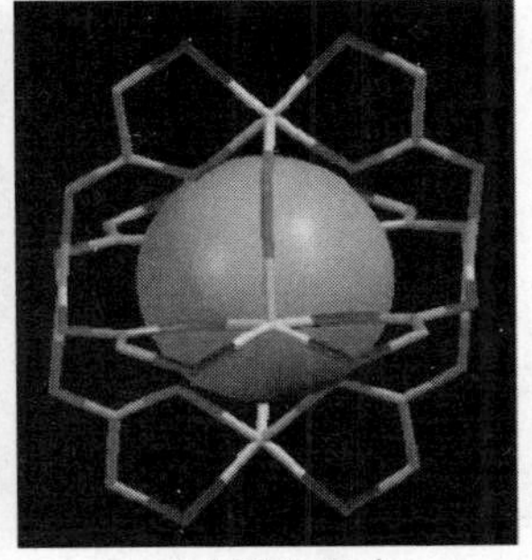

中心球为 Na^+

图 4-14　以 Li^+ 或 Na^+ 为模板形成的分子聚集体

(2) 其它客体分子作为模板试剂 客体分子作为模板试剂在多孔配位聚合物合成时经常可以用到。由于自然倾向于避免产生大的空间，配位聚合物难以直接产生足够大的孔洞来进行客体分子的吸附和脱附。配位聚合物的孔洞存在于金属-配体的骨架内，溶剂或其它的分子 (如自由配体) 或抗衡离子填充在孔洞中。这些客体分子可能是决定孔洞的尺寸和形状的模板。原则上讲，没有同主体骨架成键的中性客体分子可以从主体骨架脱离，而不影响主体骨架的结构与功能。对抗衡离子来讲，它可以与其它同电荷的离子进行交换，或者通过质子化/脱质子使主体骨架的电荷或氧化态发生变化来进行交换。

J. M. Lehn 等[20]利用 2,2′-联吡啶的衍生物三(2,2′-联吡啶) 与 $FeCl_2$ 自组装得到了一个“五角星”形状的五核配合物，中间空穴中包结着 Cl^-，Cl^- 被认为起了模板作用。同样的配体，与 $Fe(BF_4)_2$、$FeSO_4$ 或 $FeSiF_6$ 自组装得到的却是“六角星”形状的六核配合物，有可能在配合物的中心也包结着不同的反位阴离子，也许正是不同大小的阴离子诱导而得到不同结构的配合物。把连接 2,2′-联吡啶的基团由 CH_2CH_2 换成 CH_2OCH_2，得到一个新的配体，此配体与 $FeCl_2$ 自组装得到的是四核分子方形配合物。这些结构的差异可归结为配体结构对自组装的影响，见图 4-15。

崔勇等[21]利用有机离子模板效应，溶剂热合成了一例镉与芳香羧酸形成的手性配位聚合物，其粉末非线性效应为 KDP 晶体的 1.5 倍。

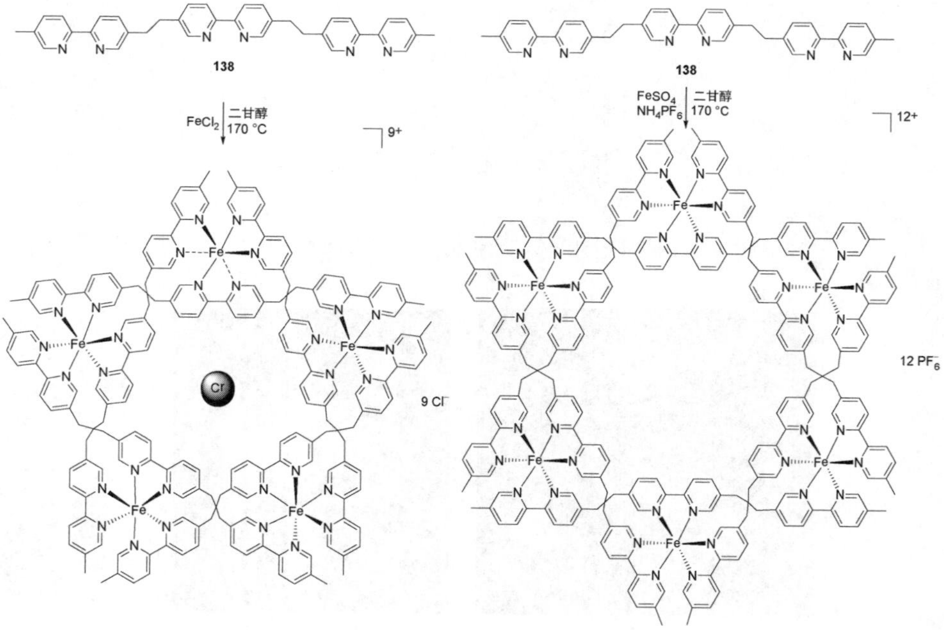

(a)

(b)

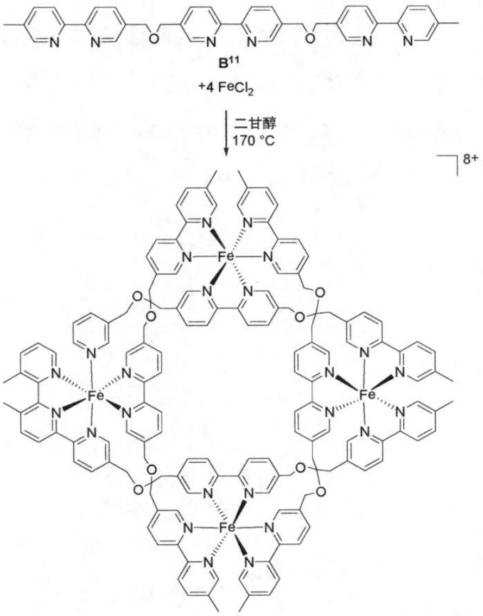

(c)

图 4-15　以阴离子为模板，2,2′-联吡啶的衍生物与 Fe^{II} 的自组装

(a) 五角星配合物；(b) 六角星配合物；(c) 四核分子方形配合物

4.1.8　原位合成配合物

在配合物合成中，偶尔可以观察到原位配体反应 (in-situ ligand reaction)，也就是所加入的配体发生变化生成了新配体的现象。新的配体有可能在金属离子催化下，由原配体发生有机反应形成的，并且最终以配合物的晶体形式析出。近年来，原位合成反应由于在有机化学和配位化学中的重要应用价值而引起了化学家们的广泛关注。一些在常规化学反应条件下难以获得的有机配体可以通过原位反应制备。自 20 世纪 70 年代发现配合物中的原位反应至今，人们已取得了一些重要的研究成果，尤其是随着水热和溶剂热在合成方面的广泛使用，高温高压下的原位反应更是引起了人们的极大兴趣。目前，多种类型的原位反应已经被成功应用于功能配合物的构筑之中，如脱羧反应、环化反应、芳环上的羟基化反应、偶联反应和硫化反应等。所有的这些反应都是在过渡金属体系中完成的，虽然过渡金属在这些反应中的具体作用还不很清楚，但是离开过渡金属，这些反应往往就不会发生。在原位合成反应中的常见过渡金属主要有铜、钒、铁、锌等。

近年来，使用乙腈及其它取代腈等通过 Demko-Sharpless 方法 (图 4-16)，以一个 [3+2] 环化过程合成取代四氮唑，引起了有机及无机化学家的兴趣，得到许多通过原位配体反应合成的新配体与金属的配合物。

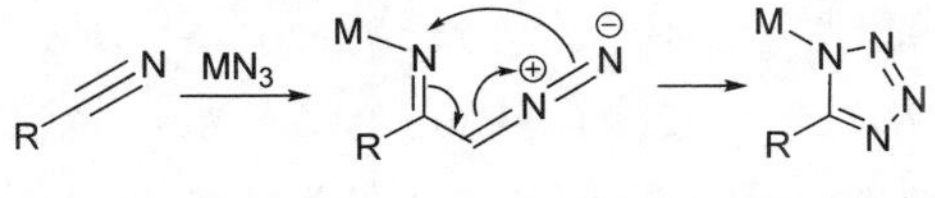

图 4-16　Demko-Sharpless 方法 [3+2] 环化过程

利用此类原位合成方法，熊仁根等[22]在四氮唑及其相应的配合物的捕获和表征方面做了一系列工作，这些配合物基本上都是通过水热或溶剂热反应，在密闭体系和较高温度下合成的。如选用 3-氰基吡啶，利用 Demko-Sharpless 原位合成法，得到了配体 5-(3-吡啶)-四唑的 Zn、Cd 配合物 (图 4-17)。

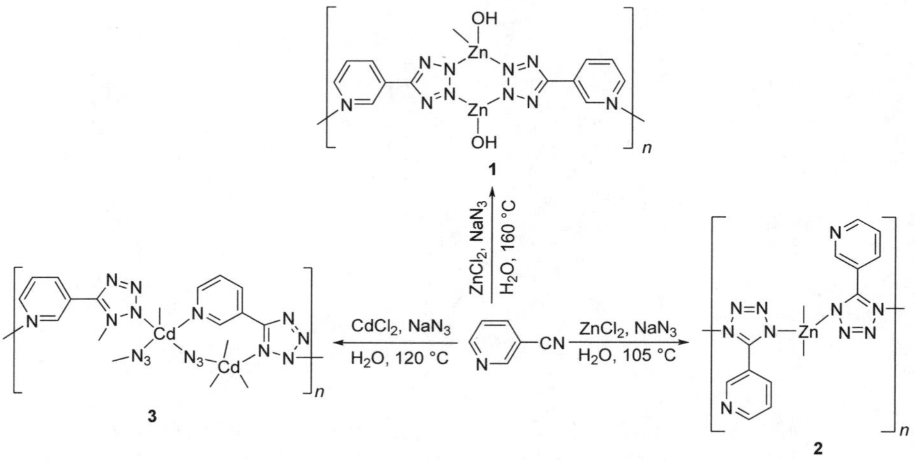

图 4-17　原位合成 5-(3-吡啶)四唑的 Zn、Cd 配合物

4.1.9　固相合成和微波辐射合成

固相化学反应则是指有固体物质直接参与、不使用液态溶剂的合成反应。固相化学反应中至少要有一种反应物为固态，其它反应物可以是固态，也可以是液态或气态，因此所有固相化学反应均为非均相反应。传统的固相反应主要指高温固相反应，反应需要在数百乃至上千摄氏度的高温下进行，其在固相合成中占主导地位，在新材料的合成方面得到了广泛应用。低热固相反应法则是近年来提出的一种无机合成的新方法，具有不使用溶剂、环境友好、节能、高效、工艺简单等优点，在物质和材料的合成中得到了广泛的应用，如可用于合成原子簇化合物、多酸化合物、经典配合物和金属有机化合物等。忻新泉等[23]建立了固相配位化学反应研究的新领域，在探索低温固相反应机理、合成、应用等方面作出了贡献；在室温和低温固相反应机理研究方面，他们提出反应分为扩散-反应-成核-生长四个阶段，每步都有可能是反应速率的决定步骤，并总结了室温和低温固相反应遵循的特有的规律；采用该方法合成新原子簇化合物 200 多个，确定晶体结构的化合物近 100 个，其中代表性的 $[Mo_8Cu_{12}S_{32}]^{4-}$ 簇含有 20 个金属原子，是最大的含硫原子簇化合物之一。A. Müller 等[24]成功合成了一个 $\{Mo^{VI}(Mo^{VI})_5\}_{12}\{Mo^{V}{}_6Fe^{III}{}_{24}\}$ 型纳米多酸化合物，结构分析表明，外界大约有 150 个结晶水，将新制备的该化合物室温下脱水，得到一个新型的纳米多酸化合物，外界大约为 80 个结晶水；两个化合

物具有不同的结构和磁性特征。

低热液相反应是现今所提倡的绿色化学工业生产中一种节能、高效、减污的合成方法。微波辐射辅助液相合成，能简化反应步骤、缩短反应时间、方便产物分离、提高产率和产品纯度。与传统加热条件下溶液中的配位化学反应相比，利用微波辐射进行液相合成速度提高了几十倍甚至几百倍，且进行得很完全，产率较高。如龙腊生[25]选择 IDA（亚氨基二乙酸）作为配体，在微波照射 30 min 的条件下，与 $Ni(NO_3)_2$ 和 $La(NO_3)_3$ 进行反应，得到了一个 3d-4f 配合物。H. Phetmung 等[26]将 $CuSO_4$、L-谷氨酸、4,4′-联吡啶和 H_2O 按照一定的比例混合后的溶液用微波照射 3 min，得到一个一维链状聚合物。E. K. Brechin 等选择简单的起始原料 $M(O_2CMe)_2$（M = Co 或 Ni）和 NaN_3，以吡啶和甲醇作为溶剂，微波照射 4 min，得到两个三核配合物 $[M_3(N_3)_3(O_2CMe)_3(py)_5]$；如果改变实验条件，选用室温搅拌或水热合成，作者均未得到目标配合物，由此可见，微波照射对于目标配合物的合成有着决定性的作用。同样利用微波合成技术，E. K. Brechin 等[27]得到了多个具有新颖磁特性的配合物，其中包括多个六核锰化合物。

4.2　非经典配合物的制备

非经典配合物是指金属和一个或多个碳原子直接键合而形成的一类化合物。常见的配体有一氧化碳（CO）、苯、烯烃等，也称为金属有机化合物。这些化合物的合成比较复杂，这一节主要以金属羰基化合物和烯烃金属化合物为例简单进行介绍。

4.2.1　二元金属羰基化合物的制备

金属羰基化合物是指以一氧化碳作为配体（称羰基）与金属键合生成的化合物。几乎所有过渡金属都能形成金属羰基化合物。根据金属羰基化合物中金属原子数目不同，又将其分为单核金属羰基化合物和多核金属羰基化合物。羰基既是 σ 电子对给予体，又是 π 电子对接受体，金属羰基化合物及其衍生物是一大类化合物，其化学键、分子结构以及催化性能受到人们高度重视。另外，金属羰基化合物是合成其它低价金属配合物和金属原子簇化合物的原料，对金属有机化学的发展起了重大作用。金属羰基化合物的制备通常有三种途径：①直接合成；②还原-羰基化反应；③由其它金属羰基化合物制备。

(1) 直接合成　直接合成是指利用金属粉末与过量的 CO 在适当的温度和压力下发生反应，这种方法常用于 Ni 和 Fe 的羰基化合物的制备。不同金属的羰基化合物制备时所需要的反应条件也有所不同，下面是几个具体的反应实例：可以看出，$Ni^0(CO)_4$ 是唯一能在接近常温常压的条件下直接合成得到的金属羰基化合物。它是最早发现的羰基化合物，利用此合成方法可以从含镍的金属混合物中提取镍。$Ni^0(CO)_4$ 为无色液体，其沸点只有 43 °C。提取镍后 $Ni^0(CO)_4$ 以气体形式分离后经热分解反应生成镍金属和 CO 气体，后者可以返回体系再使用。$Fe^0(CO)_5$ 为黄色液体，沸点 103 °C，为剧毒物。

$$Ni^0 + 4CO \xrightarrow[1\ atm^{❶}]{30\ °C} Ni^0(CO)_4$$

$$Fe^0 + 5CO \xrightarrow[200\ atm]{200\ °C, 15\ h} Fe^0(CO)_5$$

$$2Co^0 + 8CO \xrightarrow[30\sim40\ atm]{150\ °C} 2Co_2^0(CO)_8$$

$$Mo^0 + 6CO \xrightarrow[250\ atm]{200\ °C} Mo^0(CO)_6$$

$$Ru^0 + 5CO \xrightarrow[400\ atm]{300\ °C} Ru^0(CO)_5$$

(2) 还原-羰基化反应 直接法制备金属羰基化合物往往需要高温高压的反应条件，有时很难实现，因此常常使用间接的方法。还原-羰基化反应就是其中一种常见的方法，如高氧化态的过渡金属在过量的 CO 存在下可以被还原为金属羰基化合物。反应过程中常用一些还原剂，如活泼金属 (如 Mg、Zn、Al)、金属烷基化合物 (如 AlR_3) 或一些电子转移试剂等。另外，H_2 和 CO 本身也可以作为还原剂。由于金属羰基化合物的合成反应条件比较苛刻，所以大多金属羰基化合物比较昂贵。

$$CrCl_3 + Al^0 + CO \xrightarrow[C_6H_6]{AlCl_3,\ 催化} Cr^0(CO)_6 + AlCl_3$$

$$WCl_6 + Et_3Al + CO \xrightarrow[C_6H_6]{50\ °C,\ 高压} W^0(CO)_6$$

$$CoCO_3 + H_2 + CO \xrightarrow{147\ °C,\ 高压} Co_2^0(CO)_8 + CO_2 + H_2O$$

$$OsO_4 + CO \xrightarrow{高压} Os^0(CO)_5 + CO_2$$

$$Mn(OAc)_2 + (i\text{-}Bu)_3Al + CO \xrightarrow{140\ °C,\ 高压} Mn_2(CO)_{10}$$

$$Re_2O_7 + CO \xrightarrow[高压]{250\ °C} Re_2^0(CO)_{10} + CO_2$$

(3) 由其它金属羰基化合物制备 金属羰基化合物也可以由其它金属羰基化合物制备，这种转化往往经由中性的金属羰基化合物的光解、热解或金属羰基阴离子的氧化作用来实现。以下是几个具体的实例：

$$Fe(CO)_5 \xrightarrow{h\nu} Fe_2(CO)_9$$

$$Fe_2(CO)_9 \xrightarrow[甲苯]{95\ °C} Fe_3(CO)_{12}$$

❶ 1 atm = 101325 Pa，余同。——编者注

$$Os_3(CO)_{12} \xrightarrow[12\ h]{195\sim200\ °C} Os_4(CO)_{13} + Os_5(CO)_{16} + Os_6(CO)_{18} + \text{其它产物}$$

$$Rh_4(CO)_{12} \xrightarrow{60\sim80\ °C} Rh_6(CO)_{16} + CO$$

$$Na[V(CO)_6] \xrightarrow{HX} V(CO)_6 + NaX + H_2$$

4.2.2　取代的金属羰基化合物的制备

$\mathbf{L}_a$M(CO)$_b$ 是一类常见的取代型金属羰基化合物，其中配体 **L** 可以是一些含 C、N、P、As、Sb、O、S、Te 等给予电子的配体，如异腈、胺、有机磷、硫醚、醇等。这些取代型的金属羰基化合物往往是通过配体取代方法得到，金属羰基化合物中的 CO 或辅助配体 **L** 均可被外来配体 **L′** 取代。

$$M(CO)_x\mathbf{L}_y + \mathbf{L'} \longrightarrow M(CO)_{x-1}\mathbf{L}_y\mathbf{L'} + CO$$

$$M(CO)_x\mathbf{L}_y + \mathbf{L'} \longrightarrow M(CO)_x\mathbf{L}_{y-1}\mathbf{L'} + \mathbf{L}$$

其中 **L′** 一般也是两电子给予体，这样可以取代一个 CO 或一个 **L** 配体。不过 **L′** 也可以为多齿配体，能够取代原配合物中的多个配体。以下是几个具体配体取代反应的实例：

$$Cr(CO)_6 + \underset{\text{哌啶}}{C_5H_{10}NH} \xrightarrow[THF]{h\nu} Cr(CO)_5(C_5H_{10}NH) + CO$$

$$\underset{(M = Cr, Mo, W)}{M(CO)_6 + en} \longrightarrow cis\text{-}M(CO)_4(en) + CO$$

$$Mo(CO)_6 + \underset{\text{二乙基三胺}}{dien} \longrightarrow fac\text{-}M(CO)_3(dien) + CO$$

4.2.3　茂金属配合物的制备

除 CO 外，最常见的非经典配合物就是金属环戊二烯基 (C_5H_5) 配合物。其中的环戊二烯配体既可以看作是芳香阴离子，又可以看作是中性自由基。二元金属环戊二烯配合物包括茂金属和非茂金属两大类。本小节中我们主要对经典茂金属的合成作简单的介绍。茂金属分子式为 $M(C_5H_5)_2$，其中两个环戊二烯基均为五齿配体。

二茂铁由铁粉与环戊二烯在 300 °C 的氮气氛中加热，或以无水氯化亚铁与环戊二烯合钠在四氢呋喃中作用而制得。

$$Fe + 2C_5H_6 \longrightarrow (C_5H_5)_2Fe + H_2$$

$$C_5H_6 + NaOH \longrightarrow C_5H_5Na + H_2O$$

$$2C_5H_5Na + FeCl_2 \longrightarrow (C_5H_5)_2Fe + 2NaCl$$

其它茂金属的制备方法也可以通过无水金属盐 (通常是卤化物) 与 C_5H_5Na 在有机溶剂 (THF 或 $MeOCH_2CH_2OMe$) 中制备得到。配合物如 $[M(NH_3)_6]Cl_2$ (M = Co 或 Ni) 也是有效的金属来源试剂，因为它们比无水卤化物更容易溶解。

$$nC_5H_5Na + MX_n \longrightarrow (C_5H_5)_2M + nNaX + (n-2)C_5H_5^{\cdot}$$

4.2.4　环戊二烯基金属羰基配合物的制备

环戊二烯基金属羰基配合物通用的分子式为 $(C_5H_5)_xM_y(CO)_z$，此类配合物通常有以下几种制备方法：①茂金属和 CO 或二元金属羰基化合物反应；②环戊二烯或二聚环戊二烯和二元金属羰基化合物反应；③还原配位反应；④其它环戊二烯金属羰基配合物的光解或热解反应。

$$(C_5H_5)_2Cr + CO \longrightarrow [(C_5H_5)_2Cr(CO)_3]_2$$

$$Co_2(CO)_8 + 2C_5H_6 \longrightarrow 2(C_5H_5)Co(CO)_2 + 4CO + H_2$$

$$[(C_5H_5)_2M(CO)_3]_2 \longrightarrow [(C_5H_5)_2M(CO)_2]_2 + 2CO \quad (M = Cr 或 Mo)$$

4.3 配合物单晶的培养方法

单晶 X 射线结构分析是研究配合物最重要也是最直接的研究方法，因此配合物单晶的培养方法对于配合物的合成来说至关重要。晶体的生长是一个动力学过程，由化合物的内因 (分子间色散力、偶极力及氢键) 与外因 (溶剂极性、挥发或扩散速度、温度) 决定。晶体的培养实质是一个饱和溶液的重结晶过程，即通过各种试验方法，使溶液慢慢达到饱和，最后析出单晶的过程。配合物的单晶通常采用常规的溶液法，扩散法 (包括气相扩散、液层扩散和凝胶扩散等) 以及水热或溶剂热合成法制备。这些方法相互补充，有时不同的合成方法能产生具有不同结构和功能的配合物。

4.3.1 常规的溶液法

从溶液中将化合物结晶出来，是配合物单晶生长的最常用的方法。该方法依靠溶液的不断挥发，使溶液由不饱和达到饱和至过饱和状态，从而析出单晶。合成时，将选择的金属盐、配体以一定的比例溶解在适当的溶剂中，反应后如果得到澄清溶液，可以静置使其产生配合物晶体；反应过程中如产生沉淀，可将沉淀溶解于其它合适的溶剂，使其慢慢结晶，当然，母液也可以放置挥发，这样有可能得到结构和组成不同的配合物。注意，挥发时最好不要让溶剂完全挥发，否则得到的单晶有可能相互团聚或者沾染杂质，从而得不到质量较好的单晶。另外，溶剂的选择对于配合物单晶的培养影响也很重要，不同溶剂可能培养出的单晶结构不同。如果得不到理想的单晶，则可以考虑更换溶剂或者使用混合溶剂。常用的溶剂有丙酮、甲醇、乙醇、乙腈、乙酸乙酯、三氯甲烷、苯、甲苯、四氢呋喃、水、DMF 和 DMSO 等。

常规溶液法是制备配合物最常用的方法，举两个例子简单介绍。L. J. Barbour 等[28]将取代的双咪唑配体和氯化铜按照 1:1 的比例在甲醇中混合，经过缓慢挥发得到一个具有良好吸附特性的铜配合物，见图 4-18。

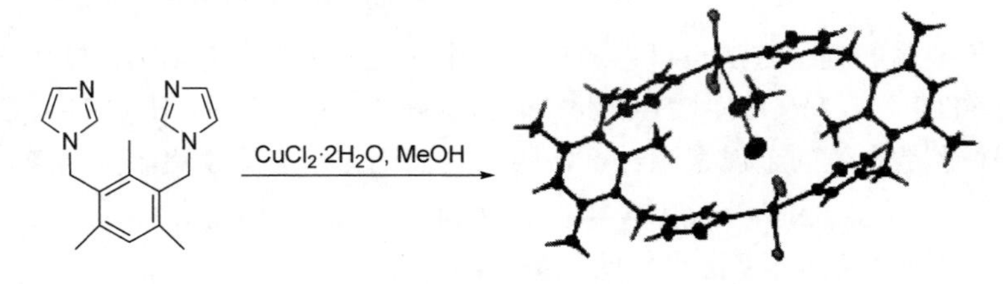

图 4-18 利用溶液法得到的铜配合物

卜显和等[29]选择配体吖啶酸，在高 pH 值的甲醇溶液中和硝酸铜反应，过滤后得到的溶液经缓慢挥发得到具有一维孔道的双重互穿 NbO 三维网络的单晶，见图 4-19。

图 4-19　利用溶液法得到的双重互穿 NbO 三维网络的单晶结构

4.3.2　扩散法

扩散法是常见的配合物的合成和培养单晶的重要手段，一般情况下，扩散法在常温常压下进行，实验操作相对简单。

4.3.2.1　气相扩散

气相扩散是指将低沸点非良性溶剂挥发进入高沸点溶剂中，降低配合物的溶解度，从而析出晶核，生长成单晶。此种方法要求配合物在难挥发的溶剂中溶解度较大或者很大，而在易挥发溶剂中不溶或难溶，并且两种溶剂要互溶。一般所用的难挥发的溶剂如 DMF、DMSO、乙腈、甘油甚至离子液体等，而容易挥发的溶剂常常选择乙醚、甲醇、戊烷和己烷等。通常合成时，金属盐、有机配体溶解在适当的溶剂中，反应后，用易挥发的溶剂扩散进溶液中使溶液达到过饱和而析出晶体。对于羧酸类的配体，常用气态碱性物质 (如易挥发的三乙胺) 扩散进溶液中，使羧酸脱质子，进而与金属离子反应生成配合物。

裘式纶等[30]将 $CdCl_2$、六亚甲基四胺、盐酸、DMF、乙醇和水按一定比例混合于小烧杯中，然后将此烧杯放入装有三乙胺和 DMF 混合溶液的大烧杯内，成功合成了一例具有 MTN 分子筛拓扑类型的 MOF 材料。洪茂椿等选用乙醚扩散的方法，成功地构筑了具有石墨结构的半导体配合物[31]、纳米笼[32]和纳米管[33]状配合物。

生物体中有多种金属酶以双金属作为活性中心，在合成此类酶的化学模拟物时，往往会用到气相扩散的方法。如 B. Krebs 等[34]合成尿酶的模拟物时，选用一些不对称的双核配体，如图 4-20 所示。配体与高氯酸镍反应后会得到绿色沉淀，将其溶于甲醇后，再用乙醚进行扩散，最终得到多个尿酶的模拟物。乙醚往往作为外界的溶剂存在于此类模拟物的晶体中，这些乙醚分子对稳定配合物的晶体结构起着很重要的作用，如果乙醚脱去，晶体往往会风化，因此这类化合物的晶体数据常常在低温下收集。

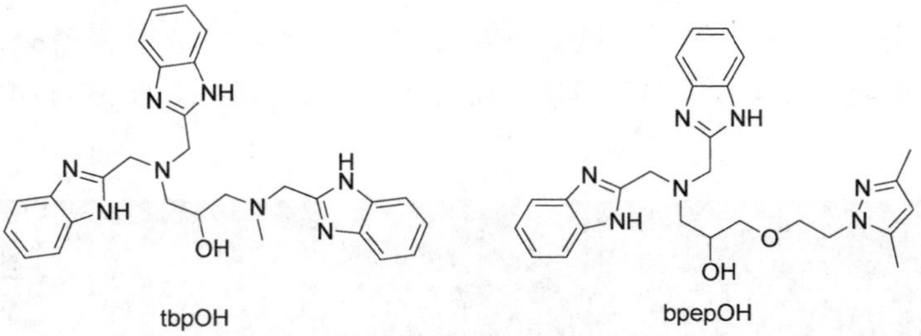

tbpOH　　bpepOH

图 4-20　用于尿酶模拟物合成的两个不对称的双核配体

N. R. Champness 等[35]选择使用配体 2,2-联吡嗪 (bpyz)，得到一个具有手性三维金刚石网络结构的配位聚合物 $\{[Ag(bpyz)](BF_4)\}_\infty$。合成时，$AgBF_4$ 首先和配体 bpyz 在溶剂 $MeNO_2$ 中反应，得到澄清的反应液；后将乙醚扩散到反应液中，得到无色块状晶体。

4.3.2.2　液层扩散

液层扩散是指将两种反应物分别溶于不同的溶剂，通过两个液面的缓慢接触析出晶体的方法。此种方法一般适用于生成的配合物溶解度很小或很难找到溶剂溶解，可以通过两种反应物缓慢接触，在接触处形成晶核，再长大形成单晶。通常当一种溶液慢慢扩散到另外一种溶液时，会在界面附近产生好的单晶。如果配合物的结晶速率太快的话，可以在两种溶液之间加入缓冲溶液或者使用凝胶扩散的方法，进一步降低扩散速率，以求结晶完美。缓冲溶液可以是单一溶剂或混合溶剂，也可以是含有客体分子、模板剂等其它物种的溶液。具体采取的实验方法可以选用试管分层法或 H 管扩散法等。

试管分层法是常用的配合物单晶培养方法之一。一般合成时，将两种反应液分别置于同一支试管的底部和上部，往往同时在两种反应液之间加入缓冲层，然后将分层的试管放在室温下静置。两种反应液在界面缓慢接触并发生反应，可能形成配合物单晶。反应液和缓冲层选用的溶剂可以相同，也可以不同，还可以是混合溶剂。注意静置前要保持好的分层界面，防止反应液扩散速度过快，从而得不到配合物的单晶。卜显和等[36]以双亚砜作为配体，将其溶于氯仿中，然后将高氯酸镉溶于丙酮中，另外，在两种反应液之间加入缩乙醛作为脱水试剂，反应液在中间层缓慢扩散后得到具有不同二维结构的配位聚合物，如图 4-21 所示。

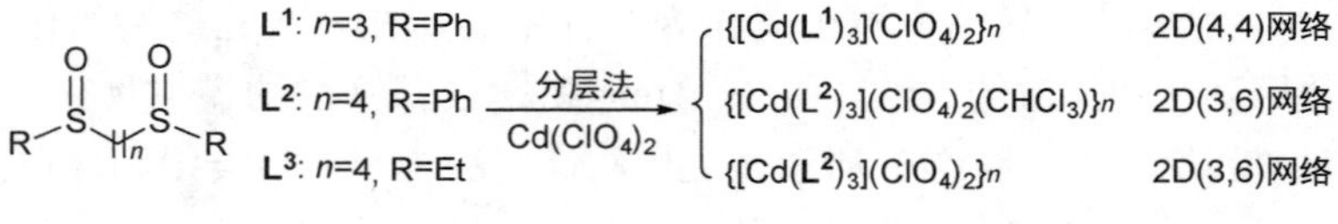

L^1: n=3, R=Ph → $\{[Cd(L^1)_3](ClO_4)_2\}_n$　2D(4,4)网络
L^2: n=4, R=Ph → $\{[Cd(L^2)_3](ClO_4)_2(CHCl_3)\}_n$　2D(3,6)网络
L^3: n=4, R=Et → $\{[Cd(L^2)_3](ClO_4)_2\}_n$　2D(3,6)网络
（分层法，$Cd(ClO_4)_2$）

图 4-21　试管分层法制备配合物实例一

J. Kim 等[37]通过扩散法获得了由锌离子与光学纯酒石酸衍生物构筑的微孔 MOF 材料，该材料能够有效分离外消旋的金属化合物并用于多相催化不对称酯化反应。

陈小明等[38]采用液相扩散法，利用咪唑配体的衍生物 2-甲基咪唑、2-乙基咪唑与锌盐氨水溶液反应，成功地合成了具有不同分子筛拓扑结构的 MOF 材料。同样利用试管分层法，孙为银等[39]得到了三脚架配体 titmb 的多个金属配位聚合物，如图 4-22 所示。

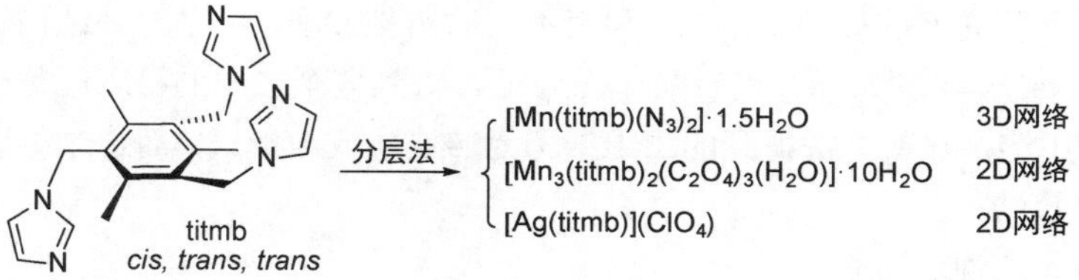

titmb
cis, trans, trans
分层法
$[Mn(titmb)(N_3)_2]\cdot 1.5H_2O$　3D网络
$[Mn_3(titmb)_2(C_2O_4)_3(H_2O)]\cdot 10H_2O$　2D网络
$[Ag(titmb)](ClO_4)$　2D网络

图 4-22　试管分层法制备配合物实例二

H 管扩散法原理与试管分层法相同，即反应物不是通过搅拌混合反应，而是通过液面缓慢接触从而生成配合物单晶的过程。H 管是由左右的两个竖管和中间连通的横管组成，形状很像“H”型，因此称之为 H 管。反应时两个竖管中分别缓慢地放入不同的反应液，当液体量到达一定程度的时候，横管也充满液体。反应液加完之后，封闭管口，静置，这样两个竖管溶液通过横管中间的砂芯缓慢扩散，从而发生反应。H 管扩散法经常适用于氰根配合物的制备。氰根配合物一般溶解度很小或很难找到溶剂溶解，当含金属的反应物与氰根化合物混合后，往往会产生大量难溶的沉淀，如果要得到目标配合物晶体的话，就需要两种反应物缓慢接触，H 管扩散就是很好的途径。如廖代正等[40]利用 H 管扩散法的方法，将 $K_3[Cr(CN)_6]$ 水溶液缓慢扩散到 $Mn(ClO_4)_2\cdot 6H_2O$ 和 $NaClO_4$ 形成的水-异丙醇混合溶液中，数天后得到具有普鲁士蓝结构的配合物 $Na[MnCr(CN)_6]$，见图 4-23。

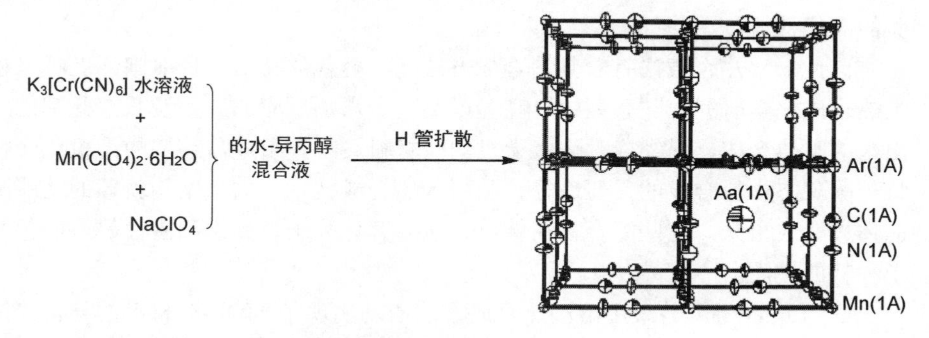

图 4-23　H 管扩散法制备配合物实例

4.3.2.3　凝胶扩散

凝胶扩散法也是比较常用的结晶方法，特别适用于两种反应物在凝胶上进行扩散反应，并生成难溶产物的情况。可以用普通试管或 U 形管作为凝胶扩散法制备单晶的容器：在试管或 U 形管中将可溶性的一种反应物溶液小心地倒在凝胶上面，与凝胶混合，待胶化后，再倒入另一反应物溶液，随着扩散的进行，扩散反应的产物就会在它们之间的界面或凝胶中结晶。利用凝胶扩散法，白俊峰等[41]得到具有三维结构的稀土系列配合物$[M_2(BDOA)_3(H_2O)_4]\cdot 6H_2O$ (BDOA = benzene-1,4-dioxylacetate；M = Tb，Gd，Sm)。合成时，作者将稀土硝酸盐通过凝胶慢慢扩散到配体 BDOA 中，大约一个月后得到形状完好的棱柱状单晶。利用不同的实验方法，可以得到结构不同的配合物，如 M. Necas 等[42]选择有机磷配体 dppeO，得到多个二维的稀土配位聚合物。有趣的是，利用溶剂热的方法得到的二维结构为砖墙式或地板式，而通过凝胶扩散法得到的为蜂窝状结构。

4.3.3 水热或溶剂热法

水热或溶剂热合成是指在密闭体系中，在一定温度和压强下利用溶剂中物质的化学反应进行的合成。水热或溶剂热合成是以水或有机溶剂为溶剂，在一定温度下 (100~ 240 °C)，在水或溶剂的自升压强 (1~100 MPa) 条件下，原始混合物进行的反应。水热或溶剂热合成通常在不锈钢反应釜 (内衬聚四氟乙烯) 内进行。相对于玻璃管反应器来说，反应釜具有容积大、耐压力强、操作方便、经久耐用、可以重复使用等优点。

水热合成法有以下几个特点：①反应在密闭系统中进行，可调节环境的气氛，有利于合成特殊价态的化合物；②溶液黏度降低，扩散和传质过程较为便利，反应物的活性有较大的提高，促使复杂离子间的反应加速，而反应温度大大低于熔融状态；③水热法解决了常温常压下不溶于各种溶剂、或溶解后易分解、熔融前后会分解的化合物的合成问题，也特别有利于合成低熔点、高蒸气压的材料；④由于在等温、等压条件下，一些特殊中间态、特殊物相容易形成，因而水热法特别适于合成特殊结构、特种凝聚态的新配合物以及制备具有平衡缺陷浓度、规则取向和晶形完美的晶体材料。

因此，水热合成法有着其它合成方法无法替代的特点。目前国际上越来越重视水热合成化学研究，一系列中、高温以及高压水热反应的开拓及其在此基础上开发出来的水热合成，已经成为许多无机功能材料、特种组成与结构的无机化合物以及特种凝聚态材料合成的重要途径。利用水热合成技术，大量结构新颖的功能配合物晶体被合成出来，这些配合物在催化、包结客体分子、光学和磁性等方面都表现出了独特的性质。

O. Yaghi 等[43,44]采用溶剂热合成方法成功实现了 MOF-5 材料的结构修饰和孔道结构调控，基本策略是在对苯二甲酸配体上进行官能团的修饰和选择不同长度的线性二元羧酸作为桥联配体，获得了一系列孔道尺寸大小不同的 MOF 材料，实现了孔道尺寸从微孔到介孔的转变。

M. A. Monge 等[45]用对苯二甲酸 (1,4-bdc) 和 $InCl_3$ 水热反应得到一个具有催化活性的三维配合物 $[In_2(OH)_3(1,4\text{-bdc})_{1.5}]_\infty$，该配合物虽没孔洞，但对硝基芳香烃的氢化反应和烷基苯硫醚的氧化反应却具有催化作用。在水热条件下，卜显和等[46]

利用刚性的对苯二甲酸和 3-(2-吡啶)吡唑混配成功地构筑了二维开放孔洞网络 $\{[Cd_2(TPT)_2\mathbf{L}_2](GM)_{3/2}(H_2O)\}_\infty$ (TPT = terephthalate，对苯二甲酸根；**L** = 3-(2-pyridyl) pyrazole；GM = terephthalic acid，对苯二甲酸)，并且这种网络能很好地包结一些体积匹配的客体分子。W. B. Lin 等[47]选用配体 4-[2-(4-吡啶基)-乙烯基]苯腈和 $Zn(ClO_4)_2 \cdot 6H_2O$ 或 $Cd(ClO_4)_2 \cdot 6H_2O$ 在水热条件下反应，得到了具有八重互穿金刚石网络结构的配位聚合物，测试结果表明其二阶非线性光学性质接近于无机化合物铌酸锂。F. Lloret 和 N. R. Chaudhuri 等[48]报道的三维配合物 $[Ni(fum)_2(\mu_3\text{-}OH)_2(H_2O)_4]_\infty(2H_2O)_\infty$ 是由反丁烯二酸钠 (fum) 和 $Ni(NO_3)_2$ 在 170 °C 时水热反应得到的，该化合物在 6 K 时表现出铁磁行为。

溶剂热合成也是重要的配合物合成手段，其常用的溶剂有氨、醇类 (甲醇、乙醇、异丙醇、正丁醇、乙二醇、甘油等)、胺类 (如己二胺、二甲基甲酰胺、乙醇胺)、乙腈和吡啶等。有机溶剂由于带有不同的官能团，种类繁多，具有不同的极性，不同的介电常数和不同的沸点、黏度等，性质差异很大，可大大增加合成路线和合成产物结构的多样性。

S. Konar 等[49]选择两种有机磷酸配体 a 和 b，在甲醇中分别将其和三核锰前驱体 $[Mn_3O(Me_3CCO_2)_6(py)_3]$ 在 125 °C 的条件下进行溶剂热反应 12 h，最后得到了 Mn_{19} 和 Mn_{16} 两个分子聚集体，见图 4-24。室温下，同样以甲醇为反应介质，作者并未得到目标产物。两个化合物在室温下很难溶解于常见的溶剂，不过利用高温下的溶剂热反应，产物可能溶于甲醇，进而可以在降温过程中缓慢结晶。反应前，更换反应介质 (如乙醇、乙腈、二氯甲烷)，作者没有得到理想的单晶，由此可见，反应选用的溶剂对产物有着重要的影响。

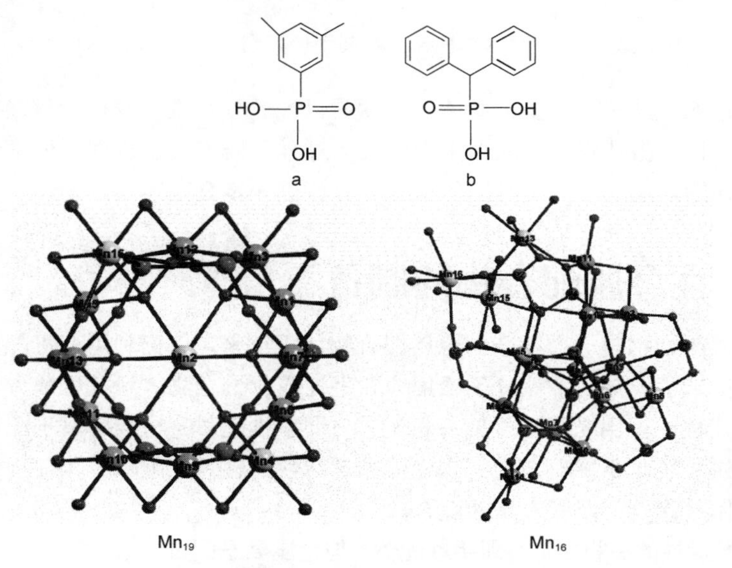

图 4-24　溶剂热合成的 Mn_{19} 和 Mn_{16} 多核聚集体

程鹏等在水热条件下组装 Eu^{3+} (或 Tb^{3+})、Mn^{2+} 和 2,6-吡啶二羧酸配体获得了两例 3d-4f 混金属有机框架化合物，能够作为荧光探针材料高效识别锌离子[50]。卜显和等[51]利用柔性不同但尺寸相近的两种三齿配体与钴离子在溶剂热条件先组装获得了首例基于内外层具有相同形状“cage-within-cage”金属有机多面体的多孔金属有机框架。该化合物较高的稳定性表明基于多层配体为壁进行配位聚合的构筑将有助于多孔框架稳定性的提高。该课题组[52]又利用噻吩二羧酸配体与锌和钠离子在溶剂热条件组装下得到了一例具有纳米尺寸一维孔道且孔道表面具有不饱和金属位点的多孔配位聚合物。通过引入尺寸合适的有机配体封闭孔道，该配位聚合物可作为晶态胶囊材料实现客体分子的可控封装及释放。

卜显和等[53]合成了一个双四唑配体 H_2dtp，该配体与 $ZnCl_2$ 在 *N,N*-二甲基乙酰胺和甲醇的混合溶剂于 120 °C 时反应 48 h，得到一个六棱柱形的手性配位聚合物 [Zndtp]，该晶体结构具有手性孔道，见图 4-25，并且该化合物对氧气和二氧化碳的吸附性能优于氮气，有望用于气体的分离。

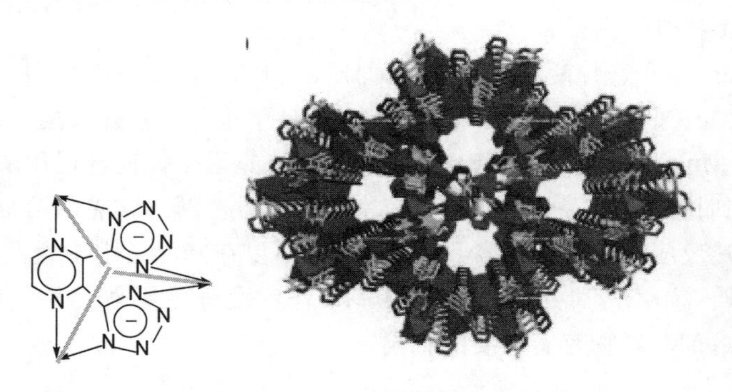

图 4-25　双四唑配体 H_2dtp 及其手性配位聚合物 [Zndtp]

水热或溶剂热法也有自身的缺陷，它通常只能看到结果，难以了解反应过程，尽管现在有人设计出特殊的反应器来观测反应过程、研究反应机理，但是这方面的研究才刚刚开始，还需要一定时间的积累，有待进一步突破。

4.4　手性金属配合物的制备

手性金属配合物是一类特殊的金属配合物。近年来，人们利用有机配体与过渡金属自组装构筑了大量的手性分子聚集体和手性配位聚合物，就其合成方法而言，至少有以下几种：①用光学活性的有机配体 (即手性配体) 与金属离子配位；②利用固有手性的八面体金属配合物；③使用光学活性的轴手性配体；④使用螺旋或扭曲的有机配体；⑤以上四种方法的综合。

4.4.1　用光学活性的有机配体 (即手性配体) 与金属离子配位

从配体的角度而言，手性配体和非手性配体均可能与金属离子组装得到结构丰富的手性分子聚集体或手性配位聚合物。以手性配体作为构筑块，即从手性配体制备手性组装体，通过在配体上引入手性因素，并进而通过手性传递来控制得到所预期的手性配合物；由于合成光学异构纯 (手性) 配体比较困难，因此目前基于手性配体组装得到的手性分子聚集体或手性配位聚合物的例子较少，但是这种方法的优点在于它是利用纯手性配体产生的，其手性是可以预测的。另外，这种方法所产生的手性主要是源于共价键，因而其产生的手性被认为是永久的或是“结实的”。

MOF 材料的研究最早源自 J. Kim 的工作，锌离子与光学纯酒石酸衍生物构筑的微孔 MOF 材料，可有效分离外消旋的金属化合物并用于多相催化不对称酯化反应[43]。

U. H. F. Bunz 等[54]设计了具有手性官能团和长链结构的联吡啶配体。该配体与 $Cu(NO_3)_2$ 在 $EtOH/CH_2Cl_2$ 混合溶液中反应得到 $[CuL_2(NO_3)_2]$。配合物属于手性空间群 $P2_1$，配体和金属组装成二维非共面 (波浪型) 方格，非穿插的二维方格之间采取 ABCABC 的堆积方式（图 4-26）。

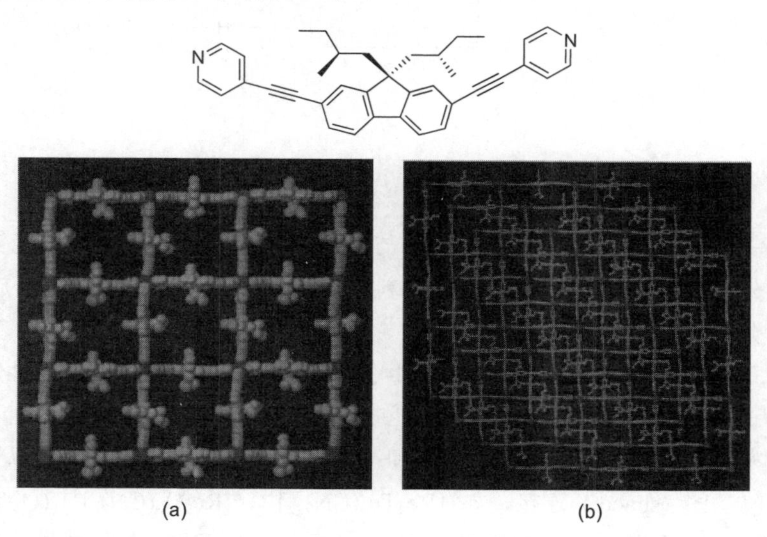

图 4-26　(a) 聚合物 $[CuL_2(NO_3)_2]$ 的二维四方格结构；(b) 堆积图，显示有 8 Å × 8 Å 的孔道

熊仁根等[55]选择具有光学活性的 α-氨基酸及其衍生物组装得到的多种手性配位聚合物。水热条件下，具有光学活性的氰基苯丙氨酸、NaN_3 和 MCl_2 (M = Zn, Cd) 为起始原料，组装得到了两个同手性的配位聚合物，它们具有非互穿的 $SrAl_2$ 型三维网络结构。配体中含四唑环，该环是由配体中的氰基与 NaN_3 组装而成，即反应过程中利用了 Sharpless 原位合成四唑的方法。

原位合成

外消旋配体可用于合成手性配位聚合物，自组装过程中这些配体可能实现自我拆分，自发的富集某一手性物种。熊仁根等[56]以外消旋的 3-(3-吡啶)-3-氨基丙酸为起始配体，在不同的水热条件下，与 Zn^{2+} 组装得到三种不同的三维手性配位聚合物 **1~3** (图 4-27)；其中聚合物 **1**、**3** 均为手性 (10,3)-a 网络结构，而 **2** 为类 KDP (磷酸二氢钾) 结构的金刚烷手性三维配位聚合物，见图 4-27。

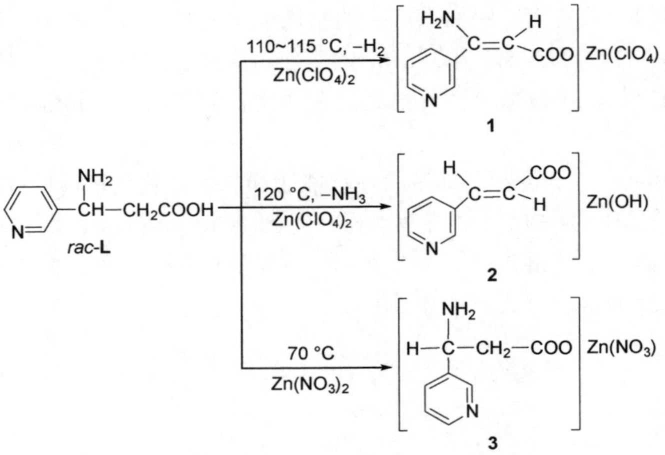

图 4-27　3-(3-吡啶)-3-氨基丙酸形成的手性配位聚合物

熊仁根等采用新颖的奎宁羧酸配体与镉离子在水热条件下合成了能够立体选择性分离外消旋 2-丁醇的微孔 MOF 材料，实现了单一手性材料对外消旋 2-丁醇选择性拆分[57]。

E. F. Fedorov 等[58]以手性 1,2*S*,3*S*,4-丁四胺为构筑单元用于构筑手性配位聚合物。配体首先以双双齿的形式与 Cu^{2+} 配位形成一维链式单元 $[Cu\mathbf{L}]^{2+}$，单元中 Cu^{2+} 为平面正方形配位，其配位数未达到饱和；因此，一维链式单元之间可以进一步通过一些间隔基团 (spacer) 连接，如 $[Re_4Te_4(CN)_{12}]^{4-}$、$[Re_6Q_8(CN)_6]^{4-}$ (Q=Te、Se、S) 等，其中，间隔基团在轴向位置上与 Cu^{2+} 配位，从而将一维链式结构组装成二维手性配位聚合物，见图 4-28。

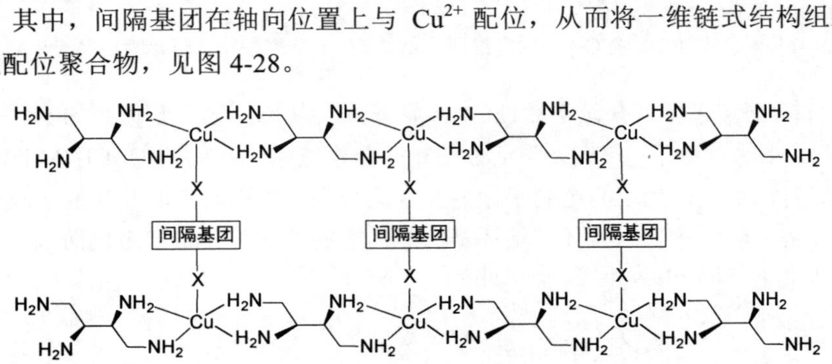

图 4-28　手性 1,2*S*,3*S*,4-丁四胺为构筑单元构筑手性配位聚合物

刘伟生等[59]以水杨醛和两种不同手性的天冬氨酸 (Asn) 进行缩合反应，反应物经还原后得到两个手性配体。利用两个手性配体和 La^{3+} 组装，得到两个具有相反手性构型的六核镧聚集体（图 4-29）。

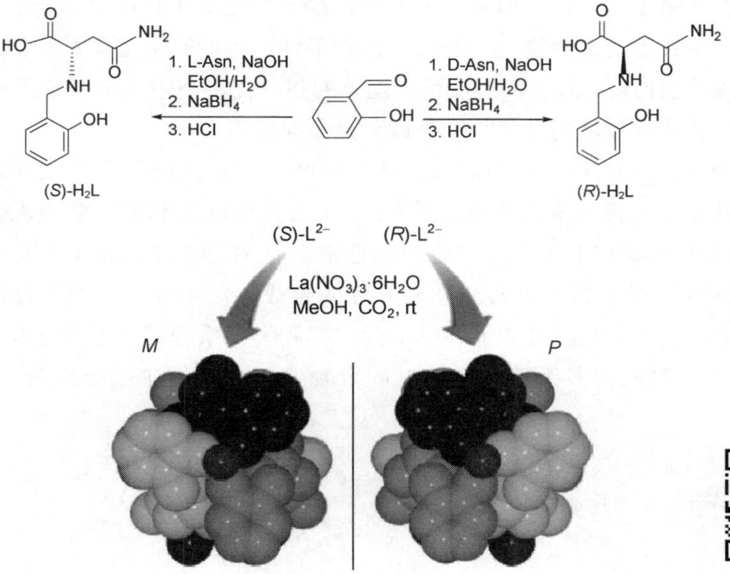

图 4-29　手性配体构筑两种不同的手性聚集体

崔勇等设计合成了系列新颖的 salen 类光学纯配体，组装合成了多种单一手性纳米笼、纳米管以及微孔 MOF 材料，并应用这些材料在立体选择性拆分各种外消旋有机醇分子方面做出了系统的研究工作[60]。张健等选用一种天然手性产物樟脑二羧酸配体与各种金属离子在水热和溶剂热条件下自组装合成了大量单一手性的 MOF 材料，揭示了从手性分子到功能材料的一些组装模式，探索了手性樟脑二羧酸分别作为框架组件、阴离子模板甚至不对称结晶催化剂在合成组装各种中性、阴阳离子型微孔框架结构中的作用[61, 62]。张健等也探索了温度因素对水热合成单一手性金属镉－樟脑酸配合物的影响，并且发现在不同温度下合成的结构中金属中心周围的电荷分布是有区别的。温度越高，电荷分布更趋向于均衡或零，这也解释了为什么在高温条件下更易形成结构致密和框架稳定的化合物[63]。张健等报道了在单一手性金属锰-樟脑酸配合物的合成组装中，溶剂对产物结构体现出重要的调控作用，如采用 *N*,*N*-二乙基甲酰胺（DEF）溶剂获得的是手性链修饰的三维框架材料，采用 *N*,*N*-二甲基乙酰胺（DMA）溶剂获得的是二维层状结构，采用 *N*,*N*-二甲基甲酰胺（DMF）溶剂则获得结构中含有 DMF 分子的三维结构[64]。

4.4.2　利用固有手性的八面体金属配合物

以非手性的配体作为构筑块，即从非手性配体制备手性组装体，用这种方法控制得到预期的目标化合物具有更大的挑战性和不确定性，这涉及很多手性晶体工程中的基本问题；从实用性的观点来看，制备手性配合物的有效途径是通过非手性配体开始，因为此类配体通常价格低廉，而且比相应的手性配体要更容易获得，通过非手性配体合成手性组装体的例证要远远多于用手性配体合成手性组装体的例证，从这就可以证明了这一点。但是，无论是在溶液中还是在固相中，非手性的配体经常会导致产生外消旋混合物，这是因为此类手性环境的产生主要是依赖金属配位键或利用配体的扭曲等，而这种配位键或配体的扭曲在溶液中并不一定很稳定，因此，其产生的手性通常被认为是“软的”或者是暂时的。

如果金属离子中心处于不对称的环境中时，也可能产生手性，这种金属离子手性中心常见于八面体和四面体配合物。如 2,2′-联吡啶和邻菲啰啉配体可以与六配位的 Ru 形成具有不同手性中心的配合物。F. M. MacDonnell 等[65]对此进行了深入研究，并发展了新的具有立体专一性的合成方法来控制该类手性配合物的构筑，他们利用 2,2′-联吡啶及邻菲啰啉类配体得到了一系列钌的手性化合物。图 4-30 展示了一个线型低聚多手性中心的钌配合物，三个手性中心分别为 Λ、Δ 和 Λ 方式。

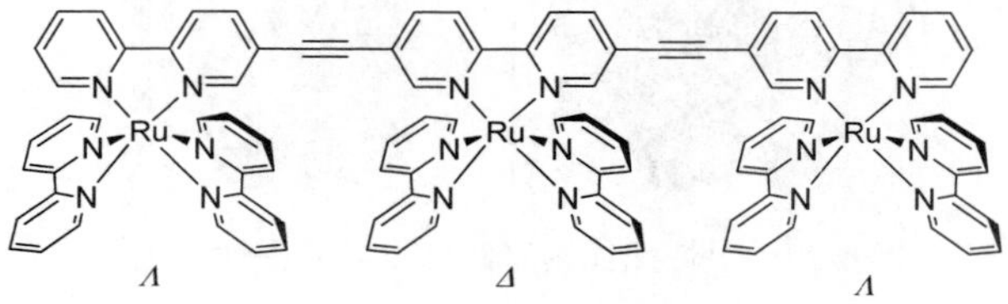

图 4-30 由 2,2'-联吡啶和钌形成的线性三分子的多手性中心的配合物结构示意图

卜显和等[66]曾用非手性联吡啶配体得到一个自发可拆分的纳米尺寸手性分子箱 (见图 4-31)，四核单元的每个 Zn^{2+} 中心都有相同手性，并且一块单晶中的所有分子手性相同，晶体为手性空间群 ($C222_1$)，且 Flack 因子接近于零。

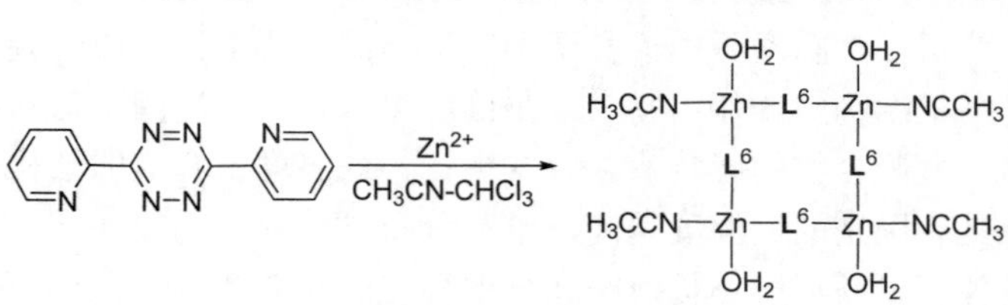

图 4-31 非手性联吡啶配体组装得到的手性分子箱

具有两个双齿螯合官能团的四齿配体通常可以与金属中心自组装得到笼状配合物，见图 4-32，当此类配体与处于八面体中心的金属离子组装时，金属中心变成手性 (Δ 或 Λ)，其中每个中心都与 3 个二齿配体配位。图 4-32 是一个 M_4L_6 四面体 (M 为金属离子；L 为配体) 的例子。这种组装体总共具有 T ($\Delta\Delta\Delta\Delta$ 或 $\Lambda\Lambda\Lambda\Lambda$)、$C_3$ ($\Delta\Delta\Delta\Lambda$ 或 $\Delta\Lambda\Lambda\Lambda$) 和 S_4 ($\Delta\Delta\Lambda\Lambda$) 三种对称性。其中 S_4 是内消旋型，因而是非手性的。

R. W. Saalfrank 等[67]报道了首例手性金属-有机四面体，见图 4-33。组装体是由 4 个 M^{2+} (M = Co、Mn、Mg、Ni) 离子和 6 个四羰基配体 $\mathbf{L}^1$ 组成。配合物中 6 个配体以相同的方式与 4 个金属中心连接得到一个 T 对称性 (3 个 C_2 轴和 4 个 C_3 轴) 的四面体阴离子单元。

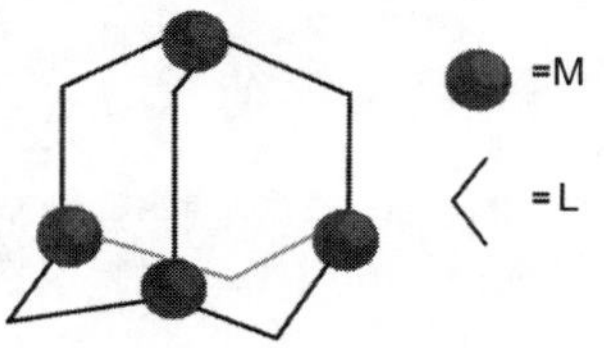

图 4-32　M_4L_6 四面体的结构示意图

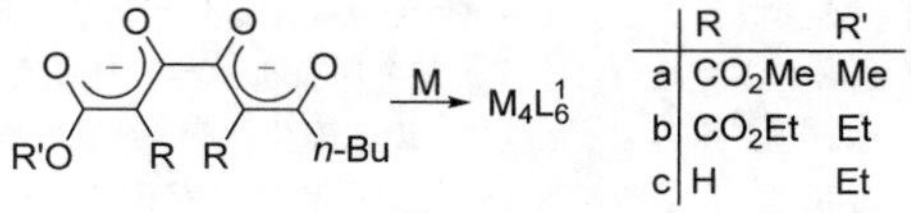

	R	R'
a	CO_2Me	Me
b	CO_2Et	Et
c	H	Et

图 4-33　首例手性金属-有机四面体合成途径

4.4.3　使用光学活性的轴手性配体和使用螺旋或扭曲的有机配体

在溶剂热条件下，林文斌等采用含羧基或吡啶官能团的光学纯联萘酚配体与不同金属离子合成了系列的单一手性微孔 MOF 材料。

W. B. Lin 等[68]报道了两个轴向手性双吡啶配体，见图 4-34，并合成了两个三维同手性配位聚合物。70 ℃ 下，C_2 对称性的 $\mathbf{L}^1$ 和 $\mathbf{L}^2$ 与 $Ni(acac)_2$ 在 CH_2Cl_2-CH_3CN 的混合溶液中反应两天，得到了纳米管状的同手性三维聚合物 $[Ni(acac)_2(\mathbf{L}^1)]\cdot 3CH_3CN\cdot 6H_2O$ 和 $[Ni(acac)_2(\mathbf{L}^2)]\cdot 2CH_3CN\cdot 5H_2O$。其中，手性骨架来源于连锁的五重螺旋。

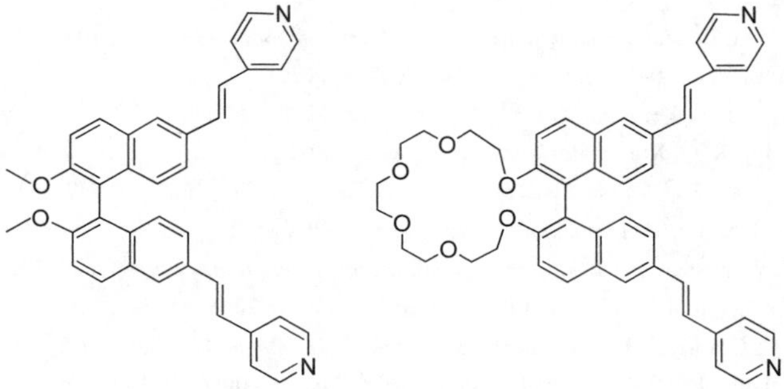

$\mathbf{L}^1$　　$\mathbf{L}^2$

图 4-34　具有轴手性的两个配体

崔勇等利用 C_2 对称性的羧酸功能化且具有催化活性的分子化合物 Co(salen) 为构建模块，将其与具有特定配位构型的金属镉进行组装，得到一个具有纳米尺寸的多孔金属有机框架化合物。该化合物可以催化环氧化合物的水解动力学拆分，ee 值高达 99.5%。同时，通过 MOF 的固载作用，该手性 MOF 催化剂不但可以循环使用多次，而且可以实现对底物尺寸的选择性[69]。

目前，手性配合物的研究还有很多基本化学问题需进一步探讨，如构造单元的对称性与晶体对称性的关系问题，外消旋化合物的结晶行为问题，尤其是手性自催化、不对称合成及其控制条件等，这些问题还有待进一步深入研究。

参 考 文 献

[1] 孙为银. 配位化学. 北京：化学工业出版社，**2004**.

[2] 游效曾，孟庆金，韩万书. 配位化学进展. 北京：高等教育出版社，**2000**.

[3] C. M. 洛克哈特. 过渡元素金属有机化学. 史启祯，高忆慈，薛舜卿 译. 兰州：兰州大学出版社, **1989**.

[4] 徐志固，蔡启瑞，张乾二. 现代配位化学. 北京：化学工业出版社，**1987**.

[5] 白春礼. 分子科学前沿. 北京：科学出版社, **2007**.

[6] 李晖. 配位化学. 北京：化学工业出版社, **2006**.

[7] 陈小明，蔡继文. 单晶结构分析原理与实践. 北京：科学出版社，**2003**.

[8] 日本化学会. 无机化合物合成手册. 曹惠民译. 北京：科学出版社, **1988**.

[9] K. Wieghardt, U. Bossek, P. Chanduri, et al. *Inorg. Chem.*, **1982**, *21*, 4308.

[10] S. Y. Yu, H. P. Huang, Y. Z. Li, et al. *Inorg. Chem.*, **2005**, *44*, 9471.

[11] M. Fujita, Y. J. Kwon. *J. Am. Chem. Soc.*, **1994**, *116*, 1151.

[12] M. Fujita, J. Yazaki, K. Ogura. *J. Am. Chem. Soc.*, **1990**, *112*, 5645.

[13] B. F. Hoskins, R. Robson. *J. Am. Chem. Soc.*, **1989**, *111*, 5962.

[14] X. H. Bu, W. Chen, S. L. Lu, et al. *Angew. Chem., Int. Ed.*, **2001**, *40*, 3201.

[15] M. A. Withersby, A. J. Blake, N. R. Champness, et al. *Inorg. Chem.*, **1999**, *38*, 2259.

[16] T. L. Hennigar, D. C. MacQuarrie, P. Losier, et al. *Chem. Commun.*, **1997**, 972.

[17] I. P. Liu, M. Bénard, H. Hasanov, et al. *Chem. Eur. J.*, **2007**, *13*, 8667.

[18] H. Keypour, H. Goudarziafshar, A. K. Brisdon, et al. *Inorg. Chim. Acta*, **2008**, *361*, 1415.

[19] M. Du, X. H. Bu, Y. M. Guo, et al. *Chem. Eur. J.*, **2004**, *10*, 1345.

[20] B. Hasenknopf, J. M. Lehn, N. Boumediene, et al. *J. Am. Chem. Soc.*, **1997**, *119*, 10956.

[21] Y. Liu, G. Li, X. Li, et al. *Angew. Chem., Int. Ed.*, **2007**, *46*, 6301.

[22] H. Zhao, Z. R. Qu, H. Y. Ye, R. G. Xiong. *Chem. Soc. Rev.*, **2008**, *37*, 84.

[23] C. Zhang, G. C. Jin, X. Q. Xin, et al. *Coord. Chem. Rev.*, **2001**, *213*, 51.

[24] A. Müller, S. K. Das, M. O. Talismaova, et al. *Angew. Chem., Int. Ed.*, **2002**, *41*, 579.

[25] G. L. Zhuang, X. J. Sun, L. S. Long, et al. *Dalton Trans.*, **2009**, 4640.

[26] H. Phetmung, S. Wongsawat, C. Pakawatchai, et al. *Inorg. Chem. Acta*, **2009**, *362*, 2435.

[27] J. Milios, A. Prescimone, J. Sanchez-Benitez, et al. *Inorg. Chem.*, **2006**, *45*, 7053.

[28] L. Dobrzanska, G. O. Lloyd, H. G. Raubenheimer, et al. *J. Am. Chem. Soc.*, **2006**, *128*, 698.

[29] X. H. Bu, M. L. Tong, H. C. Chang, et al. *Angew. Chem., Int. Ed.*, **2004**, *43*, 192.

[30] Q. Fang, G. S. Zhu, S. L. Qiu, et al. *Angew. Chem., Int. Ed.*, **2005**, *44*, 3845.

[31] W. P. Su, M. C. Hong, J. B. Weng, et al. *Angew. Chem., Int. Ed.*, **2000**, *39*, 2911.

[32] M. C. Hong, Y. J. Zhao, W. P. Su, et al. *J. Am. Chem. Soc.*, **2000**, *122*, 4819.

[33] M. C. Hong, Y. J. Zhao, W. P. Su, et al. *Angew. Chem., Int. Ed.*, **2000**, *39*, 2468.

[34] D. Volkmer, B. Hommerich, K. Griesar, et al. *Inorg. Chem.*, **1996**, *35*, 3793.

[35] A. J. Blake, N. R. Champness, P. A. Cooke, et al. *Chem. Commun.*, **2000**, 665.

[36] J. R. Li, X. H. Bu, R. H. Zhang. *Dalton Trans.*, **2004**, 813.

[37] J. S. Seo, D. Whang, H. Lee, et al. *Nature*, **2000**, *404*, 982.

[38] X. C. Huang, Y. Y. Lin, J. P. Zhang, et al. *Angew. Chem., Int. Ed.*, **2006**, *45*, 1557.

[39] W. Zhao, Y. Song, W. Y. Sun, et al. *Inorg. Chem.*, **2005**, *44*, 3330.

[40] W. Dong, L. N. Zhu, D. Z. Liao, et al. *Inorg. Chem.*, **2004**, *43*, 2465.

[41] X. L. Hong, Y. Z. Li, J. F. Bai, et al. *Crystal Growth & Design*, **2006**, *6*, 1221.

[42] Z. Spichal, M. Necas, J. Pinkas. *Inorg. Chem*. **2005**, *44*, 2074.
[43] M. Eddaoudi, J. Kim, N. Rosi, et al. *Science*, **2002**. *295*, 469.
[44] H. Furukawa, N. Ko, Y. B. Go, et al. *Science*, **2010**. *239*, 424.
[45] B. Gomez-Lor, E. Gutierrez-Puebla, M. Iglesias, et al. *Inorg. Chem*., **2002**, *41*, 2429.
[46] R. Q. Zou, X. H. Bu, R. H. Zhang. *Inorg. Chem.,* **2004**, *43*, 5382.
[47] O. R. Evans, W. Lin, *Acc. Chem. Res*., **2002**, *35*, 511.
[48] S. Konar, P. S. Mukherjee, E. Zangrando, et al. *Angew. Chem., Int. Ed*., **2002**, *41*, 1561.
[49] S. Konar, A. Clearfield. *Inorg. Chem*., **2008**, 47, 3489.
[50] B. Zhao, X. Y. Chen, P. Cheng, et al. *J. Am. Chem. Soc.,* **2004**, *126*, 15394.
[51] H. Wang, J. Xu, D. S. Zhang, et al. *Angew. Chem., Int. Ed*., **2015**, *53*, 837.
[52] D. Tian, Q. Chen, Y. Li, et al. *Angew. Chem., Int. Ed*., **2015**, *54*, 5966.
[53] J. R. Li, Y. Tao, X. H. Bu, et al. *Chem. Eur. J*., **2008**, *14*, 2771.
[54] N. G. Pschirer, D. M. Ciurtin, U. H. F. Bunz, et al. *Angew Chem., Int. Ed*., **2002**, *41*, 583.
[55] Z. R. Qu, H. Zhao, R. G. Xiong, et al. *Inorg. Chem*., **2003,** *42*, 7710.
[56] Z. R. Qu, H. Zhao., R. G. Xiong, et al. *Chem. Eur., J.* **2004**, *53*.
[57] R. G. Xiong, X. Z. You, B. F. Abrahams, *Angew Chem., Int. Ed*., **2001**, *40*, 4422.
[58] Y. V. Mironov, N. G. Naumov, E. F. Fedorov, et al. *Angew Chem., Int. Ed*., **2004,** *43*, 1297.
[59] X. L.Tang, W. H. Wang, W. S. Liu, et al. *Angew Chem., Int. Ed*., **2009,** *48*, 3499.
[60] Y. Liu, W. M. Xuan, Y. Cui, *Adv. Mater,* **2010,** *22*,4112.
[61] J. Zhang, R. Liu, P. Y. Feng, et al. *Angew Chem., Int. Ed*., **2007,** *46*, 8388.
[62] J. Zhang, S. Chen, A.Yan, et al. *J. Am. Chem. Soc.,* **2008**, *130*, 17246.
[63] J. Zhang, X. H. Bu, *Chem.Commun*., **2008**, 444.
[64] J. Zhang, S. Chen, H. Valle, et al. *J. Am. Chem. Soc.,* **2007**, *129*, 14168.
[65] F. M. MacDonnell, M. J. Kim, S. Bodige. *Coord. Chem. Rev*., **1999**, *185-186*, 535.
[66] X. H. Bu, H. Morishita, K. Tanaka, et al. *Chem. Commun*., **2000**, 971.
[67] R. W. Saalfrank, A. Stark, M. Bremer, et al. *Angew Chem., Int. Ed.,* **1990**, *29*, 311.
[68] Y. Cui, S. J. Lee, W. B. Lin. *J. Am. Chem. Soc*., **2003**, *125*, 6014.
[69] C. Zhu, G. Yuan, X. Chen, et al. *J. Am. Chem. Soc.,* **2012**, *134*, 8058.

习　题

1．经典配合物有哪些常见的合成方法？
2．举例说明什么是反位效应？
3．利用反位效应，选择起始原料来合成顺铂和反铂。
4．什么是原位合成？
5．高温固相合成与低温固相合成有何区别？
6．水热合成有何优点？
7．什么是模板合成？查找几篇模板合成配合物的文献。
8．二元金属羰基化合物的制备方法有哪些？
9．常见的配合物单晶的培养方法有哪些？
10．扩散法培养单晶的方法有哪些？
11．列举出手性配合物的常见制备方法？

第 5 章 配合物的空间结构

早在维尔纳建立配位学说之初，就提出配体围绕中心原子按照一定的空间位置排布，使配合物有一定的空间构型的概念，并根据当时的实验事实论证了配位数为 6 和 4 的一些配离子的空间构型。配合物的空间构型及各种异构现象是配合物研究的重要基础。研究配合物的空间构型和异构现象，对于深入了解配合物的化学键性质、探讨和设计配合物的合成方法、揭示配合物的反应机理和催化作用本质，都具有十分重要的意义。配合物的空间结构可利用许多现代实验方法加以确定。

5.1 配位数和配合物的空间构型[1~9]

配合物的空间构型与中心原子的配位数有着非常密切的关系，配位数不同，其空间构型不同。即使配位数相同，由于中心原子和配体种类以及二者相互作用的不同，配合物的空间构型也可能不同。

5.1.1 中心原子的配位数

配位数的大小取决于中心原子和配体的本性。

(1) 中心原子和配体电荷的影响

① 从静电作用考虑，配体相同时，中心原子的正电荷越高，吸引配体的能力越强，倾向于形成高配位数。如 Cu^+ 与 NH_3 形成 $[Cu(NH_3)_2]^+$，而 Cu^{2+} 与 NH_3 可形成 $[Cu(NH_3)_4]^{2+}$。

② 配体的负电荷增加时，虽然可以增加配体中配位原子的碱性，有利于配位键的形成，但也会导致配体间排斥力相应增加，不利于配体与中心原子的结合，其总的结果往往会使配位数变小。如 Ni^{2+}与 NH_3 形成 $[Ni(NH_3)_6]^{2+}$，而与 CN^- 只能形成 $[Ni(CN)_4]^{2-}$。

(2) 中心原子价电子层结构的影响 第二周期元素的价电子层空轨道为 2s2p，最多只能容纳 4 对电子，其配位数最大为 4，如 $[BeCl_4]^{2-}$ 和 $[BeF_4]^{2-}$。第三周期及以后的元素，价电子层轨道为 $ns$$np$$nd$ 或 $(n-1)$d$ns$$np$$nd$，其常见的配位数为 4 和 6。对于第二、三过渡系元素和镧系、锕系元素，由于外层价轨道能量更相近，可利用的空轨道较多，其配位数一般较高，最高可达 16。

(3) 配体位阻和刚性的影响

① 配体的位阻尤其是离配位原子较近的取代基团所产生的位阻，一般都会使中心原子的配位数降低。位阻越大、离中心原子越近、配位数降低的程度也越大。如在配合物 $Tb(PMIP)_3(TPPO)_2$ 和 $Tb(eb\text{-}PMP)_3TPPO$ 中（结构式见图 5-1)，前者的配位数为 8，而后者却因位阻的增大而降为 7。

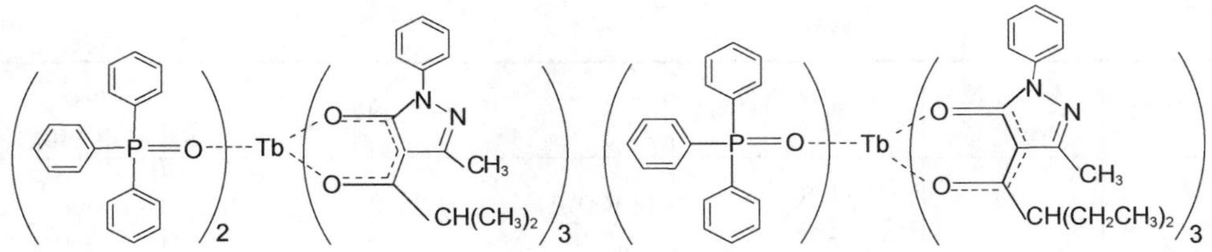

Tb(PMIP)$_3$(TPPO)$_2$　　　　Tb(eb-PMP)$_3$TPPO

图 5-1　Tb(PMIP)$_3$(TPPO)$_2$ 和 Tb(eb-PMP)$_3$TPPO 的结构

② 配体的刚性不利于配体在空间的取向，常会使中心原子的配位数降低。例如：在 Ag^+ 的 1,3-二苯硫甲基苯配合物 $[AgL^1ClO_4]_n$ (L^1=1,3-二苯硫甲基苯) 和 1,5-二苯巯基戊烷配合物 $\{[Ag(L^2)_2](ClO_4)\}_n$ (L^2 = 1,5-二苯巯基戊烷) 中 (L^1、L^2 的结构见图 5-2)，由于前者具有较大的刚性，其 Ag^+ 的配位数为 3，而后者 Ag^+ 的配位数则为 4。

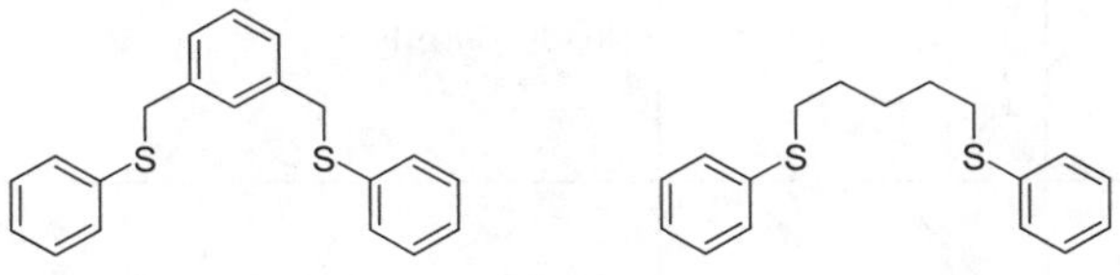

L^1　　　　L^2

图 5-2　配体 L^1 和 L^2 的结构式

5.1.2　配位数和空间构型的关系

配位数和空间构型有着密切的联系，各种配位数都有其特定的空间构型。表 5-1 列出了配位数为 1~16 的配合物所具有的空间构型、分子所属的点群及其典型实例。

表 5-1　配位数和配合物的空间构型

配位数	构　型 (点群符号)	图　形	实　例	中心原子 价电子组态
1	直线形 ($D_{\infty h}$)	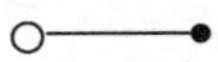	2,4,6-三苯基苯基合铜（Ⅰ） 2,4,6-三苯基苯基合银（Ⅰ）	d^{10}
2	直线形 ($D_{\infty h}$)	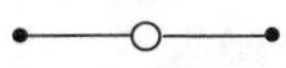	$[Cu(NH_3)_2]^+$、$[Ag(CN)_2]^-$ $[Be(CMe_3)_2]$、$[Be(N(SiMe_3)_2)_2]$	d^{10} s^2
3	正三角形 (D_{3h})	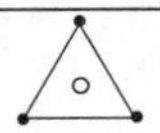	$[HgI_3]^-$、$[Au(PPh_3)_3]^+$ $[Pt(PPh_3)_3]$	d^{10} d^{10}
4	四面体 (T_d) 平面正方形 (D_{4h})	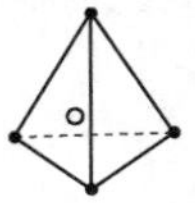 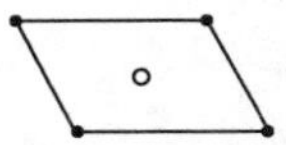	$[ZnCl_4]^{2-}$ $[BeF_4]^{2-}$ $[CoCl_4]^{2-}$ $[FeCl_4]^-$ $[CuBr_4]^{2-}$ $[Ni(CN)_4]^{2-}$ $[Pt(NH_3)_4]^{2+}$	d^{10} d^0 d^7 d^5 d^9 d^8 d^8

续表

配位数	构　型 （点群符号）	图　形	实　例	中心原子价电子组态
5	三角双锥 (D_{3h})	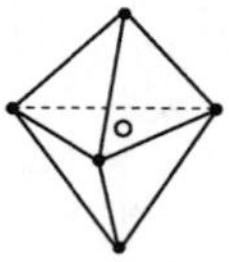	$[Fe(CO)_5]$ $[CdCl_5]^{3-}$	d^8 d^{10}
	四方锥 (C_{4v})	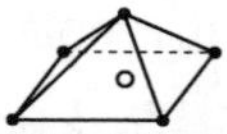	$[Ni(CN)_5]^{3-}$	d^8
6	八面体 (O_h)	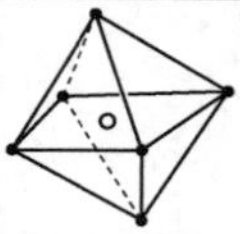	$[PtCl_6]^{2-}$ $[Co(NH_3)_6]^{3+}$	d^6 d^6
	三棱柱 (D_{3h})	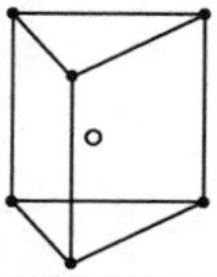	$[Re(S_2C_2Ph_2)_3]$	d^1
7	五角双锥 (D_{5h})	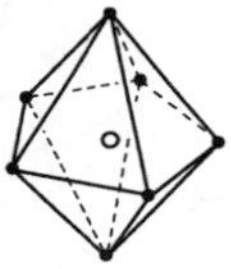	$[ZrF_7]^{3-}$ $[HfF_7]^{3-}$	d^0 d^0
	单帽三棱柱 (C_{2v})	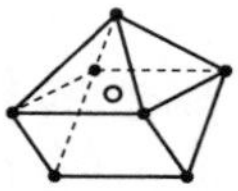	$[NbF_7]^{2-}$	d^0
	单帽八面体 (C_{3v})	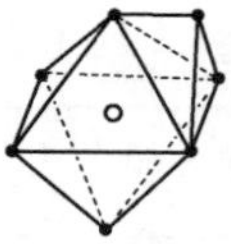	$[NbOF_6]^{3-}$	d^0
8	十二面体 (D_{2d})	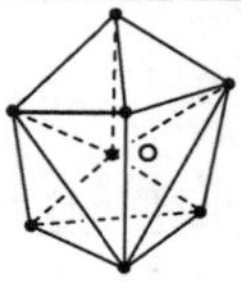	$[Mo(CN)_8]^{4-}$ $[Zr(ox)_4]$	d^2 d^0
	四方反棱柱 (D_{4d})	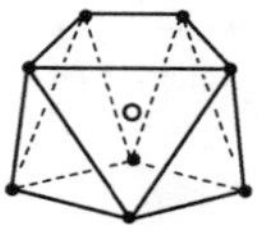	$[TaF_8]^{3-}$ $[ReF_8]^{3-}$	d^0 d^2
	六角双锥 (D_{6h})	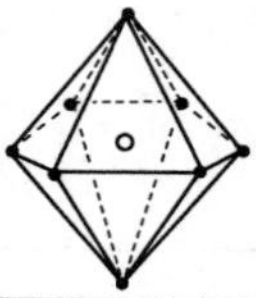	$[UO_2(acac)_3]^-$	d^0

续表

配位数	构　型（点群符号）	图　形	实　例	中心原子价电子组态
9	三帽三棱柱 (D_{3h})		$[ReH_9]^{2-}$ $[La(H_2O)_9]^{3+}$	d^0 d^0
	单帽四方反棱柱 (C_{4v})		$[Eu_2(NO_3)_2(Glu)_2(H_2O)_4](NO_3)_2 \cdot 5H_2O$ (Glu 表示谷氨酸)	$4f^6$
10	双帽四方反棱柱 (D_{4d})		$[Pr(NO_3)_3(B12C4)]$ (B12C4 表示苯并 12-冠-4) $(Ph_4As)_2[Eu(NO_3)_5]$	$4f^2$ $4f^6$
	双帽十二面体 (D_2)		$[Nd(NO_3)_3(H_2O)_4]$	$4f^3$
11	单帽五方反棱柱（C_{5v}）		$[Eu(NO_3)_3(15C5)]$ (15C5 表示 15-冠-5)	$4f^6$
12	双帽五方反棱柱(三角二十面体) (I_h)		$[Nd(NO_3)_6]^{3-}$ $[Pr(bipy)_6]^{3+}$ $[Ce(NO_3)_6]^{3-}$	$4f^3$ $4f^2$ $4f^1$
13	不规则多面体		$[U(C_5Me_5)_2\ (CH_2Ph)(\eta^2\text{-(O,C)-}ONC_5H_4)]$ $[Th(C_5Me_5)_2\ (CH_2Ph)(\eta^2\text{-(O,C)-}ONC_5H_4)]$	$5f^2$ $5f^0$
14	双帽六角反棱柱体		$[U(BH_4)_4]$、$[U(BH_4)_4(OMe)]$、 $U(BH_4)_4 \cdot 2(C_4H_8O)$	$5f^2$
15	多四面体结构		$[PbHe_{15}]$	$6s^26p^2$
16	不规则多面体		$[U(cp)_2(C_5Me_5)(CH_2Ph)]$	$5f^2$

表 5-1 可见，配位数为 1、2、3 的配合物只有一种理想的空间构型。随着配位数增加，空间构型的种类也增加，当配位数为 7、8 时有三种空间构型。配位数大于 9 的过渡金属配合物比较少见。高配位数主要出现在镧系、锕系元素的配合物中。对于配位数相同的配合物，其空间构型与中心原子的电子构型也有一定关系。

(1) 一配位的配合物[5] 配位数为 1 的配合物数量很少。目前报道的两个含一个单齿配体的配合物，2,4,6-三苯基苯基合铜(Ⅰ)和 2,4,6-三苯基苯基合银(Ⅰ)，结构见表 5-1，都是中心原子与一个大体积单齿配体键合的金属有机化合物。

(2) 二配位的配合物[1] 配位数为 2 的配合物较少，主要限于 Cu^{+}、Ag^{+}、Au^{+}、Hg^{2+}和 Be^{2+} 等 d^{10} 和 s^2 电子构型的配合物，通常它们取直线形，结构见表 5-1。可以认为中心原子是以 sp 或 dp 杂化轨道与配体成键。例如 $[Cu(NH_3)_2]^+$、$[Ag(NH_3)_2]^+$、$[CuCl_2]^-$、$[AgCl_2]^-$、$[AuCl_2]^-$、$[Be(CMe_3)_2]$、$[Be(N(SiMe_3)_2)_2]$ 和 $[Hg(CN)_2]$ 等。

(3) 三配位的配合物[1] 配位数为 3 的配合物构型以平面三角形为主，结构见表 5-1。平面三角形配合物中，最典型的实例是 $[HgI_3]^-$，I^- 排列在近似等边三角形的顶点，Hg^{2+}位于三角形的中心。一些具有 d^{10} 电子构型的中心原子如 Cu(Ⅰ)、Hg(Ⅱ)、Pt(0)、Ag(Ⅰ) 既能形成直线形，又能形成三角形的配合物。如三(硫代三甲基膦)合铜(Ⅰ) 离子$[Cu(SPMe_3)_3]^+$ 和三(三苯基膦)合铂(0) $[Pt(PPh_3)_3]$ 两个配合物，其中心原子是以 sp^2 杂化轨道与配体的轨道成键。可以认为该类配合物中心原子是以 sp^2、dp^2 或 d^2s 杂化轨道与配体的轨道成键。

价层具有孤对电子的中心原子形成的配位数为 3 的配合物还可以采用三角锥形结构。例如 $[SnCl_3]^-$。

(4) 四配位的配合物[1] 这是一类很常见的配合物。其基本构型有正四面体和平面正方形，结构见表 5-1。

正四面体构型中，中心原子的电子构型大多为 d^0 和 d^{10}，可以认为中心原子是以 sp^3 或 d^3s 杂化轨道与配体轨道成键。如 $[BF_4]^-$、$[ZnCl_4]^{2-}$、$[Cd(CN)_4]^{2-}$、$[Cu(CN)_4]^{3-}$ 和 $[Ni(CO)_4]$ 等。其它电子构型的过渡金属离子和弱碱配体配位时也能生成四面体或不规则四面体，如 $[FeCl_4]^-$、$[CoCl_4]^{2-}$ 和 $[CuBr_4]^{2-}$ 等。

平面正方形构型中，中心原子多为电子构型为 d^8 的金属离子，如 Ni^{2+}、Pt^{2+}、Rh^+、Ir^+、Au^{3+} 等。典型配合物如 $[Pt(NH_3)_2Cl_2]$、$[Ni(CN)_4]^{2-}$、$[AuCl_4]^-$、$[PdCl_4]^{2-}$ 等，中心原子是以 dsp^2 或 d^2p^2 杂化轨道与配体轨道成键。

平面正方形经过对角扭转操作可以转变为四面体结构，见图 5-3。当中心原子具有 d^0、d^{10} 电子构型时，四面体结构具有最低能量，配体间排斥力最小。此时四面体和平面正方形之间的能量差别很大，一般不能互换。但当过渡金属离子具有电子部分填充的 d 轨道时，如 d^7、d^8 或 d^9 构型，则平面正方形结构的能量可低于或相当于四面体的能量，构型间可以相互转换。但 d^8 电子构型的 Pt(Ⅱ) 全部为平面正方形结构，这是由于 Pt(Ⅱ) 的 $(n-1)$d 和 ns 轨道能量更加接近，更易形成 dsp^2 杂化的缘故[5]。

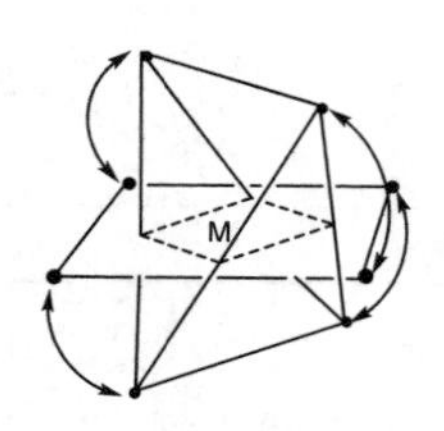

图 5-3 平面正方形与四面体的转变

影响 4 配位配合物结构的因素还包括配位场强度、位阻效应、离子半径比和溶剂化效应等。例如，d^8 电子构型 Ni(Ⅱ) 离子的配

合物 $[NiBr_4]^{2-}$ 和 $[NiI_4]^{2-}$ 是四面体结构，而它与 CN^- 等强场配体生成的 $[Ni(CN)_4]^{2-}$ 则是平面正方形结构。又如，Ni(Ⅱ) 与水杨醛亚胺衍生物生成的配合物，当配体中氮原子上的取代基为正丙基和叔丁基时，配合物则分别采取平面正方形和四面体构型；当取代基为异丙基时，配合物的构型在反式平面正方形和四面体之间转换。由此可见配体的位阻效应对配合物空间构型有很大的影响[5]。

非过渡金属的中心原子与配体形成 4 个 σ 键后，若价层轨道不再有多余的电子时，配合物取四面体构型。若还多余两对孤对电子，也能形成平面正方形构型，这两对孤对电子分别位于分子平面的上下方，例如 XeF_4。

(5) 五配位配合物　配位数为 5 的配合物空间构型主要有三角双锥和四方锥，结构见表 5-1。

三角双锥构型以 d^8、d^9、d^{10} 和 d^0 电子构型的金属离子配合物较为常见，中心原子以 dsp^3 或 sp^3d 杂化轨道与配体轨道成键。需要指出的是，完全规则的三角双锥结构很少，往往产生不同程度的畸变。如 $[CuCl_5]^{3-}$、$[ZnCl_5]^{3-}$、$[CdCl_5]^{3-}$，其轴向配体与金属间的键长和赤道配体与金属间的键长不等，略有差异，可近似地看成规则的三角双锥。

此外，一些“三脚架”(tripod) 式的配体与 Cu(Ⅱ)、Ni(Ⅱ) 等配位，可生成 [M(tripod)X] 型的配合物 (其中 $X = Cl^-$、Br^-、I^-)。一般情况下结构为三角双锥 (见图 5-4)[5]。

四方锥构型配合物中，中心原子除可以 $d_{x^2-y^2}sp^3$ 杂化轨道外，还可以 d^2sp^2、d^4s、d^2p^3、d^4p 杂化轨道与配体轨道成键，如 $[VO(acac)_2]$、$[SbCl_5]^{2-}$ 等。规则的四方锥构型不多，一般也略有畸变，如在 $[Ni(CN)_5]^{3-}$ 中，Ni^{2+} 位于四方平面之上稍高一点，4 个 CN^- 处于平面上 4 个相同的位置。

三角双锥和四方锥构型在能量上相差很小 (约 25.1 $kJ \cdot mol^{-1}$)，只要键角稍加改变，很容易从一种构型变为另一种构型，如图 5-5 所示。

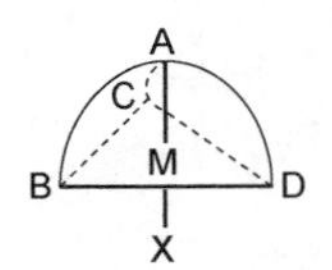

图 5-4　[M(tripod)X] 型配合物的三角双锥构型

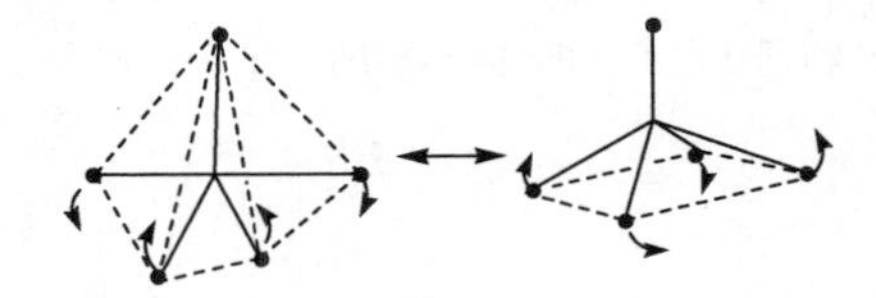

图 5-5　三角双锥和四方锥的互变

多齿配体往往会按照其自身的结构要求来稳定配合物的某一种构型。如四齿配体三(二甲氨基乙基)胺 $[(CH_3)_2NCH_2CH_2]_3N$，简写为 Me$_6$tren]，由于受配位原子间距离的限制，只能形成三角双锥结构。因为四方锥或四面体都需要 N−C_n−N 间距离能满足一定跨度，若将 Me$_6$tren 换成 $N(CH_2CH_2CH_2NR_2)_3$，因在后者直链上多增加了一个亚甲基，即 N−C_3−N 有较大的跨度，能满足多种空间构型的要求，因而它能生成三角双锥、四方锥、四面体和八面体等几种构型[1]。

应该指出，虽然已知存在相当数目的配位数为 5 的配合物，但呈现这种奇配位数的配合物要比配位数为 4 和 6 的配合物少得多。

(6) 六配位的配合物 配位数为 6 的配合物空间构型主要有八面体和三角棱柱两种构型，结构见表 5-1。八面体是配合物中存在最多的一种构型，如 d^3 的 Cr^{3+} 和 d^6 的 Co^{3+} 的配合物和大部分水合金属离子几乎毫无例外的以八面体形式存在。经典配位化学就是从研究这类配合物开始形成和发展起来的，是维尔纳配位化学理论赖以形成的基础。

在正八面体构型中，中心原子是以 d^2sp^3 或 sp^3d^2 杂化轨道与配体轨道成键。六配位的正八面体是对称性极高的构型 (O_h 点群)，若受金属离子内部的电子效应 (如 Jahn-Teller 效应) 或环境周围的力场影响，正八面体也常发生变形。如果将正八面体沿一个四重轴拉长或压缩，则正八面体产生畸变 (四方畸变)，形成拉长或压缩的八面体，如图 5-6 所示。如果将正八面体沿一个三重轴拉长或压缩，则正八面体畸变为三角反棱柱 (三角畸变)，如图 5-7 所示。三角反棱柱构型目前发现很少。

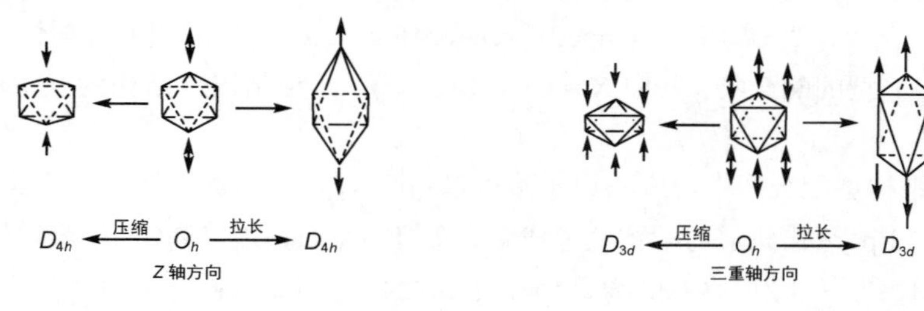

图 5-6 八面体的四方畸变　　图 5-7 八面体的三角畸变

六配位还有三角棱柱的空间构型，这是一种因配位原子之间的斥力较大而形成的很少见的结构。典型代表是 $[Re(S_2C_2Ph_2)_3]$，中心原子是以 d^4sp 杂化轨道与配体轨道成键 (如图 5-8 所示)[5]。

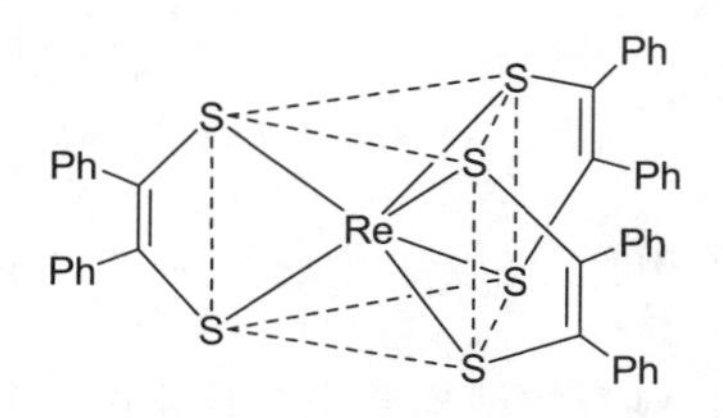

图 5-8 六配位的 $[Re(S_2C_2Ph_2)_3]$ 的三角棱柱结构

(7) 七配位的配合物 这类配合物较少见，已经发现的有单帽八面体、五角双锥、单帽三棱柱三种构型，结构见表 5-1。在五角双锥构型的配合物中，中心原子采取 d^3sp^3 杂化轨道与配体轨道成键。如 $[ZrF_7]^{3-}$、$[HfF_7]^{3-}$、$K_3[UF_7]$、$[UO_2F_5]^{3-}$。

单帽八面体构型是在八面体的一个面外加上第 7 个配体而形成，中心原子采取 d^4sp^2 杂化。如 $[NbOF_6]^{3-}$。

单帽三棱柱构型配合物的 6 个配体组成三棱柱，第 7 个配体位于棱柱的矩形面上，中心原子采取 d^5sp 杂化。如 $[NbF_7]^{2-}$、$[TaF_7]^{2-}$。

过去发现配位数为 7 的配合物，其中心原子几乎都是体积较大的第二或第三系列过渡元素，第一系列的过渡元素较少。按照习惯的看法，第一系列的过渡元素的配位数为 4、6。但近年来发现，只要选取适当的多齿配体，也可以形成配位数为 7 的配合物，如 2,6-二乙酰吡啶和三乙基四胺可缩合成含 5 个氮原子的大环，如图 5-9 所示。该大环配体可同 Fe^{3+}、Fe^{2+} 配位，并和金属离子共处同一平面，平面上下的两个位置可被 H_2O、SCN^-、Cl^-、ClO_4^-、Br^- 等较小的配体占据，形成五角双锥的结构。目前已发现许多大环多齿配体可与第一过渡系列金属离子形成配位数为 7 的配合物[1]。

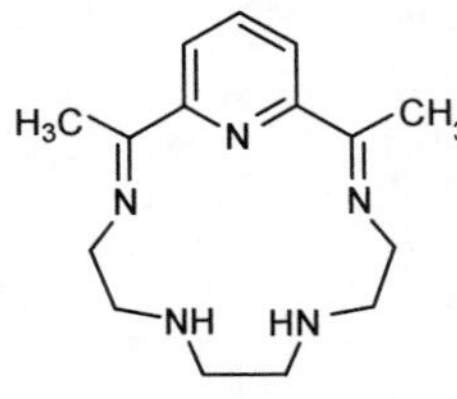

图 5-9　大环配体

(8) 八配位的配合物　配位数为 8 或 8 以上的高配位数配合物一般要满足以下条件[5]：①中心原子半径较大，配体较小，可减小配体之间的排斥作用；②中心原子 d 电子数较少，可提供足够的键合轨道，并减少 d 电子与配体间的排斥作用；③中心原子的氧化数较高（一般氧化数≥+3），避免在形成配位键时配体转移到中心原子上的负电荷累积过多；④配体电负性高，变形性低，否则中心原子较高的正电荷会使配体明显地极化而增加配体之间的排斥作用。

综合以上考虑，8 或 8 以上高配位数配合物的中心离子一般以第二、三系列过渡元素或镧系、锕系元素为主，氧化态一般在 +3 以上。配体一般为 F^-、O_2^{2-}、$C_2O_4^{2-}$、NO_3^-、RCO_2^- 或螯合间距较小的双齿或多齿配体。

八配位配合物常见的构型有四方反棱柱、十二面体和六角双锥三种，结构见表 5-1。

四方反棱柱构型的配合物中心原子杂化轨道为 d^4sp^3，典型例子如 $[Zr(acac)_4]$、$[TaF_8]^{3-}$、$[UF_8]^{4-}$ 等。

十二面体构型的配合物中心原子采用 d^4sp^3 杂化轨道。常见例子为 $[Zr(ox)_4]$ 和 $K_4[Mo(CN)_8]\cdot 2H_2O$ 中的 $[Mo(CN)_8]^{4-}$。

六角双锥也是比较少见的一种构型，中心原子杂化轨道为 $sp^3d^2f^2$，如 $[UO_2(O_2CCH_3)_3]^-$。

立方体构型的配合物很少见，其中心原子杂化轨道为 sp^3d^3f，如 $Na_3[TaF_8]$ 中的 $[TaF_8]^{3-}$。

(9) 九配位的配合物　配位数为 9 的配合物常见的构型是三帽三棱柱，在三棱柱的 3 个侧面上分别被 3 个配体占据，结构见表 5-1。某些第三系列过渡元素及镧系、锕系元素的配合物如 $[ReH_9]^{2-}$、$[Nd(H_2O)_9]^{3+}$ 等都具有这种构型。

(10) 十配位及十以上配位的配合物 配位数为 10 或以上的配合物比较少见，大多为镧系和锕系配合物。实际的结构往往是畸变的正多面体，并且尚未发现全部由单齿配体配位的配合物。如十配位的 $[La(edta)(H_2O)_4]\cdot3H_2O$，edta 是作为六齿配体使用的，La 的配位数为 10。又如 $[Th((NO_3)_4(H_2O))_3]\cdot2H_2O$，这里 NO_3^- 为双齿配体，Th 的配位数为 11。配位数为 12 的例子是 $[Ce(NO_3)_6]^{3-}$，其构型为畸变正二十面体。图 5-10 描述了上述多面体结构。

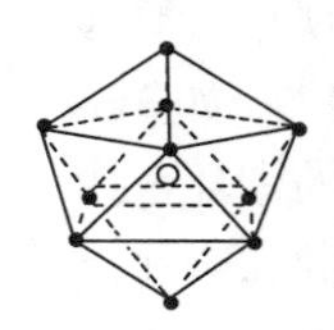
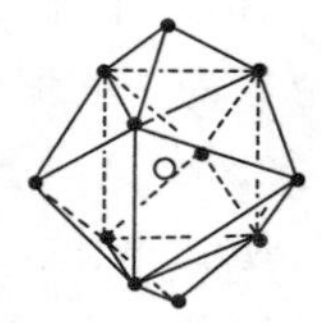
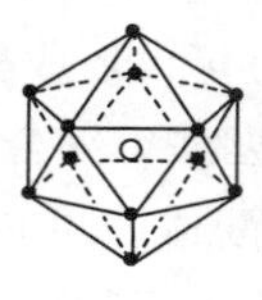

图 5-10 配位数为 10、11、12 的配合物的多面体构型

到目前为止，所发现配合物的配位数最大为 16。

综上所述，在探讨某个配合物究竟采用何种配位数和空间构型时，应综合考虑中心原子、配体及配位场的性质，空间位阻效应，配体或抗衡离子之间的相互作用和溶剂化作用等，才能做出合乎实际的推测。

5.2 配合物的异构现象

异构现象是配合物的重要性质之一，它构成了丰富的配合物立体化学。所谓配合物的异构现象是指化学组成完全相同的配合物，由于配体在中心原子周围的排列情况或配位方式不同而引起的结构不同的现象。根据产生异构现象的原因，可将异构现象分为顺反异构 (*cis-trans* isomerism)、对映异构 (enantiomer)、电离异构 (ionization isomerism)、水合异构 (hydration isomerism)、键合异构 (linkage isomerism)、配位异构 (coordination isomerism)、聚合异构 (polymerization isomerism) 等多种类型。应该指出的是，只有那些动力学上稳定的配合物才能表现有异构现象，这是因为那些动力学上不稳定的配合物往往会由于重排而仅生成最稳定的结构。

配合物的诸多异构现象总体来讲可以分为两大类：立体异构 (stereoisomerism) 和构造异构 (constitution isomerism)。

5.2.1 立体异构

化学式相同、成键原子的连接方式也相同，但其空间排列不同，由此而形成的异构现象称为立体异构。一般分为几何异构 (geometric isomerism) 和对映异构两类。

5.2.1.1 几何异构

凡是一个分子与其镜像分子不能重叠者即互为对映体，而不属于对映体的立体异构体皆为几何异构体。几何异构主要是顺反异构。

在配合物中，配体可以在中心原子周围不同的位置上排布。相同配体通常要么是彼此相互靠近处于邻位（顺式），或是彼此远离处于对位（反式），这种类型的异构现象叫做顺反异构。常见的顺反异构现象主要发生在配位数为 4 的平面正方形和配位数为 6 的八面体配合物中。对于配位数为 2、3 的配合物或者是配位数为 4 的四面体配合物来说，这类异构现象是不可能存在的，因为在这些体系中所有的配位位置都是彼此相邻的。

组成为 MA_2B_2（字母 A、B 分别代表不同的配体）的平面正方形配合物存在顺式和反式两种异构体，如 $[Pt(NH_3)_2Cl_2]$，结构见图 5-11 所示。

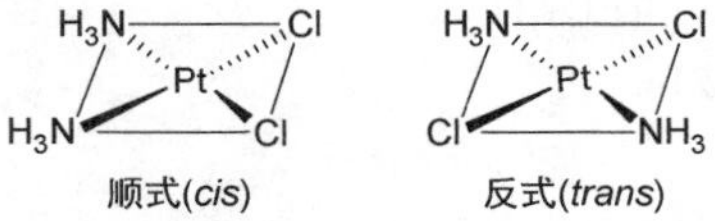

顺式(*cis*)　　反式(*trans*)

图 5-11　顺式和反式 $[Pt(NH_3)_2Cl_2]$ 两种异构体的结构

实验结果表明这两种异构体的物理和化学性质都有很大差异，顺式异构体为橙黄色粉末，在水中溶解度较大，偶极矩也较反式异构体大，有抗癌作用。亮黄色的反式异构体偶极矩为零，在水中溶解度较小，无抗癌活性。

对于八面体构型配合物，其顺反异构体的数目与配体的类型（单齿或多齿等）、不同配体的种类数等有关。

由单齿配体组成的 MA_4B_2 型配合物，如 $[Co(NH_3)_4Cl_2]Cl$，有顺、反异构体存在，结构见图 5-12。

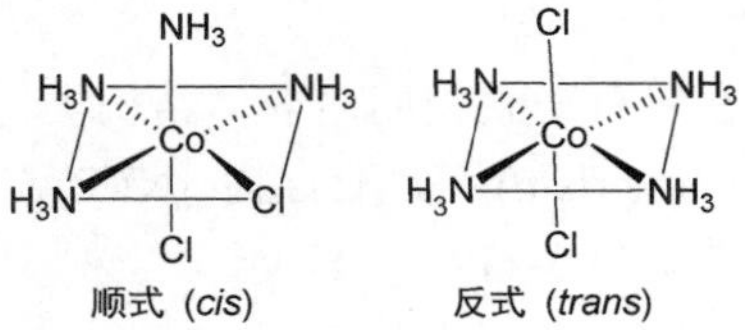

顺式 (*cis*)　　反式 (*trans*)

图 5-12　配合物 $[Co(NH_3)_4Cl_2]Cl$ 中的顺式和反式异构体（阳离子部分）

对于 MA_3B_3 型的六配位配合物，也有两种异构体，但此时称之为面式（facial，缩写为 fac）和经式（meridional，缩写为 mer）如 $[Co(CN)_3(NH_3)_3]$，结构见图 5-13。

另外，随着配合物中不同配体种类的增多，其异构体数目也随之增多，例如 $MA_2B_2C_2$ 型配合物有 5 种、MA_2B_2CD 型有 6 种、MABCDEF 型共有 15 种立体异构体存在。

对于含有不对称或者是配位原子不同的双齿配体的六配位配合物，可简单表示为 $M(AB)_3$，与 MA_3B_3 型配合物一样有面式和经式两种异构体，如 $[Co(gly)_3]$（gly 代表氨基乙酸根），见图 5-14。

对于由 ABA 型的三齿配体（如二乙基三胺 $NH_2CH_2CH_2NHCH_2CH_2NH_2$）组成

的$[M(ABA)_2]$ 型配合物，除经式外，面式还可生成对称 (symmetrical，简写为 sym) 和非对称 (unsymmetrical，简写为 unsym) 两种，因此共有 3 种立体异构体存在，如图 5-15 所示[7]。

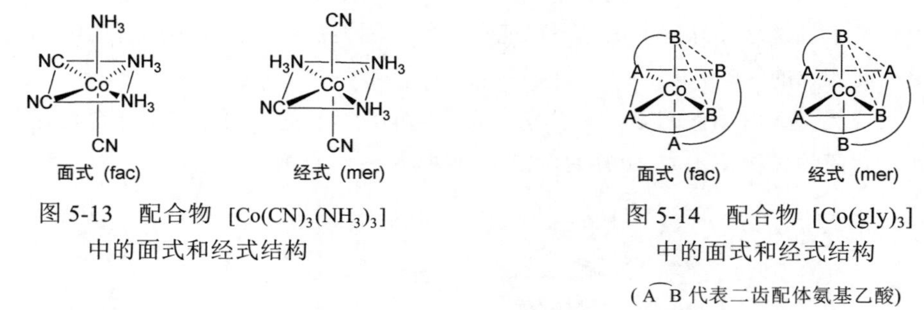

图 5-13 配合物 $[Co(CN)_3(NH_3)_3]$ 中的面式和经式结构

图 5-14 配合物 $[Co(gly)_3]$ 中的面式和经式结构

(A⌒B 代表二齿配体氨基乙酸)

ABBA 型四齿配体如三乙基四胺 (trien) 的配合物 $[CoCl_2(trien)]^+$，其顺式有两种构型，结构见图 5-16[1]。

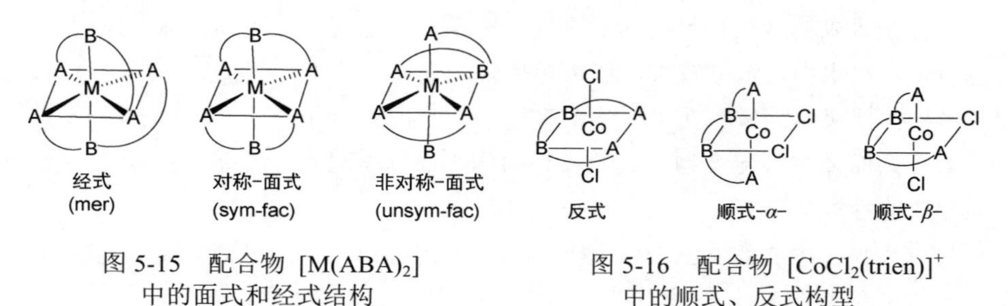

图 5-15 配合物 $[M(ABA)_2]$ 中的面式和经式结构

(A⌒B⌒A代表三齿配体二乙基三胺)

图 5-16 配合物 $[CoCl_2(trien)]^+$ 中的顺式、反式构型

在几何异构体中还存在着分子式相同而立体结构类型不同的异构体，有人将其称为多形异构 (polytopal isomerism)。如配合物 $[Ni(P)_2Cl_2]$ (P 代表二苯基苄基膦) 中存在着多形异构体，结构见图 5-17[10]。

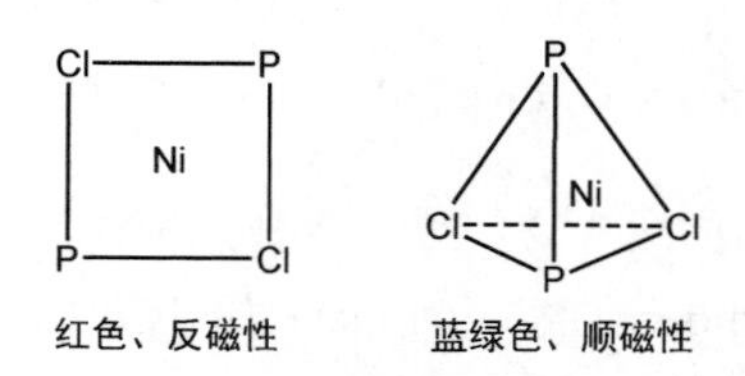

图 5-17 配合物 $[Ni(P)_2Cl_2]$ 的两种多形异构体

5.2.1.2 对映异构

若一个分子与其镜像分子不能重叠，则该分子与其镜像分子互为对映异构体，它们的关系如同左右手一样，故称两者具有相反的手性，这个分子即为手性分子。对映异构体的物理性质 (如熔点、水中溶解度等) 均相同，化学性质也颇为相似，但它们使平面偏振光旋转的方向不同，因此对映异构又称为旋光异构 (optical isomerism)[5]。

配合物是否具有对映异构体可以严格地根据分子对称性来判断——手性分子中没有 S_n 轴。需要指出的是，形成手性分子的必要充分条件是分子构型中不包含对称元素 S_n，但这不等于说该分子不能同时含有其它对称元素。如 $[Co(en)_3]^{2+}$ 中就具有对称元素 C_n ($n = 2, 3$)。

非对称分子 (unsymmetric molecule) 和不对称分子 (asymmetric molecule) 是两个不同的概念，前者指分子构型中不包含任何对称元素，如 $[Pt(py)(NH_3)(NO_2)(Cl)(Br)]$ (Ⅰ)；后者指分子构型中不含有对称元素 S_n，但可以具有 C_n ($n > 1$)，如 $[Co(en)_3]Cl_3$。所以，手性分子一定是不对称分子，但不一定是非对称分子；而非对称或不对称分子则都是手性分子[5]。

在八面体配合物中产生对映异构体的几种情况如下[5]。

(1) 单齿配体形成的手性分子　表 5-2 列出了具有对映异构体的 5 种八面体单齿配体配合物的异构体数目。

表 5-2　八面体单齿配体配合物的异构体数目

配合物类型	立体异构总数	对映体数目
$[Ma_2b_2c_2]$	6	2
$[Ma_2b_2cd]$	8	4
$[Ma_3bcd]$	5	2
$[Ma_2bcde]$	15	12
$[Mabcdef]$	30	30

注：式中，M 为金属离子，a、b、c、d、e 和 f 分别代表不同的单齿配体。

以 $[Ma_2b_2c_2]$ 型配合物 $[Pt(NH_3)_2(NO_2)_2Cl_2]$ 为例，它有 6 个立体异构体 (见图 5-18)，图中 ①与② 互为对映体，①与③、④、⑤、⑥中任意一个和 ②与③、④、⑤、⑥中任意一个以及 ③、④、⑤、⑥ 中任意两个互为非对映异构体。

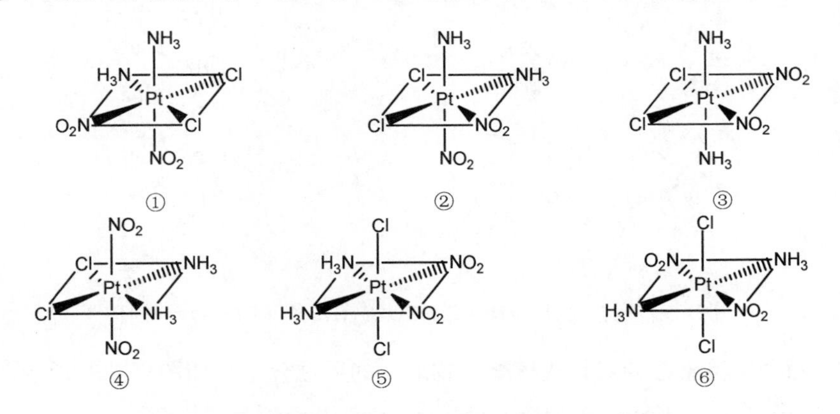

图 5-18　配合物 $[Pt(NH_3)_2(NO_2)_2Cl_2]$ 的立体异构体

再如，$[Ma_2b_2cd]$ 型配合物 $[IrCl_2(CO)(CH_3)(PPh_3)_2]$ 的立体异构体总数为 8 个，其中有 2 对对映异构体，结构见图 5-19。

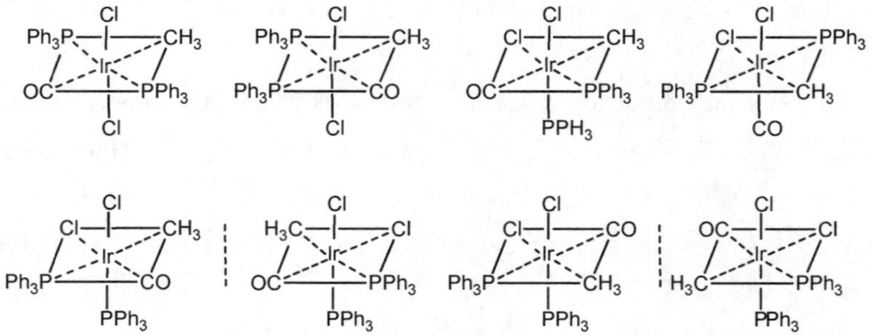

图 5-19 配合物 $[IrCl_2(CO)(CH_3)(PPh_3)_2]$ 的立体异构体

(2) 一个二齿配体和 4 个单齿配体形成的手性分子 如配合物 $[CoCl_2(NH_3)_2(en)]$ 有 4 个异构体，其中有一对对映体，见图 5-20[1]。

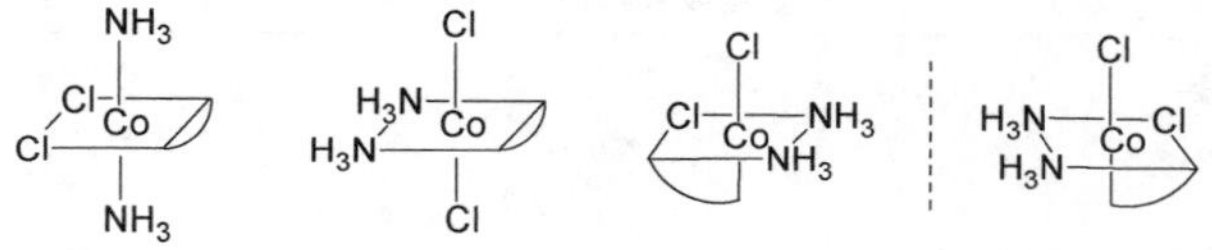

无手性　　无手性　　对映体

图 5-20 配合物 $[CoCl_2(NH_3)_2(en)]$ 的立体异构体（⌒ 表示 en，即乙二胺）

(3) 非对称双齿配体形成的手性分子 如 $[Cu(H_2NCH_2COO)_2(H_2O)_2]$ 中的配体之一氨基乙酸根 ($H_2NCH_2COO^-$) 即为非对称双齿配体 (用 $\widehat{AB}$ 代表)。该配合物有 8 个立体异构体，其中有 3 对对映异构体，见图 5-21[5]。

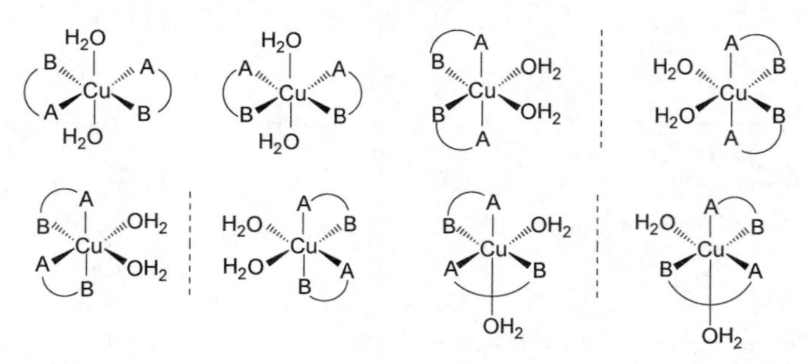

图 5-21 配合物 $[Cu(H_2NCH_2COO)_2(H_2O)_2]$ 的立体异构体

(4) 两个桥基相连的对称双核配合物形成的手性分子 如图 5-22[1]所示，配合物 $\left[(en)_2Co\begin{smallmatrix}NH_2\\NO_2\end{smallmatrix}Co(en)_2\right]^{4+}$ 有一对对映异构体和一个内消旋体。

(5) 对称双齿配体形成的手性分子　如配合物 $[Co(en)_3]^{3+}$ 有一对对映异构体(见图 5-23)。

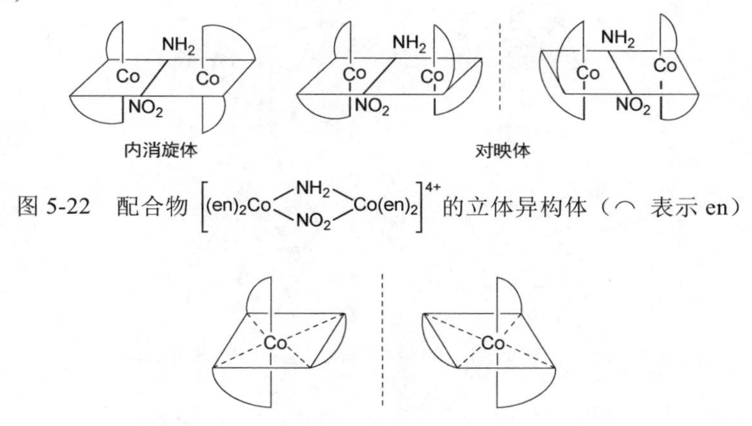

图 5-22　配合物 $\left[(en)_2Co\begin{matrix}NH_2\\NO_2\end{matrix}Co(en)_2\right]^{4+}$ 的立体异构体（⌒ 表示 en）

图 5-23　配合物 $[Co(en)_3]^{3+}$ 的一对对映异构体（⌒ 表示 en）

四面体配合物没有几何异构，但和有机碳原子一样，如果 4 个配体不同，应有对映异构体。通常四面体配合物是动力学活性的，溶液中配体交换速率快，易消旋，所以光学活性的四面体配合物至今发现较少。然而，螯合环的形成可使四面体构型的螯合物具有手性，如二(苯甲酰丙酮)合铍(Ⅱ)，苯甲酰丙酮本身没有旋光活性，形成配合物时虽然有 4 个相同的氧原子配位，但螯合环的形成使螯合物变为非对称，有了旋光性。结构见图 5-24[1]。

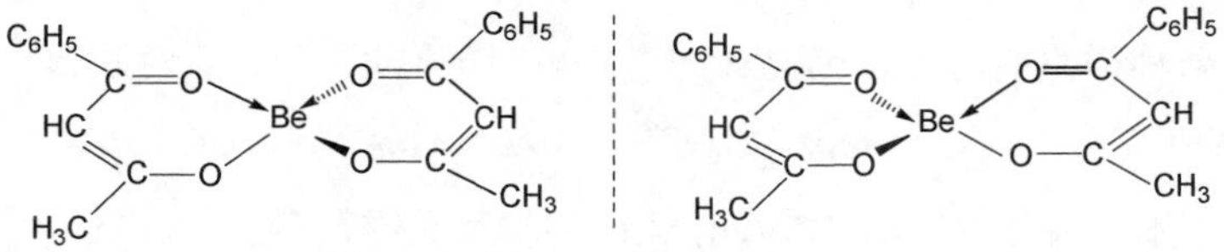

图 5-24　二(苯甲酰丙酮)合铍(Ⅱ) 的一对对映体

根据国际纯粹与应用化学联合会 (IUPAC) 命名委员会的建议，互为对映异构的手性螯合物的绝对构型符号确定为 Δ 和 Λ。具体的手性螯合物构型符号的确定，可用下列简易方法进行识别。以 $[Co(en)_3]^{3+}$ 的两种不同构型为例，如图 5-25 所示，选取八面体一对相互平行的三角形平面，以 Co(Ⅲ) 为中心画成投影图，然后按配合物的确定构型联结双齿配体 en 的螯合物位置。螯环的联结方向规定为：由前面三角形 (图中以实线画出) 的顶点到后面三角形 (以虚线画出) 的顶点，联结方向为顺时针，则为 Δ 构型，逆时针者为 Λ 构型。

与中心原子相连的螯合环的构象也会引起手性异构现象[5]。在 $[Co(en)_3]^{3+}$ 中，en 与 Co^{3+} 形成螯环的 5 个原子并非处于同一平面中，因为 en 分子中，C−C 单键可以发生旋转。在空间考察一下分子 3 种不同的构象，除有重叠式外还有交叉式，其中交叉式又存在两种形式 δ 和 λ，见图 5-26。

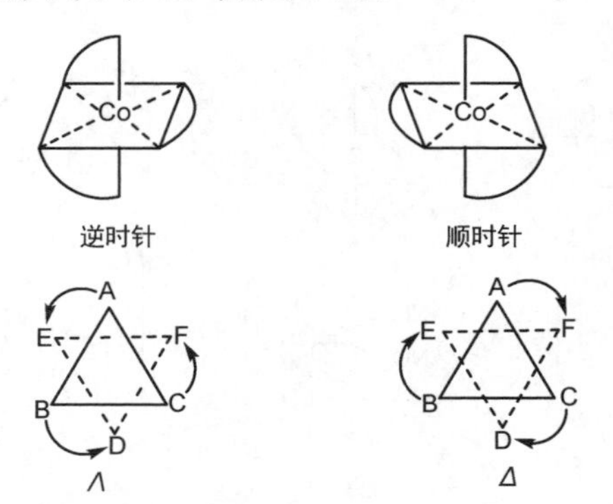

图 5-25　$[Co(en)_3]^{3+}$ 的两种绝对构型（⌒ 表示 en）

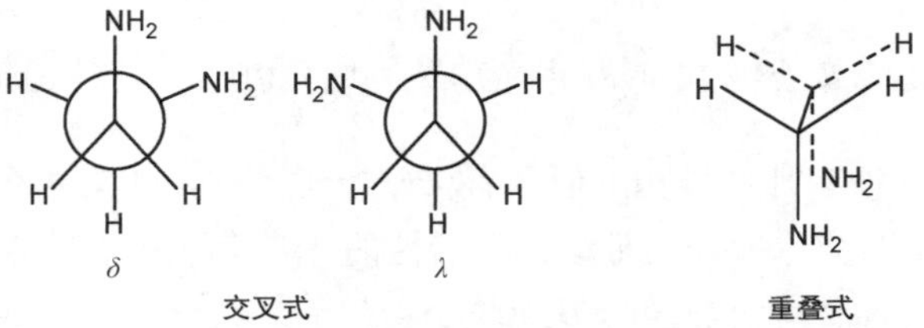

图 5-26　乙二胺 (en) 的三种构象

当乙二胺的交叉式以 δ 或 λ 键合到中心原子，形成折叠的五元环。由于螯环的扭曲产生了 δ 和 λ 两种不同的构象。$[Co(en)_3]^{3+}$ 中具有 3 个螯环，每个螯环皆有形成 δ 和 λ 两种构象的可能，因此该配合物就可能有以下 4 对对映体，即：

$$\Lambda\delta\delta\delta \mid \Delta\lambda\lambda\lambda \quad \Lambda\delta\delta\lambda \mid \Delta\lambda\lambda\delta \quad \Lambda\delta\lambda\lambda \mid \Delta\lambda\delta\delta \quad \Lambda\lambda\lambda\lambda \mid \Delta\delta\delta\delta$$

但是，晶体结构分析证实 $[Co(en)_3]Cl_3$ 的构型只有两种，即 $\Lambda\delta\delta\delta(+)[Co(en)_3]Cl_3$ 和 $\Delta\lambda\lambda\lambda(-)[Co(en)_3]Cl_3$。

应当指出，手性配体的引入也可以使配合物具有手性。例如，$[Co(NH_3)_5(S\text{-Ala})]^{2+}$ 中 *S*-Ala 为手性配体 *S*-丙氨酸 (其对映体为 *R*-丙氨酸)，结构见图 5-27。

有些配合物是由于配位原子作为手性中心而使该配合物成为手性分子，如图 5-28 所示的例子中，配体的叔胺 N 原子与 Pt(Ⅱ) 配位后，成为手性氮原子，从而使整个配离子呈现手性。

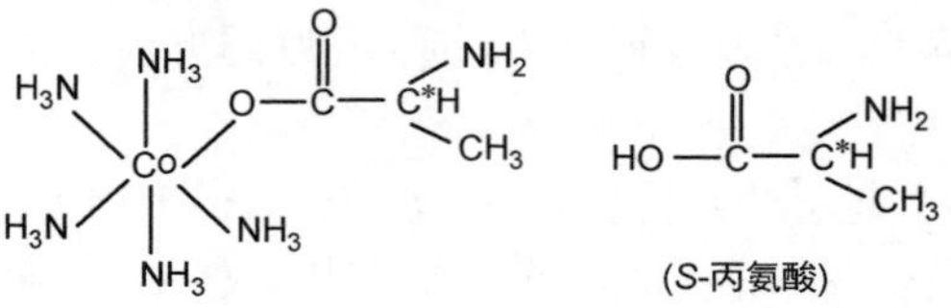

图 5-27　$[Co(NH_3)_5(S\text{-Ala})]^{2+}$ 的结构图 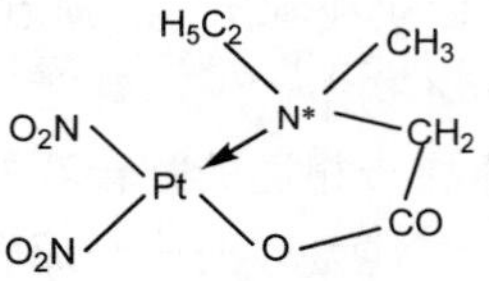　　图 5-28　配位原子作为手性中心的手性配合物

上面所涉及的主要是具有中心手性的配合物。由于配体结构和配位方式的不同，配合物的手性还有以下类型：

(1) 轴手性 (axial chirality)　对于四个基团围绕一个手性轴排列在平面之外的体系，当通过该轴的两个平面在轴的两侧有不同的基团时，会产生实体与镜像不能重合的对映体 (如图 5-29 中的 A)，这样的体系称为轴手性体系。这种结构可认为是中心手性的延伸。沿着轴向看，比较靠近观察者的一对基团在基团优先顺序中排在头两位，另一对基团排在第 3 和第 4 位 (如所看到的，从哪一端观察实际上都是一样的)，并按照适用于中心手性体系的相似规则进行命名。因此，联萘酚 (图 5-29 中的 B) 和联苯衍生物 (图 5-30 中的 C) 分别具有 *R* 和 *S* 构型。

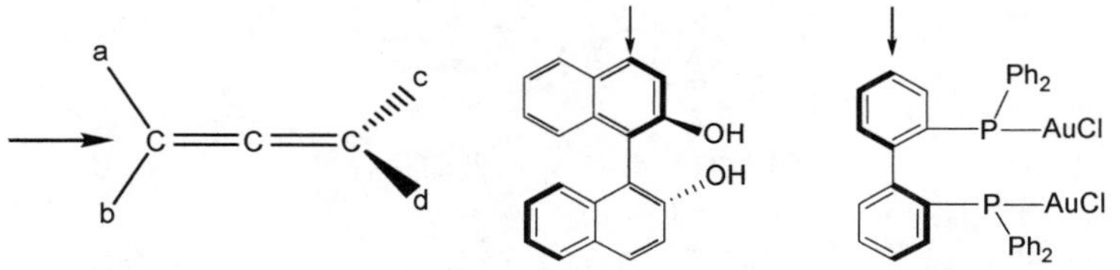

A　　B　　C

图 5-29　轴手性示意图和具有轴手性的分子

(2) 平面手性 (planar chirality)[11,12]　平面手性通过对称平面的失对称作用而产生，其手性取决于平面的一边与另一边之间的差别，还取决于 3 个基团的种类。在定义这种手性体系时，第一步是选择手性平面，这是进行命名的基础。在含有手性面的分子中，常有多个不等价的手性面，一般认为选择含原子个数尽可能多的手性面较为方便，如图 5-30(a) 中芳环 A 所在的平面。第二步是选择导引原子 (pilot atom)，确定优先边。P 原子就是直接与手性面内原子相连的诸原子中最优先的原子，用符号 P 标于图中。如图 5-30(b) 所示，右边的 $-CH_2-$ (P) 与 $-COOH$ 较近，因而较左边的 $-CH_2-$ (d) 优先，故右边的 $-CH_2-$ (P) 为 P 原子。手性面内与 P 原子较近的边称为优先边，如图 5-30(b) 中的 ab 边。第三步用 *R/S* 命名法确定构型。在优先边内，按标准的顺序规则排定各原子的先后顺序。在手性面的优先边内与 P 原子直接相连顺序最优先的原子为第 1 原子。在手性面的优先边内与第 1 原子直接相连顺序最优先的原子为第 2 原子。第 3 原子是平面内直接与第 2 原子 (而非第 1 原子) 相连的顺序最优先的原子。图 5-30(b) 中的 a、b、c 分别表示第 1、2、3 原子。最后，从 P 原子处对平面内由第 1 原子到第 3 原子的顺序进行观察。对于 1→2→3 为顺时针方向的，指定为 R_P 构型；如果这 3 个原子或基团的顺序为逆时针方向的，以 S_P 表示。因而，图 5-30 所示的分子构型为 R_P，而图 5-31 所示的两个化合物均是 S_P 构型。

(3) 螺旋手性 (helical chirality)　螺旋性是手性的一个特例，其中分子的形状就像右的或左的螺杆或盘旋扶梯。按照螺旋的方向构型分别指定为 *M* 和 *P*。从旋转轴的上面观察，看到的螺旋是顺时针方向的定为 *P* 构型，而逆时针取向的则定义为 *M* 构型。因此，图 5-32(a) 中的五螺苯为 *M* 构型。

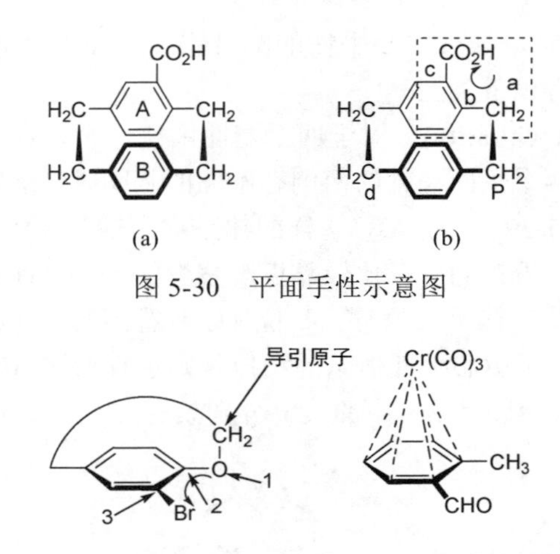

图 5-30　平面手性示意图

图 5-31　具有 S_P 构型的化合物

J. J. Vittal 研究小组利用手性氨基酸类配体 *N*-(2-吡啶甲基)-L-丙氨酸 [*N*-(2-pyridyl-methyl)-L-alanine，Hpala] 和高氯酸铅自组装得到了一个单一的手性螺旋聚合链，如图 5-32(b) 所示。通过高氯酸根参与配位而产生的 Pb···O···Pb 相互作用构成了一个螺旋链，从图 5-32(c) 中我们可以清楚地从顶部观测到其规则的螺旋状孔洞。

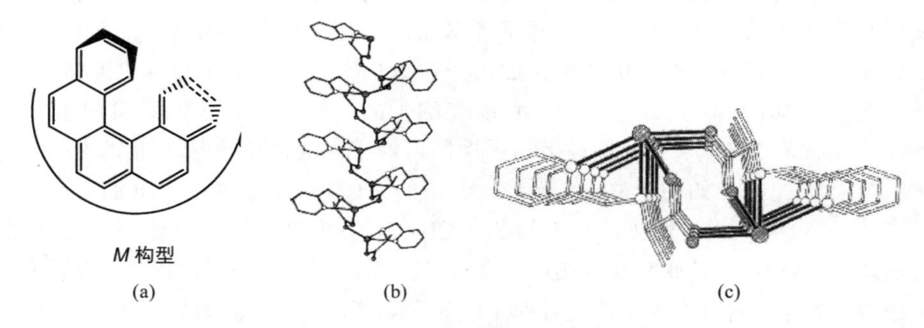

图 5-32　具有螺旋手性的分子及结构

配合物中还存在着多重螺旋 (multiple spiral) 结构和多螺旋 (multispiral) 结构，如在 $[Ni(acac)_2(L^3)]\cdot 3CH_3CN\cdot 6H_2O$ 中存在着如图 5-33(a) 所示的五重螺旋 (quintuple helix) 结构 [配体 L^3 的结构式见图 5-33(b)][13]。

在 $[Eu_4(L^4)_3]^{12+}$ 中存在着如图 5-34(a) 所示的三螺旋 (triple helix) 结构 [配体 L^4 的结构式见图 5-34(b)][14]。

以上三种手性类型在配位超分子化合物和配位聚合物中比较多见。近年来的许多研究还表明，单一螺旋手性的配合物晶体可以在一定条件下，通过自发拆分从溶液中结晶而得到[15]。

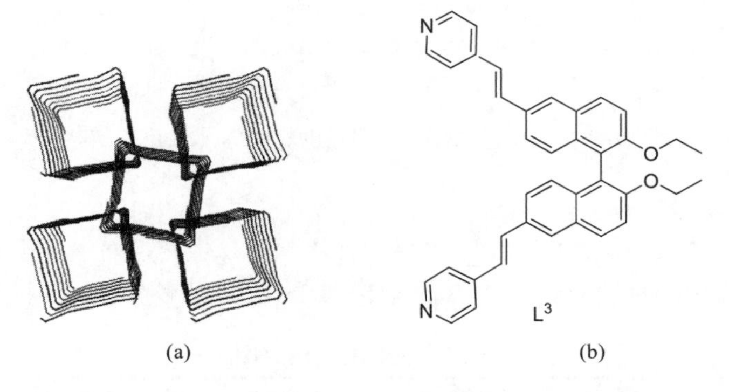

图 5-33 $[Ni(acac)_2(L^3)]\cdot 3CH_3CN\cdot 6H_2O$ 中的五重螺旋结构 (a) 及配体 L^3 的结构式 (b)

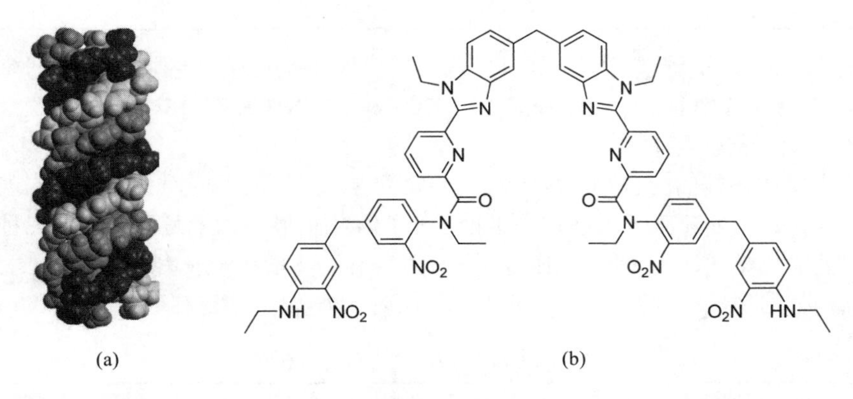

图 5-34 $[Eu_4(L^4)_3]^{12+}$ 中的三螺旋结构 (a) 及配体 L^4 的结构式 (b)

5.2.2 构造异构

化学式相同而成键原子连接方式不同引起的异构称为构造异构。这类异构现象的表现形式很多，包括配位异构、电离异构、水合异构、聚合异构和键合异构。

5.2.2.1 配位异构

当形成配合物的阳离子和阴离子皆为配离子的情况下才有可能产生配位异构。整个配合物的组成相同，只是配体在配阴离子和配阳离子之间的分配不同而引起的异构现象。

例如：$[Cu(NH_3)_4]\,[PtCl_4]$ 和 $[Pt(NH_3)_4]\,[CuCl_4]$；

$[Co(NH_3)_6]\,[Co(NO_2)_6]$ 和 $[Co(NH_3)_4(NO_2)_2]\,[Co(NH_3)_2(NO_2)_4]$；

$[Pt^{II}(NH_3)_4]\,[Pt^{IV}Cl_6]$ 和 $[Pt^{IV}(NH_3)_4Cl_2]\,[Pt^{II}Cl_4]$；

$[Co(en)_3]\,[Cr(C_2O_4)_3]$ 和 $[Cr(en)_3]\,[Co\,(C_2O_4)_3]$；

$[Cr(NH_3)_6]\,[Cr(NCS)_6]$ 和 $[Cr(NH_3)_4(NCS)_2]\,[Cr(NH_3)_2(NCS)_4]$。

一种特殊类型的配位异构现象是在一个桥联配合物中配体配位于不同的中心原子，这种情况有时叫做配位位置异构现象。典型的例子见图 5-35。

$$(NH_3)_4Co[\overset{H}{O}\overset{}{\underset{H}{O}}]Co(NH_3)_2Cl_2]SO_4 \quad 和 \quad [Cl(NH_3)_3Co\overset{H}{O}\underset{H}{O}Co(NH_3)_3Cl]SO_4$$

图 5-35　$[Co_2Cl_2(NH_3)_6(OH)_2]SO_4$ 中的配位位置异构

5.2.2.2　电离异构

配合物在溶液中电离时，由于内界和外界配体发生交换而生成不同配离子的现象称为电离异构。熟知的例子是 $[Co(NH_3)_5Br]SO_4$ 的两种异构体 (见表 5-3)。

表 5-3　电离异构实例

配位式	颜　色	化学性质
$[Co(NH_3)_5Br]SO_4$	暗紫色	与 $BaCl_2$ 作用生成沉淀，室温下与 $AgNO_3$ 不反应
$[Co(NH_3)_5SO_4]Br$	紫红色	与 $AgNO_3$ 作用生成沉淀，室温下与 $BaCl_2$ 不反应

电离异构的另一些例子有：反式 $[Co(en)_2Cl_2]NO_2$（绿色）和反式 $[Co(en)_2(NO_2)Cl]Cl$ (红色)；$[Pt(NH_3)_3Br]NO_2$ 和 $[Pt(NH_3)_3NO_2]Br$。

5.2.2.3　水合异构

化学组成相同的配合物，由于水分子处于内、外界的不同而引起的异构现象称为水合异构。一般只限于在晶体中讨论。水合异构的经典例子是氯化铬的三种水合物。它们的化学式均为 $CrCl_3·6H_2O$，三种水合异构体的组成及有关性质见表 5-4。水合异构体的形成主要是 H_2O 分子和 Cl^- 在内、外界中互相交换的结果。

表 5-4　$CrCl_3·6H_2O$ 的水合异构体

配合物组成	颜　色	开始失水的温度/°C
$[Cr(H_2O)_6]Cl_3$	紫　色	100
$[Cr(H_2O)_5Cl]Cl_2·H_2O$	绿　色	80
$[Cr(H_2O)_4Cl_2]Cl·2H_2O$	灰绿色	60

在上述三种异构体中，由于水分子处于内界或外界的不同，导致与中心原子 Cr^{3+}结合的牢固程度各异。一般来说，处于外界的水分子较内界易于失去，其次，由于 Cl^-具有较大的反位效应，当它进入内界后将使水合物的热稳定性降低，这些理论预测已经被热重分析 (TGA) 的结果所证实。

此种类型的其它异构体还有：$[Co(en)_2(H_2O)Cl]Cl_2$ 和 $[Co(en)_2Cl_2]Cl·H_2O$；$[Cr(py)_2(H_2O)_2Cl_2]Cl$ 和 $[Cr(py)_2(H_2O)Cl_3]·H_2O$。

如果溶剂不是水，而是醇、胺、氨等，也会发生同样的异构现象，称为溶剂合异构。

5.2.2.4　聚合异构

化学式相同但分子量成倍数关系的一组配合物称为聚合异构体。$[Co(NH_3)_3(NO_2)_3]_n$ 的其中六种聚合异构体列于表 5-5 中。十分明显，表内配合物 1 与 2，4 与 5 又各自组成一对配位异构体。

表 5-5　$[Co(NH_3)_3(NO_2)_3]_n$ 的聚合异构体[5]

配合物编号	配 位 式	*n*	颜　色
1	$[Co(NH_3)_6][Co(NO_2)_6]$	2	黄
2	$[Co(NH_3)_4(NO_2)_2][Co(NH_3)_2(NO_2)_4]$	2	黄棕
3	$[Co(NH_3)_5(NO_2)][Co(NH_3)_2(NO_2)_4]_2$	3	橙
4	$[Co(NH_3)_6][Co(NH_3)_2(NO_2)_4]_3$	4	黄橙
5	$[Co(NH_3)_4(NO_2)_2]_3[Co(NO_2)_6]$	4	橙红
6	$[Co(NH_3)_5(NO_2)]_3[Co(NO_2)_6]_2$	5	棕黄

5.2.2.5　键合异构

含有多个配位原子的配体与金属离子配位时，由于键合原子的不同而造成的异构现象称为键合异构。如 NO_2^- 既可以通过 N 原子和金属离子成键形成硝基 (nitro) 配离子，也可以通过 O 原子成键形成亚硝酸根 (nitrito) 配离子。如图 5-36 所示。

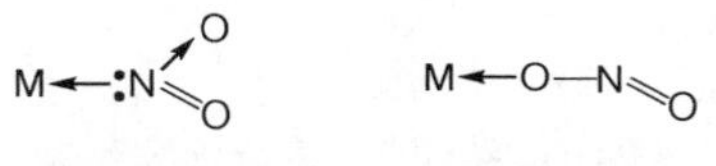

M←:N(→O)=O　　M←O—N=O

（硝基为配体）　（亚硝酸根为配体）

图 5-36　NO_2^- 的键合异构示意图

这种能以不同配位原子与同一金属离子键合的配体，在配位化学中称为异性双基配体 (ambidentate ligand)。

键合异构现象的典型例子如：$[Co(NH_3)_5(NO_2)]Cl_2$ (黄色) 和 $[Co(NH_3)_5(ONO)]Cl_2$ (砖红色)；$[Co(NH_3)_2(py)_2(NO_2)_2]NO_3$ 和 $[Co(NH_3)_2(py)_2(ONO)_2]NO_3$；$[Ir(NH_3)_5(NO_2)]Cl_2$ 和 $[Ir(NH_3)_5(ONO)]Cl_2$。

引起异性双基配体键合状况改变的因素是相当微妙的。这些因素主要与异性双基配体的成键原子和配合物内界其它配体的性质以及空间效应有关。例如，SCN^- 也是一种异性双基配体，它可以分别通过 S 或 N 与金属离子成键。根据软硬酸碱规则，Pd(Ⅱ) 为软酸，而硫氰酸根中的 S 为软碱，故在 $[Pd(SCN)_4]^{2-}$ 中 SCN^- 配体通过 S 成键。但在 $[Co(NH_3)_5NCS]^{2+}$ 配离子中，Co(Ⅲ) 为硬酸，因此 SCN^- 配体通过 N 与 Co(Ⅲ) 成键。假如将上述配离子内界的 NH_3 全部以 CN^- 替换，则形成的稳定产物将是以 S 键合的$[Co(CN)_5SCN]^{3-}$ 配离子。这因为 CN^-属软碱，当它与 Co(Ⅲ) 配位后能使后者的性质变软，而使 Co(Ⅲ) 优先与 S 成键。当然除了上述因素之外，还应考虑配体之间的空间效应。由于 SCN^- 配体的 N 或 S 与 Co(Ⅲ) 成键时所形成的键角不同，即：

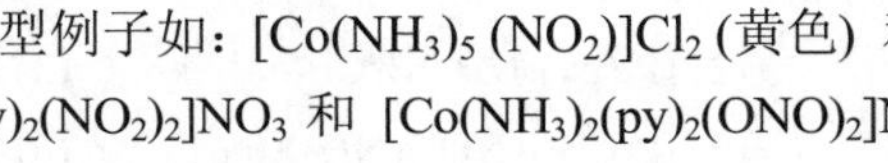

Co(III)—N═C═S　　Co(III)—S—C≡N

呈直线形　　呈弯曲形

而在 Co(Ⅲ) 周围配位的三角锥 NH_3 分子必然比直线形 CN^- 离子占据更多的空间，

所以当内界有 5 个氨分子共存时，SCN^- 以 N 端键合形成直线形结构较为有利[5]。

参 考 文 献

[1] 罗勤慧. 配位化学. 南京：江苏科学技术出版社，**1987**.

[2] R. K. Boggess, W. D. Wiegele. *J. Chem. Ed.*, **1978**, *55*, 156.

[3] R. J. Gillespie. *J. Chem. Ed.*, **1963**, *40*, 295.

[4] J. K. Beattie. *Acc. Chem. Res.*, **1971**, *4*, 253.

[5] 杨帆，林纪筠. 配位化学. 上海：华东师范大学出版社, **2002**.

[6] K. F. Purcell, J. C. Kotz. Inorganic Chemistry. Saunders, **1977**, C11.

[7] 孙为银. 配位化学. 北京：化学工业出版社, **2004**.

[8] 朱文祥，刘鲁美. 中级无机化学. 北京：北京师范大学出版社, **1998**.

[9] 戴安邦. 配位化学. 北京: 科学出版社, **1987**.

[10] P. A. W. Dean, J. J. Vitta. *Inorg. Chem*, **1998**, *37*, 1661.

[11] 王永梅，张文昊. 大学化学，**2007**, *22 (4)*, 52.

[12] 袁云程, 高大彬. 化学通报，**1985**. *48*, 47.

[13] Y. Cui, S. Lee. J. *J. Am. Chem*. Soc., **2003**, *125*, 6014.

[14] K. Zeckert, J. Hamacek. *Angew. Chem., Int. Ed.*, **2005**, *44*, 7954.

[15] Y. Tang, K. Tang. *Sci. China Ser. B-Chem.*, **2008**, *51*, 614.

习　　题

1．写出下列配合物可能存在的几何异构体。

(1) $[Pt(NH_3)_2Cl_2]$　　(2) $[Pt(py)(NH_3)BrCl]$　　(3) $[Co(en)_2(NH_3)Cl]$

(4) $[Pt(NH_3)_2(OH)_2Cl_2]$　　(5) $[PtClBr(NO_2)(NH_3)(en)]^+$　　(6) $[Co(dien)_2]^{3+}$

2．试判断下述配离子的杂化类型及几何异构

(1) $[Co(CN)_6]^{3-}$ (反磁性)　　(2) $[NiF_6]^{4-}$ (2 个成单电子)

(3) $[CrF_6]^{4-}$ (四个成单电子)　　(4) $[AuCl_4]^-$ (反磁性)

3．影响中心原子配位数大小的因素有哪些？

4．化学式为 MX_n (X^- 为卤素离子) 的配合物一定是 *n* 配位的吗？请举例说明。

5．为什么 d^8 的 Ni^{2+} 其四配位化合物既可以有四面体构型也可以有平面正方形构型，但同族的 Pd^{2+}和 Pt^{2+} 却没有已知的四面体配合物？

6．配位数为 5 的配合物，其空间构型主要有哪几种？多齿配体往往按照其结构要求稳定配合物的某一种构型。配体 $[(CH_3)_2NCH_2CH_2]_3N$ (简写为 Me_6tren) 主要形成什么构型的配合物？若将 Me_6tren 换成 $N(CH_2CH_2CH_2NR_2)_3$，将会形成什么构型的配合物？为什么？

7．配位数为 8 的配合物，其常见空间构型有哪几种？对于配位数为 8 或 8 以上的配合物一般要满足哪些条件？

8．指出下列配合物哪些互为异构体，并写出各类异构体的名称及特点。

(1) $[Co(NH_3)_6][Co(NO_2)_6]$　　(2) $[Co(NH_3)_3(NO_2)_3]$

(3) $[Pt(NH_3)_3(ONO)]Cl$　　(4) $[PtCl_4(en)]\cdot 2py$

(5) $[Pt(NH_3)_3(NO_3)]Cl$

(6) $[PtCl_2(en)(py)_2]Cl_2$

(7) $[Pt(NH_3)_3Cl]NO_3$

(8) $[Co(NH_3)_4(NO_2)_2]\ [Co(NH_3)_2(NO_2)_4]$

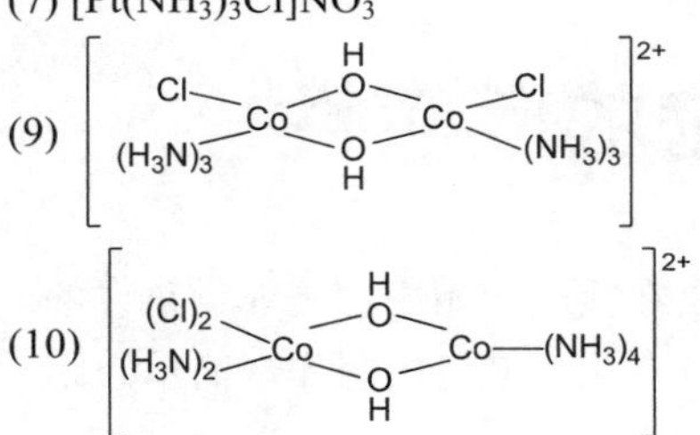

9．给下列配合物命名

(1) 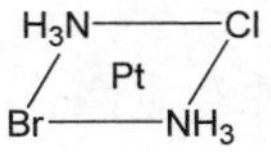 H_3N—Cl, Pt, Br—NH_3　(2) [ONO, Co, ONO] NO_2 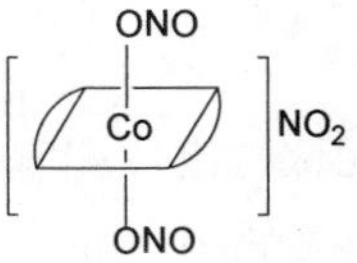　(3) 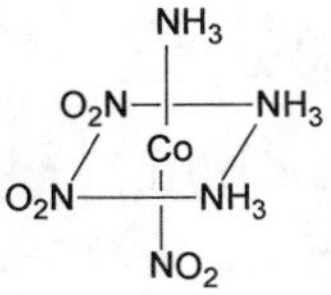 NH_3, O_2N, NH_3, Co, O_2N, NH_3, NO_2　(4) 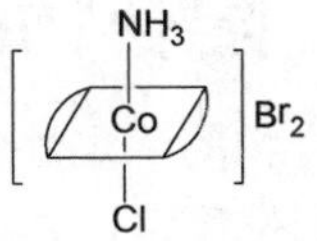 [NH_3, Co, Cl] Br_2

注：⌒ 表示 en。

10．写出下列配合物的分子结构

(1) 经-三氯·三氨合钴(Ⅲ)

(2) 面-三硝基·三水合钴(Ⅲ)

(3) 顺-二氯·四氰合铬(Ⅲ)

(4) 反-二氯·二(三甲基膦)合钯(Ⅲ)

11．Ni(Ⅱ) 的配合物 $[NiCl_2(PPh_3)_2]$ 是顺磁性，相应 Pd(Ⅱ)的配合物为反磁性，试预测这两种配合物的几何构型和异构体数目。

12．写出配合物 Ma_2b_2cd 所有异构体 (包括对映异构体)。

13．写出 $[Cu(AB)_2(H_2O)_2]$ 所有异构体 (包括对映异构体)，AB 为非对称双齿配体。

14．说明下列配合物中各符号的意义：

(1) $(+)_{589}[Co(en)_3]Cl_3$

(2) $\Lambda(+)_{589}[Co\{(+)pn\}_2\{(-)pn\}\delta\delta\lambda]Cl_3$

15．组合 Co^{3+}、NH_3、NO_2^- 和 K^+ 可得出七种配合物，其中一种是 $[Co(NH_3)_6](NO_2)_3$，试写出：(1) 其它六种的化学式；(2) 每一个化合物的名称；(3) 配合物的空间结构。

第 6 章　配合物的反应性

配合物的化学反应性，无论在理论研究还是在实际应用中都是非常重要的。本章将对配合物的稳定性、配体的反应性以及配位催化反应等内容作一简单介绍。

6.1　配合物的稳定性

配合物的稳定性包含配合物在溶液中的配位稳定性和氧化还原稳定性等。在溶液中的配位稳定性是指配离子在溶液中解离成金属离子和配体，当解离达到平衡时解离程度的大小。氧化还原稳定性是指配合物中金属离子得失电子的难易程度。

6.1.1　配合物的稳定常数及测定

作为 Lewis 酸碱加合物的配离子或配合物分子，在水溶液中存在着配合物的解离反应和生成反应之间的平衡，这种平衡称为配位平衡[1]。如将氨水加到 $CuSO_4$ 溶液里，会有 $[Cu(NH_3)_4]^{2+}$ 生成，当生成反应和解离反应速率相等时，体系达到平衡状态，反应式如下：

$$Cu^{2+} + 4NH_3 \rightleftharpoons [Cu(NH_3)_4]^{2+}$$

由化学平衡原理，可得到

$$K_{稳}^{\ominus} = \frac{a_{Cu(NH_3)_4{}^{2+}}}{a_{Cu^{2+}} \cdot a_{NH_3}^4} \tag{6-1}$$

式中，a 表示各质点的平衡活度。这个平衡常数称为 $[Cu(NH_3)_4]^{2+}$ 的热力学稳定常数(或生成常数)，此常数越大，说明生成配离子的倾向越大，而解离倾向越小，即配离子越稳定。由此可见，稳定常数 (stability constants) 是衡量配合物稳定性大小的尺度。

对于一般的配位平衡，可用下列关系式表示 (为简便起见，略去电荷)：

$$n\,M + l\,L + p\,P + h\,H \rightleftharpoons M_mL_lP_pH_h$$

式中，M、L、P、H 分别代表金属离子、第一配体、第二配体、氢离子；m、l、p、h 分别代表相应物种在形成配合物时的计量系数。这样形成配合物 $M_mL_lP_pH_h$ 的热力学稳定常数 $K_{稳}^{\ominus}$ 可表示为：

$$K_{稳}^{\ominus} = \frac{a_{M_mL_lP_pH_h}}{a_M^m \cdot a_L^l \cdot a_P^p \cdot a_H^h} \tag{6-2}$$

式中，a 表示各质点的平衡活度。当 h 为 0 时，表示在配合物中没有氢离子；当 h 为负整数时，表示在形成配合物时失去氢离子或加上氢氧根离子。

自由的金属离子在溶液中非常罕见，金属离子周围通常都有溶剂分子，它们将与配体发生竞争作用而逐步被配体取代，实际上这种取代反应是分步进行的，在溶液中有各级配离子存在。如在含 Ag^+ 的溶液中加入氨水，则二氨合银配离子可按下面两个步骤生成：

$$[Ag(H_2O)_2]^+ + NH_3 \longrightarrow [Ag(NH_3)(H_2O)]^+ + H_2O$$

$$K_1^{\ominus} = \frac{a_{[Ag(NH_3)(H_2O)]^+}}{a_{[Ag(H_2O)_2]^+} \cdot a_{NH_3}} \tag{6-3}$$

$$[Ag(NH_3)(H_2O)]^+ + NH_3 \longrightarrow [Ag(NH_3)_2]^+ + H_2O$$

$$K_2^{\ominus} = \frac{a_{[Ag(NH_3)_2]^+}}{a_{[Ag(NH_3)(H_2O)]^+} \cdot a_{NH_3}} \tag{6-4}$$

其中，$K_1^{\ominus}$和$K_2^{\ominus}$称为逐级稳定常数 (或逐级生成常数)。很容易证明，逐级稳定常数的乘积就是该配离子的总稳定常数：$K_1^{\ominus} K_2^{\ominus} = K_{稳}^{\ominus}$。

配离子的逐级稳定常数一般差别不大，除少数例外，常是比较均匀地逐级减小，即 $K_1^{\ominus} > K_2^{\ominus} > K_3^{\ominus} > \cdots > K_n^{\ominus}$，这是因为后面配位的配体受到前面已经配位的配体排斥之故。特别是配体带有电荷时斥力更大，逐级稳定常数的差别也更大。

稳定常数数据的积累可以为配合物的形成、结构以及中心原子和配体间成键的本质等方面提供有用的资料。在实际应用方面，如离子交换、溶剂萃取和螯合滴定等均以配合物在溶液中的稳定性为基础。配合物在溶液中形成时，常引起某一种物理量的改变。测定稳定常数的方法就是以此为基础。配合物稳定常数的测定已研究了半个多世纪，提出了很多方法[2]，大致有以下几种：

(1) 电位法 以研究溶液中离子与电极的相互作用为基础，测定金属离子或配体的活度。电位法所测的数据精确，适用于单核和多核配合物的研究，应用范围最广泛。用电位法测定稳定常数时，要求电极反应必须是可逆的。使用的电极主要有金属或金属汞齐电极、氧化还原电极和离子选择性电极三种。金属汞齐电极使用较广，适用于 Cu^{2+}、Zn^{2+}、Cd^{2+}、In^{3+}、Tl^+、Sn^{2+}、Pb^{2+}、Bi^{3+} 等金属配合物的研究。通过测量溶液的实际 pH 变化，并由此计算配体的平衡浓度，则称为 pH 电位法。早期提出的主要是由 Bjerrum 生成函数 $\bar{n}$ 引申出来的半整数法和罗索蒂 (Rossotti) 所改进的图解法。这两种方法主要针对的是单核、单配体的体系。随着计算机科学的发展，采用了最小二乘法、HOSK 法等数据处理方法。2009 年，V. Lippolis 等[3]报道了下列 3 个带臂大环配体 (图 6-1) 对 Zn^{2+} 的荧光识别研究，文中作者用电位法测定了配合物的稳定常数。

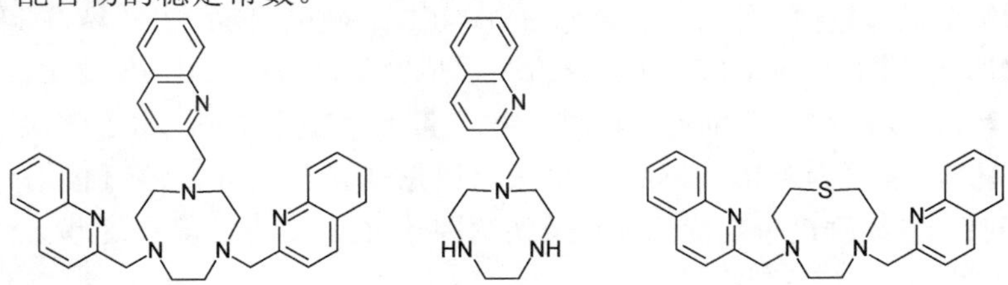

图 6-1 V. Lippolis 等人报道的带臂大环配体的结构式

2009 年，C. Platas-Iglesias 等[4]报道了以 pH 电位法测定了带臂大环配体 $[bp12c4]^{2-}$ (图 6-2) 与稀土 Gd^{3+} 形成的配合物的稳定常数。

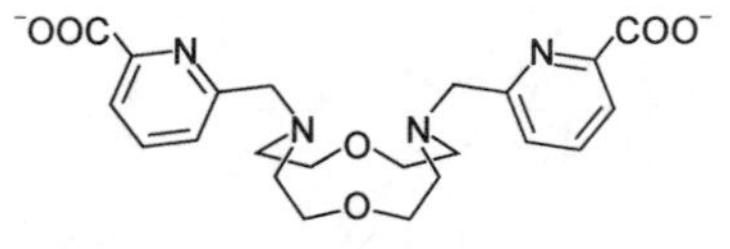

图 6-2　C. Platas-Iglesias 等报道的配体 $[bp12c4]^{2-}$ 的结构式

(2) 极谱法　也是一种以研究溶液中离子与电极的相互作用为基础的方法。根据加入配体后金属离子的半波电位的改变来计算稳定常数，在金属离子可逆还原条件下，能得到单核配合物和混合配合物的稳定常数。该法数据准确可靠，灵敏度高，特别适用于浓度和稳定性较低的配合物。对某些不可逆还原的金属离子，可采用竞争法或利用扩散电流随配体浓度改变的关系来计算。

(3) 分光光度法　当配合物的吸收光谱与金属离子有所不同，且溶液在某一波长的光密度与组成的关系符合比尔定律时，稳定常数可通过计算求得。其优点是迅速可靠，适用于低浓度 (10^{-5}~10^{-4} $mol \cdot L^{-1}$) 的配合物，溶剂选择的范围比电位法广，但处理数据的未知数比电位法多，对较复杂体系的计算有一定困难。

(4) 萃取法和离子交换法　均以金属配合物的异相分配为基础，通过测定分配比来测定稳定常数。这两种方法的精确度不如电位法，但不低于分光光度法，特别是当金属离子浓度很低时，可采用放射性手段来测定，这是其独特的优点。萃取法适用于研究螯合物，不适用于稳定性较低的配合物。离子交换法适用于微量的或含放射性金属离子的配合物的研究，但步骤较烦琐，数据不够精确。

(5) 量热滴定法　又称测温滴定法，是 20 世纪 60 年代发展起来的一种新方法，根据配位反应的热效应来确定组成和稳定常数。该法用热敏电阻感温，用计算机计算，通过一次滴定可同时求得配位反应的焓变 (ΔH) 和稳定常数值，能直接而准确地获得 ΔH、吉布斯函数变 (ΔG) 和熵变 (ΔS) 值。此法应用范围广，反应条件适应性强，对高酸性、高碱性和非水体系均可适用，特别适用于 pH 值恒定的生物缓冲体系；但不如 pH 电位法和分光光度法有高度的专一性。因其计算复杂，校正项多，用于复杂体系时有一定的困难。

2009 年，R. van Eldik 等[5]报道了 Fe(Ⅲ) 与 cydta [(±)-反-1,2-环己二胺四乙酸] 形成的配合物的晶体结构，并用量热滴定法测定了配合物的稳定常数，热力学研究表明该配合物比 Fe(Ⅲ) 与 edta (乙二胺四乙酸) 形成的配合物具有更高的稳定性。

(6) 其它方法　均以配位过程中某一物理量的改变为基础，如核磁共振法以化学位移或偶合常数为基础，顺磁共振法除根据偶合常数外，还可根据谱线宽度 (弛豫时间)、谱线强度 (自旋浓度) 及朗德因子 (g) 值来计算。这些方法皆有局限性，使用范围不广。

6.1.2 配合物的氧化还原稳定性

金属离子在水溶液中形成配合物的氧化还原稳定性与配合物的组成、结构等因素有关，配合物之间的氧化还原反应是指电子从一个配合物分子的中心原子转移到另一个配合物的中心原子上。

当体系中加入某种配体使金属离子形成配合物后，溶液中金属离子的浓度降低，该电对的电极电势值也降低，即配合物的生成改变了金属离子氧化态的氧化能力和还原态的还原能力[6]。例如，电对 Co^{3+}/Co^{2+}的标准电极电势为 1.92 V，在热力学标准态下，Co^{3+} 能将 H_2O 氧化放出 O_2（$E^{\ominus}_{O_2/H_2O}=1.23\ V$），是很强的氧化剂，所以不能在水溶液中制备三价钴盐。如在 Co^{3+}中加入氨水生成稳定配合物后，则电极反应为：

$$[Co(NH_3)_6]^{3+} + e \rightleftharpoons [Co(NH_3)_6]^{2+}$$

$$E^{\ominus}_{Co(NH_3)_6^{3+}/Co(NH_3)_6^{2+}} = E^{\ominus}_{Co^{3+}/Co^{2+}} + \frac{RT}{nF}\ln\frac{K^{\ominus}_{稳,Co(NH_3)_6^{2+}}}{K^{\ominus}_{稳,Co(NH_3)_6^{3+}}} \tag{6-5}$$

由此可计算出 $E^{\ominus}_{Co(NH_3)_6^{3+}/Co(NH_3)_6^{2+}}$ 为 0.18 V，于是 $Co[(NH_3)_6]^{3+}$ 能够在水溶液中稳定存在。

推广到一般，假设有某变价金属离子 M^{m+}与 M^{n+}，分别与同一配体形成配位数相同的配合物，稳定常数分别为$K^{\ominus}_{稳,Red}$ 和 $K^{\ominus}_{稳,Ox}$，溶液中离子在电极上发生的反应为：

$$M^{n+} + (n-m)\ e \rightleftharpoons M^{m+}$$

$$ML_x^{n+} + (n-m)\ e \rightleftharpoons ML_x^{m+}$$

则配离子电对的电极电势为：

$$E^{\ominus}_{ML_x^{n+}/ML_x^{m+}} = E^{\ominus}_{M^{n+}/M^{m+}} + \frac{RT}{(n-m)F}\ln\frac{K^{\ominus}_{稳,Red}}{K^{\ominus}_{稳,Ox}} \tag{6-6}$$

式中，m、n 为正整数，且 $n > m$；x 为配体 L 的数目。依据此公式可计算出金属离子形成配合物后，其配离子间电对的标准电极电势值。

当一个电对的氧化型和还原型同时生成配合物后，对中心原子的氧化还原稳定性会产生一定影响。下面分别进行讨论：

(1) 配合物的形成稳定了高价态的金属离子 从式 (6-6) 可以看出，若 $K^{\ominus}_{稳,Ox} > K^{\ominus}_{稳,Red}$，则配离子电对电极电势与金属离子电对相比降低，金属离子高价态稳定。这是由于同一金属不同价态离子的配合物稳定性不同（$K^{\ominus}_{稳}$不同），使溶液中游离金属离子浓度发生变化，从而引起电极电势的改变。如 Co^{3+} 在水溶液中因有较强的氧化性而不能稳定存在，但当 Co^{3+} 形成配合物后则不容易被还原了。

从表 6-1 可以看出[7]，Co^{3+} 配合物的稳定常数均大于 Co^{2+} 配合物，而且其 $\lg K^{\ominus}_{稳}$ 差值越大，$E^{\ominus}$值减小得越多，这是因为形成了八面体配合物，Co^{3+} 被稳定化了。

表 6-1　Co^{3+}、Co^{2+}体系的一些标准电极电势和 lg $K^{\ominus}_{稳}$ ($n > m$)

电极反应	$E^{\ominus}$/V	$E^{\ominus}$/V（计算）	lg$K^{\ominus}$(M^{n+})	lg$K^{\ominus}$(M^{m+})
$Co^{3+} + e \rightleftharpoons Co^{2+}$	+1.842① +1.80② (1.0 HNO_3; 1.0 H_2SO_4) +1.92③④	—	—	—
$[Co(en)_3]^{3+} + e \rightleftharpoons [Co(en)_3]^{2+}$	−0.2② (0.1 en, 0.1 KNO_3)	−0.14	48.69②	13.94②
$[Co(NH_3)_6]^{3+} + e \rightleftharpoons [Co(NH_3)_6]^{2+}$	+0.10② +0.058④ $[OH^-] = 1.0\ mol \cdot kg^{-1}$	+0.14	35.2②	5.11②
$[Co(edta)]^- + e \rightleftharpoons [Co(edta)]^{2-}$	—	+0.75	36②	16.31②
$[Co(CN)_6]^{3-} + e \rightleftharpoons [Co(CN)_6]^{4-}$	<−0.8② (0.8 KOH)	−0.74	64①	19.1①

① 罗勤慧. 配位化学. 北京：科学出版社，**2012**, 160.

② Dean J A. Lang's Handbook of Chemistry, 13th ed. McGraw-Hill Book Co., **1985**.

③ Weast R C. CRC Handbook of Chemistry and Physics. 80th ed. CRC Press, **1999-2000**.

④ James G. Speight. Lang's Handbook of Chemistry, 16th ed. McGraw-Hill Book Co., **2005**.

此外，CuI_2 和 $PbCl_4$ 等都是极不稳定的化合物，形成配合物 $[Cu(NH_3)_4]I_2$ 和 $(NH_4)_2[PbCl_6]$ 后，稳定性增强。这些实验事实均说明，配合物的形成可增加高价金属离子的稳定性。

一般来说变价金属元素体系中加入配体后，能使高价态离子具有一定的稳定性，这主要是静电力作用的结果。配合能力大小可以用金属的离子势 (金属离子的电荷与半径的比率，z/r) 来衡量。正电荷越高，离子半径越小，其静电作用力越强，所以一般表现为高价态配合物稳定。比如说以 F^- 作为配体时，对金属离子的高价态有很好的稳定作用[8]。但有时也有相反的情况。

(2) 配合物的形成稳定了低价态的金属离子　从式 (6-6) 可以看出，若 $K^{\ominus}_{稳,Ox} < K^{\ominus}_{稳,Red}$，则配离子电对电极电势升高，金属离子低价态稳定。如表 6-2 所示，

表 6-2　Fe^{3+}、Fe^{2+} 离子体系的一些标准电极电势和 lg $K^{\ominus}_{稳}$

电极反应	$E^{\ominus}$/V	$E^{\ominus}$/V（计算）	lg$K^{\ominus}_{ML_x^{n+}}$	lg$K^{\ominus}_{ML_x^{m+}}$
$Fe^{3+} + e \rightleftharpoons Fe^{2+}$	+0.771②	—	—	—
$[Fe(C_2O_4)_3]^{3-} + e \rightleftharpoons [Fe(C_2O_4)_3]^{4-}$	−0.01②	−0.12	20.2	5.22
$[Fe(CN)_6]^{3-} + e \rightleftharpoons [Fe(CN)_6]^{4-}$	+0.36① +0.361④	+0.36 +0.36	43.9 42.0	36.9 35.0
$[Fe(edta)]^- + e \rightleftharpoons [Fe(edta)]^{2-}$	+0.12② (0.1 EDTA, pH 4~6)	+0.18	24.23	14.33
$[Fe(bipy)_3]^{3-} + e \rightleftharpoons [Fe(bipy)_3]^{2+}$	+1.1① +1.11⑤	+1.07	12	17 17.45
$[Fe(phen)_3]^{3+} + e \rightleftharpoons [Fe(phen)_3]^{2+}$	+1.14①⑤	+1.10 +0.64	14.1 23.5	21.4 21.3

表中①②④同表 6-1。

⑤ 徐志固. 现代配位化学. 北京：化学工业出版社，**1987**，173-205.

Fe^{2+}、Fe^{3+}与联吡啶 (bipy) 和邻菲啰啉 (phen) 等形成配合物时，使低价金属离子得到了稳定。这是因为phen、bipy不带电荷，与中心离子的静电作用很小，因而静电力的影响变为次要的。另外，phen、bipy 作为π配体，一方面用孤对电子与金属离子配位形成σ键，同时金属离子的d电子又移向配体的π^*轨道而形成反馈π键，且d轨道能级分裂后，Fe^{2+} t_{2g} 轨道上的电子数比 Fe^{3+} t_{2g} 轨道上的多，因此 Fe^{2+} 配合物的反馈键能大，晶体场稳定化能 (CFSE) 也较 Fe(Ⅲ) 的高，从而使 $[Fe(phen)_3]^{2+}$ 和 $[Fe(bipy)_3]^{2+}$ 稳定性增强。但是，在 $[Fe(CN)_6]^{3-}$ 和 $[Fe(CN)_6]^{4-}$ 中，虽然反馈键和 CFSE 都有利于后者，但 CN^- 带负电荷，中心原子与 CN^- 的静电引力是主要作用，故 $[Fe(CN)_6]^{3-}$ 的稳定性比 $[Fe(CN)_6]^{4-}$ 高。

晶体场理论分析表明，同一金属的高价态比低价态具有更大的晶体场分裂能，特别是对于能形成反馈 π键的金属，因此晶体场效应有利于高价态稳定。由于存在的影响因素很复杂，因此很难从理论上准确地预测配体稳定金属何种价态。依据经验，稳定高价态的多为配位原子电负性较大的配体，主要有F^-、O^{2-}、IO_6^{6-}、Te_6^{6-}和8-羟基喹啉等；稳定低价态的配体多为配位原子电负性较小的配体，主要有 CN^-、CO、NO、RNC、I^-、PH_3、PF_3、PCl_3、PBr_3、$AsCl_3$、SbR_3和PR_3等；联吡啶、邻菲啰啉和邻苯二甲基胂等配体则因中心原子不同而具有不同的稳定作用。

6.1.3 影响配合物稳定性的因素

配位反应的实际应用主要在于配合物的稳定性。为了弄清配合物稳定性的有关规律，就要研究各种影响因素。影响配合物稳定性的因素很多，分为内因和外因两个方面，内因主要是指中心原子与配体的性质；外因主要是指溶液的酸度、浓度、温度和压力等外界条件等。为了讨论影响配合物稳定性的因素，先对软硬酸碱规则作一简单介绍。

6.1.3.1 软硬酸碱规则

1963年，皮尔逊 (R. G. Pearson) 根据实验事实，特别是总结了配合物的稳定性后，提出了软、硬酸碱的概念。软酸是指接受电子对的原子体积大，正电荷少或不带电荷，有易变形或易失去的电子的物质。半径大、电荷低的正离子一般属于软酸。硬酸是指接受电子对的原子体积小，或正电荷高，没有易变形或易失去的电子的物质。半径小、电荷高的正离子一般属于硬酸。交界酸是指变形性介于软酸和硬酸之间的物质，典型的例子如 9e~17e 型阳离子中包含 d 电子数在 6 个以上的 M^{2+} 和部分 (18+2)e 型阳离子。软碱是指给出电子对的原子的电负性小、易变形和易被氧化的碱，典型的例子如以 S、P、As、C 等为配位原子的中性分子或阴离子。硬碱是指给出电子对的原子电负性大、难变形和难被氧化的碱，典型的例子如以电负性很大的 N、O、F 等为配位原子的阴离子或中性分子。交界碱是指变形性介于软碱和硬碱之间的物质。

此分类既和价态有关，又和酸、碱原子上所连接的基团有关，是相对比较。软和硬之间是连续变化的，迄今还没有一个比较统一的标准。

皮尔逊把路易斯酸碱分类以后，根据实验事实总结出一条规律："硬酸倾向于和硬碱结合，软酸倾向于和软碱结合"，或简称为"硬亲硬，软亲软"。如果酸碱是一硬一软，其结合力就不强。这一规律被称为软硬酸碱规则 (rule of hard and soft acids and bases，HSAB 规则)。

配位反应生成的配合物有两种键型，即共价键和离子键。克洛普曼 (G. Klopman) 应用前沿分子轨道理论从酸碱软硬性质的角度阐明两种键型的生成条件。

前沿分子轨道就是分子中已占有电子的能级最高的轨道 (highest occupied molecular orbital, HOMO) 和未占有电子的能级最低的轨道 (lower unoccupied molecular orbital, LUMO)。当中心原子与配体接近时，二者分子轨道发生微扰而使能量改变。总的微扰能量是由两种不同的效应产生的：①形成离子键的制约效应；②生成共价键的部分电荷转移效应。

当两个前沿轨道能量相差很大时，配体的电子就难登上中心离子的空位，则反应的微扰能主要取决于配体和中心离子的总电荷，这种效应称为电荷制约反应，相当于硬亲硬的反应，反应的结果生成离子型配合物；当两个前沿轨道的能量差接近于零时，二者就有显著的电子转移，反应的微扰能主要取决于从配体到中心离子的电荷移动，这种效应称为部分电荷转移效应，相当于软亲软的反应，反应的结果生成共价型配合物。

应用软硬酸碱规则，可以很方便地对化合物的稳定性做出预言。比如当比较 Cd^{2+} 的两种配离子$[Cd(CN)_4]^{2-}$ 和$[Cd(NH_3)_4]^{2+}$ 的稳定性时，由于 Cd^{2+} 属于软酸，而配体 NH_3 属于硬碱，CN^- 属于软碱，所以 $[Cd(CN)_4]^{2-}$ 应该比 $[Cd(NH_3)_4]^{2+}$ 更稳定。实测的稳定常数，前者为 5.8×10^{10}，后者为 1.0×10^7，预测结果与实际情况相符。

T. Djekić 等[9]测定了一系列均相配合物催化剂的稳定常数，研究结果表明 $[PdCl_2(OPPh_3)_2]_{乙腈} < [CoCl_2(PPh_3)_2]_{丁醇} < [CoBr_2(PPh_3)_2]_{乙腈} < [CoCl_2(PPh_3)_2]_{乙腈} < [NiBr_2(PPh_3)_2]_{乙腈} < [PdCl_2(PPh_3)_2]_{DMF} < [PdCl_2(PPh_3)_2]_{乙腈}$，该顺序可以用软硬酸碱规则进行解释。

软硬酸碱规则也可以用来解释地球化学中的戈尔德施密特 (V. M. Goldschmidt) 分类规则，即"亲氧"元素如 Li、Mg、Ti、Ca、Al、Sr、Ba 和 Fe 等多以硅酸盐、磷酸盐、硫酸盐、碳酸盐、氧化物和氟化物的形式存在，而"亲硫"元素如 Cd、Pb、Cu、Ag、Hg 和 Ni 等多以硫化物形式存在。很明显它们符合"硬亲硬，软亲软"规则。

软硬酸碱规则在解释某些配合物的稳定性和元素在自然界的存在状态等方面很成功，在化学上得到广泛的应用。但要指出的是，它基本上是经验性的，比较粗糙，并不能符合所有实际情况，有不少例外。

下面我们将结合软硬酸碱规则，并主要从中心离子和配体的性质等方面来讨论影响配合物稳定性的因素。

6.1.3.2　中心原子的影响

(1) 半径与电荷　如果金属离子与配体间的结合力纯粹为静电引力，则相同构型的金属离子形成配合物的稳定性应随其离子半径的增加而减小。这种关系对于构型相同的金属离子近似有效，如 F^- 与下列金属离子形成配合物的稳定性有如下顺序（括号内数值为离子半径）：

Mg^{2+} (0.72 Å) > Ca^{2+} (1.00 Å) > Sr^{2+} (1.18 Å)

Al^{3+} (0.535 Å) > Sc^{3+} (0.745 Å) > Y^{3+} (0.90 Å) > La^{3+} (1.032 Å)

1997 年，P. Gfirkan 等[10]用电位法测定了镧系元素与不同配体形成配合物的稳定常数。研究结果显示，相同配体情况下，随着中心金属离子半径的减小，配合物的稳定性顺序为：La(Ⅲ) < Pr(Ⅲ) < Nd(Ⅲ) < Eu(Ⅲ) < Ho(Ⅲ) < Yb(Ⅲ)，说明配体与镧系离子之间主要为静电作用力。

但上述影响规律对电子构型不同的金属离子却不大适用，如 Cu^+ 与 Na^+、Ca^{2+} 与 Cd^{2+}半径近似相等，但与同一配体生成配合物的稳定性却很不相同，表明电子构型也有重要影响。

同族元素作为中心离子时，中心离子所处的周期数较大时，因其 d 轨道较伸展，晶体场分裂能较大，生成的配合物稳定。例如：

配离子	$[Pt(NH_3)_6]^{2+}$	$[Ni(NH_3)_6]^{2+}$	$[Hg(NH_3)_4]^{2+}$	$[Zn(NH_3)_4]^{2+}$
$K^{\ominus}_{稳}$	2.00×10^{35}	5.49×10^{8}	1.90×10^{19}	2.88×10^{9}

从所列数据可以看出配合物的稳定性如下：

$[Pt(NH_3)_6]^{2+} > [Ni(NH_3)_6]^{2+}$；$[Hg(NH_3)_4]^{2+} > [Zn(NH_3)_4]^{2+}$

1999 年，H. Schneider 等[11]研究了 Cu^+ 和 Ag^+ 与开链类、大环类以及穴状氮杂配体等形成的配合物的稳定性，结果显示 Ag^+ 配合物均较相同配体的 Cu^+ 配合物稳定性更高。

对结构相同、离子半径相近的金属离子，生成配合物的稳定性与金属离子电荷成正比，与半径成反比。故金属离子的离子势常与所生成的配合物的稳定常数有一致关系，但这也仅限于较简单的离子型配合物。

一般来说，对于简单的离子型配合物，同一元素或同周期元素作为中心离子，中心离子的正电荷越高，配合物越稳定。例如：

配离子	$[Co(NH_3)_6]^{3+}$	$[Co(NH_3)_6]^{2+}$	$[Fe(CN)_6]^{3-}$	$[Fe(CN)_6]^{4-}$	$[Ni(NH_3)_6]^{2+}$
$K^{\ominus}_{稳}$	1.58×10^{35}	1.29×10^{5}	1.00×10^{42}	1.00×10^{35}	5.49×10^{8}

从所列数据可以看出配合物的稳定性如下：

$[Co(NH_3)_6]^{3+} > [Co(NH_3)_6]^{2+}$；$[Fe(CN)_6]^{3-} > [Fe(CN)_6]^{4-}$；$[Co(NH_3)_6]^{3+} > [Ni(NH_3)_6]^{2+}$

(2) 电子构型　一般来说，9e~17e 构型的阳离子配合物通常比 8e、18e 和 (18+2)e 构型的阳离子配合物稳定。用晶体场理论解释的话，9e~17e 型阳离子在晶体场中 d 轨道发生裂分，从而产生了额外的晶体场稳定化能，使得配合物较稳定。

H. Sigel 等[12]测定了 Mg^{2+}、Ca^{2+} 和 Mn^{2+} 等与配体 Urd（见图 6-3）生成的配合物的稳定常数，研究结果表明，Mn^{2+} 配合物的稳定性大于 8e 构型的 Mg^{2+} 和 Ca^{2+}

的配合物。

中心原子的 d 电子数目也影响配合物的稳定性，第一过渡系金属离子的高自旋配合物的稳定性，从 Mn^{2+} 至 Cu^{2+} 随 d 电子数目的增加而递增，至 Cu^{2+} 达到最大值，称为欧文-威廉 (Irving-Williams) 顺序：

$$Mn^{2+} < Fe^{2+} < Co^{2+} < Ni^{2+} < Cu^{2+} > Zn^{2+}$$

大量事实证明，在八面体场中，d^0、d^5、d^{10} 型离子的配合物不稳定 (CFSE = 0)，而 d^3、d^8 或 d^4、d^9 型阳离子的配合物比较稳定。欧文-威廉顺序产生的原因是由于中心原子 d 电子数目改变引起 CFSE 贡献不一的结果。图 6-4 列出了第一过渡系元素的水合焓曲线。

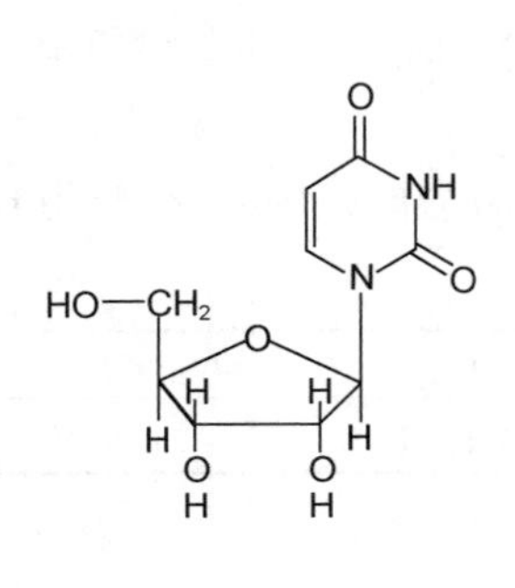

O
NH
O
N
HO—CH₂
O
H
H
H
H
O
O
H
H

图 6-3　配体 Urd 的结构式

−3.0
−2.5
ΔH⊖/MJ•mol⁻¹
Ca²⁺ Sc²⁺ Ti²⁺ V²⁺ Cr²⁺ Mn²⁺ Fe²⁺ Co²⁺ Ni²⁺ Cu²⁺ Zn²⁺

图 6-4　d 区第一过渡系列 M^{2+}离子的水合焓

图 6-4 中的曲线显示了从观察值减去 CFSE 时的变化趋势。在周期表中，从左到右通常的趋势是水合焓 (大多放热) 逐渐增大。在以过渡系列对过渡金属的性质作图时，常常会出现这种双驼峰曲线。直线 (黑圆点) 是对于给定电子数减去 CFSE 所得到的。在过渡系中，稳定性线性增加，主要是由于酸性的逐渐增加而引起的 (由于金属阳离子的尺寸和静电效应的降低)。如果水合金属离子和配体形成高自旋配合物，从 CFSE 的数值来看，d^8 贡献应为最大，故稳定性最高的应在 Ni^{2+} 而不应在 Cu^{2+}。但由于 Jahn-Teller 效应，Cu^{2+} 的八面体配合物产生畸变，引起能级进一步分裂提供了额外的稳定化能，使 Cu^{2+} 的配合物有更高的稳定性。

欧文-威廉顺序对高自旋配合物较为有效，对低自旋配合物则发生偏差。

6.1.3.3　配体的影响

(1) 配位原子的电负性　根据软硬酸碱规则，对于 8e (或 2e) 型阳离子，配位原子的电负性越大，配合物越稳定；而对于 18e 或 (18+2)e 型阳离子，配位原子的电负性越小，配合物越稳定；对于 d 电子数较多、电荷较低的过渡金属来说，如果配位原子有空的 d 轨道或配体有空的 π^* 轨道，则可以形成反馈 π 键，从而增强配合物的稳定性。

(2) 配体的碱性　许多配体都可以接受质子生成弱酸。如：

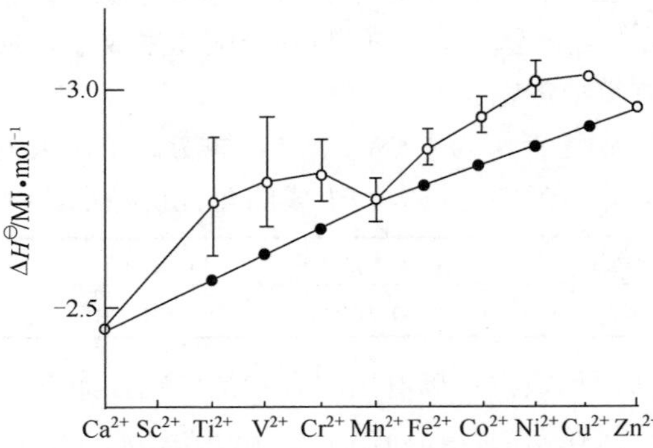

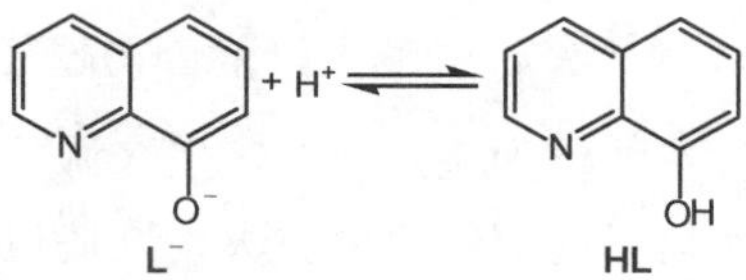

配体的碱性表示配体结合质子的能力，即配体的亲核能力。配体的碱性越强，表示它的亲核能力也越强，与金属离子的配位能力也越强，配合物的稳定常数也越大。

P. Gfirkan 等[7]测定了图 6-5 所示配体与镧系离子形成配合物的稳定常数。研究结果显示，相同中心离子的情况下，呈现如下配合物稳定性顺序：SApyCl < SApy < QuS < QuOH < pyS < pyOH < SApyMe，反映出配体原子的电负性及配体的碱性对配合物稳定性的影响。

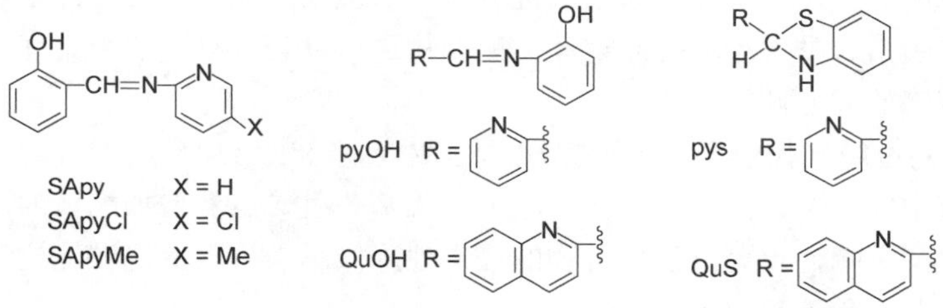

图 6-5 配体 SApy、SApyCl、SApyMe、pyOH、QuOH、pyS 和 QuS 的结构式

配体上取代基的亲电性可增加配体的碱性，使配合物的稳定性增加，但也可产生空间阻碍，使稳定性下降。在分析化学中常利用改变取代基来提高对某一金属离子的选择性，如 8-羟基喹啉能与 Al^{3+} 和 Be^{2+} 生成难溶配合物。如果在 2 位上引入甲基，则由于产生空间位阻而不能与 Al^{3+} 形成八面体配合物，但却能与 Be^{2+} 形成四面体构型的稳定配合物，所以 2-甲基-8-羟基喹啉可用于 Al^{3+} 和 Be^{2+} 共存下 Be^{2+} 的定量分析。

(3) 螯合效应 螯合物的稳定性高于一般配合物。这一点可以从水溶液中的 Ni^{2+} 和 NH_3 或乙二胺 (en) 配位后所形成配合物的稳定常数中看出。

$$Ni^{2+}(aq) + 6\,NH_3 \longrightarrow [Ni(NH_3)_6]^{2+} + 6\,H_2O \qquad K^{\ominus}_{稳} = 10^{8.60}$$
$$Ni^{2+}(aq) + 3\,en \longrightarrow [Ni(en)_3]^{2+} + 6\,H_2O \qquad K^{\ominus}_{稳} = 10^{18.3}$$

这种因形成螯环增加配合物稳定性的效应称为螯合效应。螯合效应可以从热力学理解，热力学中存在如下关系式：

$$\Delta G^{\ominus} = \Delta H^{\ominus} - T\Delta S^{\ominus}$$
$$\Delta G^{\ominus} = -RT\ln K^{\ominus}$$

由此可见，$K^{\ominus}_{稳}$ 的大小取决于 $\Delta H^{\ominus}$ 和 $\Delta S^{\ominus}$ 的大小。

在 $[Ni(NH_3)_6]^{2+}$ 和 $[Ni(en)_3]^{2+}$ 中，配体都是以 N 原子和 Ni^{2+} 配位，形成 M←N 配位键，所以 $\Delta H^{\ominus}$ 数值接近，但两个反应的 $\Delta S^{\ominus}$ 不同。从反应式中可以看出，螯合物的形成伴随着体系总质点数的增加，使得体系的混乱度增加，熵值增加。螯合

后 $\Delta S^{\ominus}$ 越大，$\Delta G^{\ominus}$ 越小，从而 $K^{\ominus}_{稳}$ 就越大，螯合物越稳定。因此，螯合效应实质上是一种熵效应。另外一种看法认为熵效应的产生来源于配位概率的增加，螯合配体和单齿配体比较时，显然前者的配位概率更大，则熵值越大。

常见的螯合剂一般为含 O、N、S 等原子的有机化合物。螯合物的稳定性和环的生成有密切关系。螯合配体的配位原子之间必须有一定的距离才能成环。如联胺 (NH_2NH_2) 虽然有两个配位原子，但距离太近不能成环。许多事实表明，大多数稳定的螯合物都是五元环或六元环。四元环在螯合物中很少见，因为两个配位原子相隔太近，生成螯合物时张力太大，故不容易生成，四元环往往出现在多核配合物中。结构相似、配位原子相同的一些多齿配体，形成螯环的数目越多，螯合物越稳定。还需要注意的一点是，螯环中如果双键增加，所生成的配合物稳定性也增加。像叶绿素、血红蛋白、酞菁染料等卟啉环类配合物之所以具有显著的稳定性，就是因为形成了带双键的六元环。

(4) 空间位阻 如前所述，变换配体上取代基可以增加形成配合物的稳定性，但这只是其中的一个方面，在某些情况下取代基的引入虽然增加配体的碱性，但由于空间位阻的影响，也可以使配合物的稳定性降低。当位阻出现在配位原子的邻位上时特别显著，称为邻位效应。

比如说邻菲啰啉是 Fe^{2+} 的灵敏试剂，可以和 Fe^{2+} 形成鲜红色的配合物，溶液中含有 0.1~0.06 μg/mL 的 Fe^{2+} 都能检出，这说明它和 Fe^{2+} 结合很牢，但在配位原子 N 原子邻位上引入甲基或苯基后邻菲啰啉就不和 Fe^{2+} 发生反应，因为邻位上的甲基或苯基对配合物的生成起了一定的阻碍作用，这就是空间位阻的影响。在分析化学中还常利用空间位阻效应来改变配体对某一特定离子的选择性。

(5) 18 电子规则 18 电子规则是经验规则。反磁性的过渡金属有机配合物，如果金属的价层含有 18 个或 16 个电子时，则该配合物较稳定，亦称为有效原子序 (EAN) 规则。过渡金属与配体成键时倾向于 9 个价轨道达到全部充满电子状态。18 电子规则在解释过渡金属配合物和羰基配合物时较为成功。例如，$Fe(CO)_5$、$Ni(CO)_4$、$Co_2(CO)_8$、$Fe_2(CO)_9$ 等符合 18 电子规则的配合物都较稳定，符合 18 电子规则的 $HMn(CO)_4$ 和 $Mn_2(CO)_{10}$ 都已经合成出来。而 $Mn(CO)_5$ 或 $Co(CO)_4$ 不符合 18 电子规则，都不存在。有些配合物不符合 18 电子规则，但也能稳定存在，这说明 18 电子规则也有不少例外。

6.2 配体的反应性

自 1951 年二茂铁被成功合成后，人们发现，与 Fe(Ⅱ) 配位后的环戊二烯的负电性远远高于未配位的环戊二烯，亲核能力明显增加，显然这是 Fe(Ⅱ) 对环戊二烯基影响的结果。大量实验研究表明，配体与中心原子配位结合，不仅能够影响配体的空间排布，更重要的是能够改变配体的反应性，从而促进或抑制某些反应的进行。本节将对配体的反应性作简单介绍。

6.2.1 配体的亲核加成反应

采用 X 射线法和中子衍射法研究 $Cr(CO)_6$ 中 Cr、C、O 原子上的电荷分布，结果分别为 +0.15 (Cr)、–0.09 (C)、–0.12 (O)。这说明配合物中羰基的正偶极在碳原子一端，氧原子为负端，这与分子轨道的计算结果是一致的。因此，羰基配合物中羰基配体的碳原子常常成为亲核基团进攻的位置。实验表明，几乎所有的亲核试剂都能够与羰基发生亲核加成反应。例如，$W(CO)_6$ 与烷基锂 LiR 反应生成金属碳烯 (metal-carbene) 就是羰基配体的亲核加成反应，如图 6-6 所示：

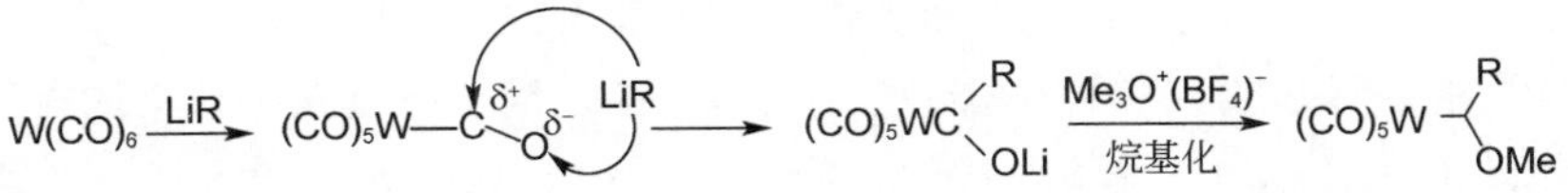

$$W(CO)_6 \xrightarrow{LiR} (CO)_5W{-}\overset{\delta^+}{C}{=}\overset{\delta^-}{O} \xrightarrow{LiR} (CO)_5WC(R)(OLi) \xrightarrow[\text{烷基化}]{Me_3O^+(BF_4)^-} (CO)_5W{=}C(R)(OMe)$$

图 6-6 $W(CO)_6$ 与烷基锂 LiR 反应生成金属卡宾的亲核加成反应过程

在混合配体羰基配合物中，NH_3 或胺分子进攻羰基配合物阳离子的过程也是一类常见的亲核加成反应，例如下面的反应：

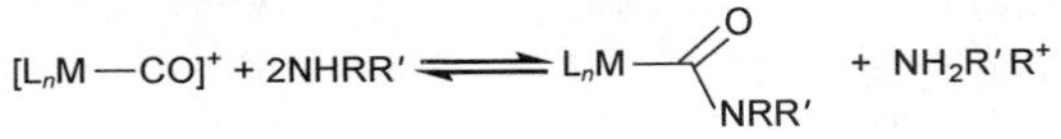

$$[L_nM{-}CO]^+ + 2NHRR' \rightleftharpoons L_nM{-}C(=O)NRR' + NH_2R'R^+$$

式中，M 为中心离子；L 为配体；n 为配体数目，一般为 3~5。

6.2.2 配体的酸式解离反应

实验表明，金属水合物中，配位水分子的解离度比游离水分子大。其原因是配位水的氧原子的电子云受到中心离子正电场的强烈吸引，降低了氧与氢原子间的电子云密度，更有利于氧氢键的断裂。例如水合铁离子的水解反应：

$$[Fe(H_2O)_6]^{3+} \longrightarrow [Fe(OH)(H_2O)_5]^{2+} + H^+$$

同样，醇、羧酸或其它质子型分子与金属离子配位时，金属离子也能够使这类配体的解离度增加。例如，乙酸的 $pK_a = 4.74$，是个弱酸，但是它与 BF_3 的配合物却是个强酸。这是因为乙酸与 BF_3 形成配合物后，羟基配位氧原子的电子云受到硼原子强烈吸引，降低了氧与氢原子间的电子云密度，使得氧氢键减弱，增大了配体的酸式解离的程度。我们把中心原子的这种作用，概括地总结为中心离子的“吸氧斥氢”作用。质子型配体解离度增大，正是中心原子“吸氧斥氢”作用的结果。

显然，非氧原子的质子型配体与中心原子配位时，配位原子同样要受到中心原子正电场的强烈影响，配体质子的解离度也必然增大。例如，HF 的 $pK_a = 3.16$，酸性较弱，但是氟硅酸的酸性则与硫酸相近。显然，这是 HF 与硅原子配位后，受到硅原子“吸氟斥氢”作用的结果。其反应如下：

$$H_2[SiF_6] \longrightarrow [SiF_6]^{2-} + 2H^+$$

对于通常为碱性的氨和胺类配体来说，N 原子与金属离子配位后其电子云移向金属离子，中心离子同样要对配体产生“吸氮斥氢”作用。显然，配体离解出质子必将提高该配体的亲核能力，从而增大配合物的稳定性。例如，二乙二胺合铂(Ⅱ)的解离反应：

$$[Pt(en)_2]^{2+} \rightleftharpoons [Pt(en)(en^-)]^+ + H^+$$

式中，en^- 为 en 失掉质子部分，即 $(HNCH_2CH_2NH_2)^-$ 基团。配离子 $[Pt(en)_2]^{2+}$ 在水溶液中的解离反应 $pK_a = 4.0$，与醋酸的解离程度相近。

6.2.3 中心离子活化配体的反应

配体与中心原子配位时，中心原子必然对配体的反应性产生重要影响。金属离子活化氨基酸酯次甲基的反应就是很典型的、具有普遍性的例子。

具有氨基、肼基或胍基的有机化合物可以与醛、酮的羰基发生亲核加成反应，并形成具有 R−CH=N−CH−R′ 结构的席夫碱 (Schiff base)、酰肼、酰腙、酰胍、缩氨脲等化合物。它们都是很好的螯合配体，能够与许多金属离子生成稳定的配合物，从而活化与氨基相连的次甲基，使其具有很好的亲核性。例如，苏氨酸的合成反应就是中心原子活化氨基酸酯次甲基反应的一个典型例子。该反应在 Cu^{2+} 与甘氨酸的碱溶液中加入乙醛，待反应完全后，再用 H_2S 除去 Cu^{2+}，大大提高了苏氨酸的产率。合成路线如图 6-7 所示。

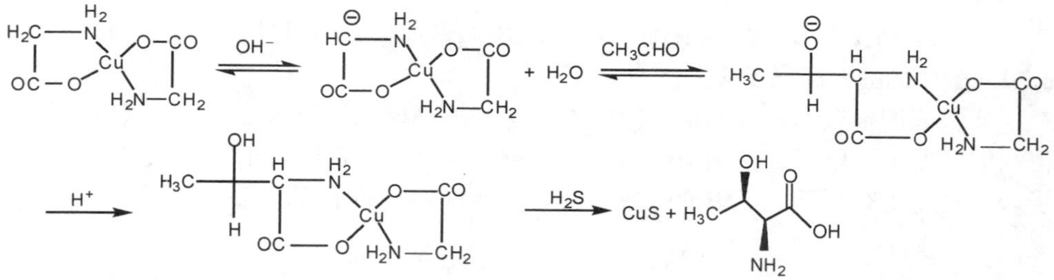

图 6-7 苏氨酸合成路线示意图

显然，该反应正是由于甘氨酸的氨基氮原子与 Cu^{2+} 配位，才促进了烯醇基的形成，从而加速了与醛基的缩合反应。

众所周知，β-二酮存在烯醇式和酮式两种互变异构体：

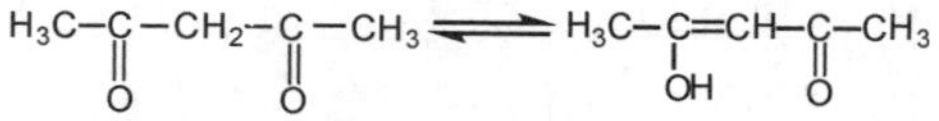

$$H_3C-\underset{\underset{O}{\|}}{C}-CH_2-\underset{\underset{O}{\|}}{C}-CH_3 \rightleftharpoons H_3C-\underset{\underset{OH}{|}}{C}=CH-\underset{\underset{O}{\|}}{C}-CH_3$$

酮式 (28%)　　　　烯醇式 (72%)

实验证明，β-二酮的卤化反应中加入金属离子，能够大大提高卤化反应速率，这也是由于金属离子活化配体所引起的。在 β-二酮的卤化反应中，酮式的卤化反应速率远远低于烯醇式。若在上述反应中加入金属离子，由于金属离子能与烯醇式配体生成更稳定的配合物，大大提高了 β-二酮的转化率，使得卤化反应速率得以增大，这也是配体与金属离子配位而被活化的一个例证。

6.3 配位催化反应

配位催化 (coordination catalysis) 一词首先由齐格勒-纳塔于 1957 年提出，并先后发展了烯烃定向聚合用的齐格勒-纳塔催化剂和乙烯控制氧化用的钯-铜盐等催化剂。配位催化是指在催化过程中催化剂与反应物或反应中间体之间发生配位反应，使反应物分子在配位后处于活化状态从而加速或控制反应的进行。目前配位催化在各类重要的有机反应、高分子聚合反应、酶催化反应中特别是立体选择性催化方面起着非常重要的作用。配位催化的特点在于：配位与解离这种活化分子的方式为反应提供了较低的反应能垒；可以对反应方向和产物结构起选择性的效果；可以促进电子传递反应；提供了电子与能量偶联传递途径[13~15]。

6.3.1 配位催化体系的类型

配位催化的类型按照反应选择性可分为常规催化反应体系、区域选择性催化 (regioselective catalysis) 反应体系和立体选择性催化 (stereoselective catalysis) 反应体系。例如带膦官能团的烯烃氢甲酰化反应在铑配合物催化剂的存在下，其产物为唯一的支链产物 [式 (6-7)] 而显示出非常好的区域选择性。立体选择性催化反应体系往往是由配合物催化剂的构型决定产物的构型选择性。

$$\text{CH}_2{=}\text{CHCH}_2\text{CH}_2\text{PPh}_2 \xrightarrow[\text{H}_2/\text{CO(2.7 MPa)}]{\text{Rh}_2(\text{OAc})_4,\ \text{PPh}_3(4\text{ eq})} \text{CH}_3\text{CH(CHO)CH}_2\text{CH}_2\text{PPh}_2 \qquad (6\text{-}7)$$

配位催化的类型按照相体系可分为均相催化 (homogeneous catalysis) 和异相催化 (heterogeneous catalysis)。均相催化是指催化体系为分子分散体系；异相催化是指催化体系为异相体系。异相催化体系有气固相、液固相、液液相和气液相，大部分异相催化为催化剂负载在固相中，也有的负载在液相中，如油水两相催化体系。均相催化体系中催化剂的催化效率往往高于异相催化体系，而异相催化体系相对于均相催化体系有环保、易分离、催化剂可回收等特点。异相催化剂根据催化剂负载体系分为高分子负载、无机多孔材料负载和膜负载配合物催化剂等体系。

高分子负载催化剂的传统负载方法是将配合物共价结合在高分子 (如聚苯乙烯) 上，形成和溶液不相溶的固相，通过接触面上的催化剂催化溶液反应。目前有一种可溶性高分子负载体系可克服固载催化剂的不足，在一定程度上综合了传统均相催化和异相催化的优点。与传统的固相负载的均相催化剂相比，可溶性高分子作为另一类载体可以通过选择合适的反应介质，实现“均相反应、两相分离”[16]。

如聚乙二醇 (PEG) 负载的手性钌催化剂 Ru(BINAP) 可溶解在醇类、甲苯、二氯甲烷等常规有机溶剂中，可催化脱氢萘普生的不对称氢化 (见图 6-8)，甲醇为溶剂，得到了 Ru(BINAP) 均相催化剂在该类反应中的最好结果。反应完成后除去甲醇，用乙醚萃取出产物，催化剂留在固相中再进入下一个循环[17]。

而树状大分子 (dendrimer) 负载配合物催化剂体系和可溶性高分子负载体系相似，也可实现“均相反应、两相分离”。如 2000 年 Jacobsen 等将 [Co(salen)] 催化剂负载在不同代数树状分子聚酰胺-胺 (PAMAM) 的表面，发现在环己基环氧丙烷的不对称开环反应中负载催化剂具有明显的树状分子效应 (图 6-9)，不同代数的手性树状分子催化剂的活性和选择性均高于小分子 [Co(salen)]。作者认为这种加速效应归因于相邻两个催化活性位点之间的协同效应[18]。

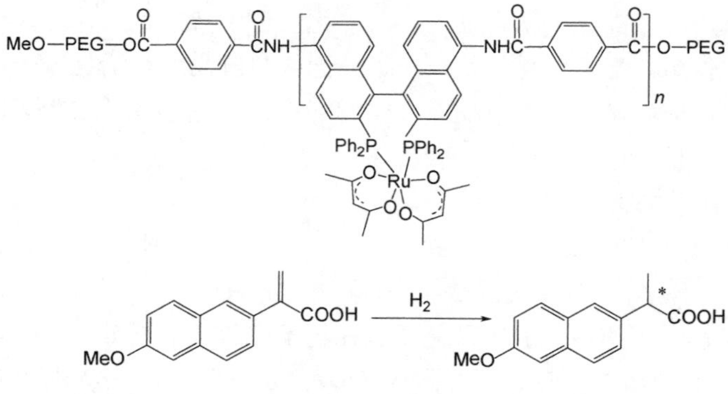

图 6-8 PEG 负载的手性钌催化剂 Ru(BINAP) 催化脱氢萘普生的不对称氢化

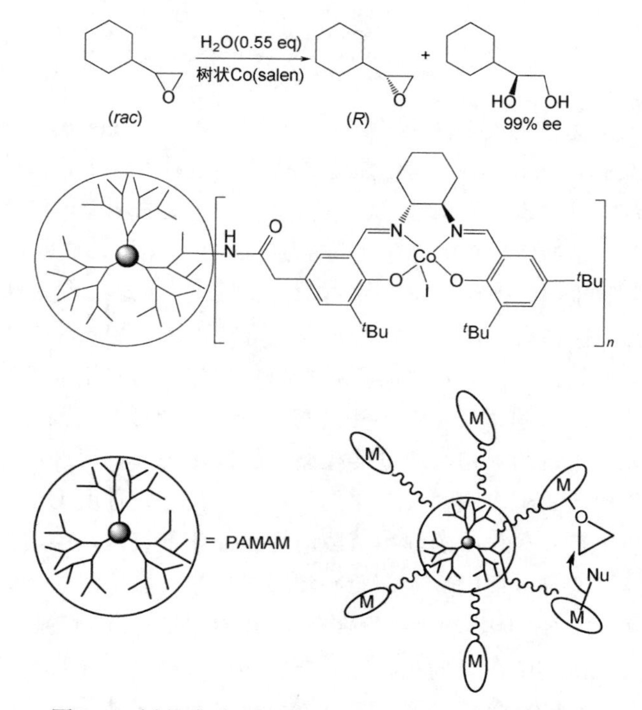

图 6-9 树状大分子负载 [Co(salen)] 配合物催化剂

使用无机多孔材料负载的配合物催化剂，如将手性 [Mn(salen)] 催化剂负载在酚羟基衍生的 MCM-41 硅系介孔材料，研究其催化的 α-甲基苯乙烯的不对称环氧化反应（图 6-10），获得了比相应均相小分子催化剂更高的对映选择性（enantioselectivity），且催化剂循环使用 3 次后活性和选择性都没有降低[19]。

近年来，在有序多孔有机-无机杂化材料（organic-inorganic hybrid material）负载配合物的催化研究中，主要以多孔材料构建需要的催化环境（位阻、手性等）。这类材料作为均相催化剂的载体，比传统无机介孔材料更容易调节微观结构和催化环境。如 4,4′-位含有吡啶基的手性联萘酚（binol）衍生物与 $CdCl_2$ 在溶液中经自组装形成三维有序的多孔手性材料，并得到无色晶体，晶体结构显示存在有序的手性孔洞（如图 6-11 所示），再将 $Ti(O^iPr)_4$ 和这个手性大孔材料作用，Ti 配位到手性框架中的 binol 位置，形成负载在手性孔洞中的活性配合物。应用于催化芳香醛的二乙基锌不对称加成反应，得到了与均相催化剂类似的转化率和选择性[20]。

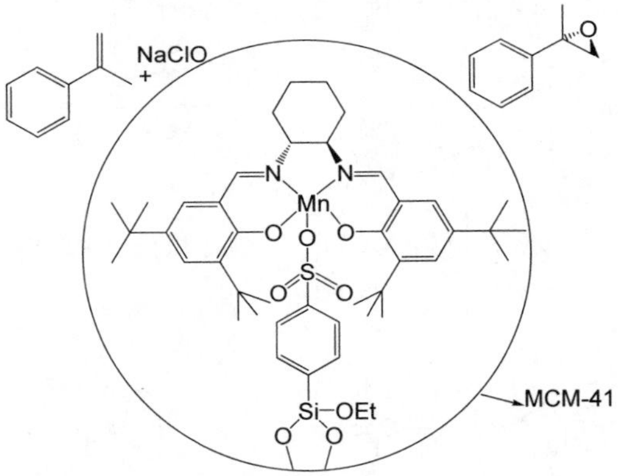

图 6-10　MCM-41 负载的 [Mn(salen)] 催化烯烃的不对称环氧化

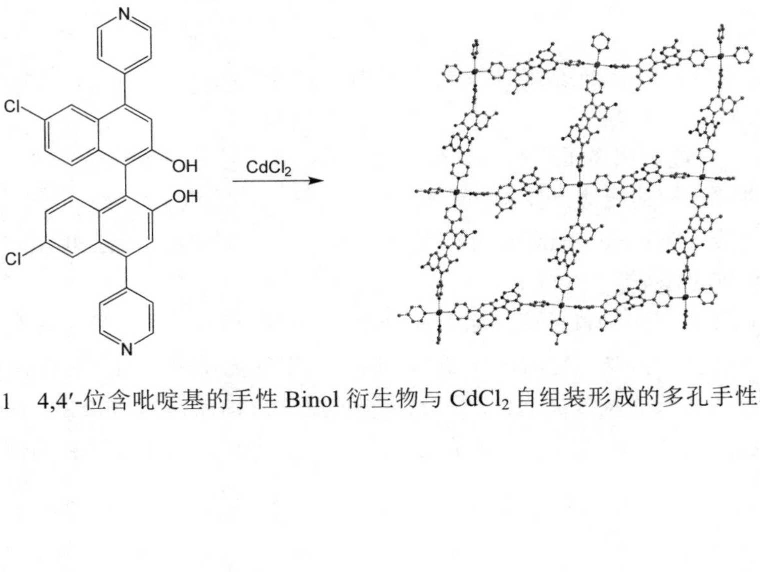

图 6-11　4,4′-位含吡啶基的手性 Binol 衍生物与 $CdCl_2$ 自组装形成的多孔手性材料[20]

6.3.2 配位催化基本原理

催化反应的关键就是降低反应的活化能，即活化反应分子。按照量子化学和结构化学理论，有两条途径可以使分子的化学键活化：一是使化学键的部分成键电子转移，削弱了该化学键，从而易生成新的化学键；二是使反键轨道中填充电子，降低了键级，为生成新化学键提供条件。

配位催化的催化剂大多是过渡金属配合物或其盐类，原因如下：

① 催化剂活性中心金属的前沿分子轨道含有 d 轨道的成分，而且 nd 与 $(n+1)$s 和 $(n+1)$p 的轨道能级接近，容易组成杂化轨道，共有 9 个可使用的价轨道。其中的空轨道可与反应物或反应中间体发生配位反应。

② 活性中心的某些 d 轨道具有与反应分子 (或反应基团) 的反键 σ 轨道或反键 π 轨道匹配的对称性，从而对反应分子中待破坏的 σ 键或多重键起有效的活化作用 (见图 6-12 和图 6-13)。同时也由于 d 轨道的参与，使得催化反应中许多基元步骤 (如邻位插入、含金属的环状中间态的形成等) 构成对称性允许的、低能垒的反应途径成为可能。

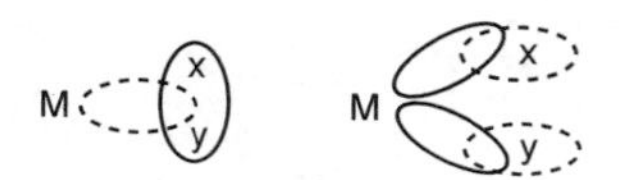

图 6-12 金属轨道和 X 分子 σ 轨道与 σ^* 轨道相互作用

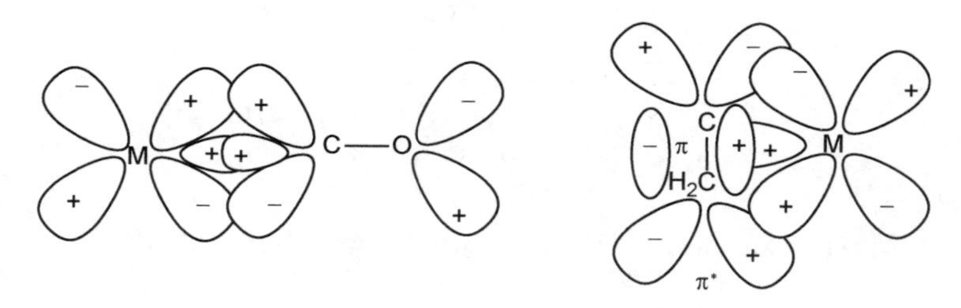

图 6-13 金属轨道对 CO 和烯烃分子中重键的配位活化

③ 过渡金属元素价态之间变化的能量比较小，有利于作为氧化还原的电子传递中心。

④ 某些过渡金属离子或原子具有较大半径，除反应物的配位位点外，还可以加入不参与催化反应的配体，而这些配体可以改变催化剂的电子效应、空间效应以及不对称诱导效应 (asymmetric induction effect)，提供了调节催化剂活性和选择性的可能。

6.3.3 配位催化循环

配位催化反应中加进反应体系的配合物，一般要经过多次转变才成为有活性的催化剂，所以往往需要一定的诱导期。以烯烃的甲酰化反应为例 (图 6-14)，这个催化反应中起初加入的是八羰基合二钴配合物，此化合物在 370~400 K、100~400 bar 下和氢气反应生成 $HCo(CO)_4$，再脱去一个羰基后才作为配位不饱和的催化活性物

质进入催化循化 (catalytic cycle)，所以 $HCo(CO)_3$ 才是真正的催化剂[21]。

同样以此反应来说明催化循环及各步反应。$HCo(CO)_4$ 转变成 $HCo(CO)_3$ 是整个催化反应的起始步骤，而这一步受高压 CO 的抑制，但催化反应的第 4 步需要高压的 CO，这就需要严格控制好 CO 的压力。第 2 步开始催化循环，这一步烯烃与钴的配位反应是催化反应速率的决定步骤即慢反应步骤。第 3 步 σ-π 重排及氢迁移反应中，由于 CR_2 位阻较大，钴和 CH_2 基团配位而不和 CR_2C 配位，这就大大减少了产物中异构体的产生。第 4 步反应为 CO 的配位。第 5 步反应为一氧化碳的插入反应。第 6 步 H_2 加成到钴上的氧化加成反应 (需要高的氢气压力)，但第 3 步得到的中间体也可以发生这种氧化加成 (图 6-15)，导致烷烃副产物的生成。第 7 步氢转移而生成产物。这样就完成了一个催化循环。循环中包括了配位、σ-π 重排、

$$RCH{=}CH_2 + CO + H_2 \xrightarrow[\Delta,\ 高压]{HCo(CO)_4} RCH_2{-}CH_2{-}\overset{O}{\overset{\|}{C}}{-}H$$

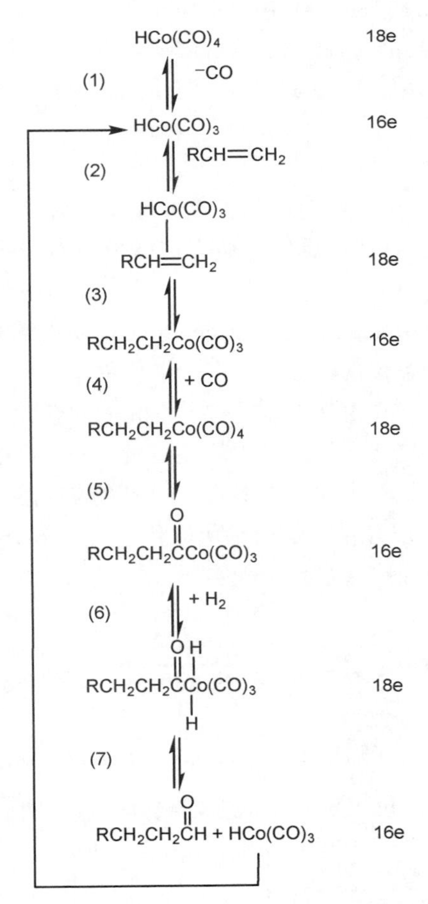

图 6-14　$HCo(CO)_4$ 催化的烯烃甲酰化

插入、氧化加成、氢转移及生成物的解离。除这个主循环外，还存在一些副循环，如第 3 步中的异构化和氧化加成都会导致副产物的生成。为了减少副产物的产生，需尽量避免整个循环中副反应催化循环的出现。

$$\underset{16e}{RCH_2CH_2Co(CO)_3} + H_2 \longrightarrow \underset{18e}{RCH_2CH_2Co(H_2)(CO)_3} \quad \text{氧化加成反应}$$

$$\underset{18e}{RCH_2CH_2Co(H_2)(CO)_3} \longrightarrow RCH_2CH_3 + \underset{16e}{HCo(CO)_3} \quad \text{还原消除反应}$$

图 6-15 $HCo(CO)_4$ 催化烯烃甲酰化过程中导致生成烷烃的副反应

上述反应的催化循环说明，18 电子和 16 电子规则 (effective atomic number rule, EAN) 可以粗略判断催化剂的活性物种。一般 18 电子的配合物很难期待它是活性物种，因为它是配位饱和的，没有配位点来结合反应物。因此，如同反应中的 $HCo(CO)_4$ 要先失去一分子 CO 才进入循环一样，18 电子的配合物作为催化剂在进入循环前应先脱去一个配体。在此催化循环中，18 电子和 16 电子中间体的依次更替，循环中配位、解离或插入等反应相对应。实践表明，催化循环中多于 18 电子的中间体非常罕见。应该指出，用 18 电子和 16 电子规则概括配位催化作用也不是很全面，有许多例外。

6.3.4 配位催化中的基本反应

配位催化反应通常包含多个化学反应，如配体的配位与解离、氧化加成、还原消除、插入及挤出、σ-π 重排等基本反应。研究这些反应对于了解配位催化的过程是十分重要的。

(1) 配体的配位与解离 (coordination and dissociation) 如果底物与配合物的金属离子配位，就必须提供它们可配位的位点。在多相催化中，金属、氧化物、卤化物等表面的原子是配位不饱和的。在溶液中，配位不饱和的配合物，其空的配位点会被溶剂占据。而催化过程中，这些配位点必须释放出来，弱配位溶剂占有的位点在反应中能被反应分子取代。例如，平面正方形构型的配合物在溶液中，若平面上下两个位点被溶剂分子占据，则很容易被反应物所取代 (见图 6-16)。而对一些不易释放出空位的配合物，则需要通过其它方法来实现。

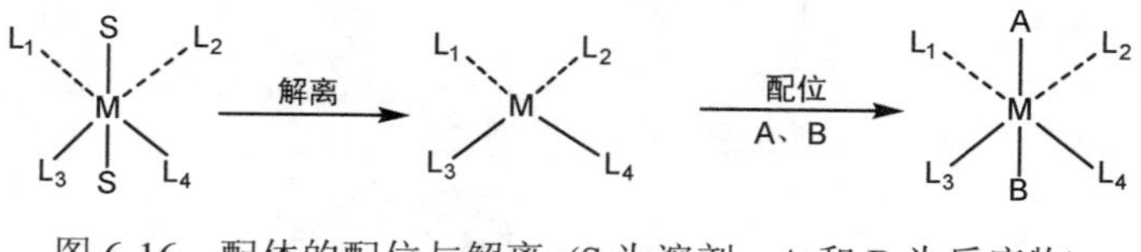

$$L_1L_2L_3L_4M(S)_2 \xrightarrow{\text{解离}} L_1L_2L_3L_4M \xrightarrow[\text{A、B}]{\text{配位}} L_1L_2L_3L_4M(A)(B)$$

图 6-16 配体的配位与解离 (S 为溶剂，A 和 B 为反应物)

利用反位效应 (*trans*-effect)，可以更容易地提供配位位点。例如

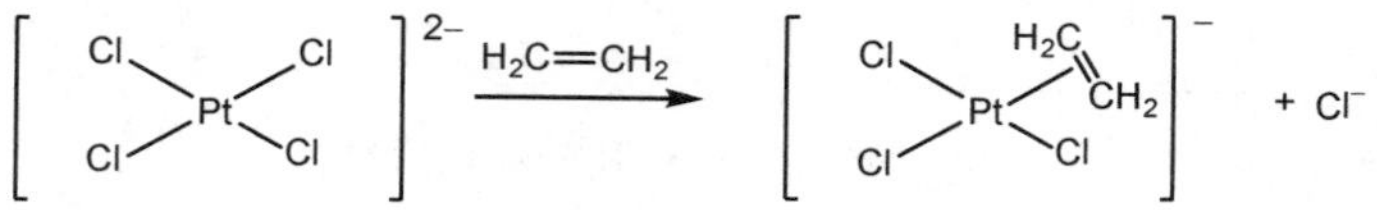

$$[PtCl_4]^{2-} \xrightarrow{H_2C{=}CH_2} [PtCl_3(\eta^2\text{-}H_2C{=}CH_2)]^- + Cl^-$$

此反应相当慢，但是加入 $SnCl_2$ 后，反应大大加速，这时因为在生成的 $PtCl_3(SnCl_3)^{2-}$ 中，处于 $SnCl_3$ 反位的 Cl^- 被活化了。

利用配体的位阻效应，也可以更容易提供配位位点。配体的位阻越大，配体间的斥力越大，其解离的趋势也越大，更容易被反应物取代。例如，$Ni(PPh_3)_4$ 由于 PPh_3 的位阻较大，全部解离为 $Ni(PPh_3)_3$。

$$Ni(PPh_3)_4 \longrightarrow Ni(PPh_3)_3 + PPh_3$$

另外，加热或光化学解离反应也可以提供配位位点。

(2) 氧化加成和还原消除 (oxidative addition and reductive elimination) 若配合物中心原子上有非键电子且氧化态可以发生变化，并能提供或解离出两个空配位点时，就可以发生氧化加成反应 (图 6-17)，而氧化加成的逆反应为还原消除。在 H_2、HCl 或 Cl_2 等分子与配合物的加成反应中，将在 H−H、H−Cl 或 Cl−Cl 等键断开的同时，形成两个和金属的新键；含多重键的分子加成作用是通过打开一个 π 键形成三元环的新配合物。一般来讲，大位阻的配体会降低配合物的氧化加成能力。

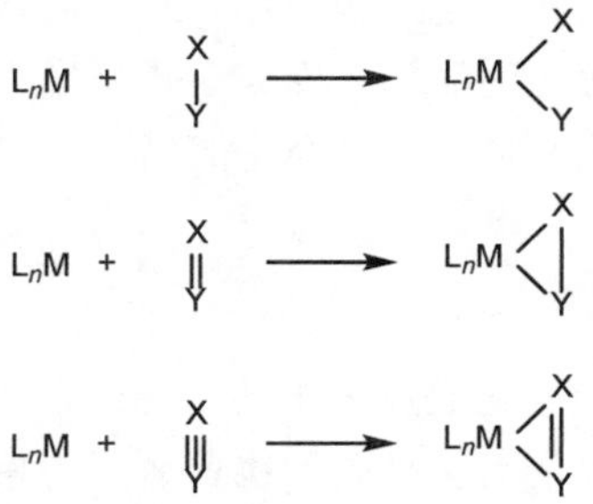

图 6-17 氧化加成

还原消除反应是氧化加成反应的逆反应，也是配位催化反应中的重要反应。如烯烃催化加氢反应的最后一步：

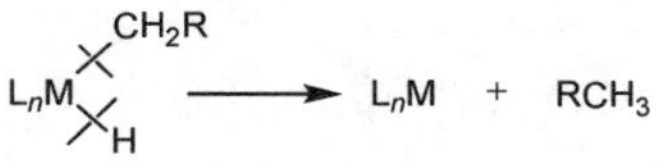

$$L_nM(CH_2R)(H) \longrightarrow L_nM + RCH_3$$

(3) 插入及挤出反应 (insertion and extrusion reaction) 这里探讨的插入反应指那些反应中金属的表观氧化态不发生变化的反应。在催化反应中 M−H 或 M−C 键中插入不饱和化合物是一类重要的基本反应。而插入反应的逆反应称之为挤出反应或插入消除反应。通常这类反应可以由图 6-18 所示反应式表示。

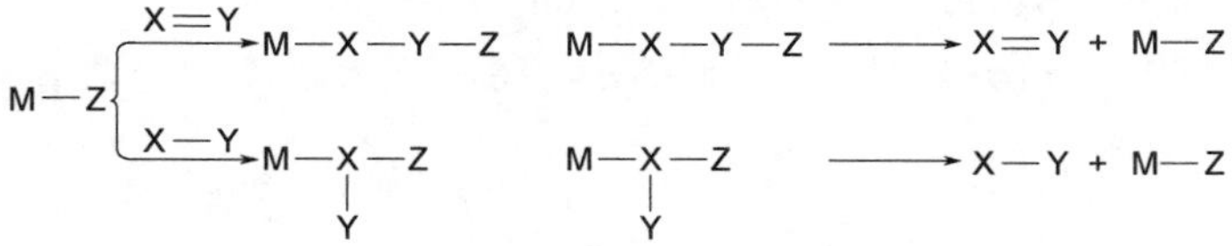

图 6-18 插入反应与挤出反应

M—Z 为 M—H、M—C 或 M—N；X=Y 为 C=C、C=N、N=N 等；:X—Y 为 :C≡O、:C≡N—R 或 :CR_2 等

① 极性 M−Z 键的插入 如铝的氢化物中 M−H 键具有极性，可诱导极化不饱和键插入 M−H 键中 (如图 6-19 所示)。

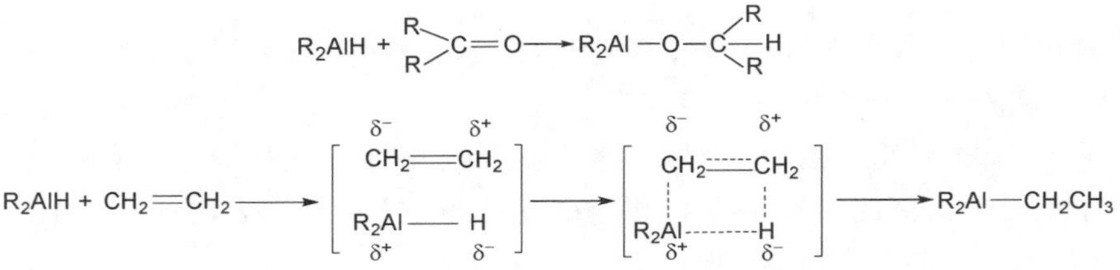

$$R_2AlH + R_2C{=}O \longrightarrow R_2Al{-}O{-}CHR_2$$

$$R_2AlH + CH_2{=}CH_2 \longrightarrow \left[\begin{array}{c} \overset{\delta^-}{CH_2}{=}\overset{\delta^+}{CH_2} \\ \underset{\delta^+}{R_2Al}{-}\underset{\delta^-}{H} \end{array}\right] \longrightarrow \left[\begin{array}{c} \overset{\delta^-}{CH_2}\cdots\overset{\delta^+}{CH_2} \\ \underset{\delta^+}{R_2Al}\cdots\underset{\delta^-}{H} \end{array}\right] \longrightarrow R_2Al{-}CH_2CH_3$$

图 6-19 铝的氢化物中 M−H 键插入极化不饱和键

② 弱极性 M−Z 键的插入　过渡金属配合物中的 M−H 或 M−C 键通常是共价的或者只是弱极性的。尽管有这样的共价性，烯烃在某些过渡金属-氢或过渡金属-碳键之间的插入反应还是相当快的，特别是 d^1、d^2、d^8、d^9 构型配合物的活性氢化物，很容易插入烯烃生成活性金属烷基化合物。

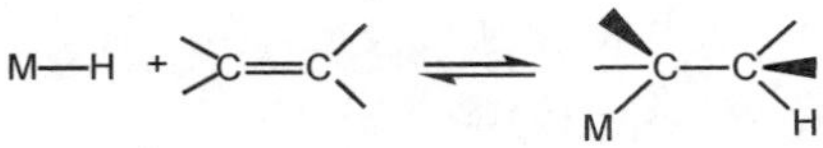

$$M{-}H + C{=}C \rightleftharpoons M{-}C{-}C{-}H$$

这类反应驱动力源于金属的 d 轨道参与 M−H 的成键，这样 M−H 和 C=C 键对称禁阻被打破，轨道之间的相互作用加强：

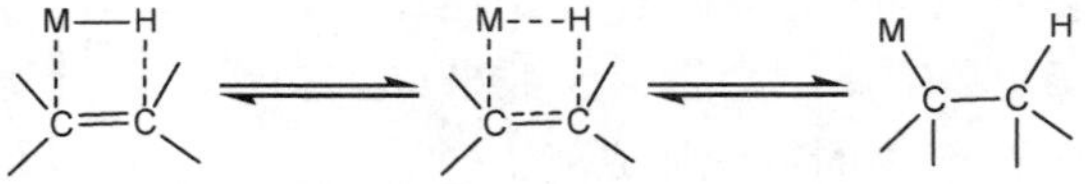

$$\begin{array}{c} M{-}H \\ C{=}C \end{array} \rightleftharpoons \begin{array}{c} M\cdots H \\ C{=}C \end{array} \rightleftharpoons \begin{array}{cc} M & H \\ C{-}C \end{array}$$

而此插入反应的逆反应刚好是 β-H 消除反应（β-hydride elimination），这也是一类非常重要的反应。

而 CO、CNR 或 :CH_2 在 M−H 或 M−C 键之间的插入也被称为碳烯插入，以羰基化为例，通常假定反应中生成三中心的过渡态：

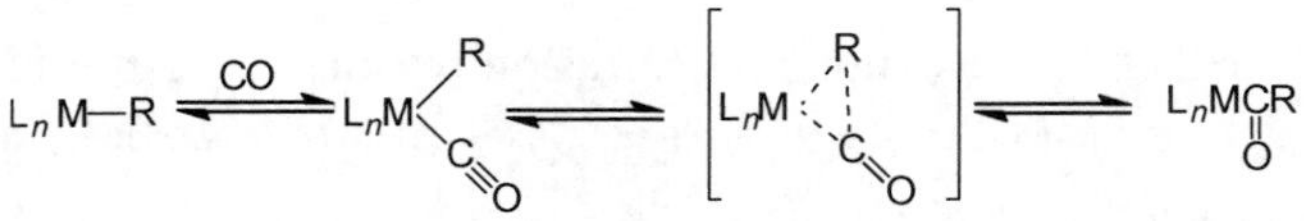

$$L_nM{-}R \underset{}{\overset{CO}{\rightleftharpoons}} L_nM(R)(C{\equiv}O) \rightleftharpoons \left[L_nM\cdots(R)\cdots C{=}O\right] \rightleftharpoons L_nMC(=O)R$$

而 CO 的反应是可逆的，脱羰基作用也具有类似的三中心过渡态。

(4) σ-π 重排 (σ-π rearrangement reaction)　σ-π 重排是一种分子内的反应，在各种 σ-π 重排中，η^1(σ)-配体和 η^2(π)-配体的重排是最基本的（见图 6-20）。

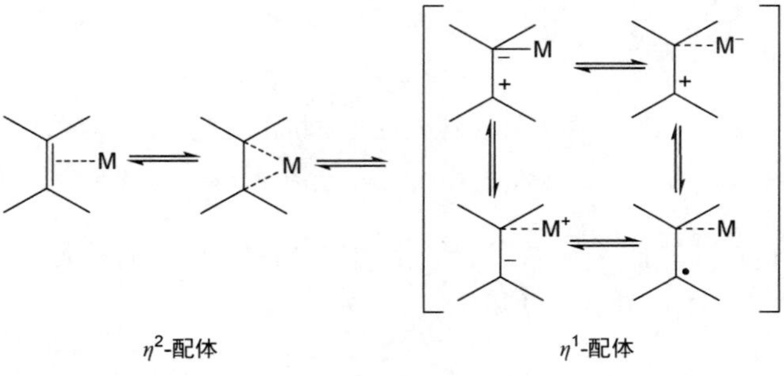

$\eta^2(\pi)$-物种可以通过加热或其它激活方式转化为 η^1-物种，而 η^1-物种大多处于激发状态。而反应能否形成含 $\sigma(\eta^1)$-键的配体产物是 σ-π 重排的一个重要判据。目前在许多反应中，$\eta^2(\pi)$-烯烃配体产生的活性 η^1-物种已常常被假定为中间产物。例如在 η^2-乙炔锌配合物中加入亲核试剂 (见图 6-20)。

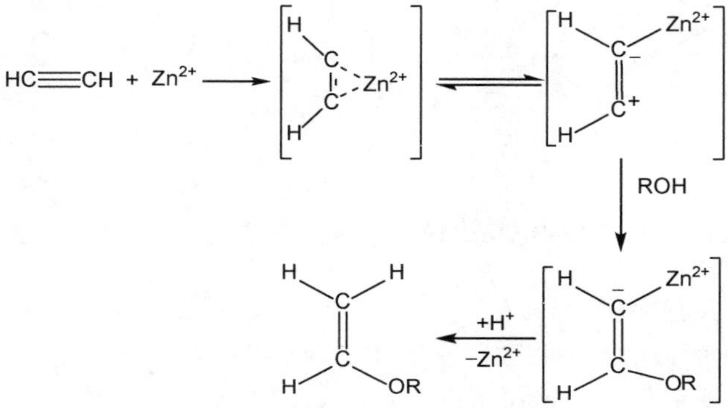

图 6-20　σ-π 重排

而 η^2-配位烯烃的光学顺、反异构作用，也被假定经过光化学活性的 η^1-烯烃配合物为主要中间体实现。

6.3.5　配体对催化反应的影响

依照推拉电子能力的不同，配体可以改变配合物的电子结构，可以使一些区域的电子密度增加或减小，导致某些键的强度发生较大改变。配体的反位影响要比顺位影响大得多。而配体的反位影响又可分为通过 σ-配键和 π-配键的反位影响。一般来说，为了活化 M−R σ 键，应当用可形成 σ-配键的配体；而对 M−R π 键 (R 为烯烃、CO 等) 的活化则优先用可形成 π-配键的配体，当然 σ-配键可以通过对金属的 d 轨道影响进而影响到 π-配体或反应物。然而配体的电子结构与催化活性之间的关系非常复杂：金属和配体之间既要有一定的强度，也需要配体可以解离腾出反应位点；而对可配位的反应物同样需要一定的配位强度，但也要能解离从而继续催化循环。

配体的位阻有时对反应的快慢和产物的构型也起着决定性影响。例如，中性的 EDBP 镁配合物在苄醇存在下催化乳交酯的聚合反应一般要在高温下才可以进行，而大位阻的 MEMPEP 镁配合物在室温下就可以催化此反应 (见图 6-21)。在不对称催化中，配体的手性位阻对产物的不对称诱导起着非常重要的作用。同时配体的大小、构型、相对位置、手性部位离反应活性的远近以及电子效应也都非常重要[22]。

溶剂对均相催化的影响在某些情况下非常大，特别是溶剂作为配体参与配位时，其配位能力的大小有时很大程度上就决定了整个催化反应的快慢甚至进行与否。如上述双酚 Mg 配合物在可配位溶剂 THF 中催化乳交酯聚合的反应速率要低于甲苯作溶剂的速率，这是由于在大量 THF 存在的情况下，乳交酯较难取代 THF 导致的结果。

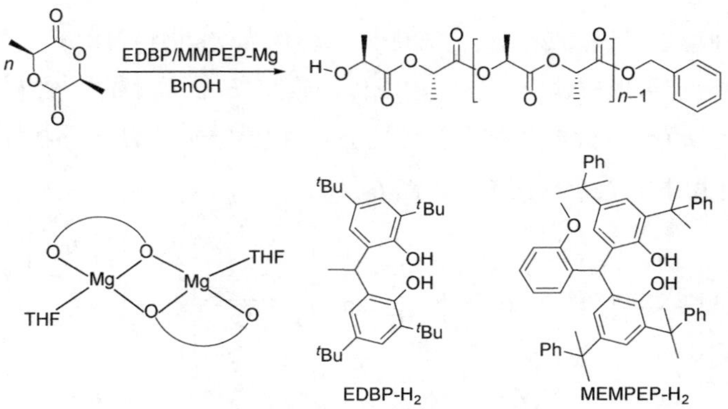

图 6-21　中性的 EDBP/MEMPEP 镁配合物催化乳交酯的聚合反应[16]

6.3.6　配位催化反应举例

配合物催化的反应种类丰富，这里简要列举几个重要的催化反应。

(1) 催化氢化反应 (catalytic hydrogenation)　例如，配合物 [Rh(PPh$_3$)$_2$Cl] 可以催化一些烯烃的加氢反应 (见图 6-22)，而手性的 [Rh(COD)(BINAP)]ClO$_4$ (COD = 环辛二烯) 作为催化剂可以催化 α-乙酰氨基丙烯酸酯的加氢反应，并且 ee 值可达 70% (见图 6-23)。

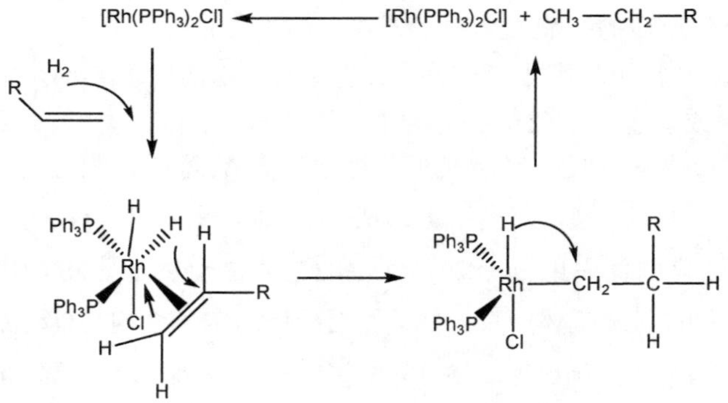

图 6-22　[Rh(PPh$_3$)$_2$Cl] 可以催化烯烃的加氢反应

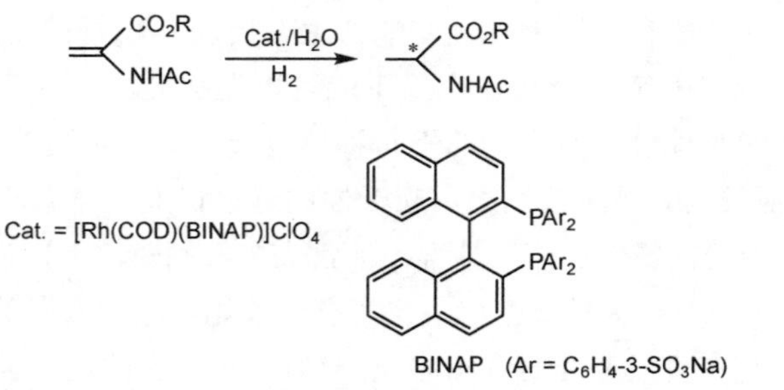

图 6-23　[Rh(COD)(BINAP)]ClO$_4$ 催化剂催化 α-乙酰氨基丙烯酸酯的加氢反应

我国化学家南开大学周其林和谢建华等设计合成的具有螺二氢茚骨架的手性螺环吡啶氨基膦配体 SpiroPAP，该配体的铱配合物能够高效地催化简单酮的不对称氢化反应 (图 6-24)，TON 高达 455 万次[23]。

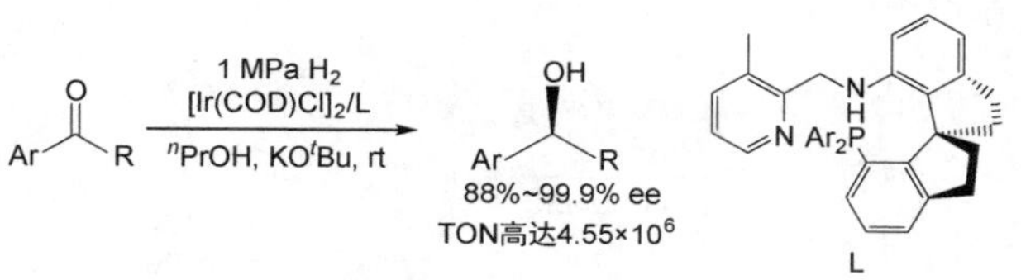

图 6-24　SpiroPAP 催化剂应用于酮的不对称氢化

(2) 催化氧化反应 (catalytic oxidation)　德国瓦克化学公司 (Wacker Chemie) 发明的 $PdCl_2/CuCl_2$ 为催化剂催化乙烯氧化为乙醛反应中 (如图 6-25 所示)，催化反应第一步为乙烯取代 $PdCl_4^{2-}$ 配阴离子中的一个氯离子而配位到 Pd^{2+} 上，第二步烯烃被一分子水亲核进攻同时失去一个 H^+，第三步经过 β-氢消除而形成 Pd—H 键同时失去一个 Cl^-。紧接着 H-迁移，Cl^- 配位，再接着乙醛、H^+ 和 Cl^- 离去，同时 Pd(Ⅱ) 变成了 Pd(0)。Pd(0) 可被 $CuCl_2$ 氧化再生，$CuCl_2$ 被还原成 CuCl，CuCl 再被 O_2 氧化成 $CuCl_2$ 而再生。

催化反应：

$$CH_2CH_2 + PdCl_4^{2-} + H_2O \longrightarrow CH_3CHO + Pd + 2HCl + 2Cl^-$$

催化剂再生：

$$Pd + 2CuCl_2 + 2Cl^- \longrightarrow PdCl_4^{2-} + 2CuCl$$

辅催化剂再生：

$$2CuCl + 2HCl + 1/2O_2 \longrightarrow 2CuCl_2 + H_2O$$

总反应：

$$CH_2CH_2 + 1/2O_2 \longrightarrow CH_3CHO$$

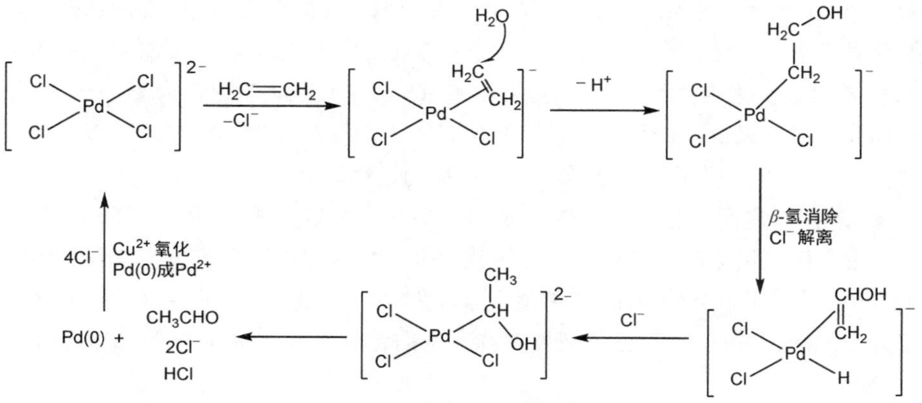

图 6-25　$PdCl_2/CuCl_2$ 为催化剂催化乙烯氧化成乙醛的反应

Stahl 等近来报道了以氧气将环己酮氧化制备苯酚的例子。通过一系列配体的筛选，发现邻二甲基氨基吡啶为最佳配体，3-甲基环己酮在 Pd 催化剂作用下可以顺利脱氢生成 3-甲基苯酚（图 6-26）。值得注意的是，间位取代的苯酚化合物很难通过传统方法合成[24]。

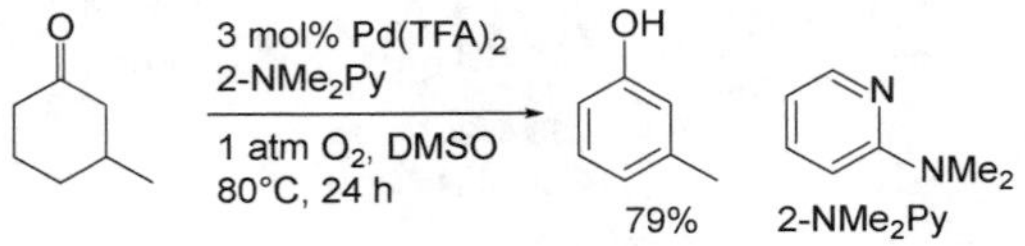

3 mol% $Pd(TFA)_2$, 2-NMe_2Py; 1 atm O_2, DMSO, 80°C, 24 h; 79%; 2-NMe_2Py

图 6-26 Stahl 等发展的以氧气作为氧化剂氧化环己酮的体系

(3) 夏普莱斯 (Sharpless) 催化不对称环氧化体系 巴里·夏普莱斯 (K. B. Sharpless) 小组于 1980 年成功进行的烯丙醇催化不对称环氧化 (asymmetric epoxidation) 反应，被认为是不对称催化领域的重大突破之一。他们用酒石酸二酯与 $Ti(O^iPr)_4$ 的配合物催化过氧化叔丁醇 (TBHP) 对烯丙伯醇的不对称环氧化，以 70%~90% 的化学产率和大于 90% 的 ee 值得到烯丙伯醇的环氧化物。由于反应所产生的环氧醇可进行随后的区域和立体控制的亲核取代 (或开环) 反应，通过环氧化合物的这些衍生化以及官能化的过程可以获得各种对映体纯的目标分子 (见图 6-27)，所以这一反应具有广泛的应用性。

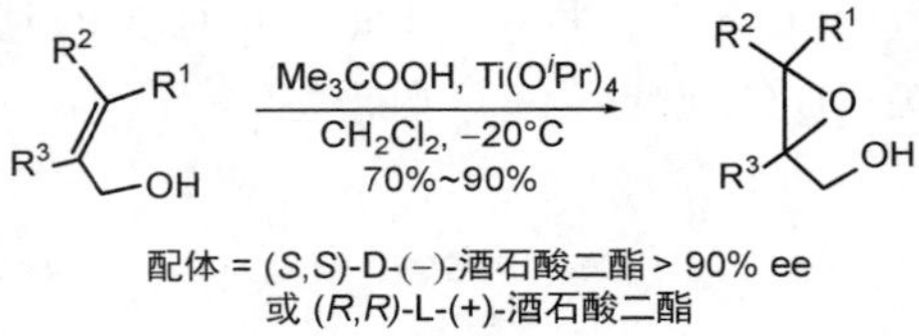

Me_3COOH, $Ti(O^iPr)_4$; CH_2Cl_2, −20°C; 70%~90%

配体 = (*S*,*S*)-D-(−)-酒石酸二酯 > 90% ee
或 (*R*,*R*)-L-(+)-酒石酸二酯

图 6-27 Sharpless 钛催化环氧化体系

Sharpless 环氧化反应机理并无唯一确定的解释和公认的反应模型。有报道表明，含等物质的量的钛和酒石酸酯的混合物是活性最高的催化体系，比单用四烷氧基钛(Ⅳ) 进行反应更快。Sharpless 推测在反应之中存在一种双核 Ti(Ⅳ) 酒石酸酯配合物的结构 (见图 6-28)，在这个二聚体中的单个钛中心进行催化反应的可能机理如图 6-29 所示，催化反应经过 Ti(Ⅳ) 混合型配体配合物 **A** (以烯丙氧基和过氧叔丁醇阴离子为配体) 进行。烷基过氧化物二齿配位于 Ti(Ⅳ) 中心而受到亲电活化(使其亲电进攻能力得到活化)，氧转移到 C=C 双键上形成了配合物 **B**。在 **B** 结构中，Ti(Ⅳ) 由环氧烷氧基和叔丁氧基配位。随后烷氧基被烯丙醇和过氧叔丁醇取代而再生为 **A**，于是就完成了可循环的氧转移的过程。

(4) 利用金属配合物催化 CO_2 还原 二氧化碳是取之不尽、用之不竭的碳资源。如何高效利用二氧化碳制备化工产品一直是催化领域重要的研究方向。在 2012 年 Leitner 等报道了利用一种由三齿膦配体支持的 Ru 催化剂可将 CO_2 氢化直接转变为 CH_3OH[25]。但缺陷在于需要高温高压的苛刻条件，而且 TON 最高仅为 221（图 6-30）。

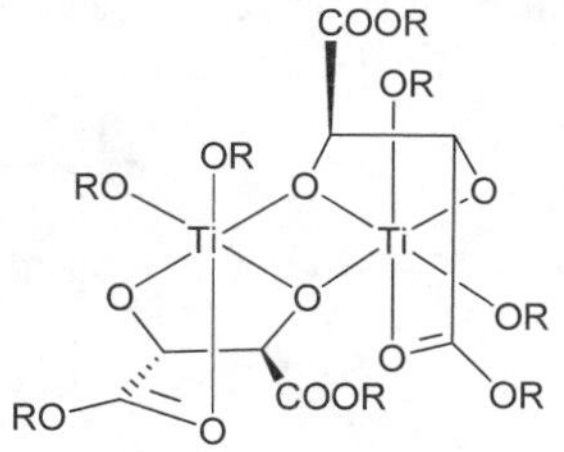

图 6-28 双核 Ti(Ⅳ) 酒石酸酯配合物

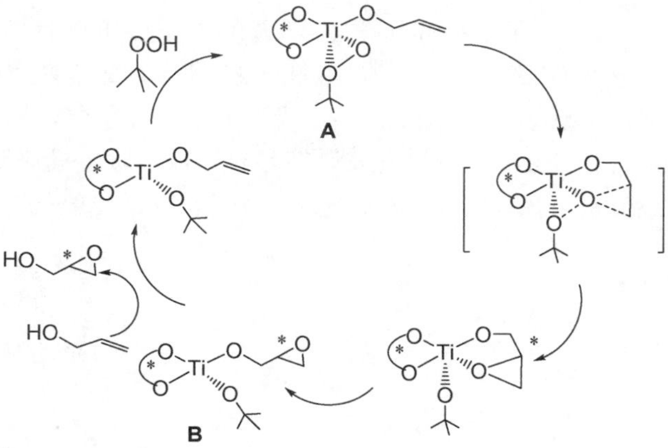

图 6-29 Sharpless 钛催化环氧化反应机理

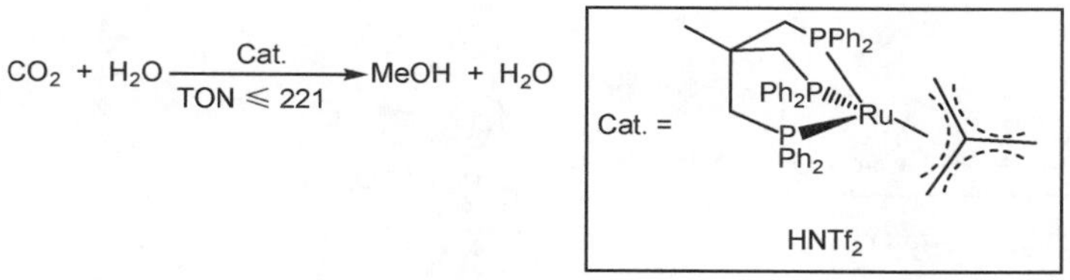

$CO_2 + H_2O \xrightarrow[TON \leqslant 221]{Cat.} MeOH + H_2O$

图 6-30 Ru 配合物催化氢化 CO_2 制备甲醇

而 2012 年丁奎岭等[26]发展了用氢气还原碳酸乙二醇酯制备乙二醇和甲醇，其催化剂 PNP Ru（图 6-31），可以在温和的反应条件下以高选择性和高产率制备乙二醇和甲醇，反应 TON 高达 100000，原子利用率为 100%。

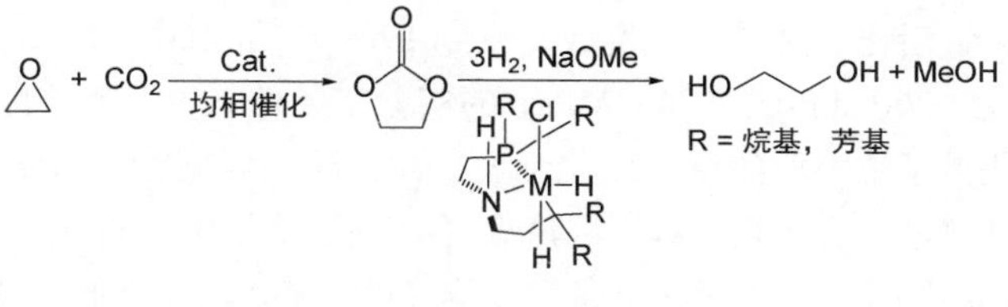

图 6-31 氢气还原碳酸乙二醇酯制备乙二醇和甲醇

(5) 金属配合物催化光解水反应 光解水产生氢气和氧气，而氢气和氧作用释放能量后只产生水，故氢能被视为最具发展潜力的清洁能源。自 20 世纪 70 年代以来，世界上众多科学家展开了广泛的氢能源研究，其主要目标是通过模拟光系统Ⅱ和氢化酶来合成氢气，利用光驱动水裂解成氢气和氧气。由于水裂解十分复杂（图 6-32），该过程涉及多质子和电子转移，并且有较高的热力学能垒。设计用太阳光驱动的光解水制氢催化体系，是最具挑战性的能源课题之一。

2009 年，Milstein 等人首次利用单核 Ru 配合物催化剂在 100 °C 加热条件下使水分解为氢气和氧气[27]。如图 6-33 所示，配合物 Ru-2 由去芳构化物种 Ru-1 在水溶液中直接生成，在加热条件下可以释放出氢气，并转化为顺式双羟基配合物 Ru-3，配合物 Ru-3 在光活化条件下经过还原消除生成双氧水，重新转化为配合物 Ru-2，双氧水分解为氧气和水。这是一个热活化放出氢气、光活化释放出氧气催化体系。

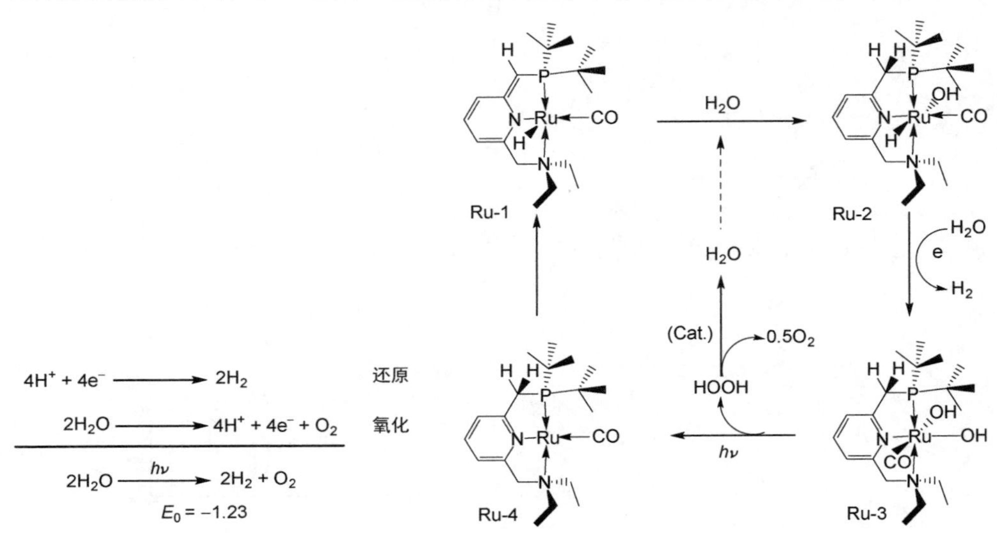

图 6-32 水裂解　　图 6-33 Ru 单核配合物催化水裂解反应

(6) 固氮固定 利用空气中的廉价氮气转化为可被植物利用的物质形式，即“固氮”这一重大课题一直是被科学家们关注并努力研究的方向。由于 N_2 分子为非极性分子，氮氮三键的键能高达 225 kcal/mol 以及分子本身极高的离子化势能，使得室温下实现氮气活化一直是一个挑战。直到 1909 年哈伯 (F. Haber) 用金属锇作催化剂在 600 °C 和 200 atm (20.265 MPa) 的实验室条件下以 6% 的收率成功获得合成氨。他因此获得了 1918 年诺贝尔化学奖。此方法经博施 (C. Bosch) 改进，成为著名的“哈伯-博施法”合成氨过程。尽管哈伯-博施法每年生产的合成氨已达到亿吨之巨，但这一方法需要高压 (20~50 MPa) 和高温 (400 °C)，转化率低 (10%~15%)，是一个相当耗能的生产工艺。因此，实现在温和条件下固氮一直是科学家们的梦想。

近年来固氮研究也取得了相当不错的进展，2003 年，Schrock 等报道了首例在常温常压下将氮气还原为氨的例子（图 6-34）[28]，但是该体系反应条件复杂，需要使用特殊的还原剂和质子化试剂，而且催化效果并不理想，催化剂容易失去活性，TON 仅为 4 次。

(7) 烯烃聚合 (olefin polymerization) 1995 年，美国的 Brookhart[29]和英国的 Gibson[30]分别报道了吡啶双亚胺铁和钴的配合物 (见图 6-35)，在以 MAO (methylaluminoxane) 为助催化剂的情况下催化乙烯聚合表现出了很高的催化活性，并得到了线型高密度聚乙烯。此铁系催化剂不仅价格较齐格勒-纳塔催化剂和茂金属催化剂便宜，易于制备，而且对乙烯的催化活性很高。吡啶双亚胺铁系配合物催化烯烃聚合的可能催化机理如图 6-36 所示，首先形成阳离子烷基化合物活性中心，随后乙烯配位到金属中心上，再迁移插入到 M−烷基键中，此后又进行类似的乙烯插入，得到更长的聚乙烯链。

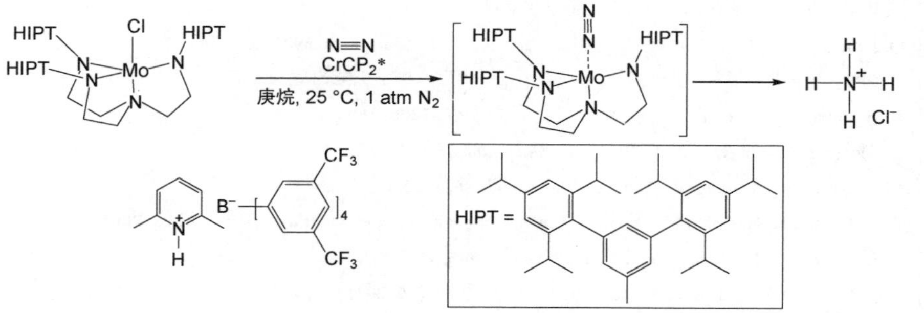

图 6-34 Mo 配合物催化 N_2 转变为 NH_3

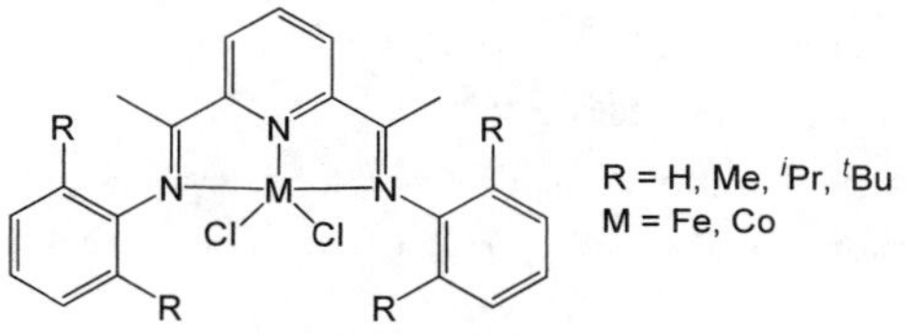

图 6-35 吡啶双亚胺铁系烯烃聚合催化剂

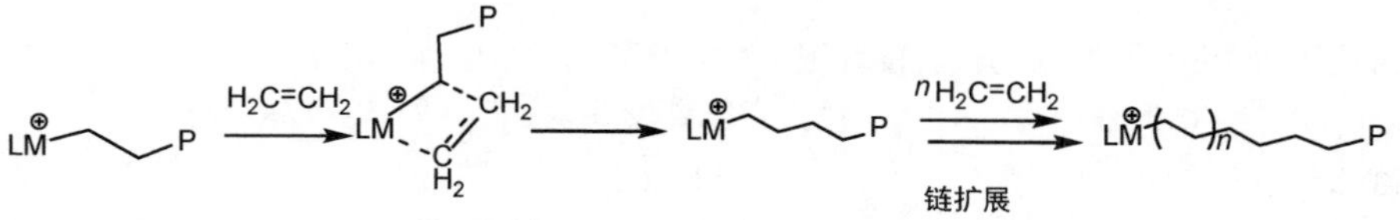

图 6-36 吡啶双亚胺铁系催化烯烃聚合的机理

参考文献

[1] F. R. Hartley, C. Burgess, R. Alcock. Solution Equilibrium. New York: John Wiley & Sons, **1980**.

[2] F. J. C. Rossotti and H. S. Rossotti. The Determination of Stability Constants. New York: McGraw-Hill, **1961**.

[3] M. Mameli, M. C. Aragoni, M. Arca, et al. *Inorg. Chem.*, **2009**, *48*, 9236.

[4] Z. Pálinkás, A. Roca-Sabio, M. Mato-Iglesias, et al. *Inorg. Chem.*, **2009**, *48*, 8878.

[5] A. Brausam, J. Maigut, R. Meier, et al. *Inorg. Chem.*, **2009**, *48*, 7864.

[6] 亚诺什(I. Janos), J. lnczedy. 络合平衡的分析应用. 刘士斌译. 吉林：吉林大学出版社，**1987**，211.

[7] A. E. 马特耳，M.卡尔文主编. 金属螯合物化学. 王夔，吴炳辅，白明彰等译. 北京：科学技术出版社，**1965**，54.

[8] 张孙玮. 现代化学试剂手册(第二分册)//化学分析试剂. 北京：化学工业出版社，**1987**，221.

[9] T. Djekić, Z. Zivkovic, A. G. J. van der Ham, A.B. de Haan. *Applied Catalysis A: General*, **2006**, *312*, 144.

[10] P. Gfirkan, N. San, *Talanta*., **1997**, *44*, 1935.

[11] A. Thaler, N. Heidari, B. G. Cox, H. Schneider. *Inorg. Chim. Acta*, **1999**, *286*, 160.

[12] B. Knobloch, C. P. Da Costa, W. Linert, H. Sigel. *Inorg. Chem. Commun.*, **2003**, *6*, 90.

[13] 吴越. 催化化学. 北京：科学出版社, **2000**.

[14] 何仁. 配位催化与金属有机化学. 北京：化学工业出版社, **2002**.

[15] 黄开辉，万惠霖. 催化原理. 北京：科学出版社，**1983**.

[16] Q. Fan, G. Deng, C. C. Lin, A. S. C. Chan. *Tetrahedron: Asymmetry*, **2001**, *12*, 1241.

[17] 丁奎岭，范青华. 不对称催化新概念与新方法. 北京：化学工业出版社, 2009.

[18] R. Breinbauer, E. N. Jacobsen. *Angew. Chem., Int. Ed.*, **2000**, 3604.

[19] S. Xiang, Y. Zhang, Q. Xin, C. Li. *Chem. Commun.*, **2002**, 2696.

[20] Ch.-D. Wu, W. Lin. *Angew. Chem. Int. Ed.*, **2007**, *46*, 1075.

[21] E. H. Catherine, G. S. Lan. Inorganic Chemistry. Second Ed. Pearson Education Limited, **2005**.

[22] T.-L. Yu, C.-C. Wu, C.-C. Chen, et al. *Polymer*, **2005**, *46*, 5909.

[23] J. H. Xie, X. Y. Liu, J. B. Xie, et al. *Angew. Chem.*, *Int. Ed.*, **2011**, *50*, 7329-7332.

[24] Y. Izawa, D. Pun, S. S. Stahl. *Science*, **2011**, *333*, 209-213.

[25] S. Wesselbaum, T. vom Stein, J. Klankermayer, W. Leitner, *Angew. Chem.*, *Int. Ed.*, **2012**, *51*, 7499-7502.

[26] Z. Han, L. Rong, J. Wu, et al. *Angew. Chem.*, *Int. Ed.*, **2012**, *51*, 13041-13045.

[27] S. W. Kohl, L. Weiner, L. Schwastsberd, et al. *Science*, **2009**, *324*, 74-77.

[28] D. V. Yandulov, R. R. Schrock. *Science*, **2003**, *301*, 76-78.

[29] B. L. Small, M. Brookhart, A. M. A. Bennett. *J. Am. Chem. Soc.*, **1998**, *120*, 4049.

[30] G. J. P. Britovsek, V. C. Gibson, B. S. Kimberley, et al. *Chem. Commun.*, **1998**, 849.

习　题

1．比较下列各组金属离子与同种配体形成配合物的相对稳定性，并简要给予解释：

(1) Co^{3+} 与 Co^{2+}　　(2) Ca^{2+} 与 Zn^{2+}

(3) Mg^{2+} 与 Ni^{2+}　　(4) Zn^{2+} 与 Cu^{2+}

2．解释下列二价金属离子生成正八面体弱场配合物的稳定性顺序：

$Mn^{2+} < Fe^{2+} < Co^{2+} < Ni^{2+} < Cu^{2+} > Zn^{2+}$

3．预测各组所形成的两种配离子的稳定性何者较大，并简要说明原因。

(1) Al^{3+}与 F^- 或 Cl^- 配合　　(2) Pd^{2+} 与 RSH 或 ROH 配合

(3) Cu^{2+} 与 NH_3 或吡啶配合　　(4) Cu^{2+} 与 NH_2CH_2COOH 或 CH_3COOH 配合

4．解释：

(1) 工业上用 NaCN 溶液提取金矿中的 Au，试写出提取反应方程式，并简述可用该反应提取金的理由。

(2) PH_3 (膦) 比 NH_3 (胺) 更容易与过渡金属形成配合物？

5．试设计一个测定 $[HgI_4]^{2-}$ 配离子总稳定常数的原电池，写出实验原理及计算过程。

6．何谓配体的亲核加成反应？举例说明配体的亲核加成反应的特点。

7．举例说明配体的酸式解离反应和中心离子活化配体的反应的过程和特点。

8．问答题：

(1) 简述配位催化的特点。

(2) 简述配位催化的基元反应有哪些。

(3) 解释图 6-21 环酯开环聚合的反应机理。

9．*trans*-$RhCl(CO)(PR_3)_2 + CH_3I \longrightarrow Rh(Cl)(I)(CO)(CH_3)(PR_3)_2$

R =	*p*-FC_6H_4−	C_6H_5−	*p*-$MeOC_6H_5$−
相对速率：	1.0	4.6	37.0

试解释此反应的反应速率随基团变化的实验现象。

10．下列反应是氧化加成反应，还是还原消除反应，还是两者都是，为什么？

$Fe(CO)_5 + I_2 \longrightarrow$ *cis*-$[Fe(CO)_4I_2] + CO$

11．写出下列反应的方程式并画出产物结构：

(a) RNC 插入 $MnCH_3$ 键。

(b) CS_2 插入 M−C 键。

(c) $F_2C{=}CF_2$ 插入 M−H 键。

(d) SO_2 插入 M−M 键。

12．对于反应 $RuCl_2L_3 + H_2 \longrightarrow HRuClL_3 + X$ ($L = PPh_3$)，当有三乙基胺存在时可加速反应，试解释反应是怎么发生的，X 是什么物质？

第 7 章　配合物的表征方法

7.1　电子吸收光谱

配合物的电子吸收光谱 (紫外-可见吸收光谱，UV/Vis) 主要来源于三种类型的电子跃迁：①金属离子的 d-d 跃迁或 f-f 跃迁；②电荷迁移跃迁 (荷移跃迁)；③有机配体内的电子跃迁。

7.1.1　金属离子的 d-d/f-f 跃迁

7.1.1.1　金属离子的 d-d 跃迁

金属离子的 d-d 跃迁涉及晶体场理论，d 轨道在不同的配位场的作用下简并度发生裂分，在低能级轨道上的电子可以接收紫外光而跃迁到较高能级，发生 d-d 跃迁，形成电子吸收光谱。d 轨道能级的分裂及电子的跃迁跟不同的配位场和电子组态有关，d 电子在不同分裂的 d 轨道上的跃迁对应于电子在谱项之间的跃迁，因此可利用 Orgel 和 Tanabe-Sugano (田边-营野) 能级图来解释配合物的电子吸收光谱。

在八面体场中，d 轨道分裂为高能级的 e_g 轨道和低能级的 t_{2g} 轨道。Ti^{3+} 唯一的一个 d 电子填充在低能级的 t_{2g} 轨道上，受紫外光激发后，产生 $t_{2g}^1e_g^0 \rightarrow t_{2g}^0e_g^1$ 的跃迁，该 d 电子填充到 e_g 轨道上，吸收光谱表现出一个吸收带。而从 Orgel 能级图来讲，d^1 组态的金属离子只有一个离子谱项 ^2D，在八面体场中分裂产生 $^2T_{2g}$ 和 $^2E_{2g}$ 两个谱项，电子从低能级的 t_{2g} 轨道跃迁到 e_g 轨道对应于电子从基谱项 $^2T_{2g}$ 到激发态项 $^2E_{2g}$ 的跃迁，体现在光谱图上只有一个吸收峰。例如实验测得 $Ti(H_2O)_6^{3+}$ 的最大吸收位于 20300 cm^{-1} (图 7-1)。

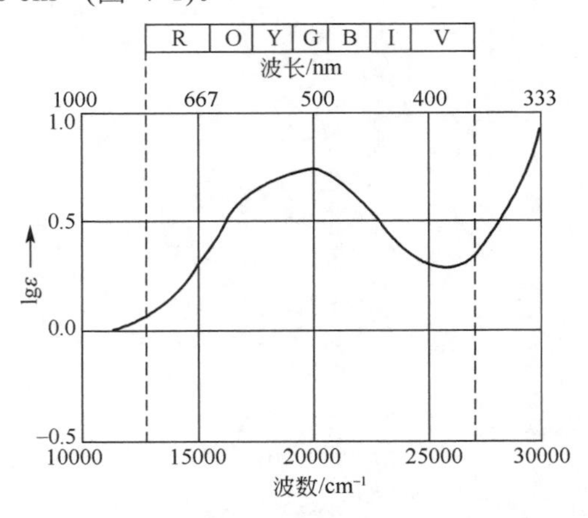

图 7-1　具有 d^1 电子构型的过渡金属离子的紫外-可见吸收光谱

八面体场中多电子的裂分情况比较复杂，既要考虑电子间的相互作用，又要考虑配体静电场的影响。电子从一个能级跃迁到另一个能级必须遵守光谱选律。光谱选律有两条：

(1) 自旋选律，也称多重性选律　多重性 $(2S+1)$ 相同谱项间的跃迁是允许的跃迁，多重性不同谱项间的跃迁是禁阻的。

(2) 轨道选律，又称 Laporte 选律，对称性选律或宇称选律　具有中心对称的分子或离子中只有伴随着宇称改变的跃迁才是允许的。

如果严格按照这两条选律，将看不到过渡金属 d-d 跃迁，也就看不到过渡金属离子的颜色，因为 d-d 跃迁是轨道选律所禁阻的 (中心对称配合物中心的配位场 d-d 跃迁是 g-g 类型)。但事实却相反，过渡金属离子有丰富多彩的颜色，这是由于某种原因而使禁阻被部分解除之故。这种禁阻的部分解除称为“松动”。一般原因在于：①晶体中配合物分子的环境畸变或者多原子配位体的不对称性使配合物偏离对称中心；②配合物可能发生不对称振动使得反演中心被破坏。

例如，在多电子体系中，由于自旋-轨道耦合而使自旋禁阻得到部分开放，或者自由离子的环境中缺乏对称中心，d 轨道和 p 轨道的部分混合产生 d-p 跃迁，即产生部分允许跃迁。又如，配合物中由于某些振动使配合物的对称中心遭到了破坏，d 轨道和 p 轨道的部分混合使 ΔL 不严格等于 0 等都可使禁阻状态遭到部分解除。

虽然上述禁阻被部分解除，但毕竟 d-d 跃迁是属于对称性选律所禁阻的，所以 d-d 跃迁光谱的强度都不大。

多电子组态的金属离子在八面体场的 d-d 跃迁光谱可借助 Orgel 能级图或者 Tanabe-Sugano 能级图来解释或者预测。Orgel 能级图只包括弱场或高自旋的情况，而 Tanabe-Sugano 能级图则包括强场或低自旋的情况，八面体场中 d^2-d^8 组态的 Tanabe- Sugano 能级图见附录Ⅲ。

d^2 组态的 Orgel 能级图见图 7-2，其基谱项为 $^3T_{1g}$。与基谱项 $^3T_{1g}$ 具有相同多重度的激发态谱项有 $^3T_{2g}$、$^3T_{1g}(P)$ 和 $^3A_{2g}$。因此按光谱旋律有三个允许跃迁，分别对应于 $^3T_{1g}\rightarrow{}^3T_{2g}$、$^3T_{1g}\rightarrow{}^3T_{1g}(P)$ 和 $^3T_{1g}\rightarrow{}^3A_{2g}$ 的吸收光谱带。但前两者吸收较弱，而 $^3T_{1g}\rightarrow{}^3A_{2g}$ 则由于能量高出现在紫外区并常被电荷迁移光谱覆盖。例如，V^{3+} 的配合物溶液显示两个比较宽但比较弱的峰。

而从 d^2 组态的 Tanabe-Sugano 能级图 (图 7-3) 也可以得到相同的结果。其基谱项为 $^3T_{1g}$，按光谱旋律有三个允许跃迁：$^3T_{1g}\rightarrow{}^3T_{2g}$、$^3T_{1g}\rightarrow{}^3T_{1g}(P)$ 和 $^3T_{1g}\rightarrow{}^3A_{2g}$。

d^3 组态的八面体配合物的有三个自旋允许跃迁，但其中一个常在靠近紫外区出现而被配体的吸收所掩盖。

d^4 组态 (例如，Cr^{2+}) 的八面体中既可有 $t_{2g}^3e_g^1$ 的电子排布，又可有 $t_{2g}^4e_g^0$ 的排布，但绝大部分是高自旋 (除 $[Cr(CN)_6]^{4-}$ 和 $[Mn(CN)_6]^{3-}$ 外)，高自旋的 d^4 组态离子具有唯一的五重态谱项 ^5D，所以其高自旋八面体配合物只可能产生一个自旋允许的吸收带，但常因 Jahn-Teller 效应而分裂成 3 个相近的激发态。

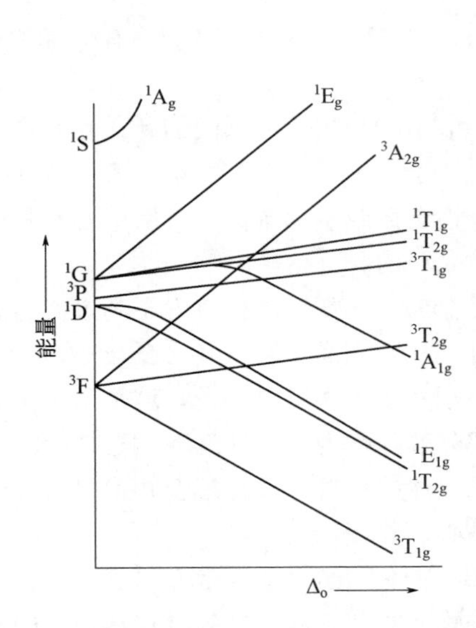

图 7-2 d^2 组态在八面体场中 Orgel 能级图

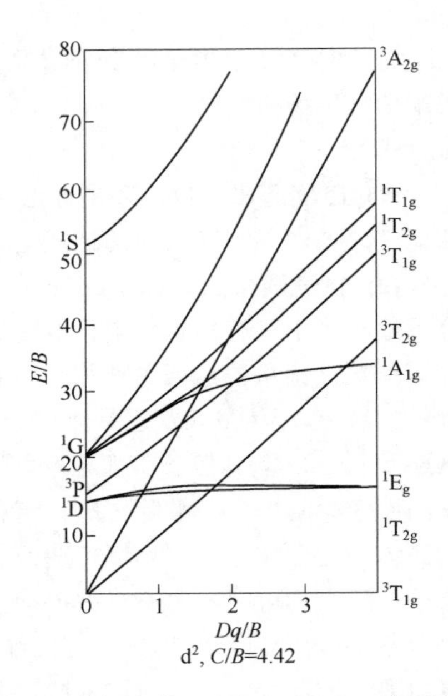

图 7-3 d^2 组态的 Tanabe-Sugano 能级图

d^5 组态 (例如，Mn^{2+}、Fe^{3+}) 比较特殊，其对应的空穴组态也是 d^5 自身。对于高自旋的构型，只有一个六重谱项 $^6A_{1g}$，不存在与之具有相同多重度的激发谱项，无自旋允许的跃迁，但 Mn^{2+} 的光谱上还是能观察到强度很小的吸收，对应于自旋六重态基谱项到自旋四重态激发态谱项的跃迁。Fe^{3+} 和 Mn^{2+} 离子的颜色都很淡 ($\varepsilon<0.1$) 也说明了这点。

大多数 M^{2+}的 d^6 电子 (例如，Fe^{2+}) 构型配合物都是高自旋的，除非配体的场特别强 (如 CN^-、phen)。与此相反，M^{3+} (如 Co^{3+}) 的配合物大多是低自旋的，除非配体的场特别弱 (如 F^-、H_2O)。从 d^6 组态的 Tanabe-Sugano 能级图 (图 7-4) 看出，高自旋 d^6 组态八面体配合物与 d^4 组态一样只有一个五重态 ^5D 谱项 (图 7-4 左)，只有一个自旋允许的吸收带 (因 Jahn-Teller 效应会产生分裂)。例如 $[Fe(H_2O)_6]^{2+}$，在 10400 cm^{-1} 处有一弱吸收，在 8300 cm^{-1} 有一肩峰。而对于 Co^{3+}，其基谱项为 $^1A_{1g}$(图 7-4 右)，存在四个与之具有相同多重度 (在这个例子中为单重态) 的激发谱项：$^1T_{1g}$、$^1T_{2g}$、^1E_g 和 $^1A_{2g}$。由于 ^1E_g 和 $^1A_{2g}$ 能量太高，主要的吸收峰对应于 $^1A_{1g}\rightarrow{}^1T_{1g}$ 和 $^1A_{1g}\rightarrow{}^1T_{2g}$ 的跃迁，表现在光谱上有两个吸收。

d^7 组态 (例如 Co^{2+}) 的八面体配合物的低自旋构型很少见，而其高自旋构型在大约 8000~10000 cm^{-1} 处和 20000 cm^{-1} 处有吸收。但由于其对称性低，在可见光区的吸收光谱复杂。

根据空穴理论，在 d 壳层中 n 个空穴可以按 n 个正电子处理，从而 d^n 组态与 d^{10-n} 组态在配体场中具有相同的行为，但谱项的符号有所变化。它们的能级图之间存在倒反关系。例如 d^8 组态的 Orgel 能级图如图 7-5 所示，其中 ^3F 离子谱项分裂产生的谱项次序按能量从低到高依次为 $^3A_{2g}$、$^3T_{2g}$、$^3T_{1g}$。而 d^2 组态 ^3F 离子谱项分裂而来的谱项顺序为 $^3T_{1g}$、$^3T_{2g}$、$^3A_{2g}$ (图 7-2)。两者相反，呈倒反关系。

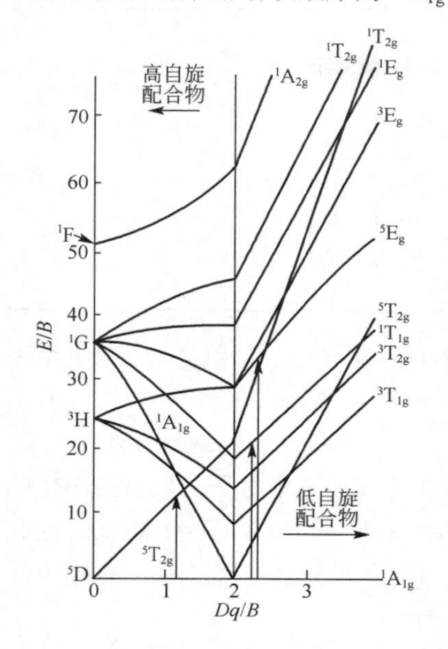

图 7-4 d^6 组态的 Tanabe-Sugano 能级图

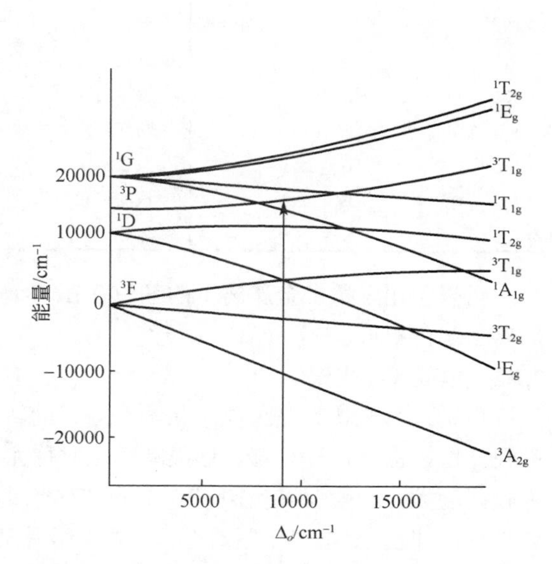

图 7-5 d^8 组态 (Ni^{2+}) 在八面体场中的 Orgel 能级图

(图中箭头表示 $[Ni(H_2O)_6]^{2+}$ 的电子跃迁)

从 Orgel 能级图可以看出 d^8 组态有三个允许跃迁，分别为 $^3A_{2g}\rightarrow{}^3T_{2g}$、$^3A_{2g}\rightarrow{}^3T_{1g}(F)$ 和 $^3A_{2g}\rightarrow{}^3T_{1g}(P)$，因此其八面体配合物有三个吸收带。

d^9 组态为单空穴离子。按空穴理论，d^9 组态的能级图为 d^1 组态能级图的倒反，其基谱项为 ^2E_g，激发态谱项为 $^2T_{2g}$，光谱上只存在一个对应于 $^2E_g\rightarrow{}^2T_{2g}$ 的跃迁吸收。Cu^{2+} 的配合物通常畸变为拉长了的八面体。由于畸变及自旋-轨道耦合作用的结果，使得单一的吸收带变得很宽。

d^0 和 d^{10} 构型不产生 d-d 跃迁光谱，其颜色均由荷移产生。

7.1.1.2 金属离子的 f-f 跃迁

部分充满的 f 电子也可进行可见区的跃迁，但其轨道数目有 7 条，跃迁复杂。另一方面，f 电子处于原子较内层，容易被外层电子屏蔽。镧系元素的 4f 轨道被 $5s^2$ 和 $5p^6$ 亚层所覆盖，4f 轨道受到很有效的屏蔽，与配体轨道重叠作用小，f 轨道能级间的电子跃迁只受极小的配位场影响，其光谱可近似为自由离子的吸收来讨论 (配合物的颜色往往与其中心金属离子颜色一致)。并且，f-f 跃迁是宇称禁阻的，吸收强度较小。另一个特征是吸收谱带狭窄，原因在于电子跃迁时并不激发分子振动，分子的势能面几乎不变化，与 f 电子与配体作用弱有直接关系。体现在谱图上，f-f 跃迁有着十分类似于自由气态离子的光谱，而且一些镧系离子具有特征的颜色 (见表 7-1)。

表 7-1 镧系金属离子的电子基态谱项和颜色

离子	基态谱项	颜色	离子	基态谱项
La^{3+}	$^1S_0$	无色	Lu^{3+}	$^1S_0$
Ce^{3+}	$^2F_{5/2}$	无色	Yb^{3+}	$^2F_{7/2}$
Pr^{3+}	$^3H_4$	绿色	Tm^{3+}	$^3H_6$
Nd^{3+}	$^4I_{9/2}$	淡紫色	Er^{3+}	$^4I_{15/2}$
Pm^{3+}	$^5I_4$	粉红色，黄色	Ho^{3+}	$^5I_8$
Sm^{3+}	$^6H_{5/2}$	黄色	Dy^{3+}	$^6H_{15/2}$
Eu^{3+}	$^7F_0$	浅粉红色	Tb^{3+}	$^7F_6$
Gd^{3+}	$^8S_{7/2}$	无色	Gd^{3+}	$^8S_{7/2}$

可以看出，稀土金属离子的颜色存在一个以 Gd 为中心，f^n 组态与 f^{14-n} 组态的离子颜色相近。

7.1.2 电荷迁移光谱

电荷迁移光谱，是指电子从一个原子的轨道跃迁到另一个原子的轨道而产生的吸收光谱，也称荷移光谱。这类跃迁是对称允许的跃迁，符合 Laporte 选律，因此吸收强度大，一般 ε 在 10^3~10^4 $L \cdot mol^{-1} \cdot cm^{-1}$ 之间。该跃迁在过渡金属配合物中比较常见，即使 d 电子全空或全满的配合物中也存在。

基于电荷迁移的方向，荷移跃迁分为以下五类：

(1) 配体至金属的电荷跃迁 (ligand-to-metal charge transfer，LMCT) 顾名思义，电子是由填充在配体轨道上向空的金属轨道跃迁形成。即配体的 π^* 轨道为 HOMO 轨道，而金属的 $d\pi$ 轨道为 LUMO 轨道，它们之间的激发就为 LMCT。像 Cl^-、Br^-、I^-、O^{2-}、S^{2-} 等配体具有给电子能力，电子可以跃迁到金属的空轨道上，产生 LCMT。$[Cr(NH_3)_6]^{3+}$ 和 $[CrCl(NH_3)_5]^{2+}$ 的中心原子组态及配位场一致，仅仅一个 Cl 取代了 NH_3，使得后者在 240 nm 处有一个强吸收，为 d-d 跃迁强度的 1000 倍，原因就是在于此。同样 d 电子为 0 的 MnO_4^- 和 CrO_4^{2-} 有很深的颜色，这是因为 O^{2-} 上电子转移到金属的轨道上使然。

(2) 金属至配体的电荷跃迁 (metal-to-ligand charge transfer，MLCT) 当金属离子氧化态较低 (此时金属 d 电子能级相对较高)，配体为不饱和化合物 (芳香性的配体，具有低能级的 π^* 轨道，例如 phen，bipy)，它们之间形成的配合物，电子可以从金属的 π 轨道跃迁到配体上的 π^* 轨道，产生 MLCT。$Fe(phen)_3{}^{2+}$、$Fe(bipy)_3{}^{2+}$、$Ru(bipy)_3{}^{2+}$ 的颜色产生就是金属上 $d\pi$ 电子向配体 π^* 轨道跃迁的结果。低价金属与 CO、CN^-、NO 等形成配合物也能产生这样的吸收，使得 $Fe(CO)_5$、$[Fe(CN)_6]^{4-}$ 为黄色化合物。

(3) 金属至金属之间的电荷跃迁 (metal-to-metal charge transfer，MMCT) 在混合价态的化合物中，电子可以在同一元素不同价态的原子间跃迁，形成吸收强度很大的金属至金属之间的跃迁，相应的化合物颜色很深，诸如 Fe_3O_4、Pb_3O_4 以及

$KFe[Fe(CN)_6]$ 等化合物。

(4) 配体到配体间的荷移跃迁 (ligand-to-ligand transfer 或 interligand transfer, LLCT)　在多元配体组成的配合物中，有可能发生配体到配体间的荷移跃迁。这种出现在低能量处的跃迁一般不常见，原因在于，所参与跃迁的轨道重叠较少，导致 LLCT 跃迁吸收的摩尔吸收率低，而且该谱带有可能被 MLCT/LMCT 谱带掩盖。发生 LLCT 跃迁的前提是，其中一个配体具有氧化性而另一个配体具有还原性，分子的最高占有轨道 (HOMO) 几乎是给电子配体的特性，而最低未占有轨道 (LUMO) 则为受电子配体的特性。因此，纯粹的 LLCT 跃迁不涉及金属 d 轨道的参与，在配体不变的情况下，改变中心金属离子并不影响配合物的 LLCT 吸收位置。

第一例 LLCT 跃迁于 1962 年由 Coates 和 Green 报道。在 $[Be(bipy)(X_2)]$ 系列配合物中，可发生电子从还原性配体卤素上跃迁到另一个配体 bipy π 反键轨道上的 LLCT 跃迁。随着卤素还原性的增强，LLCT 跃迁所需能量降低，吸收峰发生红移[1]。

(5) MMLCT 跃迁 (metal-metal-to-ligand charge transfer，MMLCT)　此外，在一些含氮桥联配体与 Pt 形成的双核配合物中，其 UV/Vis 吸收光谱中出现 MMLCT 跃迁，其跃迁过程如图 7-6 所示。

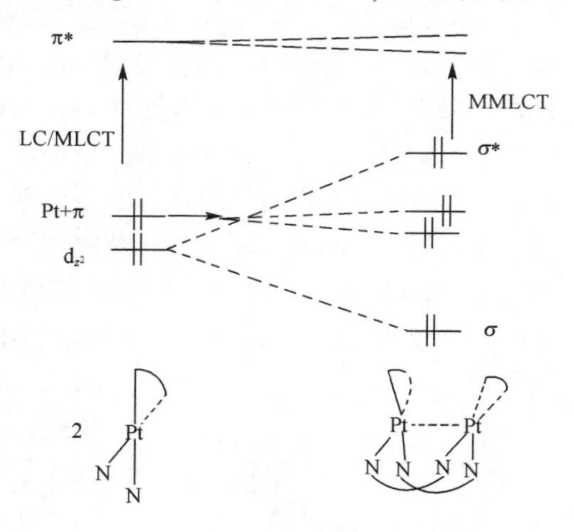

图 7-6　MMLCT 跃迁示意图

由 $Pt(d_{z^2})$-$Pt(d_{z^2})$ 组成的全满 $σ^*$ 轨道上电子跃迁到配体全空的 $π^*$ 轨道上，形成 MMLCT 跃迁。由于 $σ^*$ 的能量与 Pt-Pt 间距有关，因此该跃迁对 Pt−Pt 之间的距离依赖性很强，跃迁能量随金属-金属之间距离的减小而减小。有报道合成了四个组成为 $C^{\wedge}NPt(\mu\text{-}pz')_2PtC^{\wedge}N$ 的双核 Pt 配合物 [其中，$C^{\wedge}N$ 为 2-(2,4-二氟苯基)吡啶，pz′ 为吡唑及其衍生物，作者通过改变吡唑的体积来调控 Pt−Pt 距离]。这四个配合物的 UV/Vis 吸收光谱中，在 300~400 nm 范围里有着相似的吸收谱带，归属于 MLCT 跃迁。当 pz′ 为 3-甲基-5-叔丁基吡唑时，吸收光谱中 420 nm 处出现 MMLCT 跃迁吸收，单晶结构表明 Pt−Pt 距离为 3.0457(7) Å；而 pz′ 变为体积更大的 3,5-双叔丁基吡唑时，相应的 Pt−Pt 距离变短为 2.8343(6) Å，MMLCT 跃迁则红移到 490 nm 处[2]。

7.1.3　配体内的电子跃迁

大多数配合物中的配体为有机分子，作为配体的有机化合物一般存在 σ、π、n 三种类型不同的价电子。当分子吸收能量后，处在低能量成键轨道上电子可以激发到反键轨道上。一般可发生四种类型的跃迁：$σ→σ^*$，$π→π^*$，$n→σ^*$，$n→π^*$。这些只发生在配体内部的跃迁即为配体内跃迁 (LC，ligand certered；或 intraligand transfer)。有机配体与金属配位后，由于其上配位原子给出或接收电子，可引起配合物中配体这部分结构的电子吸收相对于自由配体发生变化。

7.1.4 实例解析

7.1.4.1 PMCTA 及其 Rh(Ⅲ) 和 Pd(Ⅱ) 配合物电子吸收光谱解析

由于具有潜在的药用价值以及立体化学中多变的键合模式，有关硫代乙酰胺 Carbothioamide 衍生物及其金属配合物研究的较多。比如，含 −N(H)−C(=S) ⟷ −N=C−SH− 互变结构的杂环化合物的配位化学研究就很好地模拟了金属酶中半胱氨酸上 S 原子的配位行为。Vladimir V. Bon 等人合成了配体 PMCTA (图 7-7) 及 Rh(Ⅲ) 和 Pd(Ⅱ) 配合物，并全方位表征了结构。其中，配体 PMCTA (L) 和 $[PdL_2]Cl_2$ 的 UV-Vis 光谱如图 7-8 所示。对配合物而言，位于 400 nm (25000 cm^{-1})、337~340 nm (29670~29400 cm^{-1}) 的吸收分别归属于 $^1A_{1g}\rightarrow{}^1A_{2g}$ 和 $^1A_{1g}\rightarrow{}^1E_g$ 的 d-d 跃迁，282~287 nm (35460~34840 cm^{-1}) 处自旋允许的跃迁为 $^1A_{1g}\rightarrow{}^1B_{1g}$ 跃迁。而在 357 nm (28000 cm^{-1}) 和 256~282 nm (39060~35460 cm^{-1}) 的吸收峰则归属于配体内的 $\pi\rightarrow\pi^*$ (C=S) 和 $n\rightarrow\pi^*$ 跃迁。

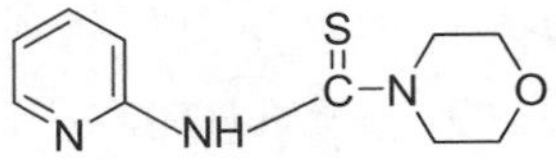

图 7-7 配体 PMCTA 的结构式

在 $[RhL_2Cl_2]Cl$ 的电子吸收光谱中，431 nm (23200 cm^{-1}) 和 476 nm (21000 cm^{-1}) 的弱吸收为八面体配合物中金属离子 $^1A_{1g}\rightarrow{}^1T_{1g}$ 和 $^1A_{1g}\rightarrow{}^1A_{2g}$ 的 d-d 跃迁，373 nm (26800 cm^{-1}) 的吸收峰则为 $^1A_{1g}\rightarrow{}^1T_{2g}$ 的 d-d 跃迁。355~373 nm (28170~26800 cm^{-1}) 的宽峰为配体内 (IL) 的 $\pi\rightarrow\pi^*$ (C=S) 跃迁，260~280 nm (38460~35710 cm^{-1}) 的吸收峰为与配体 NH 和 py 基有关的 $n\rightarrow\pi^*$ 跃迁[3]。

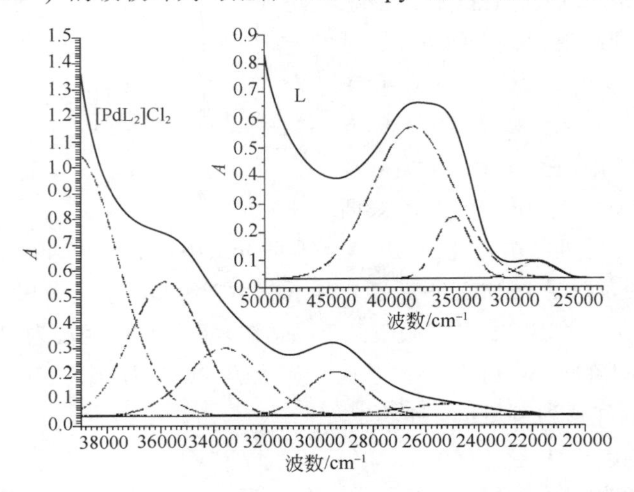

图 7-8 配体 PMCTA (L) 及配合物 $[PdL_2]Cl_2$ 的 UV-Vis 光谱图
(虚线谱为实线谱解叠)

7.1.4.2　Os/Ru 多吡啶配合物电子吸收光谱分析

K. Anvarhusen 等[4]制备了以 dppz (dipyrido[3,2-*a*:2′,3′-*c*]phenazine) 为桥联配体 (bridging ligand，BL)，bipy/phen 为辅助配体的一些 Os、Ru 同核或异核的多吡啶类配合物。其中配合物在乙腈中测得的 UV/Vis 吸收光谱如图 7-9 所示。Ru(Ⅲ) 的配合物在 442~448 nm 处，Os(Ⅲ) 配合物在 474 nm 处的强峰为 MLCT 跃迁 (dπ-π*)。自由桥联配体 dppz 在 DMSO 溶液中测得 410 nm 有强吸收峰，该峰在配合物中位移到 406 nm，为配体内 π-π* 荷移的跃迁 (LC 跃迁)。此外，290 nm 和 264 nm 高能量处的吸收归属于配体 bipy 或者 phen 自身的 π-π* 跃迁[4]。

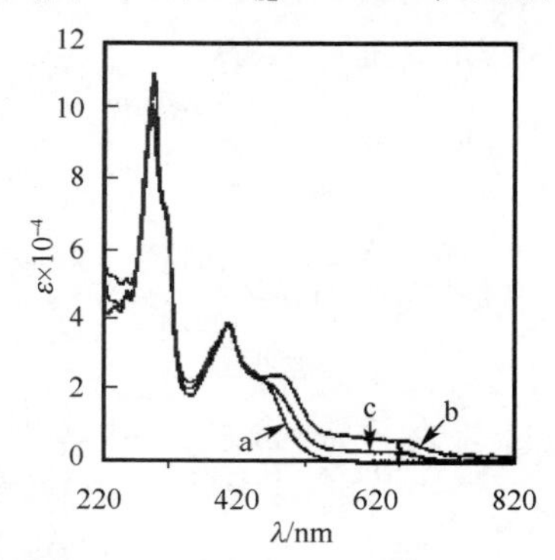

图 7-9　Os/Ru 多吡啶配合物紫外可见吸收光谱 (a, b, c 分别对应于配合物 Os-BL-Os、Ru-BL-Ru、Os-BL-Ru)

7.1.4.3　氮杂大环配体的配合物电子吸收光谱分析

卜显和[5]研究小组研究了一系列以氮杂大环为配体的配合物。其中，当 L 为 1,4-二-(3-叔丁基-5-甲基-2-羟苯基)-1,4-二氮杂环庚烷时，配合物 [CuL] 和 $[Cu(HL)]ClO_4$ 的 UV-Vis 光谱中，前者在 545 nm 处，后者在 576 nm 处各出现一个宽峰，为具有平面四方配位几何构型的 Cu(Ⅱ) 离子典型的 d-d 跃迁，同时这两个配合物位于 420 nm 的吸收峰则归属于 Cu−O (酚氧) 之间的 MLCT 跃迁。配合物 [NiL] 的 d-d 跃迁位于 510 nm，365 nm 处的吸收归属于荷移跃迁。这几个配合物均在 250~350 nm 出现配体内的 π→π* 跃迁[5]。

7.1.4.4　树枝状配体及其配合物电子吸收光谱分析

B. Wang 等[6]合成了一个树枝状 14G 大分子 (图 7-10)，同时制备了 Cu(Ⅰ,Ⅱ) 和 Fe(Ⅱ,Ⅲ) 混价配合物，它们的 UV-Vis 数据如表 7-2 所示。

表 7-2　树枝状大分子及其 Cu(Ⅰ，Ⅱ) 和 Fe(Ⅱ，Ⅲ) 混价配合物 UV-Vis 数据

化合物	λ/nm (lgε)		
L　14G 树枝状配体	237.0(0.3)	263.6(1.0)	335.2(0.5)
A　Cu(Ⅰ，Ⅱ)	237.0(0.4)	262.8(1.1)	322.6(0.5)
B　Fe(Ⅱ，Ⅲ)	237.6(0.3)	263.0(0.9)	324.0(0.5)

从表 7-2 中可以看出，263 nm 左右的吸收峰归属于配体 −C=O 上 n→π* 跃迁，而苯环上 π→π* 的跃迁则位于 237 nm。这两个吸收峰在配位后没有发生位移，暗示 −C=O 等没有参与配位。配体 335.2 nm 处吸收为 −C=N 上 n→π* 跃迁。在与金属离子配位后，该峰蓝移了 11~13 nm，表明 −C=N 参与金属配位，并将电子

转移到金属离子上，即发生了 LMCT。配体的 IR 光谱中，$\upsilon_{(C=N)}$ 位于 1611 cm^{-1}，配合物中该峰向高波数位移了 24~28 cm^{-1}，说明 −C=N 与金属离子有作用，这点与 UV-Vis 表征一致[6]。

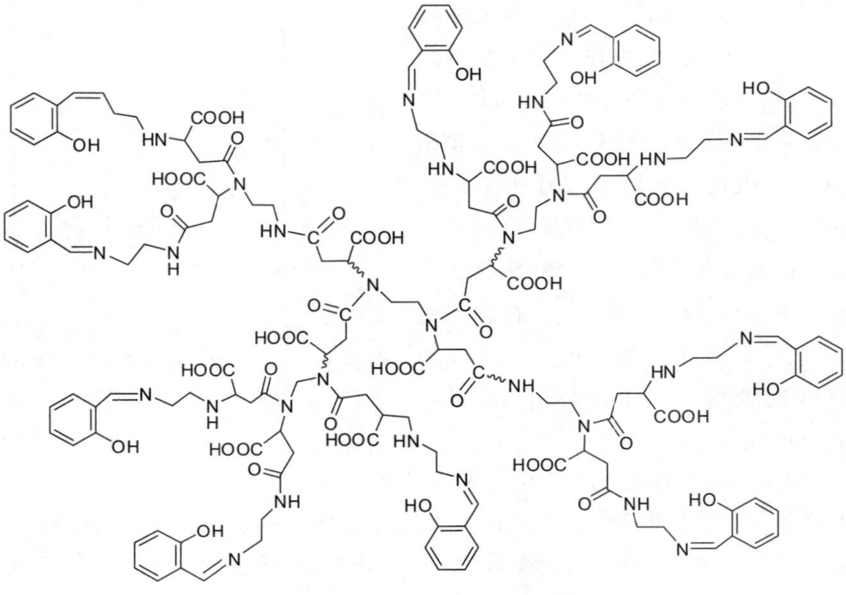

图 7-10 14G 树枝状大分子结构示意图

7.2 荧光光谱

7.2.1 基本原理

发光 (luminescence) 是指被激发的电子跃迁回基态时发射出的紫外、可见及红外光子 (photons) 的发射过程。按照激发方式的不同，发光可分为光致发光 (photoluminescence)、电致发光 (electroluminescence)、化学发光 (chemiluminescence) 和生物发光 (bioluminescence) 等不同类型。

某些物质在光线的照射下，吸收某种波长的光之后，会发射出较原来吸收波长更长的光，当停止照射时，发光也随之消失，此种发光称为荧光 (fluorescence)。荧光是一种光致发光。

7.2.1.1 荧光和磷光的发生

大多数分子含有偶数电子，且电子成对地排布在分子轨道中，基态时，电子总自旋量子数 $S=0$，其多重态为 $2S+1=1$，称为基态单重态，用符号 S_0 表示。当基态分子的一个电子吸收光后，被激发跃迁到能量较高的轨道上，通常自旋方向不改变，则激发态仍是单重态，即“激发单重态”，用符号 S_n 表示。具有最低能量的激发单重态称为第一激发单重态 (S_1)。如果电子在跃迁过程中，还伴随着自旋方向的改变，这时便具有两个自旋不配对的电子，S=1，其多重度 M=3，这种激发态称为“激发三重态”，用符号 T_n 表示。

处于激发态的分子不稳定，可通过不同的途径释放多余的能量而回到基态，这个过程分为辐射 (radiative) 跃迁和非辐射 (non-radiative) 跃迁两种衰变方式。非辐射跃迁的衰变过程包括振动弛豫 (vibrational relexation)、内部能量转换 (internal conversion)、外部能量转换 (external conversion) 和系间窜越 (intersystem crossing) 过程；辐射跃迁的衰变过程可产生荧光和磷光 (phosphorescence)。如图 7-11 所示。

振动弛豫是指由于激发态分子间的碰撞或者分子与晶格间的相互作用，在很短的时间内 (在 10^{-11}~10^{-13} s) 以热的形式损失掉部分振动能量，从同一电子能态的各较高振动能级逐步返回到达最低振动能级。内部能量转换简称内转换，是与荧光相竞争的过程之一。当激发态 S_2 的较低振动能级与 S_1 的较高振动能级的能量相当或重叠时，分子有可能从 S_2 的振动能级以非辐射方式过渡到 S_1 的能量相等的振动能级上，这一非辐射过程称为内转换。外部能量转换简称外转换，也是与荧光相竞争的主要过程。激发态分子与溶剂分子或其它溶质分子相互作用而以非辐射形式放出能量回到基态的过程称为外转换。这一现象也称为荧光猝灭。从激发态回到基态的非辐射跃迁可能既涉及内转换也涉及外转换等。系间窜越又称体系间交叉跃迁，指不同多重态间的非辐射跃迁。当单重激发态的最低振动能级与三重激发态的较高振动能级相重叠时，发生电子自旋状态改变的 S→T 跃迁，这一过程称为系间窜越。

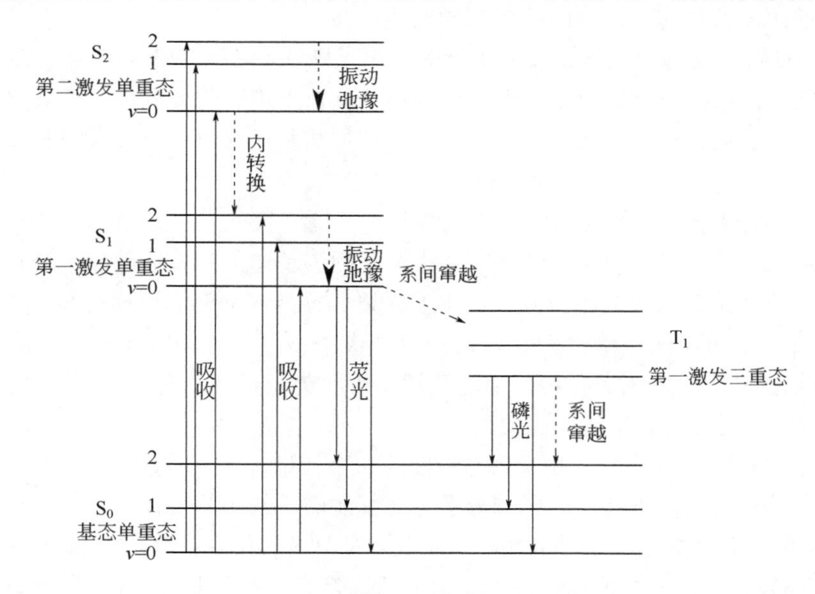

图 7-11　分子内发生的激发和衰变过程示意图

当激发态的分子通过“振动弛豫—内转换—振动弛豫”到达第一单重激发态的最低振动能级时，第一单重激发态最低振动能级的电子可通过发射辐射 (光子) 回到基态的不同振动能级，此过程称为荧光。由于是相同多重态之间的跃迁，跃迁概率较大，速度快，荧光寿命约为 10^{-8}~10^{-7} s。第一电子三重激发态最低振动能级的分子以发射辐射（光子）的形式回到基态的不同振动能级，此过程称为磷光发射。由于磷光的产生伴随自旋多重态的改变，辐射速率远小于荧光，磷光寿命为 10^{-4}~10 s。

总之，处于激发态的分子可以通过上述不同途径回到基态，哪种途径的速度快，哪种途径就优先发生。

7.2.1.2　激发光谱与荧光光谱

荧光属于被激发后的发射光谱，因此它具有两个特征光谱，即激发光谱（excitation spectrum）和荧光光谱（fluorescence spectrum）或称发射光谱（emission spectrum）。将激发荧光的光源用单色器分光，连续改变激发光波长，固定某一发射波长，测定该波长下的荧光发射强度随激发波长变化所得的光谱叫荧光激发光谱(或吸收光谱)。荧光发射光谱（或荧光光谱）是固定某一激发波长，测定荧光发射强度随发射波长变化得到的光谱。

物质结构不同，所能吸收的紫外-可见光波长不同，所发射的荧光波长也不同，故激发光谱和荧光光谱可用于鉴别荧光物质。

有机荧光分子的荧光光谱通常具有如下特征：

(1) 斯托克斯位移 (Stokes shift)　与激发光谱相比，荧光光谱的波长总是出现在更长的波长处（$\lambda_{em}>\lambda_{ex}$）。斯托克斯在 1852 年首次观察到这种发射光谱的波长比激发光谱的波长长的现象，因此叫斯托克斯位移。

(2) 发射光谱的形状与激发波长无关　电子跃迁到不同激发态能级，吸收不同波长的能量，产生不同吸收带，但均回到第一激发单重态的最低振动能级再跃迁回到基态，产生波长一定的荧光。所以荧光光谱形状和峰的位置与激发波长无关，都是相同的。

(3) 吸收光谱与发射光谱大致成镜像对称　通常荧光发射光谱与它的吸收光谱（与激发光谱形状一样）成镜像对称关系。这是因为基态上的各振动能级分布与第一激发态上的各振动能级分布类似。此外，根据 Franck-Condon 原理可知，如吸收光谱某一振动带的跃迁概率也大，则在发射光谱中该振动带的跃迁概率也大。如图 7-12 所示，从中可看出蒽在甲醇中的吸收光谱和荧光光谱，它们成镜像对称。

7.2.1.3　荧光强度与分子结构的关系

一个化合物能否产生荧光，荧光强度的大小、$\lambda_{ex(max)}$ 和 $\lambda_{em(max)}$ 的波长位置均与其分子结构有关。下面简述影响分子荧光强弱的一些结构规律。

(1) 电子跃迁类型　实验表明，大多数能发荧光的化合物都是由 $\pi\rightarrow\pi^*$ 或 $n\rightarrow\pi^*$ 跃迁激发，然后经过振动弛豫等非辐射跃迁方式，再发生 $\pi\rightarrow\pi^*$ 或 $\pi^*\rightarrow n$ 跃迁而产生荧光。而其中吸收时 $\pi\rightarrow\pi^*$ 跃迁的摩尔吸收系数是 $n\rightarrow\pi^*$ 跃迁的 10^2~10^3 倍，$\pi\rightarrow\pi^*$ 跃迁的寿命（10^{-9}~10^{-7} s）比 $n\rightarrow\pi^*$ 跃迁的寿命（10^{-7}~10^{-5} s）短，因此荧光发射的速常数 k_f 值较大，荧光发射的效率高。因此，$\pi\rightarrow\pi^*$ 跃迁发射荧光的强度大。

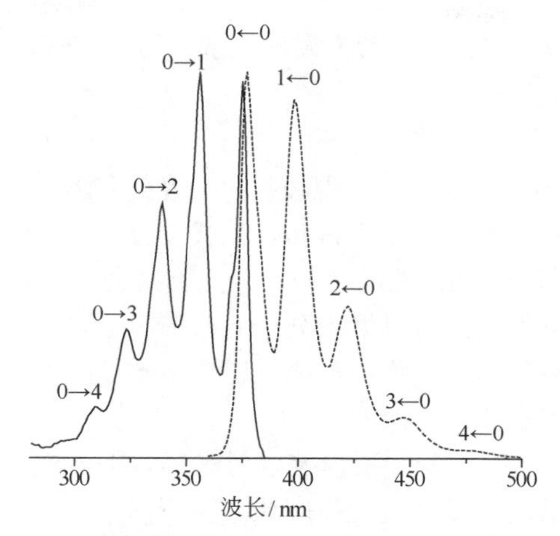

图 7-12　蒽在甲醇中的吸收光谱 (实线) 和荧光光谱 (虚线)

(2) 共轭效应　发生荧光 (或磷光) 的物质，其分子都含有共键双键 (π 键) 的结构体系。共轭体系越大，电子的离域性越大，越容易被激发，荧光也就越容易发生，且荧光波长向长波移动。大部分荧光物质都具有芳环或杂环，芳环越大，其荧光 (或磷光) 峰越向长波移动，且荧光强度往往也较强。

(3) 平面刚性结构效应　实验发现，多数具有刚性平面结构的有机化合物分子都具有强烈的荧光，因为这种结构可减少分子的振动，使分子与溶剂或其它溶质分子之间的相互作用减少，即可减少能量外部转移的损失，有利于荧光的发射。

刚性的影响，也可以由有机配位剂与金属离子形成配合物时荧光增强的现象来加以解释，例如：

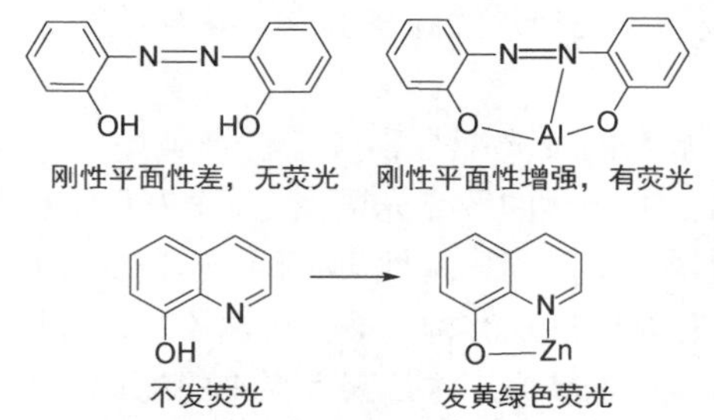

(4) 取代基的影响　取代基的性质 (尤其是发色基因) 对荧光体的荧光特性和强度均有强烈的影响。芳烃及杂环化合物的荧光激发光谱、发射光谱及荧光效率常随取代基的不同而异。取代基的影响主要表现在以下两个方面：

① 给电子取代基使荧光加强　属于这类基团的有 $-NH_2$、$-NHR$、$-NR_2$、$-OH$、$-OR$、$-CN$ 等。由于这些基团上的 n 电子云几乎与芳环上的 π 电子轨道平行，因而实际上它们共享了共轭 π 电子，同时扩大其共轭双键体系。因此，这类化合物的荧光强度增大。

② 吸电子基团使荧光减弱而磷光增强　属于这类基团的有羰基 ($-COOH$，$-CHO$，$>C=O$)、硝基 ($-NO_2$) 及重氮基等。这类基团都会发生 $n\rightarrow\pi^*$ 跃迁，属于

禁阻跃迁，所以摩尔吸收系数小，荧光发射也弱，而 $S_1 \rightarrow T_1$ 的系间窜越较为强烈，同样使荧光减弱，相应的磷光增强。

7.2.1.4　影响荧光强度的外界因素

分子所处的外界环境，如溶剂、温度、pH 等都会影响荧光效率，甚至影响分子结构及立体构象，从而影响荧光光谱和荧光强度。

(1) 溶剂的影响　随溶剂极性的增加，荧光物质的 $\pi \rightarrow \pi^*$ 跃迁概率增加，荧光强度将增加。溶剂黏度减小，可以增加分子间碰撞机会，使非辐射跃迁概率增加而使荧光强度减弱。若溶剂和荧光物质形成氢键或溶剂使荧光物质的电离状态改变，则荧光波长与荧光强度也会发生改变。

(2) 温度的影响　温度改变并不影响辐射过程，但非辐射去活化效率将随温度升高而增强，因此当温度升高时荧光强度通常会下降。

(3) 溶液 pH 的影响　当荧光物质是弱酸或弱碱时，溶液的 pH 对荧光强度有较大影响。因为弱酸或弱碱在不同酸度中，分子和离子的电离平衡会发生改变，而荧光物质的荧光强度会因其解离状态发生改变。以苯胺为例：在 pH = 7~12 的溶液中会产生蓝色荧光，而在 pH<2 或 pH>13 的溶液中都不产生荧光。

7.2.2　实例解析

金属离子与有机配体形成的配合物的发光能力，与金属离子以及有机配体的结构有很大关系。不少无荧光或弱荧光的无机离子与有机荧光试剂会形成发光配合物，可以进行荧光测定。这种能发荧光的配合物可能是配合物中配体的发光，也可能是金属离子的敏化发光。

7.2.2.1　发光类型

发光配合物被激发后，迅速地由振动弛豫、内转换到最低激发单重振动能级，产生三种类型的发光。

(1) 配体发光　大多数的发光配合物属于这种类型。这种类型发光的光谱，基本上是受到金属离子微扰的配体的荧光光谱，同一个有机配体与不同金属离子形成的配合物的荧光强度则取决于金属离子特性。属于这一类发光的金属离子通常具有一个充满的次外电子层，具有抗磁形式结构，不容易被还原，它与含有芳基的有机配体形成配合物时多数会发射较强的荧光。这是因为原来的配体虽有吸收光构型，但其最低激发单重态的 S_1 是 (n, π^*) 型，其缺乏刚性平面结构，所以并不发荧光，而与金属离子配合后，配体变为最低激发单重态的 (π, π^*) 型，且由于配合物的形成而具有刚性平面结构，因此能发射荧光。如表 7-3 所示的例子。

表 7-3　不同金属离子与 8-羟基喹啉形成的配合物的荧光特性

金属离子	最大吸收波长/nm	最大激发波长/nm	最大发射强度 *I*/a.u
Al(Ⅲ)	384	520	1
Ga(Ⅲ)	391	537	0.38
In(Ⅲ)	393	544	0.35
Tl(Ⅲ)	395	550	<0.025

(2) 金属与配体间的电荷转移 (MLCT 或 LMCT) 形成这种类型的配合物的金属离子一般容易被氧化，而且是抗磁形式的。配体可被还原。属于这一类型的元素主要有 Ru(Ⅱ)、Os(Ⅱ)、Rh(Ⅲ)、Ir(Ⅲ)、Pd(Ⅳ) 和 Pt(Ⅱ)，谱带较宽。如钌与联吡啶形成的配合物的发光属于 MLCT 发光，Ru、Os 或 Ir 与 2,2′-联吡啶、三联吡啶或邻菲啰啉形成的配合物的发光也属于 MLCT 发光，其中，$[Ru(bipy)_3]^{2+}$ 为经典的 MLCT 发光配合物 (bipy 是 2,2′-联吡啶)，该类配合物由于其发生由金属离子到配体之间的电荷转移，所以称为 MLCT 发光配合物。对于 LMCT，这种类型配合物的金属离子一般可被还原，配体可被氧化。LMCT 谱带较宽。

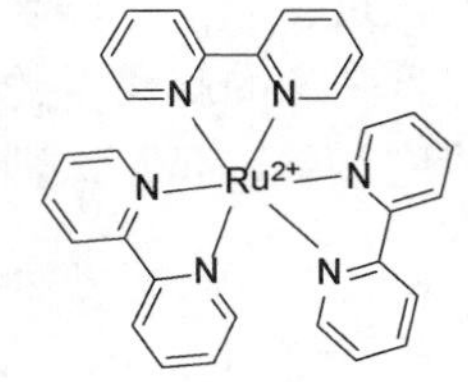

$[Ru(bipy)_3]^{2+}$

(3) 中心金属离子发光 配合物中金属离子的发光。属于这类发光的有 Sm(Ⅲ)、Eu(Ⅲ)、Tb(Ⅲ) 和 Dy(Ⅲ)，这类离子外电子层具有与惰性气体相同的结构，然而次外层中 f 轨道电子未填满，它们几乎都是抗磁性的。它们吸收光时，会发生 $d \to d^*$ 或 $f \to f^*$ 的吸收跃迁，也会发生 $d^* \to d$ 或 $f^* \to f$ 的发光跃迁，但跃迁概率很小，吸光及发光很弱。当形成配合物时，则首先是发生配体的 $\pi \to \pi^*$ 吸收跃迁，而金属离子的 d^* 或 f^* 能层在配体激发后最低激发单重态 S_1 能层的下方，因而可以发生 π-π^* 到 S_1 能量的转移，再由 S_1 转移给 d^* 或 f^*，然后发生 $d^* \to d$ 或 $f^* \to f$ 跃迁，使跃迁概率增大，发光强度增大。这种类型发光的光谱，基本上是受到配体微扰的金属离子的荧光光谱，但同一个金属离子与不同有机配体形成的配合物的荧光强度则取决于配体。如 Dy(Ⅲ) 与二苯甲酰甲烷形成的配合物具有配体的特征荧光，属于 $L^* \to L$ 发光，而 Dy(Ⅲ) 与苯酰丙酮形成的配合物具有金属离子的特征荧光，属于 $M^* \to M$ 发光。

图 7-13 所示为稀土 Eu(Ⅲ) 或 Tb(Ⅲ) 离子配合物的特征稳态荧光光谱图。

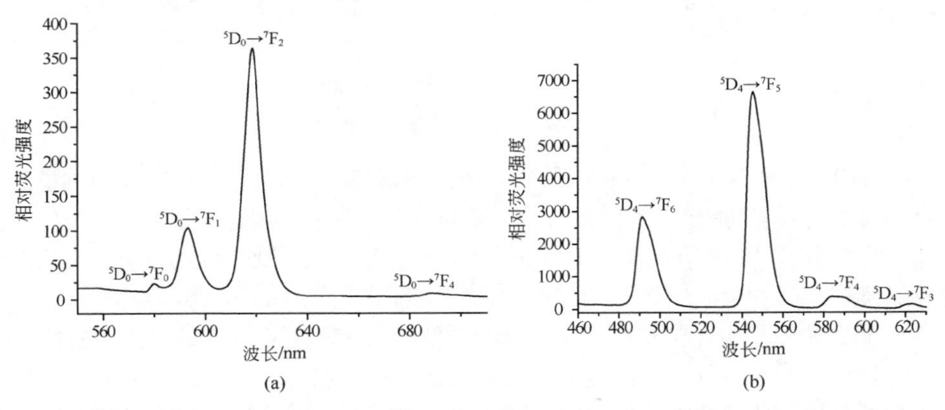

图 7-13　Eu(Ⅲ) 离子 (a) 或 Tb(Ⅲ) 离子 (b) 形成配合物后的稳态荧光光谱

7.2.2.2　应用

(1) 荧光法可用于测定二元配合物的解离常数 (K_d) 及配位数 (n) 解离常数又称不稳定常数，它与稳定常数之间成倒数关系。根据荧光探针在与反应物结合后激发或发射光谱是否出现移位，测定方法又可分为单波长法和双波长比率法两类。

① 单波长测定法　金属与配体形成的配合物的解离常数及配位数可以通过荧光滴定的方法由荧光激发或发射光谱图获得。对于那些与金属离子配位后仅有荧光强度的改变，而荧光激发或发射波长均无变化的试剂，则用单一波长下荧光强度的变化进行测定。将荧光强度和金属离子浓度作图，非线性拟合方程式 (7-1)，可以得到基态的解离常数 K_d、金属与配体之间的配位数 n 以及无金属离子和金属离子浓度达到饱和时试剂的荧光强度 F_{min} 和 F_{max}。

$$F=\frac{F_{max}[M]^n+F_{min}K_d}{K_d+[M]^n} \tag{7-1}$$

图 7-14 中 (a) 为配体 **A** 与不同浓度的金属钙离子配位前后的荧光光谱，(b) 则为由图 (a) 中荧光强度与金属钙离子浓度作图获得的滴定曲线，由非线性拟合结果得到金属钙离子的解离常数 K_d 为 96 μmol·L^{-1} 及配位数为 1[7]。

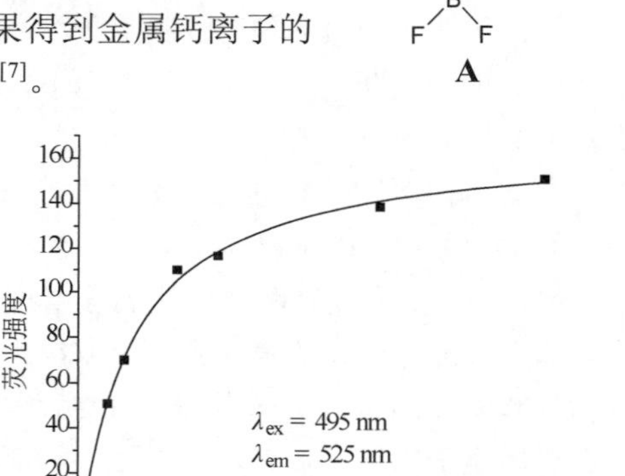

图 7-14　配体 **A** 与 Ca^{2+} 的荧光光谱和激发光谱

② 双波长比率法　单波长测量必须严格保证测定 F、F_{min} 和 F_{max} 的测量条件完全相同，因为试剂的绝对浓度、光程长或仪器的绝对灵敏度等测量条件的任何微小变化都将会引起对游离金属离子测定的误差。而采用双波长比率法则可减少这些因素造成的误差。

荧光方法测定中，荧光探针在与反应物结合后，出现激发或发射光谱移位的探针，可使用在两个不同波长测定的荧光强度比率进行测定，称为比率测量。同普通荧光探针相比，比率测量探针更能消除来自于指示剂分布不均、细胞厚度不匀、光泄漏以及探针渗漏等因素而导致的测量误差。

$$R=\frac{R_{max}[M]^n+R_{min}K_d\xi}{K_d\xi+[M]^n} \tag{7-2}$$

式 (7-2) 即为双波长比率法测定金属与配体之间的解离常数及配位数的定量关系式。式中，R 为在两个不同波长处所测得的荧光强度比；R_{min} 和 R_{max} 分别为指示剂完全未结合金属离子和完全被金属离子饱和时两波长处所测得的荧光强度比值；ξ 为在 λ_2 处无金属离子和金属离子饱和时的荧光系数之比，实际工作中常直接用该波长处所测得二者的荧光强度 F 之比来代替，即 ξ 为选取 R 定义中处于分母的波长时，无金属离子和金属离子饱和时所测得的荧光强度比。

Indo-1[8]的比率测量使用两个不同波长的发射光谱，一般是 410 nm 和 480 nm。它同钙的配位比是 1:1，解离常数 K_d 为 230 nmol·L^{-1} (见图 7-15)。

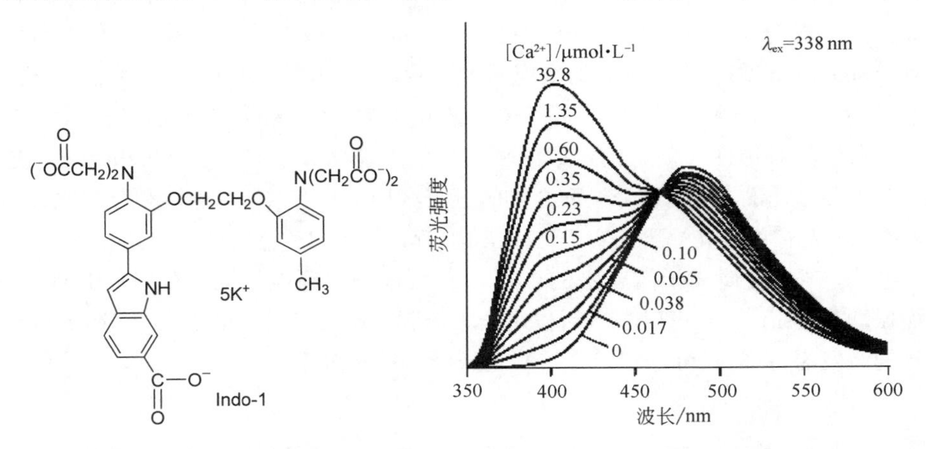

图 7-15　钙指示剂 Indo-1 的结构及加入不同浓度 (0~39.8 μmol·L^{-1}) 钙离子时的荧光光谱

(2) 配合物的荧光光谱信息也可用于研究配位化合物的结构　稀土离子作为发光探针对配合物结构研究一般从以下几个方面展开：

① 配合物中心离子的格位数和中心离子的局部对称性　在理论上，f-f 跃迁是光谱选律所禁阻的，只是由于中心离子与配体的电子振动耦合、旋-轨耦合等使禁阻松动，从而使 f-f 跃迁才能得以实现。因此，理论上，这种跃迁所产生的谱线强度是不大的。然而，可能是由于配体的碱性、溶剂的极性、配合物的对称性以及配位数等多种因素的影响，亦即离子周围环境的变化，再加上镧系离子本身的性质等诸因素的综合作用，使镧系离子的某些 f-f 跃迁吸收带的强度明显增大，远远超过其它的跃迁，这种跃迁被称为超灵敏跃迁。

在这方面应用的发光离子是 Eu^{3+}，在晶体场作用下，Eu^{3+} 离子能级发生劈裂，产生 Stark 能级，能级分裂数目、谱线数目与金属离子的格位和对称性密切相关。铕离子的特征峰为 580 nm、595 nm、620 nm 和 702 nm，可分别归属于 $^5D_0\rightarrow{}^7F_0$、$^5D_0\rightarrow{}^7F_1$、$^5D_0\rightarrow{}^7F_2$ 以及 $^5D_0\rightarrow{}^7F_4$ 跃迁。因此，通过研究 Eu^{3+} 离子的 $^5D_0\rightarrow{}^7F_j$ 跃迁光谱可知金属离子的格位数和局部对称性。在 Eu^{3+} 离子的 4f 组态内跃迁中，$^5D_0\rightarrow{}^7F_1$ 跃迁属于磁偶极跃迁，不受任何对称性限制，在不同对称性下均有发射，其振子强度几乎不随 Eu^{3+} 离子配位环境而改变。而 $^5D_0\rightarrow{}^7F_2$ (620 nm 处) 跃迁属于电偶极跃迁，它的发射强度随 Eu^{3+} 离子配位环境而发生明显的变化，又称超灵敏跃迁。当 Eu^{3+} 离子处于对称中心时，一般只能观察到磁偶极跃迁；而当 Eu^{3+} 离子不处于对称中心时，由于配体场的微扰使 f 组态混入不同宇称状态，宇称选律部分解除，不仅能观察到磁偶极跃迁谱线，也能观察到较强的电偶极跃迁谱线。因此，$^5D_0 \rightarrow {}^7F_1$ 跃迁谱线的数目反映了中心离子的格位数；而 $^5D_0 \rightarrow {}^7F_2$ 跃迁与 $^5D_0 \rightarrow {}^7F_1$ 跃迁谱线的相对强度比值说明了中心离子格位的对称性高低。

金林培等合成的一个具有新颖结构的对甲基苯甲酸-邻菲啰啉铕配合物[9]，晶体结构中每个结构单元通过反演操作与邻近不对称单元中一个相应的结构单元结合，形成两种双核分子，即有两种 Eu^{3+} 格位。在高分辨激光发光光谱中，$^7F_0 \rightarrow {}^5D_0$ 观察到 580.07 nm 和 580.73 nm 处呈现两个锐峰，可认为配合物具有两种 Eu^{3+} 格位，与晶体分析结构一致。基于非选择激发波长下的 $^5D_0 \rightarrow {}^7F_1$ 的跃迁光谱数目大于 $2j+1$，它们与对称性的关系确定了两种格位的可能所属的点群。Bünzli[10]曾报道，具有三螺旋结构的 Eu^{3+} 超分子配合物的分子结构是具有 C_3 对称性和九配位数结构的，并从其晶体的发光光谱证实了这种 Eu^{3+} 存在于高对称性的环境中。

② 直接与金属离子键合水的数目　在配合物中高能振动，如 O−H 或 N−H 伸缩振动会使 Ln^{3+} 非辐射去激活作用大大增强。比较 H_2O 和 D_2O 存在下稀土配合物的激发态寿命 τ 可以测定直接与金属结合的水分子数 n:

$$n = q(1/\tau_{H_2O} - 1/\tau_{D_2O})$$

其中，对 Eu^{3+} 的配合物 q 为 1.05，对 Tb^{3+} 的配合物 q 为 4.2。如配体 P792 与 Eu^{3+} 形成的配合物的荧光寿命在 H_2O 和 D_2O 中分别为 0.71 ms 和 2.32 ms，计算出的配位水的数目则为 1.02[11]。所以选择合适的功能基团和设计适当的配体可以提高

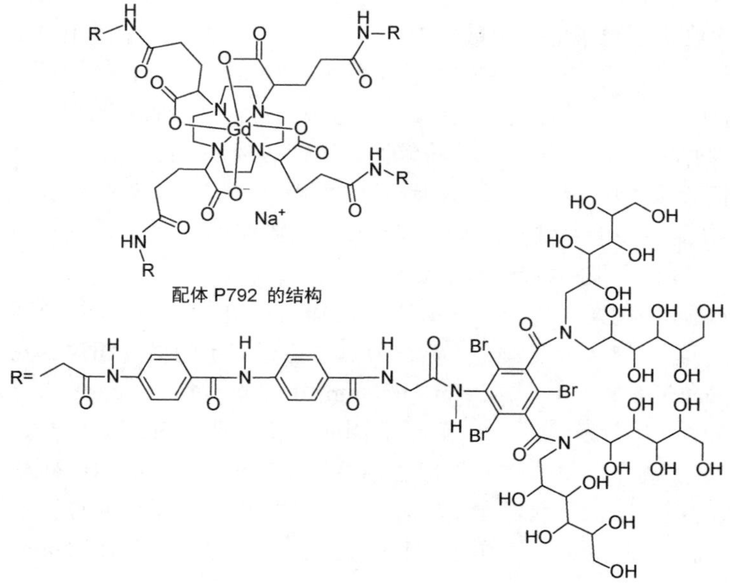

配体 P792 的结构

配合物的发光性质。稀土光致发光配合物的常用配体有各种类型的 β-二酮、芳香羧酸；杂环化合物中有联吡啶、邻菲啰啉、8-羟基喹啉和吲哚等的衍生物；中性配体有三苯基氧膦、二烷基亚砜、吡啶氮氧化物、喹啉氮氧化物；大环类的有大环聚醚、大环多酮、卟啉类、酞菁类和多烯化合物等。故目前寻找对稀土离子具有良好发光性能的多功能配体配合物，是人们努力探求的目标。

7.3 红外光谱

红外 (IR) 光谱是分子振动光谱，主要是研究分子振动能级的跃迁，在确定化合物所含有机官能团时起到重要作用。

7.3.1 配合物的红外光谱

配合物的红外光谱主要体现的还是配体的红外吸收。但配体与金属离子形成配合物后，配体的分子对称性降低，使得原先自由状态下配体非活性的振动模式变成活性振动模式，从而有振动吸收，在配合物的红外光谱中产生配体所没有的新的光谱吸收带，引起谱带数目增多。当然，配体中配位原子与金属离子成键，形成诸如 M−O、M−N、M−P 等新键，理应在红外光谱中产生新的吸收峰。如果能检测到这些吸收峰，将是配位形成的直接证据。但遗憾的是，这些吸收一般位于远红外区，给检测带来困难。

另一方面，配体与金属离子形成配合物后，金属离子势必影响配位原子的电子云分布，也就是影响配位原子上的电荷分布，与红外吸收有关的力常数改变，引起相应化学键的强度有所改变，则其振动频率随之改变，体现在红外光谱吸收上则就是原先自由配体中与配位原子有关的振动吸收发生位移。位移的方向与其接受或给予电子的能力有关。如果接受外来电荷，则电子密度增大的化学键稳定性增加，那么其振动频率也增加，吸收谱带位移于高波数；反之亦然。

因此，从红外光谱的角度讲，对比配体与配合物的红外吸收，如果后者有谱带增多(包括新峰出现) 和相关谱带位移，可获得许多有关配合物生成、配合物组成及结构方面的信息，为确定配合物的结构等提供证据。

7.3.1.1　谱带增多

产生红外的必要条件：只有偶极矩发生变化的振动才能产生红外吸收。这种振动称为红外活性的，而偶极矩不发生变化的振动是红外非活性的振动。因此许多同核双原子分子如 N_2、O_2 等的伸缩振动，由于红外选律的限制，没有红外活性的振动。但是，如果它们作为配体与金属成键后，其对称性发生改变，就会有红外吸收，产生新的谱带。游离的 N_2 的 $\upsilon_{(N\equiv N)}$ 振动位于 2331 cm^{-1} (拉曼检测)，与金属配位后，在 2220~1850 cm^{-1} 处出现具有红外活性的 $\upsilon_{(N\equiv N)}$ 的振动，例如 $[Ru(N_2)(NH_3)_5]Br$ 中 $\upsilon_{(N\equiv N)}$ 位于 2105 cm^{-1}。自由分子 O_2 的振动吸收位于 1555 cm^{-1}，形成配合物后，$\upsilon_{(O=O)}$ 在 900~800 cm^{-1} 之间。$Pt(O_2)(PPH_3)_2$ 中 $\upsilon_{(O=O)}$ 位于 828 cm^{-1}。而且，该配合物在 472 cm^{-1} 远红外区出现新的 $\upsilon_{(M\text{-}O)}$ 吸收，表明 M−O 的形成。

在实际配合物红外光谱中，由于谱带的相互覆盖，可能出现相对于配体的红外吸收，配合物的红外吸收谱带有所减少。

7.3.1.2　谱带位移

谱带位移产生的原因在于，配体中的配位原子与金属离子键合后，将发生配体上电荷密度的重新分布，键级有所变化，化学键的力常数随之变化，导致原子间的伸缩振动频率改变，引起谱带位移。其中，受影响比较大的是与金属成键原子相关的振动吸收。例如，RCOOH 失去氢离子，羧基氧与金属离子配位后，羧基的伸缩振动发生明显的位移。位移的方向取决于配体给出电子或接受反馈电子的能力大小。

在金属羰基化合物中，CO 中 C 原子提供一对孤对电子给金属的空轨道，形成 σ 配位键。此时，氧原子上电子将部分转移到 C 原子上，使得 CO 三重键加强，表现在红外振动吸收上，$\upsilon_{(CO)}$ 向高波数移动。但另一方面，金属原子又将 dπ 电子反馈于 CO 的空的反键轨道，形成了反馈 π 键，增强了 C−M 键的强度。而转移到 C 原子上的电子将通过 CO 三键向氧原子部分分散，这点与形成 σ 配位键的情况相反。因此，反馈 π 键的构成影响 $\upsilon_{(CO)}$ 向低波数移动。这两种作用是同时存在的，它们的净结果是电子从金属离子分散迁移到配体 CO 上，以降低势能，增加配合物的稳定性。最终在红外光谱上，金属羰基配合物的 $\upsilon_{(CO)}$ 一般小于自由羰基的吸收振动 (位于 2155 cm^{-1})，处于 2100~2000 cm^{-1} (端羰基配位)。当 CO 桥式配位时，它将分散更多的反馈电荷，导致其 $\upsilon_{(CO)}$ 伸缩振动降低到 1900~1800 cm^{-1}。

此外，配体与金属配位前后，其构象或构型为满足配位需求或形成更稳定的结构 (例如，共轭性增加、环张力减小等) 发生一定的变化，也会引起红外吸收峰的位移或强度改变。例如，乙酰丙酮类衍生物存在酮式⟷烯醇式互变结构，但与金属配位后，烯醇式所占比例较高，相应的红外吸收增强并有所位移。

7.3.2　实例解析

7.3.2.1　酰胺配体与稀土离子配位红外分析

图 7-16 所示的自由配体中，位于 1655 cm^{-1} 和 1227 cm^{-1} 的 IR 吸收分别归属于配体中酰胺羰基伸缩振动和骨架醚氧的伸缩振动。当它与稀土离子 (Eu^{3+}、Sm^{3+}、Yb^{3+}) 配位后，那些与金属离子直接键合的基团的吸收频率将降低。实验测定，羧羰基 $\upsilon_{(CO)}$降低到 1618 cm^{-1}，而骨架醚氧伸缩振动则降低到 1216 cm^{-1} 附近，说明羰基氧与醚氧与金属配位，这点也由单晶结构证实。此外，在配合物红外光谱中 1384 cm^{-1} 处有一强峰，为未配位 NO_3^- 的吸收，而且在 1493 cm^{-1}、1311 cm^{-1} 和 810 cm^{-1} 附近未出现配位 NO_3^- 的吸收，证明 NO_3^- 未参与配位[12]。

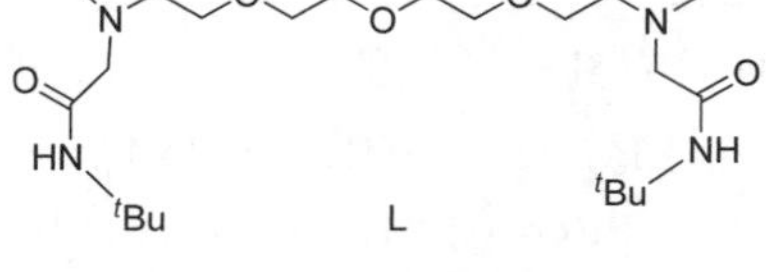

图 7-16　酰胺配体

7.3.2.2　取代氨合钴配合物的红外表征

J. V. Quaglino 等[13]报道了一系列含 NO_3^-、CO_3^{2-} 和 SO_4^{2-} 取代的氨合钴配合物的红外表征。

在 $[Co(NH_3)_5NO_3]Cl_2$ 配合物中，NO_3^- 若以一个氧原子与 M 单齿配位，则三个 N−O 中有两个有双键特性而另一个有单键特性，双键的 IR/Raman (拉曼) 的吸收振动则远远大于单键吸收振动。该配合物中位于 1478 cm^{-1} 和 1260 cm^{-1} 的峰归属于 $-ONO_2$ 的反对称伸缩振动，而位于 1017 cm^{-1} 的吸收峰归为 O−N 单键的伸缩振动，分子中存在有单键吸收的 O−N 的振动，也存在有双键性质的 N−O 振动，说明 NO_3^- 以单齿形式与金属配位。

对 $[Co(NH_3)_4CO_3]$ 而言，氘代产物 IR 谱图中 1604 cm^{-1} 处吸收在一定程度上有所减弱，表明这一吸收峰为两部分吸收交叠而成，其中一部分为 NH_3 简并变形，氘代后该峰消失，而另一部分为 CO_3^{2-} 的伸缩振动，有着显著的双键性质，说明 CO_3^{2-} 为双齿配位。位于 1268 cm^{-1} 的吸收峰并不受氘代影响，证明为 O−C−O 单键振动。852 cm^{-1} 的锐吸收峰则为 CO_3^{2-} 的骨架振动。

而 $[Co(NH_3)_5SO_4]Cl_2$ 的红外吸收中出现了四个新峰：1278 cm^{-1}、1137 cm^{-1}、1045 cm^{-1} 和 975 cm^{-1}，它们实际上是由于 SO_4^{2-} 配位后，其 T_d 对称性减低，原本单一、宽大的强吸收峰衍生而来的。

7.3.2.3　$Fe(NO)_2(CO)_2$ 的取代反应

如图 7-17 所示的 $Fe(NO)_2(CO)_2$ 的取代反应中，CO 被含氮配体取代，而 NO 的伸缩振动则位移到较低波数。该反应可以通过 IR 实时检测 $\upsilon_{(CO)}$ 和 $\upsilon_{(NO)}$ 的变化来确定反应程度。起始物中 $\upsilon_{(CO)}$ 位于 2087 cm^{-1}、2037 cm^{-1}，$\upsilon_{(NO)}$ 位于 1807 cm^{-1}、1760 cm^{-1}。当与双齿配体 2,2-联吡啶 (bipy)、2,2′,2″-三联吡啶 (terpy) 以及 1,10-邻菲啰啉 (phen) 发生取代反应时，$\upsilon_{(CO)}$ 吸收消失，$\upsilon_{(NO)}$ 则位移了 120~146 cm^{-1}，分别降低到：1684 cm^{-1}、1619 cm^{-1} (bipy)；1688 cm^{-1}、1621 cm^{-1} (terpy)；1686 cm^{-1}、1614 cm^{-1} (phen)。这些吸收值位于 NO^+伸缩振动频率范围之内，说明了这些含氮配体体现出强 σ 给体性质而非 π 酸配体性质。三个新配合物的 NO 红外吸收振动峰数一致，峰位相近，表明它们的结构相似[13]。

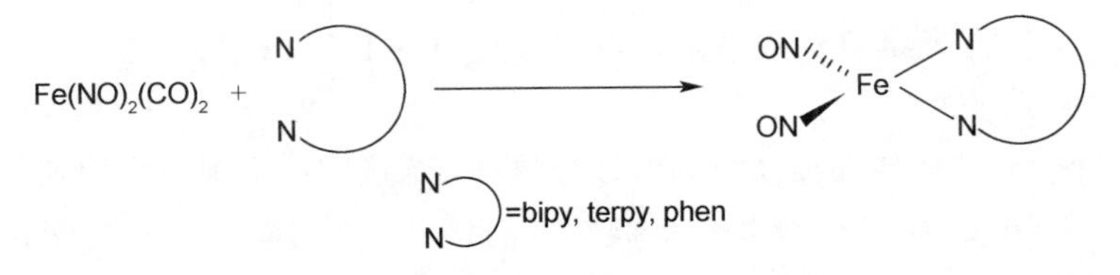

图 7-17　$Fe(NO)_2(CO)_2$ 的取代反应

7.4 拉曼光谱

同红外光谱一样，拉曼 (Raman) 光谱也是分子振动光谱。根据分子振动模式选择定则，IR 和 Raman 吸收有互补的佐证关系，特别是在分子低频振动区 (500 cm^{-1} 以下)，因常规中红外光谱观察较困难，而 Raman 光谱则有较宽的摄谱范围和良好的分辨率，对于观察低频区出现 M−O 键和 M−N 键的伸缩振动频率具有重要价值。

7.4.1 拉曼散射的产生

产生拉曼散射的必要条件是，振动中分子的极化度发生改变。分子可以认为是带正电的核与外围带负电的电子的集合体。当在一定强光源的激光照射下，与分子外围表面的电子作用，而与内层的核几乎不作用，从而导致电子云相对于核的位置发生波动，诱导出一振动偶极，使得分子被极化。只有极化率有变化的振动，在振动过程中才有能量的转移，产生拉曼散射。

对于同核双原子分子 (N_2、H_2) 等，由于在振动中，分子的偶极矩变化净为零，因此是非红外活性的，没有红外吸收发生。但是它们的极化度却随着振动变化而变化，从而产生拉曼光谱。

在一个具有中心对称的分子中，中心对称的振动在拉曼光谱中具有有效吸收而在红外光谱中无吸收；而非中心对称的振动则无拉曼光谱而具有红外光谱。

7.4.2 配合物拉曼光谱实例分析

7.4.2.1 稀土萘甲酸邻菲啰啉三元配合物 Raman 光谱

有报道详尽地研究了稀土萘甲酸邻菲啰啉三元配合物 IR/Raman 光谱，并通过对比配体与配合物的 Raman 光谱来表征配合物结构。配体萘甲酸 HNap 的 Raman 光谱中，1633 cm^{-1} 和 1570 cm^{-1} 处出现的谱带可归属于 −COOH 的特征反对称伸缩振动 $\upsilon_{as(COO^-)}$ 和对称伸缩振动峰 $\upsilon_{s(COO^-)}$，1443~1026 cm^{-1} 处出现的谱带可归属于萘环的骨架振动或 $\upsilon_{(C\text{-}C)}$ 所在的特征峰。在 phen 的 Raman 光谱图中，1540 cm^{-1} 的吸收峰归属于菲啉环的 $\upsilon_{(C=N)}$。

在配合物 Raman 谱图中，羧酸根反对称伸缩振动吸收峰 $\upsilon_{as(COO^-)}$ 出现在 1540~1505 cm^{-1} 处，而对称伸缩振动峰 $\upsilon_{s(COO^-)}$ 位于 1407~1412 cm^{-1} 左右，二者的 $\Delta\nu = 90$ cm^{-1}，可推断配体的羧基是以双齿方式与稀土离子配位，这与配合物的红外光谱结果是一致的。

此外，phen 的环伸缩振动峰向低波数移动，这说明由于配位作用使得 phen 分子中的 C=N 和 C−C 振动峰均向低波数方向移动，与 IR 光谱中的变化趋势也是一致的，也佐证了 phen 中杂环的氮原子参与了配位。

在配合物的 Raman 谱图中，出现 RE−O 键和 RE−N 键的伸缩振动峰 (弱峰)，其中 RE−O 键的 $\upsilon_{(RE-O)}$ 在 500 cm^{-1} 左右，$\upsilon_{(RE-N)}$ 在 410 cm^{-1} 和 266 cm^{-1} 左右。

但在红外谱图中，由于摄谱范围限制，无法测定小于 500 cm^{-1} 的 RE–N 键的特征频率。这点来讲，Raman 光谱有其优势[14]。

7.4.2.2 Zn/Cd 与 H_2dmit/H_2dmid 配合物的 Raman 光谱

H_2dmit (1,3-二硫-4,5-二硫醇-2-硫酮) 和 H_2dmid (1,3-二硫-4,5-二硫醇-2-酮) 为二硫纶 (即硫代二硫烯) 配体，具有平面共轭和富硫原子的特点，其金属配合物具有一定的导电性和磁性。下面就这两个配体与金属离子 Zn/Cd 形成的配合物的 Raman 光谱进行解析 (相应的结构示意图见图 7-18)。

图 7-19 为二硫纶配合物 Raman 光谱 (3400~600 cm^{-1})，相应的归属见表 7-4，图 7-20 为配合物 Raman 光谱中 1600~800 cm^{-1} 段放大部分，其对应的归属列于表 7-5。

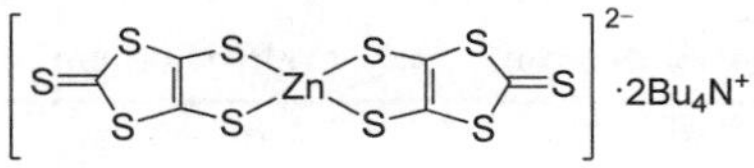

$[S{=}C_3S_4{=}Zn{=}S_4C_3{=}S]^{2-}\cdot 2Bu_4N^+$

1

$[X{=}C_3S_4M(SPh)_2]^{2-}\cdot 2Me_4N^+$

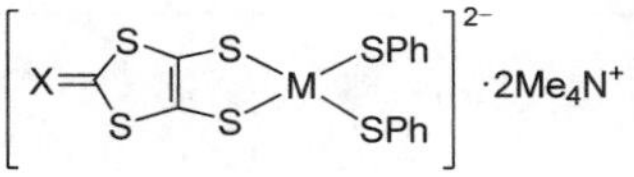

2~5

图 7-18 二硫纶配合物结构示意图

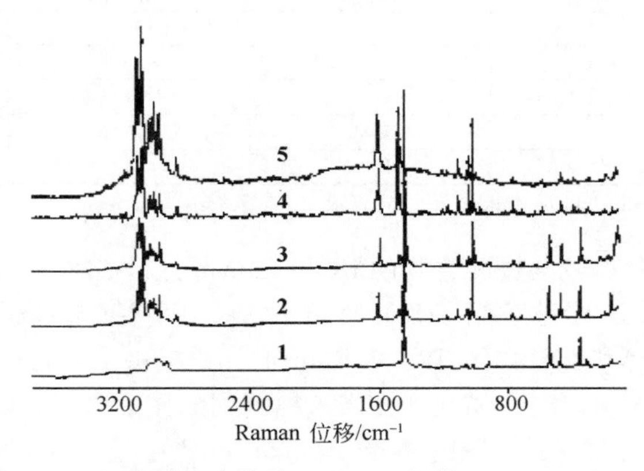

图 7-19 二硫纶配合物的 Raman 光谱 (3400~600 cm^{-1})

表 7-4 二硫纶配合物的 Raman 光谱 1~5 (3400~600 cm^{-1}) 的归属

配合物	Raman/ cm^{-1}	归 属
1 $[Bu_4N]_2[Zn(dmit)_2]$	2900~3000	Bu_4N^+ C–H 伸缩振动
2 $[Me_4N]_2[Zn(dmit)][SPh]_2$ (X = S)		
3 $[Me_4N]_2[Cd(dmit)][SPh]_2$ (X = S)	2972, 2947, 2914, 2809	Me_4N^+ C–H 伸缩振动
4 $[Me_4N]_2[Zn(dmid)][SPh]_2$ (X = O)		
5 $[Me_4N]_2[Cd(dmid)][SPh]_2$ (X = O)	3060w, 3043s, 3016s	硫酚上 C–H 伸缩振动

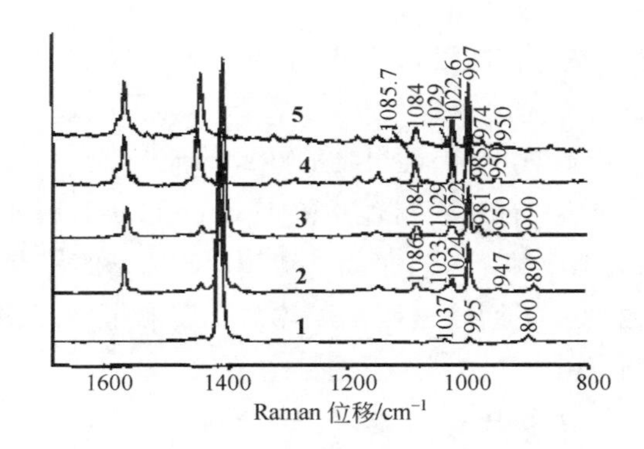

图 7-20　二硫纶配合物的 Raman 光谱 (1600~800 cm^{-1})

表 7-5　二硫纶配合物 Raman 光谱 (1600~800 cm^{-1}) 的归属　　单位：cm^{-1}

配合物	苯环 $\upsilon_{(C=C)}$	苯环 $\upsilon_{(C-C)}$	五元杂环 $\upsilon_{(C=C)}$伸缩振动	苯环面内 $\gamma_{(C-H)}$ 变形振动	五元杂环对称振动(环呼吸)
1			1417		995
2	1557	1561w, 1047w, 1012	1415	1085	992
3			1410		981
4			1453		985
5			1437		974

配合物	$\upsilon_{(C=S)}$	$\upsilon_{(C=O)}$	$\upsilon_{(Zn-S1)}$	$\upsilon_{(Zn-S2)}$
1	1037		157.1	
2	1033		155.5	192
3	1028		142	179
4		1588	154	194
5		1588	139	184

注：$\upsilon_{(Zn-S1)}$ 表示 Zn−S (dmit 或 dmid)；$\upsilon_{(Zn-S2)}$ 表示 Zn−S ([SPh]$_2$)。

7.4.2.3　吡喃酮类化合物与镱配合物的 IR 和 Raman 光谱研究

稀土金属镱与 3-羟基黄酮 (HL) 及 3-羟基-2-甲基-γ-吡喃酮 (HL′) 反应生成 1:3 型配合物，配体和配合物的 IR 和 Raman 光谱提供了互为补充的信息：

① 在高波数区间，配合物红外光谱未检测到配体中原有 −OH 的伸缩振动，C−H 的伸缩振动也向低波数位移；配体 Raman 光谱中羟基峰很弱，配位后该峰消失，说明羟基有可能脱质子与金属配位。

② 在信息最丰富的 1000~1700 cm^{-1} 区间，配体本身由于存在分子内氢键，相对应的羰基吸收红移至 1650 cm^{-1} (HL) 和 1610 cm^{-1} (HL′)。配位后，这两个 C=O 伸缩振动基本消失，出现两个新谱峰，位于 1521 cm^{-1} (HL) 和 1520 cm^{-1} (HL′)。如此大的位移证实羰基参与了配位。

③ 在低波数区 (100~600 cm^{-1})，红外光谱提供的有意义的信息较少，而 Raman 光谱则可大显身手。在配合物的 Raman 光谱中检测到两个半峰宽较大的新吸收峰。其中，对 HL 而言，这两个峰位于 431 cm^{-1} 和 367 cm^{-1}，而在 HL′ 中，则出现在 469 cm^{-1} 和 362 cm^{-1} 处。而这两个新峰正是 Yb−O 的伸缩振动，从而证实 Yb−O 键

的形成。

因此，结合上述 IR 和 Raman 谱图分析，这两个配合物的结构可能如图 7-21 所示[15]。

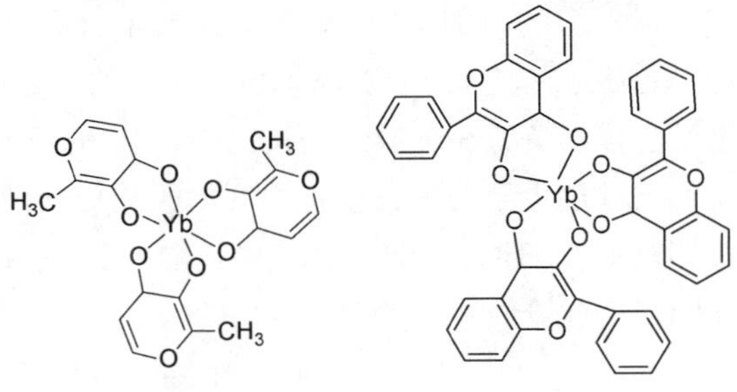

YbL_3　　　　YbL_3'

图 7-21 吡喃酮类化合物与镱配合物的结构推测示意图

7.5 X 射线光电子能谱

X 射线光电子能谱 (X-ray photoelectron spectroscopy，XPS) 是利用 X 射线源作为激发源，将样品原子内壳层电子激发电离，通过分析样品发射出来的具有特征能量的电子 (这种被入射的特征 X 射线激发电离的电子称为光电子)，实现分析样品化学成分目的的一种表面分析技术。主要用于分析表面元素组成和化学状态以及分子中原子周围的电子密度，特别是原子价态以及表面原子电子云和能级结构方面。

7.5.1 X 射线光电子能谱的基本原理

X 射线光电子能谱原理简述如下，由 X 射线等激发源照射样品，高能量的光子与物质的电子相互作用，使得电子受激发而发射出来，其能量分布通过能量分析仪测量后，以所测得的结合能 (bonding energy，B.E.) 为横坐标，电子计数率为纵坐标，得到电子能谱图。这张电子能谱图实际上是一张发射电子的动能谱图，记录了样品中一个特定内层能级 (s, p, d) 上电子的结合能。大部分元素的 B.E. 峰都是唯一地与相应元素的某个亚层能级相对应，加之受化学环境影响所导致的化学位移远远小于几个 eV，而且不同元素之间的 B.E. 峰相互重叠的现象很少，同种能级的谱线相离很远，干扰较少，对元素标示定性能力强。所以，对能谱图的分析就可以得到元素的组成及其氧化态等信息。

7.5.2 X 射线光电子能谱的化学位移

虽然出射的光电子的结合能主要由元素的种类和激发轨道所决定，但由于原子内部外层电子的屏蔽效应，内层能级轨道上的电子的结合能在不同的化学环境中是不一样的，有一些微小的差异。这种结合能上的微小差异就是元素的化学位移，它取决于元素在样品中所处的化学环境。由化学位移的大小可以确定元素所处的状态。

例如某元素失去电子成为正离子后，其结合能会增加；如果得到电子成为负离子，则结合能会降低。因此，利用化学位移值可以分析元素的化合价和存在形式。

具体讲，影响化学位移的因素主要有:

① 首先化学位移和原子所处的形式电荷有关。当原子所在环境中失去的形式电荷越高，具有正电荷呈氧化态，其结合能高于自由原子的结合能，化学位移为正；反之，得到电荷，化学位移为负。在金属态的情况下，Ti 的 $2p_{3/2}$ 能级峰应为 454 eV。但在化合物状态时，外层电子的失去使得内层电子被更紧地束缚于原子核，造成同一能级峰位的位移。如在 TiC、TiN、TiO 中，峰位移至 455 eV；在 TiO_2、$BaTiO_3$、$PbTiO_3$、$SrTiO_3$ 等化合物中，峰位移至 458 eV。

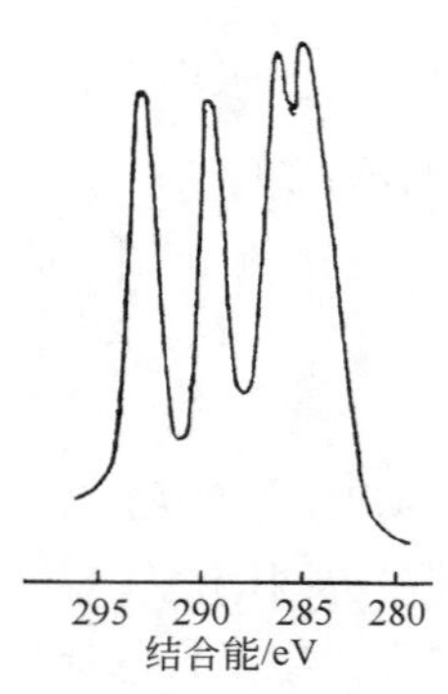

图 7-22　三氟乙酸乙酯的 XPS 谱

② 对于具有相同形式电荷的原子，由于与其结合的相邻原子的电负性不同，同样也可以产生化学位移。一般可用净电荷来评价。与电负性强的元素相邻的原子，其电荷密度为正，其化学位移也为正。例如，三氟乙酸乙酯中 C(1s) 的结合能的大小就能很好地说明这个问题 (图 7-22)。可以看到，该分子存在四种化学环境不同的 C 原子，相邻的元素电负性从大到小依次为 F>O>C>H。单质石墨 C 的 1s 结合能位于 284.3 eV，而三氟乙酸乙酯中与氟原子相连的 C 原子上电子受 F 原子吸引，本身正电荷密度增加，C 原子核对核外电子的吸引力增加，导致结合能随之增加，化学位移为正 (其 C(1s) 能级峰位于近 295 eV 处，化学位移约 10 eV)。而其它 C(1s)的位移情况与此相近。从左到右，XPS 谱图中谱峰与结构式中 C 原子逐一对应。同时，这四种 C 原子 1s 峰在 XPS 谱图中的峰面积大小为 1:1:1:1，与结构式中 C 原子数目一致 (图 7-22)。

在分析 XPS 谱图时，还会发现谱图所记录的 p、d、f 等光电子谱线呈很近的双重峰。这是由于自旋-轨道耦合导致的。图 7-23 是金属 Ag 的 XPS 全扫描图。图中除 s 轨道能级外，其 p、d 轨道均出现双峰结构，而且分裂峰的强度比与角量子数有关。

7.5.3　XPS 谱在配位化学中的应用

(1) 利用结合能标示元素及其价态　元素内层电子的结合能可随着其化学环境的变化有所位移，利用其位移的大小和方向可对其电荷分布或者价态进行判别。例如，$[Co(en)_2(NO_2)_2]NO_3$ 分子中存在 3 种不同类型的 N 原子，其 XPS 谱图上 N(1s) 有 3 个分离的能级峰，峰面积之比接近 4:2:1，与分子中不同类型的 N 原子个数一致。

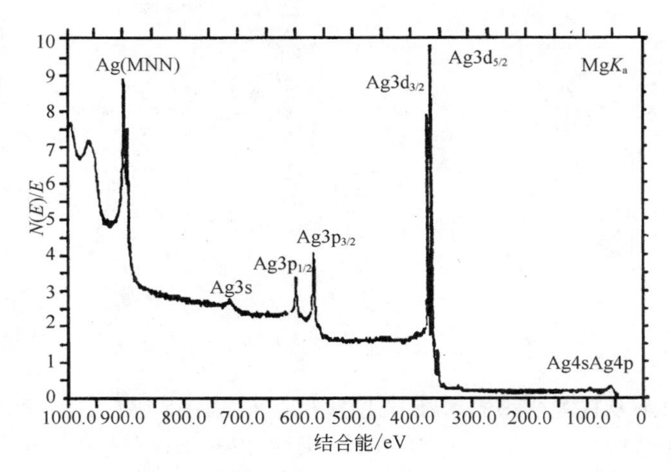

图 7-23 金属 Ag 的 XPS 全扫描图

(2) 利用伴峰信息研究元素化学状态 过渡金属原子中多具有未充满的 d 轨道，镧系元素的原子中则具有未充满的 f 轨道，容易发生多重分裂或携上效应 (shake-up effect)，出现伴峰。因此可通过伴峰的情况来分析物质的顺反磁性，配合物的高自旋或者低自旋构型等。

Co^{2+}，Ni^{2+} 和 Cu^{2+} 等金属离子中 d 轨道上有单电子，可在 X 射线激发下产生伴峰，而 Zn^{2+} 和 Cu^{+} 由于 3d 轨道上电子排布为 $3d^{10}$，没有未成对电子，故在 XPS 谱图中不出现伴峰。

(3) 利用化学位移研究分子结构 配位键的形成一般伴随电荷从配体 L 到金属离子 M 的转移，引起金属离子电子密度增加，其内层电子结合能降低，而配位原子由于给出电子，电荷密度减小，相应的内层电子结合能增加。

例如，$[Ln(phen)_5]_2[B_{12}H_{12}]_3\cdot nH_2O$ 中，配体 phen 上 N(1s) 的结合能相对于自由 phen 上 N(1s) 的结合能提高 0.6~1.5 eV，证实配体 phen 上 N 原子将孤对电子给予金属离子。

在过渡金属有机化合物中有反馈 π 键的形成，可以通过 XPS 测试证实。在 $Rh(CO)_4Cl_2$ 中，$Rh(3d_{5/2})$ 的结合能比 $RhCl_3$ 中相应的结合能高 1 eV，说明 $RhCl_3$ 在形成羰基化合物时，Rh 将部分电荷转移到配体羰基上，氧化态有所增加，证实反馈 π 键的存在。

7.5.4 实例解析

(1) Eu^{3+} 配位聚合物的 XPS 光谱分析 X. Y. Chen 等[16]报道了将含 Eu^{3+} 金属离子的配合物作为单体通过电聚合制备出 poly-1 (图 7-24)。后者为一类聚合物发光二极管 (polymer light-emitting diode)。该聚合物的表征就是通过 XPS 测试手段确定了其组成成分及 Eu^{3+} 的配位环境。$Eu(3d_{3/2})$ 与 $Eu(3d_{5/2})$ 的结合能分别位于 1165.2 eV 和 1135.2 eV 处。该值与 Eu^{3+}–O 中 Eu^{3+} 结合能相当吻合，从而证实 Eu^{3+} 与 O 结合。而测得 $S(2p_{3/2})$ 能级峰在 164.3 eV 处。定量分析表明，Eu/S 的比例为 1:1.85，而这点与单体中 Eu/S 摩尔比 (1:2.03, XPS 所测得) 相一致[16]。

图 7-24　含 Eu^{3+} 发光二极管聚合物的合成

(2) PMCTA 及其配合物的 XPS 光谱解析　前文所提到的配体 PMCTA 及其配合物 (见 7.1.4 节) 也可以通过 XPS 表征。配体 PMCTA 中存在三种化学环境不同的 N 原子，分别为 NH、N_{morph} 和 N_{py}，XPS 谱图中相应的 N(1s) 结合能位于 399.0 eV、400.2 eV 和 400.9 eV 处。配合物中 N_{morph} 和 N_{py} 的结合能相对于自由配体发生位移，表明 carbothioamide 上的 N 与吡啶环上的 N 参与配位。此外，$S(3p_{3/2})$ 的结合能在配位前后有所增强。这是因为，S 原子与金属配位，将部分电子转移到 M 上，形成 $-C{=}S{\rightarrow}M$ 配位键，其上电子密度降低，体现在 XPS 表征上，$S(3p_{3/2})$ 的结合能升高[3]。

(3) 14G 树枝状混价配合物的 XPS 光谱解析　同样，对于 7.1.4 节所提到的 14G 树枝状混价金属配合物，XPS 是重要的表征手段，它不仅可以判断相关元素的价态，而且对金属的配位环境提出佐证。配体及配合物的 XPS 测试的结合能 (B.E.) 数据见表 7-6，对应的 XPS 光谱图如图 7-25 所示。

表 7-6　14G 树枝状配体及其 Cu、Fe 混价配合物的结合能数值

化合物	C(1s)	O(1s)	N(1s)	Cl(1s)	$M(2p_{3/2})$
14G	285.1, 286.0	530.3, 532.2, 533.8	398.8, 400.2		
Cu-L	285.2, 286.7	529.8, 531.6, 533.8	399.2, 400.2	200.5, 199.2	935.3, 933.2
Fe-L	285.1, 286.5	529.7, 532.0, 533.9	399.3, 400.2	200.4, 199.3	709.4, 711.6

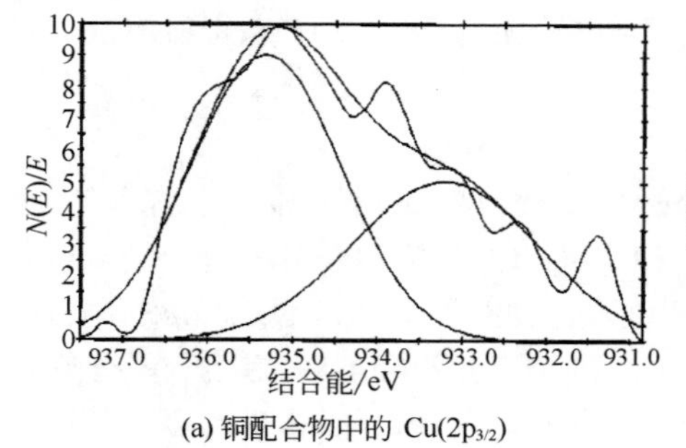

(a) 铜配合物中的 $Cu(2p_{3/2})$

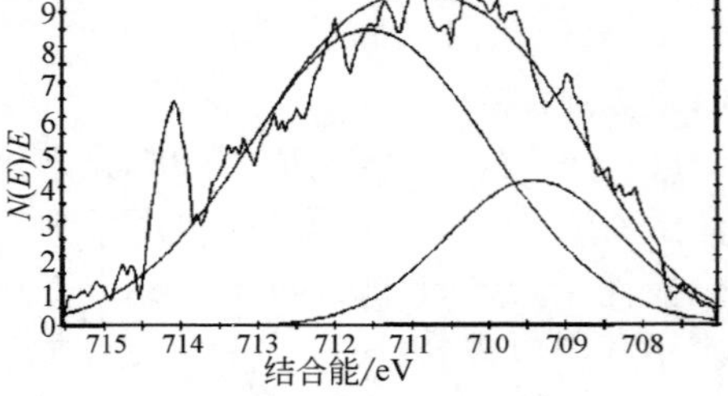

(b) 铁配合物中的 Fe $(2p_{3/2})$

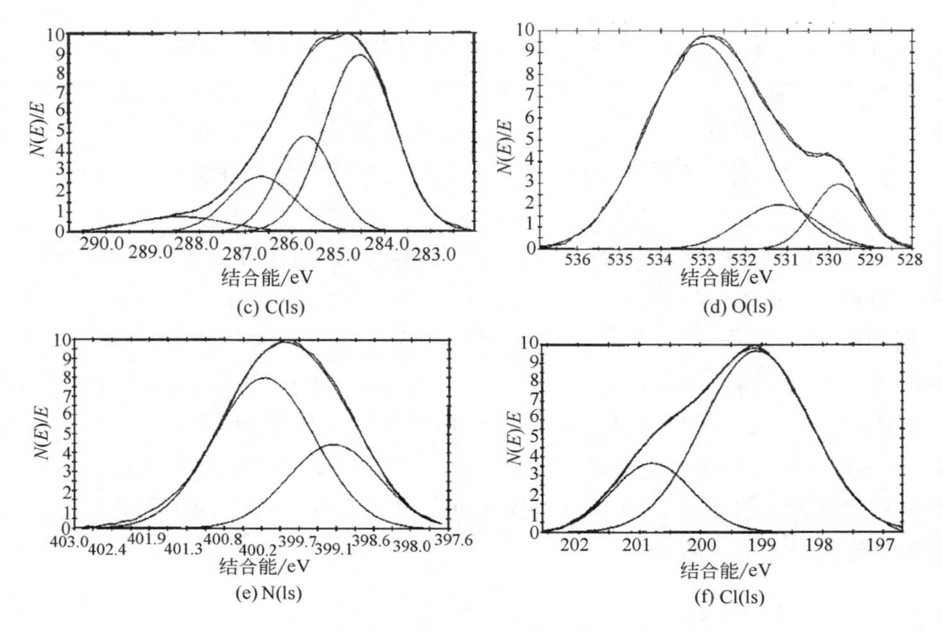

图 7-25　14G 树枝状配合物的 XPS 光谱

其中 Cu($2p_{3/2}$) 的 XPS 谱图经解叠后得到两个价态不同的铜离子，即 Cu^{2+} 和 Cu^{+}，并且两者比例为 59.1:40.9。Cu^{2+} 的结合能为 935.3 eV，Cu^{+} 的结合能为 933.2 eV，而在 $CuCl_2·2H_2O$ 和 Cu_2Cl_2 中，相应的 Cu^{2+} 的结合能为 935.8 eV，Cu^{+} 结合能位于 932.2 eV。由此比较可以看出，配合物中 Cu^{+} 上部分电子偏向配体，使得其电子密度降低，结合能相对于盐 Cu_2Cl_2 中 Cu($2p_{3/2}$) 结合能有所升高，而配合物中 Cu^{2+} 接受了部分来自配体的电子，其结合能减少了 0.5 eV。

相似的，Fe(Ⅱ,Ⅲ) 配合物的 XPS 谱图也可进行相近的讨论。解析 Fe($2p_{3/2}$) XPS 谱得到摩尔比为 73.6∶26.4 的两个不同价态的 Fe^{3+} 和 Fe^{2+}，前者结合能位于 711.6 eV，与 $FeCl_3$ 中 Fe^{3+} 的结合能 710.4 eV 相比较升高了 1.4 eV，说明 Fe^{3+} 为电子授体。而配合物中 Fe^{2+} 的结合能为 709.4 eV，降低了 0.4 eV [$FeCl_2$ 盐中 Fe($2p_{3/2}$) 的结合能为 709.8 eV]，从而证明配合物中 Fe^{2+} 从配体上接受电子。

C(1s) 的 XPS 谱图分析认为，配体或配合物有机骨架上 C 的结合能为 285 eV，位于 286.5 eV 结合能的 C(1s) 能级峰归属于 −**C**=N，该结合能在配合物中有所位移，暗示 −C=N 参与配位。这点也可以通过 N(1s) 的 XPS 表征来佐证。XPS 测试表明存在两个化学环境不同的 N 原子，其中一个为结合能位于 399.2 eV 的亚胺 −C=**N**，另一个则来自于氨基，其结合能在 400.2 eV 处，该结合能在配合物形成后并没有发生明显位移，但前者亚胺上 N 的结合能位移了近 0.4 eV，证实亚胺 −C=**N** 上氮原子与金属配位。

此外，进一步对 Cu(Ⅰ,Ⅱ) 配合物中 O(1s) 的 XPS 谱图分析也可以获取配合物结构信息。Ph−**O**、−C−**O**⁻ 和 −C=**O** 上三种不同化学环境的氧原子的结合能依次为 529.8 eV、531.6 eV 和 533.8 eV。配合物中，−C=**O** 的结合能没有发生位移，说明羰基氧未参与配位。Ph−**O** 上氧原子与金属存在作用，其结合能有所改变。至于 −C−**O**⁻，氧的结合能变化不是很显著，需通过其它技术手段证实是否存在与金属作用。

Cu(Ⅰ,Ⅱ) 配合物中 Cl(1s) 的 XPS 光谱图中出现两个峰，说明配合物中 Cl 原子有两种存在形式。文献中 Cu_2Cl_2 和 $CuCl_2$ 中氯的结合能为 198.2 eV 和 199.2 eV。其中位于 201 eV 附近的 Cl 是与金属配位的氯原子，原因在于，作为电子给体的配体，氯原子将电子转移到金属离子上，本身电子密度降低，其 Cl(1s) 结合能自然增加，增值约 2~3 eV，而另一个在配位前后几乎不变的峰则说明存在一个未配位的 Cl 离子，为外界抗衡阴离子。因此，结合 UV-Vis、IR 及 XPS 光谱，该树枝状配合物的可能结构如图 7-26 所示 [以 Cu(Ⅰ,Ⅱ) 为例]。Fe(Ⅱ,Ⅲ) 配合物的结构同样得到推测，详见文献 [6]。

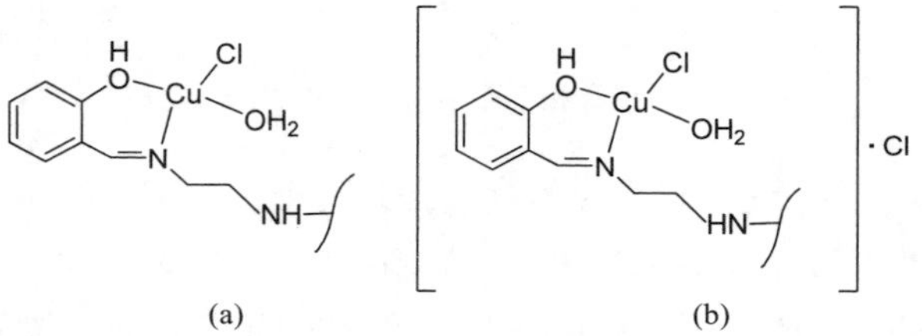

(a) (b)

图 7-26 树枝状配合物结构建议图：(a) 中金属为 Cu^+；(b) 中金属为 Cu^{2+}

7.6 核磁共振

核磁共振 (nuclear magnetic resonance，NMR) 现象是 1946 年由美国科学家 Purcell 和 Bloch 领导的研究小组同时观察到的。Purcell 和 Bloch 由此获得了 1952 年诺贝尔物理学奖。1976 年 R. R. Ernst 发表了二维核磁共振的理论和实验的文章，从此 NMR 方法在大分子结构研究中获得了长足的进步，R. R. Ernst 由于对二维核磁共振的理论重要贡献获得了 1991 年诺贝尔化学奖。1979 年瑞士科学家 K.Wuthrich 发展了用核磁共振波谱测定生物大分子溶液结构的方法，他首先将 2D-NMR 方法用于蛋白质结构测定，1982 年发表了用 2D-NMR 对蛋白质 ^{1}H 谱进行分析的系统方法，他因此获得了 2002 年诺贝尔化学奖。核磁共振在广泛用于化学和生物学的同时科学家也积极探索在医学方面的应用，1973 年美国科学家 Lauterbur 阐述了磁共振成像 (magnetic resonance imaging，MRI) 理论，1974 年做出了活鼠的肝脏 MRI 图像。1976 年，英国科学家 Mansfield 改进了 Lauterbur 的技术，报道了第一幅人的活体手指 MRI 图像。1978 年第一台医用磁共振成像仪用于临床。Lauterbur 和 Mansfield 也因为对磁共振成像的巨大贡献而被授予了 2003 年的诺贝尔生理学或医学奖。核磁共振在半个世纪的发展中先后从物理、化学、生理学和医学获得 4 次诺贝尔奖，这足以说明其重要性和广泛的用途。

7.6.1　基本概念

(1) 核自旋 (nuclear spin)　自旋是基本粒子的属性，质子、中子、电子都有自旋，其自旋量子数 $I = 1/2$。核一样有自旋，但核自旋量子数不一定都是 1/2，其值符合下面三条基本规律：

① A、Z 都是偶数时，核自旋量子数 $I = 0$。如对于 $^{16}O_8$、$^{12}C_6$、$^{32}S_{16}$，$I = 0$。这类核没有磁共振信号。

② A、Z 是奇数时，核自旋量子数 $I =$ 半整数。如对于 $^{1}H_1$、$^{19}F_9$、$^{31}P_{15}$、$^{15}N_7$，$I = 1/2$；对于 $^{35}Cl_{17}$、$^{37}Cl_{17}$：$I = 3/2$。

③ A 是偶数，Z 是奇数时，核自旋量子数 $I =$ 整数。如对于 $^{2}D_1$、$^{14}N_7$，$I = 1$；对于 $^{50}V_{23}$，$I = 6$。

(2) 角动量 (angular momentum)　角动量是与自旋相关的物理量，角动量是空间量子化的 (见图 7-27)。P 可依据式 (7-3) 计算。

$$|\boldsymbol{P}| = \sqrt{I(I+1)}\hbar \tag{7-3}$$

$$P_z = m\hbar \tag{7-4}$$

式中，m 称为核的磁量子数，$m = I$，$I-1$，…，$-I+1$，$-I$，共 $2I+1$ 个；I 是核自旋量子数；$\boldsymbol{P}$ 是角动量；P_z 是角动量在 z 轴上的投影。

(3) 核磁矩 (nuclear magnetic moment)　核磁共振的研究对象是有磁矩的核，核磁矩 $\boldsymbol{\mu}$ 和核角动量 $\boldsymbol{P}$ 之间存在如下关系：

$$\boldsymbol{\mu} = \gamma \boldsymbol{P} \tag{7-5}$$

$$\mu_z = \gamma p_z = \gamma m\hbar \tag{7-6}$$

γ 是旋磁比，不同的核有不同的旋磁比，核磁矩也是空间量子化的。

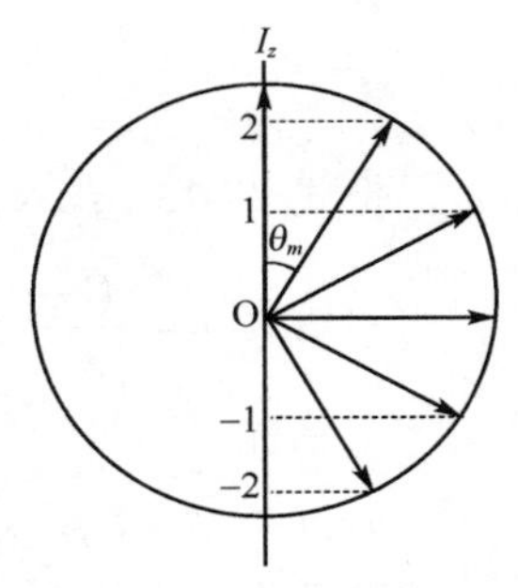

图 7-27　角动量

(4) 共振吸收的条件　在外磁场 B_0 中，磁矩 $\boldsymbol{\mu}$ 与磁场相互作用能可由式 (7-7) 计算：

$$E = -\boldsymbol{\mu} \cdot \boldsymbol{B}_0 = -\mu_z B_0 \tag{7-7}$$

所以

$$E = -\gamma \hbar m B_0 \tag{7-8}$$

不同的空间取向导致核能级发生塞曼分裂，自旋量子数 $= I$ 的核有 $2I+1$ 个能级。以 H 为例，$I=1/2$，$m=\pm 1/2$，在外磁场 B_0 作用下分裂成为两个能级，将 $m=\pm 1/2$ 代入式 (7-8) 得：

$$E_\alpha = -\frac{1}{2}\gamma\hbar B_0 \qquad (m = +1/2) \tag{7-9}$$

$$E_\beta = \frac{1}{2}\gamma\hbar B_0 \qquad (m = -1/2) \tag{7-10}$$

$$\Delta E = E_\beta - E_\alpha = \gamma \hbar B_0 \tag{7-11}$$

当外加射频能量等于 ΔE 时，即

$$h\nu = \Delta E = \gamma \hbar B_0 \tag{7-12}$$

$$\nu = \frac{1}{2\pi}\gamma B_0 \tag{7-13}$$

式（7-13）就是核磁共振吸收的条件。

(5) 化学位移 (chemical shift) 以上讨论是指裸露的核，实际上处在分子中的核感受到的有效磁场 (B') 不等于外磁场 B_0 (对裸露的核 $B'=B_0$)，原子核处于电子云的包围之中，核外电子在外加磁场作用下会产生感应磁场，其大小正比于外磁场，且方向相反，所以核感受到的有效磁场 B' 小于外磁场 B_0，这一现象称为屏蔽效应，其大小用屏蔽常数 σ 表示。B' 与 B_0 的关系如式 (7-14)：

$$B' = (1-\sigma)B_0 \tag{7-14}$$

$$\nu = \frac{1}{2\pi}\gamma(1-\sigma)B_0 \tag{7-15}$$

式（7-15）才是真实的核磁共振吸收的条件，不同的官能团有不同的屏蔽常数 σ，即同一种核由于所处的化学环境不同而导致其核磁共振信号出现在 NMR 谱不同位置上的这种现象叫化学位移。化学位移提供了化合物官能团的信息。

因为化学位移的大小与磁场强度成正比，为了比较同一分子在不同场强谱仪的化学位移，实际工作中常用一种与磁场强度无关的相对化学位移 (δ) 表示，即以某一参考物的谱线为标准来确定样品的化学位移，最常用的参考物是四甲基硅 $(CH_3)_4Si$ (tetramethylsilane，简称 TMS)。当把 TMS 与样品的化学位移看作是一个量纲为 1 的值时，具体表示式如下：

$$\delta = \frac{\nu_{\text{sam}} - \nu_{\text{ref}}}{\nu_{\text{ref}}} \times 10^6 \tag{7-16}$$

把式 (7-13) 代入式 (7-16) 得：

$$\delta = \frac{\gamma(1-\sigma_{\text{sam}})B/2\pi - \gamma(1-\sigma_{\text{ref}})B/2\pi}{\gamma(1-\sigma_{\text{ref}})B/2\pi} \times 10^6 = \frac{\sigma_{\text{ref}} - \sigma_{\text{sam}}}{1-\sigma_{\text{ref}}} \times 10^6 \tag{7-17}$$

由于　$\sigma_r \ll 1$

所以　$\delta \approx (\sigma_r - \sigma_s) \times 10^6$

可见化学位移值约等于参比的屏蔽常数与样品官能团的屏蔽常数的差值。

(6) 化学位移的各向异性及魔角 对固体样品式 (7-14) 中 σ 是一个二阶张量，是各向异性的，这就导致了固体样化学位移的各向异性。由于液体中分子的快速滚动，各向异性被平均化为零，所以液体样的 σ 是标量，显然式 (7-17) 只能表示液体样的化学位移，固体样化学位移可用式 (7-18) 表示：

$$\nu = \nu_0 \pm \frac{3}{4}R(3\cos^2\theta - 1) \tag{7-18}$$

式中，ν_0 为固有共振频率；R 为直接偶合常数；θ 为 B_0 与样品管旋转轴的夹角。

显然固体化学位移各向异性导致 NMR 谱线大大加宽，难于得到像液体样一样的高分辨谱。为了测得固体高分辨 NMR 谱，人们仿照液体分子的快速滚动，使固体样绕空间某一轴旋转，使得 $(3\cos^2\theta-1)$ 平均化为零，就可解决化学位移的各向异性所引起的谱线增宽问题。实验中取 $\theta=54.7^\circ$ 则 $(3\cos^2\theta-1)=0$，故 54.7° 就被称为魔角 (magic angle)。

7.6.2 自旋偶合与裂分 (spin-spin coupling)

(1) 偶合峰裂分的 $2nI+1$ 规律 在高分辨核磁共振谱中，一个官能团有时不止出一个峰，而是出一组多重峰。如乙醇的甲基峰就是由等距离的三条谱线组成的，亚甲基则由等距离四条谱线组成，这种分裂与外场无关，只与相邻基团的质子数有关。我们把由相邻质子的磁相互作用引起的谱线分裂现象称为自旋-自旋分裂 (spin-spin splitting)；把引起谱线分裂的这种相邻质子的磁相互作用称为自旋偶合；对一级谱偶合分裂符合“$n+1$”规律，n 是产生偶合的原子核数目，而 $(n+1)$ 是它们使邻近核的谱线分裂的数目，各峰的强度比符合二项式展开后的系数排布规律。

(2) 偶合常数 (coupling constant) 谱线分裂的间距称为偶合常数，用 J 表示，单位是赫兹 (Hz)，相互偶合的两组核的 J 值相等，J 值的大小反映了两种核的空间位置，J 提供化合物立体化学的信息。例如肉桂醇的顺式 $J=5$ Hz，而反式 $J=12$ Hz。^1J 表示偶合核间只有一个化学键，如 N−H；^2J 表示偶合核间有两个化学键，如 H_1-C-H_2，通常称为同碳偶合，只有前手性碳上的氢才可能有这种偶合。^3J 表示偶合核间有三个化学键，如 $H_1-C-C-H_2$，大多数情况是这种偶合。

(3) 弛豫 (relaxation) 弛豫时间 T_1 和 T_2，在结构鉴定和理论研究上都有重要意义。特别是自旋晶格弛豫时间 T_1 已被称为第四参数，与化学位移、偶合常数、积分强度并列。

所谓弛豫是指处于激发态的核，把多余的能量消散及放出而回到基态和平衡分布的过程。激发态的自旋体系释放多余的能量是通过两个途径进行的：一种是在核自旋系内部传递消散，称为自旋-自旋弛豫，又叫横向弛豫，其速率为 $1/T_2$，T_2 称为自旋-自旋弛豫时间；另一种是在核与晶格或环境之间交换传递，称为自旋-晶格弛豫，又叫纵向弛豫，其速率为 $1/T_1$，T_1 称为自旋-晶格弛豫时间。

7.6.3 顺磁体系的 NMR

(1) 配合物 NMR 中顺磁离子的两种作用 前面我们所讨论的对象都是逆磁分子。如果所研究的体系内含有顺磁性物质，如过渡金属、稀土离子及其配合物、有机稳定自由基等，则 NMR 谱图会有很大不同。当顺磁离子与逆磁分子形成配合物时，对配体的核产生两种作用：第一种作用是使核的 NMR 信号产生很大的顺磁位移 (paramagnetic shift)，顺磁位移本质上是未成对电子和磁性核间超精细相互作用的一种测度，顺磁位移与温度有关。第二种作用是缩短核的弛豫时间，并使谱线产生不同程度的加宽。位移试剂和磁共振成像造影剂就是分别利用这两种作用制备的。

(2) 稀土离子对配体的影响特性 稀土离子的磁学性质强烈地依赖于 4f 电子

数，由于 4f 电子在内层，其自旋-轨道耦合作用十分强烈，因此与过渡金属不同稀土离子的轨道角动量 $\boldsymbol{L}$ 和自旋角动量 $\boldsymbol{S}$ 先偶合成总的角动量 $\boldsymbol{J}$，其基态谱项为 $^{2s+1}\boldsymbol{L}_\mathrm{J}$，Lande g 为：$g_J=[3J(J+1)-L(L+1)+S(S+1)]/2J(J+1)$。

由此可知，除 La^{3+} ($4f^0$) 和 Lu^{3+} ($4f^{14}$) 两个逆磁性外，其余 13 个顺磁离子可粗略分成三类：第一类是 Pr^{3+} ($4f^2$)、Eu^{3+} ($4f^6$) 和 Yb^{3+} ($4f^{13}$) 离子，它们有很短的电子自旋弛豫时间 ($T_{1e}<10^{-12}$ s)，因此它们能使底物产生很大的顺磁位移，但不明显加宽谱线。这种离子可以用于制备位移试剂。第二类是 Gd^{3+} ($4f^7$) 和 Eu^{2+} ($4f^7$) 离子，具有长的弛豫时间 ($T_{1e}>10^{-10}$ s) 能加速核的弛豫速率，又不产生显著位移，这种离子可以用于制备弛豫试剂。第三类是 Dy^{3+} ($4f^9$) 和 Ho^{2+} ($4f^{10}$) 离子，介于以上两者之间，两种作用都有。

7.6.4 核磁共振在无机化学中的应用

7.6.4.1 NMR 法测磁化率

磁性是物质的基本属性之一，在化学上研究物质磁性的基本方法是测量磁化率，通过测量顺磁磁化率可测出金属离子未成对电子数，这对研究金属原子的氧化态、成键类型和立体化学结构都有重要意义。通常测量磁化率最常用的方法是 Curie 法，这种方法的最大缺点是样品用量多，精度欠佳。本实验根据 D. F. Evens 创立的方法[17]，利用 ^{1}H NMR 进行测量物质的磁化率和磁矩，这种方法的优点是用样量少，灵敏度高。物质的 ^{1}H NMR 谱线的化学位移除与自身结构有关外，还取决于所研究介质的体积磁化率[18]，当在待测体系加入一定量的顺磁性离子并且该离子与待测样不发生作用时，待测样的化学位移与加入顺磁性物质前后有很大变化。这种变化在理论上可用下式表示[18]：

$$\frac{\Delta H}{H_0}=\frac{2\pi}{3}\Delta x \tag{7-19}$$

由化学位移的定义可知：

$$\delta=\frac{\Delta H}{H_0}\times10^6=\frac{\Delta\nu}{\nu_0}\times10^6\approx(\sigma_\mathrm{R}-\sigma_\mathrm{S})\times10^6 \tag{7-20}$$

故：

$$\frac{\Delta\nu}{\nu_0}=\frac{2\pi}{3}\Delta\chi_V \tag{7-21}$$

式中，ν_0 为仪器基频 (6.0×10^7 Hz)；$\Delta\nu$ 为含顺磁性物质的样品和不含顺磁性物质的参考样品的化学位移差；$\Delta\chi_V$ 为含顺磁性物质的溶液体积磁化率与参考溶液的体积磁化率（χ_0）之差；$\sigma_{\mathrm{R(S)}}$ 为标样 (待测样) 屏蔽常数。

忽略惰性物质 (不与顺磁性物质发生作用的标样) 的磁化率，则式 (7-21) 加上溶液密度校正项[7]可整理成下形式：

$$\chi_\mathrm{g}=\frac{3\Delta\nu}{2\pi\nu_0 m}+\chi_0+\chi_0\frac{d_0-d_\mathrm{s}}{m} \tag{7-22}$$

式中，χ_g 为顺磁性物质的质量磁化率；χ_0 为溶剂的比磁化率 ($\chi_水=-7.3\times10^{-7}$)；m 为顺磁性物质的浓度，kg·dm^{-3}；d_0 为溶剂密度，kg·dm^{-3}；d_s 为溶液密度，kg·dm^{-3}

(对高顺磁性物质最后一项可忽略)。

我们知道物质的摩尔磁化率与磁矩有以下关系式[17]：

$$\chi_{\mathrm{M}} = \frac{N_0 \mu^2}{3kT} \tag{7-23}$$

整理式 (7-23) 得：

$$\mu_{\mathrm{eff}} = 2.84\sqrt{x_{\mathrm{M}} \cdot T}\,(BM) \tag{7-24}$$

式中，χ_{M} 为摩尔磁化率；μ_{eff} 为有效磁矩；T 为热力学温度，K。

众所周知，顺磁性的出现主要是物质中存在未成对电子的结果。因为含单电子的原子或分子自旋角动量和轨道角动量的总和不为零，电子自旋和轨道运动都对总顺磁性有贡献，但自旋磁矩远大于轨道磁矩。因此，顺磁性几乎全部是由自旋运动所提供的。若忽略轨道角动量对磁矩的贡献，可提出以下关系式：

$$\mu_{\mathrm{eff}} = \sqrt{n(n+2)}\,(BM)(\beta_{\mathrm{e}}) \tag{7-25}$$

式中，n 为单电子数。

可见，只要测得 $\Delta\nu$，即可计算出 x_{g}、μ 和 n。在测量中可用 D_2O 作溶剂，以叔丁醇为标样，也可在非水溶剂中以二氧六环作标样进行测量。总之，所选标样与顺磁性物质不作用，并且只出一个单峰即可。

7.6.4.2 顺磁配合物的弛豫增强分析法

(1) S-B 方程 顺磁弛豫加强效应的发现可以说是核磁共振历史上的一个里程碑，它为研究溶液中的分子结构及弛豫过程提供了一种有力的方法。Solomon-Bloembergen (S-B) 方程能较好地描述影响弛豫过程的各种因素之间的关系。式 (7-26) 就是著名的 S-B 方程 $T_{1\mathrm{M}}$ 的表达式。

$$\begin{aligned}\frac{1}{T_{1\mathrm{M}}} = &\frac{C}{r^6}\left(\frac{\tau_{\mathrm{C}}}{1+(\omega_{\mathrm{I}}-\omega_{\mathrm{S}})^2\tau_{\mathrm{C}}^2} + \frac{3\tau_{\mathrm{C}}}{1+\omega_{\mathrm{I}}^2\tau_{\mathrm{C}}^2} + \frac{6\tau_{\mathrm{C}}}{1+(\omega_{\mathrm{I}}+\omega_{\mathrm{S}})^2\tau_{\mathrm{C}}^2}\right)\\ &+\frac{2}{3}\left(\frac{A}{\hbar}\right)^2 S(S+1)\left(\frac{\tau_{\mathrm{C}}}{1+\omega_{\mathrm{S}}^2\tau_{\mathrm{e}}^2}\right)\end{aligned} \tag{7-26}$$

式中，$T_{1\mathrm{M}}$ 为顺磁配合物的配体质子纵向弛豫时间；$C = \frac{2}{15}\hbar^2 S(S+1)\gamma_{\mathrm{I}}^2\gamma_{\mathrm{S}}^2$，其中，$\gamma_{\mathrm{I}}$、$\gamma_{\mathrm{S}}$ 分别为质子和电子磁旋比；r 为质子与顺磁离子之间的距离；ω_{I}、ω_{S} 分别为质子和电子的共振圆频率；τ_{C} 为电子与核偶极-偶极作用的相关时间，$\tau_{\mathrm{C}}^{-1} = \tau_{\mathrm{S}}^{-1} + \tau_{\mathrm{M}}^{-1} + \tau_{\mathrm{R}}^{-1}$，其中，$\tau_{\mathrm{S}}$ 为电子自旋相关时间，τ_{M} 为化学交换相关时间，τ_{R} 为旋转相关时间；τ_{e} 为电子与核自旋交换相关时间；A 为超精细作用常数；S 为顺磁离子的自旋量子数。

通常 τ_{C} 为 10^{-11} s 数量级或更短，$\omega_{\mathrm{S}} \approx 650\omega_{\mathrm{I}}$，故式 (7-26) 可进一步简化

$$\frac{1}{T_{1\mathrm{M}}} = \frac{C}{r^6}\left(\frac{3\tau_{\mathrm{C}}}{1+\omega_{\mathrm{I}}^2\tau_{\mathrm{C}}^2} + \frac{7\tau_{\mathrm{C}}}{1+\omega_{\mathrm{S}}^2\tau_{\mathrm{C}}^2}\right) + \frac{2}{3}\left(\frac{A}{\hbar}\right)^2 S(S+1)\left(\frac{\tau_{\mathrm{e}}}{1+\omega_{\mathrm{S}}^2\tau_{\mathrm{e}}^2}\right) \tag{7-27}$$

(2) 配合物中配位水数目的估算 在测顺磁配合物 NMR 时你会发现其配体质

子的弛豫速率会加快，而溶液中大部分其它质子行为仍像没有顺磁离子一样。设 T_{1W} 为没有顺磁离子时的纵向弛豫时间，在 $T_{1M} >> \tau_M$ 的条件下则有：

$$T_{1p}^{-1} = \left(1 - q\frac{N}{N_p}\right)T_{1W}^{-1} + \frac{N}{N_p}qT_{1M}^{-1} \tag{7-28}$$

式中，T_{1p}^{-1} 为顺磁离子对配位水质子纵向弛豫速率的贡献；N 为顺磁离子浓度；N_p 为水分子浓度；q 为内配层水分子数。S-B 方程通过近似处理可写成：

$$T_{1M}^{-1} = \frac{C}{2r^6}\left(\frac{3\tau_C}{1+\omega_I^2\tau_C^2}\right) \tag{7-29}$$

式 (7-11) 和式 (7-12) 联立得：

$$T_{1p}^{-1} = q\frac{N}{N_p}\frac{C}{r^6}\left(\frac{3\tau_C}{1+\omega_I^2\tau_C^2}\right) + \left(1 - q\frac{N}{N_p}\right)T_{1W}^{-1} \tag{7-30}$$

对稀溶液当可忽略 T_{1W}^{-1}，此时式 (7-30) 可改写成：

$$NT_{1p} = \frac{B}{\tau_C}\left(1+\omega_I^2\tau_C^2\right) \tag{7-31}$$

其中

$$B = \frac{r^6}{3C}\left(\frac{N_p}{q}\right) \tag{7-32}$$

在恒温下用 T_{1p} 对 ω_I^2 作图得一直线，斜率 $=B\tau_C$，截距 $=\dfrac{B}{\tau_C}$，配位水一般 $r =$ (2~2.7)A，代入式 (7-32) 可估算出 q 值。

反之将已知配位水数代入式 (7-32) 可估算出配合物中顺磁离子与配位水的距离 r 值。

7.6.5 固体核磁简介

前面已经讲过固体样品的 σ 是一个二阶张量，是各向异性的。这是由于固体样晶格中的各原子位置是固定的，偶极位移在各个方向上是不同的，因此偶极位移的各向异性会导致其化学位移谱线大幅加宽。如果用测试液体样相同的方法测固体样根本无法得到正常的核磁谱图。所以固体核磁共振实验通常采用交叉极化加魔角旋转技术完成，即 CP/MAS NMR。魔角旋转是指样品管旋转轴与外磁场夹角呈 54.74°。固体核磁共振波谱法中的魔角旋转 (MAS)、多量子跃迁 (MQMAS) 和磁共振成像 (MRI) 等技术在多相催化、水泥、木材中的纤维素、锂离子电池电极等材料以及 DNA 和蛋白质等生物大分子、医学诊断和石油勘探等领域有广泛的用途[19]。图 7-28 和图 7-29 分别是煤系高岭土的 ^{27}Al MAS NMR 谱和二硅酸钠的 ^{29}Si MAS NMR 谱图。图 7-30 是不同充放电状态下天然石墨的 ^{7}Li MAS NMR 谱图，由图可知，在初始放电时，化学位移为 0 的峰逐渐加强。当放电从 a 到 e 时，出现新的化学位移为 45 的位移峰。充电过程从 f 到 k 与放电过程相反。

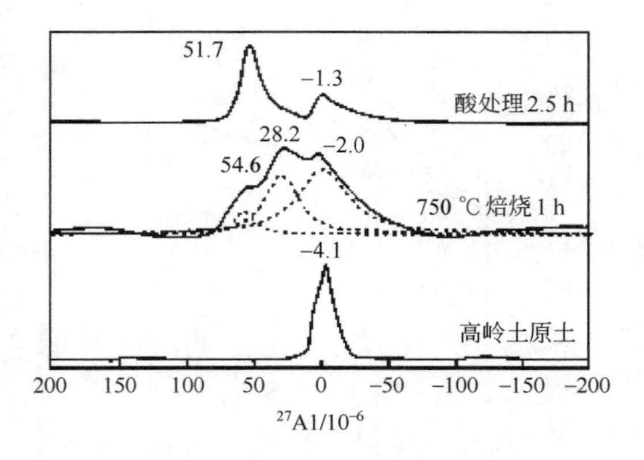

图 7-28　煤系高岭土的 ^{27}Al MAS NMR 谱图

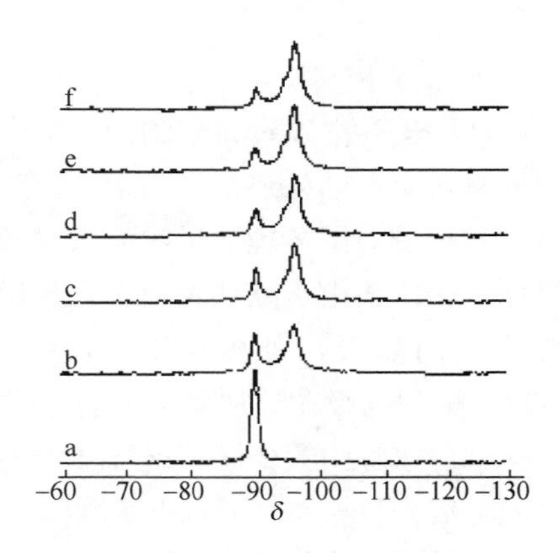

图 7-29　二硅酸钠的 ^{29}Si MAS NMR 谱图

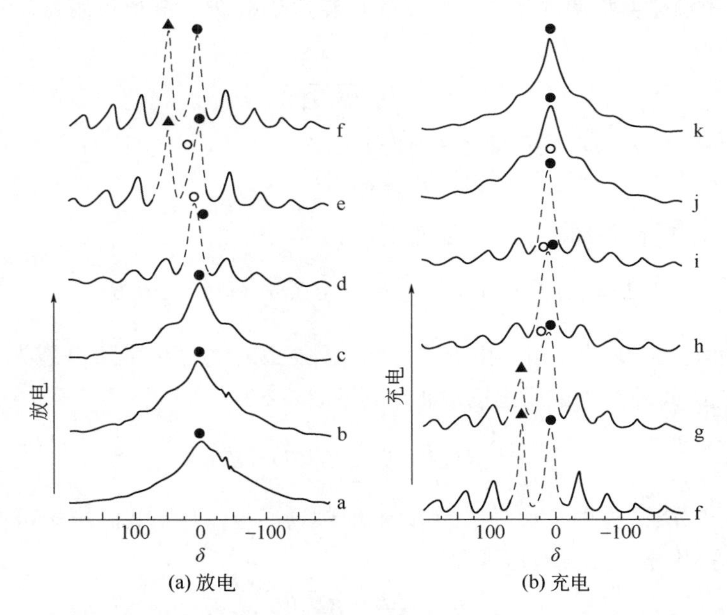

图 7-30　不同充放电状态下天然石墨的 ^{7}Li MAS NMR 谱图

● 分解产物；○ LiC_x (x>12)；▲ LiC_{12} 或 LiC_6

7.7　顺磁共振

7.7.1　顺磁共振的基本概念

电子顺磁共振 (electron paramagnetic resonance，EPR) 是一种用于研究分子中具有单电子的波谱技术。该技术既能研究自由基的单电子也能对过渡金属，如铁族、铜和稀土离子的单电子以及顺磁性分子如 O_2 和 NO 等的未成对电子进行研究。它主要提供四方面的信息：强度、线宽、g 值和多重结构。这些信息能给出多方面的知识，下面将逐一阐明。

(1) 电子的 Zeeman 效应 电子除了像核一样有自旋运动外还有轨道运动，但是电子的轨道磁矩受周围环境的影响而大大减小，所以对电子磁矩作出贡献的主要是自旋运动，其自旋磁矩的能级在外磁场下会分裂为二 (图 7-31)。这种能级在外加磁场下的分裂叫做塞曼 (Zeeman) 效应，关于这一点与磁性核在外场中的磁能级分裂一样。所以电子顺磁共振与核磁共振都属于磁共振方法，其原理相似。

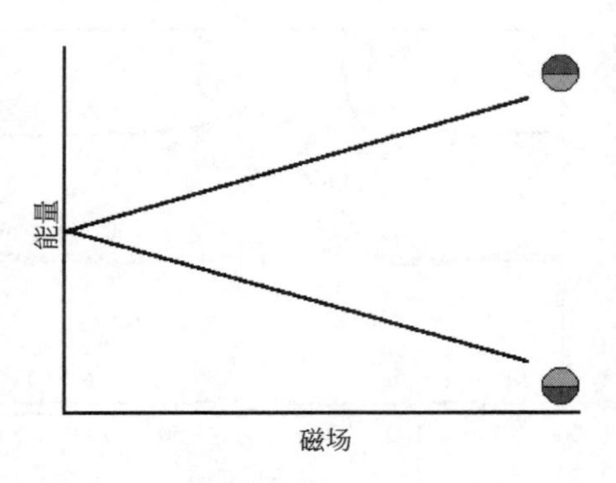

图 7-31 电子在外加磁场中的能级裂分

(2) 电子顺磁共振吸收条件 电子的自旋角动量 P_s，其值可用自旋量子数按下式描述：

$$P_s = \sqrt{S(S+1)}\hbar \tag{7-33}$$

电子的自旋磁矩 μ_s 与自旋角动量 P_s 成正比：

$$\mu_s = g\beta_e P_s \tag{7-34}$$

电子自旋磁矩 μ_s 在外加磁场 $\boldsymbol{B}$ 中的能量为：

$$E = -\mu_s B\cos\theta = -\mu_{sz}B = -g\beta_e m_s B = \pm\frac{1}{2}g\beta_e B \tag{7-35}$$

式中，θ 为 μ_s 与 $\boldsymbol{B}$ 的夹角。由上式可知在外磁场中电子的能级分裂为二 (塞曼效应)，分裂能级间隔与外磁场强度成正比 (见图 7-32)。

$$\Delta E = \frac{1}{2}g\beta_e B - (-\frac{1}{2}g\beta_e B) = g\beta_e B \tag{7-36}$$

如果在垂直于 $\boldsymbol{B}$ 的方向上加频率为 ν 的射频场，当满足下式时电子可在两能级间发生跃迁，产生电子顺磁共振现象。

$$h\nu = \Delta E = g\beta_e B \tag{7-37}$$

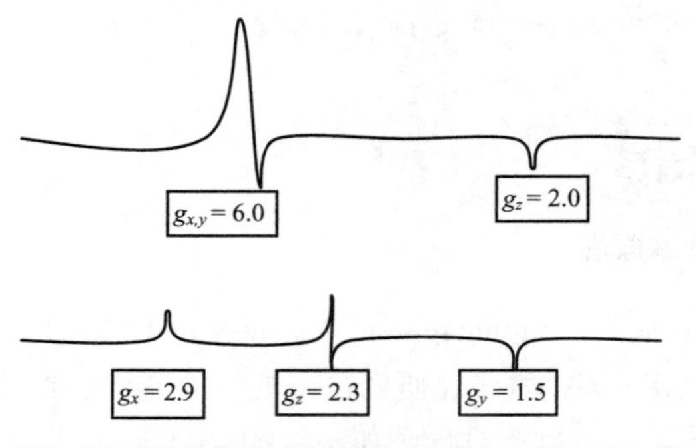

图 7-32 两种常见金属蛋白顺磁中心的 EPR 谱

(3) g 因子 g 是电子的 Lande 因子，自由电子的 $g_e = 2.0023$，只有自旋角动量而没有轨道角动量，或轨道角动量已完全淬灭的电子才符合这种情况。对于顺磁金属离子，因自旋-轨道耦合作用使其 g 值在 1~6 之间变化。g 值由不成对电子所处的化学环境，即化合物的结构决定，反映金属中心的配位环境，每个化合物均具有特定的 g 值，由 g 值可以推测化合物结构。显然在 EPR 谱中 g 值类似于 NMR 的化学位移 δ。

g 值的方向性：由于 g 值受轨道磁矩影响，而轨道磁矩和附近的核磁矩都是有方向的，因此，g 值也是各向异性的。g 值有 g_x、g_y 和 g_z 三个值，轴对称性晶体 g 值有 $g_{/\!/}$ 和 $g_{\perp}$两个值（$/\!/$和$\perp$ 分别表示平行和垂直于外磁场）。

$$g_{\perp} = g_z，\ g_{/\!/} = g_x = g_y \tag{7-38}$$

对称性高的晶体则 g 值是各向同性的。在低黏度液体中由于离子在交变电磁场中翻滚 g 值趋于平均化，实际表现为各向同性。其关系为：

$$g = \frac{1}{3}(g_x + g_y + g_z) \tag{7-39}$$

对于轴对称性晶体的溶液，则有：

$$g = \frac{1}{3}g_{/\!/} + \frac{2}{3}g_{\perp} \tag{7-40}$$

稀土离子的不成对 f 电子由于受外层 s 和 p 电子屏蔽，所以受配体影响较小，其 g 值可按下式计算：

$$g = 1 + \frac{S(S+1) + J(J+1) - L(L+1)}{2J(J+1)} \tag{7-41}$$

g 值的测定是根据式 (7-41)，只要测得发生顺磁共振时的磁场强度 B 和对应的共振频率 ν 即可求出 g 值。按照 EPR 谱产生的原理，要满足式 (7-41) 可以有两种方式：一是固定 ν 改变 B 使之满足式 (7-41)，这称为扫场式；二是固定 B，改变 ν 使之满足式 (7-41)，这称为扫频式。现代顺磁共振谱仪都采用扫场式。这样实际上只要你读出设定 ν 条件下横坐标上共振信号的 B 值即可得到 g 值。

7.7.2 电子顺磁共振谱的多重结构

(1) 精细结构 (fine structure) 分子中未成对电子的自旋-轨道耦合或自旋-自旋耦合相互作用使电子顺磁共振谱产生的多重峰称为精细结构。因此，顺磁离子有多个单电子时，如 Fe^{3+} 有 5 个单电子的体系，EPR 谱会出现“零场分裂”(zero-field splitting，ZFS) 和精细结构。所谓零场分裂就是在未施加外磁场时，能级就已经引起分裂，是由电子的自旋-轨道耦合和自旋-自旋耦合相互作用导致的。因为电子的磁矩比核磁矩约大 1836 倍，所以零场分裂的裂距远大于电子与核的磁矩相互作用（超精细相互作用）所产生的裂距，故零场分裂对应的谱线分裂称为精细结构[19,20]。

(2) 超精细结构 (hyperfine structure) 未成对电子和磁性核之间存在着磁相互

作用，称为超精细相互作用，由此引起的谱线分裂称为超精细结构。超精细分裂峰之间的距离称为超精细耦合常数 (A)。A 值与 g 相对映，有 A_x、A_y、A_z 三个值。轴对称性晶体 A 值有 $A_{/\!/}$ 和 $A_\perp$ 两个值，两者有以下关系：

$$A_{/\!/}=A_z \quad A_\perp=A_x=A_y \tag{7-42}$$

液体的 A 值趋各向同性时：

$$A=\frac{1}{3}(A_x+A_y+A_z) \tag{7-43}$$

轴对称性晶体的溶液：

$$A=\frac{1}{3}A_{/\!/}+\frac{2}{3}A_\perp \tag{7-44}$$

(3) 跃迁选律 如果单电子邻近有 n 个自旋为 I 的核，超精细相互作用使单电子的磁能级在外场中分裂成 $(2nI+1)$ 个等距离的能级，即该单电子的 EPR 谱分裂成 $(2nI+1)$ 条谱线。电子在其自旋磁量子数 $m_s=-1/2$ 和 $m_s=1/2$ 两个能级间跃迁时，核自旋磁量子数 m_I 保持不变，所以电子顺磁共振的跃迁选律为：

$$\Delta m_s=1\text{；}\quad \Delta m_I=0 \tag{7-45}$$

7.7.3 电子顺磁共振实验技术及应用

EPR 的检测限可达到 $10^{-14}\ \text{mol}\cdot\text{L}^{-1}$。顺磁离子浓度与吸收峰面积成正比，可用于测定自由基浓度。通常用相对法，即在相同实验条件下测得的标准样品峰面积与未知样品进行比较来测定。通过 g 值和 g 值各向异性的测定，以及谱线的超精细结构，如裂分的谱线数目、超精细耦合常数、峰的强度比、峰形等，可以了解过渡金属离子的结构和成键环境。

(1) EPR 的样品及标准样品 EPR 谱的样品通常置于石英管中，因为玻璃含有顺磁性杂质。样品通常是固体或液体，溶液的冻结样品也常遇到，因为降低温度有利于获得高质量的谱图。由于大气中的氧本身是顺磁性物质，所以测定在真空条件下进行。为了比较不同样品的 EPR 谱图，需要对谱仪的 g 值和磁感应强度进行校准。通常用作校准的标准样品是含有稳定自由基的固体样品二苯基苦基肼基 (diphenylpicryhydrazine，DPPH)，$g=2.0036$。

O_2N N—Ṅ NO_2 O_2N

DPPH

(2) 双共振技术 EPR 双共振技术类似于 NMR 的双共振，可以简化谱图，顺磁共振仪器有两种附件：一种是电子-核双共振 (electron-nuclear double resonance，ENDOR) 技术，二是电子双共振 (electron-electron double resonance，ELDOR) 技术。ENDOR 是在垂直于 B_0 的方向上加两个辐射电磁场：一个是激发核自旋的射频场 ($\Delta M_s=0$，$\Delta M_I=1$)，另一个是激发电子跃迁的微波场 ($\Delta M_s=1$，$\Delta M_I=0$)；ENDOR 与普通 EPR 的区别在于实验中使用强的微波场使样品在大功率微波场下发生接近饱和的顺磁共振，然后通过核磁跃迁观察 EPR 跃迁强度的增强。ENDOR 使一组等价质子产生一条谱线，而与该组的质子数无关。ELDOR 同时用两个不同的微波场照射样品，得到的 EPR 谱也大为简化，这种技术对自旋交换和化学交换过程的研究有效！

7.8 圆二色谱[21~27]

当平面偏振光在一个手性物质中传播时，组成平面偏振光的左右圆偏振光不仅传播速度不同，而且被吸收的程度也不相等。前一性质在宏观上表现为旋光性，而后一性质被称为圆二色 (circular dichroism，简称 CD) 性。因此，当一个手性化合物在紫外-可见-近红外 (UV-Vis-NIR) 波段具有特征电子跃迁吸收时，旋光性和圆二色性是该手性分子对偏振光的作用同时表现出来的两个相关现象，得到的电子圆二色 (ECD) 光谱可以用于手性分子立体结构的测定。

在 UV-Vis-NIR 区测定手性物质的 ECD 谱，通过与 X 射线单晶结构分析数据关联，并且与量化计算拟合的理论 ECD 谱比对，可预测手性分子的绝对构型 (absolute configuration，AC)；亦可确定生物大分子和有机化合物的手性构象 (comformation)，还可用于探究药物小分子与蛋白作用的模式，提供手性识别和不对称催化等有关反应机理的信息。目前 ECD 谱已经在有机化学、配位化学、金属有机化学、化学生物学、药物化学、生命科学、材料化学和分析化学等领域得到广泛应用。

7.8.1 旋光色散

旋光性的一个显著特征是，同一手性物质对于不同波长的入射偏振光有不同的旋光度，例如在透明光谱区，同一手性物质对紫光 (396.8 nm) 的旋光度大约是对红光 (762.0 nm) 旋光度的 4 倍，这就是所谓旋光色散 (ORD) 现象。旋光色散现象的起因：入射平面偏振光中的左、右圆组分在手性介质中的折射率 n_l 和 n_r 不同产生圆双折射Δn，而且折射率 n_l 和 n_r 还与波长有关，即手性物质的圆双折射 Δn 会随波长发生变化，因此，旋光度将随入射偏振光的波长不同而不同，以比旋光度 $[\alpha]$ 或摩尔旋光度 $[M]$ 对平面偏振光的波长或波数作图称 ORD 曲线。

7.8.2 两类 ORD 曲线

一般而言，ORD 曲线可分为两种类型，即正常和反常 ORD 曲线。

对于某些在 ORD 光谱仪测定波长范围内无吸收的手性物质，例如某些饱和手性碳氢化合物或石英晶体，其摩尔旋光度 $[M]$ 的绝对值一般随波长增大而变小。旋光度为负值的化合物，ORD 曲线从紫外到可见区呈单调上升；旋光度为正值的化合物，ORD 曲线从紫外到可见区呈单调下降；两种情况下都逼近 0 线，但不与 0 线相交，即 ORD 谱线只是在一个相内延伸，既没有峰也没有谷，这类 ORD 曲线称为正常的或平坦的旋光谱线。图 7-33 给出正常 ORD 谱线的例子。显然，欲测定这类物质的旋光度，最好采用波长较短的光源。

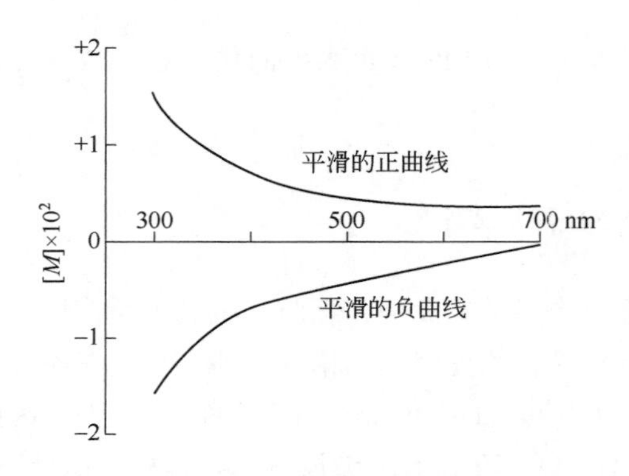

图 7-33　透明光谱区的旋光色散曲线

当手性物质存在生色团，在 ECD 光谱仪测定波长范围内有吸收时，则原先在电子吸收带附近处于单调增加或减少中的摩尔旋光度或比旋光度，可以在某一个波长内发生急剧变化，并使符号反转，有人把这种现象称为反常色散 (anomalous dispersion)。与图 7-33 所示的正常 ORD 曲线相比，理想的反常 ORD 曲线通常呈现极大值、极小值以及一个拐点，如图 7-34 中的虚线所示，因此认为反常 ORD 曲线呈 S 形。它的起因可能是在 λ_0 处圆双折射 Δn 值的突变，一般在吸收光谱的最大吸收 λ_{max} 处可以观察到反常色散曲线的拐点[1]；还有另一种说法认为，反常 ORD 曲线就像 ECD 曲线的一阶导数，在 ECD 的极大吸收处出现拐点。呈现反常

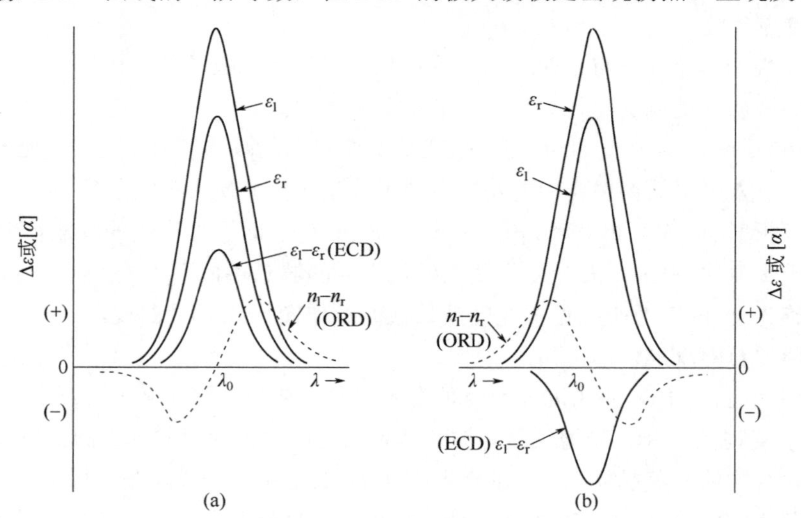

图 7-34　在 λ_0 处具有最大吸收的一对对映体的理想圆二色和旋光色散曲线

(a) 正 Cotton 效应；(b) 负 Cotton 效应

---

[1] 通常吸收谱带和 ORD 曲线的形状并不是严格对称的，因此这个拐点并不一定与 λ_0 完全一致。

色散的场合，同时可以看到圆二色性，即 ECD 曲线通常在吸收光谱的 λ_{max} 附近出现$\Delta\varepsilon$ 绝对值极大 (呈峰或谷)，或可能将吸收峰分裂为一正一负两个 ECD 谱峰。

由于反常色散是与手性化合物的吸收谱带相关联的，虽然前者主要起因于圆双折射，但是将反常 ORD 谱与 UV-Vis-NIR 谱对照更有实际应用价值。另外，在以下的讨论中将看到，反常 ORD 曲线在确定手性配合物的绝对构型和构象时，具有重要意义。

7.8.3 电子圆二色性

若手性物质在圆偏振光的波长范围内发生电子跃迁，则它对左右两圆偏振光的吸收程度不同，即它对左、右圆组分的摩尔吸收系数不同 ($\varepsilon_l \neq \varepsilon_r$，即电子圆二色性)。这时，不仅是偏振光平面被旋转了，而且左右两圆组分的振幅也不再相等。图 7-35(b) 表示一束单色平面偏振光通过手性样品溶液，因圆双折射 Δn 导致偏振光平面旋转 α 角 (假设 $n_l > n_r$)；与此同时试样还对两圆偏振光有不同程度的吸收 (假设 $\varepsilon_l > \varepsilon_r$)，使其振幅受不同程度衰减，OB 与 OC 的电场合矢量 OD 将沿着一个椭圆轨迹移动，出射光便成为椭圆偏振光。椭圆长轴 OA″ 决定出射椭圆偏振光束的平面；椭圆率被定义为：

$$\tan\theta = \mathrm{OE}/\mathrm{OA}'' \tag{7-46}$$

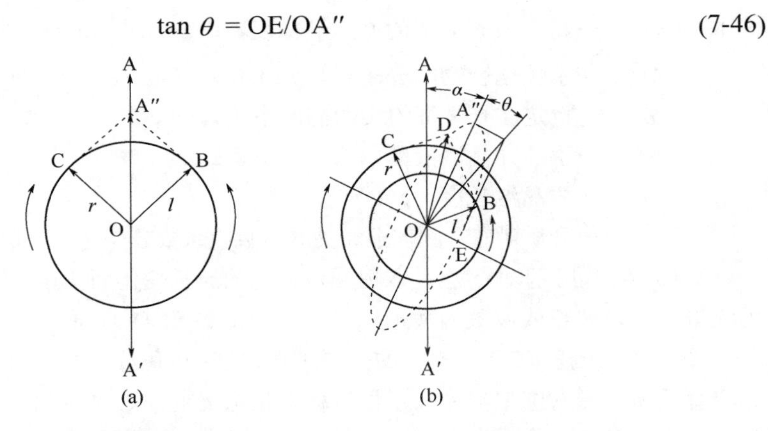

图 7-35 椭圆偏振：偏振面旋转和左右圆组分吸收

(a) 入射平面偏振光的左右圆组分；(b) 出射左右旋椭圆组分的加合和偏振光平面的旋转

OB 表示被吸收后左圆偏振光的振幅；OC 表示被吸收后右圆偏振光的振幅；

OD 表示 OB 和 OC 的矢量和；θ 为椭圆偏振光的椭圆率角

当椭圆率很小时，椭圆接近于线型，这时 $\tan\theta \approx \theta$，且与该手性样品对左右两圆组分的吸光度之差$\Delta A$ 成正比。理论计算得到，ΔA 与椭圆率角 θ 的关系为：

$$\tan\theta \approx \theta = (\ln 10)(A_l - A_r) \times \frac{180}{4\pi} = 32.982\,\Delta A \tag{7-47}$$

式中　A_l——介质对左圆偏振光的吸光度；

A_r——介质对右圆偏振光的吸光度；

ΔA——介质对左右圆偏振光的吸光度之差；

θ——实测椭圆率角，deg[1]。

在实际工作中，更常用的是比椭圆度$[\theta]_\lambda^t$和摩尔椭圆度$[\Theta]_\lambda^t$[2]，

$$[\theta]_\lambda^t = \frac{\theta}{c \times l} = \frac{32.982\,\Delta A}{c \times l} \tag{7-48}$$

式中 $[\theta]_\lambda^t$——特定波长 λ 下的比椭圆度，$\mathrm{deg \cdot cm^3 \cdot dm^{-1} \cdot g^{-1}}$；

θ——实测椭圆率角，deg；

c——手性样品溶液浓度，$\mathrm{g \cdot mL^{-1}}$；

l——样品池长度，dm；

t——测定温度，°C；

λ——测定波长，nm。

$$[\Theta]_\lambda^t = \frac{[\theta]_\lambda^t M_\mathrm{w}}{100} = \frac{32.982\,\Delta A \times M_\mathrm{w}}{100 \times c \times l} = \frac{32.982\,\Delta A \times 100}{c' \times l'} = 3298.2\,\Delta\varepsilon_\lambda \tag{7-49}$$

$$[\Theta]_\lambda^t = \frac{\theta_\lambda}{c' \times l' \times 10} = 3298.2\,\Delta\varepsilon_\lambda \text{ 或 } \Delta\varepsilon_\lambda = \frac{\theta_\lambda}{3298.2 \times c' \times l' \times 10} \tag{7-50}$$

式中 $[\Theta]_\lambda^t$——特定波长 λ 下的摩尔椭圆度，$\mathrm{deg \cdot cm^{-1} \cdot dm^3 \cdot mol^{-1}}$；

M_w——手性化合物的分子量，$\mathrm{g \cdot mol^{-1}}$；

θ_λ——特定波长 λ 下的实测椭圆率角，mdeg；

c'——手性样品溶液摩尔浓度，$\mathrm{mol \cdot L^{-1}}$；

l'——样品池长度，cm；

$\Delta\varepsilon_\lambda$——介质对左右圆偏振光的摩尔吸收系数之差 $(\varepsilon_\mathrm{l} - \varepsilon_\mathrm{r})$，$\mathrm{dm^3 \cdot mol^{-1} \cdot cm^{-1}}$。

如图 7-34 所示，$\Delta\varepsilon_\lambda$会随入射圆偏振光的波长变化而变化。以 θ (mdeg) 或 $\Delta\varepsilon_\lambda$ 为纵坐标，以波长或波数为横坐标作图，便得到 ECD 曲线。

图 7-36 示出 ECD 光谱仪的简要工作原理：单色线偏振光被 ECD 调制器调制为交替的左圆和右圆偏振光，手性试样对偏振光的左、右圆组分有不同程度的吸收作用，变动的光强度在检测器上产生交流/直流信号，从而测量出比例于 ΔA 的周期性信号。

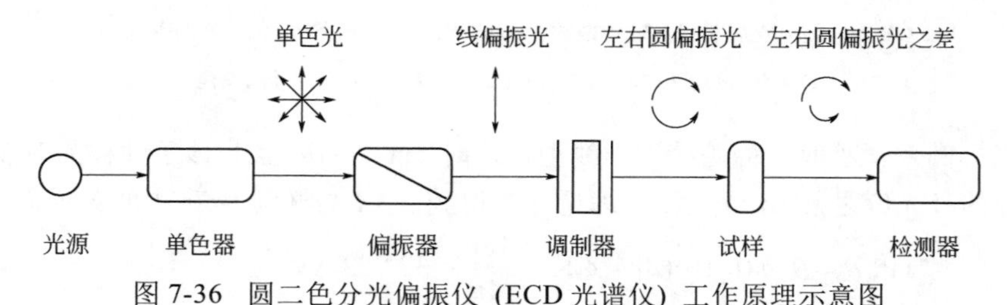

图 7-36 圆二色分光偏振仪 (ECD 光谱仪) 工作原理示意图

[1] 尽管目前所有商品化的 ECD 光谱仪都是以椭圆率θ (mdeg) 为单位，但实际测出的均为ΔA。只要手性样品浓度已知，ECD 光谱仪器自带软件可以对其 $\Delta\varepsilon$ 作出计算。

[2] 有些书上以[M]表示摩尔椭圆率的符号，为了不与摩尔旋光度的符号混淆，本书采用符号[λ]。

7.8.4 ORD 与 ECD 的关系以及 Cotton 效应

ECD 和反常 ORD 是同一现象的两个表现方面，它们都是手性分子中的生色团与左右圆偏振光发生不同的作用引起的。ECD 光谱反映了光和分子间的能量交换，因而只能在有最大能量交换的共振波长范围内测量；而 ORD 主要与电子运动有关，即使在远离共振波长处也不能忽略其旋光度值。因此，反常 ORD 与 ECD 是从两个不同角度获得的同一信息，如果其中一种现象出现，对应的另一种现象也必然存在。为了在 1895 年纪念首次发现这两种现象的法国物理学家 Aime Cotton，它们一起被称为 Cotton 效应 (简称 CE)。如图 7-34 所示，正 Cotton 效应相应于在反常 ORD 曲线中，在吸收带极值附近随着波长增加，$[\alpha]$ 从负值向正值改变 (相应的 ECD 曲线中$\Delta\varepsilon$为正值)，负 Cotton 效应情形正好相反。同一波长下互为对映体的手性化合物的$[\alpha]_\lambda$值或 $\Delta\varepsilon_\lambda$ 值，在理想情况下绝对值相等但符号相反；一对 ECD (或反常 ORD) 曲线互为镜像。

7.8.5 确定手性配合物绝对构型的方法

研究手性探针或手性化合物对映体拆分过程中的手性识别、药物或其它生物活性化合物的立体选择性作用、手性化合物的外消旋转化、手性化合物之间的化学转化以及不对称催化合成机理等都需要了解手性化合物的绝对构型，才能正确阐明它们的作用模式。因此，在立体化学研究中，确定手性化合物的绝对构型是十分重要的。虽然早在 19 世纪中叶，巴斯德就提出并实现了用多种拆分方法 (包括自发拆分) 将外消旋体离析为两个对映异构的镜像组分，但是人们并不知道被拆分对映体的真实绝对构型。直到 1951 年土耳其化学家 Bijvoet 首次用反常 X 射线衍射法 (anomalous X-ray diffraction) 确定了(+)-酒石酸钠铷盐的绝对构型[28]，绝对构型才有了真实的内容。

必须指出，对于手性化合物在溶液中的构型或构象测定，并没有像 X 射线单晶衍射或固体手性光谱那样的直接方法可被应用，近年来兴起的集成手性光谱学 [包括 ORD、ECD、VCD (振动圆二色) 和 CPL (圆偏振发射) 等实验谱及其相关的理论计算] 方法通常是在溶液状态下确定手性化合物绝对构型的唯一手段[29,30]。

所谓集成手性光谱，既包含 ECD 和 VCD 等不同手性光谱技术，也包括同一手性光谱中采用的不同测试方法，甚至是与之相关的联用技术，例如，将通用的溶液手性光谱测试法扩展到固体测试 (以方便溶液结构与晶体结构测试结果的间接关联)[33,34]，将 ECD 或 VCD 光谱测试与电化学工作站联用[32]等。而与电子能级跃迁直接相关的 ECD 光谱因其研究对象宽泛，与涉及振动能级的 VCD 光谱互补，已成为手性分子和超分子立体化学研究的主流集成手性光谱表征手段[30]。

确定手性化合物绝对构型的方法主要有三种：X 射线衍射法、电子圆二色 (ECD) 光谱关联法和振动圆二色 (VCD) 光谱法。目前在手性配位立体化学研究领域应用集成手性光谱方法，主要采用结合单晶结构分析的固体和溶液 ECD 和 VCD 光谱联用技术，以及相关的理论计算。

(1) X 射线衍射法——直接法 目前 X 射线单晶衍射法是可以直接测定手性化合物绝对构型的可靠方法，并通过用 SHELX-L 程序所提供的 Flack 参数判断所得结果是否正确。由于不依赖于其它方法，X 射线衍射法确定的结果可以作为权威的仲裁；尤其对于某些不能与已知绝对构型的“标准物”(指已被 X 射线衍射法确定绝对构型的参比物) 关联的手性化合物，该方法是能直接确定其绝对构型的唯一可靠方法。但这一方法要求被测手性配合物必须形成质量优良的单晶或能够容易地转变为可结晶的化合物。

(2) 利用 ECD 光谱的 Cotton 效应关联法——间接法 可通过比较一个手性配合物与具有类似结构 (包括类似的立体和电子结构) 的已知绝对构型 (通过 X 射线衍射法确定) 的基准配合物在对应的电子吸收带范围内的 Cotton 效应来确定其绝对构型，因此利用 ECD 光谱的 Cotton 效应关联法可以间接确定手性配合物的绝对构型。

目前主要采用 ECD 光谱中的三类 Cotton 效应来关联手性配合物的绝对构型：其一是基于配合物中心金属的电子跃迁 (MC) 产生的 Cotton 效应[21]，要求被关联配合物的中心金属具有相同的 d-d 或 f-f 跃迁性质，因此只有与基准物的电子结构和跃迁始终态相同且结构类似 (甚至对配位螯环的元数都有严格要求) 的配合物才可以被关联，应用范围较窄；其二是基于配体的跃迁 (LC，或称 IL) 产生的 Cotton 效应，由于 LC 受中心金属性质影响小，且通常落在与 MC 不同的波长范围，因此可用于关联具有相同配位立体结构的单核手性配合物[33~35]或某些低聚配合物[36~42]的绝对构型；第三类是基于金属与配体之间的电荷转移跃迁 (MLCT 或 LMCT)，这类谱带通常位于可见区，例如某些低自旋 Fe(Ⅱ) 和 Ru(Ⅱ) 配合物[35,36]。

在基于 LC 的手性配合物绝对构型关联法中，最常用的是激子手性方法 (图 7-37)[21,42~45]，它以严格的理论计算为基础，被广泛用于确定具有双生色团或多生色团的有机化合物和手性配合物的绝对构型。对一个单核配合物而言，激子手性耦合是指：当配合物内界的两个 (或更多) 相同或相似的强生色团在空间位置上邻近且

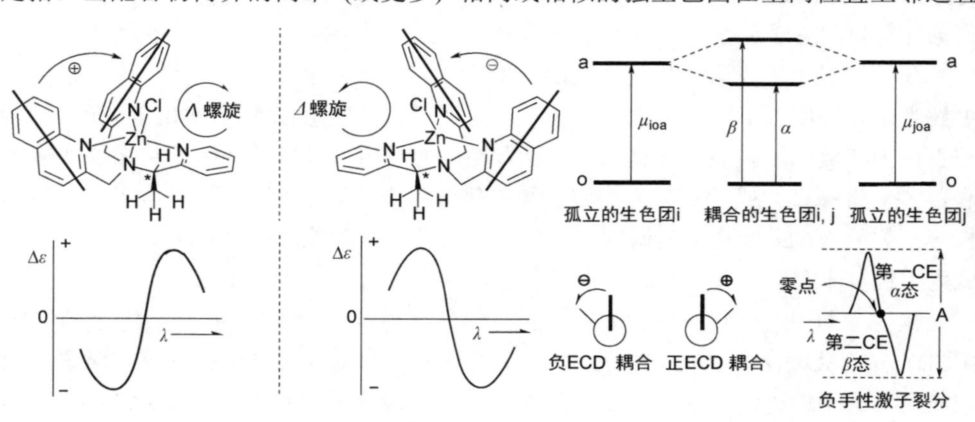

图 7-37 激子手性方法中有关概念的示意图[44,45]

处于一个刚性的手性环境中，其电子跃迁偶极矩便会产生相互作用使得激发态能级发生分裂，称为激发态耦合作用。手性激发态耦合产生的 ECD 光谱一般在紫外区配体强生色团的 λ_{max} 处 (称为交叉点) 裂分为两个符号相反的 ECD 信号，即发生激子裂分；位于长波处的信号称为第一 Cotton 效应，位于短波处的信号称为第二 Cotton 效应。正手性激子裂分样式 (+/–) 的第一 CE 为正，第二 CE 为负；负手性激子裂分样式 (–/+) 与之相反。对于含联吡啶、邻菲啰啉、β-二酮等经典配体的单核手性过渡金属和稀土配合物而言，正手性裂分样式对应 Λ 构型，反之则为 Δ 构型。通常，由于近旁 ECD 生色团的干扰，位于紫外区的一对激子裂分峰并不一定呈理想的对称形式 (称之为不典型激子裂分样式)。

在实际运用中，正确选择并确定两个生色团电子跃迁偶极矩矢量的方向是至关重要的。两个生色团可以是相同的简并体系，也可以是相似的或不相同的非简并体系。该方法也可用于含三个或三个以上生色团的手性分子，甚至可用于两个生色团并不存在于同一个分子中的体系 (此时应该仔细区别分子内和分子间的激子相互作用[46~48]，否则会得出错误的指认)，因此已被广泛用于测定具有双生色团或多生色团的各种有机化合物和无机配合物的绝对构型。

激子手性方法是以严格的理论计算为基础的非经验方法。在应用激子手性方法时，为了得到满意的分析结果，须满足和注意如下几点：①发生激子相互作用的两个 (或更多) π-π^* 跃迁或其它生色团具有强吸收，且其 λ_{max} 尽可能相互靠近并远离其它强吸收；②相关生色团的电子跃迁偶极矩矢量方向应当是确定的；③被测手性化合物的空间构型和构象确定，结构刚性；④生色团之间分子轨道的交叠和共轭作用可以忽略；⑤可用于单核配合物分子内激子手性的关联规则不一定适合于多核配合物体系[46~48]和固态手性光谱测试样品[49,50]，它们可能存在着特殊的分子间相互作用。

必须指出，对一些新颖手性配合物或功能材料的手性立体化学研究，ECD 光谱仍存在一定缺陷。例如：对于一些不存在 UV-Vis-NIR 的 ECD 生色团或在该区域吸收很弱的手性化合物 (例如手性分子筛和某些含胺羧配位剂的手性稀土配合物等) 或一些不存在重原子的手性有机化合物，人们无法应用 X 射线单晶衍射关联 ECD 光谱的方法来确定其手性立体化学结构；而对于某些手性发光材料 (例如有机、无机或无机-有机杂化的手性发光化合物) 的激发态手性光学性质研究，只能用于基态手性结构检测的 ECD 方法显然不能胜任。

(3) VCD 光谱关联法简介 与 X 射线衍射法和 ECD 谱关联法相比，近年来发展的 VCD 谱的最大优势，是不需要分子中含有 UV-Vis-NIR 生色团和重原子，几乎所有的手性分子在红外区 (7000~850 cm^{-1}) 都有吸收，可能产生相应的 VCD 信号。因此，通过实验 VCD 谱与结合构象搜索、量化计算拟合的理论 VCD 谱比对，可指认手性分子的绝对构型，特别在含有多手性中心的有机化合物绝对构型确定方面，VCD 有其独到之处。

从迄今已经报道的集成实验手性光谱 (ECD 和 VCD) 及其理论计算结果来看，采用集成的手性光谱技术远胜于单一手性光谱方法的应用，有后来居上的趋势。例如，结合单晶结构分析，将 ECD 和 VCD 光谱联用技术应用于诠释手性席夫碱配合物的配位立体化学[29]，可以让研究者同时获取配体的手性、螯环的构象、金属中心的绝对构型、分子的螺旋手性等精细的手性立体化学信息。

7.8.6 ECD 光谱关联法在确定手性配合物绝对构型中的应用

7.8.6.1 采用 d-d 跃迁关联法确定经典八面体配合物的绝对构型

如前所述，对于一些比较简单的手性配合物，可以通过测定它们的 ORD 和 ECD 谱，来探究它们的电子光谱 (例如产生吸收峰的原因、微观分子轨道能级次序等)，以及关联它们的绝对构型。应用 Cotton 效应指定绝对构型，一般规律是：如果具有类似结构 (立体结构、配位环境和电子结构) 的两个不同的手性配合物在对应的电子吸收带范围内有相同符号的 Cotton 效应，则二者具有相同的绝对构型。对一系列含五元环双齿配体 $[Co(AA)_3]$ 类配合物的晶体圆二色谱的研究表明，它们一般都符合下列经验规律：凡在低能端第一个吸收带的长波部分出现正 ECD 峰的都属于 Λ-绝对构型，出现负 ECD 谱带的为 Δ-绝对构型。这个经验规律也适用于大多数具有五元螯环的 d^6 (低自旋) 或 d^3 配合物，它们的绝对构型都用反常 X 射线衍射方法证实过。

例如，结构相似的 (+)-$[Co(en)_3]^{3+}$ 和 (+)-$[Co(l\text{-}pn)_3]^{3+}$❶在对应的电子吸收带范围内有相同符号的 Cotton 效应 (图 7-38)，它们在长波处的第一个吸收峰均为正值，它们的绝对构型应相同。而(+)-$[Co(en)_3]^{3+}$的绝对构型已被反常 X 射线衍射法确定为 Λ-构型，以它为标准就可以应用上述经验规律通过比较 ECD 光谱曲线，来指定其它相关 Co(Ⅲ) 配合物的绝对构型。

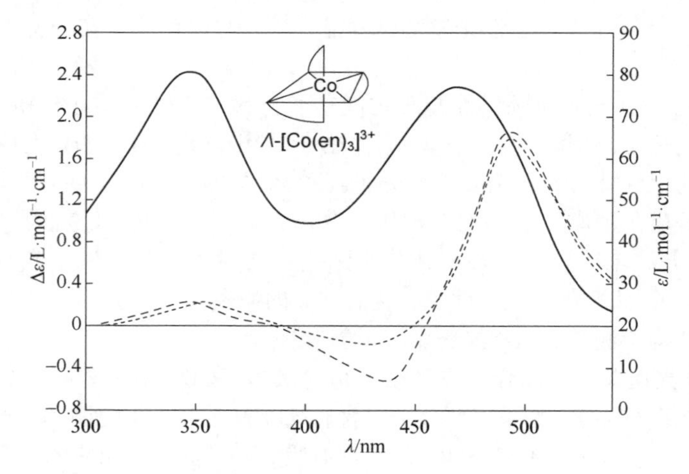

图 7-38 Λ-(+)-$[Co(en)_3]^{3+}$ 的吸收 (—) 和 CD 光谱 (⋯⋯) 以及 (+)-$[Co(l\text{-}pn)_3]^{3+}$ 的 CD 光谱(- - -)
正上方的立体结构图表示已被反常 X 射线衍射确定的 Λ-$[Co(en)_3]^{3+}$ 的绝对构型

❶ 指两者的中心金属均为 Co(Ⅲ)，配位原子均为 N，螯环均为五元环，即两者具有相似的内界。

7.8.6.2 采用激子手性方法确定配合物的绝对构型

倘若我们暂时不能获取已确定晶体结构的“标准配合物”作为关联绝对构型的参照，则必须根据不同类型的待测手性配合物的立体结构和电子跃迁性质来选准合适的基准物或建立有代表性的手性分子模型。这种合理选择的标准必须建立在对配位立体化学和手性配合物 ECD 生色团的深刻认识和准确把握的基础上[21]，例如，在经典配位立体化学研究中，人们通常会选择具有在紫外区基于配体自身强 π-π* 跃迁的激子耦合生色团，以及在可见区和近紫外区的基于 d-d 跃迁 (或荷移跃迁) 生色团的“两参”(dual-reference，或称双生色团)，甚至“多参”(multi-reference，或称多生色团) 绝对构型的参照配合物。若能将位于不同波段且互不干扰的两个或更多特征 ECD 生色团结合起来指定绝对构型，互相印证，则可使绝对构型预测和关联更具有可靠性。

对于严格地与 Λ-$[Co(en)_3]^{3+}$ 具有相似内界的 Δ- 或 Λ-$[Co(phen)_3]^{3+}$ 的绝对构型关联，也可以做类似的讨论[21,51]。如图 7-39 所示，由于拆分所得 (+)-$[Co(phen)_3]^{3+}$ 的 ECD 光谱在长波处的第一个吸收峰 (490 nm) 呈现正 Cotton 效应，该配合物可被指认为 Λ-绝对构型。如果仅仅根据 d-d 跃迁为特征的 ECD 光谱来分析，我们很难将 Λ-$[Co(phen)_3]^{3+}$与其它手性 $[M(phen)_3]^{n+}$ (M^{n+} = 第一过渡系金属离子) 配合物的绝对构型进行关联，这是因为虽然它们都具有 D_3 对称性，但它们的中心金属不同，一般不具备“相似的内界”和等价 d-d 跃迁光谱性质。此外，对于第二、三过渡系金属配合物，它们的 d-d 跃迁通常被荷移跃迁所掩盖，在可见区出现的吸收峰可能起因于荷移跃迁而不是 d-d 跃迁，同样也不能用可见区的 d-d 跃迁特征吸收来关

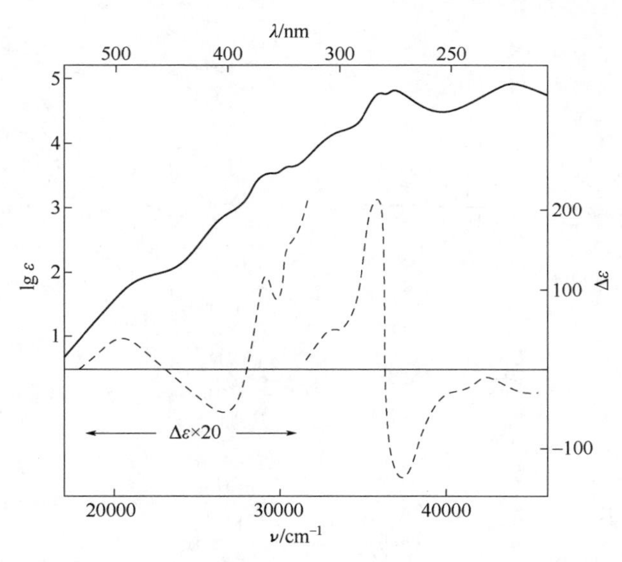

图 7-39 Λ-(+)-$[Co(phen)_3]^{3+}$的紫外可见(上)和 CD(下)光谱[51]

联其绝对构型，因此就必须采用其它关联方法。我们注意到，在 Λ-$[Co(phen)_3]^{3+}$ 的 ECD 光谱紫外区出现了一对明显的激子裂分峰，位于 280 nm 附近是一个很强的正 CE，而位于 265 nm 附近是一个负 CE，即相当于激子手性概念中所描述的正手性激子裂分样式，因此，根据此激子指纹特征也能确定 (+)-$[Co(phen)_3]^{3+}$ 的绝对构型为 Λ。在这个实例中，Λ-$[Co(phen)_3]^{3+}$ 就是兼具 d-d 跃迁和激子耦合生色团的“双指纹生色团”配合物。

已有研究表明，除了以上提及的联吡啶、邻菲啰啉、β-二酮等经典配体外，其它可以产生强 π-π^* 跃迁的双齿配体，如邻苯二酚 (catecholate)[52]、邻苯酚胺 (*N*-phenyl-*o*-iminobenzoquinone)[53]、二吡咯甲烯 (dipyrrin)[33,46]、亚胺基吡啶 (imino-pyridine)[34~42]、亚胺基咪唑 (imino-imidazole)[55]、吡啶基苯并咪唑 (pyridyl-benzimidazole)[58]、8-羟基喹啉 (8-hydroxy-quinoline)[56]等衍生物形成的双螯合或三螯合型八面体配合物以及具有类似八面体结构基元的手性双核三螺旋[35~38]和四面体金属笼配合物[39~41,51,54]，都可能在 ECD 光谱的紫外或可见区产生特征激子裂分峰，据此可确定相关配合物的绝对构型。其中部分配体及手性金属配合物的八面体结构基元如图 7-40 所示。

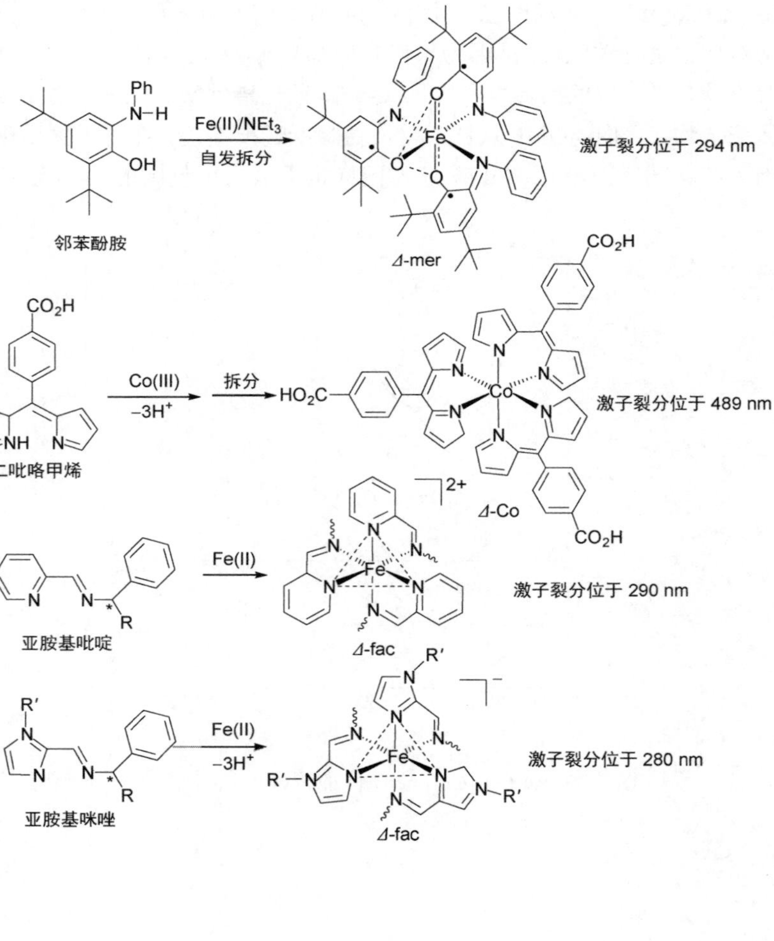

邻苯酚胺 —— Fe(II)/NEt$_3$，自发拆分 → Δ-mer　激子裂分位于 294 nm

二吡咯甲烯 —— Co(III)，$-3H^+$；拆分 → Δ-Co　激子裂分位于 489 nm

亚胺基吡啶 —— Fe(II) → Δ-fac　激子裂分位于 290 nm

亚胺基咪唑 —— Fe(II)，$-3H^+$ → Δ-fac　激子裂分位于 280 nm

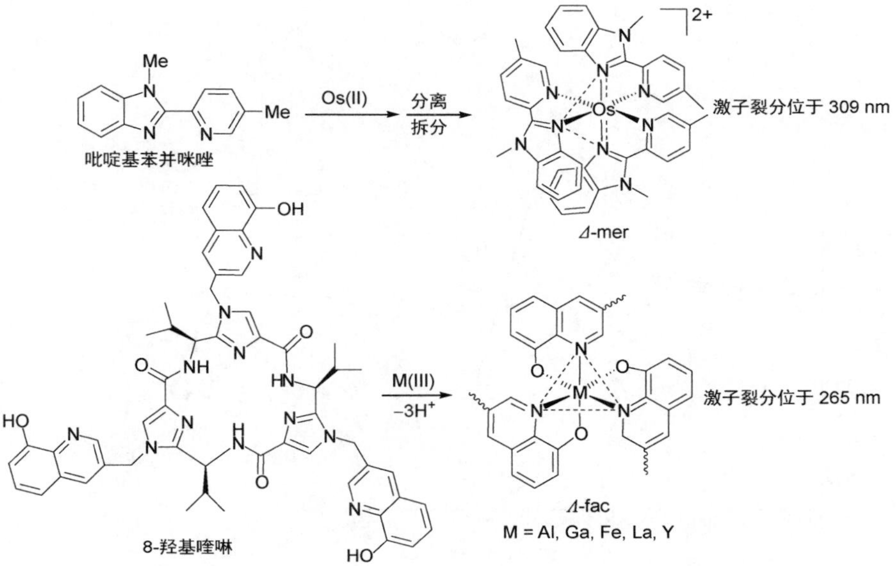

图 7-40　具有强 π-π* 跃迁生色团的配体及其八面体金属配合物[33,46,53~56]

在图 7-41 所示的手性配合物中，含有被称为“半卟啉”配体 CO_2H-dp 的手性 $[Co(CO_2H\text{-}dp)_3]$ 是一个特例。不同于联吡啶、邻菲啰啉、β-二酮等经典配体在紫外区产生的 π-π* 跃迁吸收，CO_2H-dp 配体自身的强 π-π* 跃迁 ($\varepsilon > 20000\ L \cdot mol^{-1} \cdot cm^{-1}$) 发生在可见区，且不受跃迁能相近的其它生色团的干扰，使其成为说明激子耦合效应的很好模型。当 CO_2H-dp 形成三螯合型配合物时，分子中相邻的三个 CO_2H-dp 配体的强 π-π* 跃迁生色团之间会发生激子耦合作用，使得激发态能级发生较大的分裂，因此在其吸收光谱 [见图 7-41(a)] 中，π-π* 跃迁吸收峰的分裂 (被称为 Davydov splitting) 清晰可见，相应的激子裂分双信号分别出现在可见区的 515 nm 和 468 nm 处，其交叉点在 490 nm 处，Λ-$[Co(CO_2H\text{-}dp)_3]$ 的激子裂分样

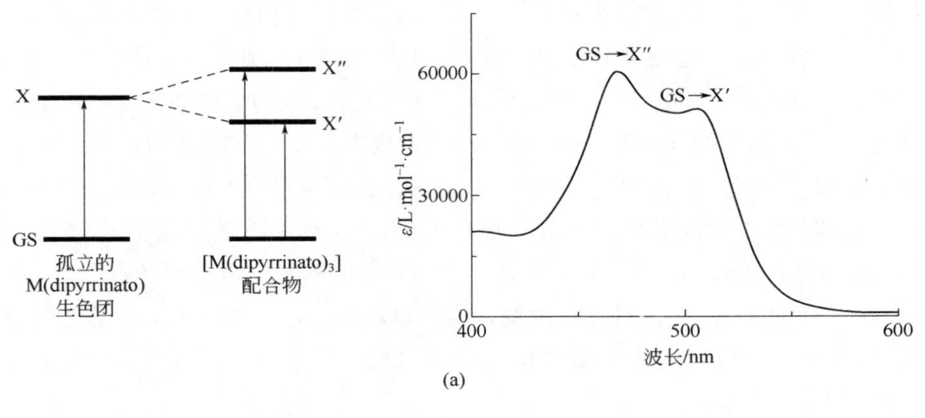

图 7-41

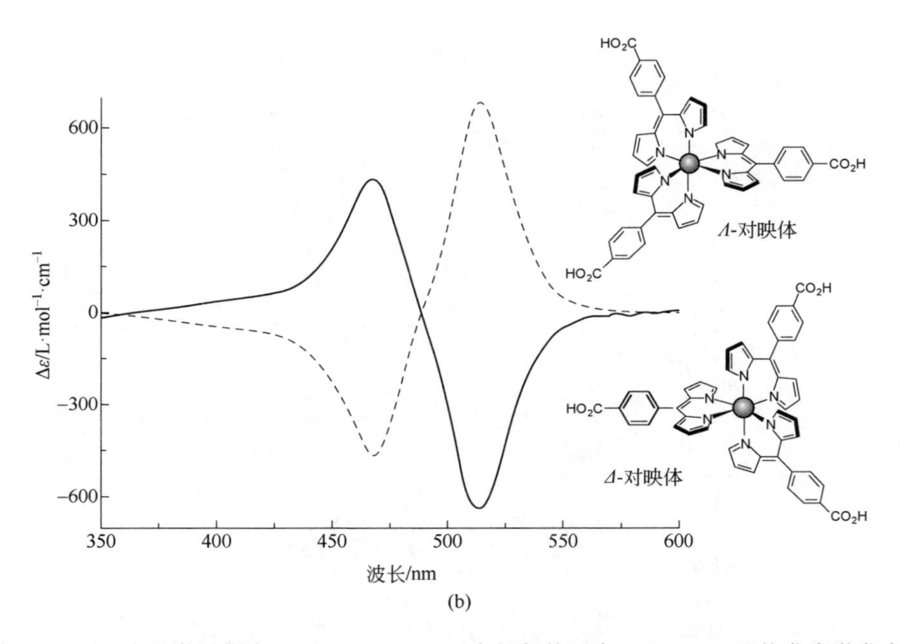

图 7-41 (a) 由于激子耦合，$[Co(CO_2H\text{-}dp)_3]$ 中相邻的三个 CO_2H-dp 配体发生激发态能级分裂，在可见区呈现两个吸收峰；(b) Λ-$[Co(CO_2H\text{-}dp)_3]$ (- - - -) 和 Δ-$[Co(CO_2H\text{-}dp)_3]$ (——) 在 DMSO 溶液中的 ECD 光谱[33,46]

式为正手性，Δ-$[Co(CO_2H\text{-}dp)_3]$ 的为负手性[图 7-41(b)][33,46]。从此例可以看出，当激子相互作用很强导致较大的 Davydov 裂分时，ECD 激子裂分的交叉点并不一定与相应吸收光谱的最大吸收峰对应，而是分别对应两个相邻的吸收峰，在确认激子耦合作用时最好辅以理论计算或通过晶体结构分析来佐证。

类似地，由手性 2,6-二酰胺基吡啶衍生物三齿配体的螯合形成的九配位稀土配合物结构基元[57] (图 7-42)，例如双核三螺旋[58]和四面体笼[59]稀土配合物在紫外区的激子裂分样式 (图 7-43 和图 7-44)，也被用于确定其绝对构型。如图 7-42 所示，特定结构的手性 2,6-二酰胺基吡啶衍生物可以手性选择性地螯合 Eu(Ⅲ) 离子，分别形成单核、双核和四核配合物。研究发现，当该类配体上的手性碳为 *R*-构型时，一般优先形成 Λ-构型的 Eu(Ⅲ) 配合物，反之，则优先形成 Δ-构型的 Eu(Ⅲ) 配合物。但由于单核手性稀土配合物为活性配合物 (在溶液中易发生差向异构化，产生金属中心手性相反的非对映异构混合物)，唯有“锁住”金属中心手性的双核三螺旋和四面体笼稀土配合物，才可以测得其溶液 ECD 光谱的激子裂分现象 (图 7-43 和图 7-44)。而对于含 β-二酮的非对映异构纯单核稀土配合物而言，除非为特殊的金属中心手性被“锁住”的结构[60]，否则其 ECD 激子裂分现象只能在固态下被观察到[61,62]。

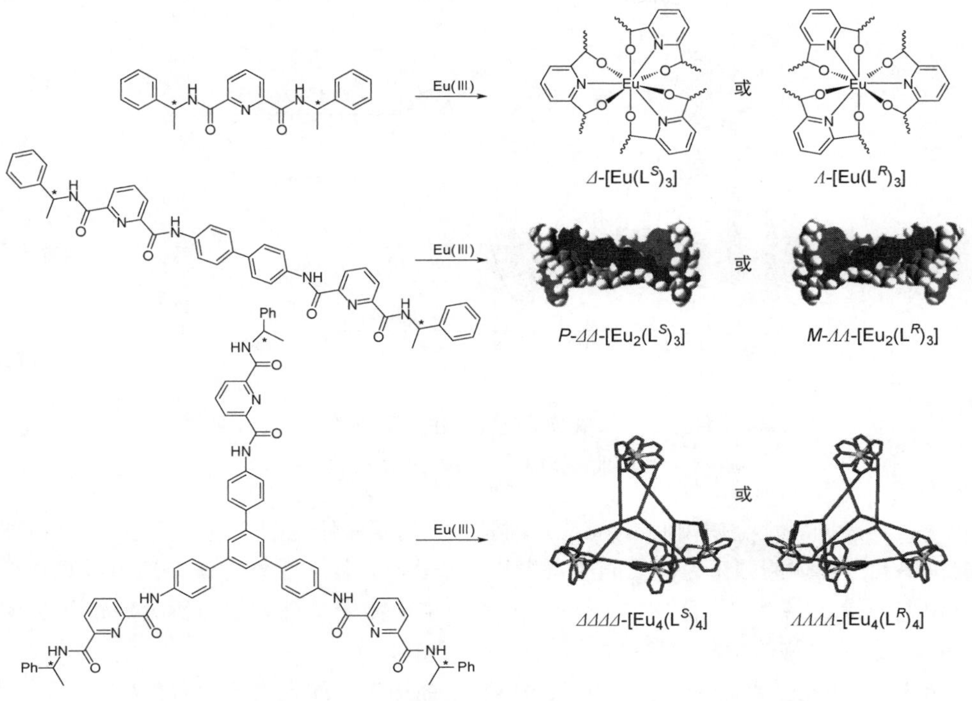

Eu(III)

Δ-[Eu(L^S)3]　或　Λ-[Eu(L^R)3]

Eu(III)

P-ΔΔ-[Eu2(L^S)3]　或　M-ΛΛ-[Eu2(L^R)3]

Eu(III)

ΔΔΔΔ-[Eu4(L^S)4]　或　ΛΛΛΛ-[Eu4(L^R)4]

图 7-42　手性 2,6-二酰胺基吡啶衍生物及其 Eu(Ⅲ) 配合物[57~59]

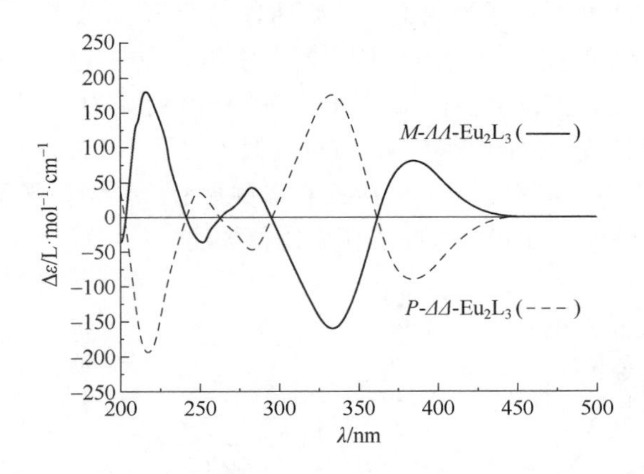

图 7-43　手性 2,6-二酰胺基吡啶衍生物配位的 M_2L_3 型双核三螺旋 Eu(Ⅲ) 配合物的溶液 ECD 光谱[58]

由图 7-43 和图 7-44 的比较可知，在配位内界相似的情况下，当寡聚配合物中具有同手性的配位基元所含 ECD 生色团之间不存在相互干扰时，则其 ECD 光谱的信号具有加合性，例如，在 320~450 nm 波段，四面体 Eu(Ⅲ) 笼配合物的 ECD 信号强度大致是双核三螺旋 Eu(Ⅲ) 配合物 ECD 信号的两倍。

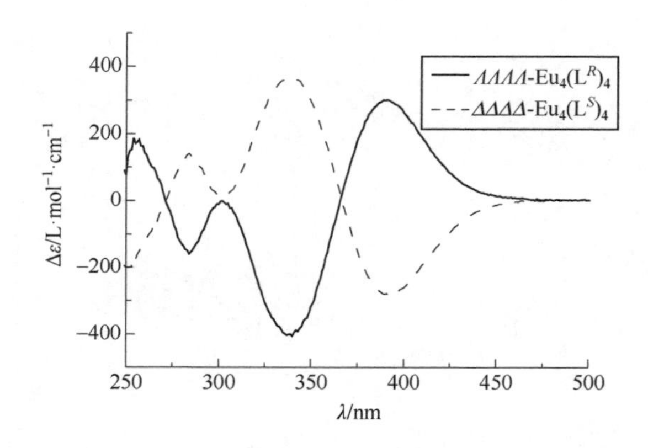

图 7-44　手性 2,6-二酰胺基吡啶衍生物配位的 M_4L_4 型四面体 Eu(Ⅲ) 笼的溶液 ECD 光谱[59]

在具有同手性金属中心 (具有 T 对称性) 的四面体笼配合物中，当 4 个角顶配位单元上配体的强生色团之间不发生相互干扰时，激子手性方法亦适用于对其绝对构型的指认[39~42,53]。例如，Raymond 等曾采用激子手性方法对拆分所得四面体 Ga(Ⅲ) 笼配合物的绝对构型进行了指认 (图 7-45)[53]。

7.8.6.3　采用荷移跃迁关联法确定八面体和平面四方形配合物的绝对构型

一般而言，使得手性金属配合物的生色团 (d-d、f-f、π-π^*、荷移跃迁或价间电子跃迁) 产生 ECD 信号的手性来源主要有四种[25,63,64]：超分子 (低聚) 配合物的构型效应 (包括超分子螺旋手性 P 和 M)、配合物单元构型 (金属中心或配位多面体的手性 Δ 和Λ) 效应、配位螯环构象 (δ 和 λ) 效应和邻位效应 (vicinal effect，R 和 S)[65~67]；一般而言，它们对于旋转强度 (可近似正比于 ECD 谱中 Cotton 效应的强弱) 的贡献依次减小。迄今第一种效应已有实例报道，其中位于不同 (单核) 单元生色团之间的核间 (internuclear) 相互作用值得关注[47,48]；而在 d-d 跃迁、配体自

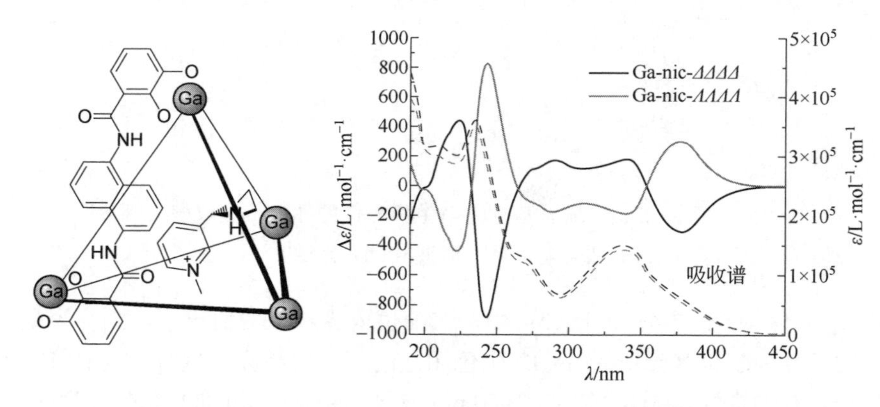

图 7-45　采用激子手性方法指认四面体 Ga(Ⅲ) 笼配合物的绝对构型[28]

身的 π-π* 跃迁和荷移跃迁中呈现第二种效应的 ECD 谱通常直观明晰，易于被初学者理解，经常被用来直接关联单核手性配合物的绝对构型。在四种效应中最难被诠释的是后两者[25]，通常将邻位效应只限于配体的手性中心 (包括螯环上的手性碳、手性配位氮或磷原子) 对邻近的生色团引发 Cotton 效应的作用，而将因配体折叠产生的手性构象作为第三种效应来考虑，但是，在很多情况下，这两种效应密切相关且存在加合性，难以区分。

对于手性配合物而言，大多数基于 IL 跃迁的激子裂分信号出现在紫外区，可能受到附近其他生色团的干扰，在某些情况下难以用激子手性方法来确定其绝对构型。这时可以考虑在可见区和近紫外区的基于 d-d 跃迁 (或荷移跃迁) 的双生色团或多生色团来关联其绝对构型。

(1) 采用荷移跃迁关联法确定八面体配合物的绝对构型　当亚胺基吡啶基团与 Fe^{2+} 双齿配位时，可分别形成具有八面体结构基元的单核、双核三螺旋和四面体笼配合物[34~42]，它们的配位立体结构和相应的 ECD 光谱如图 7-46~图 7-48 所示。

由图 7-46~图 7-48 所见，对于拆分或手性选择性合成的手性亚胺基吡啶-Fe(Ⅱ)配合物或其低聚物，在紫外可见光区可以观察到丰富的 ECD 信号，通常具有多生色团的指纹特征：350~700 nm 波段的 ECD 峰由 MLCT 引起，350 nm 以下主要为配体内电子跃迁的 ECD 信号。

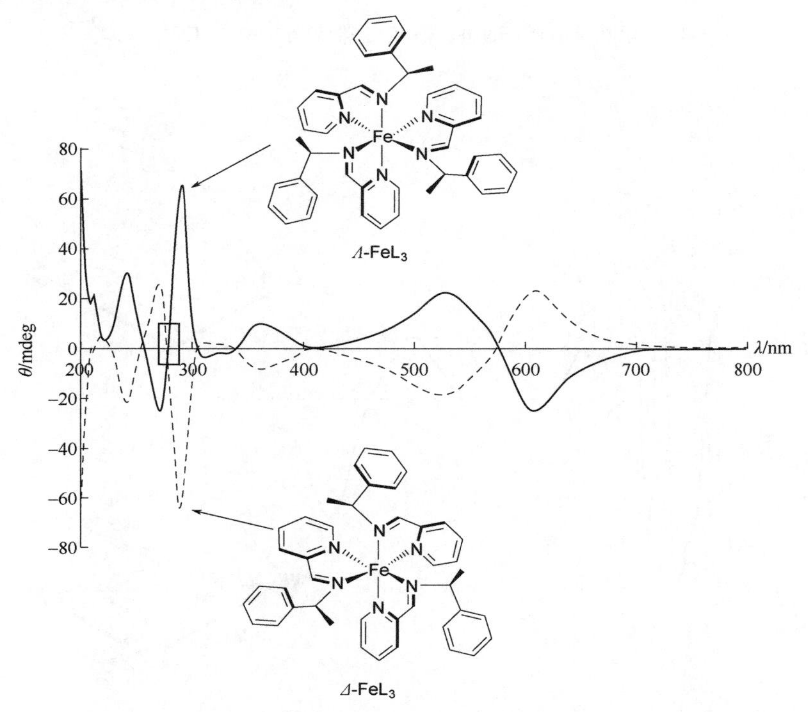

图 7-46　亚胺基吡啶-Fe(Ⅱ) 单核配合物的 ECD 光谱[37]

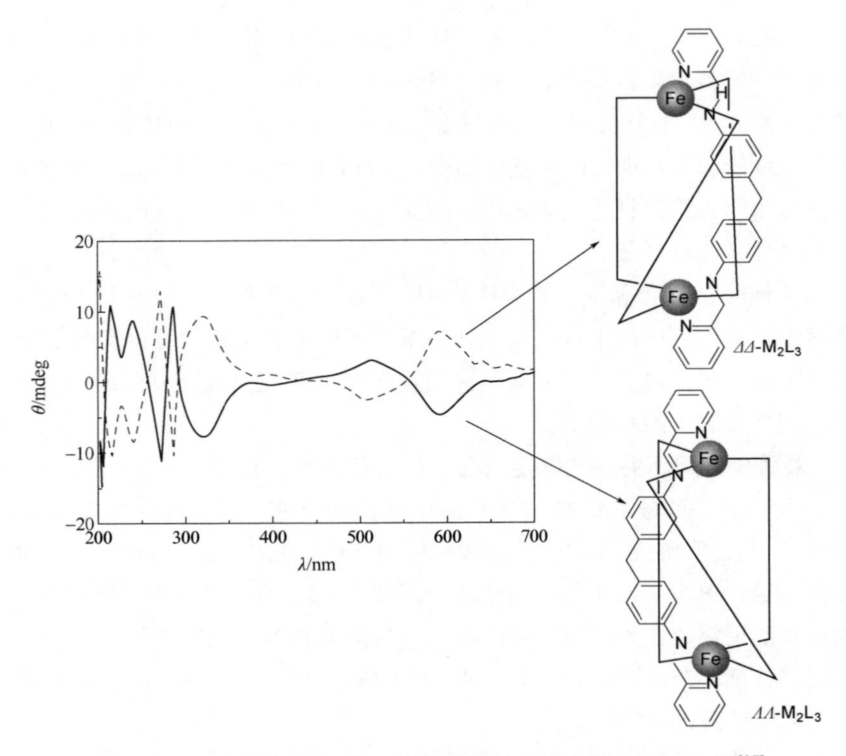

图 7-47　亚胺基吡啶-Fe(Ⅱ) 双核三螺旋配合物的 ECD 光谱[37]

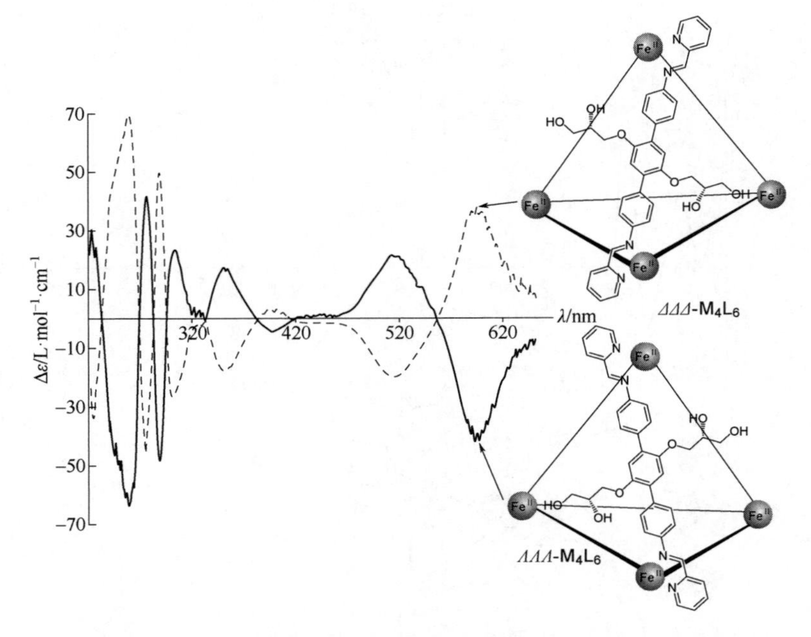

图 7-48　亚胺基吡啶-Fe(Ⅱ) 四面体笼配合物的 ECD 光谱[40]

根据跃迁类型，可将这一系列配合物的 ECD 峰分成几类：①350~700 nm 之间的 MLCT 跃迁主要包含三个 ECD 吸收峰。虽然长波处的第一和第二吸收峰有形如激子裂分的样式，但由于不具备激子耦合所必需的合适对称性亦或偶极强度[35]，该波段的一对 ECD 信号并不能作为独立的激子裂分样式来确定金属中心的绝对构型。然而，根据理论分析以及经验规则[35,36]，又可以把长波处第一 ECD 谱带的符号用于确定金属中心的绝对构型，即，对于低自旋手性亚胺基吡啶-Fe(Ⅱ) 配合物，当长波处第一 ECD 吸收带的符号为正时，为 Δ (或 P 螺旋)，反之为 Λ (或 M 螺旋)。此外，若在可见区的 MLCT 产生的 ECD 信号不受其它生色团的干扰，长波处第一个 ECD 吸收峰的强度 ($\Delta\varepsilon$) 可被用来直接或间接地确定配合物的光学纯度[35,39,40,42,68]。②280~320 nm 处的谱带主要为 IL 跃迁，涉及亚胺-吡啶基团的 $\pi-\pi^*$ 跃迁，三个 (亚胺-吡啶)双齿螯合环绕金属中心呈螺旋桨状排列，满足激子耦合的条件，因此其 ECD 激子裂分样式常被用于确定这类配合物金属中心的绝对构型；③紫外区的其它 ECD 吸收峰，相比于 MLCT 和亚胺-吡啶基团的 $\pi-\pi^*$ 跃迁，配体的其它生色团引起的 Cotton 效应比较复杂，并且各相邻生色团之间的信号还可能相互干扰，难以指认，在 200 nm 附近的 ECD 信号经常受到样品本身生色团性质、溶剂和仪器条件的限制难以企及，通常不用它们来确定配合物的绝对构型或光学纯度，但在某些情况下这些 ECD 信号可作为关联其它相似配合物绝对构型的参考[68]。

(2) 采用荷移跃迁关联法确定手性平面四方形席夫碱 Ni(Ⅱ) 配合物的绝对构型[69,70]　与易发生四面体扭曲的四配位 [M(salen)] [M = Zn(Ⅱ)和 Cu(Ⅱ)] 配合物相比，由手性 1,2-丙二胺 (pn)、*trans*-环己二胺 (chxn) 和 1,2-二苯基乙二胺 (dpen) 衍生的手性 [Ni(salen)] 衍生物通常具有较好的平面性，在 ECD 光谱紫外区一般不易观察到 [Ni(salen)] 内界两个甲亚氨基的激子耦合现象 (图 7-49)，而在合适浓度下测得的可见区 ECD 信号则清晰简单不受干扰[21,69~71]。即便是一些经特殊设计的带

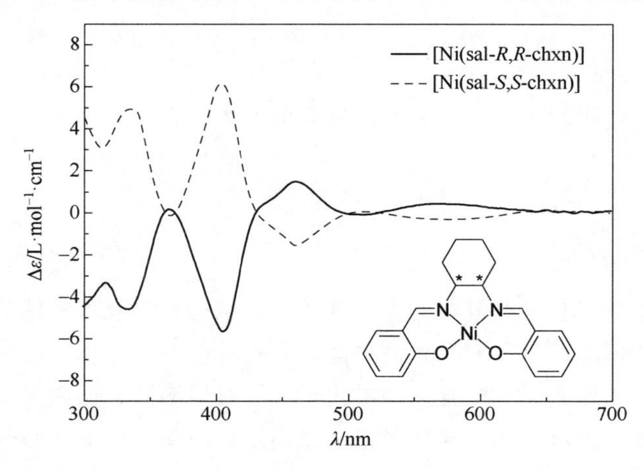

图 7-49　一对手性 [Ni(sal-chxn)] 的甲醇溶液 ECD 实验谱[70]

有侧翼手性边缘基团 (endgroups) 的螺旋型手性 [Ni(salen)] 衍生物[72]，其发生四面体变形程度仍很有限，激子裂分峰亦难以显现，因此就需要另辟蹊径通过 ECD 光谱其它波段呈现的 Cotton 效应对具有类似准平面结构的手性 [Ni(salen)] 的金属中心绝对构型做出指认。

对 [Ni(sal-*R*,*R*-chxn)] 的 CH_2Cl_2 溶液 ECD 光谱的计算结果表明[69,70]：可见区第一个 ECD 吸收带主要是 LMCT 所致，而不是通常认为的 d-d 跃迁[73,74]；[Ni(sal-*R*,*R*-chxn)] 的绝对构型为 $\Lambda\lambda$，其在可见区第一个 ECD 宽吸收带为正，第二个为负。虽然 $\Lambda\lambda$-[Ni(hacp-*S*-pn)] 在 UV-Vis 区依次具有四个典型的 ECD 光谱指纹特征 (图 7-50)：LMCT (500~600 nm)、π-π^* 跃迁 (400~450 nm)、第一激子裂分 (交叉点在 390 nm 附近)、第二激子裂分 (交叉点在 230 nm 附近)。但这种“多 ECD 生色团”的特征并非在一些手性 [Ni(salen)] 衍生物的 ECD 光谱中均同时出现，因此建议，将单核准平面型手性 [Ni(salen)] 衍生物在 ECD 光谱可见区第一色带的符号用于关联其金属中心的绝对构型和螯环构象。将此关联规则应用于其它具有“闭壳层”电子结构的非对称手性 [Ni(salen)] 和 *trans*-[Co^{III}(salen)L_2] 衍生物的绝对构型指认，具有一定的普适性。

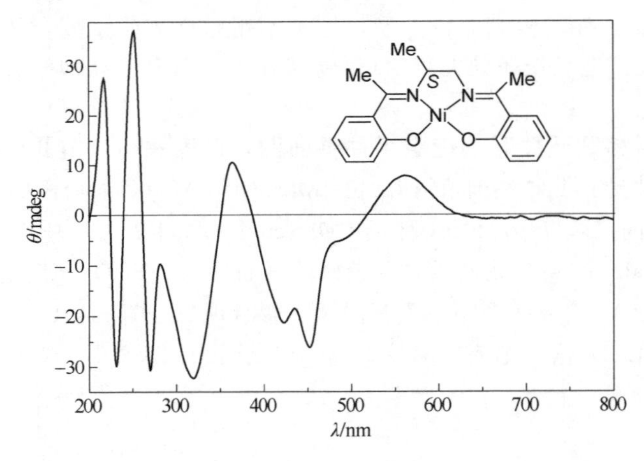

图 7-50 $\Lambda\lambda$-[Ni(hacp-*S*-pn)]的固体 ECD 光谱[69,70]

7.9 电化学

配合物的电化学性质与其热力学、动力学和结构性能有着密切的联系，对配合物进行电化学测试，可以研究其溶液平衡、电荷转移、电催化、电化学合成、生物电化学性质等。能用来研究配合物的电化学方法有极谱法、循环伏安法、差示脉冲法、恒电流计时电位法等等。早期多使用极谱法，而现在更多的则是使用循环伏安法。循环伏安法 (cyclic voltammetry，CV) 素有“电化学谱”之称，通过对循环伏安谱图进行定性和定量分析，可以确定电极上进行的电极过程的热力学可逆程度、电子转移数、是否伴随吸附、催化、耦合等化学反应及电极过程动力学参数，从而拟定或推断电极上所进行的电化学过程的机理。

7.9.1 循环伏安法

循环伏安法的基础是单扫描伏安法。单扫描伏安法的特点是极化电极的电位与时间呈线性函数关系 (图 7-51)，所以又叫线性扫描法。如图 7-51 所示，工作电极的电位变化为三角波，当线性扫描时间 $t=\lambda$ 时 (或电极电位达到终止电位 E_λ 时)，工作电极的电位可表示为：

$$E=E_\mathrm{i}-vt \qquad (0<t<\lambda) \tag{7-51}$$

当 $t>\lambda$ 时，扫描方向反向，时间-电势的关系则表示成为：

$$E=E_\mathrm{i}-2v\lambda+vt \qquad (t>\lambda) \tag{7-52}$$

在循环伏安法的研究中一般使用的是三电极系统，包括工作电极、参比电极和对电极。常用的工作电极有铂、金和玻碳电极或悬汞、汞膜电极等；参比电极有饱和甘汞电极 (SCE) 和 Ag/AgCl 电极，而对电极则多用惰性电极如铂丝或铂片。

若某一体系中存在电活性物质，以频率为 v 的三角波加在工作电极上进行线性扫描时，起始部分类似于一般的极谱图 (图 7-52)，电流没有明显的变化，扫描到化学反应电位时电流上升至最大，在 t_0 和 t_1 之间，发生还原反应 (对应于阴极过程)；当电活性物质在电极表面逐渐减少时，电流则随着电位的进一步增加而下降，若在正向扫描时电极反应的产物是足够稳定的，并且能在电极表面发生电极反应，那么在反向扫描时会出现与正向电流峰相对应的逆向电流峰，此过程发生氧化反应 (对应于阳极过程)，在 t_2 时又回到到初始电位。由此获得的电流-电位曲线，即循环伏安图谱。在 CV 图中可得到的两个重要参数为峰电流 i_p 和峰电位 E_p。在分析化学中常由 E_p 的位置进行定性分析，根据 i_p 的大小进行定量分析。

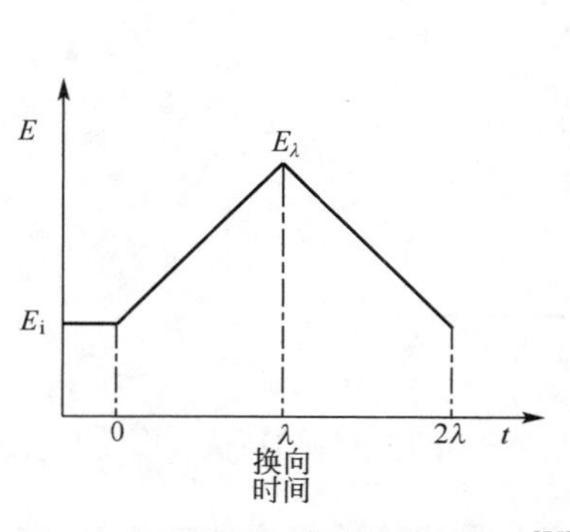

图 7-51　循环伏安法的扫描电压[75]

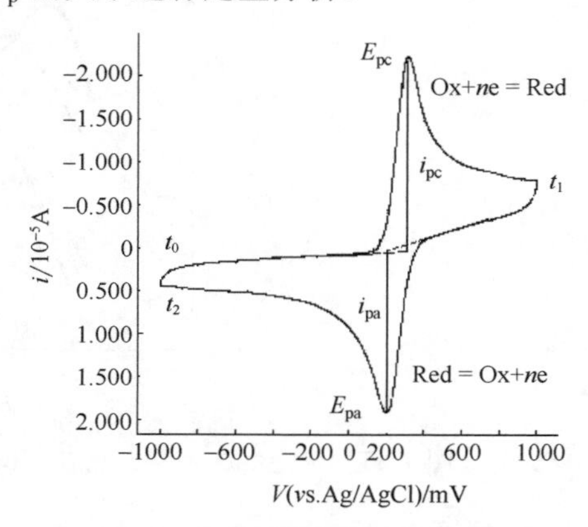

图 7-52　典型的循环伏安图

在电极反应可逆的情况下，当电极电位按照式 (7-51) 线性变化时，发生在电极上的反应速度快，体系能迅速接近平衡，于是结合能斯特 (Nernst) 方程可以导出可逆体系的峰电流 i_p：

$$i_p = 2.69 \times 10^5 n^{3/2} A c_o D_o^{1/2} v^{1/2} \tag{7-53}$$

上式被称为 Randleš-Sevčik 方程 (25 °C)[75]。其中，A 为电极面积 cm^2；v 为扫描速率，$V \cdot s^{-1}$；D_o 为扩散系数，$cm^2 \cdot s^{-1}$；c_o 为电活性物质的主体浓度，$mol \cdot cm^{-3}$。

由于是可逆体系，阳极和阴极峰电流比值 $i_{pa} / i_{pc} \approx 1$，且与扫描速率、终止电位 E_λ 和扩散系数无关。在循环伏安图谱中，阳极峰与阴极峰图形对称 (如图 7-53 中曲线 a)，二者的电位差为：

$$\Delta E_p = E_{pa} - E_{pc} = \frac{2.303RT}{nF} \tag{7-54}$$

其中，n 为半反应的电子数目；i_p、ΔE_p 可用于判断电极反应的可逆性，以及确定电子转移数 n；ΔE_p 虽然对 E_λ 有一定的依赖关系，但在 25 °C 时一般接近于 59/n mV，并且不随扫描速度而改变。由于溶液中存在内阻 R，使得实际值通常为 $\Delta E_p = (55\sim65)/n$ mV。伏安法中两峰之间的电位值——条件电位，有时也被称为中点电位：

$$E_f = \frac{E_{pa} + E_{pc}}{2} \tag{7-55}$$

它近似地等于极谱中的半波电位 $E_{1/2}$，甚至是标准电势 $E^\ominus$ 反应。

对于部分可逆 (也称准可逆) 的电极反应来说，极化曲线与可逆程度有关，一般来说，$\Delta E_p >$ 59/n mV，且峰电位随电压扫描速度 v 的增大而变大，阴极峰变负，阳极峰变正。i_{pc}/i_{pa} 可能大于 1，也可能小于或等于 1，但仍正比于 $v^{1/2}$。准可逆电极过程的循环伏安曲线如图 7-53 中曲线 b 所示。

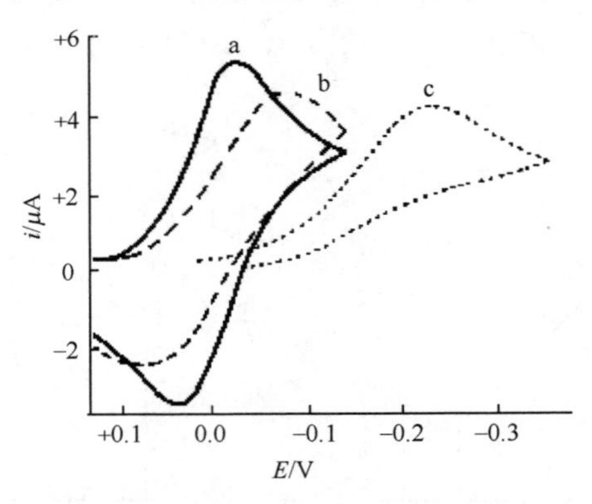

图 7-53　可逆 (a)、准可逆 (b) 和不可逆 (c) 电极过程循环伏安图[27]

随着电极过程不可逆程度的增大，氧化峰与还原峰的峰电位差值越来越大，且随扫描速度增大而增大，阴极、阳极峰电流值也不相等。在完全不可逆的条件下，由于氧化作用很慢，以至于观察不到阳极峰（图 7-53，曲线 c）。根据 E_p 与 v 的关系，还可以计算准可逆和不可逆电极反应的速率常数。一般来说，我们利用不可逆波来获取电化学动力学的一些参数，如电子传递系数 α 以及电极反应速率常数 k 等。

电化学反应体系是由氧化还原体系、支持电解质与电极体系构成。同一氧化还原体系，不同的电极，不同的支持电解质，得到的电极反应的伏安响应是不一样的。

7.9.2　配合物的循环伏安法研究

R. Bilewicz 等[76]合成了配合物 Cu^+/Cu^{2+}-Cu^+/Cu^{2+}-(6-巯基嘌呤) (CuMP)，结合 CV 法来研究生物体内的一些抗病毒机制。在 0.1 mol·L^{-1} 高氯酸四乙基铵 (TEAP) 的 DMF 介质中从 −0.2 开始扫描（图 7-54），先出现一对氧化还原峰 a_1-c_1 及 a_1' 产物，在较负的电位时，第二对峰 c_2-a_2 出现。通过测试求得峰 a_1-c_1 的 $i_{pc}/i_{pa} \approx 1$。分析不同扫速下配合物的 CV 图，得知 $\Delta E_p = 56$ mV（图 7-55），这表明配合物的峰 a_1-c_1 对应的氧化还原过程是单电子可逆过程。

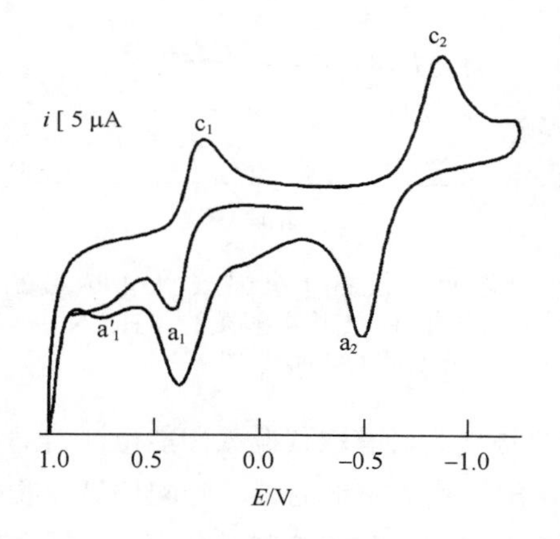

图 7-54　玻碳电极上的 CuMP 的 CV 图[76]

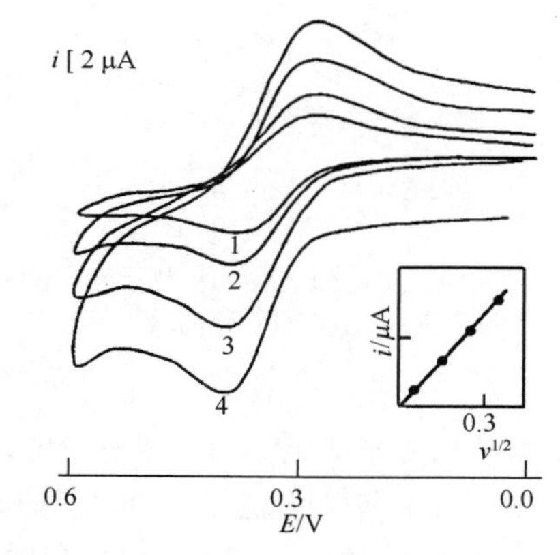

图 7-55　[CuMP] = 3.1×10^{-4} mol·L^{-1} 的 CV 图[76]
1—v=10 mV·s^{-1}；2—v=20 mV·s^{-1}；
3—v=50 mV·s^{-1}；4—v=100 mV·s^{-1}

循环伏安法还可以用于研究配合物与 DNA 的作用[77]；图 7-56 中表示的是 Cu(Ⅱ) 配合物及其与小牛胸腺 DNA (CT-DNA) 作用的循环伏安图。配合物的伏安曲线显示，有 CT-DNA 存在时，伏安曲线的峰电流明显降低（图 7-56，曲线 b），且随着 CT-DNA 的增加，伴随着峰电流的降低，阴极峰和阳极峰电位均发生位移，这是由于金属配合物与大量的 DNA 分子结合，致使扩散速度减慢，根据 i_{pc}/i_{pa}=1.01，ΔE_p=59 mV，且峰电流与扫速的平方根呈直线关系等特征，说明这是一个扩散控制的单电子可逆过程。对于类似现象，还有些研究者认为，DNA 与配合物相互作用会引起 CV 曲线峰电流降低，是因为配合物与 DNA 的碱基结合形成非电活性物质，使溶液中具有电活性的游离配合物浓度降低所致。

南开大学柴建方等[78]对双吡唑烷 ⅣB 族金属羰基配合物的电化学特性进行了系统的研究。依据 CV 曲线的数据表明，吡唑环上的取代基明显地影响到双吡唑金属羰基配合物金属中心的峰电位 $E_{1/2}$。给电子取代基能增强配体的配位能力，使金属中心离子的 $E_{1/2}$ 减小，而吸电子取代基减弱配体的配位能力则使中心离子的 $E_{1/2}$ 增大。

哈桑 (Hassan) 研究小组[79] 2008 年合成了双核 $[\{Cu(phen)_2\}_2(\mu\text{-}CH_3COO)][PF_6]_3$ 配合物，通过循环伏安图谱 (图 7-57) 的分析发现，其中的双核铜在氧化曲线中表现为 Cu(Ⅱ/Ⅰ) 的准可逆过程，但是其还原曲线在 0.544 V 和 0.135 V 处却显示为 Cu(Ⅱ,Ⅱ/Ⅱ,Ⅰ) 和 Cu (Ⅱ,Ⅰ/Ⅰ,Ⅰ) 两个单电子过程，表明该双核金属的化合价为 Cu(Ⅰ)、Cu(Ⅱ) 的混合价态。

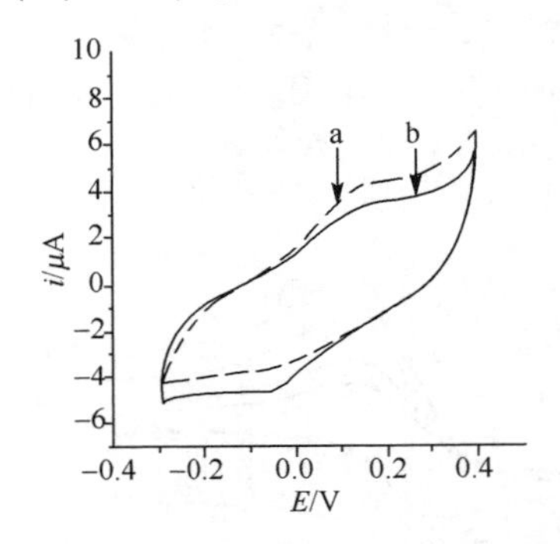

图 7-56 配合物 $[Cu(pta)C_{12}]$ (a) 及配合物与 CT-DNA 作用 (b) 的 CV 曲线[77]

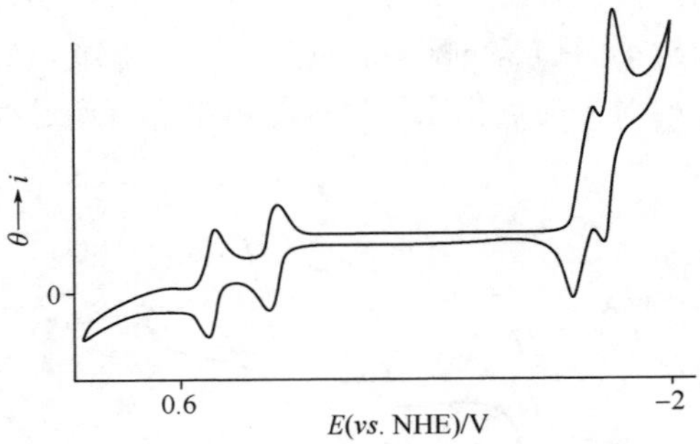

图 7-57 配合物 $[\{Cu(phen)_2\}_2(\mu\text{-}CH_3COO)][PF_6]_3$ 在以 0.1 mol/L TBAH 支持电解质的 CH_3CN 溶液中的 CV 曲线[79]

染料敏化太阳能电池由于成本较低，近年来被认为具有取代硅太阳能电池的潜力。L. F. Xiao 等[80]合成了以 8-羟基喹啉金属配合物为支链的聚噻吩配位聚合物 $PZn(Q)_2$-co-3MT、$PCu(Q)_2$-co-3MT 和 $PEu(Q)_3$-co-3MT，作为染料敏化电池。通过对这些配位聚合物的循环伏安图谱 (图 7-58) 的分析，利用其氧化、还原电势计算出了最高占有轨道 (HOMO)、最低空轨道 (LUMO) 的能量和能隙 (E_g)：

$$\text{HOMO} = -(E_{\text{Ox}} + 4.40)\ (\text{eV})$$
$$\text{LUMO} = -(E_{\text{Red}} + 4.40)\ (\text{eV})$$
$$E_g = (E_{\text{Ox}} - E_{\text{Red}})\ (\text{eV})$$

根据计算，三种配位聚合物 $PZn(Q)_2$-co-3MT、$PCu(Q)_2$-co-3MT 和 $PEu(Q)_3$-co-3MT 的能隙分别为 2.15 V、2.05 V、1.93 V，接受电子的能力依次增强，由此可知 $PEu(Q)_3$-co-3MT 更适宜做光电器件的材料。

另外利用从配合物 CV 图上得到的起始氧化电势并结合其紫外吸收谱，也可以计算出配合物分子的 HOMO、LUMO 能量以及能隙 E_g[81]。

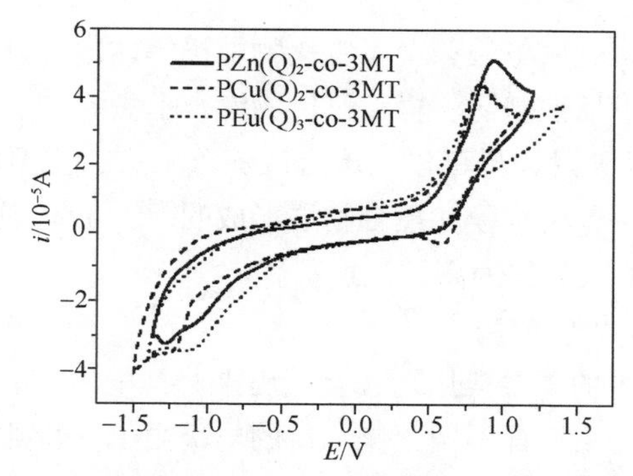

图 7-58　三种配位聚合物在以 $[Bu_4N]BF_6$ 为支持电解质的 DMF 溶液中的 CV 曲线[80] (v =100 $mV\cdot s^{-1}$)

7.9.3　配合物化学修饰电极的应用

7.9.3.1　化学修饰电极

电化学反应一般是在电极表面附近进行的，因此电极表面性能如何是非常重要的因素之一。由于受电极材料种类的限制，如何改善现有电极的表面性能，赋予电极所期望的性能，便成了电化学工作者研究的新课题。

化学修饰电极 (chemical modified electrode) 是在传统电化学电极基础上发展起来的新研究方向。主要是利用化学和物理的方法，将化学性质优良的分子、离子、聚合物等固定在电极表面，从而改善或改变了电极原有的性质，实现电极的功能设计；使某些预定的、有选择性的反应在电极上进行，以提供更快的电子转移速度。在分子水平上尝试修饰化学电极并研究其相应的电化学性质改变是在 20 世纪 60 年代到 70 年代初[82,83]。“化学修饰电极”的命名，是默里 (Murray) 及其研究小组用共价键合方法对电极表面进行修饰时首次提出的[84]。1989 年，国际纯粹与应用化学联合会 (IUPAC) 对化学修饰电极给出定义：化学修饰电极是由导体或半导体制作的电极，在电极的表面涂覆了单分子的、多分子的、离子的或聚合物的化学物质薄膜，借法拉第 (Faraday) 反应 (电荷消耗) 而呈现出此修饰薄膜的化学、电化学以及/或光学性质。

目前，化学修饰电极在电催化、电化学合成、电化学传感器和电色显示等各方面应用广泛。

7.9.3.2　修饰方法

修饰电极常用的方法有吸附、沉积、共价键合、聚合物成膜等。

① 吸附法包括物理吸附 (如 Langmuir-Blodgett, LB 膜) 和化学吸附 (如自组装膜 self assembling, SA 膜)。被吸附物可以是电活性的也可以是非电活性的，或是含有 π 键的共轭烯烃及芳环类有机化合物，以及能与特定基底电极作用的化合物。通常用到的基底电极有玻碳电极、石墨电极和金电极。

② 共价键合型修饰电极是通过化学反应键接特定官能团分子或聚合物。常用

的基底电极是碳电极、金属电极、金属氧化物电极等。键合方法是先将基底电极表面处理，然后引入化学活性基团，再将修饰物键合上去。

③ 聚合物膜可以吸附、也可以电聚合或涂覆上去。主要有氧化还原膜和离子交换膜。前者实际是由聚合物膜和配合物层形成的[85]。后者现在多用 Nafion (一种含电离基团的全氟化合物) 作为离子交换基底。

7.9.3.3　配合物修饰电极的应用

配合物在电化学中的重要应用之一就是用来修饰电极。不同的修饰方法和修饰物，得到的电极性能、用途都不同。修饰后的电极由于其特殊性能，使得发生在电极表面反应的活化能降低[86]，因此一些气体、有机物等在修饰电极上的氧化还原活性明显增强，如果被催化物质的浓度在一定范围内与电信号存在定量关系，那么对此类物质还可以进行定量的分析检测，由此被修饰的电极也可以用作分子探针和传感器。

例如，以铟锡氧化物 (indium tin oxides, ITO) 薄膜电极作基底电极，将聚苯胺钌配合物 $[RuCl_3(PPh_2(CH_2)_4PPh_2)(py)]$ 通过电沉积修饰于电极上[87]，此电极对多巴胺有很好的催化氧化作用，并且由于多巴胺在修饰电极上的氧化峰电位很小，因而许多金属离子和一些通常能与多巴胺共存的有机物质不干扰多巴胺的检测。当多巴胺的浓度在 $4.0\times10^{-5}\sim1.2\times10^{-3}$ $mol\cdot L^{-1}$ 之间时，其催化氧化的循环伏安图中峰电流与浓度呈线性关系 (图 7-59)，以此作为多巴胺定量测定的依据。

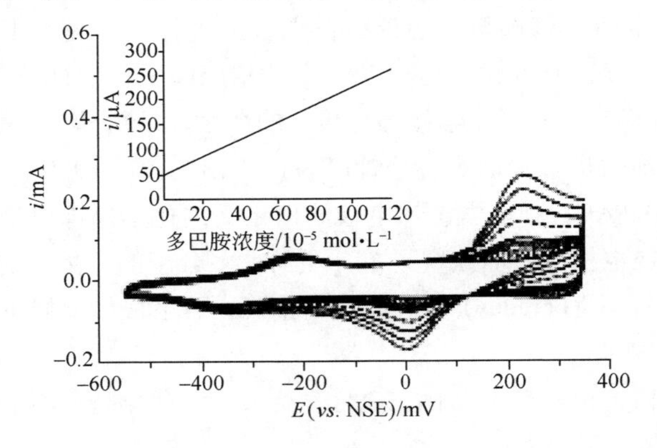

图 7-59　修饰电极上多巴胺浓度与峰电流的线性关系[87]

有研究表明，用酞菁铁配合物制成碳糊修饰电极，可以对混合体系中的肾上腺素进行研究，而不受共存组分 Vc 和尿酸的干扰[88]。实验证明，运用循环伏安法和差示脉冲法 (differential pulse voltammetry, DPV)，在 pH=4 时，肾上腺素在修饰电极表面的氧化还原过程是可逆的 [如图 7-60(a)，箭头所指]；若 pH 减小，修饰电极的催化活性就会降低。修饰电极增强了肾上腺素电催化氧化的可逆性，降低了它的超电势。

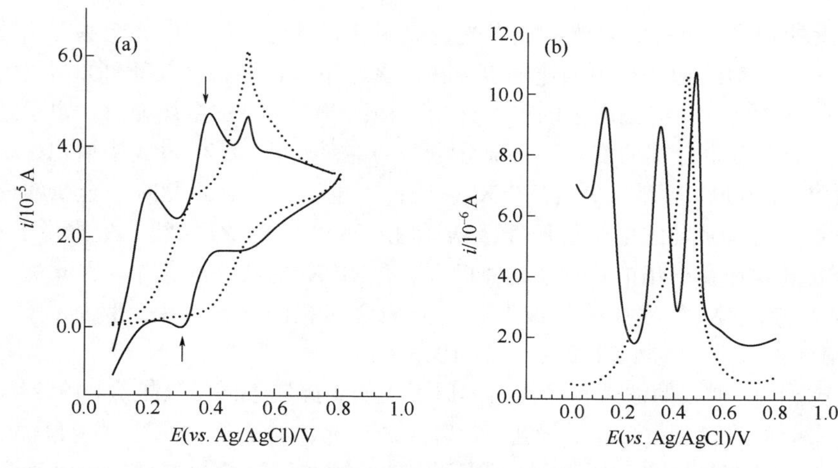

图 7-60 (a) 混合体系中的未修饰电极 (虚线) 和修饰电极 (实线) CV 图；
(b) 混合体系中的未修饰电极 (虚线) 和修饰电极 (实线) DPV 图[88]

由于三种物质的循环伏安曲线的阳极峰区分明显 [如图 7-60(a)]，差示脉冲曲线也显示了同样的结果 [如图 7-60(b)]，于是利用差示脉冲的阳极峰电流与各组分浓度的线性关系，在混合体系中对三种物质同时进行了测定，其中肾上腺素的检测下限可以低至 5×10^{-7} mol·L^{-1}。

此外，配合物修饰电极还能用于无机离子的分析检测。A. Salimi 等[89]制备了以席夫碱钒(Ⅳ)配合物结合碳纳米管修饰的玻炭电极，用于阴离子 BrO_3^-、IO_4^-、IO_3^-、NO_2^- 的测定，灵敏度高，检测限低至 10^{-7} mol·L^{-1}。

总之，随着科学技术的发展，配合物修饰电极的研究和应用显示出越来越重要的意义。

7.10 X 射线衍射

自从德国科学家伦琴 (Wilhelm Conrad Röntgen) 1895 年发现 X 射线以来，X 射线已经被广泛应用到人类生活的诸多领域，例如医学上常见的 CT 扫描。X 射线衍射是指 X 射线照射到晶体上发生的衍射现象。这一现象的研究已深入应用到金属、合金、简单无机物、有机小分子、复杂生物大分子以及众多其它晶态材料的结构分析上。与其它测试方法相比，X 射线衍射表征方法具有对样品无损伤和污染、样品用量少、测试简单快捷、测量精度高、测试结果信息量大等优点。由于晶态物质和材料普遍存在，应用范围广泛，X 射线衍射是一种十分重要且强有力的物质结构分析方法。本节简单介绍 X 射线衍射基本原理及其在配合物结构表征中的应用。这方面内容的详尽讲解可参考结晶学及晶体结构解析专著[90~94]。

7.10.1 X 射线衍射基本原理

X 射线是一种波长很短 (约为 0.001~10 nm) 能量很高的电磁辐射，它能穿透一定厚度的物质，并能使荧光物质发光、照相乳胶感光、气体电离、甚至杀死生物活性组织。X 射线通常是由加速的电子在高真空下轰击阳极金属靶 (如常见的铜靶和钼靶) 产生的。X 射线产生的机理分为两种：当电子轰击金属靶时，电子速度的量值和方向都发生急剧的变化，一部分电子的能量转化为 X 射线辐射出去。这种 X 射线波长连续，常称为“白色”X 射线；当电子轰击金属靶时，金属的内层电子受到激发，被激发的电子往低能级跃迁时也可以产生 X 射线。根据量子理论，能级间能量差是量子化的，所以这种机理产生的 X 射线波长集中，因此称为特征 X 射线。特征 X 射线的能量或波长与阳极金属靶的材料有关。例如，CuK_α 和 MoK_α 射线波长分别为 1.5418 Å 和 0.71073 Å。

考虑到 X 射线的波长和晶体内部原子间的距离属于同一数量级，1912 年德国物理学家劳厄 (M. von Laue) 设想 X 射线通过晶体时必能发生衍射现象，并提供晶体内原子排布的信息。X 射线衍射现象是一种基于波叠加原理的干涉现象。即当一束 X 射线通过晶体时，晶体内部原子在入射 X 射线作用下向周围空间发出次生 X 射线，从而引起散射。在某些方向上，散射波的振幅得到最大程度的加强，称为衍射，对应的方向为衍射方向，而另一些方向散射波强度却减弱甚至消失。衍射线在空间分布的方位和强度与晶体结构密切相关。这就是 X 射线衍射的基本原理。通过实验，劳埃和助手们证实了这一设想，并提出了描述晶体 X 射线衍射基本条件的一组方程式，即劳厄方程：

$$a\cos\theta_a - a\cos\theta_{a0} = h\lambda$$
$$b\cos\theta_b - b\cos\theta_{b0} = k\lambda$$
$$c\cos\theta_c - c\cos\theta_{c0} = l\lambda$$

式中，a、b、c 是决定三维点阵结构的三个基本向量；θ_a、θ_b、θ_c 和 θ_{a0}、θ_{b0}、θ_{c0} 分别为入射线及衍射线与 a、b、c 的夹角；λ 为 X 射线的波长；h、k、l 是三个正整数，常称衍射指数。劳厄也因他在晶体 X 射线衍射研究上的重大贡献获得了 1914 年的诺贝尔物理学奖。

与此同时，英国物理学家布拉格父子 (W. H. Bragg 和 W. L. Bragg) 在 1913 年提出了著名的布拉格方程，并测定了 NaCl、KCl 等的晶体结构。由于在 X 射线衍射研究方面所作出的开创性贡献，布拉格父子分享了 1915 年的诺贝尔物理学奖。布拉格方程给出晶体 X 射线衍射条件：$2d\sin\theta = n\lambda$。式中 d 为相邻两个晶面之间的距离，θ 为入射线或反射线与晶面的交角，也称为掠射角或布拉格角；λ 为 X 射线波长；n 为正整数，也称为反射级数。其含义是：当一束波长为 λ 的 X 射线以 θ 入射角度照射到晶体的某一组晶面时，发生衍射的条件是 X 射线反射角与入射角相同，且相邻晶面的反射线的波程差为波长的整数倍。布拉格方程与劳厄方程虽然表达方式不同，但其实质是相同的。后者从一维点阵出发，而前者从平面点阵出发。布拉格方程把衍射看成反射，但衍射是本质，反射仅是为了使用方便的描述方式。布拉格方程是晶体衍射的理论基础，是衍射分析中最重要的基础公式。它简单明确地阐明衍射的基本关系，应用非常广泛。

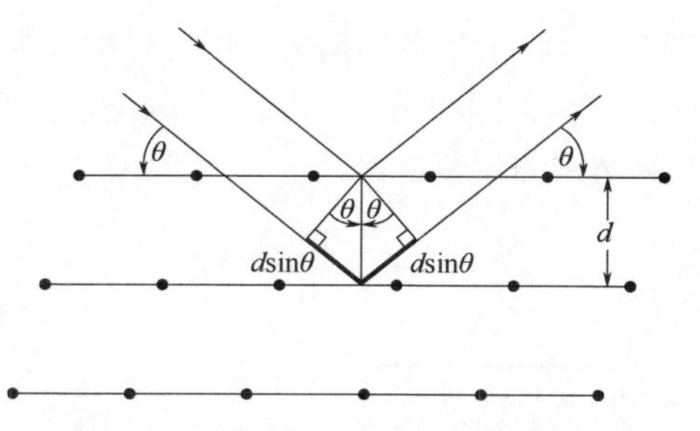

图 7-61　布拉格方程中 X 射线衍射示意图

如图 7-61 所示，当 X 射线以 θ 角度入射到某一点阵晶格间距为 d 的晶面上时，在符合布拉格方程的条件下，将在反射角为 θ 的方向上得到因 X 射线叠加而加强的衍射线。布拉格方程简洁直观地表达了衍射所必须满足的条件。当 X 射线波长 λ 已知时 (选用固定波长的特征 X 射线)，X 射线照射粉末或细粒多晶体样品后，在符合布拉格方程条件的反射角 θ 将发生衍射。根据测出的 θ，再利用布拉格方程即可确定点阵晶面间距、晶胞大小和类型；根据衍射线的 θ 角和强度，还可能进一步确定出晶胞内原子的排布。

7.10.2　X 射线晶体学

X 射线晶体学是一门利用 X 射线来研究晶体中原子排列的学科，是研究晶体结构的分析方法，而不是直接研究试样内含有元素的种类及含量的方法[91,92]。更准确地说，利用电子对 X 射线的散射作用，X 射线晶体学可以获得晶体中电子密度的分布情况，再从中分析获得原子的位置信息，即晶体结构。X 射线晶体学已经成为一门专门的科学，在材料科学和生物学中扮演着相当重要的角色。由于常规 X 射线的波长范围为 0.001~10 nm，这一波长与成键原子之间的距离 (0.1~0.2 nm) 相当，因此 X 射线可用于研究各类分子的结构。但是，到目前为止还不能用 X 射线对单个的分子成像，因为没有 X 射线透镜可以聚焦 X 射线，而且 X 射线对单个分子的衍射能力非常弱，无法被探测。而晶体 (一般为单晶) 中含有数量巨大的方位相同的分子，X 射线对这些分子的衍射叠加在一起就能够产生足以被探测的信号。从这个意义上说，晶体就是一个 X 射线的信号放大器。X 射线晶体学将 X 射线与晶体学联系在一起，从而可以对各类晶体结构进行研究。如果被表征的晶态样品为单晶体时，便可以用所谓 X 射线单晶衍射法来较准确地确定物质的结构。这也是 X 射线衍射在结构表征中的主要用途。某些情况下，不能得到良好的单晶样品或者说足够大的单晶体样品时，也可以通过粉末衍射法来测定晶态物质的结构。

7.10.3　X 射线单晶衍射法在配合物结构表征中的应用

由于配合物结构复杂，配合物中原子间连接方式多样而灵活，并且存在异构现象，所以配合物的结构难以通过传统的定量定性分析手段如元素分析、红外、质谱等来测定。X 射线单晶衍射法在配合物结构测定中扮演着举足轻重的作用。这里需要强调的是，配合物单晶结构测定或研究仅是一个结构表征的手段，还未发展成为一门学科或者研究领域。随着晶体结构测定的普及以及操作程序的逐步简化，晶体结构测定必将如红外、核磁或元素分析一样作为一种常规的表征手段而被广泛地应用。X 射线单晶衍射法表征 配合物结构一般包含六个步骤：单晶培养、晶体的选择与安装、使用衍射仪收集衍射数据、用衍射数据来解析并继而精修配合物的结构、晶体结构数据分析与总结和画晶体结构以便描述晶体结构。单晶体的 X 射线单晶衍射分析可以细分为如图 7-62 所示的七个步骤，每一步骤将对应地获得不同的晶体学参数和结构信息。下面将逐一简述 X 射线单晶衍射法表征配合物结构的主要过程。

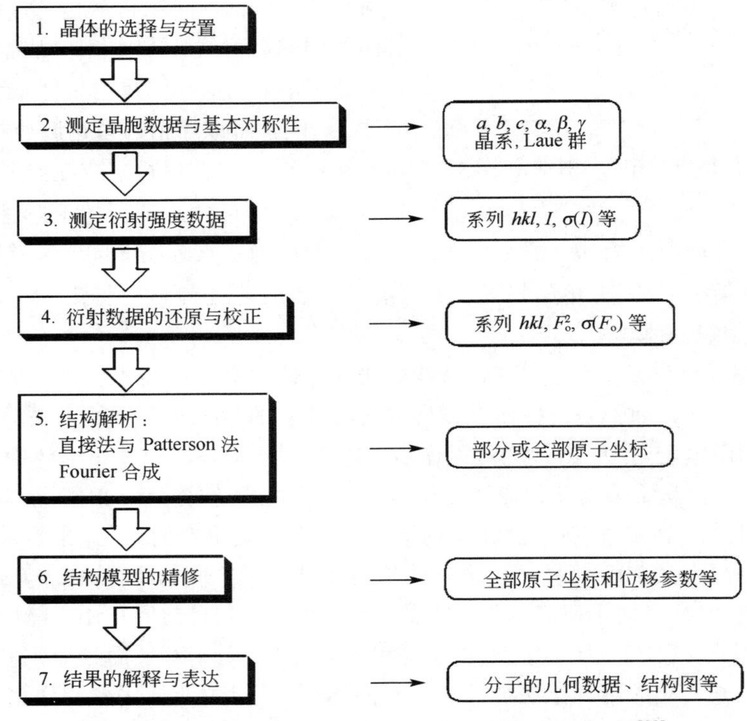

图 7-62 X 射线单晶衍射法结构测定的基本流程图[93]

(1) 单晶体样品的培养 为了获得可供衍射的单晶，首先需要得到质量好、尺寸合适的单晶样品。晶体的生长和质量主要取决于晶核形成和生长的速率。当晶核形成速率大于生长速率时，就会形成大量的微晶，并容易出现晶体团聚。反之，过快的生长速率会引起晶体出现缺陷。单晶体生长的方法有很多，如重结晶气相扩散法、液相扩散法、温度渐变法、真空升华法、对流法、原位构筑结晶法等等。在配合物研究领域中，最常用的方法是重结晶和原位构筑结晶法（包括常温和溶剂热条件下的合成)。后者是指在配合物合成过程中，在合适的条件下产物以晶体形式生成并结晶出来。在获得初步的晶体生长条件后，往往需要对晶体生长条件进行优化。得到良好的单晶样品是 X 射线单晶衍射法测定结构成功的先决条件。由于篇幅所限，这里对配合物单晶培养不做详细阐述。

(2) 晶体的选择与安装 晶体的大小对 X 射线单晶衍射法解析结构的成败有很大的影响，在衍射实验中往往需要尽可能地选取理想尺寸的晶体。所谓理想尺寸又取决于晶体的衍射能力和吸收效率、所选用 X 射线的强度和衍射仪探测器的灵敏度等。晶体的衍射能力和吸收效率取决于晶体所含化学元素种类和原子之间的堆积密度。X 射线的强度和探测器的灵敏度均取决于衍射仪的配置。从某种程度上讲，选取理想的单晶样品用于衍射实验是一个经验技能，与很多因素有关。随着所研究体系的逐渐复杂化，获得良好的衍射数据日趋困难。例如，孔洞型配位聚合物由于其内部骨架原子排列密度非常小，而空腔内的溶剂分子又高度无序，很多情况下很难获得良好的衍射数据。对于这类化合物，通常需要通过培养尺寸更大，衍射能力更强的单晶样品，或选用具有更高强度的 X 射线源来改善衍射数据的质量。例如，使用同步辐射作为 X 射线源，可以在很大程度上解决孔洞型配位聚合物衍射弱导致的晶体结构测定困难。

晶体样品的安装需要一定的实验技能。一般使用不对 X 射线产生衍射且对 X 射线吸收能力较弱的黏合剂将挑好的晶体固定在玻璃丝顶端。尼龙套 (loop) 和玻璃毛细管也常用于晶体的安装。值得注意的是，一些配合物晶体样品在空气中或者离开其生长的母液后便分解或由于失去溶剂分子的支撑而失去单晶性，从而不再适宜衍射实验。在这种情况下，需要将晶体置于低温惰性气体气氛中或者密封在玻璃毛细管中进行数据收集。玻璃毛细管尤其适用于脱离母液不稳定的单晶体样品。在将单晶体装入毛细管内的同时，将少量母液装入毛细管内。封管后，在母液的饱和蒸气下，单晶体可以很好地保持其单晶性。不管用哪种方法安装晶体，最重要的原则是确保 X 射线透过晶体时尽量不被黏合剂和载体挡住和吸收。晶体固定好后，将载体安装在仪器的载晶台上。通过调节载晶台上的旋钮将晶体对心到仪器测角器的中心，并且确保晶体在测量数据过程中一直处于该中心。

(3) 使用衍射仪收集衍射数据 单晶安装好后，就可以开始进行衍射实验，即用 X 射线照射到晶体上，产生衍射，并记录衍射数据。X 射线的来源主要有两种，一种是在常用 X 射线仪上使用的，通过高能电子流轰击钼靶 (或铜靶)，产生特定波长的X 射线；另一种就是利用同步辐射所产生的 X 射线，其波长可以变化。衍射数据 (包括衍射点的位置和强度) 的记录多采用成像板探测器 (image plate detector) 或电荷耦合器件探测器 (charge couple device detector，也称 CCD 探测器)。不同的衍射仪在收集数据过程中的工作原理和收集策略也略有不同。目前实际使用的衍射仪基本上是传统四圆衍射仪和面探衍射仪两大类。这两类衍射仪的结构基本一致，如图 7-63 所示，主要包括光源系统、测角器系统、探测器系统和计算机四大部分。随着计算机软件的不断更新，目前的衍射仪数据收集几乎完全是自动化的。这为数据的收集提供了极大的方便，也使这种测试手段日趋普及。借助衍射仪使用手册，甚至是影视讲解材料，初次涉及这一领域的工作人员已经能够在很短的时间内了解仪器，并掌握其基本使用方法。尽管如此，收集一组好的衍射数据也有很多需要注意的地方，并与实验人员的经验有很大关系，受篇幅所限，这里不做详细阐述。

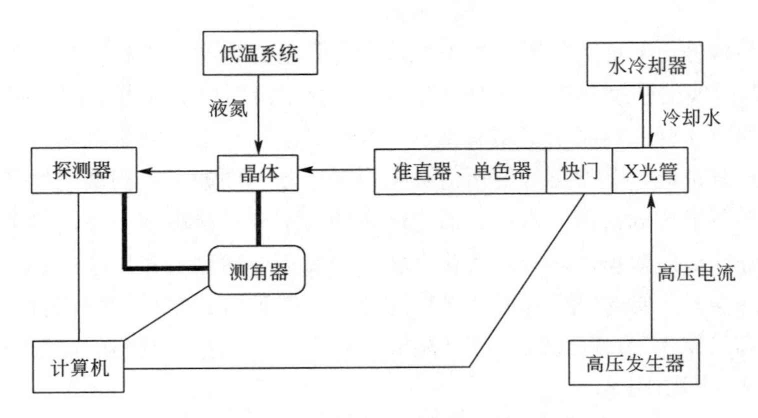

图 7-63　单晶衍射仪基本构造示意图[93]

(4) 用衍射数据来解析继而精修晶体结构　单晶衍射数据收集和处理流程如图 7-64 所示。在收集衍射数据的同时或在数据收集完成后，单晶衍射仪自带的软件一般会自动对原始数据（衍射图片）进行处理，以得到用于后期结构解析和精修的衍射数据。最终得到的数据文件一般包括所有衍射点的衍射指标、衍射强度以及衍射强度的标准不确定度。到此为止，可以直接得到信息主要包括晶胞参数、对应的布喇菲晶格种类、每个衍射点在倒易空间上的米勒（miller）指标和对应的强度。而晶体解析的目的是得到晶胞中各原子的种类和坐标。所有衍射点实际上是晶胞中每个原子外围电子在 X 射线照射下发出散射波叠加的结果。晶胞中所有原子的这一整体贡献叫结构因子。结构因子具有向量性质，其实部的平方值可以认为是收集到的衍射点的强度。由于原子散射波的强度大约正比与其电子密度或者其原子序数，因此实验上得到衍射数据强度包含着晶胞中所有原子的位置和电子密度信息。而衍射强度相关的结构因子和晶胞中所有原子电子密度之间可以通过数学上的关系相互转换，这种转换称为傅里叶转换。如果结构因子已知，则可以对结构因子进行傅里叶转换，进而获得晶体中任意位置电子密度的分布。根据电子密度的大小，所有位置上的原子种类便可以相应地确定。然而结构因子是与波动方程相关的，计算结构因子需要获得波动方程中的三个参数，即波的振幅、频率和相位。振幅可以通过每个衍射点的强度直接计算获得，频率也是已知的，但相位无法从衍射数据中直接获得，因此就产生了晶体结构解析中的“相位问题”。晶体结构解析中常采用解决相位问题的方法包括直接法和 Patterson 法。直接法通过对大量衍射数据进行数学上的分析，直接找出各

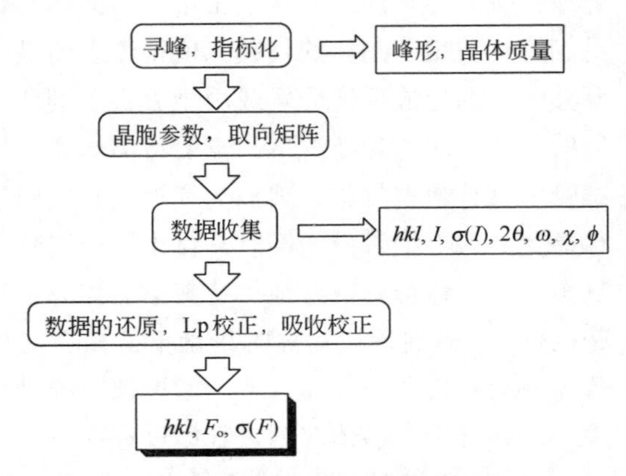

图 7-64　单晶衍射数据收集和处理流程[93]

个衍射点的相角来解析晶体结构。对发展直接法具有重要贡献的美国科学家 H. A. Hauptman 和 J. Karle 也因此在 1985 年获得了诺贝尔化学奖。Patterson 法是由英国科学家 A. L. Patterson 于 1934 年提出，这一方法难以得到轻原子的坐标，适合用于解析具有重原子的结构。

通过上述方法解决相位问题后，程序将可能成功地给出晶体结构的初始模型。所谓结构模型是指晶胞中所有原子的坐标 (x, y, z) 以及原子类型。此时可以通过对被测试物质结构的组成和可能结构的初步判断或者借助其它测试手段而获得的结构或组成相关的信息来辅助建立结构模型。结合结构解析经验，如特殊键长键角等也能有助于结构模型的确定。确定结构模型后再确定各原子类型，就得到初始的结构。初始结构的正确与否可以通过进一步的结构精修来判断。如果结构模型正确，精修给出较合理的结果。在具体实验中，有特定的参数等供参考，详细信息可参阅相关专著[93]。如果结构模型正确，继续精修得到完美的数据，结构解析便已基本完成。如果不正确，需要重新构建结构模型和精修。

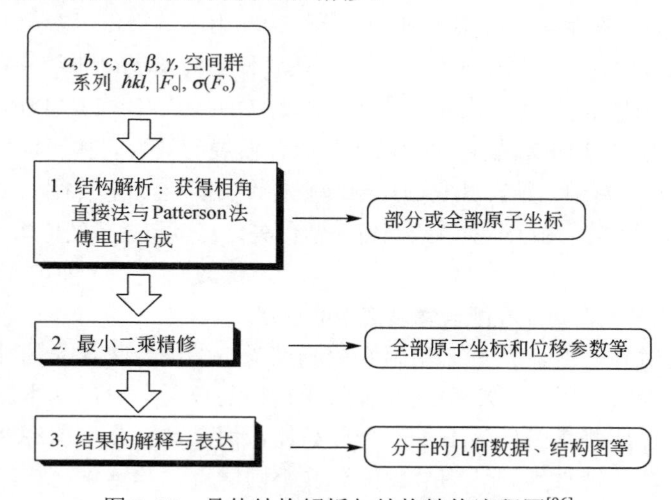

图 7-65 晶体结构解析与结构精修流程图[96]

整体上，通过单晶 X 射线衍射方法对晶体结构的解析、结构精修及后期表达过程如图 7-65 所示。需要强调的是 X 射线衍射实验只能给出结构振幅的数值，不能直接给出相角数值。所以要测定晶体结构，解决相角问题是关键。解决这一问题的很多工作是由专业软件完成的，现在这类软件已经发展的日趋完善。从某种意义上讲，非专业人员没有必要必须掌握这些细节，关键是要有能力判断数据的正确与否并充分将所得到的数据信息应用到化学中。需要指出的是，现在已经有专业软件如 PLATON 或能够使用网络在线资源来检查晶体学数据的真确与否和存在的问题，这无疑有助于结构解析的普及与结构信息的正确使用。

(5) 晶体结构数据分析与总结 X 射线单晶结构解析基于物理学理论并从实验出发，经过严格的数学计算与分析，获得了晶体结构细节和分子几何排列，甚至价键的电子密度等数据，为化学工作者提供了大量的信息。X 射线单晶结构解析得到的主要结构信息包括配合物结晶所在的晶胞参数、晶体密度、键长、键角、构象、氢键和分子之间的其它堆积作用、原子的电子密度以及配位聚合物中的各配位组成部件间的连接方式等。对晶体结构数据的分析主要基于以上所得到的信息。在结构解析完成后，一些专业软件可以将所有有用的信息进行汇总列表，从而易于分析使用。这里需要指出的是，基于从事配合物研究不同领域的侧重不同，以上所得信息的取舍各异，详尽的分析已有专著或综述总结，这里不再详述。

(6) 画晶体结构图以便描述晶体结构 通过晶体结构解析得到的结构信息结果可以制作出各种形式的晶体结构图。晶体结构图直观明了，是一种表达物质结构的强有力表达方式。按图形表达方式分类，结构图包括：线形、球棍、椭球、空间填充、多面体、立体构型等图形。除了线形图之外，其它的图形均为透视图。需要指出的是，椭球图除了描述配合物分子中原子之间的连接方式即结构外，还给出各原子的热振动信息，在某些情况下为研究晶体结构动力学等提供了有用的信息。

目前有很多软件可以用来画结构图，一些软件已经发展得非常成熟。它们使用起来非常方便，且能从网上免费下载获得，比如 DIAMOND、PLATON 和 WINGX 等。但笔者认为 SHELEX 软件包中的画图软件发展的最为完善，也是目前使用最普遍的画图软件。目前，结合其它图形绘制软件，一些配合物，特别是配位超分子和配位聚合物的晶体结构图已经能够绘制得非常优美，甚至超越了结构本身的意义而成为一种化学绘画艺术。

7.10.4 X 射线粉末衍射法在配合物表征中的应用

除单晶衍射外，X 射线粉末衍射在处于结晶态的配合物样品的纯度鉴定和结构表征上也有很大的用途。X 射线晶体粉末衍射与单晶衍射的基本原理相同，不同的是粉末衍射所测量的样品不是一个单晶体，而是微小晶体的混合物或者短程有序的材料。在数据处理和结构解析中有着不同的方法和理论，这方面的内容已经有很多专著进行了详解[94]，由于篇幅所限，这里不做详细介绍。

(1) 粉末衍射对配合物晶体样品纯度的鉴定 在合成配合物，特别是合成其晶态样品的过程中，可能有一种以上的产物或者异构体在一个反应体系中形成。在晶体结构测定时往往只挑选一个或者说有限个单晶体来实验，这样所表征的结构不一定代表一个反应中生成物的结构和成分。这种现象在使用溶剂热法合成配合物时尤为常见。在这种情况下，最简单的确定产物纯度的方法之一是使用 X 射线粉末衍射法。简单的测试与分析方法是首先使用 X 射线粉末衍射法收集产物样品的粉末衍射图，然后将所得的粉末衍射图与通过此配合物单晶体结构数据转化而得到的模拟粉末衍射图对照。如果二者的衍射峰位置能够完全匹配，说明此配合物晶体样品是纯相的，配合物的晶体结构能够代表产物的结构。反之，配合物样品不纯，需要进一步优化合成方法得到纯的产物。

(2) 使用粉末衍射来测定配合物的结构 通过粉末衍射数据来测定配合物的结

构较为困难，主要原因之一是很难模拟出合适的结构模型。随着计算机的发展和相关软件的功能强大化，一旦合理的结构模型被找出后，精修结构已经变得较容易。近年来，通过计算化学辅助结构模拟和粉末衍射数据精修相结合，并借助其它辅助手段，已经有不少配合物，特别是配位聚合物的结构被成功地解析出来。尽管粉末衍射法测定晶体结构已经长足发展[94]，但在配合物结构解析领域的研究还处于初级阶段，很多方法都很不成熟，需要进一步完善。

7.11　电喷雾质谱

作为研究和鉴定有机化合物一种重要的方法和手段，人们对质谱并不陌生，但是，研究结果证实常用于测定有机化合物的质谱方法，如电子轰击电离 (electron impact ionization，EI)、化学电离 (chemical ionization，CI)、快原子轰击 (fast atom bombardment，FAB) 质谱等，一般都不适合于测定配位化合物。这是因为配合物中的配位键与共价键相比往往要弱得多，在高能电子 (EI)、高能原子束 (FAB) 等轰击的剧烈离子化条件下无法观测到配合物的分子离子峰。而电喷雾质谱 (electrospray mass spectrometry，ES-MS) 或称电喷雾电离质谱 (electrospray ionization mass spectrometry，ESI-MS) 因为采用了温和的离子化方式，使被检测的分子或分子聚集体能够“完整”地进入质谱，因此，电喷雾质谱特别适合于研究以非共价键 (包括配位键、氢键、π-π 作用等) 方式结合的分子或分子聚集体 (复合物)。

电喷雾质谱采用的是“软电离”技术，就是在强电场 (电压) 下，样品溶液通过喷雾技术形成细小的带电荷溶剂化液滴，这些带电荷液滴在飞向电极的过程中，逐渐脱去小分子溶剂而成为分子离子进入质谱被检测出来。因为在离子化过程中，被检测的物种没有受到其它原子、分子或离子的轰击，因此能够以一个“完整”的分子离子形式进入质谱，从而使得以非共价键方式结合的分子或分子聚集体也能够被检测到。

ESI 是一种离子化方式，它与飞行时间 (time of flight，TOF)、离子阱 (ion trap，IT) 等检测技术结合形成 ESI-TOF (电喷雾-飞行时间)、ESI-IT (电喷雾-离子阱)、ESI-IT-TOF (电喷雾-离子阱-飞行时间串联) 等质谱方法。另外，电喷雾质谱还可以与液相色谱、毛细管电泳、凝胶色谱等联用，从而为多种分离技术提供灵敏的质谱检测。电喷雾质谱具有需要样品量小、分析速度快、灵敏度高、准确度高、既可用于单一组分也可用于多组分体系的分析等特点，除了用于配位化合物、分子聚集体等化学研究之外，还广泛用于生物学 (生物大分子以及蛋白与蛋白、蛋白与小分子、酶与底物分子或抑制剂的相互作用等)、医药 (天然产物、生物分子与药物分子的相互作用) 等相关领域的研究。

下面介绍两个利用电喷雾质谱研究配位化合物的例子。作为铜锌超氧化物歧化酶 (Cu_2Zn_2-SOD) 的模型研究 (参见第 9 章)，利用含咪唑基甲基手臂大环多胺配体 L 与铜、锌金属盐反应合成得到了铜-铜同双核和铜-锌异双核金属配合物 (图 7-66)。并用电喷雾质谱对配合物进行了表征，如图 7-67 所示，在异双核配合物的质谱图中，其主峰 m/z = 255.50 对应的是阳离子 $[(CuimZn)L]^{3+}$。而在同双核配合物的质谱图中，其主峰是 m/z = 255.17，对应的是 $[(CuimCu)L]^{3+}$，此外，还观察到 m/z = 864.08、900.00 和 963.92，分别对应的是 $\{[(CuimZn)L_{-H}](ClO_4)\}^+$、$\{[(CuimZn)L_{-H}](ClO_4)\cdot 2H_2O\}^+$ 和 $\{[(CuimZn)L](ClO_4)_2\cdot 2H_2O\}^+$，而在同双核配合物中观察到 m/z = 863.08、899.00 和 962.92，分别对应于 $\{[(CuimCu)L_{-H}](ClO_4)\}^+$、$\{[(CuimCu)L_{-H}](ClO_4)\cdot 2H_2O\}^+$ 和 $\{[(CuimCu)L](ClO_4)_2\cdot 2H_2O\}^+$。以上结果证明由配体 L 与铜、锌金属盐反应得到的确实是异核配合物，而不是双核铜和双核锌配合物 1:1 的混合物。

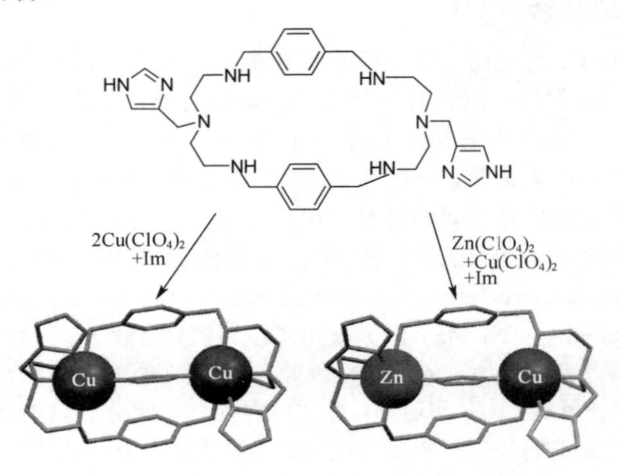

图 7-66　大环配体 L 及其铜-铜同双核和铜-锌异双核配合物结构示意图

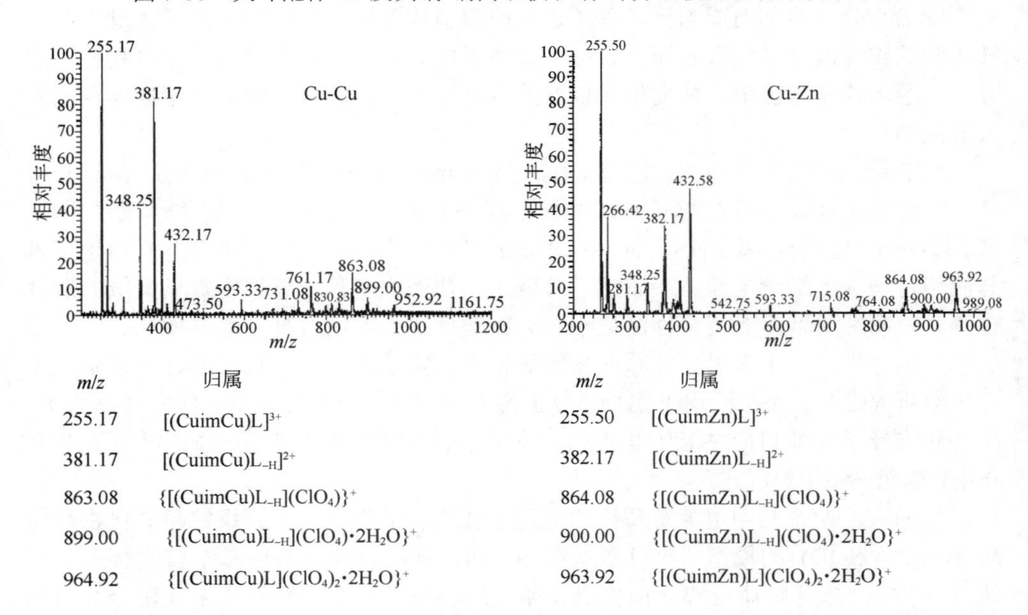

m/z	归属	m/z	归属
255.17	$[(CuimCu)L]^{3+}$	255.50	$[(CuimZn)L]^{3+}$
381.17	$[(CuimCu)L_{-H}]^{2+}$	382.17	$[(CuimZn)L_{-H}]^{2+}$
863.08	$\{[(CuimCu)L_{-H}](ClO_4)\}^+$	864.08	$\{[(CuimZn)L_{-H}](ClO_4)\}^+$
899.00	$\{[(CuimCu)L_{-H}](ClO_4)\cdot 2H_2O\}^+$	900.00	$\{[(CuimZn)L_{-H}](ClO_4)\cdot 2H_2O\}^+$
964.92	$\{[(CuimCu)L](ClO_4)_2\cdot 2H_2O\}^+$	963.92	$\{[(CuimZn)L](ClO_4)_2\cdot 2H_2O\}^+$

图7-67　铜-铜同双核 (左) 和铜-锌异双核 (右) 配合物的ES-MS谱图 (上) 及其主要峰的归属 (下)

接下来我们介绍一个利用 ES-MS 研究配位聚合物的例子。配体 1,3,5-三(2-噁唑啉基)苯 (L^1) 与 $AgNO_3$ 在甲醇和氯仿中通过分层扩散的方法，反应得到了配位聚合物$\{[Ag_2(L^1)(NO_3)_2]\cdot CH_3OH\}_n$，晶体结构解析结果显示该配合物具有一维无限链状结构 (图 7-68)。因为该配位聚合物在乙腈中有一定的溶解度，因此用其乙腈溶液并以甲醇为流动相测定其 ES-MS，结果如图 7- 69(a) 所示，观测到了 7 个主要峰，通过同位素分布可将其分别归属为：$[AgL^1]^+$，394.2；$[Ag(L^1)(CH_3OH)]^+$，425.8；$[Ag(L^1)(CH_3CN)]^+$，434.8；$[Ag_2(L^1)(NO_3)]^+$，562.9；$[Ag(L^1)_2]^+$，677.0；$[Ag_2(L^1)_2(NO_3)]^+$，847.5；$[Ag_3(L^1)_2(NO_3)_2]^+$，1018.4。利用同位素分布来确认对电喷雾质谱中观测到峰的归属是目前常用的方法。该方法是通过 Isopro 等软件来计算某个组成的同位素分布，然后与 ES-MS 测得的峰形 (同位素分布) 进行比较，通过两者是否一致来验证峰的归属是否正确。例如，通过对图 7-69 (a) 中 m/z = 847.5 峰的同位素分布的实验值和理论值的比较，可以看出两者无论是峰形 (同位素分布) 还是相对强度都很一致 [图 7-69(b)]，表明这个峰的归属是正确的。另外，从这些峰的归属中可以看出 ES-MS 中观测到的物种都既含有配体又含有金属离子，表明在电喷雾条件下配体 L^1 与 Ag 通过配位作用结合在一起，没有完全解离，而且观测到了单核、双核和三核等物种，说明在电喷雾质谱实验条件下该配合物仍以聚合物形式存在。值得一提的是，$[Ag(L^1)(CH_3OH)]^+$ 和 $[Ag(L^1)(CH_3CN)]^+$ 物种的出现说明来源于结晶溶剂和流动相的甲醇分子以及来源于溶剂的乙腈分子通过弱相互作用与配合物相结合。这说明利用 ES-MS 可以研究配合物中以氢键等弱相互作用结合的溶剂分子、客体分子等。

+ $AgNO_3$ $\xrightarrow{CH_3OH/CHCl_3}$

图 7-68 配体 1,3,5-三(2-噁唑啉基)苯 (L^1) 与 $AgNO_3$ 反应生成一维链条状配位聚合物$\{[Ag_2(L^1)(NO_3)_2]\cdot CH_3OH\}_n$

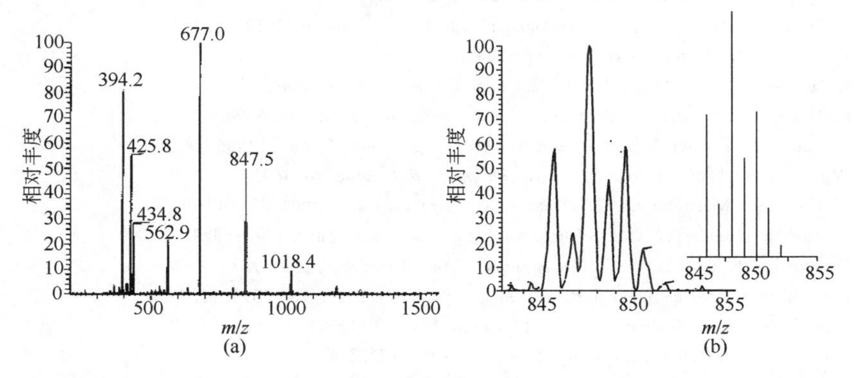

图 7-69 (a) 配位聚合物 $\{[Ag_2(L^1)(NO_3)_2]\cdot CH_3OH\}_n$ 的 ES-MS 谱图；(b) m/z = 847.5 峰的同位素分布图：左边为实验值，右边为理论计算值

参 考 文 献

[1] Y. E. Coates, S. I. E. Green. *J. Chem, Soc.*, **1962**, 3340.
[2] B. W. Ma, J. Li, Peter I. Djurovich, et al., *J. Am. Chem. Soc.*, **2005**, *127*, 28.
[3] V. V. Bon, S. I. Orysyk, V. I. Pekhnyo, et al. *Polyhedron,* **2007**, *26*, 2935.
[4] A. K. Bilahkhiya, B. Tyagi, P. Paul, et al. *Inorg. Chem.*, **2002**, *41*, 3830.
[5] Y. M. Guo, M. Du, G. C. Wang, X. H. Bu, *J. Mol. Struct.,* **2002**, *643*, 77.
[6] B. Wang, F. Q. Gao, H. Z. Ma，*J. Hazard. Mater.,* **2007**, *144*，363.
[7] N. Basarić, M. Baruah, W. Qin, et al. *Org. Biomol. Chem.,* **2005**, *3*, 2755.
[8] H. J. Cael, R. Peter S. *Methods Cell Biol.*, **1994**, *41*, 149.
[9] 金林培，王明昭，蔡冠梁等. 中国科学 (B 辑)，**1994**, *24*, 576.
[10] C. A. F. Piguet, C. Williams, J.-C. G. Bernardinelli, et al. *Inorg. Chem.*, **1993**, *32*, 41399.
[11] L.V. Elst, I. Raynal, M. Port, et al. *Eur. J. Inorg.Chem.*, **2005**, 1142.
[12] J. D. Dorweiler, V. N. Nemykin, A. N. Ley, et al. *Inorg. Chem.*, **2009**, *48(19)*, 9365.
[13] E. P. Berlin, R. B. Penland, S. Mizushima, et al. *J. Am. Chem. Soc.*, **1959**, *81*, 3818.
[14] 杨红，王则民，杨海峰，余锡宾. 光谱学与光谱分析，**2003**，*3*, 522.
[15] W. Lewandowski，H. Aranska．*J. Raman Spectrosc.*, **1986**, *17*, 17.
[16] X. Y. Chen, X. P. Yang, B. J. Holliday. *J. Am. Chem. Soc.*, **2008**, *130*, 1546.
[17] 杨正银，王春明，李志孝. 综合化学实验. 兰州：兰州大学出版社，**2005**.
[18] 裘祖文，裴奉奎. 核磁共振波谱. 北京：科学出版社，**1989** 年.
[19] 杨频，高飞. 生物无机化学原理. 北京：科学出版社，2004.
[20] 张忠如，杨勇，刘汉三. 化学进展，**2003**, *15(1)*, 18.
[21] 章慧等. 配位化学——原理与应用. 第六章. 北京: 化学工业出版社, 2009.
[22] 王尊本主编. 综合化学实验, 章慧等编写. 实验 26, 33, 52. 北京: 科学出版社, **2003**, *114*, 151, 357.
[23] E. L. Eliel, S. H. Wilen, M. P. Doyle. Basic Organic Stereochemistry. John Wiley & Sons. Inc., **2001**. Chapter 6, 7, 12.
[24] 尤田耙编著. 手性化合物的现代研究方法. 第二章, 第四章. 合肥: 中国科技大学出版社, 1993.
[25] 金斗满, 朱文祥编著. 配位化学研究方法. 第七章. 北京: 科学出版社, 1996.
[26] 叶秀林编著. 立体化学. 北京: 北京大学出版社, **1999**, 236-285.
[27] 游效曾编著. 配位化合物的结构与性质. 北京: 科学出版社, **1992**, 185.
[28] J. M. Bijvoet, A. F. Peerdeman, A. J. van Bommel. *Nature*, **1951**, *168*, 271.
[29] Z. Dezhahang, M. R. Poopari, J. Cheramy, Y. Xu. *Inorg. Chem.*, **2015**, *54*, 4539.
[30] 章慧, 颜建新, 吴舒婷等. 物理化学学报, **2013**, *29*, 2481.
[31] L. Ding, L. Lin, C. Liu, et al. *New J. Chem.*, **2011**, *35*, 1781.
[32] S. R. Domingos, M. R. Panman, B. H. Bakker, et al. *Chem. Commun.*, **2012**, *48*, 353.
[33] S. G. Telfer, J. D. Wuest. *Chem. Commun.*, **2007**, *43*, 3166.
[34] S. E. Howson, L. E. N. Allan, N. P. Chmel, et al. *Chem. Commun.*, **2009**, *45*, 1727.
[35] J. M. Dragna, G. Pescitelli, L. Tran, et al. *J. Am. Chem. Soc.*, **2012**, *134*, 4398.
[36] S. Khalid, P. M. Rodger, A. J. Liq. Rodger. *Chromatogr. Relat. Technol.*, **2005**, *28*, 2995.
[37] H. Yu, X. Wang, M. Fu, J. Ren, X. Qu. *Nucleic Acids Res.*, **2008**, *36*, 5695.
[38] M. J. Hannon, I. Meistermann, C. J. Isaac, et al. *Chem. Commun.*, **2001**, *37*, 1078.
[39] N. Ousaka, S. Grunder, A. M. Castilla, et al. *J. Am. Chem. Soc.*, **2012**, *134*, 15528.
[40] A. M. Castilla, N. Ousaka, R. A. Bilbeisi, et al. *J. Am. Chem. Soc.*, **2013**, *135*, 17999.
[41] J. L. Bolliger, A. M. Belenguer, J. R. Nitschke. *Angew. Chem., Int. Ed.*, **2013**, *52*, 7958.
[42] S. Wan, L.-R. Lin, L. Zeng, et al. *Chem. Commun.*, **2014**, *50*, 15301.
[43] M. Ziegler, A. von Zelewsky. *Coord. Chem. Rev.*, **1998**, *177*, 257.
[44] N. Berova, L. D. Bari, G. Pescitelli. *Chem. Soc. Rev.*, **2007**, *36*, 914.
[45] J. W. Canary. *Chem. Soc. Rev.*, **2009**, *38*, 747.

[46] S. G. Telfer, T. M. McLean, M. R. Waterland. *Dalton Trans.*, **2011**, *40*, 3097.
[47] S. G. Telfer, N. Tajima, R. Kuroda. *J. Am. Chem. Soc.*, **2004**, *126*, 1408.
[48] X.-L. Tong, T.-L. Hu, J.-P. Zhao, et al. *Chem. Commun.*, **2010**, *46*, 8543.
[49] G. Pescitelli, T. Kurtan, U. Flörke, K. Krohn. *Chirality*, **2009**, *21*, E181.
[50] G. Pescitelli, D. Padula, F. Santoro. *Phys. Chem. Chem. Phys.*, **2013**, *15*, 795.
[51] S. F. Mason, B. J. Norman. *Inorg. Nucl. Chem. Lett.*, **1967**, *3*, 285.
[52] A. V. Davis, D. Fiedler, M. Ziegler, et al. *J. Am. Chem. Soc.*, **2007**, *129*, 15354.
[53] 赵楀，万仕刚，陈成栋等. 物理化学学报, **2013**, *29*, 1183.
[54] D.-H. Ren, D. Qiu, C.-Y. Pang, et al. *Chem. Commun.*, **2015**, *51*, 788.
[55] T. Riis-Johannessen, N. Dupont, G. Canard, et al. *Dalton Trans.*, **2008**, *37*, 3661.
[56] E. Ziegler, G. Haberhauer. *Eur. J. Org. Chem.*, **2009**, 3432.
[57] K. T. Hua, J. Xu, E. E. Quiroz, et al. *Inorg. Chem.*, **2012**, *51*, 647.
[58] C.-T. Yeung, W. T. K. Chan, S.-C. Yan, et al. *Chem. Commun.*, **2015**, *51*, 592.
[59] L.-L.Yan, C.-H. Tan, G.-L. Zhang, et al. *J. Am. Chem. Soc.*, **2015**, *137*, 8550.
[60] Y. Lin, F. Zou, S. Wan, et al. *Dalton Trans.*, **2012**, *41*, 6696.
[61] Y. Lin, S. Wan, F. Zou, et al. *New J. Chem.*, **2011**, *35*, 2584.
[62] N. Zhou, S. Wan, J. Zhao, et al. *Sci China Ser B-Chem.*, **2009**, *52*, 1851.
[63] 章慧，林丽榕. 大学化学, **2011**, *26*, 8.
[64] 章慧，林丽榕. 大学化学, **2012**, *27*, 1.
[65] 苏晓玲，王越奎，王炎等. 物理化学学报, **2011**, *27*, 1633.
[66] A. Wang, Y. Wang, J. Jia, et al. *J. Phys. Chem. A*, **2013**, *117*, 5061.
[67] Y. Wang, C. Z. Zhang. *Naturforsch*, **2014**, *69a*, 371.
[68] 万仕刚. M_4L_6四面体笼的拆分、手性选择性合成及其手性光谱研究. [博士学位论文]. 厦门: 厦门大学化学系, 2015.
[69] 章慧，曾丽丽，王越奎等. 手性 Salen-Ni(II) 络合物的 ECD 光谱及其绝对构型关联——可见区第一吸收带的指纹作用. 物理化学学报, 2015, *31*(*12*), 2229.
[70] 曾丽丽. 手性 N_2O_2 型席夫碱金属络合物的 ECD 光谱及其绝对构型关联 [硕士学位论文]. 厦门: 厦门大学化学系, 2015.
[71] A. Pasini, M. Gullotti, R. J. C. S. Ugo. *Dalton Trans.*, **1977**, 346.
[72] F. Zhang, S. Bai, G. P. A. Yap, et al. *J. Am. Chem. Soc.*, **2005**, *127*, 10590.
[73] R. S. Downing, F. L. Urbach. *J. Am. Chem. Soc.*, **1970**, *92*, 5861.
[74] Y. Dai, T. J. J. Katz. *Org. Chem.*, **1997**, *62*, 1274.
[75] A. J. Brad, L. R Faulkner. Electrochemical Method. Wiley, New York, **1980**.
[76] R. Bilewicz, E. Muszalska. *J. Electroanal. Chem.*, **1991**, *300*, 147.
[77] 徐桂云，焦奎，李延团等. 高等学校化学学报, **2007**, *28*, 49.
[78] 柴建方，唐良富，贾文利等. 高等化学学报, **2001**, *22*, 943.
[79] H. Hadadzadeh, S. Jamil, A. Fatemi, et al. *Polyhedron*, **2008**, *27,* 249.
[80] L. F. Xiao, Y. Liu, Q. Xiu, et al. *Tetrahedron*，**2010**, *66*, 2835.
[81] 李善吉，卢江，梁晖. 中山大学学报, **2009**, *48*, 54.
[82] R. F. Lane, A.T. Hubbard, *J. Phys. Chem.*, **1973**, *77*, 1401.
[83] R.W. Murray, Electroanalytical Chemistry (A. J. Bard, ed.), New York：Marcel Dekker, **1984**, *13*, 191.
[84] P. R. Moses, L. Wier, R.W. Marray. *Anal. Chem.*, **1975**, *47*, 1882.
[85] N. Oyama, F. C. Anson. *J. Am. Chem. Soc.*, **1979**, *101*, 739.
[86] 董绍俊，车广礼，谢远志. 化学修饰电极. 第 2 版 (修订版). 北京：科学出版社, 2003.
[87] M. Ferreira, L.R. Dinelli, K. Wohnrath, A. A. Batista, N.O.Jr. Osvaldo. *Thin Solid Films*, **200**4, *446*, 301.
[88] S. Shahrokhiana, M. Ghalkhania, M. Kazem Aminic. *Sensors and Actuators*, *B*, **2009**, *137*, 669.
[89] A. Salimi, H. Mamkhezri, S. Mohebbi. *Electrochem. Commun.*, **2006**, *8*, 688.
[90] 梁栋材著. X-射线晶体学基础. 第 2 版. 北京：科学出版社，**2006**.
[91] 陈敬中. 现代晶体化学: 理论与方法. 北京：高等教育出版社，**2001**.

[92] 祁景玉. X-射线结构分析. 上海：同济大学出版社，**2003**.
[93] 陈小明, 蔡继文. 单晶结构分析的原理与实践. 第 2 版. 北京：科学出版社，**2007**.
[94] 梁敬魁. 粉末衍射法测定晶体结构 (上、下). 北京：科学出版社，**2003**.

习　题

1. 单核配合物 $[Pt(terpy)Cl]ClO_4$ 电子吸收光谱中，480 nm 处的吸收很弱 (ε194 $dm^3 \cdot mol^{-1} \cdot cm^{-1}$，而在 $[Pt_2(terpy)_2(Gua)](ClO_4)_3$ 的电子吸收光谱中在 483 nm 处出现一宽峰 (ε 194 $dm^3 \cdot mol^{-1} \cdot cm^{-1}$)，归属该吸收峰。(其中，terpy 为 2,2′:6′,2″-三联吡啶，Gua 为胍阴离子) [H. K. Yip，C.-M. Che，Z.-Y. Zhou and Tomas C.W. Mak, *J. Chem. Soc., Chem. Commun.*, **1992**,1369]
2. 对卟啉而言，其卟啉环周边的基团修饰或者分子间/分子内的作用都会影响其结构性能。而其中心 N 原子强烈受环的影响，这样可以利用 XPS 技术，以测定 N(1s) 结合能的变化来探究电子结构。自由卟啉分子 XPS 谱图中，N(1s) 可解叠出 2 个峰面积 1∶1 的能级峰，结合能分别位于 400.2 eV 和 398.0 eV 处 (如图 7-70 所示)。但 Zn-卟啉中 N(1s) 只有一个位于 398.9 eV 的能级峰，请解释原因及进行相应的归属。[David M. Sarno, Luis J. Matienzo, and Wayne E. Jones, Jr, *Inorg. Chem*. **2001**, *40*, 6308-6315]

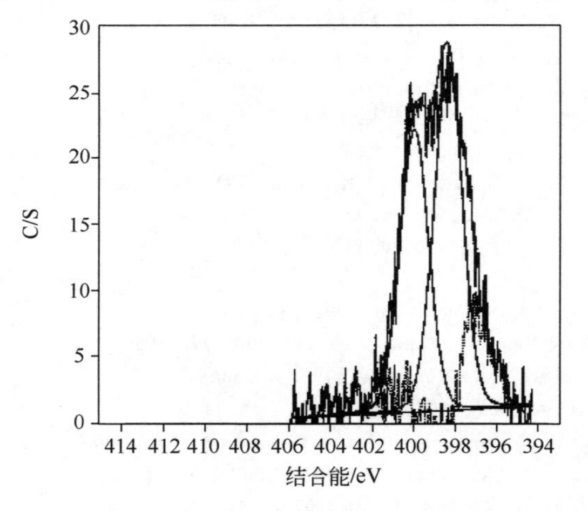

图 7-70　自由卟啉分子 XPS 谱图

3. 下列化合物哪个的荧光最强？

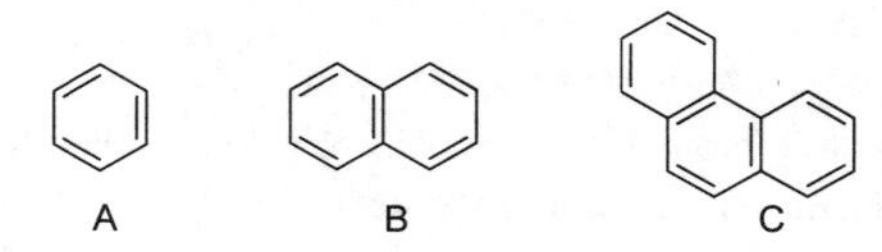

4. 如何区别荧光和磷光，其依据是什么？
5. 试从原理和仪器两方面比较吸光光度法和荧光分析法的异同，说明为什么荧光法的检出能力优于吸光光度法。
6. 什么是圆二色性 (CD)？什么是旋光色散 (ORD)？它们用于测定分子立体结构的原理是什么？
7. 举例说明圆二色谱的应用。

8．在核磁共振波谱法中，影响相对化学位移的因素有________、 ________、 ________、________和________。
9．什么是化学等同和磁等同？试举例说明。
10．何为 EPR 的跃迁选律？
11．g 值由什么决定？它反映了什么？
12．简述 X 射线单晶衍射的基本原理。
13．列出使用 X 射线单晶衍射表征配合物结构时的实验步骤。
14．查阅相关资料比较说明 X 射线单晶衍射和 X 射线粉末衍射在物质结构表征中的相同点和不同点。
15．除同位素离子峰外，如果存在分子离子峰，则其一定是 m/z________ 的峰，它是分子失去________ 生成的，故其 m/z 是该化合物的________ ，它的相对强度与分子的结构及________ 有关。
16．由 C、H、O、N 组成的有机化合物，N 为奇数，M 一定为奇数；N 为偶数，M 一定为偶数对吗？
17．图 7-71 是缩氨酸（PNA）钌配合物 $[Ru(bipy)_2(dpq\text{-}PNA\text{-}OH)^{2+}]$ (M1) 在 0.1 $mol\cdot L^{-1}$ Bu_4NPF_6 乙腈溶液中，在玻碳电极上不同扫描速度下的循环伏安曲线。利用下列循环伏安数据，判断该配合物在电极上发生的氧化还原过程是否可逆？电子转移数是多少？此过程是扩散过程还是吸附过程？

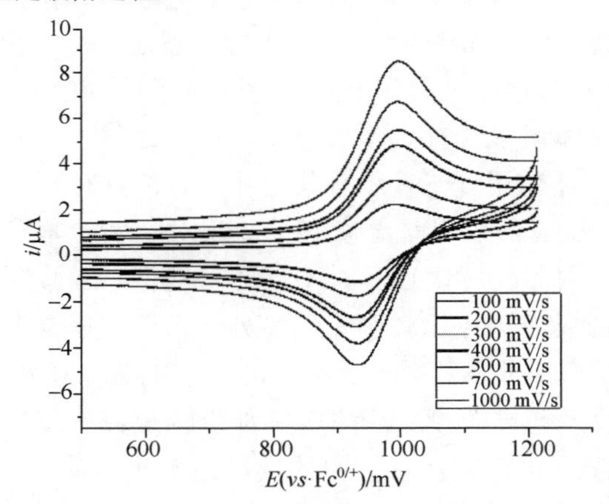

图 7-71　不同扫速下 PNA 钌配合物在玻碳电极上的循环伏安曲线

配合物 M1 不同扫描速度下的循环伏安数据：

v /mV·s^{-1}	E_{pc}/mV	E_{pa}/mV	i_{pa}/i_{pc}
100	988	935	0.91
200	990	932	0.93
300	992	932	0.94
400	996	934	0.93
500	996	932	0.94
700	996	932	0.94

摘自：T. Ioshi, G. J. Barbante, P. S. Francis, et al. *Inorg. Chem.*, **2011**, *50*, 12172.

第 8 章　配合物的反应动力学

8.1　概述

本章主要从动力学的角度介绍配位化合物的反应特征，了解其反应历程。

如 $[Co(NH_3)_5Cl]^{2+}$ 离子的水合反应：

$$H_2O + [Co(NH_3)_5Cl]^{2+} \longrightarrow [Co(NH_3)_5H_2O]^{3+} + Cl^-$$

$[Co(NH_3)_5Cl]^{2+}$ 只溶于少数溶剂，在该体系中水参与了反应。$[Co(NH_3)_5Cl]^{2+}$ 在水溶液中受到不同方向水分子的进攻。配位氨分子与溶剂水作用形成氢键，氨分子的振动使得 Co−Cl 键电子裸露从而受到水分子的进攻，Cl^- 配离子与水分子间形成瞬间强烈氢键，致使 Co−Cl 键断裂。Co−Cl 键断裂还与分子内大量能量有关，分子振动也会使 Co−Cl 键伸长。在分子间氢键和分子振动的共同作用下 Co−Cl 键发生断裂。事实上该体系中含有大量的分子，反应途径也多种多样，实验测得的只是其平均状态。上述作用 (或者还有其它作用) 都具有不同的温度特征，因此实验测得的 (平均) 反应历程也与温度有关。相对于实验本身的误差，温度的影响可以忽略。由于不同的反应途径具有不同的势能面，因此利用实验数据和速率定律，推导出可能的反应途径比较困难。另外，前置平衡 (指反应物的实际浓度比理想浓度低得多)、溶剂分子参与反应 (由于溶剂分子浓度几乎不变，对反应速率影响不明显) 以及超高温度、高浓度等都影响反应速率，从而使研究变得更复杂。本章主要对配位化合物在溶液中的反应速率进行研究，探讨反应机理。

8.1.1　活性配合物和惰性配合物

反应速率是指一定条件下反应物转化为产物的快慢程度。化学反应可能以各种不同的速率发生，有些反应慢得几乎无法测定 (半反应时间 $t_{1/2}$ 长达 10^{15} s)，而有些反应则又太快 (半衰期仅为 10^{-10} s)，其速率也难以测量。反应要进行，必须在热力学上可行。反应机理不同，速率大小和 $t_{1/2}$ 值不同；相同机理的不同反应，其速率大小也不同。反应过程中的电子转移对速率大小影响不大，如 Ni^{II} 和 Co^{III} 的取代反应机理十分相似，但速率差别很大 (分别很快和很慢)。配合物速率方面的性能称为配合物的活动性。

动力学上将一个配离子中的某一配体能迅速被另一配体所取代的配合物称为活性 (labile) 配合物，而如果配体发生取代反应的速率很慢则称为惰性 (inert) 配合物。事实上，这两种类型的配合物之间并不存在明显的界限。Taube 认为：在反应温度为 25 ºC，各反应物浓度均为 0.1 mol·L^{-1} 的条件下，配合物中配体取代反应在一分钟之内完成的称之为活性配合物；那些反应时间大于 1 min 的称为惰性配合物。要特别注意，配合物的活性和惰性是配合物的动力学性质，由活化能决定。配合物的稳定性是热力学性质，由生成焓决定。配合物热力学稳定性与动力学活泼性处于矛盾情况的典型例子如 $[Co(NH_3)_6]^{3+}$和 $[Ni(CN)_4]^{2-}$：$[Co(NH_3)_6]^{3+}$ 在室温酸性水溶液中以 H_2O 取代 NH_3，反应数日无显著变化，说明配合物是惰性的。但反应

$$[Co(NH_3)_6]^{3+} + 6H_3O^+ \longrightarrow [Co(H_2O)_6]^{3+} + 6NH_4^+$$

的平衡常数 $K = 10^{25}$，说明$[Co(NH_3)_6]^{3+}$ 在热力学上是不稳定的。而反应

$$[Ni(CN)_4]^{2-} + 4H_2O \longrightarrow [Ni(H_2O_4)]^{2+} + 4CN^-$$

的平衡常数 $K = 10^{-22}$，说明 $[Ni(CN)_4]^{2-}$ 在热力学上是稳定的。然而 $[Ni(CN)_4]^{2-}$ 在动力学上却是活泼的。

因此，有时稳定的配合物可能在取代反应中表现出惰性，不稳定的配合物可能表现出活性，这仅仅是巧合而已。不能把动力学概念上的活性和惰性与热力学上的稳定性或不稳定性相混淆。

8.1.2　动力学研究方法

研究配合物化学动力学的实验方法很多，总体上分为两大类：一类是主要针对惰性配合物反应，常用经典动力学测试方法进行研究，如监测电导率、可见或紫外吸收光谱峰强度随时间的变化情况。研究惰性配合物反应速率可在低温和稀溶液中进行。另一类是主要针对活性配合物的快速反应，若已知逐级平衡常数和反应向前或向后进行的速率，就能够求得未知速率。还有一些研究反应平衡的方法，如核磁共振光谱等。

例如，研究反铁磁性的三甲胺配合物在三甲胺溶剂中的核磁共振光谱。若配位三甲胺被溶剂缓慢取代，则光谱有两个共振峰，分别是配位三甲胺和自由三甲胺。如果取代速率非常快，则会在平均位置处出现一个共振峰。若反应温度不同，则低温下取代慢，会在密集区出现两个峰；高温下会发生快速交换 (此时单共振峰出现在加权峰面积处的密集区域)，出现一尖峰；中温下呈现宽峰 (图 8-1)。由此可得到一定温度下反应中间体形成时的交换速率。严格地讲，“慢”和“快”是相对于 NMR 时标而言的，取决于配位三甲胺和溶剂三甲胺间共振峰的分离。如果配合物是顺磁性的，则谱线会增宽并发生迁移。但实际得到的数据与理论分析结果并不十分相符。这是因为取代过程中配位的配体质子核自旋发生了顺磁诱导变化。

活性配合物快速取代反应还具有弛豫的特征。体系平衡与反应物的浓度及温度、压强、偶电场梯度等有关。处于平衡状态的化学反应，如果其中一个物理量突然发生变化，化学平衡就会受到微扰，发生移动，利用快速响应的灵敏仪器可以监测到。微扰后又会建立新的平衡。达到新平衡所需要的时间称为弛豫时间，它与反应速率有关。因此测定弛豫时间就可以得到有关反应的速率常数。

8.1.3　价键理论解释配合物的活性与惰性

价键理论认为过渡金属配合物进行 S_N2 取代反应的难易程度与金属离子的 d

电子构型有关。大量研究表明含有空的 $(n-1)$d 轨道的外轨型配合物一般是活性配合物。因为在八面体配合物中，若配合物中含有一个空的 $(n-1)$d 轨道，进入配体就可以从空轨道的四叶花瓣所对应的方向以较小的静电排斥去接近配合物，进而发生取代反应，因此是活性的。

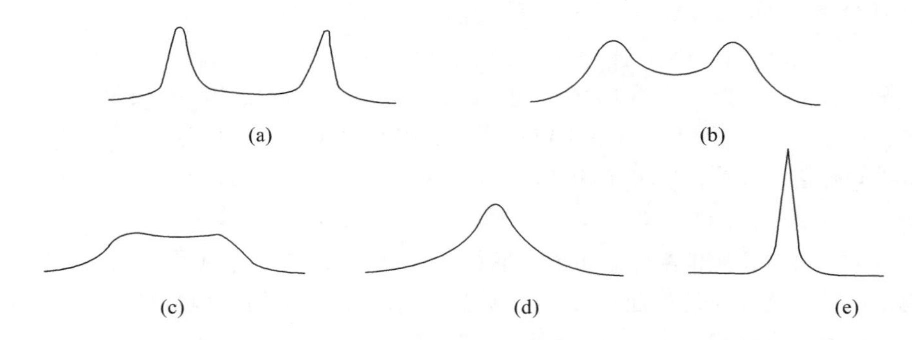

图 8-1 取代反应的 NMR 光谱

(a) 低温，无取代反应发生；(b) 190 ℃ 时，发生取代反应；
(c) 200 ℃ 时；(d) 210 ℃ 时；(e) 高温下，快速取代反应

而内轨型配合物的取代反应速率一般取决于中心离子的 $(n-1)$d 轨道中电子的分布。对内轨型配合物，若其未参与杂化的 $(n-1)$d 轨道 (即 t_{2g} 轨道) 中至少有一条轨道是空的，那么这个配合物就是活性配合物。原因与外轨型配合物的相同。相反，如果内轨型配合物中没有空的未参与杂化的 $(n-1)$d 轨道则是惰性的。因为当中心金属没有空的未参与杂化的 $(n-1)$d 轨道时，进入配体的孤对电子要填充到配合物的空轨道上，有三个可能的途径：要么进入配体的孤对电子填入 nd 轨道；要么 $(n-1)$d 轨道上的电子必须被激发到更高能级轨道，以便腾出一条空 $(n-1)$d 轨道；要么使 $(n-1)$d 轨道的成单电子强行配对。这三种情况都需要较高的活化能，因而是惰性的。如内轨型配合物 $[V(NH_3)_6]^{3+}$ 是活性配离子 (中心离子的电子构型为 $t_{2g}^2e_g^0$，使用 d^2sp^3 杂化，有一条空的 t_{2g} 轨道接受进入配体的孤对电子，因此是活性配离子)，而内轨型配合物 $[Co(NH_3)_6]^{3+}$ 是惰性配离子 (中心离子的电子构型为 $t_{2g}^6e_g^0$，使用 d^2sp^3 杂化，没有空的 t_{2g} 轨道接受进入配体的孤对电子，因此是惰性配离子)。

因此，所有的外轨型配合物都是活性的；由 d^0、d^1、d^2 以及 d^7、d^8、d^9 构型的中心离子生成的配合物不管是内轨型还是外轨型，都是活性的；由 d^3 以及 d^4、d^5、d^6 构型的中心离子生成的内轨型配合物是惰性的。

8.1.4 晶体场理论解释配合物的活性与惰性

晶体场理论认为，过渡金属八面体配合物的取代反应因采用的机理不同 (S_N1 或 S_N2)，所形成的中间过渡配合物类型也不同 [四方锥 (CN=5) 或五角双锥 (CN=7)]。不论采取何种机理，在发生取代反应时，配合物的空间构型都会发生改变，因此配合物的稳定化能也会随之发生变化。稳定化能的变化直接影响配合物取代反应的活化能。各种构型的配合物稳定化能如图 8-2 所示。

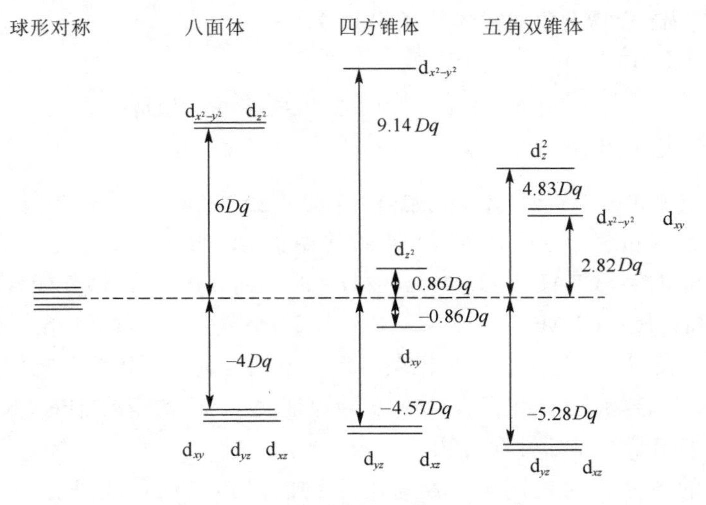

图 8-2　各种构型的配合物稳定化能

相应晶体场稳定化能 (CFSE) 的变化是晶体场效应对反应活化能的贡献，这部分活化能称为晶体场活化能 (crystal field activation energy, CFAE)。因此

$$\text{CFAE} = \text{CFSE}\ (\text{过渡态}) - \text{CFSE}\ (\text{反应物})$$

显然，CFAE $\leqslant 0$，所需活化能小，是活性配合物；CFAE > 0，所需活化能大，是惰性配合物。

现以 d^6 构型过渡金属配合物为例，计算其 CFAE。

d^6 构型配合物八面体的 CFSE 为

低自旋（$d_{xz}^2 d_{yz}^2 d_{xy}^2$）：

$$\text{CFSE} = 6\times(-4) = -24Dq$$

高自旋（$d_{xz}^2 d_{yz}^1 d_{xy}^1 d_{z^2}^1 d_{x^2-y^2}^1$）：

$$\text{CFSE} = 4\times(-4) + 2\times 6 = -4Dq$$

(a) 若按 S_N1 反应机理进行取代反应，中间体为四方锥。

则 d^6 构型配合物四方锥体的 CFSE 为

低自旋（$d_{xz}^2 d_{yz}^2 d_{xy}^2$）：

$$\text{CFSE} = 4\times(-4.57) + 2\times(-0.86) = -20.00Dq$$

高自旋（$d_{xz}^2 d_{yz}^1 d_{xy}^1 d_{z^2}^1 d_{x^2-y^2}^1$）：

$$\text{CFSE} = 2\times(-4.57) + (-4.57) + (-0.86) + 0.86 + 9.14 = -4.57Dq$$

因此，按 S_N1 反应机理，中间体为四方锥构型时其 CFAE 为

低自旋：CFAE = – 20.00 – (–24) = $4Dq > 0$　　（惰性配合物）

高自旋：CFAE = – 4.57 – (–4) = $-0.57Dq < 0$　　（活性配合物）

(b) 若按 S_N2 反应机理，中间体为五角双锥。

则 d^6 构型配合物五角双锥体的 CFSE 为

低自旋（$d_{xz}^2 d_{yz}^2 d_{xy}^2$）：

$$\mathrm{CFSE} = 4\times(-5.28) + 2\times 2.82 = -15.48Dq$$

高自旋（$d_{xz}^2 d_{yz}^1 d_{xy}^1 d_{z^2}^1 d_{x^2-y^2}^1$）：

$$\mathrm{CFSE} = 2\times(-5.28) + (-5.28) + 2.82 + 2.82 + 4.83 = -5.27Dq$$

按 S_N2 反应机理，中间体为五角双锥构型其 CFAE 为

低自旋：$\mathrm{CFAE} = -15.48 - (-24) = 8.52Dq > 0$　　(惰性配合物)

高自旋：$\mathrm{CFAE} = -5.27 - (-4) = -1.27Dq < 0$　　(活性配合物)

计算结果表明，不论采取什么机理，d^6 构型低自旋八面体配合物均为惰性配合物，而高自旋配合物均为活性配合物。实验也证明了 d^6 构型的 $[Fe(CN)_6]^{4-}$ 是惰性配合物，而 $[FeF_6]^{4-}$ 是活性配合物。

按同样的方法，对不同电子组态配合物的晶体场活化能进行计算。数据见表 8-1。

表 8-1　S_N1 和 S_N2 反应机理的晶体场活化能 (Dq)

电子组态	强场（低自旋）					弱场（高自旋）				
	八面体	四方锥	五角双锥	CFAE		八面体	四方锥	五角双锥	CFAE	
				(S_N1)	(S_N2)				(S_N1)	(S_N2)
d^0	0	0	0	0	0	0	0	0	0	0
d^1	–4	–4.57	–5.28	–0.57	–1.28	–4	–4.57	–5.28	–0.57	–1.28
d^2	–8	–9.14	–10.56	–1.14	–2.56	–8	–9.14	–10.56	–1.14	–2.56
d^3	–12	–10.00	–7.74	2.00	4.26	–12	–10.00	–7.74	2.00	4.26
d^4	–16	–14.57	–13.02	1.43	2.98	–6	–9.14	–4.93	–3.14	1.07
d^5	–20	–19.14	–18.30	0.86	1.70	0	0	0	0	0
d^6	–24	–20.00	–15.48	4.00	8.52	–4	–4.57	–5.27	–0.57	–1.27
d^7	–18	–19.14	–12.66	–1.14	5.34	–8	–9.14	–10.56	–1.14	–2.56
d^8	–12	–10.00	–7.74	2.00	4.26	–12	–10.00	–7.74	2.00	4.26
d^9	–6	–9.14	–4.93	–3.14	1.07	–6	–9.14	–4.93	–3.14	1.07
d^{10}	0	0	0	0	0	0	0	0	0	0

根据表 8-1，可以得到如下结论：

① d^0、d^1、d^2、d^{10} 构型及弱场高自旋态的 d^5、d^6、d^7 构型的八面体配合物，CFAE ≤ 0，是活性配合物。

② d^3、d^8 构型的八面体配合物，CFAE > 0，应为惰性配合物。

③ 强场低自旋态的 d^4、d^5、d^6 构型的八面体配合物，CFAE > 0，均为惰性配合物。并且 CFAE 的顺序为：$d^6 > d^3 > d^4 > d^5$，实际情况符合这一顺序。如 $[Co(NH_3)_6]^{3+}$ (d^6) 及 $[Cr(NH_3)_6]^{3+}$ (d^3) 反应相当缓慢。

④ d^9 构型、弱场低自旋的 d^7、强场高自旋的 d^4 构型，CFAE (S_N1) 均小于 0，

CFAE (S_N2)均大于 0，所以这类配合物取代反应按 S_N1 反应机理进行。

⑤ 通过比较 ΔE_a 和 $\Delta E_a'$ 值，可以判断反应机理。CFAE 数值较小的反应所需活化能较低，采用某种机理的可能性较大。例如：d^3、d^8、d^9、弱场 d^4、强场 d^4、d^5、d^6、d^7 应按 S_N1 机理进行取代。

相比较而言，四配位的配合物 (四面体和平面四边形) 比相应的六配位八面体配合物反应速率快，例如非常稳定的 $[Ni(CN)_4]^{2-}$ 配阴离子可非常迅速地与 $^{14}CN^-$ 发生交换反应，而稳定性相近的六配位 $[Mn(CN)_6]^{4-}$ 和 $[Co(CN)_3]^{3-}$ 与 CN^- 的交换速率却是慢的。因此四配位配合物几乎都是活性的。

应指出，CFAE 只是活化能中的一小部分，而金属-配体间的吸引、配体-配体间的排斥等的变化才是活化能的重要部分。

8.2 电子转移反应

配位化合物间的氧化-还原反应就是电子-转移反应。如将亚铁氰化钾溶液与铁氰化钾溶液混合，当 $[Fe(CN)_6]^{4-}$ 失去一个电子时，$[Fe(CN)_6]^{3-}$ 就得到一个电子，尽管混合物的组成没有发生改变，但有化学反应发生。当向亚铁氰化钾溶液中加入标记同位素的铁氰化钾溶液，就会观测到它们之间快速发生的化学反应。25 °C 时二级反应速率常数约为 10^3 L·mol^{-1}·s^{-1}，这一数值远比惰性配合物的配体取代反应快得多，反应物间发生电子转移。但电子转移过程中没有净化学反应，也没有热量交换。$[Fe(CN)_6]^{3-}$ 中的 Fe−C 键稍短于 $[Fe(CN)_6]^{4-}$ 中 Fe−C 键，根据 Franck-Condon 原理，若电子在两个配合物的稳定基态构型间发生转移，则氧化剂 $[Fe(CN)_6]^{3-}$ 结构逐渐松散，还原剂 $[Fe(CN)_6]^{4-}$ 结构逐渐紧缩。也就是说，发生电子转移后，产物 $[Fe(CN)_6]^{4-}$ 中 Fe−C 键比基态时增长，而 $[Fe(CN)_6]^{3-}$ 中 Fe−C 键比基态时缩短。产物的能量和反应物的能量不再相同，这与零热量变化定律相矛盾。电子转移反应在激发态的、精确匹配的两个分子间发生，即 $[Fe(CN)_6]^{4-}$ 与 $[Fe(CN)_6]^{3-}$ 结构分别紧缩或松散成为构型匹配的分子，它们之间并不发生构型转换，如图 8-3 所示。

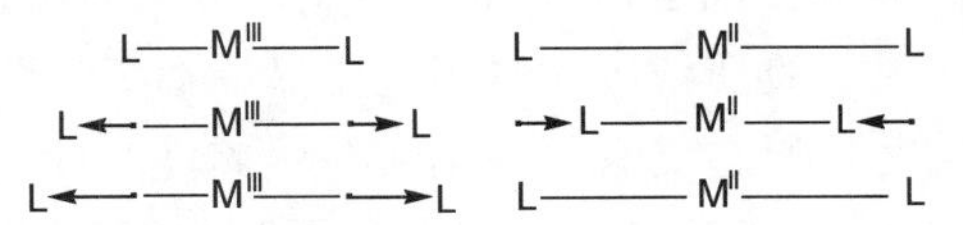

图 8-3　两个中心对称分子 ML_2 的形成过程

8.2.1　外界反应机理

两个构型匹配的阴离子并非必须相互接触才能发生电子转移。它们相距多远仍会发生电子转移反应？这一问题对生物大分子间能否发生反应至关重要，因为生物大分子体积较大，不能紧密接触。多数体系分子间距离小于 10 Å，也有距离较大的，为 40 Å。这种远程电子转移反应遵循外界反应机理：一个配合物处于另一个配合物的外界位置，电子从还原剂转移到氧化剂。即反应不涉及任何金属的内配位层。当两反应物相互靠近时电子转移反应就会发生。如含有 1,10-邻菲啰啉和氰根离子配体的配合物的外界电子转移反应比配体为 H_2O 或 NH_3 的相应配合物的反应快得多。因为金属离子的电子迁移到配体上时，其电子转移能垒会明显下降。

$[Fe(CN)_6]^{4-}$ 中 Fe 的 d 电子构型为 t_{2g}^6，而 $[Fe(CN)_6]^{3-}$ 中为 t_{2g}^5。$[Fe(CN)_6]^{4-}$ 中 Fe 失去一个电子，形成 t_{2g}^5 构型，$[Fe(CN)_6]^{3-}$ 中 Fe 得到一个电子，成为 t_{2g}^6 构型。实际反应过程很复杂。以八面体构型 Co(Ⅲ) 和 Co(Ⅱ) 配合物间电子转移为例。Co(Ⅲ) 配合物通常是低自旋的，而 Co(Ⅱ) 配合物为高自旋，因此 Co 离子的构型分别为 Co(Ⅲ) t_{2g}^6 和 Co(Ⅱ) $t_{2g}^5e_g^2$。若电子从 Co(Ⅱ) 转移到 Co(Ⅲ) 后，它们的构型分别变为 $t_{2g}^6e_g^0$ 和 $t_{2g}^5e_g^2$ [分别对应 Co(Ⅱ)、Co(Ⅲ)]。这种构型不稳定，当发生电子转移反应后，两个配合物处于电子激发态 (过剩能量通过辐射或转化为热能快速消耗掉)，提高了反应活化能。所以 Co(Ⅱ) 与 Co(Ⅲ) 配合物间电子转移反应速率比 $[Fe(CN)_6]^{3-}$ 和 $[Fe(CN)_6]^{4-}$ 慢得多。

另外，Co(Ⅲ) 离子八面体基态构型光谱项是 $^1A_{1g}$，当转变为 Co(Ⅱ) 后电子构型为 $t_{2g}^6e_g^1$。存在一个 ^2E_g 项，而 Co(Ⅱ) 八面体基态构型光谱项为 $^4T_{1g}$(由 $t_{2g}^5e_g^2$ 得到)。即从得到的 Co(Ⅱ) 转变为基态 Co(Ⅱ) 时，自旋多重度发生了改变，这就是自旋-轨道耦合。要使自旋多重度发生改变，需要改变反应条件，如加入催化剂等。例如

$$[Co(NH_3)_6]^{3+} + [Co(NH_3)_6]^{2+} \longrightarrow [Co(NH_3)_6]^{2+} + [Co(NH_3)_6]^{3+}$$

上述反应的电子转移反应非常慢，半反应时间要数小时。因此制备 Co(Ⅲ) 配合物时需要加入活性炭。

要计算出电子转移反应速率非常难。因为带电粒子受到溶剂分子作用，并与其发生反应，即溶剂化作用。对此常做近似处理。因为分子振动伴随有振动能，振动势能面耦合才能发生电子转移。Marcus 和 Hush 分别通过两种方法得到了相似结果，称之为 Marcus-Hush 理论，理论归纳了电子转移反应速率大小顺序。多数电子转移反应中两物质仅相差一个电子，如 $[Fe(CN)_6]^{3-}$ 与 $[Fe(CN)_6]^{4-}$、$[Co(NH_3)_6]^{3+}$ 与 $[Co(NH_3)_6]^{2+}$。反应过程中，物质浓度随时间变化保持不变。若反应在 Fe 和 Co 配合物之间发生 (氧化态与还原态反应)，化合物浓度将随时间发生变化，直到达到新的平衡。Marcus-Hush 理论对这种交叉反应速率常数给出了交叉关系。如下面两个反应的速率常数 $k_{aa}(a=1$ 或 $2)$：

$$\left[Ru(NH_3)_6\right]^{3+}+\left[Ru(NH_3)_6\right]^{2+} \xrightarrow{k_{11}} \left[Ru(NH_3)_6\right]^{2+}+\left[Ru(NH_3)_6\right]^{3+}$$

和

$$\left[V(H_2O)_6\right]^{3+}+\left[V(H_2O)_6\right]^{2+} \xrightarrow{k_{22}} \left[V(H_2O)_6\right]^{2+}+\left[V(H_2O)_6\right]^{3+}$$

交叉反应

$$\left[Ru(NH_3)_6\right]^{3+}+\left[V(H_2O)_6\right]^{2+} \xrightarrow{k_{12}} \left[Ru(NH_3)_6\right]^{2+}+\left[V(H_2O)_6\right]^{3+}$$

后一反应的平衡常数 K_{12} 可由所测电动势 E 求得。对体积和电荷类型相等的反应

物和产物，Marcus 交叉关系为

$$k_{12} \approx (k_{11}k_{22}K_{12})^{1/2}$$

上述反应，$k_{11} = 4\times10^{3}$ L·mol^{-1}·s^{-1}，$k_{22} = 1.2\times10^{-2}$ L·mol^{-1}·s^{-1}，$K_{12} = 1.07\times10^{6}$ L·mol^{-1}·s^{-1}。计算得 $k_{12} = 7.2\times10^{3}$ L·mol^{-1}·s^{-1}，与实验值 4.2×10^{3} L·mol^{-1}·s^{-1} 相近。通常交叉关系方程计算结果准确度在 1~2 个数量级范围内。当自交换或交叉反应不完全遵循 Marcus-Hush 理论时，反应过程变得较为复杂：如交叉反应配体间因氢键的存在而使其稳定化。

8.2.2　内界反应机理

上述讨论的电子-转移反应基本都是金属离子的表观价态发生变化，即使反应物间无紧密接触也能发生反应。另一类电子转移反应中反应物分子通过桥联基团链接，电子转移机理为内界反应机理。Creuz 和 Taube 最先对这类化合物 $[(NH_3)_5Ru(pyz)Ru(NH_3)_5]^{5+}$ 进行了研究。两个反应中心 (Ru^{II} 和 Ru^{III}) 由桥联配体连接。本例中为吡嗪 (图 8-4)，也可为其它桥联配体。

Taube 等对 Cr 和 Co 的反应研究得较多。

$$Cr(\text{II}) + Co(\text{III}) \longrightarrow Cr(\text{III}) + Co(\text{II})$$

Co(Ⅲ) 和 Cr(Ⅲ) 易形成惰性配合物，其二价离子则多形成活性配合物。若配体从 Co(Ⅲ) 转移到 Cr(Ⅲ)，就发生反应：

$$[Co(NH_3)_5Cl]^{2+} + [Cr(H_2O)_6]^{2+} \longrightarrow [Co(NH_3)_5(H_2O)]^{2+} + [Cr(H_2O)_5Cl]^{2+}$$

实际上在水溶液中 Co(Ⅱ) 最终产物为 $[Co(H_2O)_6]^{2+}$。若在此溶液中加入标记同位素氯离子 ($^{36}Cl^-$)，产物 $[Cr(H_2O)_5Cl]^{2+}$ 中的 Cl 是没有标记同位素的，即水溶液中 $^{36}Cl^-$ 没有参与反应。因此反应不只是通过反应物分子间简单地碰撞就能完成，Cl^- 离子从 Co(Ⅲ) 迁移到 Cr(Ⅱ)，电子则反向从 Cr(Ⅱ) 迁移到 Co(Ⅲ)。反应过程中经历了一个中间过渡态——中间化合物 (图 8-5)。

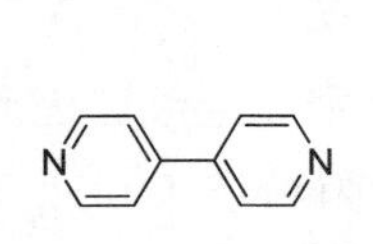

图 8-4　吡嗪结构

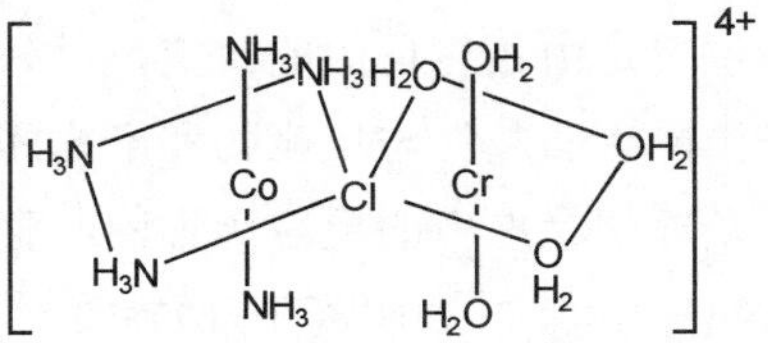

图 8-5　Co(Ⅲ)-Cl^--Cr(Ⅱ)中间化合物

$[Co(NH_3)_5X]^{n+}$ 离子中的配体除 Cl^- 外，还可以是 Br^-、N_3^-、乙酸、SO_4^{2-}、PO_4^{3-} 等。当 X = NCS^- (配合物中含 Co−N 键)，中间化合物为含 Cr−S 键的 $[Cr(NH_3)_5SCN]^{2+}$，然后快速重排形成 $[Cr(NH_3)_5NCS]^{2+}$ (含 Cr−N 键)。

发生内界电子转移反应的活化中间体较稳定。如 V(Ⅱ) 和钒氧酸根 (VO^{2+}) 配合物反应生成 V(Ⅲ) 配合物，反应先快速得到一含 V−O−V 桥的棕色中间体，然后该中间体缓慢分解成最终产物。有时活化中间体含 2~3 个桥联基团 [如含叠氮阴离子的 Cr(Ⅱ) 和 Cr(Ⅲ) 配合物间的内界电子转移反应]。内界机理认为，当具有光学

活性的惰性配合物 (如$[Co(en)(ox)_2]^-$) 与活性配合物 (如 $[Co(en)_3]^{2+}$) 反应时，不活泼产物 $[Co(en)_3]^{3+}$ 的光学活性程度会随着电子转移逐渐变化。

内界电子转移过程中伴随有 (桥) 配体的迁移，反应中会形成桥联中间体。研究最多的为类吡嗪的 Creutz-Taube 配合物。图 8-6 为含 Fe(Ⅱ) 和 Fe(Ⅲ) 的吡嗪配合物分子。该配合物的电子光谱图中含有金属-金属电荷迁移谱带，其频率和强度与电子转移速率常数有关。

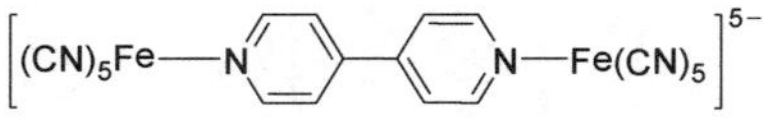

$$\left[(CN)_5Fe—N \qquad N—Fe(CN)_5\right]^{5-}$$

图 8-6　Fe(Ⅱ)-Fe(Ⅲ) 阴离子配合物

8.3 配体取代反应机理

8.3.1 缔合机理、解离机理和交换机理

配体取代反应是配合物中金属-配体键断裂并代之以新的金属-配体键生成的一种反应。不同配位数的配合物发生取代反应的情况不完全相同。配位数为 4 和 6 的配合物的取代反应研究的较多，在讨论具体取代反应前，先介绍一下对配体取代反应极为重要的势能剖面。

为了讨论方便，这里近似认为参与反应的分子遵循相同的能量途径。图 8-7 所示为最简单的反应途径模型，原子运动使得反应物间发生反应形成产物 (所谓的反应坐标)，位能垒则沿着原子运动途径把反应物与产物分开。位能垒的高度是决定反应速率大小的因素之一 (另一因素是反应坐标可及性，这是能量匹配所必需的)。平衡位置在一定程度上由反应物和产物的最小势能值的相对高低决定。用“一定程度”是因为平衡位置是由相对自由能决定，另外反应熵对其也有影响。在有机化学和无机化学中自由能“凸起”与反应物和产物间自由能差成比例。

图 8-7 是理想状态下的反应历程图，整个势能曲线平滑、连续。因此阳离子配合物 (如 $[Ni(H_2O)_6]^{2+}$) 和阴离子 (如 Cl^-) 反应会得到配阳离子 $[Ni(H_2O)_5Cl]^+$。但静电理论认为阳离子与阴离子因静电作用形成稳定的离子对 $[Ni(H_2O)_6]^{2+}\cdot Cl^-$，特别是在介电常数较低的溶剂中。若反应物“胶黏”，离子对就会一直保持，直到原子的位置或动量允许反应继续进行或者离子对解离。因此反应物进行反应前，反应物间会先形成一中间体，称为前驱配合物。类似的，反应中间体解离形成产物前产生的中间体称为后继配合物。图 8-8 显示了这种复杂的反应历程。对应这种复杂反应历程，反应速率定理也较复杂。通常对体系的研究遵循简单化原则。

图 8-8 虽复杂，却反映出一个重要的问题。无论反应中间体是否形成，过渡态是一致的 (图 8-8 中虚线所示)。该势能面处配合物中金属离子的配位数会增加、

或减少或保持不变，对应反应机理分别为缔合、解离和交换机理。常用 A (association)，D (dissociation) 和 I (interchange) 三个字母代表不同反应类型。一般通过实验方法确定反应机理。事实上配合物取代反应的过程很复杂，大部分的取代反应是 A 机理和 D 机理协同作用，可归之为交换机理。

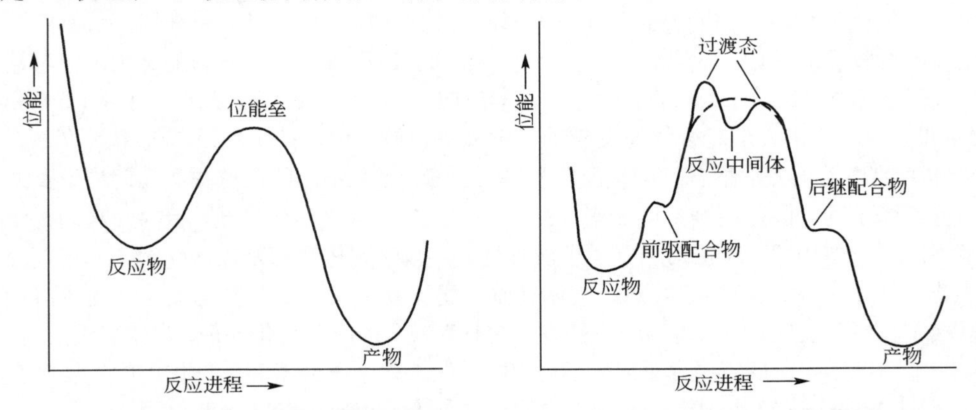

图 8-7 理想状态下配合物反应的能量变化曲线　　图 8-8 实际反应能量变化曲线

A 或 D 机理和 I 机理的区别是 A 或 D 机理中有中间体出现。D 机理中，反应速率不取决于进入基团；A 机理中，反应速率不取决于离去基团。通过实验测得不同条件下的反应速率，得到反应速率常数 k (与具体反应和过渡态性质有关)。以 $\lg k$ 对 $1/T$ (T 为热力学温度) 作图，从截距可得反应活化熵 $\Delta S^{\neq}$。以 $\lg k$ 对 p 作图，从斜率可得活化体积 $\Delta V^{\neq}$($\partial \ln k/\partial p = -\Delta V^{\neq}/RT$，$p$ 为压力)。 $\Delta V^{\neq}$ 比较难得到，但更可靠些。当 $\Delta V^{\neq}$ 为负值时，反应速率随压力的增加而增加，反应为 A 机理；$\Delta V^{\neq}$ 为正值则为 D 机理。若为溶剂交换反应体系，则 A 机理中 $\Delta V^{\neq}$ 值等于溶剂的偏摩尔体积；D 机理中 $\Delta V^{\neq}$ 为负值；$\Delta V^{\neq}$ 为较小的正值则表示溶剂交换机理为 Id (d 表示离解作用) 机理；$\Delta V^{\neq}$ 为较小的负值则为 Ia (a 表示缔合作用) 机理。

D 机理中体系的有效微粒数增加，$\Delta S^{\neq}$ 值为正。相反，A 机理中 $\Delta S^{\neq}$ 值为负。通常 I 机理中 $\Delta S^{\neq}$ 值非常小。因为反应物的平移、旋转和振动、溶剂有序化等都对 $\Delta S^{\neq}$ 值有影响，它们共同作用确定 $\Delta S^{\neq}$ 值，所以上述机理的 $\Delta S^{\neq}$ 值显然是忽略了一些因素得到的。采用作图外推法可以确定这些因素的大小，因此，$\Delta S^{\neq}$ 值不如 $\Delta V^{\neq}$ 值可靠。

动力学研究反应机理的方法很多，如改变溶剂性质和溶液组成等都会影响反应机理。目前测试手段还不全面，如在超导线圈强磁场中监测结果表明反应中间体具有与反应物和产物完全不同的磁性。磁场能够与置于其中的未成对电子作用，从而影响反应速率。尤其是电子转移反应，因为反应中至少有一个反应物和一个产物是顺磁性的。

$\Delta S^{\neq}$ 值 (或 $\Delta V^{\neq}$) 可以确定 I 机理中反应速率取决于进入基团或离去基团。I 机理具有 A 机理或 D 机理特征。因此 I 机理通常又分为 Ia 和 Id 机理。对反应的动力学研究的目的是确定具体反应机理是否为 A→Ia→Id→D。有关具体反应历程顺序问题在后面介绍[1]，在此先介绍两个研究较为充分的取代反应。一个是平面正方形 Pt(Ⅱ)配合物的反应，是 A 机理反应的典型例子。另一个是八面体 Co(Ⅲ) 配合物的反应，其机理为 Id→D。要注意两点：首先，不能认为上述两例在任何时候都代表各自特征取代类型——即所有的平面正方形配合物反应都如 Pt(Ⅱ) 配合物，所有的八面体配合物反应都如 Co(Ⅲ) 配合物。如 Au(Ⅲ) 可形成平面正方形配合物，但可被阴离子还原成 Au(Ⅰ)。Au(Ⅲ) 的一些化学反应与 Pt(Ⅱ) 并不相似。Pt(Ⅱ)、Pd(Ⅱ) 和 Au(Ⅲ) 的平面正方形配合物的反应动力学模型相似，但后两个的反应速率快得多。Ni(Ⅱ) 的平面正方形配合物取代反应机理由于 Ni(Ⅱ) 不同的配位数、几何构型及结构特征而不同。因此两种不同元素的配合物表观反应 (化学计量地) 相同，其动力学模型却不一定相同。这在第二点中也能看到。多数研究体系都是以水作溶剂。溶剂分子若不是非极性、无碳-碳双键或给体氧原子配体分子，通常会参与反应。改变溶剂以减少其参与反应，则其动力学特征发生变化。为了将问题简化处理，常忽略逆反应。但有些情况下，逆反应极为重要，不可忽略。如工程学上分子和溶剂作用的逆反应会使 Pt(Ⅱ) 反应按 D 机理进行。若采用简化处理方法很难解释其中的反应。

8.3.2 平面正方形配合物的取代反应

前面刚介绍了平面正方形配合物被亲核试剂取代遵循 A 机理，尤其是研究最多的 Pt(Ⅱ) 配合物。极少体系中 (即使是 Pt(Ⅱ) 配合物) 会发生 A 机理亲电取代，甚至反应由离解控制。平面正方形配合物中，亲核进攻试剂反键位置上没有位阻限制，而此时离去基团又没有断键离去，反应为 A 机理。

如 Pt(Ⅱ) 配合物的取代反应：

$$[PtL_3X] + Y \longrightarrow [PtL_3Y] + X$$

反应速率方程为：

$$\frac{-d[PtL_3X]}{dt} = k_1[PtL_3X] + k_2[PtL_3X][Y]$$

式中，L_3 代表所有未被取代的配体。单从速率方程可看出反应过程中包含两个平行的途径，都属于 A 机理。k_1 和 k_2 遵循的机理极其相似。实验数据也证明二者机理相似。

对具体的体系，速率定律中某一项占主导作用。改变反应条件，其它项作用发生变化。如极性试剂中 k_1 占主导作用，非极性试剂则 k_2 占主导；Y 是强的亲核试剂时 k_2 起主要作用，Y 是弱的亲核试剂则 k_1 起主要作用。例如反应

$$[PtCl_2(NHEt_2)(PPr_3)] + {}^*NHEt_2 \xrightarrow[\text{(或己烷)}]{\text{甲醇}} [PtCl_2({}^*NHEt_2)(PPr_3)]$$

实验结果表明在甲醇中反应完全依赖溶剂的取代反应进行，而与 [$^*NHEt_2$] 无关，但在己烷中 $k_1+k_2[Y]$ 与 [$^*NHEt_2$] 呈直线关系，且 k_1 很小，几乎为零，说明己烷的配位能力很差，影响不大。

---

[1] 如 $[Co(NH_3)_5]^{3+}$ 配体取代反应遵循 Id→D 机理；$[Cr(NH_3)_5(H_2O)]^{3+}$ 则兼有 Ia、临界 Ia/Id 和 Id 三种机理，更趋向于 Id 机理。

另外随着配体 L_3 的增大，k_1 和 k_2 急剧减小。类似地，Y 增大时，k_1 和 k_2 也减小。如反应

$$\text{trans-}[Pt(PPr_3)_2Cl_2] + py \xrightarrow[\substack{k_2=1.6\ L\cdot mol^{-1}\cdot s^{-1}\\ k_1=0.83\times10^{-2}\ L\cdot mol^{-1}\cdot s^{-1}}]{\text{甲醇}} [Pt(PPr_3)_2(py)Cl]^{+} + Cl^{-}$$

$$[Pt(NHEt_2)(PPr_3)Cl_2] + py \xrightarrow[\substack{k_2=0.63\times10^{-3}\ L\cdot mol^{-1}\cdot s^{-1}\\ k_1=0.86\times10^{-5}\ L\cdot mol^{-1}\cdot s^{-1}}]{\text{甲醇}} [Pt(PPr_3)(py)Cl_2] + Cl^{-}$$

显然后一反应的 k_1 和 k_2 都比前一反应小约 1000 倍。因此 k_1 和 k_2 受到的影响相同，证明 k_1 和 k_2 两个途径遵循相同的机理。

在 k_2Y 和 k_1 溶剂条件下，速率决定步骤为 A 机理。

$$L_3MX \xrightarrow[k_1]{\text{溶剂}} L_3M(\text{溶剂}) \qquad L_3MX \xrightarrow[Y]{k_2} \qquad L_3M(\text{溶剂}) \xrightarrow[\text{Y-溶剂}]{\text{快}}$$

A 机理对平面正方形的取代反应有利，可通过已测反应实验数据证明。如反应

	$t_{1/2}$
$[PtCl_4]^{2-} + H_2O \longrightarrow [Pt(H_2O)Cl_3]^{-} + Cl^{-}$	约 300 min
$[Pt(NH_3)Cl_3]^{-} + H_2O \longrightarrow [Pt(NH_3)(H_2O)Cl_2] + Cl^{-}$	约 300 min
$[Pt(NH_3)_2Cl_2] + H_2O \longrightarrow [Pt(NH_3)_2(H_2O)Cl]^{+} + Cl^{-}$	约 300 min
$[Pt(NH_3)_3Cl]^{+} + H_2O \longrightarrow [Pt(NH_3)_3(H_2O)]^{2+} + Cl^{-}$	约 700 min

4 个反应的 $t_{1/2}$ 值较接近，说明四种配离子的水解速率常数相似，其机理均为 A 机理。反应过程中虽然 Cl^- 离去随配离子所带电荷自上而下越来越困难，但是 H_2O 分子的缔合随着配离子所带电荷自上而下越来越容易，两个因素相互补充使得总的反应速率较接近。

上述取代反应过程中没有考虑逆反应。随着反应的进行，逆反应不可忽略。若 L_3MX 的 Y 取代反应在 X 过量的情况下进行，动力学过程就变得更加复杂。

研究表明反应过程中分子构型相当稳定，几乎保持不变。A 机理的中间产物五配位，有四角锥和三角双锥两种几何构型。通常五配位体系中两个构型之间能量差小，构型间可以转化，因此构型难以保持。反位配体对取代反应速率的影响大于配体自身性质的影响，即所谓的反位效应。反位效应是动力学效应，是取代过程中不同选择性取代相对速率的概括，表示一个配体对其反位上的基团的取代 (或交换) 速率的影响。一些常见配体的反位效应顺序为：$H_2O < OH^- < F^- \approx RNH_2 \approx NH_3 < py < Cl^- < Br^- < SCN^- \approx I^- \approx NO_2^- \approx X_6H_5^- < SC(NH_2)_2 \approx CH_3^- < NO \approx H^- \approx PR_3 < C_2H_4 \approx CN^- \approx CO$。这种效应可以用 $[PtCl_4]^{2-}$ 离子与两个 NH_3 分子的反应来加以说明。当配离子中一个 Cl^- 被 NH_3 取代之后，配合物中剩下两类 Cl^-：

$$[PtCl_4]^{2-} \xrightarrow{NH_3} [Pt(NH_3)Cl^{I}Cl^{II}_2]^{-} \xrightarrow{NH_3} \text{cis-}[Pt(NH_3)_2Cl_2]$$

由于 Cl^- 比 NH_3 具有更强烈的反位定向能力，彼此成反位的 Cl^- 比与 NH_3 呈反位的 Cl^- 更不稳定，因此第二个 NH_3 将取代不稳定的互成反位的 Cl^- 中的一个，生成顺-$[Pt(NH_3)_2Cl_2]$。

解释反位效应的理论主要有两种。第一种是极化理论。极化理论认为反位效应主要是静电极化引起，并通过 σ 配键传递其作用。极化配体会减弱反位配体和中心离子间的键合，使其反位配体变得活泼，即反位影响。沿轴 L−Pt−L′ 不同配体电子相互竞争，一个配体得到电子，另一个配体失去电子。该模型解释了 H^- 类配体大的反位效应。第二种是 π 键理论。π 键理论认为中心离子将其 d 电子反馈到配体空轨道上，与配体间形成反馈 π 键，使中间体呈稳定的五配位三角双锥构型。可见反馈 π 键的形成降低了反应的活化能，加快了取代反应的速率，有利于过渡态的形成和稳定。π 键理论能够解释多数五配位配合物的反位效应，但不适于无空轨道配体的反位效应。尤其是对五配位 Pt(Ⅱ) 配合物，晶体结构表明配合物采取三角双锥构型，π 键理论解释更趋向于四角锥构型。

通常用反位效应的两种理论相互补充来解释一些实验结果。强磁场效应通常使电子转移反应中间体具有不同于顺磁性反应物和产物的磁性质。在反应中间体形成过程中，分子畸变使高电子能态与电子基态混合，引发相对论性效应❶。该效应尤对铂配合物配体取代较为明显。如 $[Pt(NH_3)_nCl_{4-n}]^{(n-2)+}$ 体系，若存在异构体，反位效应使得热力学上不稳定的异构体快速形成。在五配位的三角双锥构型系列中，Berry 假旋转混合了轴向和赤道位置。经历 D 机理或 Id 机理的平面正方形配合物都涉及五配位态，所以异构化是可能的 (图 8-9)。

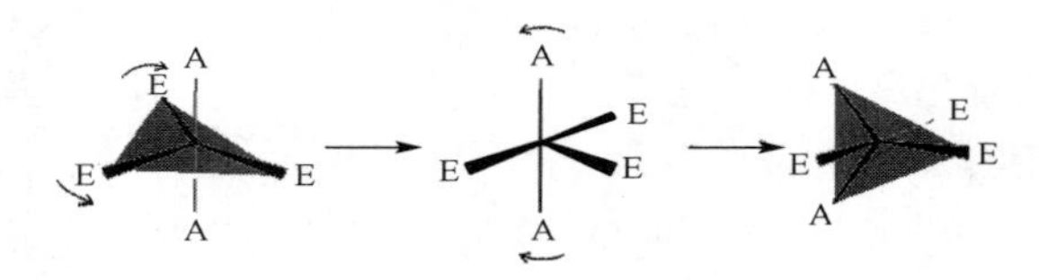

图 8-9　在五配位三角双锥构型中，假旋转混合了轴向和赤道位置

利用反位效应合成化合物就必须严格确定不同产物形成时间。反应时间过久，反位效应消失。连续取代则有结构异构化现象产生，如图 8-10 所示。氰化物阴离子不仅存在反位效应而且存在顺位效应，只是反位效应长久以来作为无机合成化学理论基石其本性和产生原因还有待深入研究。

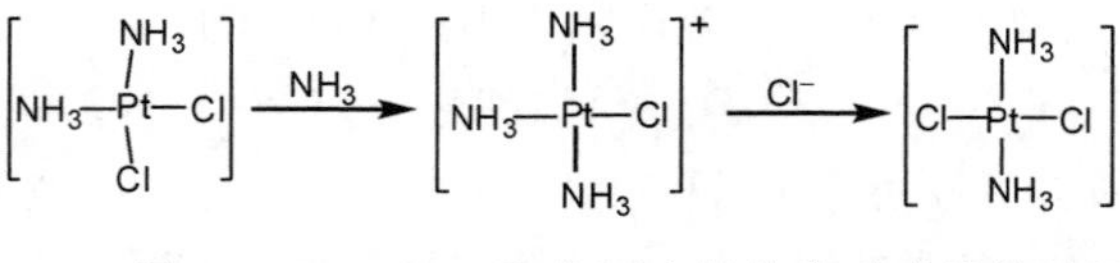

图 8-10　顺-$[Pt(NH_3)_2Cl_2]$ 取代逐步转化为反式结构的历程

❶ 一个 (相对) σ 轨道中含有一个 (旋转) π 轨道，如此 σ 和 π 反位效应可得到解释。

8.3.3 八面体配合物的取代反应

过渡金属八面体配合物取代反应主要受解离控制 (Id 和 D)，因此反应速率主要取决于离去基团而非进入基团。仅从简单的动力学数据不能准确判断 A、Ia、Id 和 D 机理。本节主要讨论一些研究充分并取得一定成果的领域。八面体配合物取代反应中两个阴离子不直接相互交换。而是先水解失去一个配位阴离子，然后其它阴离子通过置换新配位的溶剂分子完成配体取代。如欲使 NCS^- 取代 $[Co(NH_3)_5Br]^{2+}$ 配离子中的 Br^-，必须经过如下反应过程：

$$[Co(NH_3)_5Br]^{2+} \underset{Br^-}{\overset{H_2O}{\rightleftharpoons}} [Co(NH_3)_5(H_2O)]^{3+} \underset{H_2O}{\overset{NCS^-}{\rightleftharpoons}} [Co(NH_3)_5NCS]^{2+}$$

可简单表示为

$$[Co(NH_3)_5Br]^{2+} + NCS^- \rightleftharpoons [Co(NH_3)_5NCS]^{2+} + Br^-$$

所以八面体配合物的取代反应大部分包括两种类型：配位溶剂的取代和溶剂解离。

配位溶剂的取代 (如水)，可能研究最彻底的是在溶液中由水合金属离子生成一个配合物离子。如

$$[Co(NH_3)_5H_2O]^{3+} + Br^- \longrightarrow [Co(NH_3)_5Br]^{2+} + H_2O$$

$$[Ni(H_2O)_6]^{2+} + 1,10\text{-phen} \longrightarrow [Ni(H_2O)_4(phen)]^{2+} + 2H_2O$$

八面体配合物取代反应速率与配合物的浓度和进入离子的浓度成比例，反应似乎趋向于缔合机理：

$$ML_6 + L \xrightarrow{\text{慢}} [\text{中间体}] \xrightarrow{\text{快}} \text{产物}$$

然而反应速率几乎与 L 的化学性质无关。反应的热力学函数如熵、焓，甚至活化体积等值几乎不变。事实上八面体取代反应很复杂，可以遵循 D 机理或 I 机理或 A 机理。Eigen、Tamon 和 Wilkins 提出了 Eigen-Wilkins 机理。该机理认为配合物 C 和进入配体 Y 相互扩散形成弱键合遭遇配合物，并在遭遇配合物和自由反应物间快速建立平衡：

$$C + Y \overset{K_E}{\rightleftharpoons} CY$$

$$K_E = \frac{[CY]}{[C][Y]} \tag{8-1}$$

K_E 值几乎无法通过实验确定，但可通过理论近似计算得到。理论计算建立了两个完全不同的反应模型，得到最终数学方程却相同。由此得出结论：大离子基团间相互碰撞比小离子基团更频繁 (因此产生较大的 K_E 值)，异电荷离子键合比同电荷离子键合更稳定。Eigen-Willkins 机理的第二步中，遭遇配合物有时会重排以便在决速步骤中得到最终产物：

$$CY \underset{k}{\xrightarrow{\text{慢}}} \text{产物}$$

表观反应速率：

$$\text{速率} = k[CY] \tag{8-2}$$

整理方程 (8-1) 得：

$$[CY] = K_E[C][Y] \tag{8-3}$$

配合物总浓度 $[C]_T$ 等于配合物 [C] 和遭遇配合物 [CY] 的总和：

$$[C]_T = [C] + [CY] = [C] + K_E[C][Y]$$

整理得：

$$[C] = \frac{[C]_T}{1+K_E[Y]} \tag{8-4}$$

合并方程 (8-2) 和方程 (8-3)，得：

$$速率 = k\,K_E[C][Y] \tag{8-5}$$

由方程 (8-4) 和方程 (8-5)，得最终速率：

$$速率 = \frac{kK_E[C]_T[Y]}{1+K_E[Y]}$$

从中可以看出，当 $K_E[Y]$ 乘积小于 1 时，速率与 $[C]_T$ 和 [Y] 的观测比例就可以得到合理解释。速度常数的微小变化是 K_E 变化的结果，而非固有速率 k。如配合物 $[Ni(H_2O)_6]^{2+}$ 的表观反应速率可从 200 $L \cdot mol^{-1} \cdot s^{-1}$ 到 7000000 $mol \cdot L^{-1} \cdot s^{-1}$，比例超过 30000 倍，而相应的 k 值只增加了约 2 倍。说明表观反应速率是由溶液中遭遇配合物的数量决定的。解离步骤中，配体 (H_2O) 脱离配位层被遭遇配合物中活泼配体取代的速率基本不变。该反应顺序的解释与本节开始描述的结论完全一致。因此不能仅凭速率表达式就盲目得出结论。

前面已经介绍过水溶液中八面体配合物配体取代过程中会先形成水合配合物中间体 (除 Pt(Ⅱ) 的配合物发生直接取代外)。事实上，通常八面体配合物配体取代包含溶剂分子反应。即使水合中间体无法直接监测到，它对动力学历程的影响也很重要。因为反应中溶剂的量要比其它反应物的量多得多。并且多数溶剂并不能与配合物强烈键合。因此水合配合物一旦形成，必然是活性物质。这种现象称为隐性溶剂解，与 Eigen-Wilkins 机理相吻合。反应中溶剂分子 Y 取代离去基团与配合物 C 结合，形成饱和的 CY 中间产物。部分中间产物中溶剂分子或者被离去基团取代形成反应物，或者被 (新的) 进入配体取代形成最终产物。八面体取代反应通常被取代基团比进入基团敏感。被取代基团一旦被取代，就会产生一种低浓度的活性物质。

八面体配合物取代反应顺序和 Eigen-Wilkins 机理相一致。假定反应过程中水合物浓度不变，可借助相近溶剂体系发生的相似反应研究反应历程，确定水合中间体的存在。水溶液中，阳离子通常会以水合物形式存在，研究配位水与溶剂水之间的交换是一项有趣的课题。本节重点放在水溶液上便于引入非过渡金属离子的物质，从而扩大研究范围。常温下外配位层与配合物主体间水交换速度有的极快，有的极慢；配位分子的半衰期从 10^{-9} s 到 10^5 s。配位层的几何结构对反应速率影响并不大。取代速率快的离子有 Cs^+、Li^+、Pb^{2+}、Cu^{2+}、Ca^{2+}、Cd^{2+}、Ba^{2+}、Tl^{3+} 和 Gd^{3+}。慢的离子 (半衰期大于 1 s) 有 Al^{3+}、Pt^{2+}、Cr^{3+}、Ru^{2+} 和 Rh^{3+}。Co^{3+} 因为在水中不稳定而不在该范围内。第一过渡系金属活性从缔合 (Ti^{3+}, Vi^{3+}) 到解离机理 (Co^{2+}, Ni^{2+}) 整体变化趋势平缓。只

是在 d^5 (Mn^{2+}, Fe^{3+}) 和 d^6 (Fe^{2+}) 电子构型的金属处发生突变。由水合金属离子水交换反应的特征速率常数可以看出：当中心离子电荷相同时，离子半径大的交换速率比离子半径小的交换速率快。如速率常数顺序为 $Cs^+ > Rb^+ > K^+ > Na^+ > Li^+ \approx Ba^{2+} > Sr^{2+} > Ca^{2+} >> Mg^{2+} >> Be^{2+}$ 等。而当离子半径大小接近时，反应速率随离子电荷的增加而减小。这就是为何元素周期表中同周期取代反应过程从解离到缔合的变化趋势。

若整个取代反应中没有任何明显的变化，很难随时追踪溶剂交换反应。可用示踪法进行监测。如同位素交换监测，采用质谱监测含配位 $H_2{}^{17}O$ 配合物与溶剂 $H_2{}^{16}O$ 交换的过程。显然，此方法只适于慢交换反应，否则监测未开始交换就已经完成。另一种更广泛的方法是建立在 NMR 基础上的自旋示踪标记法。若自由核子与配位核子间交换慢于仪器时标就会产生两个基本峰，其相对密度取决于自由态与配位态溶剂分子的比率 (可由比率得到配位数)。若核子间交换较仪器时标快，则在平均位置处出现单峰；当核子交换和仪器时标相当时，产生宽峰。研究 NMR 光谱与温度、压力和时间的函数关系，观察 NMR 光谱随时间的变化趋势，可以监测那些因谱线增宽不能监测的极慢的交换反应。同时也可用来研究立体易变体系 (随后会介绍)。

溶剂分解主要指水解，因为大多数反应是在水溶液中发生，叫水解可能更合适。水解反应可在酸性 ($pH < 3$) 或碱性 ($pH > 10$) 条件下发生。酸性水解具有代表性的例子是带酸根的五氨合钴(Ⅲ) 的水解：

$$[Co(NH_3)_5X]^{2+} + H_2O \underset{k_{取代}}{\overset{k_{水解}}{\rightleftharpoons}} [Co(NH_3)_5(H_2O)]^{3+} + X^-$$

不同的酸根离子，水解速率不同。假设水解反应平衡常数为 k，则

$$k = k_{水解} / k_{取代}$$

实验测定表明，当酸根分别为 F^-、$H_2PO_4^-$、Cl^-、Br^-、I^-、NO_3^- 时，$\lg k_{水解}$ 与 $\lg k$ 成直线关系，说明酸水解速率与酸根的性质有关，即反应速率与离去基团的亲和性有依赖关系，证明水解反应机理属离解机理。

事实上多数过渡金属八面体配合物取代反应遵循 Id (最常见) 或 D 机理。因为 D 机理更鲜明，这里仅讨论 D 机理。D 机理中间体五配位，如 Pt(Ⅱ)，有四角锥和三角双锥两种构型，且两构型间会发生交换。若五配位中间体增加而非减少一个配体则几何构型如何？其它配体对其构型是否有影响？是否存在反位效应？因此除了被取代配体，其它配体也很重要。这些配体产生的空间效应是决定中间体构型的一个因素。总的来说，被取代配体的顺位配体比其反位配体重要。当然也有例外，只是不多，如 Rh(Ⅲ) 的配合物。

在顺、反式 $[CoLX(en)_2]^{2+}$ 中，这里 X 是离去基团，L 是 X 顺位或反位上的配体 ($X = Cl^-, Br^-$; $L = Cl^-, OH^-, NCS^-, NO^-$)，会发生另一种情况：顺式结构配合物取代不会异构化成反式结构，而反式结构可异构化得到顺式产物 (图 8-11)。这是因为顺式化合物解离形成类四角锥构型的五配位中间体，腾出唯一空位接纳进入配体，因此构型无法重排。而反式化合物解离则形成类三角双锥构型的中间体，存在多个

不等效插入点，为构型重排提供可能。当反位配体 L 与金属形成 π 键时，三角双锥构型更加稳定。另外，如果顺式结构本身很稳定，由于空间原因反式结构会异构化成更稳定的顺式产物，而顺式结构却不会转变为不太稳定的反式产物。

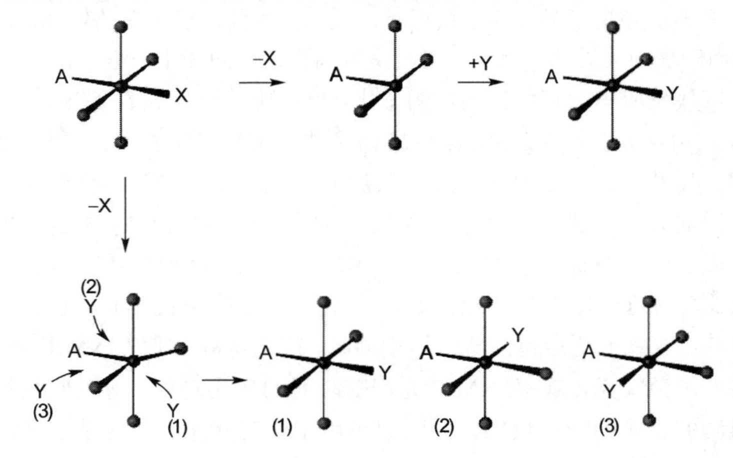

图 8-11　顺式和反式 $[CoLX(en)_2]^{2+}$ 的取代反应立体化学

八面体配合物借助于“扭曲”机理也可以异构化。它不需要失去配体或断键，仅依赖于 Bailar 扭曲 [图 8-12(a)] 和 Ray Dutt 扭曲 [图 8-12(b)] 之间的能垒。它们都是通过三棱柱中间体发生的。

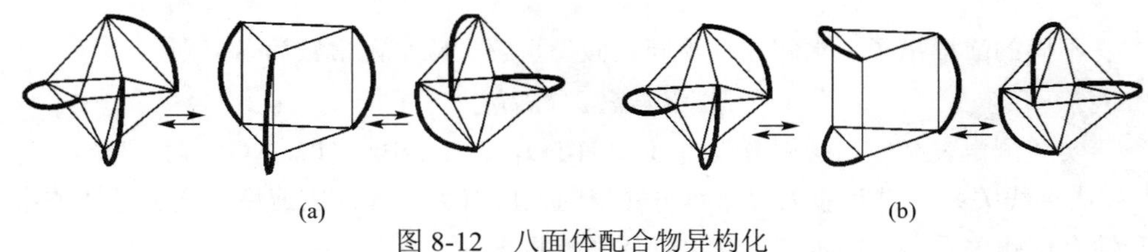

(a)　(b)

图 8-12　八面体配合物异构化

(a) Bailar 扭曲；(b) Ray Dutt 扭曲

不同价态金属离子有不同的配位几何构型。取代反应与配合物中心离子的电子组态有着密切的关系。即过渡金属配合物的活泼性与金属 d 轨道电子组态有关。因为在晶体场中 d 轨道发生分裂，电子排布方式不同，体系能量比未分裂前能量要低，所下降的能量值称为晶体场稳定化能 (CFSE)。此能量越大，配合物越稳定。根据配合物的空间构型以及电子的排布方式，可计算得到配合物的 CFSE。一般 CFSE (正方形) ＞ CFSE (八面体) ＞ CFSE (四面体)。如 $[Co(EDTA)]^-$ 中 Co^{3+} 电子组态为 d^6，其 CFSE = $-4Dq$，$K_{稳} = 1\times10^{36}$；$[Fe(EDTA)]^-$ 中 Fe^{3+} 电子组态为 d^5，其 CFSE = $-0Dq$，$K_{稳} = 1.7\times10^{26}$；而 $[Co(CN)_6]^{3-}$ 同为 d^6 组态的 Co^{3+}，CFSE = $-24Dq$，$K_{稳} = 1\times10^{64}$；$[Fe(CN)_6]^{3-}$ 中同为 d^5 组态的 Fe^{3+}，CFSE = $-20Dq$，$K_{稳} = 1\times10^{42}$。因此通常具有 t_{2g}^3、t_{2g}^4、t_{2g}^5 和 t_{2g}^6 电子组态的离子易形成惰性配合物。金属离子含有 e_g 电子或者具有 t_{2g}^1 和 t_{2g}^2 组态时，往往形成活性配合物。随着金属离子配位数的改变，其空间构型也发生相应改变，于是配合物的晶体场稳定化能也有变化，稳定化能的变化直接影响配合物取代反应的活化能。因此基态反应物转变为活化配合物，晶体场稳定化能与活化能间的能量贡献很重要。要计算出活化配合物的晶体场稳定化能，必须确定活化配合物的几何构型，包括其形状及金属-配体键长。遗憾的是对活化配合物目前所知不多。假定活化配合物处于理想的几何构型，即金属离子七配位或五配位，计算结果与实验相符。由此推测有 t_{2g}^1、t_{2g}^2 和 e_g^2 构型的金属离子反应总是很快（形成活化配合物过程中未损失晶体场稳定化能）。而 t_{2g}^3、t_{2g}^4、t_{2g}^5 和 t_{2g}^6 构型的金属离子形成活化配合物时会失去部分晶体场稳定化能，反应相对要慢些，实验观察也如此。其它构型金属离子的反应速度取决于其活化配合物的几何构型。

8.3.4　钴(Ⅲ)氨配合物的碱催化水解

八面体配合物常以 Co(Ⅲ) 配合物为研究对象。前面介绍了弱酸条件下钴(Ⅲ)氨配合物水溶液中取代反应因被取代配体质子化作用抑制了逆反应的发生从而简化了动力学过程。因此酸性条件下反应速率与配合物离子浓度成正比。碱性溶液中取代反应稍快一些，反应速率与氢氧根离子浓度及配合物浓度成正比。碱液中 OH^- 先从 NH_3（或 NR_2H）配体夺去一个质子形成共轭碱。反应如下：

$$[Co(NH_3)_5Cl]^{2+} + OH^- \rightleftharpoons [Co(NH_3)_4(NH_2)Cl]^+ + H_2O$$

预平衡从左侧开始并快速达到平衡。

共轭碱机理要点有三条。第一，反应具有 OH^- 特性。水解取代阴离子出现在速率表达式中的例子不多，表明八面体水解反应机理是包含 OH^- 的独特机理。第二，质子（如 $[Co(NH_3)_5Cl]^{2+}$ 中）与溶剂水间的交换速率比碱水解快好几个数量级。第三，不含此类质子的配合物，如二吡啶配合物，不能进行快速碱水解，从另一方面证明了共轭碱机理。顺、反式双取代钴(Ⅲ) 氨配合物水解时其扰频和立体结构均发生了改变，说明五配位中间体趋向于三角双锥构型。这主要是去质子氨基中间体 π 键作用所致。尽管对碱机理的推测合理，但尚无法证明这一模型，而且该模型有时对一些实验数据难以解释。

预平衡对速率方程影响很大。若体系中引入一定浓度的 OH^-，假设 OH^- 夺取质子的正反应速率为 k_1，逆反应速率为 k_{-1}，则

$$[Co(NH_3)_5Cl]^{2+} + OH^- \underset{k_{-1}}{\overset{k_1}{\rightleftharpoons}} [Co(NH_3)_4(NH_2)Cl]^+ + H_2O$$

若决速步骤为 Cl^- 离子从配合物中解离形成五配位中间体，并迅速被水取代配位得到最终产物。即：

$$[Co(NH_3)_4(NH_2)Cl]^+ \xrightarrow[k_2]{\text{慢}} [Co(NH_3)_4(NH_2)]^{2+} + Cl^-$$

$$[Co(NH_3)_4(NH_2)]^{2+} + H_2O \xrightarrow{\text{快}} [Co(NH_3)_5OH]^{2+}$$

因为 $[Co(NH_3)_4(NH_2)]^{2+}$ 形成瞬间就发生水解，反应速率为

$$\text{速率} = k_2[Co(NH_3)_4(NH_2)Cl] \tag{8-6}$$

此时

$$d[Co(NH_3)_4(NH_2)Cl]/dt =$$

$$k_1[Co(NH_3)_5Cl][OH] - k_{-1}[Co(NH_3)_4(NH_2)Cl][H_2O] - k_2[Co(NH_3)_4(NH_2)Cl] \quad (8\text{-}7)$$

因为只有极少量配合物去质子化，其浓度基本为常数 (近似为零！)，即

$$d[Co(NH_3)_4(NH_2)Cl]/dt \approx 0$$

从方程 (8-7) 得

$$[Co(NH_3)_4(NH_2)Cl] = k_1[Co(NH_3)_5Cl][OH]/ (k_{-1}[H_2O] + k_2) \quad (8\text{-}8)$$

因为反应是在极稀水溶液中进行，可近似将 $[H_2O]$ 项看作常数，合并在 k_{-1} 项中。

将方程 (8-8) 代入方程 (8-6) 得最终结果：

$$速率 = k_1k_2[Co(NH_3)_5Cl][OH]/(k'_{-1} + k_2)$$

因此表观速率常数等于 $k_1 k_2 / (k'_{-1} + k_2)$，与理论相符。

8.4 立体易变分子

金属有机及低价态金属体系已成为无机化学中极其活跃的研究领域之一，人们对其的研究也更加深入。金属有机化合物在催化等实际应用中得到迅猛发展。

早期的金属有机化合物的研究主要是过渡金属羰基化合物的配体取代。研究很快发现光反应动力学和暗反应动力学有很大区别 (下一节将介绍配合物光化学反应动力学)。随后研究发现许多金属羰基化合物内结构松散、易变，呈非刚性，更加促使研究者对有机金属领域进行深入、广泛的研究。除了有机金属，主族元素化合物也存在构型旋转、伞效应、氨运动和 PF_5 轴向-赤道 F 原子互换类旋转这些现象。有机金属化合物发展迅速，数目和种类繁多，这里先介绍一类重要的经典有机金属化合物。这类化合物与 PF_5 相似：化合物中各原子处于理想的等价状态，实际上原子间非等价键合。如 σ-环戊二烯配合物，由主族、过渡元素形成的包含 $M-(C_5H_5)$ 结构单元的配合物 [图 8-13(a)]。C_5H_5 环移动一位或两位，结构不发生改变；若配位原子移位容易发生，说明金属与配体键合在键间 [图 8-13(b)]，能垒较低。对中间体性质研究表明 1,2-位机理相同 (如 C_5H_5 环所有 CH 基团等价，π 键合，η^5)。例如：$Hg(C_5H_5)_2 = Hg(\eta^1\text{-}C_5H_5)_2$，$Fe(CO)_2(C_5H_5)_2 = Fe(CO)_2(\eta_5\text{-}C_5H_5)(\eta^1\text{-}C_5H_5)$ 和 $Cu(PEt_3)_3(C_5H_5) = Cu(PEt_3)_3(\eta^1\text{-}C_5H_5)$。

另一类常见金属有机化合物是羰基化合物。配体 CO 以多种方式与金属键合形成有机金属配合物。晶体结构研究表明 CO 具有连续的键合点，它可与一个金属原子键合 (端位 CO)，也可与两个金属等效键合 (桥联 CO)，还可与 3 个金属等效键合 (面键合 CO)。尤其在金属簇羰基化合物中，如 $Ir_4(CO)_{12}$，中心金属簇 (四面体) 被 CO 多面体 (立方八面体) 环绕，多面体排布受其堆积和 M−CO 键同等程度的限制。从模型可知，当 CO 非等价成键时，如 $Co_4(CO)_{12}$、$Rh_4(CO)_{12}$ 分子中含 3 个

桥联 CO，不同 CO 间会迅速争夺配位点。实验证明的确如此。

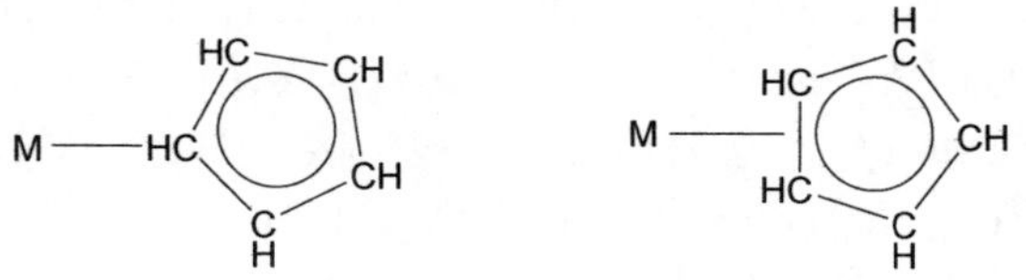

(a)　　　　(b)

图 8-13　环戊二烯配合物

(a) σ-型 M−(C_5H_5) 结构单元；(b) 键间键合方式

最后一类是配体为环辛四烯类有机金属配合物。这类配体太大，C 原子与多数金属不能等价成键，配体与金属不对称键合 (图 8-14)。与金属键合的 C 原子常快速交换，这种现象被形象地比喻为“离心环”。那么快速键合时环是否也会高速旋转？金属离子是否因此忽上忽下？因为圆周运动的线动量和角动量都是零，而环绕自身旋转的角动量不为零，所以环离心运动包含方向相反的环旋转和金属上下移动。此现象与金属离子水合物的形成类似。可利用核磁共振光谱分析研究不同温度下谱线宽化与合并。通常情况下得到的实验数据与计算模型光谱相符，当实验受干扰时实验光谱和理论光谱才明显不同！若能正确指派慢交换极限光谱，就能准确解释二者之间的差异。该项研究与 NMR 光谱分析发展密切相关，特别是傅里叶变换技术，能够研究 ^{13}C 和 ^{17}O 这样的低富核子。对同一分子中几个不同核子的研究表明分子中会发生多个立体易变过程。本节开头介绍的金属羰基化合物内结构松散、易变就可以看作是大量均匀凝胶块借助表面张力粘贴在一起形成大凝胶块。各组成胶块可自由摇晃、滑移和旋转。

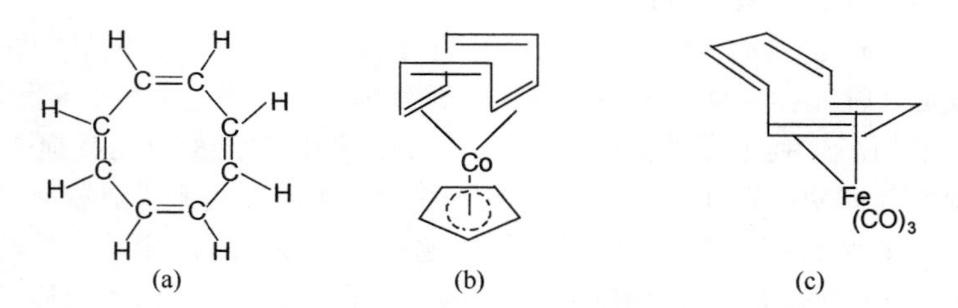

图 8-14　环辛四烯配体及其配合物

(a) 环辛四烯；(b), (c) 环辛四烯配合物

8.5 配合物的光化学反应动力学

早在古代人类就开始使用无机颜料，大部分颜料颜色持久不变，即使褪色也是由于颜料依附的介质发生了变化。相对于稳定的颜料，其它无机配合物对光敏感，稳定性差。本节不主张讨论卤化银感光成像过程，但对这类物质的光活性却很感兴

趣。如：草酸根阴离子是一种有效的还原剂，可将三价铁盐还原为二价铁。浓缩草酸铵与任一可溶性三价铁盐的水溶液就可获得淡绿色含 $[Fe(ox)_3]^{3-}$ 的晶体，该晶体不稳定，光照下可分解成草酸亚铁盐和二氧化碳。这是因为电子受光激发，发生配体-金属电荷迁移 (LMCT)。电子转移使配体被氧化，同时金属被还原。这种光解现象常用于两方面：①用 $K_3[Fe(ox)_3]$ 类化合物与 $K_3[Fe(CN)_6]$ 的混合液浸湿纸，并将纸置于掩蔽板下，在紫外光照射一段时间后喷洒少量水。则没有被遮盖的地方呈现蓝色。这是光照产物 Fe^{II} 和 $[Fe(CN)_6]^{3-}$ 发生反应生成了蓝色颜料普鲁士蓝 $KFe^{II}[Fe(CN)_6]$。时至今日，这种制备蓝色颜料的简单技术仍被广泛用于工程制图，它所印染的纸比普通影印机纸大得多。②$K_3[Fe(ox)_3]$ 还可以用于化学光量测定。标准条件下，对 $K_3[Fe(ox)_3]$ 水溶液进行光照，根据产生的 Fe^{II} 的量可推得通过溶液的光总量。Fe^{II} 的量子产率——吸收单位量子所产生的 Fe^{II} 离子数目——与入射光强度及 Fe^{II} 与 Fe^{III} 的浓度几乎无关。该体系只适于波长小于黄光的照射光。$[Cr(NH_3)_2(NCS)_4]^-$ 在除深红色外的其它可见光的照射下可释放出 NCS^-，也可用于光量测定。上述例子均为单金属配合物。复杂配合物光化学体系，如 $[Os_{18}Hg_3C_2(CO)_{42}]^{2-}$ 阴离子中，两个 Os_9 金属簇通过三角形排布的 3 个汞原子连接，光解作用使其中一个汞原子解离，形成 $[Os_{18}Hg_2C_2(CO)_{42}]^{2-}$，两个 Os_9 簇通过两个汞原子连接。避光条件下，当体系中存在过量汞时，配合物 $[Os_{18}Hg_2C_2(CO)_{42}]^{2-}$ 又会俘获一个汞原子形成初始化合物 $[Os_{18}Hg_3C_2(CO)_{42}]^{2-}$。

近年来，无机光化学备受研究者的关注，其研究领域发生了巨大变化，研究对象不再局限于经典例子。无机光化学的研究主要有三个方向：

① 关于越来越短的时标的研究，即利用短时脉冲激光探究其直接结果 (或间接结果)，追踪辐射吸收过程。实际上，电子振动、旋转会使能级发生微小分裂而形成复杂的体系，电子受激发并吸收能量后会快速释放热量。激发态的电子发生跃迁，体系能级迅速改变，直到激发能完全消散。

② 第二个研究方向与第一个相反。若分子受到光照并吸收大量的光能，则会引发化学反应。研究者一直在不懈地寻找光解水体系。如果这一个过程经济、可行，则可为太阳能的高效利用提供极好的途径。但体系吸收的光能肯定会损失。事实上，大量经典理论已证明不存在能量不损失的体系。因此，寻找那些随着能量损失，能级下降，体系最终处于激发态，能量不易逃逸成为主要任务。激发态与基态自旋多重度不同，光电发射总是自旋禁止的。类似的，如果激发态与基态的宇称 (g 或 u) 相同，其跃迁是轨道禁止的。简单体系振动模式和振动去活化程度会相对小一些。显然，只有简单、高度对称的过渡金属配合物符合这些要求。当然进行后继反应还须处理一些问题，但研究的首要任务是寻找长寿命激发态，可与任何分子进行碰撞并相互作用的分子。若要发生化学反应，分子激发态寿命须在 10^{-9} s 以上。这类体系中研究最多的是 $[Ru(bipy)_3]^{2+}$ (bipy = 2,2′-联吡啶)，室温下该物质在溶液中的激发态寿命大约是 10^{-8} s，一些取代吡啶的相似物质在更低的温度下激发态寿命可达 10^{-6} s 或 10^{-5} s[❶]。

---

❶ 指 7.2 节 Creutz-Taube 型 Ru^{II}-Ru^{III} 化合物。

研究结果出乎意料，分子虽处于激发态，但仅定域在其中一个被还原的 bipy 配体上 (激发态分子对称性比基态 D_3 还要低，Ru^{II} 被氧化成 Ru^{III})。说明基态下等价的配体在激发态下并非等价。这种电子跃迁属金属-配体电荷跃迁 (MLCT)。激发态的 $[Ru(bipy)_3]^{2+}$ 寿命很长，可与溶液中的其它物质发生反应。尽管光激发态有足够能量可利用，但至今未能通过 $[Ru(bipy)_3]^{2+}$ 水溶液制备出 H_2 和 O_2。与 $[Ru(bipy)_3]^{2+}$ 不同，$[Ir(bipy)_3]^{3+}$ 光解时其中一个配体发生异构化，如图 8-15 所示。

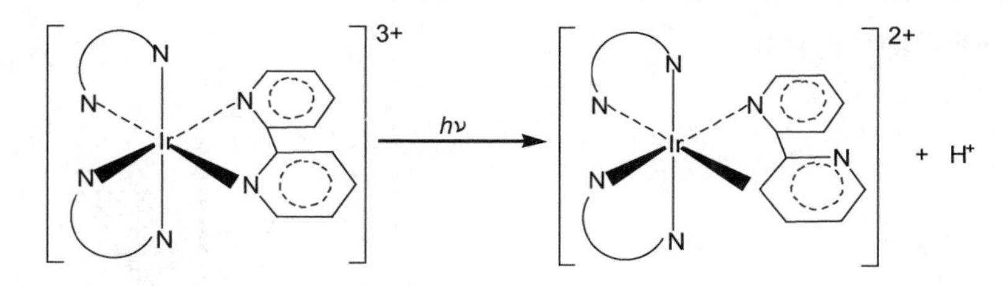

图 8-15 $[Ir(bipy)_3]^{3+}$ 光致异构化

通常光激发反应不同于基态反应。因此研究对象主要是 d^3 和 d^6 构型 (t_{2g} 轨道半满和全满) 的八面体配合物及其衍生物。如 $[Ru(bipy)_3]^{2+}$ 为 d^6 组态离子。对 Cr^{III} 和 Co^{III} 配合物的研究表明 $[Cr(NH_3)_6]^{3+}$ 水合作用常通过热运动和光化学两种途径使 NH_3 发生解离。通式为 $[Cr(NH_3)_5X]^{3+}$ 的配合物 (X 为卤素或类卤素)，热水合作用主要使 X 解离，而光化学水合作用则导致 NH_3 解离。因为 $[Cr(NH_3)_5X]^{3+}$ 化合物对光很敏感，其光解过程取决于辐射光的波长。结构相似的 $[Cr(NH_3)_6]^{3+}$ 光敏性却很弱。自旋允许的激发跃迁 (特别是电荷迁移) 通过取代 NH_3 发生水合作用，若激发处于自旋禁阻 (通常为 d→d 跃迁) 的能带，则 Cl^- 易被取代。

③ 一些配合物的瞬间激发态寿命仅为 10^{-12} s，其化学作用过程的信息很少。这些配合物涉及的反应不仅仅是内部去活化和化学反应。激发态快速辐射就产生荧光，常在激发态到基态的自旋允许的跃迁过程中出现。如果去活化后激发态经辐射回到基态是自旋禁止的，就会产生磷光。固态物质的磷光寿命可从几毫秒到几分钟，水溶液中寿命会更短。当上述两种跃迁 (自旋允许和自旋禁止) 间的能量差很小时，体系的热能充足，使分子从自旋禁止的低能级跃迁到自旋允许的高能级。如此就可观察到寿命较长的荧光。与自旋允许相比，荧光的寿命更多具有自旋禁止的特征 (荧光本质明显不同于吸收光谱)。现在再解释 t_{2g}^3 和 t_{2g}^6 构型离子的光化学特性就容易了。

对 t_{2g}^3 构型，除基态 $^4A_{2g}$ 项外，还有多个自旋二重态项，特别是 ^2E_g 和 $^2T_{1g}$，前者在红宝石激光器光发射过程中产生。类似地，Co^{III} 配合物除了基态 $^1A_{1g}$ 项外，还具有多个低自旋三重态，尤其是具有代表性的 $^3T_{1g}$。图 8-16 给出了 $[Cr(NH_3)_6]^{3+}$ 的能级示意图。顶部为 $t_{2g}^1e_g^1$ 的电子激发态 (自旋四重态，e_g 电子弱的反键使 Cr−N 键长比基态时稍长)。该能级的振动能很大，因此电子发生自旋四重态到 t_{2g}^3 的自旋二重态跃迁 (自旋改变引发自旋-轨道耦合)；然后又去活化回到基态。

相对而言，t_{2g}^6 体系更稳定些。常利用 $[Fe(CN)_5NO]^{2-}$ 阴离子研究其最低激发态。对该阴离子盐进行中子衍射研究并对其晶体进行强激光辐射，光照强度和最低激发态寿命 (液氦温度下) 约为衍射实验中激发态晶体阴离子的一半。测量结束后，关掉激光，待所有阴离子都处于基态后再进行测量。两种测量结果表明：激发态的 Fe—N 键长 (Fe—NO) 比基态时增长，其它键长几乎不变。显然，这一结果仅限于激发态，这与八面体 t_{2g}^6 基态构型不符，但最低激发态时电子处于金属-配体反键轨道中，这一基本特征仍存在。

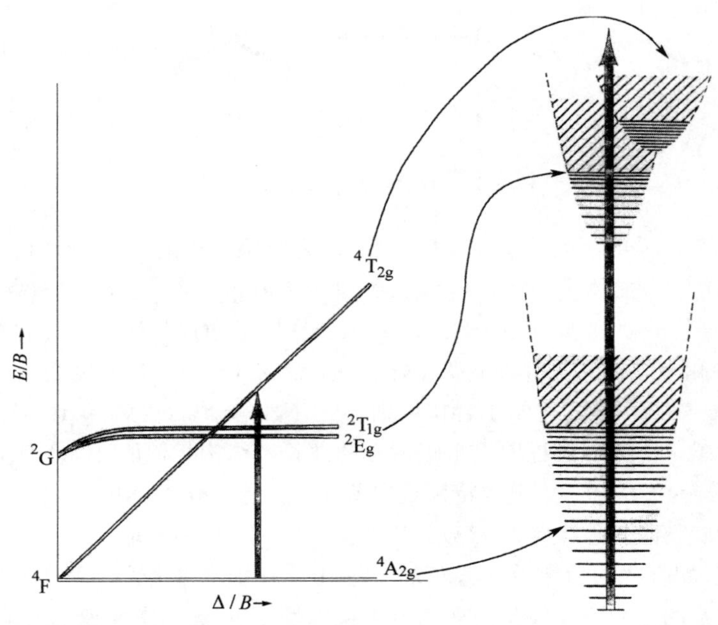

图 8-16 八面体 d^3 构型 Tanabe-Sugano 能级图及自旋允许的 $^4T_{2g} \leftarrow {}^4A_{2g}$ 跃迁

($^4T_{2g}$ 和 $^2T_{1g}/^2E_g$ 间存在能级交叉；$^2T_{1g}/^2E_g$ 到基态跃迁自旋禁止)

参考文献

[1] J. A. M. Leverty, F. J. Meyer. Comprehensive Coordination Chemistry. Amsterdam: Elsevier Pergamon, **2004.**

[2] R. G. Wilkins. Kinetics and Mechanisms of Reactions of Transition Metal Complexes. New York: VCH, **1991.**

[3] J. L. Atwood, J. W. Steed. Supramolecular Chemistry. Chichester: Wiley, **2000.**

[4] R. D. Cannon. Electron Transfer Reactions. Butterworth: London, **1980.**

[5] 杨帆，林纪筠，单永奎. 配位化学. 上海：华东师范大学出版社，**2002.**

[6] 李晖. 配位化学 (双语版). 北京：化学工业出版社，**2006.**

[7] 麦松威，周公度，李伟基. 高等无机结构化学. 第 2 版. 北京：北京大学出版社，**2006.**

[8] M. Jacek, Z. Gajek. The Effective Crystal Field Potential. New York: Elsevier, **2000.**

习　题

1. 为什么 Cd^{2+}、Cd^{2+} 的配位水分子取代速度快，属第一类，而 Zn^{2+} 的配位水分子取代速度慢，属第二类？
2. $[Fe(CN)_6]^{2-}$ 和 $[Fe(CN)_6]^{3-}$ 是惰性配合物，但它们能快速反应。$[Co(NH_3)_6]^{3+}$ 是惰性配合物，$[Co(H_2O)_6]^{2+}$ 是活性配合物，但它们的反应却很慢。解释这种不同性质。
3. 实验表明，$Ni(CO)_4$ 在甲苯溶液中与 ^{14}CO 交换配体的反应速率与 ^{14}CO 无关，试推测此反应的反应机理。
4. 描述 A, I_a, I_d 及 D 机理间的不同。对遵循 A 机理反应的配体，如 Pt^{II} 离子，如何使其遵循 D 机理。
5. 预测下列配合物哪些是活性的，哪些是惰性的？并说明原因。

   $[Ti(H_2O)_6]^{3+}$　$[V(H_2O)_6]^{2+}$　$[V(H_2O)_6]^{3+}$　$[Mn(CN)_6]^{3-}$

   $[Mn(H_2O)_6]^{2+}$　$[Co(CN)_6]^{3-}$　$[CoF_6]^{3-}$
6. 实验测得下列配合物的水交换反应的活化体积 (单位为 $cm^3 \cdot mol^{-1}$) 为：

   $[Co(NH_3)_5(H_2O)]^{3+}$，+1.2 (298 K)

   $[Cr(NH_3)_5(H_2O)]^{3+}$，–5.8 (298 K)

   $[Rh(NH_3)_5(H_2O)]^{3+}$，–4.1 (298 K)

   解释这些反应的机理。

第 9 章 生命体系中的配位化学

配位化学与生命科学、材料科学等的交叉与渗透日益显著，从而使其内涵、研究内容以及研究范围等与经典的配位化学相比都有了很大的发展。其中，自 20 世纪 70 年代开始形成的生物无机化学 (bioinorganic chemistry) 就是很好的例证。由无机化学和生命科学交叉而产生的这门新兴学科打破了在早期人们认为的与生命过程有关的化学都是有机化学的观点。生物无机化学是用无机化学 (其中主要是配位化学) 的理论和方法研究生命体系中无机元素 (主要是金属离子) 及其化合物与生物分子的作用和机理，为人们从分子水平上了解生命过程、揭示生命过程的奥秘提供基础[1~7]。本章将着重介绍生命体系中的配位化学，内容主要包括生命体系中的金属离子、金属酶和金属蛋白及其模型研究、金属药物等。

9.1 生命体系中的金属离子

尽管人们熟悉的生物分子如多肽、蛋白质、核酸、多糖等都是有机化合物，但是随着科学技术的发展以及分析、检测手段的进步，尤其是痕量分析技术的出现，人们发现生命过程中的许多现象和过程实际上都离不开金属离子，也就是说金属离子在生命过程中起着非常重要的作用[8]。目前人们已经知道生命体系中含有铁、铜、锌等多种金属离子。对这些金属离子从不同角度可以有不同的分类方法。如按金属离子在生命体系中含量的多少，可以分为宏量、微量和超微量 (痕量) 金属元素。若按金属离子对生命体系的作用来分，则可以分为生物必需元素 (essential elements) 和有毒 (有害) 元素 (toxic elements)。另外，不同的金属离子在生命体系中的存在方式也不一样，其中有些金属离子与某些特定的生物分子有固定或相对固定的结合，只有结合在一起才能发挥特定的功能，如金属酶、金属蛋白中的金属离子就是如此；而有些金属离子则没有固定的结合对象，主要是起到平衡电荷、平衡渗透压等作用，如钠、钾等碱金属离子。

9.1.1 生物必需元素

生物必需元素又称必需元素或生命元素。简单地讲就是维持正常生命活动所必需的元素，缺少会导致严重病态甚至死亡。G. C. Cotzias 等人认为作为生物必需元素需要具备以下几个条件：该元素在不同的动物组织内均有一定的浓度；去除该元素会使动物造成相同或相似的生理或结构上的不正常；恢复其存在可以消除或预防这些不正常；该元素有专门生物化学上的功能。生物必需元素按其在生物体中含量来分可以分为：宏量结构元素 (bulk structural elements)，包括碳、氢、氧、氮、磷、硫；宏量矿物元素 (macrominerals)，主要有钠、钾、镁、钙等元素；微量金属元素 (trace metal elements)，包括铁、锌、铜等；超微量金属元素 (ultratrace metal elements)，已经知道的有锰、钴、钼、镍、铬、钒、镉、锡、铅、锂等；微量和超微量非金属元素，主要有氟、碘、硒、硅、砷、硼等。生物无机化学中涉及的主要是微量和超微量金属元素。表 9-1 中列出了部分生物必需微量和超微量金属元素及其在生命体系中的主要生物功能和部分代表性金属酶、金属蛋白。

表 9-1 生物必需微量和超微量金属元素及其主要生物功能

元素及含量①	主要功能	代表性酶或蛋白
Fe 3~5 g (约占人体总重量的百万分之六十)	载氧、储氧 电子传递 氧化酶 清除过氧负离子、超氧负离子 铁的运输和储藏	肌红蛋白、血红蛋白、蚯蚓血红蛋白 细胞色素 c、铁硫蛋白 细胞色素 P-450 过氧化物酶、过氧化氢酶、铁超氧化物歧化酶 运铁蛋白和储铁蛋白
Zn 1.4~2.3 g (约占人体总重量的百万分之三十三)	二氧化碳的可逆水合 肽链水解 磷酸酯水解 醇到醛的转化	碳酸酐酶 羧肽酶 磷酸酯酶 醇脱氢酶
Cu 0.1~0.2 g	氧载体 电子传递 清除超氧负离子	血蓝蛋白 质体蓝素、阿祖林 铜锌超氧化物歧化酶
Mn 12~20 mg	清除超氧负离子 光合作用	锰超氧化物歧化酶
Co 1.1~1.5 mg	构成维生素 B_{12} 甲基转移、重排反应	 辅酶 B_{12}
Mo < 5 mg	氮分子的活化 氧原子的转移	固氮酶 亚硫酸盐氧化酶、黄嘌呤氧化酶
Ni < 10 mg	尿素的水解 分裂重组氢分子 清除超氧负离子	尿素酶 氢化酶 镍超氧化物歧化酶
V < 1 mg	氧载体 调节 ATP 等酶的辅因子 与体内激素、脂类代谢相关	血钒蛋白
Cr < 6 mg	GTF②的重要组成成分 影响脂类代谢 促进蛋白质代谢和生长发育	
Li < 0.9 mg	调控钠泵	

① 正常成年人体内的金属离子含量。

② GTF (Glucose Tolerance Factor)：葡萄糖耐量因子。

9.1.2 有毒元素

有毒 (有害) 元素是指那些存在于生物体内会影响正常的代谢和生理功能的元素。明显有害的元素有镉、汞、铅、铊、锑、铍、钡、铟、钒、铬等，可以看出主要是重金属元素，其中常见的镉、汞、铅为剧毒元素。

从上面列出的必需元素和有毒元素可以看出，同一元素往往既是生物必需元素，又是有毒元素，例如镉、铬、铅等，关键要看其量是否合适。太少可能引起某些疾病和不正常 (缺乏症)，例如我们知道缺铁会导致贫血；太多则可能引起中毒，如适量的镉、铬、铅对生物体来说是必需的，因此它们是生物必需元素，但是摄入过量的镉、铬、铅就会发生中毒。G. Bertrand 等人提出了最佳营养定律：缺乏不能成活，适量最好，过量有毒 (图 9-1)。此外，有些金属离子是否有毒性与其存在方式、价态等有关。常见的例子有铬、镍等元素，适量的 Cr^{3+} 和 Ni^{2+} 对生物体都是有益的物种，但是 CrO_4^{2-}、$Ni(CO)_4$ 则是有害物种，都是致癌物。又如氯化钡剧毒 (口服 0.8~0.9 g 致死)，而硫酸钡不溶于水，无毒，在医学上可用于消化道检查的造影剂，即钡餐。

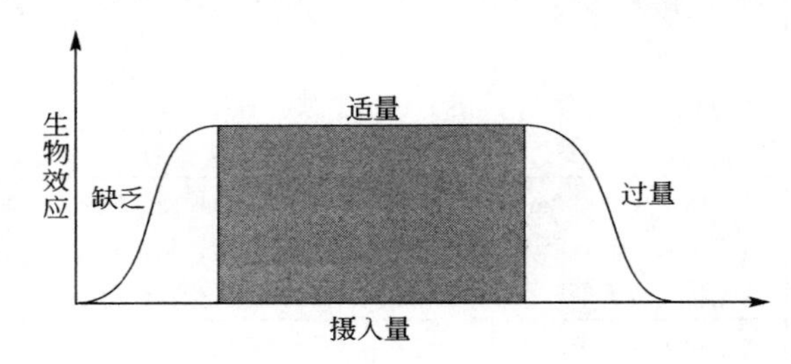

图 9-1 生物必需元素摄入量与生物效应之间的关系

另外，需要指出的是生物必需元素并不只限于上面所提到的元素，还有一些尚未确定的元素 (如 Br 元素)。随着生物化学等相关研究和分离、检测技术和手段的不断发展，一些含量少或者很不稳定的金属酶、金属蛋白的分离、表征也将成为可能，从而使得现在认为不是生物必需元素的某些元素在将来有可能成为生物必需元素。

9.1.3 金属酶和金属蛋白

所谓金属酶 (metalloenzyme) 就是必须有金属离子参与才有活性的酶，或者简单地说就是结合有金属离子的酶，它们在各种重要的生命过程中完成着专一的生化功能。金属酶实际上是一种生物催化剂，它们使得生物体内一系列复杂的化学反应能够在常温常压温和条件下顺利地完成。现在已经知道生命体系中约有三分之一的酶需要有金属离子参与才能显示活性。金属酶根据其所催化的反应的不同可以分为以下六种：氧化还原酶 (oxidoreductase)、转移酶 (transferase)、水解酶 (hydrolase)、异构化酶 (isomerase)、裂解酶 (lyase) 和连接酶 [ligase，或称合成酶 (synthetase)]。金属酶中所含金属离子的作用可以概括为：金属离子与酶蛋白结合，从而使蛋白有特定的结构和稳定性，而且这种特定的结构和稳定性与其催化活性密切相关；通过金属离子与底物分子间的相互作用，使底物分子定向，从而发生专一的、选择性的催化反应；形成活性中心，提供酶催化反应的活性部位。

金属离子与蛋白形成的配合物，其主要作用不是催化某个生化过程，而是完成生物体内诸如电子传递之类特定的生物功能，这类生物活性物质被称为金属蛋白(metalloprotein)，所以它们是结合有金属离子的复合蛋白。

金属酶和金属蛋白中金属离子的结合方式有：金属离子与蛋白链中氨基酸残基通过配位作用直接结合，最常见的有组氨酸 (His) 残基侧链上咪唑基团的氮原子，半胱氨酸 (Cys)、甲硫氨酸侧链上的硫原子等；金属离子与无机硫等其它原子形成簇合物后再结合到蛋白上，如铁硫蛋白中的 2Fe2S、3Fe4S、4Fe4S 簇以及固氮酶中钼铁硫簇合物等；金属离子与辅基 (例如血红素、叶绿素、钴胺素等) 结合，然后通过辅基与蛋白连接。具体的例子将在 9.2 节中介绍。

9.2 典型金属酶和金属蛋白

这一节中我们将介绍几个具有代表性的金属酶和金属蛋白[9]。在此之前，首先简单介绍一下生物无机化学的研究内容和研究方法。从化学的角度研究金属酶、金属蛋白，其主要内容包括：研究生物体内物质及相关化合物与各种无机元素，尤其是与微量金属离子的相互作用，包括无机元素循环、环境污染、含金属药物等对生物体生命、生理过程的影响；应用无机化学的理论和方法研究天然金属酶、金属蛋白的结构、性质和功能；设计、合成简单的化学模型以达到研究复杂生理过程的目的。根据这些研究内容，相应的研究方法主要可以分为直接研究和模拟研究两种。其中直接研究就是用各种物理和化学的方法直接研究生命体系中的金属酶和金属蛋白的结构与功能。模拟研究又分为结构模拟和功能模拟两种。所谓的结构模拟就是用模拟的方法来研究重要生物过程和生物大分子配合物的结构与功能之间的关系。一种是模拟金属酶、金属蛋白 (原型) 的部分结构 (如活性中心)，发现反映原型的某些特征，从而加深对生物原型的认识；另一种是对原型化合物进行局部修改，如利用基因工程的方法将蛋白链中某些氨基酸残基突变为其它氨基酸残基的突变体，观测局部修改对其结构和功能的影响[10~12]。功能模拟则是模仿天然金属酶的活性中心，合成具有特定催化活性的化合物，从而达到模拟酶的作用。金属酶、金属蛋白的模拟研究将在下一节中介绍。

9.2.1 含铁氧载体

氧载体是生物体内一类含金属离子的生物大分子配合物，可以与分子氧进行可逆地配位结合，其功能是储存或运送氧分子到生物组织内需要氧的地方。目前已经知道的天然氧载体有肌红蛋白、血红蛋白、蚯蚓血红蛋白、血蓝蛋白和血钒蛋白。其中前三种为含铁氧载体，血蓝蛋白是含铜蛋白，将在 9.2.4 小节介绍，血钒蛋白是主要存在于海鞘类动物体内的一类氧载体，目前知道的还很少。常见的含铁和含铜氧载体列于表 9-2 中。

表 9-2 常见含铁和含铜氧载体

名　称	肌红蛋白	血红蛋白	蚯蚓血红蛋白	血蓝蛋白
存在部位	肌肉	红血球	星虫的血球、血浆	节肢动物、软体动物的血液
功能	储存氧	运输氧	运输氧	运输氧
金属 : O_2	Fe : O_2	4Fe : $4O_2$	2Fe : O_2	2Cu : O_2
分子量	约 17000	约 65000	约 108000	$10^5 \sim 10^7$
氧化态 (脱氧)	二价	二价	二价	一价
自旋态 (脱氧)	高自旋 $S = 2$	高自旋 $S = 2$	高自旋 $S = 2$	$S = 0$ (d^{10})
自旋态 (氧合)	抗磁 $S = 0$	抗磁 $S = 0$	与温度有关	抗磁 $S = 0$
亚单位数	1	4	8	多数 (可变)
颜色 (脱氧)	红紫色	红紫色	无色至黄色	无色
颜色 (氧合)	红色	红色	紫红色	蓝色
υ_{O-O} /cm^{-1}	1103	1107	844	744~749

9.2.1.1　肌红蛋白、血红蛋白

在生物体内，肌红蛋白 (myoglobin, Mb) 起着储存氧、血红蛋白 (hemoglobin, Hb) 起着运输氧的作用。由于这两种蛋白稳定性好，在生物体内存在广泛、含量丰富，因此它们是人们最早研究的金属蛋白，也是最早通过 X 衍射晶体结构分析得到三维空间结构的金属蛋白。其中肌红蛋白只含有一个亚基，而血红蛋白则含有四个亚基。结构研究结果表明血红蛋白中每个亚基的二级结构和三级结构与肌红蛋白的非常相似。因此，我们先介绍血红蛋白和肌红蛋白的二级结构和三级结构，然后再讨论血红蛋白的四级结构。

每个肌红蛋白分子及血红蛋白的每一个亚基中都只含有一个血红素辅基，它们和氧分子的可逆结合即发生在血红素辅基上，也就是说血红素辅基构成了肌红蛋白、血红蛋白的活性中心。所谓的血红素 (heme) 就是铁与卟啉衍生物形成的配合物的总称。以血红素为辅基的蛋白被称为血红素蛋白 (heme protein 或 hemoprotein)。一般根据卟啉环上取代基的种类和位置将血红素进行分类，常见的有血红素 a、血红素 b 和血红素 c (图 9-2)。血红蛋白和肌红蛋白中的血红素都是血红素 b。

图 9-3 中显示了典型的肌红蛋白的三维空间结构，它是由一条蛋白链和一个血红素辅基组成的，分子量约为 17000。不同来源肌红蛋白的蛋白链中氨基酸残基的种类和数目 (即一级结构) 不完全一样，但是，一般都是由 150 个左右的氨基酸残基组成，例如哺乳类动物的肌红蛋白由 153 个氨基酸残基组成。从图 9-3 中还可以清楚地看出肌红蛋白结构上的一个显著特点就是其二级结构中 α-螺旋的含量很高，共有 8 条 α-螺旋链和 7 段非螺旋链组成。血红素辅基处于由 4 条 α-螺旋链组成的空穴中，研究不同来源血红蛋白和肌红蛋白的结构还发现：血红素周围大部分亲水基团都向外，而疏水基团则朝内，这样就在血红素辅基周围形成了一个疏水的空腔。从而保证血红素辅基与氧分子的可逆结合。这个疏水空腔对血红蛋白、肌红蛋白的可逆载氧非常重要[13]。

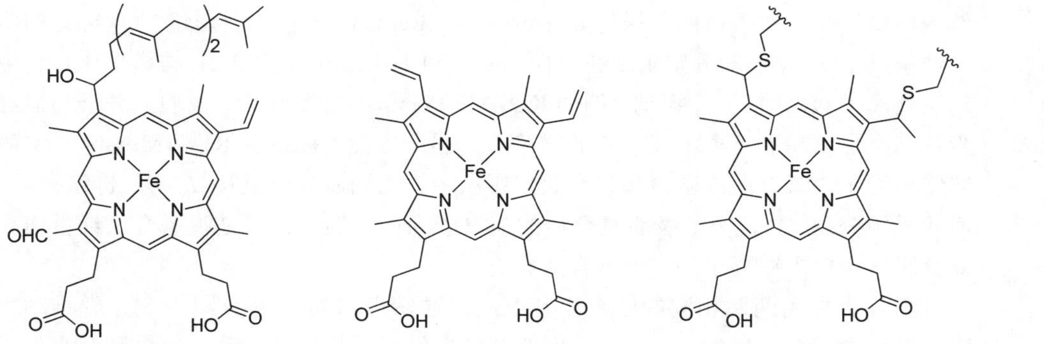

血红素 a　　血红素 b　　血红素 c

图 9-2　血红素 a、b、c 的结构示意图

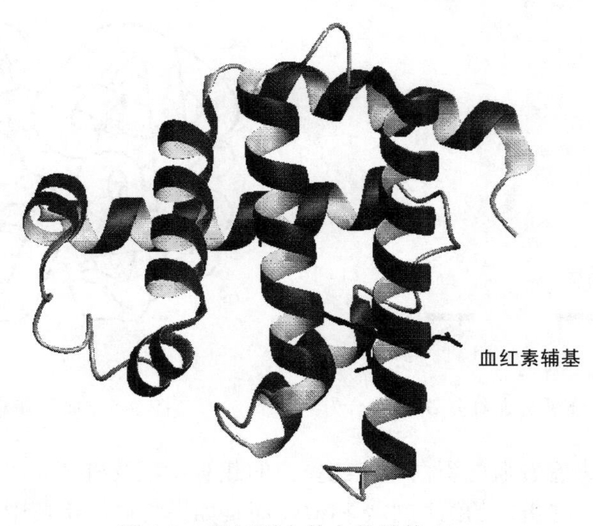

图 9-3　肌红蛋白的立体结构

血红素辅基与蛋白链之间通过一个组氨酸 (His) 侧链上咪唑基团与铁的配位作用连接在一起。这个与血红素铁直接配位的组氨酸通常称之为近侧组氨酸 F8，在血红素辅基的另一侧有一个不直接与血红素铁配位的组氨酸，一般称之为远侧组氨酸 E7 (E、F 均为 α-螺旋链的标号)。尽管 E7 不与铁直接配位，但是由于 E7 靠近血红素的中心，因此被认为在可逆结合氧过程中起着重要作用。

血红蛋白、肌红蛋白没有结合氧分子的状态称为脱氧血红蛋白 (deoxy Hb)、脱氧肌红蛋白 (deoxy Mb)；结合了氧分子的状态称为氧合血红蛋白 (oxy Hb)、氧合肌红蛋白 (oxy Mb)。脱氧状态下血红素铁为五配位的二价铁，留有一个空位用于结合氧分子。实验结果表明血红素铁只有在还原态的二价状态下才有结合分子氧的能力。在早期，氧分子与铁之间是以端式 (end-on) 还是以侧式 (side-on) (图 9-4) 方式结合一直有争论。后来的研究结果证实两者之间是以端式方式结合的。另外，氧合血红蛋白和氧合肌红蛋白的共振拉曼 (resonance Raman) 光谱中，通过 $^{18}O_2$ 标记的实验结果显示 $\upsilon_{O\text{-}O}$ 振动分别出现在 1107 cm^{-1} 和 1103 cm^{-1} (表 9-2)，与模型化合物中超氧负离子 O_2^- 的 $\upsilon_{O\text{-}O}$ 振动 (例如 KO_2：1145 cm^{-1}) 非常接近，表明氧分子与血红素铁结合后以超氧负离子 O_2^- 的形式存在。另一方面，穆斯堡尔谱 (Mössbauer) 研究结果显示，氧合血红蛋白和氧合肌红蛋白中铁的同质异能位移 I_s 与三价铁接近，而四极矩分裂 Q 较大，表明氧合后的铁离子为低自旋。也就是说氧合血红蛋白和氧合肌红蛋白中铁离子为三价低自旋状态。

血红蛋白由两两相同的四个亚基组成，通常表示为 $\alpha_2\beta_2$ (图 9-5)，脊椎动物中血红蛋白的分子量约为 64500。四个亚基之间通过静电 (盐桥)、氢键和疏水作用等连接在一起。从下面的讨论中可以看出这种亚基与亚基之间的相互作用在血红蛋白载氧过程中起着非常重要的作用。

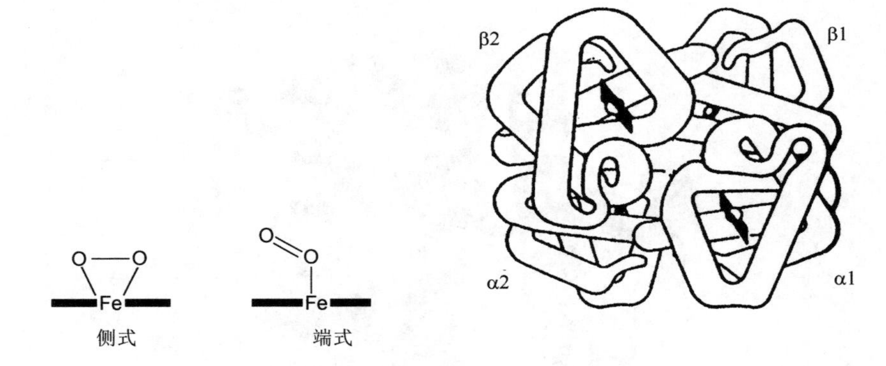

图 9-4　氧分子与血红素铁的结合方式　　　图 9-5　血红蛋白的四级结构

下面我们来看看血红蛋白、肌红蛋白的载氧过程及机理。尽管血红蛋白中每个亚基的结构与肌红蛋白的结构非常相似，而且如果将血红蛋白中的四个亚基拆开，发现每个亚基的载氧行为则相当于一个肌红蛋白。但是，在实际载氧过程中，由于血红蛋白中四个亚基之间存在着协同作用，使其载氧过程与肌红蛋白的不一样。也正因为如此，血红蛋白的功能是运输氧，而肌红蛋白的功能则是储存氧。

从图 9-6 的氧合曲线示意图中可以看出，血红蛋白和肌红蛋白的氧合过程有着明显的差别。肌红蛋白的氧合曲线呈简单的双曲线型。而血红蛋白的则呈 S 型。这个结果显示在氧分压较低时，血红蛋白对氧分子的亲和能力较小，不易于结合氧分子，而肌红蛋白则不一样，即使在氧分压较低的情况下对氧分子也有较强的亲和力，能够与氧分子结合。这种氧合过程的差异正是其不同功能的体现。在生物体内，肺部的氧分压较高，因此容易与血红蛋白发生氧合作用，形成氧合血红蛋白后运输到需要消耗氧的组织。因为组织中的氧分压较低，因此氧合血红蛋白到了组织后就将氧分子释放出来给肌红蛋白。

如果氧合饱和度和氧分压分别用 Q 和 p 表示，两者之间的定量关系可用下面的公式来表示：

$$Q = Kp^n/(1 + Kp^n)$$

这就是人们常说的 Hill 公式 (Hill equation)，其中 K 为氧合平衡常数，n 被称为 Hill 系数 (Hill coefficient)。Hill 公式现在已经被一般化，n 的大小与酶或蛋白分子或亚基之间的协同作用大小有关，如果 $n = 1$ 表示没有协同作用；$n > 1$ 表示有正的协同效应，而且 n 值越大表示协同作用越强；若 $0 < n < 1$ 则代表有负的协同效应。

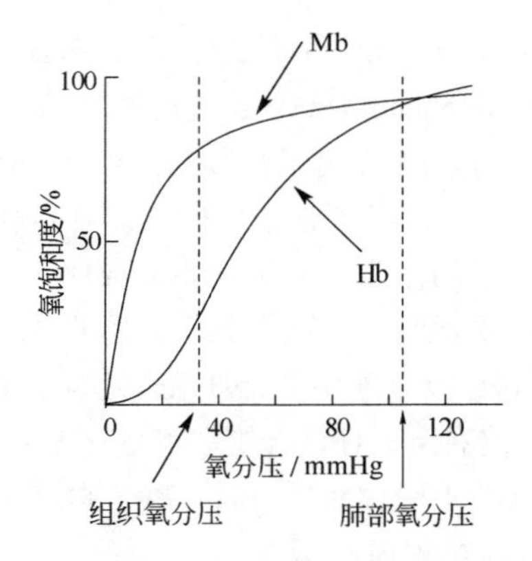

图 9-6　血红蛋白、肌红蛋白的氧合曲线示意图

肌红蛋白中因为只有一个亚基，蛋白分子间没有直接的相互作用，因此 $n = 1$，其氧合曲线呈双曲线型。反映了简单平衡：

$$\mathrm{Mb} + \mathrm{O_2} \underset{k_{-1}}{\overset{k_1}{\rightleftharpoons}} \mathrm{MbO_2}$$

而血红蛋白则不一样，因为每个血红蛋白分子中含有四个亚基。血红蛋白与氧结合研究结果显示 $n < 4$，例如，成人血红蛋白的情况下 $n \approx 2.9$，表明血红蛋白中亚基与亚基之间有相互作用。

血红蛋白氧合过程中观测到的协同效应可以从其氧合前后血红素铁的结构变化得到解释。脱氧状态下 (氧合前) 血红素中的铁为二价高自旋，而氧合后则为三价低自旋，由于高自旋 Fe^{2+} 的半径较大而不能进入血红素中卟啉环的平面内，相反，由于低自旋 Fe^{3+} 的半径较小而能够进入卟啉环的平面内，因此氧合前后铁离子从卟啉环平面的上方落入到卟啉环的平面内 (图 9-7)。因为血红素中铁离子的位置发生了变化，从而导致包括近侧组氨酸 F8 在内的蛋白链发生一系列变化，并通过亚基间的相互作用传递到其它亚基，即影响到血红蛋白的四级结构，从而使血红蛋白从不容易与氧分子结合的紧张态 (tense state，T 态) 变为易于与氧分子结合的松弛态 (relaxed state，R 态)。也就是说，当血红蛋白四个亚基中的一个亚基与氧分子结合后，蛋白分子即从紧张态转变为松弛态，这就是所谓的触发机制。这种由于

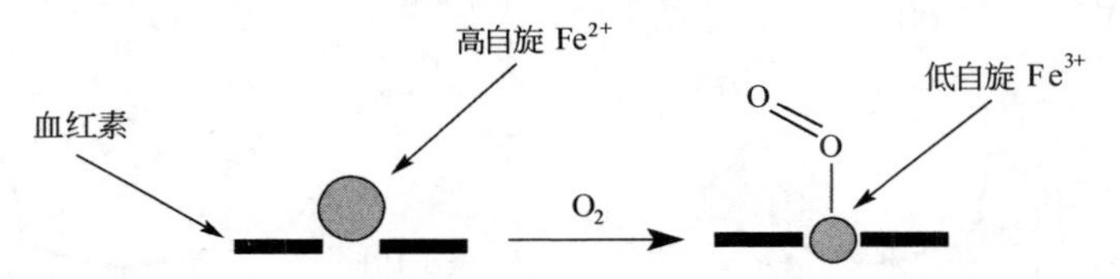

图 9-7　血红蛋白氧合前后血红素铁的结构变化示意图

底物分子 (氧分子) 的结合而引起蛋白中亚基间的协同作用的现象被称为变构现象 (allosteric phenomena) 或变构效应 (allosteric effect)。

另外，pH、离子强度对血红蛋白和肌红蛋白氧合过程的影响也不一样。这主要是由于 pH、离子强度等因素对血红蛋白中亚基间的相互作用有影响，从而影响其与氧分子的结合。如果体系的 pH 下降，即质子浓度增大，使得血红蛋白亚基间的静电作用增强，从而导致血红蛋白对氧的亲和能力下降。在生命体系中，由于组织中的 pH 较血液中的 pH 低，这样就有利于氧合血红蛋白在组织中释放出更多的氧分子。这种 pH 对氧合饱和度的影响称为玻尔效应 (Bohr effect)。而肌红蛋白的氧合过程几乎不受体系的 pH、离子强度等的影响。

9.2.1.2 蚯蚓血红蛋白

天然氧载体中还有一类含铁的非血红素蛋白——蚯蚓血红蛋白 (hemerythrin, Hr)。蚯蚓血红蛋白与血红蛋白、肌红蛋白的差别有：血红素辅基——前者无，后者有；亚基数——蚯蚓血红蛋白一般为多聚体，从无脊椎动物的血液中分离得到的是分子量约为 108000 的八聚体，血红蛋白和肌红蛋白则分别为四聚体和单聚体；载氧量——铁离子数与结合分子氧的化学计量比：蚯蚓血红蛋白为 $2Fe:O_2$，而血红蛋白和肌红蛋白均为 $Fe:O_2$；氧合以后氧分子的状态——氧合蚯蚓血红蛋白的共振拉曼光谱中 $\upsilon_{O\text{-}O}$ 振动出现在 844 cm^{-1}，与模型化合物中过氧负离子 O_2^{2-} 的 $\upsilon_{O\text{-}O}$ 振动 (例如 Na_2O_2：842 cm^{-1}) 接近，表明氧分子结合到蚯蚓血红蛋白上后以过氧负离子 (O_2^{2-}) 的形式存在，而氧分子与血红蛋白、肌红蛋白中的铁结合后以超氧负离子 (O_2^-) 的形式存在 (表 9-2)。

目前，脱氧和氧合蚯蚓血红蛋白的结构都已经有报道，其活性中心的结构以及与氧分子的结合方式示于图 9-8 中。由此可以看出，在蚯蚓血红蛋白的活性中心中含有两个配位不等价的铁离子，并通过一个羟基和两个羧酸根离子桥联在一起。在没有结合氧分子 (脱氧) 时，除了三个桥联配体的氧原子参与配位之外，每个铁离子还分别与三个和两个来自蛋白链中组氨酸侧链上咪唑基团的氮原子配位，因此一个铁离子为六配位，另外一个为五配位，留有一个空位 (或者认为被一个水分子所占据)。氧合以后，氧分子就占据着这个空位。氧分子中的一个氧原子与铁配位，另

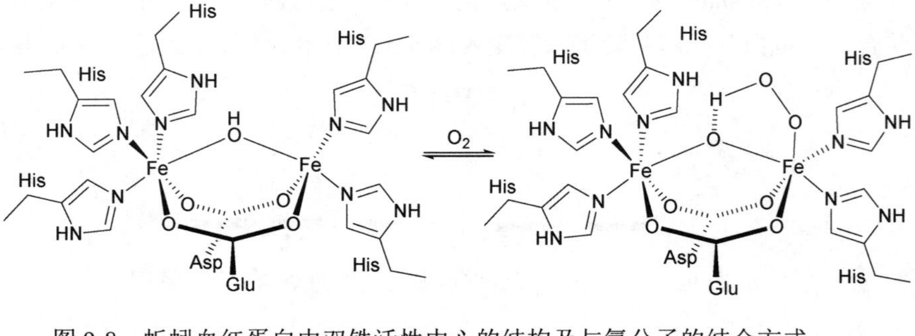

图 9-8 蚯蚓血红蛋白中双铁活性中心的结构及与氧分子的结合方式

外一个氧原子则从羟桥中夺取氢，并形成 O−H···O 氢键，因此蚯蚓血红蛋白中由氧合前的二价铁羟桥 ($Fe^{2+}-OH-Fe^{2+}$) 氧化为氧合后的三价铁氧桥 ($Fe^{3+}-O-Fe^{3+}$)，与此同时氧分子则被还原为过氧负离子 O_2^{2-}。也就是说，在蚯蚓血红蛋白的氧合过程中发生了双电子氧化还原反应，而在血红蛋白的每一个亚基和肌红蛋白的氧合过程中只发生了单电子氧化还原反应。

9.2.2 含铁蛋白和含铁酶

由于铁在生命体系中的含量高、分布广，因此自然界中含有铁的金属酶、金属蛋白很多 (表 9-1)。另外，因为铁有二价、三价等可变化合价，而具有良好的氧化还原性能，因此在生命体系中，除了上面介绍的铁可以作为构成氧载体的活性中心之外，铁还是许多电子传递蛋白和一系列金属酶催化反应活性中心中不可缺少的金属离子。下面分别简单介绍。

9.2.2.1 电子传递蛋白——细胞色素 c

电子传递反应可以说是生命体系中最基本的一类反应。因为各种物质的代谢一般都会涉及氧化还原反应，而氧化还原反应的发生即伴随着电子的转移。自然界中作为电子传递体的物质主要有两类，一类是不含有金属离子的有机化合物或蛋白，例如黄素氧还蛋白 (flavodoxin) 就有电子传递的功能；另一类就是含有金属离子的金属蛋白，生物体中常见的含金属离子电子传递蛋白有铁硫蛋白 (iron-sulfur protein)、细胞色素(cytochrome，简写为 cyt) 类蛋白以及含铜的质体蓝素 (plastocyanin) 和阿祖林 (azurin) 等。含铜的电子传递蛋白我们将在 9.2.4 节中介绍。铁硫蛋白是一类非血红素蛋白，其中研究较多的有红氧还蛋白 (rubredoxin，简写为 Rd) 和铁氧还蛋白 (ferredoxin，简写为 Fd)，前者含有单核铁活性中心 $[Fe(Cys)_4]$ (Cys 代表通过侧链上硫负离子与金属离子配位的半胱氨酸)，并通过 Fe^{II}/Fe^{III} 之间的价态变化来进行单电子传递，而后者的铁氧还蛋白活性中心中则含有 Fe_2S_2、Fe_4S_4 等簇合物，也是通过簇合物中铁离子价态的变化来进行电子传递。有关铁硫蛋白的详细情况这里不再介绍。下面将以细胞色素 c (Cyt c) 为例着重介绍血红素类电子传递蛋白。

细胞色素是指存在于细胞、微生物中含有血红素辅基的一类电子传递蛋白。根据所含有的血红素辅基的种类可将天然细胞色素分为细胞色素 a、细胞色素 b、细胞色素 c 等多种类型，它们分别含有血红素 a、血红素 b、血红素 c 等辅基。细胞色素类蛋白中研究最多、了解最清楚的是细胞色素 c 和细胞色素 b5 等。

细胞色素 c 广泛存在于从细菌、酵母、植物到高等动物和人等所有的原核生物和真核生物中。另外，由于细胞色素 c 的分子量较小，例如马心细胞色素 c 由 104 个氨基酸残基所组成，其分子量为 12400，而且细胞色素 c 类蛋白的结晶性比较好，因此人们对该类蛋白进行了详细而又深入的研究。国内南京大学、复旦大学等单位在细胞色素 c 及其衍生物的溶液结构、细胞色素 c 与其它蛋白 (如细胞色素 b5) 之间的相互作用方面开展了卓有成效的研究工作。

到目前为止，人们利用 NMR (核磁共振) 和 X 衍射单晶结构分析等方法已经得到了多种细胞色素 c 及其衍生物的三维溶液和晶体结构。马心细胞色素 c 的三维空间结构以及血红素铁周围的结构示于图 9-9 中，其二级结构中主要含有五条特征的 α-螺旋链而没有 β-折叠结构 [图 9-9(a)]，另外血红素辅基周围有一个由疏水性氨基酸残基组成的疏水腔，该疏水腔被认为在稳定细胞色素 c 的结构以及在细胞色素 c 的电子传递过程中起着重要作用。

从细胞色素 c 活性中心的结构 [图 9-9(b)] 中可以清楚地看出铁具有六配位的八面体构型，它除了与血红素辅基的卟啉环中四个氮原子配位之外，两个轴向位置分别被来自蛋白链的甲硫氨酸 80 (Met80) 的硫原子和组氨酸 18 (His18) 的咪唑氮原子占据。尽管细胞色素 c 和肌红蛋白 (血红蛋白) 都是血红素蛋白，但是它们在生物体中的功能截然不同，结构上也有很大的不同。细胞色素 c 和肌红蛋白结构上的差别主要表现在：血红素辅基不同，分别含有血红素 c 和血红素 b 辅基；血红素辅基与蛋白链之间的连接方式不一样，细胞色素 c 中除了两个轴向配体连接之外，血红素 c 中卟啉环 2-位和 4-位的两个乙烯基还以共价键形式与蛋白链中的两个半胱氨酸 (Cys14 和 Cys17) 相连接，而肌红蛋白中血红素 b 辅基与蛋白链之间只通过一个轴向配体 (即近侧组氨酸 F8) 连接；中心铁离子配位环境不同，细胞色素 c 中为饱和的六配位，而肌红蛋白中为不饱和的五配位，余下的一个空位用于结合氧分子；铁离子自旋状态和磁性质不同，细胞色素 c 中不管是氧化型的三价铁还是还原型的二价铁都是低自旋，因此氧化型细胞色素 c 为顺磁性蛋白，还原型则为抗磁性蛋白，而肌红蛋白中的铁只有在结合了氧分子之后，铁离子才为三价低自旋态，而且由于超氧负离子的 π 反键轨道中的一个电子与三价低自旋铁离子的 d 轨道中的一个电子之间存在相互作用，从而使得氧合肌红蛋白为抗磁性蛋白，在没有结合氧的还原态中二价铁离子则处于高自旋状态，为顺磁性蛋白；血红素辅基在蛋白链中的排布方式以及血红素辅基中取代基的走向也不一样，例如 6,7-位的丙酸基，在肌红蛋白中处在疏水空腔之外，直接与蛋白周围的水分子相互作用；而在细胞色素 c 中丙酸基则处于疏水空腔中。

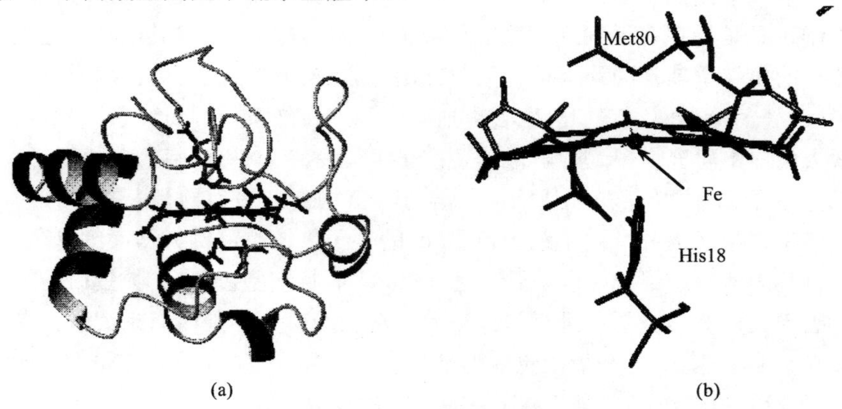

图 9-9　马心细胞色素 c 的三维结构 (a) 及血红素铁周围结构 (b)

9.2.2.2　含铁金属酶——细胞色素 P-450

上面介绍的血红蛋白、肌红蛋白、细胞色素 c 等都是含有铁的金属蛋白，除此之外，生命体系中还有多种含铁的金属酶，催化着多种反应，在物质的代谢等过程中起着非常重要的作用。代表性的含铁金属酶列于表 9-3 中。

表 9-3　几种常见的含铁酶及其主要生物功能

酶的分类	代表性酶	催化的反应①
双加氧酶	邻苯二酚氧酶	$SH + O_2 \rightarrow SO_2H$
单加氧酶	细胞色素 P-450	$SH + O_2 + 2H^+ + 2e^- \rightarrow SOH + H_2O$
	甲烷单加氧酶	$CH_4 + NADH + H^+ + O_2 \rightarrow CH_3OH + NAD^+ + H_2O$
过氧化物酶	辣根过氧化物酶	$ROOH + R'H_2 \rightarrow ROH + R' + H_2O$
过氧化氢酶	过氧化氢酶	$2H_2O_2 \rightarrow 2H_2O + O_2$
歧化酶	铁超氧化物歧化酶	$2O_2^- + 2H^+ \rightarrow H_2O_2 + O_2$

① SH—底物分子；NADH—还原型烟酰胺腺嘌呤二核苷酸；NAD^+—氧化型烟酰胺腺嘌呤二核苷酸。

自然界中许多物质的代谢都涉及与空气中氧分子的反应。其中有一类重要的反应就是氧分子在酶的催化作用下氧化加合到底物分子中去，这一类反应被称之为加氧反应，催化该类反应的酶被称为加氧酶 (oxygenase)[14]。如果是氧分子中两个氧原子中的一个催化加合到底物分子中，而另外一个氧原子则被转换为水分子的反应称为单加氧反应，相应的酶称为单加氧酶 (monooxygenase)；若是氧分子中的两个氧原子都加合到底物分子中的反应称为双加氧反应，相应的酶称为双加氧酶 (dioxygenase)。常见的双加氧酶有邻苯二酚氧酶 (catechol 1,2-dioxygenase)，同位素标记研究结果证实氧分子中的两个氧原子都加入到产物分子中 (图 9-10)，从微生物中分离得到的邻苯二酚氧酶中含有两个不同的亚基，总的分子量约为 6 万，活性中心含有一个三价铁离子。单加氧酶中的典型代表有甲烷单加氧酶 (methane monooxygenase，简称为 MMO) 和细胞色素 P-450，前者为非血红素蛋白，而后者为血红素蛋白。这里只简单介绍细胞色素 P-450。

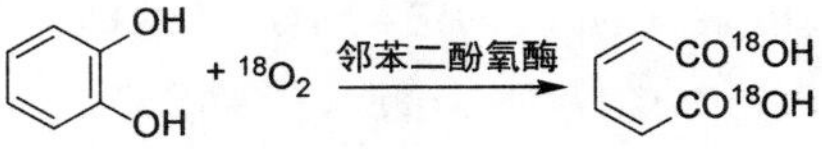

$$\text{(OH, OH)} + {}^{18}O_2 \xrightarrow{\text{邻苯二酚氧酶}} \text{(CO}^{18}\text{OH, CO}^{18}\text{OH)}$$

图 9-10　邻苯二酚氧酶的催化反应

细胞色素 P-450 因为在还原状态下其一氧化碳 (CO) 加合物的 Soret 特征吸收带出现在 450 nm 附近而得名，其中 P 取自 pigment (色素) 的首字母。从表 9-3 的反应式中可以看出细胞色素 P-450 催化的反应是将底物分子 SH 转变为 SOH，即在底物分子中引入了一个羟基，亦即发生了羟化反应，因此细胞色素 P-450 是一种羟化酶。细胞色素 P-450 显示出非常广的底物分子特异性，包括脂肪环、脂肪链类碳氢化合物以及它们的衍生物、芳香族碳氢化合物及其衍生物等。这些有机化合物由于不溶于水，使得其在体内难以代谢，而在细胞色素 P-450 单加氧酶作用下，使这些难代谢物被羟基化，将其转化成水溶性化合物。再进一步与其它水溶性物结合，代谢后排出体外。很显然这对哺乳动物十分重要。例如，在肝微粒体中已经发现多种细胞色素 P-450，可将外来有毒化合物、污染物等催化氧化成水溶性物种排出体外，从而起到保护机体不受伤害的作用。但是，现在也发现本来没有毒性或毒性较小的化合物经过细胞色素 P-450 催化引入羟基之后反而变成毒性更大的化合物，如致癌物等。

现已证实，细胞色素 P-450 在许多重要的代谢和生物合成反应中起了非常重要的作用。例如，在肾上腺皮质中细胞色素 P-450 参与脂的代谢、胆甾醇的氧化等重要过程。这些反应无论从生理需要，还是从合成、反应机理角度，均具有非常重要的意义。这些反应中的氢供体主要有还原型烟酰胺腺嘌呤二核苷酸 (NADH)、还原型烟酰胺腺嘌呤核苷酸磷酸盐 (NADPH)、还原型黄素蛋白、抗坏血酸等。根据来源的不同可将细胞色素 P-450 分为三类：细菌单加氧酶，最有代表性的是莰酮-5-单氧酶；肾上腺皮质线粒体单加氧酶，催化的底物分子主要有孕甾酮和 11-脱氧皮质甾酮；肝微粒体单加氧酶，催化的底物分子种类较多，包括脂肪族化合物、药物分子等。

在细胞色素 P-450 参与的各种催化羟化反应中，研究最多、了解得最清楚的是莰酮-5-单氧酶 (camphor 5-monooxygenase)。反应式如图 9-11 所示。

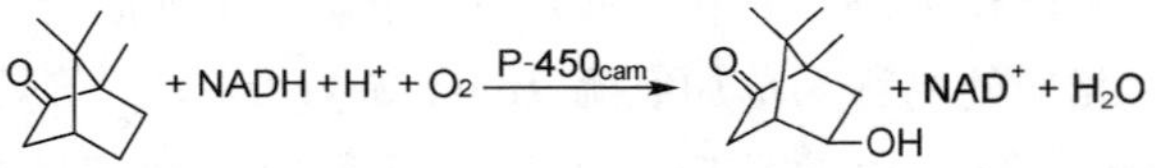

$$\text{(2-莰酮)} + NADH + H^+ + O_2 \xrightarrow{P\text{-}450_{cam}} \text{(5-exo-羟基-2-莰酮, OH)} + NAD^+ + H_2O$$

图 9-11　细胞色素 P-450_{cam} 催化 2-莰酮的羟基化反应

在黄素蛋白、铁硫蛋白和细胞色素 P-450 的共同作用下由 NADH 作为氢供体，在樟脑 (即 2-莰酮) 分子的 5-位上进行立体选择性羟基化反应 (只有 5-*exo*-OH 产物生成)，催化该反应的细胞色素 P-450 一般简称为 P-450_{cam}。下面我们以此为例来介绍细胞色素 P-450 酶的结构和可能的催化反应机理。

人们通过电子自旋共振 (ESR)、扩展 X 射线吸收精细结构 (EXAFS) 等多种谱学手段研究得知：细胞色素 P-450 的结构中，在其活性中心中含有铁和原卟啉，而且还原型的细胞色素 P-450 中铁为高自旋，易与 O_2, CO, CN^- 等分子或离子结合，结合后为低自旋，这一现象类似于肌红蛋白。另外，细胞色素 P-450 也是以血红素 b 为辅基的蛋白，因此它也是 b 类细胞色素中的一种。但是与细胞色素 c、细胞色素 b5 等截然不同的是细胞色素 P-450 在生命体系中并不是一种电子传递蛋白，而是催化某些有机底物分子的加氧反应。这也是由其结构所决定的。如图 9-12 所示，X 衍射晶体结构分析结果显示血红素铁的第五配体是来自于蛋白链上半胱氨酸残基 (Cys357) 侧链的硫。氧化型细胞色素 P-450 在没有底物分子存在的条件下，第六配体为水分子。当有底物分子进来之后，血红素上方的空间被底物分子所占据。而作为电子传递蛋白的细胞色素 c 中铁是配位饱和的六配位。值得一提的是，从图 9-12

可以清楚地看出底物分子并没有与血红素铁直接配位。这也说明：在金属酶催化的反应中，并不一定需要底物分子与活性中心中的金属离子之间有直接的结合。

细胞色素 P-450 催化羟化的反应机理一直是人们非常感兴趣的问题，并为此进行了大量的工作，已经积累了很多数据[15,16]。目前已经知道大概的、可能的反应过程 (机理)，但是还有许多细节问题，其中包括哪一步是速度决定步骤等，还需要进一步研究。

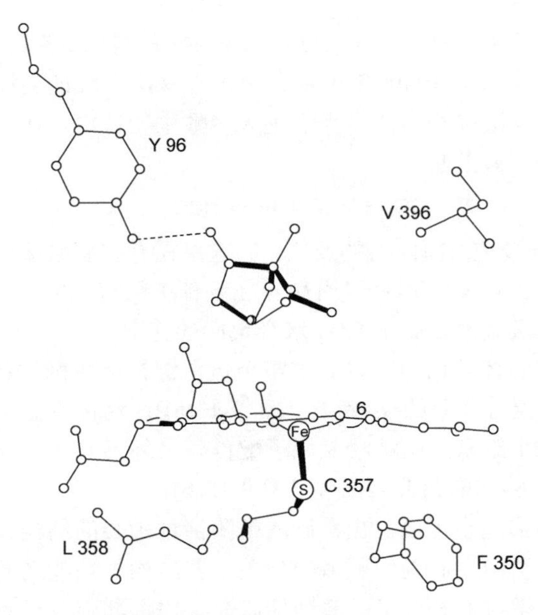

图 9-12　2-莰酮存在下细胞色素 $P\text{-}450_{cam}$ 活性中心的结构

9.2.3　含锌酶

从表 9-1 中可以看出，在生物体内锌离子的含量仅次于铁，在微量必需元素中位居第二。锌离子具有如下的特性：良好的 Lewis 酸性；本身没有氧化还原活性 (d^{10} 电子结构)；良好的溶解性；低的毒性等。因此，锌在生物体内的分布和作用范围都很广，目前已经知道的氧化还原酶、转移酶、水解酶、异构化酶、裂解酶和连接酶中均发现有含锌的酶存在[17~20]。在这些金属酶中，锌一般都位于其活性中心，但是有的直接参与酶的催化反应，有的则不直接参与，而是起到稳定结构等其它作用，例如醇脱氢酶中的锌就是如此。一些常见的含锌酶列于表 9-4 中，其中研究最多的是碳酸酐酶、羧肽酶、碱性磷酸酯酶等。

表 9-4　一些常见的含锌酶

酶	分子量	锌原子数	来源	生物功能
碳酸酐酶	28000~30000	1	哺乳动物红细胞	CO_2 的可逆水合
	140000~180000	6	植物	
羧肽酶	34000~36000	1	哺乳动物胰脏	肽链 C-端氨基酸水解

续表

酶	分子量	锌原子数	来源	生物功能
氨肽酶	300000	4~6	猪肾	肽链 N-端氨基酸水解
嗜热菌蛋白酶	35000	1		肽键水解
碱性磷酸酯酶	89000	4	大肠杆菌	磷酸单酯水解
醇脱氢酶	8000	4	马肝	氧化醇到醛

9.2.3.1　碳酸酐酶

1933 年发现了能够催化 CO_2 可逆水合的酶，被命名为碳酸酐酶 (carbonic anhydrase，简写为 CA)。1940 年确定其中含有锌，而且证实锌在该酶的催化过程中是不可缺少的。碳酸酐酶广泛存在于绝大多数生物体内，研究最多的是从人和牛的红细胞中获得的碳酸酐酶。

$$CO_2 + H_2O \rightleftharpoons HCO_3^- + H^+$$

上式 CO_2 水合反应 (即向右的反应) 的速率在有碳酸酐酶催化 pH = 9、25 ºC 条件下约为 $10^6\ mol\cdot L^{-1}\cdot s^{-1}$，而在没有酶存在条件下只有 $7.0\times10^{-4}\ mol\cdot L^{-1}\cdot s^{-1}$，由此可见碳酸酐酶催化极大地提高了 CO_2 水合反应的速率。

从碳酸酐酶的晶体结构中可以看出整个蛋白链折叠成椭球状，其二级结构中主要为β-折叠片，但也有部分的 α-螺旋 [图 9-13(a)]。活性中心中含有一个锌离子，与来自蛋白链中三个组氨酸的咪唑氮原子配位，另外还有一个配位水分子，这样锌离子的配位环境为 N_3O 的扭曲四面体 [图 9-13(b)]。

从上面的结构描述中可以看出，碳酸酐酶活性中心的结构并不复杂，但是却有很高的活性。有了结构之后人们更多的是关心其结构与功能之间的关系以及催化反应机理。为此，化学家们开展了一系列的研究工作，其中包括对天然碳酸酐酶进行改造和设计合成模型化合物 (碳酸酐酶的模拟研究见 9.3.1 小节) 等研究。下面介绍一个用二价钴取代天然碳酸酐酶中锌的研究工作。

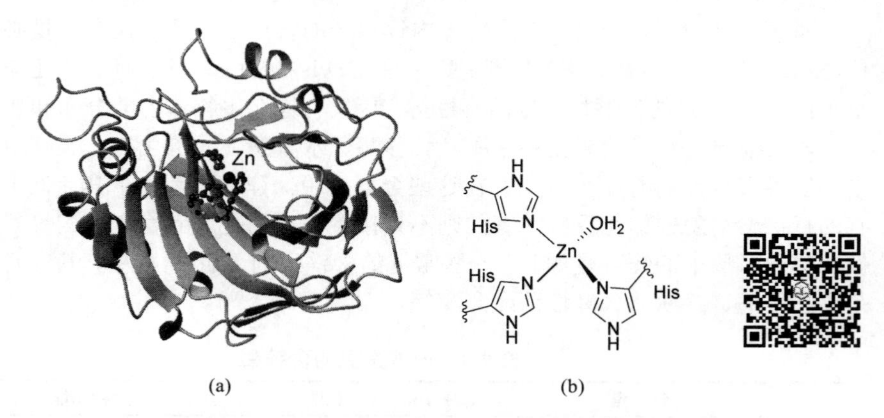

图 9-13　碳酸酐酶 (a) 及其活性中心锌离子周围 (b) 的结构

由于含二价锌的酶和蛋白为无色的，因此难以用谱学的方法对其进行深入的研究。为此，人们就采用化学的方法将天然碳酸酐酶中的锌离子置换为其它的金属离子。研究较多的是二价钴取代的碳酸酐酶 [Co(Ⅱ)-CA]，这是因为四配位高自旋的二价钴有与天然碳酸酐酶中锌离子相似的扭曲四面体的配位构型。但是二价钴 (d^7) 有较为丰富的谱学性质，因此可以用来取代锌离子作为金属酶或蛋白的谱学探针。具体做法是先用化学的方法除去天然碳酸酐酶中的锌离子得到脱辅基蛋白 (apo-protein)，然后再将二价钴离子结合到脱辅基蛋白中从而得到钴取代的碳酸酐酶 [Co(Ⅱ)-CA]。

$$\text{碳酸酐酶 CA} \xrightarrow{-Zn^{2+}} \text{脱辅基蛋白 (apo-protein)} \xrightarrow{+Co^{2+}} \text{Co(II)-CA}$$

实验结果证实在钴取代碳酸酐酶中 Co^{2+} 确实占据了原来 Zn^{2+} 的位置，而且整个酶保持了原来锌酶的基本结构。从而为用谱学方法研究钴取代碳酸酐酶提供了基础。例如，通过测定不同 pH 下钴取代碳酸酐酶的紫外-可见 (UV-Vis) 光谱，可以推测在不同 pH 条件下 Co^{2+} 的配位环境以及与 Co^{2+} 配位的物种等。结果显示在低 pH (酸性) 时，Co^{2+} 趋向于五配位，当体系 pH 逐渐升高，碱性逐渐增强时，就会失去一个配位水分子 Co^{2+} 变为四配位，当达到一定的 pH 时与 Co^{2+} 配位的水分子会失去一个质子 (H^+) 形成 $Co-OH^-$ 物种。失去质子时的 pH 值的大小即反映了与 Co^{2+} 配位的水分子的 pK_a 的大小。该过程简单表示于图 9-14 中。

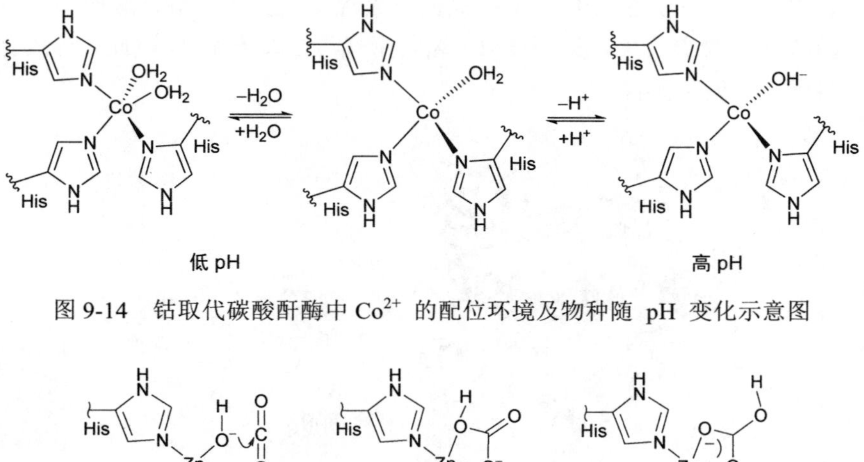

低 pH　　　　高 pH

图 9-14　钴取代碳酸酐酶中 Co^{2+} 的配位环境及物种随 pH 变化示意图

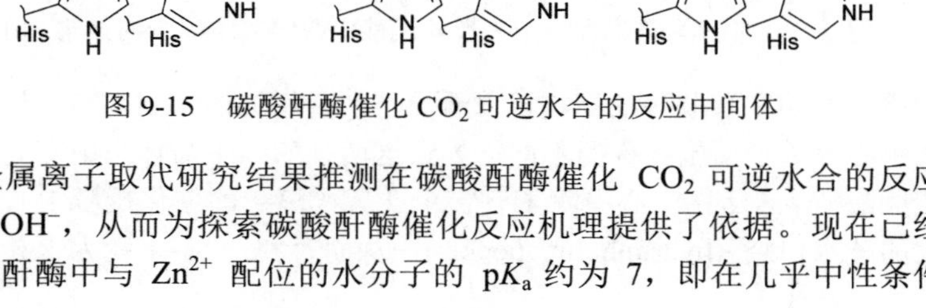

图 9-15　碳酸酐酶催化 CO_2 可逆水合的反应中间体

从该金属离子取代研究结果推测在碳酸酐酶催化 CO_2 可逆水合的反应中活性物种为 $Zn-OH^-$，从而为探索碳酸酐酶催化反应机理提供了依据。现在已经研究证实天然碳酸酐酶中与 Zn^{2+} 配位的水分子的 pK_a 约为 7，即在几乎中性条件下即可

发生 $Zn\text{-}OH_2 \longrightarrow Zn\text{-}OH^- + H^+$，也就是说，碳酸酐酶中由于锌离子的参与，从而大大降低了配位水分子的 pK_a。

现在一般认为在碳酸酐酶催化 CO_2 可逆水合的反应过程中首先就是锌-羟基 ($Zn\text{-}OH^-$) 活性物种进攻 CO_2 中的碳原子，形成并经过图 9-15 所示的中间体之后，脱去 HCO_3^- 离子，同时锌再结合一个水分子，从而完成一个催化循环。

9.2.3.2 羧肽酶

在生命体系中催化水解蛋白链的酶主要分为两种，即催化水解蛋白链 C 末端氨基酸残基的羧肽酶 (carboxypeptidase，简称 CP) 和断裂蛋白链 N-末端肽键的氨肽酶 (aminopeptidase)。其中研究较多的是羧肽酶，其催化的反应可以表示如下：

$$RCONHCHR'CO_2^- + H_2O \rightleftharpoons R\text{-}CO_2^- + NH_3^+CHR'CO_2^-$$

其中，如果 R′ 中含有芳香基团，即被水解肽链的 C-末端为含芳香基的残基，选择性催化水解这类反应的酶则被称为羧肽酶 A (CP-A)；而如果 R′ 为碱性基团，则称之为羧肽酶 B (CP-B)。羧肽酶在催化水解蛋白链时必须做到：促进亲核试剂对肽键中羰基的亲核进攻；稳定由对羰基碳进行亲核进攻产生的中间体或过渡态；稳定酰胺的氮原子，使之成为合适的离去基团，从而断裂 OC—NH 肽键。

羧肽酶 A 是目前研究最多，了解最清楚的羧肽酶。来自牛胰腺的羧肽酶 A 的结构示于图 9-16 中，蛋白链由 307 个氨基酸残基组成，并含有一个单核锌的活性中心，其中锌离子为五配位，两个氮原子来源于蛋白链中组氨酸残基，另外谷氨酸 (Glu) 残基侧链上的羧酸根以双齿螯合形式与锌离子配位，除此之外还有一个配位水分子 [图 9-16(b)]。

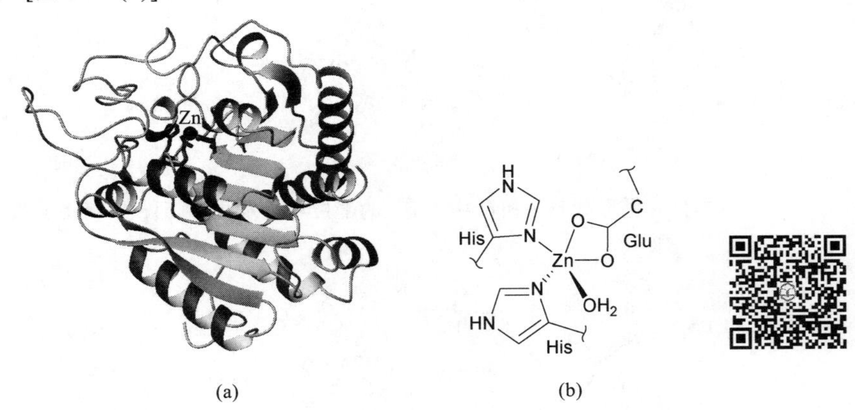

图 9-16 牛胰腺羧肽酶 A (a) 及其活性中心锌离子周围的结构 (b)

比较碳酸酐酶和羧肽酶的结构可以看出，两者结构的不同，其中包括蛋白链结构和活性中心锌离子周围结构的不同，导致这两种酶在生命体系中有完全不同的功能。在羧肽酶 A 的活性中心中除了有一个含有锌离子的催化反应中心之外，还有一个较大的疏水口袋 (hydrophobic pocket)，从而有利于 C-末端为含芳香基残基的

肽链 (底物分子) 结合到催化反应活性中心。因此，羧肽酶 A 可以选择性地水解断裂 C-末端为含芳香基残基的肽链。另外，与锌离子配位的水分子直接进攻肽键，一方面由于锌离子的参与大大降低了配位水分子的 pK_a，另一方面活性中心附近的另一个未与锌配位的谷氨酸在催化反应过程也起着非常重要的作用。

9.2.3.3　碱性磷酸酯酶

上面介绍的碳酸酐酶和羧肽酶 A 等都是活性中心中只含有一个金属锌离子。在生命体系中除了这些单核金属酶之外，还有一些酶在其活性中心中含有两个或两个以上的金属离子。碱性磷酸酯酶 (alkaline phosphatase，简称为 AP) 就是其中的一个[19,20]。

碱性磷酸酯酶广泛存在于从细菌到高等动物的各种生物体中，是迄今为止了解最多的双核金属水解酶。它的生物功能主要是催化磷酸单酯水解产生醇或酚和游离的磷酸根离子 (图 9-17)。

$$E + R—OPO_3^{2-} \rightleftharpoons E{\cdot}R—OPO_3^{2-} \xrightarrow{-RO^-} E—PO_3^{2-} \xrightarrow{H_2O} E + HPO_4^{2-}$$

图 9-17　碱性磷酸酯酶催化水解磷酸单酯反应示意图

该酶的催化反应活性与体系的 pH 有关，正如其名称中所反映的一样，在碱性 (pH 约为 8) 条件下其催化活性最佳。从大肠杆菌中分离得到的碱性磷酸酯酶 (*E. coli* AP) 的分子量为 94 kD，是由两个亚基组成的二聚体，每个亚基的活性中心中包含两个锌离子和一个镁离子。Zn^{2+} 与 Zn^{2+} 之间的距离约为 4 Å，而 Mg^{2+} 距双核锌活性部位 5~7 Å (图 9-18)。

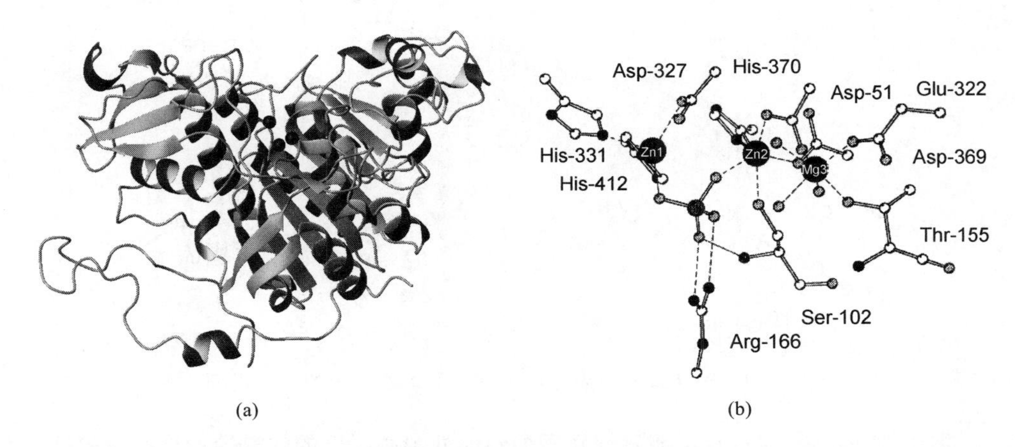

图 9-18　结合有磷酸根离子的大肠杆菌碱性磷酸酯酶 (a) 及其活性中心 (b) 的结构

金属离子取代等实验结果表明碱性磷酸酯酶中锌离子对催化反应活性是必需的。例如，如果用 Co^{2+} 取代碱性磷酸酯酶中的 Zn^{2+} 发现其催化反应活性只有原来的 30%，而用 Cd^{2+} 或 Mn^{2+} 取代 Zn^{2+} 后的碱性磷酸酯酶的催化反应活性则更要低得很多。这些差别可能是由于 Zn^{2+}、Co^{2+}、Cd^{2+}、Mn^{2+} 等金属离子的 Lewis 酸性不同，以及这些金属离子与底物分子、反应中间体等物种的结合能力不同等因素造成的。而碱性磷酸酯酶中的镁离子则主要起到结构上的作用，对催化反应活性没有太大的影响。

从结合有磷酸根离子的大肠杆菌碱性磷酸酯酶的高分辨的 X 衍射晶体结构分析结果 (图 9-18) 可以看出，活性中心中两个锌离子的配位环境是不一样的。两个锌离子通过磷酸根离子的两个 O 原子桥联在一起。而在没有结合磷酸根离子的天然碱性磷酸酯酶中，两个锌离子之间没有桥联基团。其中 Zn1 中磷酸根离子 O 的位置被一个水分子占据；而 Zn2 中磷酸根离子 O 的位置则被丝氨酸 (Ser102) 侧链上的 O 所占据。正是由于 Ser102 的氧原子与 Zn2 之间有配位作用，在 Zn2 的作用下 Ser102 侧链中 OH 的 pK_a 下降至 7.0 左右。也就是说在几乎中性条件下，与 Zn2 配位的 Ser102 即可脱质子生成亲核进攻活性基团锌-烷氧基 (Zn-alkoxide) 负离子。

目前，推测的碱性磷酸酯酶催化磷酸单酯水解的可能机理示于图 9-19 中。结合图 9-17 和图 9-19 可以看出，磷酸单酯的水解分为两步。第一步是锌-烷氧基负离子进攻酶-底物结合形成的复合物 ($E\cdot ROP_3^{2-}$) 中的 P 原子，并在 Zn1 作用下削弱与其配位的 O 和 P 之间的键，从而使 RO^- 离去，并形成磷脂-丝氨酸中间体，磷酸酯完成第一次水解；第二步由配位于 Zn1 上的水分子脱质子形成的亲核基团锌-羟基 (Zn-hydroxide) 负离子进攻磷脂-丝氨酸中间体，导致磷脂-丝氨酸之间的 P—O 键断裂，从而生成无机磷酸根离子，完成第二次水解。

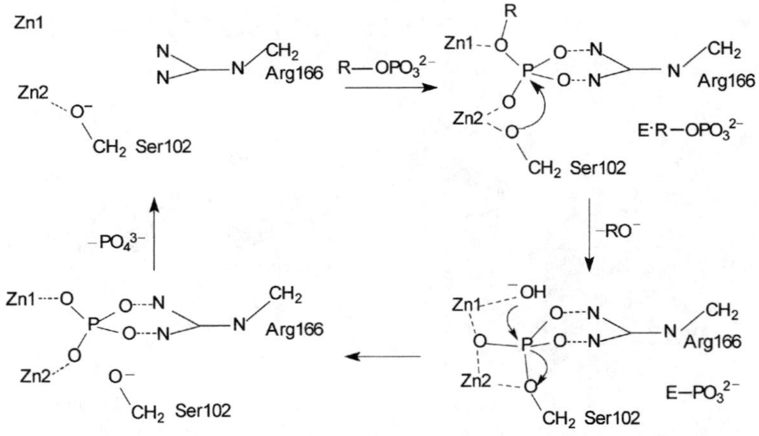

图 9-19 碱性磷酸酯酶催化水解磷酸单酯反应的可能机理

上面的催化反应过程说明碱性磷酸酯酶活性中心附近的丝氨酸通过与锌配位，提供亲核性很强的锌-烷氧基负离子，因此在催化反应过程中起着非常重要的作用。为了进一步证实丝氨酸的亲核进攻作用，有人用基因定点突变的办法，用亮氨酸 (Leu) 或丙氨酸 (Ala) 取代丝氨酸 102，结果发现催化反应活性降低了很多，表明丝氨酸在催化反应过程中确实起着重要作用。另外，从图 9-19 中可以看出精氨酸

(Arg166) 在底物分子与酶的结合以及在稳定反应中间体等方面起着重要的作用。

9.2.4　含铜蛋白和含铜酶

含铜的金属蛋白和金属酶也广泛存在于生物体中[21,22]。一方面铜的含量较高，在微量必需元素中仅次于铁和锌，另一方面铜与铁一样具有可变化合价，因此在生物体中可以参与电子传递、氧化还原等一系列过程。一般将铜蛋白和铜酶中所含的铜根据其不同的谱学性质分为三类，即所谓的Ⅰ型 (type Ⅰ) 铜、Ⅱ型 (type Ⅱ) 铜和 Ⅲ 型 (type Ⅲ) 铜。将在 600 nm 附近有非常强的吸收，而且其超精细偶合常数很小的铜蛋白中所含的铜称为Ⅰ型铜。而将具有与一般铜配合物相似的吸收系数和超精细偶合常数的铜蛋白中所含的铜称为Ⅱ型铜。同时含有两个铜离子，而且两个铜离子之间有反铁磁性相互作用，并在 350 nm 附近有强吸收峰的铜称为 Ⅲ 型铜。有的蛋白或酶中只含有一种类型的铜，而有的则同时含有多种不同类型的铜，例如，抗坏血酸氧化酶中同时含有Ⅰ型铜、Ⅱ型铜和 Ⅲ 型铜，这种蛋白一般称之为多铜蛋白。下面通过具体的例子分别介绍三种不同类型的铜蛋白和铜酶。

9.2.4.1　质体蓝素——Ⅰ型铜

代表性Ⅰ型铜蛋白有质体蓝素 (plastocyanin) 和阿祖林 (azurin)。由于该类蛋白通常呈深蓝色，因此通常也被称为蓝铜蛋白 (blue copper protein)。实际上这些只含有Ⅰ型铜的蛋白在生命体系中都起着电子传递的作用。

质体蓝素存在于植物和藻类的叶绿体中，被认为在光合作用中进行电子传递。质体蓝素的分子量约为 11000，氧化还原电位为 370 mV 左右。在蛋白的 X 衍射晶体结构报道之前，人们利用多种谱学方法推测在质体蓝素活性中心的铜处于变形的四面体配位构型中，且有含氮和含硫两种配位原子。后来的 X 衍射晶体结构分析结果证实这些推测都是正确的，而且也更加确切地知道了质体蓝素的三维空间结构，氧化型质体蓝素及其铜活性中心的结构示于图 9-20 中。

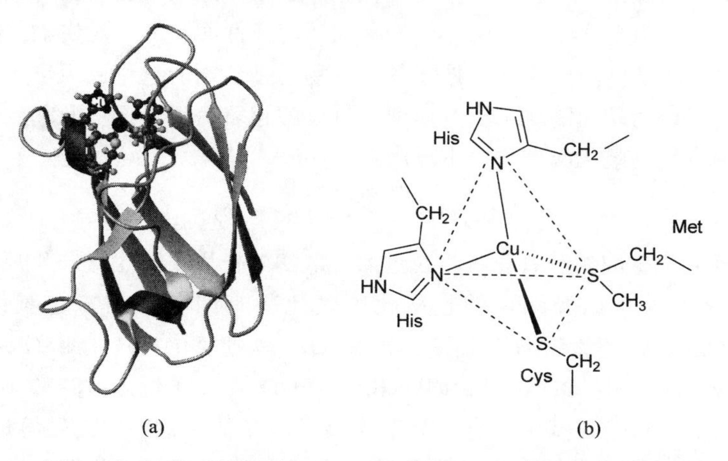

图 9-20　氧化型质体蓝素 (a) 及其铜活性中心 (b) 的结构

Ⅰ型铜蛋白在结构上有以下特点：含铜活性中心位于蛋白的一端，铜离子距离蛋白表面约 8 Å；蛋白链在空间折叠成 8 条链，其中 7 个为 β-折叠片，另一个为可变区域；三个含配位原子的氨基酸残基 Cys、His 和 Met 在一级结构上相距很近，Cys-X_n- His-X_m-Met，并靠近蛋白链的 C-末端，n 和 m 随蛋白来源的不同而变化，质体蓝素中 $n = 2$，$m = 4$；其中一个 His 和 Cys 附近有疏水氨基酸残基参与的氢键存在，使得 His 和 Cys 相互靠近并共同配位于同一个铜原子上，另一个 His 相距较远，埋于蛋白链的内部；C-端 His 残基靠近蛋白表面，周围是疏水环境，被认为是Ⅰ型铜蛋白的电子传递部位；半胱氨酸侧链上的硫原子与蛋白主链上酰胺 NH 之间形成一个或一个以上的 NH---S 氢键。

Ⅰ型铜蛋白的谱学特征主要有：在 590~625 nm 范围内有很强的 LMCT (Ligand- Metal Charge Transfer，即由配体到金属的电荷跃迁) 吸收，摩尔吸收系数为 3000~ 5000 $L·mol^{-1}·cm^{-1}$；电子自旋共振光谱中，由铜的核自旋引起的超精细偶合常数非常小 (0.003~0.009 cm^{-1})，这是由于 Cu−S (Cys) 键的共价性较大、Cu−S 键长较短所造成的；与一般铜配合物的氧化还原电位 (约 160 mV) 相比，Ⅰ型铜蛋白的氧化还原电位都比较高 (200~700 mV)。从已经报道的Ⅰ型铜蛋白的晶体结构中可以看出，Ⅰ型铜蛋白中铜的配位环境为 N_2SS^*，即两个组氨酸侧链上的咪唑氮原子、一个半胱氨酸侧链上的硫原子和一个甲硫氨酸侧链上的硫原子参与与铜的配位，形成一个扭曲的四面体结构。但是在阿祖林的活性中心，两个组氨酸的咪唑氮原子和一个半胱氨酸硫原子形成一个三角形，甲硫氨酸上的硫原子和一个蛋白链中的酰胺氧原子分别从三角形的两边与中心铜离子有弱配位作用。

9.2.4.2　铜锌超氧化物歧化酶——Ⅱ型铜

活性中心中只含有Ⅱ型铜的蛋白有铜锌超氧化物歧化酶 (supraoxide dismutase, SOD) 和半乳糖氧化酶 (galactose oxidase)。这里只简单介绍前者。

在氧分子代谢过程中，作为不完全代谢产物或副产物，会产生对生物体有害的超氧负离子和过氧负离子。由于这些物种的反应活性非常大，对生物体有害，因此有必要及时、有效地清除这些活性物种。生物通过长期的进化已经形成了自己的防御体制，超氧化物歧化酶就可以有效地催化分解超氧负离子，从而起到保护生物体的作用。超氧化物歧化酶催化以下反应：

$$2O_2^- + 2H^+ \xrightarrow{\text{SOD}} O_2 + H_2O_2$$

上述反应中生成的过氧化氢将在过氧化氢酶的作用下发生进一步反应，消除其毒性。到目前为止已经知道的超氧化物歧化酶有四种：铜锌超氧化物歧化酶 (Cu_2Zn_2- SOD)、锰超氧化物歧化酶 (Mn-SOD)、铁超氧化物歧化酶 (Fe-SOD) 和镍超氧化物歧化酶 (Ni-SOD)。Mn-SOD 和 Fe-SOD 由分子量为 18~22 kD 的两个或四个亚基组成，每个亚基中含有一个金属离子，多见于微生物中。但是研究最多、了解最清楚的还是从真核生物中分离得到的 Cu_2Zn_2-SOD，哺乳类动物的超氧化物歧化酶主要存在于肝脏、血液细胞、脑组织等地方。它与超氧负离子的反应非常快 (约 $2\times10^9\ mol\cdot L^{-1}\cdot s^{-1}$)，可以有效地去除超氧负离子，是一种很好的抗氧化剂，从而起到防衰老、抑制肿瘤发生等作用。

1938 年发现铜锌超氧化物歧化酶，但是直到 1969 年才知道其生物活性。Cu_2Zn_2-SOD 中含有两个相同的亚基，其中每个亚基中含有一个铜离子和一个锌离子。两个亚基之间主要是通过非共价键的疏水作用缔合在一起。图 9-21 显示了牛红细胞铜锌超氧化物歧化酶的整体结构及其活性中心结构。

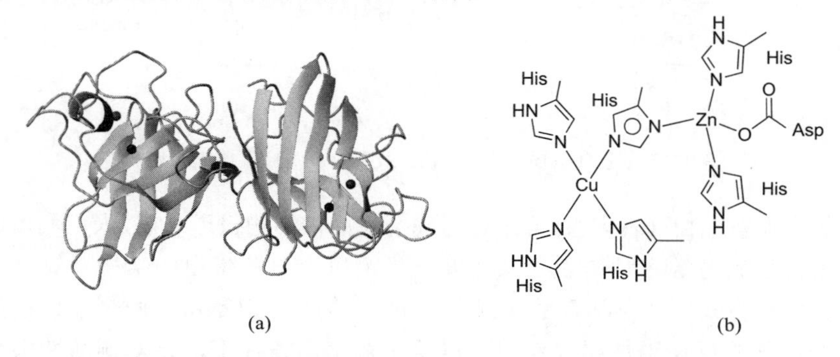

图 9-21　铜锌超氧化物歧化酶 (a) 及其活性中心 (b) 的结构

从上述晶体结构中可以看出铜锌超氧化物歧化酶结构具有以下特点：每一条蛋白链中的二级结构主要为 β-折叠和 β-转角，而 α-螺旋结构含量很少；每一个亚基中的铜离子和锌离子之间的距离为 6.7 Å，通过一个组氨酸侧链上的咪唑基团桥联在一起；每个铜离子与四个组氨酸侧链上的咪唑氮原子有配位作用，形成一个变形的四边形结构，而且 ESR 等研究已经证实另外还有一个水分子配位于铜离子，即铜离子为五配位的变形四方锥构型；锌离子为变形四面体配位构型，其中三个来源于组氨酸侧链上的咪唑氮原子，另一个是天冬氨酸的羧酸根氧原子。在铜部位周围有侧链上带电荷的氨基酸残基存在，如赖氨酸、谷氨酸、精氨酸等，而且推测这些带电荷的氨基酸残基可能与超氧负离子进入到铜部位发生歧化反应有关。

9.2.4.3　血蓝蛋白——Ⅲ型铜

血蓝蛋白是一种氧载体，存在于蜗虫、章鱼等甲壳类和软体类动物的血液中。分子量特别大，一个亚基的分子量约为 46 万，而血蓝蛋白中的亚基数可变，与其来源有关，不同来源的血蓝蛋白含有的亚基数不同。正因为分子庞大，因此高精度的 X 衍射晶体结构难以得到。*Panulitrus interruptus* 中分离出的血蓝蛋白在脱氧状态 (还原态) 下的晶体结构已经报道 (图 9-22)，从中可以看出在每个亚基的活性中心中含有两个一价铜离子，每个铜离子与三个组氨酸侧链上的咪唑氮原子配位，两个铜离子和四个组氨酸侧链上的咪唑氮原子 (His194、His198、His344 和 His348) 基本上位于同一平面，His224、His384 呈反式分别与两个铜离子形成弱配位。两个铜离子之间未发现桥联配体。

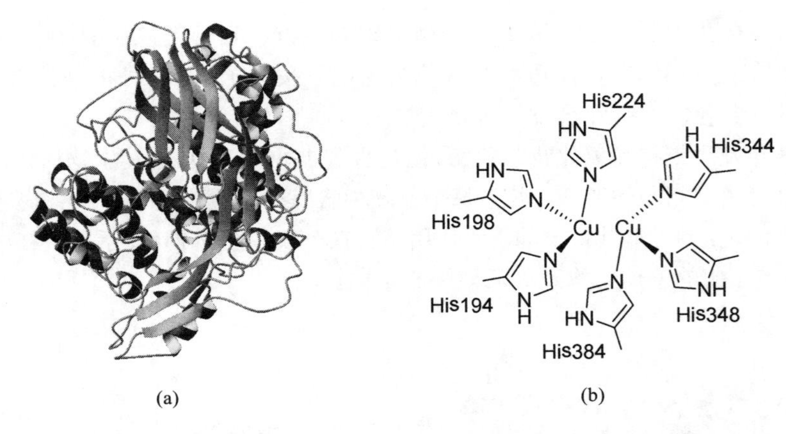

图 9-22 还原型血蓝蛋白 (a) 及其活性中心 (b) 的结构

在氧合血蓝蛋白 (氧化态) 的 X 射线衍射晶体结构报道之前，人们利用圆二色谱、共振拉曼光谱等多种谱学方法研究、推测氧合血蓝蛋白的结构及氧分子与血蓝蛋白的结合方式。氧合以后尽管铜为二价 d^9 构型，但是由于两个二价铜离子之间存在着很强的反铁磁性相互作用，以至于在室温条件下，该双铜活性中心呈现抗磁性。共振拉曼光谱研究发现氧分子结合到血蓝蛋白以后，其 O−O 伸缩振动在 750 cm^{-1}，表明氧以过氧负离子状态存在，而且 $^{16}O-^{18}O$ 双同位素标记研究结果显示 $^{16}O-^{18}O$ 结合到血蓝蛋白以后只观测到一种 O−O 伸缩振动，因此推测氧合血蓝蛋白活性中心的结构为 (μ-过氧基)双铜结构。后来的模型化合物研究 (详见 9.3.2 小节的模型研究) 发现具有μ-η^2:η^2-过氧基结构的双核铜配合物的谱学性质与氧合血蓝蛋白的谱学性质非常相似。说明天然血蓝蛋白在氧合以后可能具有同样的 μ-η^2:η^2-过氧基结构，这一推测被后来报道的氧合血蓝蛋白 X 射线衍射晶体结构证实是正确的。值得一提的是，在血红蛋白、肌红蛋白中一个金属离子结合一分子氧，而在血蓝蛋白的活性中心中每两个铜离子结合一个氧分子。

9.2.5 含钼酶和含钴辅因子

上面介绍了含铁、锌和铜的金属酶、金属蛋白，从中可以看出作为微量必需元素这几种金属元素在生物体内不但含量较多，而且分布也较广，都起着多种不同的作用。除此之外，还有一些金属元素在生物体内尽管含量不高，但是也起着重要的作用。下面介绍含 Mo 的金属酶和含 Co 的辅因子。

9.2.5.1 含钼酶——固氮酶

钼是生物必需元素中为数不多的第二过渡系元素之一。钼在生物体内的含量虽然不高，但是涉及含钼酶的催化反应却不少，其中最主要的就是生物固氮[23~28]，此外还有亚硫酸盐氧化酶、黄嘌呤氧化酶、硝酸盐还原酶等涉及氧原子转移的反应。目前已知的钼酶具有以下特点：由于钼可以有多种不同的价态，常见的有 +4、+5 和 +6 价，因此与钼有关的金属酶均与电子传递、氧化还原反应有关；钼酶的组成复杂，有的钼酶中除了含钼辅基之外，还含有诸如铁硫蛋白之类的电子传递体等，而且有的活性中心部位是由钼与其它金属元素共同组成，例如下面将要介绍的固氮酶活性中心就是由钼和铁组成的辅因子，并含有铁硫簇合物作为电子传递体；正因为组成复杂，因此钼酶一般分子量较大，难以分离和纯化。尽管近年来在钼酶研究方面有了许多突破性进展，但是与前面介绍金属酶、金属蛋白相比，至今人们对钼酶的了解仍很有限。这里只简单介绍近年来固氮酶方面研究的最新进展。

固氮酶 (nitrogenase) 就是在常温常压条件下能够催化氮分子还原为氨的反应：

$$N_2 + 6H^+ + 6e^- \longrightarrow 2NH_3 \tag{9-1}$$

该反应具有非常重要的意义，它将不能被生物体利用的无机 N_2 转化为可被生物体利用的有机 NH_3 分子，从而一方面可以为生物体内的氨基酸、蛋白质、核酸等含氮成分提供氮源，另一方面，生物固氮可以提供植物所需的氮肥，而目前工业上的合成氨需要高温高压等苛刻条件下进行，不仅消耗大量的石油、煤炭等能源，而且又污染环境。因此，人们期望能在温和条件下模拟生物固氮达到合成氨的目的，这就极大地推动了固氮酶及其相关领域的研究工作。尽管到目前为止尚未能够实现人工固氮的目标，但是无论是天然固氮酶本身的研究，还是模拟固氮酶的研究都已经取得了可喜的进展。

实际上早在 19 世纪后期人们就已经发现了生物固氮的现象，但是直到 20 世纪 60 年代人们才开始从分子水平上研究固氮酶。如前所述，由于固氮酶的分子量大、组成复杂等原因，科学家们在相当长的时间内未能确定固氮酶的确切组成和精确结构，只是知道其中含有起电子传递作用的铁硫簇合物和起活化、还原底物分子作用的含钼、铁硫簇合物。在进行天然固氮酶研究的同时，人们 (主要是化学家们) 根据已有的信息开始了模拟研究，设计合成了大量的、各种各样的铁硫簇合物和含杂原子的铁硫簇合物，有效地促进和推动了簇合物化学的研究和发展。有趣的是虽然在天然固氮酶的活性中心中发现含有钼原子，但是实际上后来的研究发现钼对固氮过程并不是必需的，也就是说没有钼存在时固氮过程也可以发生。现在已经知道的除了钼固氮酶之外，还有钒固氮酶和铁固氮酶。它们有相近的组成和结构，虽然都可以催化氮分子还原到氨的反应，但是催化效率并不一样，以钼固氮酶的催化效果为最佳。一般所说的固氮酶都是指钼固氮酶。

目前已有多种固氮酶得到分离、提纯，发现它们均含有铁蛋白和钼铁蛋白两个组分，图 9-23 中给出了固氮酶的组成示意图。铁蛋白是由两个亚基组成的二聚体，分子量约为 6 万，其中没有钼但含有四个铁及与铁等量的无机硫 (S^{2-})，以类立方烷型的 Fe_4S_4 簇 [图 9-23(a)] 的形式存在，该 Fe_4S_4 簇位于两个亚基间的界面之间，并通过每一个亚基蛋白链上的两个半胱胺酸侧链上的巯基与 Fe_4S_4 原子簇中的铁配位连接在一起。铁蛋白在固氮酶中作为电子传递体把电子转移给钼铁蛋白；钼铁蛋白，分子量在 23 万左右，一般由 $\alpha_2\beta_2$ 四个亚基组成。钼铁蛋白的生物功能是结合、活化并还原底物分子。这一过程需要消耗能量，现已证实所需能量由 MgATP

分子水解为 MgADP 提供，由式 (9-2) 可以看出每一个电子传递到底物分子伴随着两个 MgATP 分子的水解。值得注意的是，固氮酶在催化氮分子还原为氨的反应中，随着催化反应温度和蛋白比例等条件的不同，催化效率是不一样的。但是，即使是在最合适的条件下，固氮酶将每一个氮分子还原为两分子氨的同时还会还原两个质子 (H^+) 并释放出一分子的氢气，所以该反应是 8 电子还原反应，而不是式 (9-1) 中所示的简单的 6 电子反应。固氮酶催化的氮分子还原为氨的反应可表示如下：

$$N_2 + 8H^+ + 8e^- + 16MgATP + 16H_2O \longrightarrow 2NH_3 + H_2 + 16MgADP + 16Pi \qquad (9\text{-}2)$$

其中，ATP 和 ADP 分别为三磷酸腺苷和二磷酸腺苷，Pi 为无机磷酸根离子。

钼铁蛋白的结构一直是天然固氮酶研究中的核心和热点。一方面它是催化反应的活性中心所在，另一方面是因为它结构复杂，尽管有多种结构模型，但是科学家们一直未能得到其确切结构。直到 20 世纪 90 年代初，Kim 和 Rees 等报道了固氮酶中钼铁蛋白的 X 衍射晶体结构，其分辨率为 2.2~2.7 Å (1 Å = 0.1 nm)，至此才基本上确定了钼铁蛋白的三维骨架结构。结果发现每一个钼铁蛋白分子中含有 2 个钼和 30 个铁。这些金属离子分布在两种簇合物中，其中一种被称为 P-簇合物 (P-cluster)，另外一种为铁钼辅因子 (FeMo-cofactor，简写为 FeMo-co)，一个钼铁蛋白分子中有两个 P-簇合物和两个铁钼辅因子。如图 9-23(b) 所示，P-簇合物处于 α 和 β 两个亚基之间的界面上，它在固氮酶催化反应过程中也是起电子传递的作用，在铁蛋白和铁钼辅因子之间进行电子传递。而铁钼辅因子则处在 α 亚基中，它是真正的催化反应活性中心。P-簇合物和铁钼辅因子之间中心到中心的距离约为 19 Å，而边到边的最短距离约为 14 Å。下面我们分别看一下 P-簇合物和铁钼辅因子的结构。

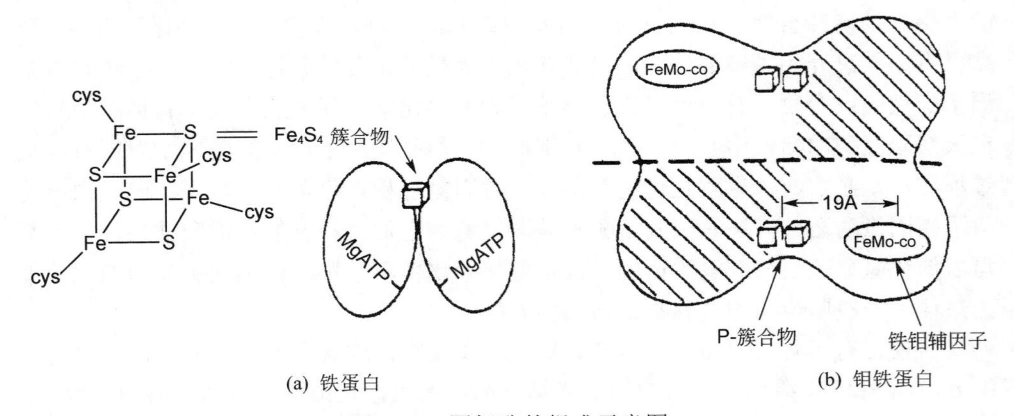

(a) 铁蛋白　　(b) 钼铁蛋白

图 9-23　固氮酶的组成示意图

在早期分辨率较低的 X 衍射晶体结构中并未能完全确定 P-簇合物的结构，因此存在不同的说法，其中有代表性的是分别由 Rees 和 Bolin 提出的两种结构。后来有了高分辨率的 X 射线衍射晶体结构才确定了 P-簇合物的结构。图 9-24 中给出了 P-簇合物的结构。从图中可以看出，还原态的 P-簇合物可以看成是由两个 Fe_4S_4 簇通过共用一个无机硫连接起来的组成为 Fe_8S_7 的铁硫簇合物，P-簇合物通过与来

自 α 和 β 两个亚基蛋白链的半胱氨酸巯基的配位作用结合到钼铁蛋白中，每个亚基提供三个半胱氨酸，其中有一个以桥联形式连接两个铁原子 [图 9-24(a)]。还原态的 P-簇合物经双电子氧化后转变为氧化态的 P-簇合物。从氧化态 P-簇合物的结构 [图 9-24(b)] 可以看出，原来在还原态时连接 6 个铁原子的无机硫在氧化态时只连接四个铁，即有两个 Fe—S 键在氧化后发生了断裂，取而代之的是一个来自 α 亚基的桥联半胱氨酸残基 (Cys-α88) 的酰胺氮参与了与铁的配位，另外在还原态时没有参与配位的丝氨酸残基 (Ser-β188) 与另一个铁发生了配位。由于 P-簇合物中铁的价态的变化 Fe_8S_7 簇的磁性质也随之发生变化，还原态为抗磁性，$S=0$，而氧化态时为顺磁性，S 很可能为 4。

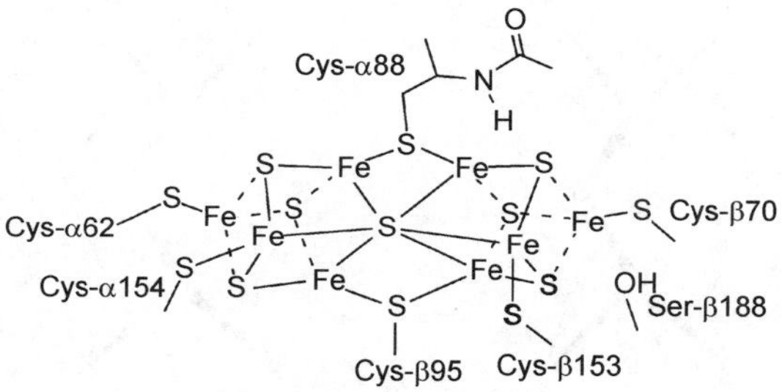

Cys-α88　O　N　H　S　Fe　Cys-α62　Cys-α154　Cys-β70　Ser-β188　OH　Cys-β95　Cys-β153

(a) 还原态

Cys-α88　O　N　S　Fe　Cys-α62　Cys-α154　Cys-β70　Ser-β188　Cys-β95　Cys-β153

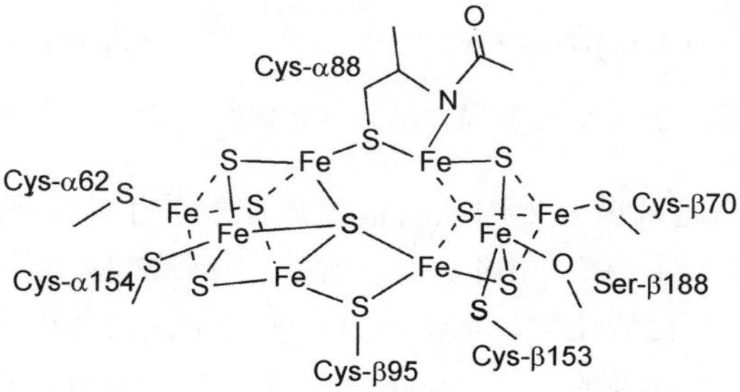

(b) 氧化态

图 9-24　P-簇合物的结构

铁钼辅因子的结构也是随着 X 衍射晶体结构分辨率的提高而逐步明确。2002 年，Rees 及其合作者报道了分辨率为 1.16 Å 的高精度钼铁蛋白的最新晶体结构[27]。虽然 $MoFe_7S_9$ 簇的骨架结构与此前报道的分辨率为 2.2 Å 的一样 (图 9-25)。但是，高分辨率的结果表明在 $MoFe_7S_9$ 簇的中心还有一个以前分辨率为 2.2 Å 时未能观测到的较轻的桥联原子，即图 9-25(b) 中的 X，而且认为 X 很可能是 C、N 或 O 原子。2011 年 Ribbe、Neese、Bergmann、DeBeer 等人报道利用 X 射线发射光谱 (X-ray emission spectroscopy，XES) 研究结果表明这个 X 为碳 (C^{4-})[28]。这个中心原子 X 的发现意义重大。因为在此之前的研究认为两个立方烷型单元 $[Fe_4S_3]$ 和 $[Fe_3MoS_3]$ 之间的 6 个铁原子只是通过 3 个无机硫桥联在一起，这样的话这 6 个铁原子均为配位不饱和的三配位，为此人们一直努力合成含有三角锥配位构型的三配位铁的模型化合物。而现在的最新结构中，因为有了中心配位原子 X，使得 6 个铁原子为配位饱和的四配位，配位方式为 FeS_3X。从而也为以后的模拟研究提供了有用的结构信息并指明了方向。除了这 6 个铁原子之外，还有一个处于 [Fe_4S_3] 单元顶端 (即图 9-25 中最下面) 的铁原子，也是四面体配位构型，除了与 3 个无机硫配位之外，还与蛋白链中一个半胱氨酸巯基之间有配位作用。而 [Fe_3MoS_3] 单元中的钼则是六配位的八面体配位构型，除了 3 个无机硫参与配位之外，还有一个来自蛋白链中组氨酸侧链上的咪唑基团氮原子和两个来自柠檬酸羟基和羧酸根上的两个氧原子。

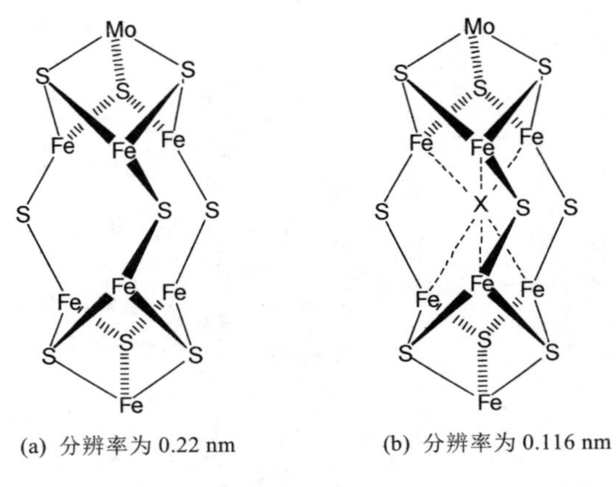

图 9-25 X 衍射晶体结构确定的铁钼辅因子结构

从上面的结构描述可以看出固氮酶催化还原氮分子实际上是一个非常复杂的过程，有关还原机理目前了解的并不多。一般认为还原过程中至少涉及了 3 个基本的电子传递步骤：铁蛋白的还原，电子可以是来源于生物体内的铁氧还蛋白、黄素氧还蛋白或者是来源于体外的连二亚硫酸钠等还原剂；铁蛋白将电子传递给钼铁蛋白，该过程需要 MgATP 的参与；由钼铁蛋白将电子传递到底物分子，还原底物分子。这里不再详细叙述。

9.2.5.2 含钴辅因子——辅酶 B_{12}

钴也是微量的生物必需元素 (表 9-1)，但是钴的生物无机化学却与其它微量必需元素有许多不同之处[29~32]。首先，一般金属酶、金属蛋白活性中心中的微量和超微量元素金属离子与生物配体间的作用主要是依靠金属离子与氮、氧、硫、磷等杂原子间的相互作用，形成 M−X 配位键 (M：金属离子；X：N、O、S、P 等配位原子)。而含有钴的辅酶 B_{12} 中，在金属钴离子周围除了 Co−N 配位键之外，还含有钴-碳键，即有机金属键。利用金属-碳 (M−C) 键结合金属离子的实例在生命体系中是很少见的，已经知道的一个例子就是辅酶 B_{12}。再者，钴在生物体内的含量虽然不高，但是由于它在体内的分布很集中，主要就存在于辅酶 B_{12} 中，因此发现较早。辅酶 B_{12} 本身不是一个蛋白分子，然而它是许多酶催化反应所必需的辅酶，而且现已知道催化反应与钴-碳键的断裂有直接关系。辅酶 B_{12} 参与的一些酶催化反应列于表 9-5 中。

表 9-5　辅酶 B_{12} 参与的酶催化反应

酶	催化反应
还原反应	
核苷酸还原酶	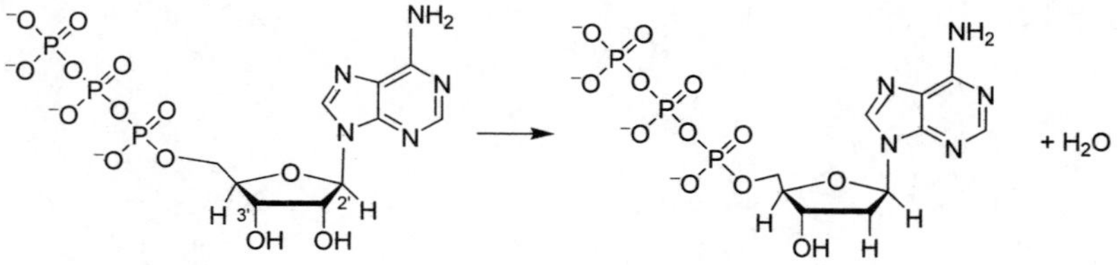 核苷三磷酸（2′-OH，3′-OH）→ 脱氧核苷三磷酸（2′-H，3′-OH）+ H_2O
重排反应	
二醇脱水酶	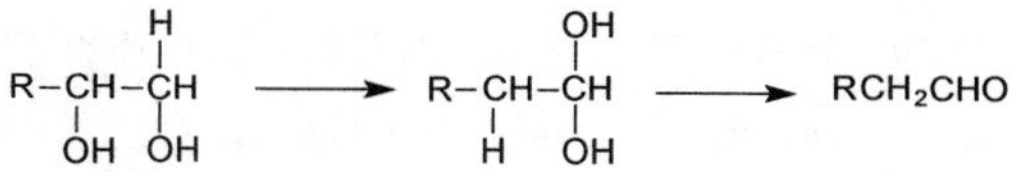 $R-CH(OH)-CH(H)(OH) \longrightarrow R-CH(H)-CH(OH)(OH) \longrightarrow RCH_2CHO$
谷氨酸变位酶	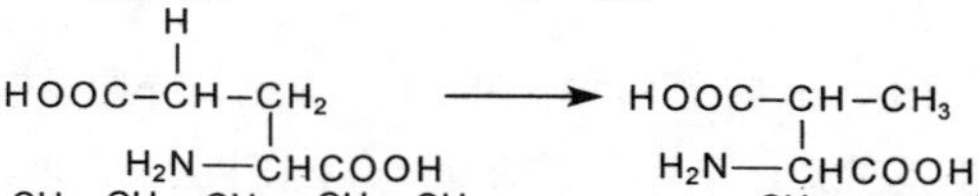 $HOOC-CH(CH_2H)-$ / $H_2N-CHCOOH$ $\longrightarrow$ $HOOC-CH(CH_3)-$ / $H_2N-CHCOOH$
L-β-赖氨酸变位酶	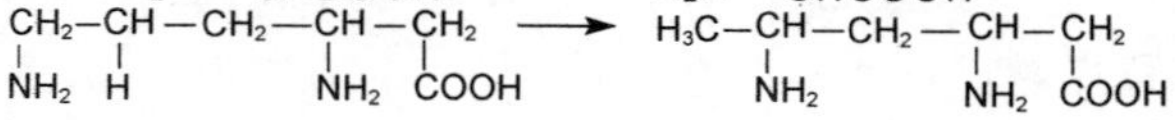 $CH_2(NH_2)-CH(H)-CH_2-CH(NH_2)-CH_2COOH \longrightarrow H_3C-CH(NH_2)-CH_2-CH(NH_2)-CH_2COOH$
甲基转移反应	
甲硫氨酸合成酶	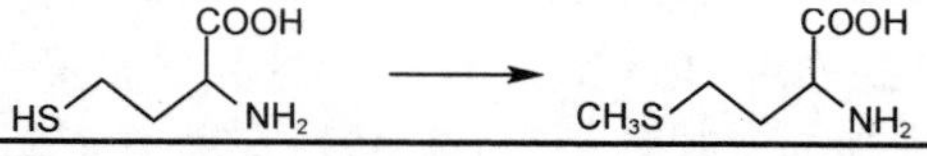 $HS-CH_2CH_2CH(NH_2)COOH \longrightarrow CH_3S-CH_2CH_2CH(NH_2)COOH$

早在 1926 年人们就已经知道用生的或半熟的肝可以治疗恶性贫血病。后来发现其中的活性成分是含金属钴离子的化合物，每千克肝中该活性化合物的含量约为 1 mg。虽然早在 1948 年就得到了适合于晶体结构分析用的单晶，但是在当时由于受到仪器设备、软件等实验条件以及化合物本身性质等因素的限制，并没有能够解出该活性化合物的结构。确切的晶体结构被测定、解析出来是在 1956 年。其骨架结构如图 9-26 所示。1972 年 Woodward 等人完成了维生素 B_{12} 的全合成。

从图 9-26 中可以看出中心金属钴离子为六配位的变形八面体构型，其中赤道平面四个氮原子来自一个被称之为咕啉 (corrin，或称之为呵啉) 的环状配体。环上含有取代基的咕啉化合物被称为类咕啉 (corrinoids) 化合物。咕啉环与前面介绍血红素蛋白时提到的卟啉环有一定的相似性，二者都是由四个吡咯环组成，并且每个大环都可以提供四个可以与金属离子作用的氮原子。尽管如此，咕啉环与卟啉环之间还是有很大的差别。如图 9-26(b) 所示，首先卟啉环中的四个吡咯环通过四个中位 (meso) 碳原子连接起来，具有很高的对称性，而咕啉环中只有三个这样的中位碳原子，其中咕啉环中的 A 环和 D 环是直接连接在一起的，没有通过中位碳原子；其次，整个卟啉环是个大的 π 共轭体系，而咕啉环中双键与卟啉环中的相比要少

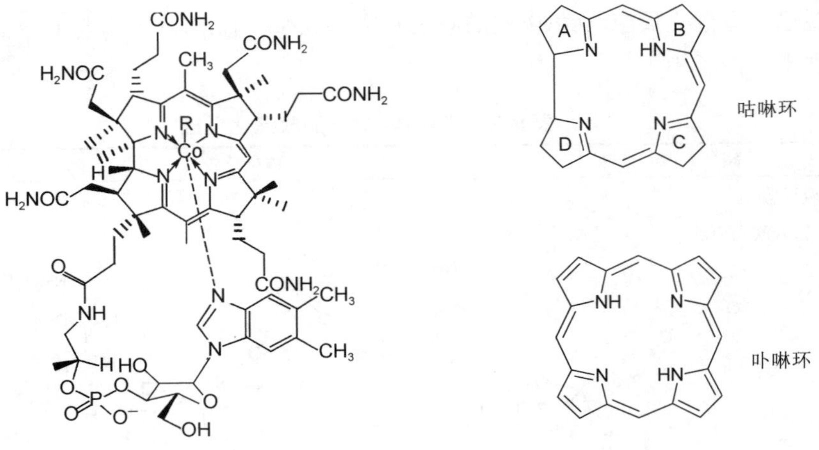

(a) (b)

图 9-26　钴胺素的结构 (a) 及咕啉环与卟啉环的结构 (b)

$R = CN^-$，氰基钴胺素，即维生素 B_{12}；$R = CH_3$，甲基钴胺素；R = 5′-脱氧腺苷基，辅酶 B_{12}

得多，因此也不是一个大 π-共轭体系；正因为如此，卟啉环具有很好的平面性、刚性强、构象稳定，与之相反，咕啉环中的原子不在同一平面、咕啉环具有刚性小、构象易变等特点。

除了上述大环配体之外，第五配体 (即下方轴向配体) 为 α-5,6-二甲基苯并咪唑核苷酸，若不考虑第六配体 (上方轴向配体) 时，该结构被统称为钴胺素 (cobalamins)。当第六配体为氰基时，称为氰基钴胺素 (cyanocobalamin)，即维生素 B_{12}。第一个被解出晶体结构的就是氰基钴胺素，这个氰根离子是在分离纯化过程中人为引入的基团。当第六配体为甲基时，称为甲基钴胺素 (methylcobalamin)，可进行甲基转移反应。当第六配体为 5′-脱氧腺苷基时，即为辅酶 B_{12} (coenzyme B_{12})，它的结构到 1962 年才被确定。从这些结构可以清楚地看出在 3 种钴胺素中，其第六配体都是通过碳原子与钴原子相连，即有钴-碳键存在，Co−C 键的键长约为 2.05(5) Å。下面以重排反应为例介绍辅酶 B_{12} 参与的酶催化反应。

生命体系中，辅酶 B_{12} 参与的酶催化反应有很多，但是归纳起来可以将这些反应分为三类：氧化还原反应、重排反应和甲基转移反应 (表 9-5)。其中参与最多的酶催化反应还是重排反应。如表 9-5 中所列的二醇脱水酶、谷氨酸变位酶等实际上第一步发生的都是取代基 X 与相邻碳原子上的氢原子之间的交换重排反应。

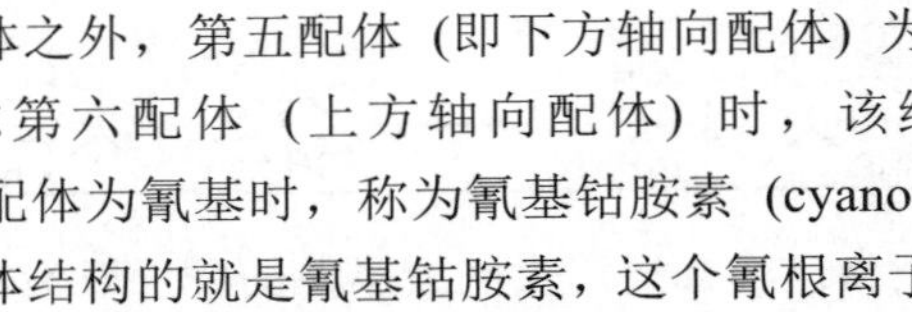

二醇脱水酶 (diol dehydrase, DD) 经过上述的重排反应后由原来的 1,2-二醇转化为 1,1-二醇，继而发生脱水反应生成醛 (表 9-5)。

这种重排反应是在酶与辅酶结合的基础上发生的，而且在催化反应过程中都涉及钴-碳键的断裂和形成。重排反应的作用机理如图 9-27 所示：(1) 钴-碳键发生均裂产生 5′-脱氧腺苷自由基；(2) 该自由基从底物分子处获得一个氢，产生底物自由基和 5′-脱氧腺苷；(3) 底物自由基发生重排反应后形成产物自由基，这一步是所催化反应的关键步骤，发生了酶和辅酶 B_{12} 共同参与的催化重排、转移反应，由于不同的酶催化的反应不一样，因此这一步的具体过程也不一样；(4) 产物自由基从 5′-脱氧腺苷上得到一个氢原子，形成产物并产生 5′-脱氧腺苷自由基；(5) 5′-脱氧腺苷自由基结合到 Co^{2+} 上重新形成钴-碳键，回到原来的状态，从而完成催化循环过程。

以上重排反应的作用机理实际上只是反应的一个大概过程，很多细节还有待于进一步研究证实。但是辅酶 B_{12} 在这些催化反应中的作用已经比较明确，主要是通过钴-碳键的均裂和形成来产生 (提供)、吸收 (储存) 自由基，并由此引发下一步的催化反应，而辅酶 B_{12} 本身并不提供催化底物重排反应的活性中心。

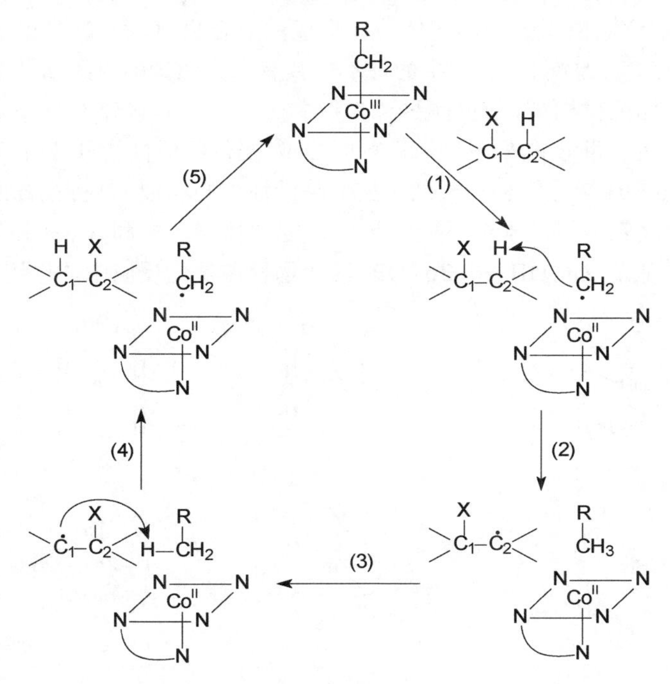

图 9-27　辅酶 B_{12} 参与的 1,2-重排反应作用机理

9.3 模型研究

除了上面介绍的对天然金属酶、金属蛋白本身的研究之外，模型化合物研究也

是生物无机化学研究中非常重要的组成部分[33~36]。一方面由于金属酶、金属蛋白等生物分子一般都比较庞大、体系也比较复杂，需要通过简化、设计合成模型化合物等方法来进行研究，可以得到一些通过直接研究金属酶、金属蛋白分子本身不能得到的信息，从而揭示蛋白功能与结构之间的关系。另一方面，通过模拟天然金属蛋白的结构和功能，为进一步开发利用天然蛋白及其模型化合物提供基础。

下面着重介绍近年来在含锌、含铜酶以及固氮酶模拟研究方面取得的一些最新进展。

9.3.1 含锌酶的模拟

目前报道的含锌酶模型化合物主要有单核和双核配合物两种，前者对应于碳酸酐酶、羧肽酶等活性中心中只含有单个锌的天然含锌酶，而后者则主要是用于模拟碱性磷酸酯酶。国际上，日本的 E. Kimura (木村荣一) 和德国的 H. Vahrenkamp 等人的课题组在锌酶模拟研究方面开展了系统而又深入的工作，国内南京大学、中山大学等单位在这方面也做出了很好的工作[37~41]。

9.3.1.1 碳酸酐酶的模拟

图 9-28(a) 中给出了几个有代表性的碳酸酐酶的模型化合物。研究发现含有 3 个或 4 个可配位氮原子的大环配体与锌形成的配合物 **1** 和 **2** 是很好的碳酸酐酶的模型化合物。尤其是配合物 **1** 中的锌不但具有与天然碳酸酐酶活性中心中的锌一样的变形四面体配位构型，而且配合物 **1** 中与锌配位的水分子的 pK_a 为 7.3，表明在近中性条件下即可解离一个质子变为 OH^- 配位的活性物种 [图 9-28(b)]。研究结果显示该 Zn-OH 活性物种与天然碳酸酐酶活性中心类似，具有很强的亲核进攻能力，可以催化底物分子的水解反应。另外，配合物 **4**、**5** 和 **6** 中由于有醇羟基存在，从而可以研究 $Zn\text{-}^-OH$ 和 $Zn\text{-}^-OR$ 活性物种在催化反应中的作用。

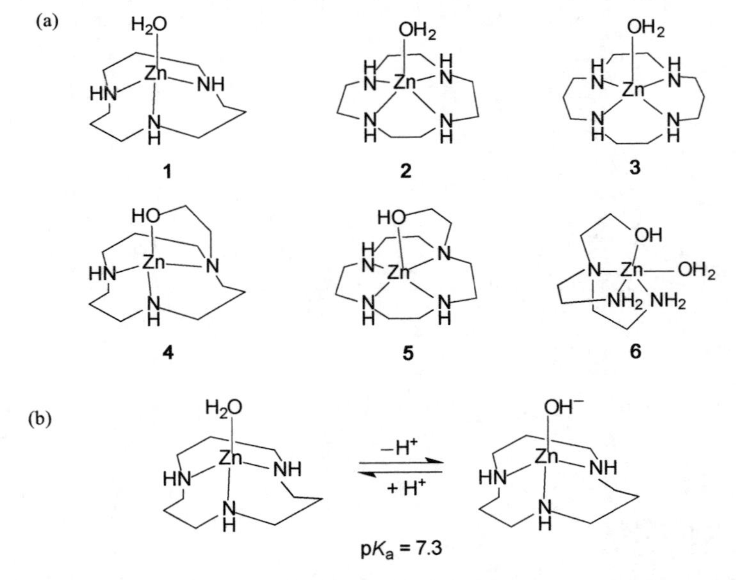

图 9-28 (a) 若干有代表性的碳酸酐酶的模型化合物和 (b) 配位水分子的解离平衡

模型化合物的研究还可以为催化反应机理研究提供有益的信息。例如，在研究锌配合物催化对硝基苯酚乙酸酯 (NA) 水解反应过程中，利用电喷雾质谱等手段观测到了乙酰基结合到锌配合物后形成的酰基中间体 (acyl-intermediate) (图 9-29)，为阐明该催化反应的详细机理提供了依据。

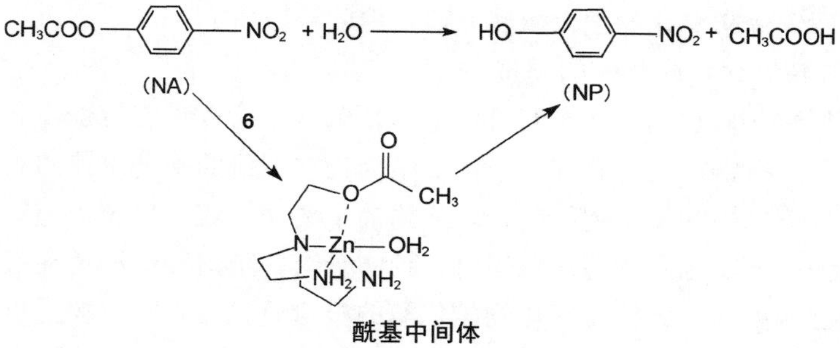

图 9-29　锌配合物催化对硝基苯酚乙酸酯的水解反应及其中间体的结构

9.3.1.2　碱性磷酸酯酶的模拟

天然碱性磷酸酯酶和碳酸酐酶的区别在于：催化的反应和底物分子不一样；前者活性中心为双核锌，而后者为单核锌；在催化反应过程中，碱性磷酸酯酶涉及来自蛋白链丝氨酸的 Zn-$^{-}$OR 活性物种，而碳酸酐酶中仅有 Zn-$^{-}$OH 活性物种，不涉及 Zn-$^{-}$OR 活性物种。然而，在模型化合物研究中，两者的区别并不十分严格。例如图 9-28(a) 中的配合物 **4**、**5** 和 **6** 由于有分子内醇羟基存在，也可以作为碱性磷酸酯酶的模型化合物。

最近，有报道利用带醇羟基手臂的大环多氨配体 L^1 (图 9-30) 的锌配合物作为碱性磷酸酯酶的模型化合物。该配体与锌盐反应不仅可以形成双核锌配合物，而且由于带有醇羟基手臂可用于研究 Zn-$^{-}$OR 活性物种，因此是良好的碱性磷酸酯酶结构模型。催化反应活性研究发现 L^1 (有醇羟基手臂) 的双核锌配合物 $[Zn_2L^1]^{4+}$ 催化对硝基苯酚乙酸酯水解反应的活性比没有醇羟基手臂的大环多氨配体 L^2 (图 9-30) 的双核锌配合物 $[Zn_2L^2]^{4+}$ 的活性要高出十几倍，详细的研究结果表明在 L^1 的双核锌配合物中 Zn-$^{-}$OR 活性物种较 Zn-$^{-}$OH 活性物种优先生成，而且 Zn-$^{-}$OR 活性物种的亲核进攻能力也较 Zn-$^{-}$OH 活性物种的强。因此，带醇羟基手臂 L^1 的配合物的催化反应活性更大。

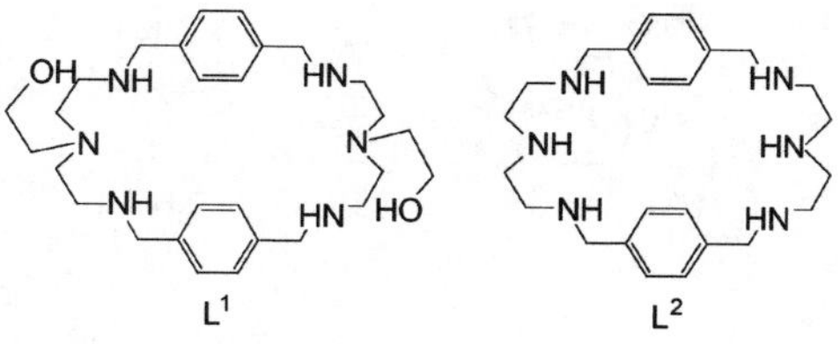

图 9-30　带醇羟基手臂的大环多氨配体 L^1 和不带醇羟基手臂的大环多氨配体 L^2

9.3.2 含铜酶的模拟

在天然铜酶和铜蛋白研究不断取得进展的同时，模型化合物的研究也取得了令人振奋的成果。特别是在血蓝蛋白中氧分子与双铜中心的结合方式问题上模型研究取得了突破性进展。也充分说明了模型化合物研究在生物无机化学研究中的重要作用。下面介绍铜锌超氧化物歧化酶和血蓝蛋白的模拟研究。

9.3.2.1 铜锌超氧化物歧化酶的模拟

铜锌超氧化物歧化酶是一种特殊的Ⅱ型铜酶，之所以说它特殊，一是因为它的活性中心不仅含有铜，还含有锌离子；二是因为它催化的不是单纯的氧化反应，而是一个歧化反应。因为铜锌超氧化物歧化酶的主要功能是催化歧化超氧负离子，从而使细胞免受损伤，因此该酶在抗辐射、预防衰老、防治肿瘤和炎症等方面都有重要作用。正因为如此，铜锌超氧化物歧化酶的模拟研究一直是生物无机化学研究中的热门领域[44~46]，人们期望能够人工合成出具有铜锌超氧化物歧化酶活性的化合物，用于保健、疾病的预防和治疗等。同时模型研究将为阐明酶的结构与功能之间的关系、揭示催化歧化机理提供基础和依据。

另一方面，铜锌超氧化物歧化酶模型化合物的合成本身也是一种挑战。这主要是因为：咪唑桥联的铜锌异双核配合物在溶液中容易发生咪唑桥的断裂反应；咪唑作为桥联配体时需要脱去其氮上的一个质子，咪唑脱质子的 pH 值在 9 左右，而在该 pH 条件下金属离子容易发生水解产生氢氧化物沉淀。因此，到目前为止报道的含有咪唑桥联的铜锌异双核配合物仅有很少的几例（图 9-31）。早期报道的咪唑桥联的铜锌异双核配合物都是用咪唑桥来连接两个独立的铜锌配位单元，如图 9-31 中的化合物 **7**、**8** 和 **9**。研究发现该类配合物在 $pH < 9.5$ 时就发生咪唑桥断裂，而天然铜锌超氧化物歧化酶中的咪唑桥在 $pH > 5$ 的溶液中都是稳定的。后来用穴合物作

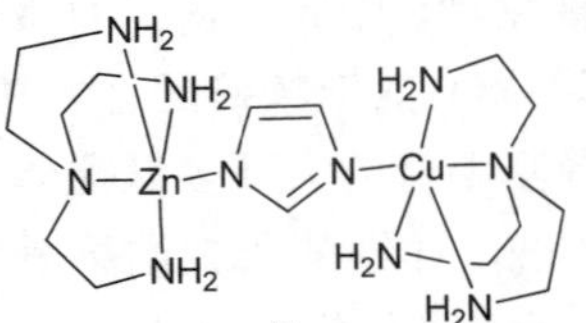

NH_2 NH_2 H_2N N—Zn—N N—Cu—N NH_2 H_2N H_2N

7

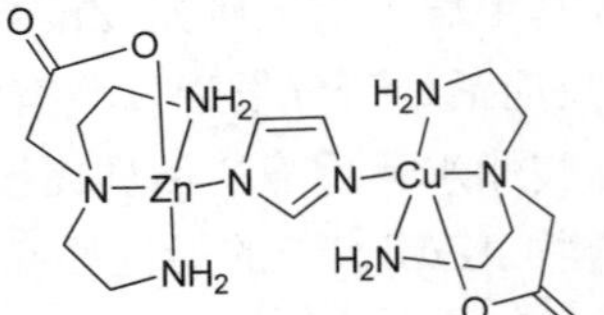

O O NH_2 H_2N N—Zn—N N—Cu—N NH_2 H_2N O O

8

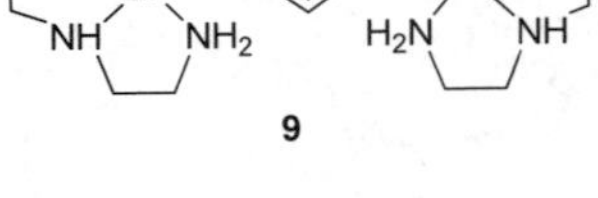

NH NH_2 H_2N NH Zn—N N—Cu NH NH_2 H_2N NH

9

NH HN N—Zn—N N—Cu—N NH HN NH HN

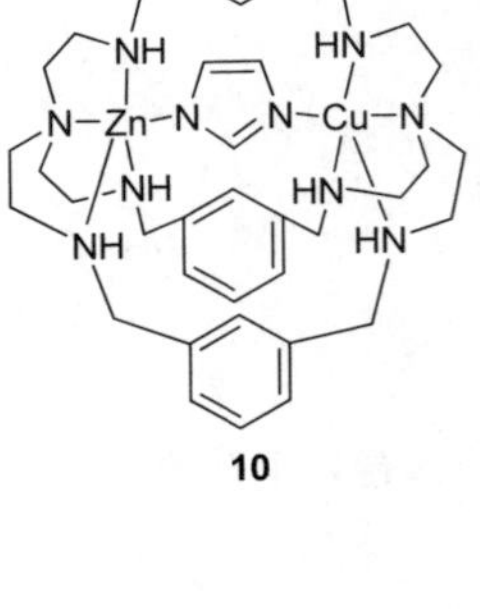

10

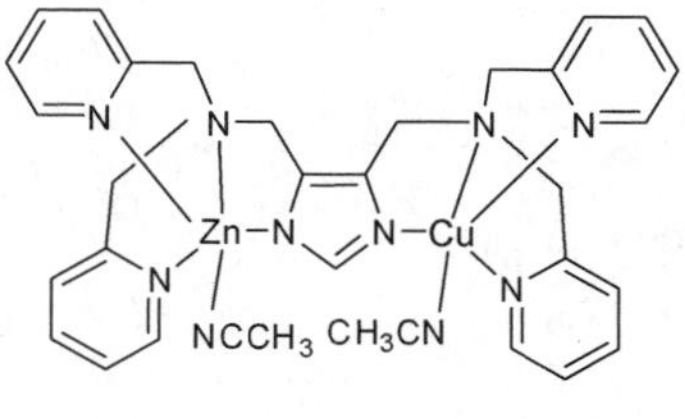

11

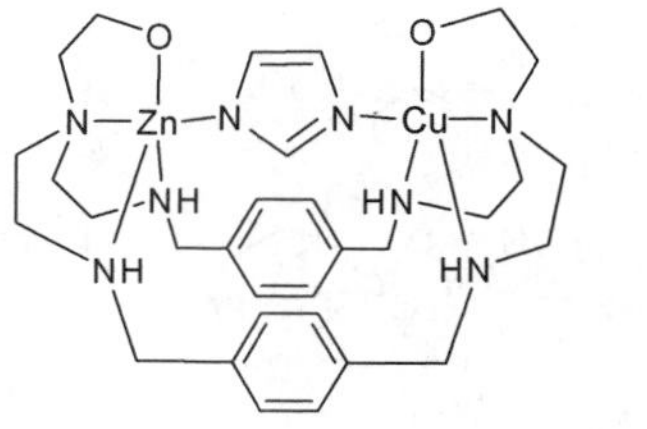

12

图 9-31　咪唑桥联铜锌异双核配合物的结构示意图

为配体，合成得到了咪唑桥联的铜锌异双核配合物 **10**，而且该化合物在 pH 为 5~11 的溶液中可以稳定存在，但是由于穴合物配体的刚性太大，不易发生构型变化，因此也不是好的模型。近年来，人们又纷纷设计合成了新的配体，例如利用含咪唑基的多齿配体和带臂大环配体合成得到的铜锌异双核配合物 **11** 和 **12** (图 9-31)。

9.3.2.2　血蓝蛋白的模拟

天然氧合血蓝蛋白研究发现：虽然两个铜离子均为二价，但是整个双核铜活性中心显示为抗磁性；在 350 nm、580 nm 附近有强吸收；拉曼光谱中的 O−O 振动出现在非常低波数，750 cm^{-1} 附近。这些不寻常性质的出现，导致了血蓝蛋白活性中心结构尤其是氧合血蓝蛋白中的氧合方式在相当长的时间内都是争论的焦点。因为双核铜活性中心为抗磁性，表明铜与铜之间有强的反铁磁性相互作用，因此推测铜与铜之间可能存在桥联基团 X，而且早期认为这个桥联基团 X 可能是附近酪氨酸残基侧链上氧，后来认为是氢氧根离子。另外 750 cm^{-1} 的 O−O 振动与过氧负离子的 O−O 振动非常接近，说明氧合血蓝蛋白中的氧是以过氧负离子的形式存在。基于这些考虑，早期推测氧合血蓝蛋白活性中心如图 9-32 所示。

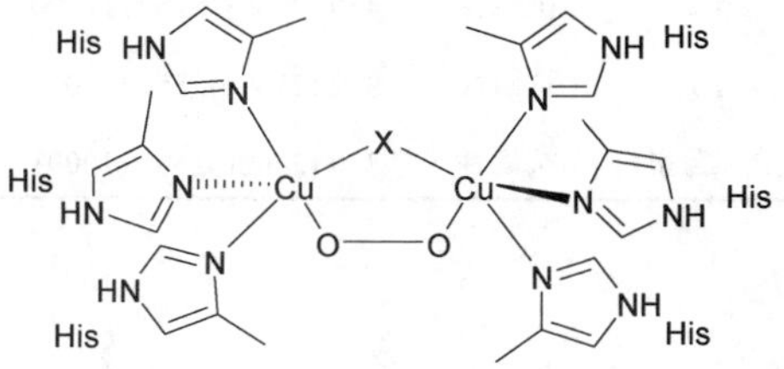

图 9-32　早期推测的氧合血蓝蛋白活性中心的结构

为此，作为氧合血蓝蛋白活性中心的模型化合物，Karlin 等研究组开始设计、合成含过氧负离子的双核铜桥联配合物，以证明以上假设。如图 9-33 所示的配合物，尽管它们都是抗磁性，但是这些模型化合物均未能很好地再现出天然氧合血蓝蛋白中铜的性质 (表 9-6)。

1988 年，Kitajima 等人利用含有立体阻碍的配体，氢化三(3,5-二异丙基吡唑基)-硼酸钾，成功地合成了一个几乎可以完全再现天然氧合血蓝蛋白中铜性质的化合物 **16** (表 9-6)[42,43]。也就是说这个化合物成功地模拟了天然氧合血蓝蛋白中的活性中心部位。晶体结构 (图 9-34) 显示该配合物中铜与铜之间只是通过 O−O 以 μ-η^2:η^2-方式连接在一起，并没有其它的桥联基团。据此人们推测在天然氧合血蓝蛋

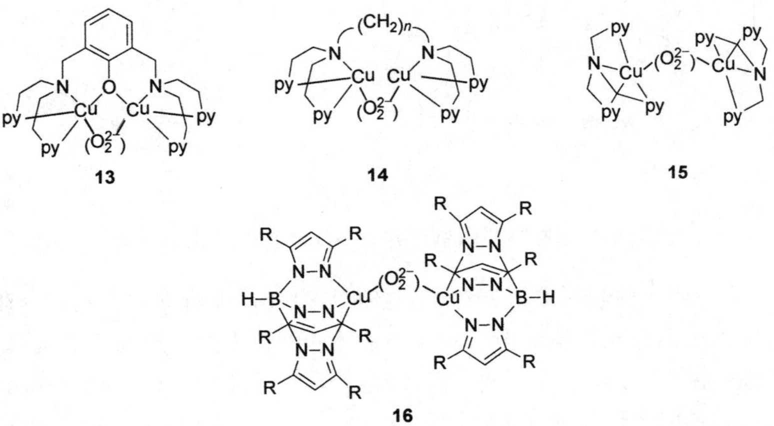

13　　14　　15

16

图 9-33　含过氧负离子的双核铜桥联配合物

表 9-6　双核铜模型化合物与氧合血蓝蛋白的性质比较

配合物	磁性	吸收峰波长/nm (ε/L·mol^{-1}·cm^{-1})	ν_{O-O} /cm^{-1}	Cu-Cu /Å
13	—	385 (2900), 505 (6000), 610 (sh)	803	3.3
14	抗磁性	360 (15000), 458 (5000), 550 (1200), 775 (200)	—	3.4
15	抗磁性	440 (2000), 525 (115000), 590 (7600), 1035 (160)	834	4.35
16	抗磁性	349 (21000), 551 (790)	741	3.56
氧合血蓝蛋白	抗磁性	340 (20000), 580 (1000)	744~752	3.5~3.7

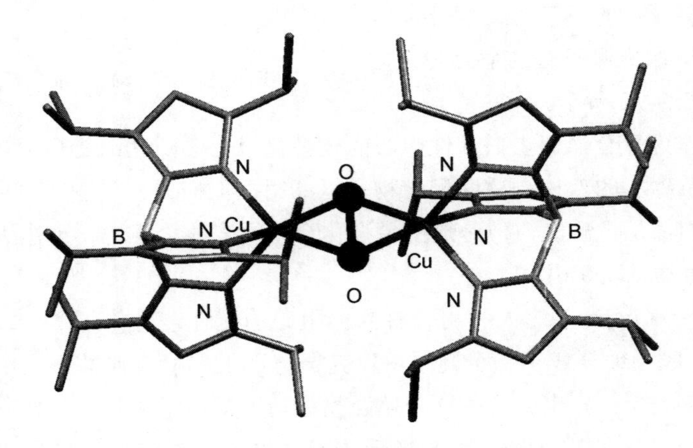

图 9-34　模型化合物 **16** 的晶体结构

白的活性中心中铜与铜之间也是通过 O–O 以 μ-η^2:η^2-方式桥联在一起。这一推测被后来 (1994 年) 报道的天然氧合血蓝蛋白的晶体结构证实是正确的。这是利用合成模型化合物的方法来研究、解决天然蛋白中某些问题的一个很好的例子。

9.3.3 固氮酶的模拟

自 20 世纪中叶起，人们即开始了模拟固氮酶的研究。在国内卢嘉锡和蔡启瑞教授等老一辈科学家们在固氮酶模拟研究方面开展了一系列的工作，带动并促进了我国金属原子簇化学等相关学科的发展。模拟固氮酶目的就是要在温和的条件下，将空气中的氮分子 (N_2) 转化为有机氮化合物，从而加以利用，这是广大科学工作者长期以来的理想。但是，至今这一目标尚未实现，原因就在于分子氮的惰性。这一点可以从氮分子的电子结构中得到很好的理解。氮分子最高占有轨道的能级为 −15.59 eV，在等电子分子 C_2H_2、NO、CO 中最低，其电离势 (−15.59 eV) 与惰性气体氩气的相当 (−15.75 eV)；而氮分子最低空轨道的能级为 7.42 eV，在等电子分子中最高。这种结构决定了氮分子既不容易给出电子 (即被氧化)，也不容易接受电子 (即被还原)。

固氮酶的模拟可以从功能模拟和结构模拟两方面来进行。很显然，前者的目的就是要合成出能够还原氮分子的金属配合物，而后者则是要模拟天然固氮酶活性中心的结构，探讨结构与活性之间的关系，从而为理解天然固氮酶的催化反应过程及机理、进而为合成出有催化反应活性的模型化合物提供基础。

功能模拟激发了人们合成分子氮配合物的研究热情。1965 年 A. D. Allen 等人在水溶液中用水合肼和 $RuCl_3$ 反应，获得了第一个比较稳定的分子氮配合物 $[Ru^{II}(NH_3)_5(N_2)]Cl_2$，1967 年实现了直接从氮气合成分子氮配合物，从而揭开了分子氮配合物研究工作新的一页。

$$Ru^{III}Cl_3 + N_2H_4 \longrightarrow [Ru^{II}(NH_3)_5(N_2)]Cl_2$$

$$[Co^{III}(acac)_3] + PPh_3 + Al(i\text{-}Bu)_3 + N_2 \longrightarrow [Co^{I}H(N_2)(PPh_3)_3]$$

到目前为止已经有含氮分子的单核、双核和多核配合物报道。人们期望通过氮分子与金属离子的配位作用达到活化氮分子的目的。但是，遗憾的是至今真正能被还原的只有少数的二聚配合物，其中配位的氮分子可被还原到肼或氨。

结构模拟方面，随着天然固氮酶的结构越来越清楚，模拟研究的目标也越来越明确。从前面天然固氮酶的介绍中可以看出，固氮酶中实际上含有三类簇合物，分别来自铁蛋白的 Fe_4S_4 簇合物以及钼铁蛋白中的 P-簇合物和铁钼辅因子。至今人们已经合成出很多类立方烷型的 Fe–S 和 Mo–Fe–S 簇合物。近年来，科学家们在 P-簇合物的人工合成方面也已经取得重要突破，美国哈佛大学的 R. H. Holm 和日本名古屋大学的 K. Tatsumi 等课题组都报道了 P-簇合物的模型化合物[47,48]。图 9-35 显示了 Tatsumi 课题组在 2003 年报道的一个 P-簇合物的模拟物，比较图 9-24(a) 和图 9-35 发现该模型化合物与天然固氮酶中还原态的 P-簇合物非常相似[48]。

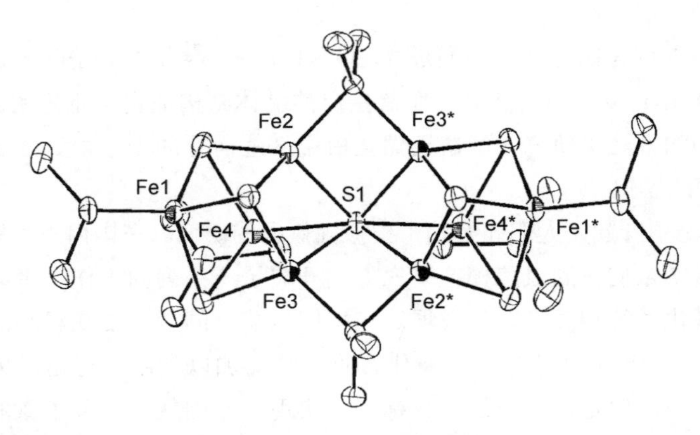

图 9-35　P-簇合物的模型化合物 $[\{N(SiMe_3)_2\}\{SC(NMe_2)_2\}Fe_4S_3]_2(\mu_6\text{-}S)\{\mu\text{-}N(SiMe_3)_2\}_2$

至于铁钼辅因子，尽管已有多种 Mo-Fe-S 簇合物报道，但是真正逼近天然固氮酶中铁钼辅因子结构的 Mo-Fe-S 簇合物尚未见报道。天然固氮酶中最新的铁钼辅因子结构 [图 9-25(b)] 刚刚被报道出来，这为以后的模拟研究提供了新的机遇和挑战。

9.4 金属药物

上面介绍了一些生物体内典型的金属酶、金属蛋白的结构、功能及其模型化合物的研究。除了这些含金属离子的生物分子之外，金属配合物在医学中的应用以及与生物分子的作用等也是人们所关心的[49~53]。例如金属药物 (metallodrug) 的研究与开发，以及金属药物分子或离子与体内分子的作用及其机理方面的研究等都具有重要的理论和现实意义，而且随着社会的发展和人们生活水平的不断提高，这方面的需求越来越大。在这一节中我们将简单介绍有关金属药物方面的研究及其近年来的一些新进展。

9.4.1 治疗类药物

9.4.1.1 铂类抗癌药物

众所周知，顺铂 *cis*-$Pt(NH_3)_2Cl_2$ 是目前临床上广泛使用的一种抗癌药物，尤其是对早期的睾丸癌具有很高的治愈率。1965 年 Rosenberg 等人报道了顺铂具有抗癌活性，这一发现不仅打破了在此之前人们一直认为药物主要是有机化合物的传统观念，从而引起了广大科学工作者尤其是配位化学家们的极大兴趣。而且也为众多癌症患者带来了福音。在 40 多年以后的今天，该药物仍然在临床上使用，就足以说明顺铂是一种非常了不起的药物，尽管现在已经知道它具有较大的肾毒性和呕吐等副作用。

目前，人们已经研究开发出多种具有抗癌活性的金属配合物，其中主要的还是铂类化合物，图 9-36(a) 中列出了 4 种目前已经被批准可用于临床上治疗癌症的铂配合物。早日彻底战胜癌症及其相关疾病是科学家所期盼的，也是义不容辞的责任，因此寻找、筛选活性更高、毒性和副作用更低的抗癌药物就从未间断过，目前已经有多种具有抗癌活性的金属药物正在进行临床试验。另外，现有的临床上使用的铂类抗癌药物都必须通过静脉注射才有疗效，研究开发口服抗癌药物也是科学家们正在努力做的事情，其中有的也已经进入到临床试验阶段。

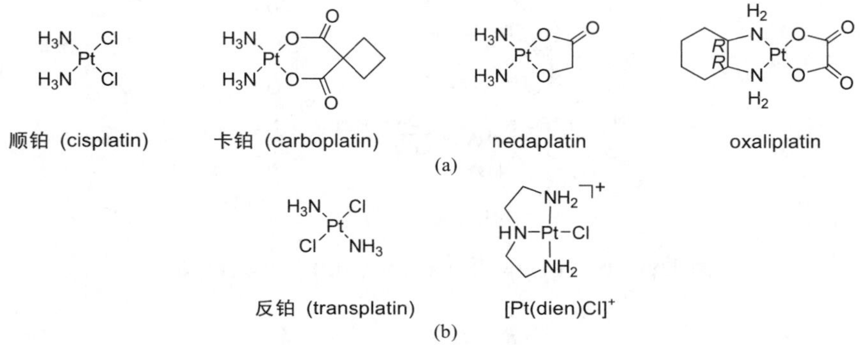

顺铂 (cisplatin)　卡铂 (carboplatin)　nedaplatin　oxaliplatin

(a)

反铂 (transplatin)　$[Pt(dien)Cl]^+$

(b)

图 9-36　(a) 目前临床上使用的具有抗癌活性的铂配合物；(b) 没有抗癌活性的铂配合物

有趣的是与顺铂组成完全相同，但是构型不同的反铂以及含有三齿螯合配体二乙烯三胺 (dien) 的 $[Pt(dien)Cl]^+$ 等配合物 [图 9-36(b)] 没有抗癌活性。因此，顺铂等抗癌药物与体内生物分子的作用以及抗癌作用机理等也是这一领域中人们研究的热点问题之一，这类研究将为阐明金属药物结构-性质-疗效之间的关系提供基础，也为设计合成和筛选新的抗癌药物提供依据。目前，较为一致的看法是顺铂进入体内后经过体内运输、水解，然后再与 DNA 作用形成稳定的配合物，从而阻止其复制和转录，迫使细胞凋亡或死亡。

顺铂的水解被认为是顺铂的主要活化过程，其中的氯离子被水分子取代过程与介质中氯离子的浓度以及 pH 值等因素有关。顺铂水解后产生的水合物种与 DNA 结合并发挥其作用，该过程示于图 9-37 中。与 Pt 直接键合的主要是 DNA 链中鸟嘌呤 (Guanine，G) 的 N7，或者是腺嘌呤 (Adenine，A) 的 N7。像顺铂这样的双功能抗癌药物与 DNA 作用后一个 Pt 与两个嘌呤的 N7 配位，因此 Pt 结合 DNA 后实际上起着交联的作用。因为 DNA 具有双股螺旋结构，因此根据与同一个 Pt 作用的两个嘌呤的来源不同，顺铂与 DNA 的作用可分为不同的方式。如果两个嘌呤 [如图 9-37 中的 G1 和 G2]来自 DNA 中的同一股链，则称之为股内交联或链内交联 (intra-strand crosslink)；若两个嘌呤来自 DNA 中的两股不同的链，则称之为股间交联或链间交联 (inter-strand crosslink) [图 9-38 中(a) 和 (b)]。在这两种结合方式中以股内交联为主，若要发生股间交联则要求来自两股不同链的两个嘌呤 N7 间的距离必须靠近 (约为 3 Å)，只有这样才能与同一个 Pt 结合，这将导致 DNA 的构型发生较大的变化。除此之外，铂可能还会在 DNA 和蛋白之间交联 (DNA-protein crosslink) [图 9-38(c)]。

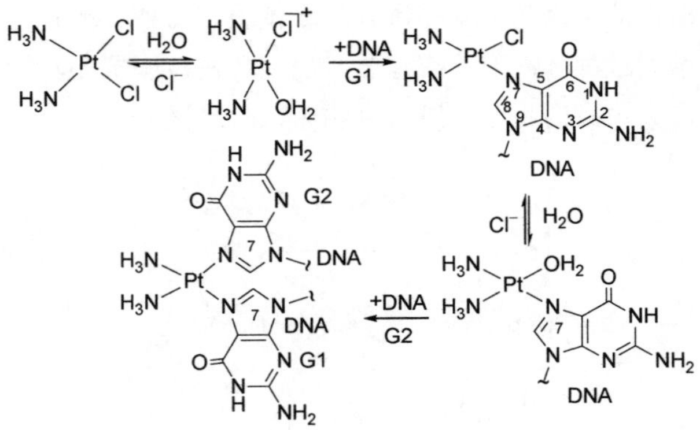

图 9-37　顺铂的水解及其与 DNA 作用过程示意图

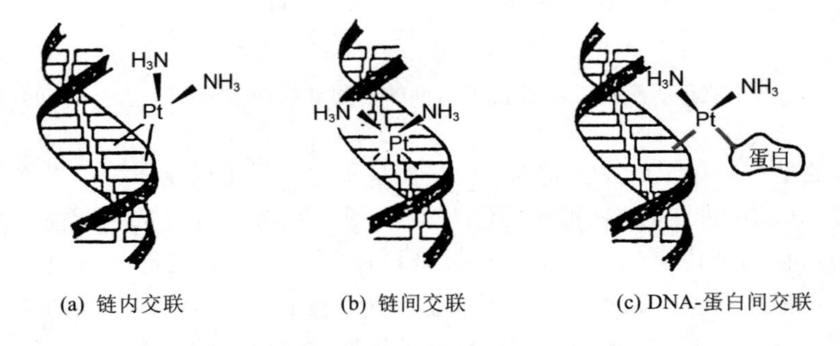

(a) 链内交联　　(b) 链间交联　　(c) DNA-蛋白间交联

图 9-38　顺铂与 DNA 的结合方式

除了上面介绍的二价铂类抗癌药物之外，人们已经发现有些四价铂、四价钛以及三价钌等配合物也具有很好的抗癌活性，相关研究目前正在进行中，期待着在不久的将来能有新的突破。

9.4.1.2　抗类风湿药物

顺铂类抗癌药物的成功极大地推动和促进了金属药物方面的研究。在过去的几十年中，大量的具有各种生物活性的金属配合物被筛选出来，其中有的已经在临床上用于疾病的诊断和治疗，有的则正在开发或试验阶段。下面介绍可用于治疗类风湿关节炎的金配合物。

研究发现金配合物不仅具有抗肿瘤、抗类风湿活性，而且对支气管炎甚至艾滋病等疾病都有一定的作用。目前已经用于临床治疗或正在进行临床试验的主要是抗类风湿金配合物。

用于治疗类风湿关节炎的金配合物主要是一价金 Au(Ⅰ) 的硫醇盐 (RS^-) 配合物。图 9-39 中给出了两个具体的例子，其中含硫代苹果酸的 Au(Ⅰ) 配合物是注射类药物，类似的还有硫代葡萄糖的 Au(Ⅰ) 配合物，这些配合物目前都正在进行临床试验。该类配合物在溶液中的结构一般都比较复杂，有的呈环状多聚体，有的则是开放的链状聚合物。在 1998 年，Bau 报道了硫代苹果酸合金(Ⅰ) 的 X 衍射晶体结构，由两条一维无限的螺旋链组成，其中硫醇盐中的硫桥联两个金原子，而金则是二配位的直线型配位构型。

目前，已经在临床上使用的治疗类风湿关节炎的金属药物 Auranofin 是含有三乙基膦和四-*O*-乙酰硫葡萄糖 (tetra-*O*-acetylthioglucose) 两种不同配体的 Au(Ⅰ) 配合物 [图 9-39(b)]，这是口服药。研究表明该配合物及其相关的含有机磷的一价金配合物还具有一定的抗肿瘤活性，但是其毒性也较大。因此，人们正在寻找新的活性高、毒性低的金类药物。

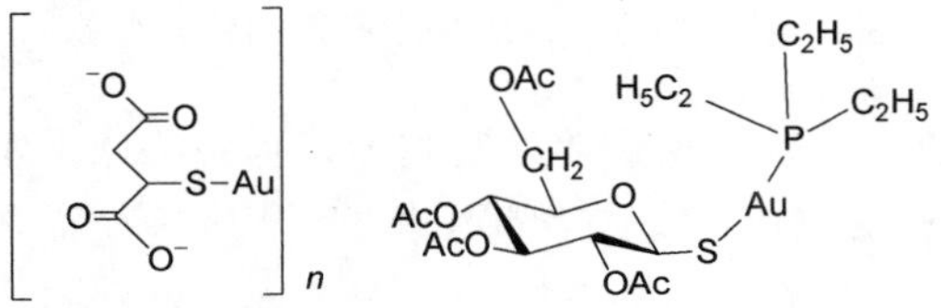

(a) 注射用　　(b) 口服用

图 9-39　治疗类风湿关节炎的金配合物

9.4.2　诊断类药物

上面介绍的都是治疗类金属药物。实际上在临床实践中，疾病的及时、准确的发现和诊断也非常重要。这样不仅可以及时地对症下药，而且可以大大地提高治疗的效果。现在像癌症等很多疾病在早期时其治愈率很高。因此，有关诊断药物的研究与开发也越来越受到人们的重视。目前在临床上使用或正在进行试验的诊断药物中有的就是含有金属的药物。例如，利用核磁共振成像造影技术时使用的造影剂就是钆的配合物，此外还有利用锝的放射性同位素 ^{99m}Tc 的化合物作为心脏造影剂等。

核磁共振成像 (magnetic resonance imaging) 技术是目前临床上用于疾病或组织损伤诊断的强有力手段之一。它所利用的原理是通过观测疾病或损伤组织与正常组织的核磁共振信号 (目前主要是观测人体内水中的 ^{1}H NMR 信号) 的差别来进行推测和诊断，一般需要借助被称之为造影剂 (contrast agent) 的药物来增强和改善成像效果。目前使用的造影剂是含有 Gd(Ⅲ)、Mn(Ⅱ)、Fe(Ⅲ) 等顺磁性金属离子的配合物，其作用是使得要观测的 ^{1}H NMR 信号的弛豫时间缩短，从而区别于体内的一般水的 ^{1}H NMR 信号，达到增强和改善成像效果的目的。对用于临床诊断的造影剂的要求有：稳定、低毒；高弛豫率；对体内组织或器官有靶向性和选择性；易于排出体外等。

现在已经获得批准可用于临床诊断的造影剂主要是三价钆的配合物。图 9-40 中显示了两种含有羧酸取代基团的大环多胺配体的 Gd(Ⅲ) 配合物，其中含 dota 的配合物为带一个负电荷的阴离子型配合物，而含 hp-dota 的则为中性配合物。在这些配合物中 Gd(Ⅲ) 为九配位，有 4 个 N 和 4 个 O 原子来自 dota、hp-dota 配体，另外一个 O 原子来自配位的水分子。除了这些环状多胺配体之外，还有含羧酸取代基团的开环链状多胺配体以及席夫碱类配体等。

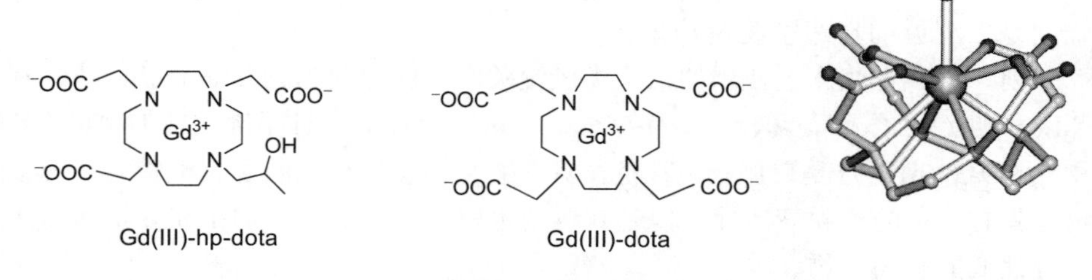

图 9-40　用作核磁共振造影剂的钆配合物

利用放射性同位素来进行疾病的诊断和治疗也是临床上常用的一种方法。通常作为诊断用的有 γ 射线放射源如 ^{99m}Tc、^{201}Tl、^{111}In 等，而作为治疗用的则为 β 射线放射源如 ^{186}Re、^{153}Sm 等。图 9-41 中给出了含放射性同位素 ^{99m}Tc 的心脏造影剂 $[^{99m}Tc\{CNCH_2C(CH_3)_2OCH_3\}]^+$ 的结构示意图。该配合物进入体内之后其中的甲氧基 (OCH_3) 被逐步代谢、水解为羟基，从而可以与心肌纤维选择性地结合，起到造影的作用。

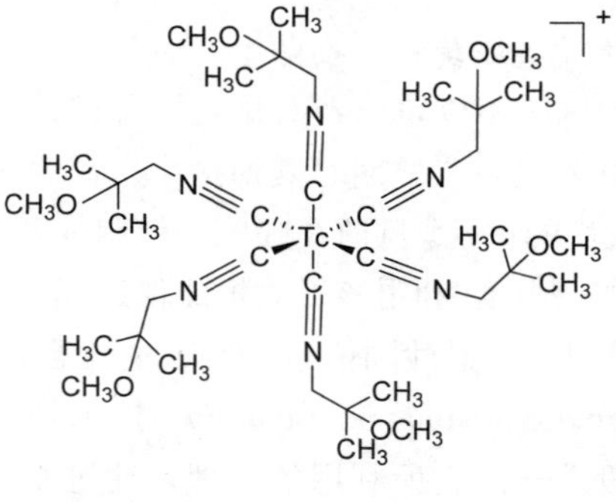

图 9-41　心脏造影剂 $[^{99m}Tc\{CNCH_2C(CH_3)_2OCH_3\}]^+$ 的结构式

9.4.3　金属离子与疾病

如图 9-1 所示，当生物必需的金属离子在生物体内含量不足或超过一定范围时可导致生命过程的不正常和疾病的产生。因此，金属离子与某些疾病紧密相关，对于人体也一样。下面简要介绍过渡金属离子与神经退行性疾病。随着社会的发展和老年化，神经退行性疾病已经成为一类严重影响人类健康的常见病，相关研究也已成为生物无机化学领域的一个新热点。

体内金属离子的失衡和蛋白质功能的紊乱是神经退行性疾病的主要特征。例如，威尔逊氏症 (Wilson's disease) 和蒙克氏症 (Menke's disease) 就是因为铜离子失衡而引起的疾病，而且一个是铜离子的过量沉积，另一个是铜离子缺乏造成的。

威尔逊氏症患者因为体内铜离子转运的紊乱导致铜离子在肝、脑、肾等重要器官内过度沉积从而影响机体功能，因此临床上采用口服 D-青霉胺调节体内铜的代谢，以减少铜离子在体内的积累。而蒙克氏症患者则相反，其产生原因是细胞内铜离子缺乏，为此临床上使用铜-组氨酸配合物 $[Cu(His)_2(H_2O)_2]$ 补充铜离子，达到治疗的作用。另外，研究表明铜、锌等过渡金属离子浓度在阿尔茨海默病 (Alzheimer's disease, AD) 患者脑内沉积物中异常增大，而铜、锌等金属离子与 β-淀粉样 (β-amyloid, Aβ) 多肽的相互作用被认为是阿尔茨海默病发病过程的重要步骤。

以上的介绍可以看出过渡金属离子与神经退行性疾病关系密切，但是，目前人们对这些疾病的致病机理还了解甚少，距离攻克并最终战胜这些疾病仍任重道远。

参考文献

[1] 本章在《配位化学》(第 2 版，普通高等教育“十一五”国家级规划教材、21 世纪化学丛书，孙为银编著，北京：化学工业出版社, **2010**) 第三章基础上编写完成.

[2] 王夔等. 生物无机化学. 北京：清华大学出版社, **1988**.

[3] [美] S. J. Lippard，J. M. Berg 著. 生物无机化学原理. 席振峰，姚光庆，项斯芬，任宏伟译. 北京：北京大学出版社, **2000**.

[4] 郭子建，孙为银. 生物无机化学. 北京：科学出版社, **2006**.

[5] 陈慧兰. 高等无机化学. 第八章，北京：高等教育出版社，**2005**.

[6] 申泮文. 无机化学. 北京：化学工业出版社, **2002**.

[7] 张永安. 无机化学. 北京：北京师范大学出版社，**1998**.

[8] E. Frieden. *J. Chem. Ed.*, **1985**, *62*, 917.

[9] R. H. Holm, P. Kennepohl, E. I. Solomon. *Chem. Rev.*, **1996**, *96*, 2239.

[10] Y. Watanabe. *Curr. Opin. Chem. Biol.*, **2002**, *6*, 208.

[11] T. Hayashi, Y. Hisaeda. *Acc. Chem. Res.*, **2002**, *35*, 35.

[12] S. I. Ozaki, M. P. Roach, T. Matsui, Y. Watanabe. *Acc. Chem. Res.*, **2001**, *34*, 818.

[13] T. G. Spiro, P. M. Kozlowski. *Acc. Chem. Res.*, **2001**, *34*, 137.

[14] T. D. H. Bugg. *Curr. Opin. Chem. Biol.*, **2001**, *5*, 550.

[15] D. L. Harris. *Curr. Opin. Chem. Biol.*, **2001**, *5*, 724.

[16] M. Newcomb, P. H. Toy. *Acc. Chem. Res.*, **2000**, *33*, 449.

[17] W. N. Lipscomb, N. Strater. *Chem. Rev.* **1996**, *96*, 2375.

[18] B. L.Vallee, D. S. Auld. *Acc. Chem. Res.*, **1993**, *26*, 543.

[19] M. J. Jedrzejas, P. Setlow. *Chem. Rev.*, **2001**, *101*, 607.

[20] E. E. Kim, H. W. Wyckoff. *J. Mol. Biol.*, **1991**, *218*, 449.

[21] C. Gerdemann, C. Eicken, B. Krebs, *Acc. Chem. Res.*, **2002**, *35*, 183.

[22] E. I. Solomon, P. Chen, M. Metz, et al. *Angew. Chem., Int. Ed.*, **2001**, *40*, 4570.

[23] D. C. Rees, J. B. Howard. *Curr. Opin. Chem., Biol.* **2000**, *4*, 559.

[24] D. Sellmann, J. Utz, N. Blum, F. W. Heinemann. *Coord. Chem. Rev.*, **1999**, *190-192*, 607.

[25] B. E. Smith. *Adv. Inorg. Chem.*, **1999**, *47*, 159.

[26] L. Noodleman, T. Lovell, T. Liu, et al. *Curr. Opin. Chem. Biol.*, **2002**, *6*, 259.

[27] O. Einsle, F. A. Tezcan, S. L. A. Andrade, et al. *Science*, **2002**, *297*, 1696.

[28] K. M. Lancaster, M. Roemelt, P. Ettenhuber, et al. *Science*, **2011**, *334*, 974.

[29] R. G. Matthews. *Acc. Chem. Res*., **2001**, *34*, 681.
[30] C. C. Lawrence, J. Stubbe. *Curr. Opin. Chem. Biol*., **1998**, *2*, 650.
[31] C. L. Drennan, S. Huang, J. T. Drummond, et al. *Science*, **1994**, *266*, 1669.
[32] A. E. Smith, R. G. Matthews. *Biochemistry*, **2000,** *39*, 13880.
[33] M. Costas, K. Chen, L. Que. *Coord. Chem. Rev*., **2000**, *200*, 517.
[34] L. Que, W. B. Tolman, *Angew. Chem.* , *Int. Ed*., **2002**, *41*, 1114.
[35] K. M. Holtz, B. Stec, E. R. Kantrowitz, *J. Biol. Chem*., **1999**, *274*, 8351.
[36] R. Than, A. A. Feldmann, B. Krebs, *Coord. Chem. Rev*., **1999**, *182*, 211.
[37] T. Koike, M. Inoue, E. Kimura, M. Shiro. *J. Am. Chem. Soc*., **1996**, *118*, 3091.
[38] T. Koike, S. Kajitani, I. Nakamura, et al. *J. Am. Chem. Soc*., **1995**, *117*, 1210.
[39] T. Koike, M. Takamura, E. Kimura. *J. Am. Chem. Soc*., **1994**, *116*, 8443.
[40] S. A. Li, D. X. Yang, D. F. Li, et al. *New J. Chem*., **2002**, *26*, 1831.
[41] J. Xia, Y. Xu, S.-a Li, et al. *Inorg. Chem*., **2001**, *40,* 2394.
[42] N. Kitajima, K. Fujisawa, C. Fujimoto, et al. *J. Am. Chem. Soc*., **1992**, *114*, 1277.
[43] N. Kitajima, Y. Moro-oka, *Chem. Rev*., **1994**, *94*, 737.
[44] Q. Yuan, K. Cai, Z. P. Qi, et al. *J. Inorg. Biochem*. **2009**, *103*, 1156.
[45] D. F. Li, S. A. Li, D. X. Yang, et al. *Inorg. Chem.,* **2003**, *42*, 6071.
[46] S. A. Li, D. F. Li, D. X. Yang, et al. *Chem. Commun*., **2003**, 881.
[47] F. Barriere. *Coord. Chem. Rev*., **2003**, *236*, 71.
[48] Y. Ohki, Y. Sunada, M. Honda, et al. *J. Am. Chem. Soc*., **2003**, *125*, 4053.
[49] 游效曾，孟庆金，韩万书. 配位化学进展. 北京：高等教育出版社，**2000**.
[50] Z. Guo, P. J. Sadler. *Angew. Chem., Int. Ed*., **1999**, *38*, 1512.
[51] 日本化学会编. 化学总说 [季刊]：生物无机化学の新展开 [日]. 東京：学会出版センター，**1995**.
[52] F. Uggeri, S. Aime, P. L. Anelli, et al. *Inorg. Chem*., **1995**, *34*, 633.
[53] 雷鹏，吴为辉，李艳梅. 大学化学, **2006**, *21*, 32.

习　题

1. 什么是生物必需元素，并简述铁、锌、铜、钼、钴在生命过程中的主要作用。
2. 天然氧载体主要有哪几类，其氧合前和氧合后活性中心的结构分别是什么。并给出分子氧与金属结合以后的存在方式。
3. 一氧化碳 (CO) 与游离的亚铁血红素的结合能力是氧分子 (O_2) 的 2000 倍，而在相同条件下 CO 与血红蛋白、肌红蛋白中亚铁血红素的结合能力只有氧分子 (O_2) 的 250 倍，请说明产生这种差别的原因及其生物学意义，并分别画出 CO、O_2 结合后的铁血红素结构示意图。
4. 血红蛋白的结构有松弛态 R 和紧张态 T 两种，这两种状态的不同不仅表现在四个亚单元之间的关系上，也表现在亚单元内部的构象上。试解释这种结构上的差异为什么与血红蛋白和肌红蛋白氧合曲线之间的差异有关。
5. 含金属的电子传递蛋白主要有哪几种，给出其活性中心的结构。
6. 简述几种代表性天然含锌酶在生命体系中的功能，并画出其活性中心的结构示意图。
7. 在金属酶金属蛋白研究中，经常用 Co^{2+} 取代 Zn^{2+}，为什么？用这样的研究方法可预期得到哪些信息？

8．碳酸酐酶和铜锌超氧化物歧化酶中所含锌离子的作用有什么不同，试问为什么水解酶中所含金属离子主要是锌，而不是三价金属离子如 Fe^{3+}、Mn^{3+} 等。
9．试述天然含铜蛋白中铜的类型及结构特点。
10．给出铜锌超氧化物歧化酶活性中心的结构。作为衍生物有人报道所有金属位置上均为铜(铜取代锌)，或所有的金属位置上均为锌（锌取代铜）的超氧化物歧化酶，请问怎样才能得到这些衍生物，并预示它们的活性及其理由。
11．简述固氮酶的含金属活性中心的结构特点以及天然固氮酶结构研究对生物无机化学的意义。
12．辅酶 B_{12} 在结构上有什么特点，举例说明在生命体系中辅酶 B_{12} 参与的酶催化反应。
13．简述两种有代表性的金属药物并介绍其相关的最新研究进展。

第 10 章 功能配合物

功能配合物是具有特定功能的配合物，其功能种类繁多，本章主要介绍包括发光配合物、荧光探针、导电配合物、磁性配合物、配合物光电转换材料、配合物杂化材料、配合物分子器件等内容的功能配合物。

10.1 配合物发光材料

10.1.1 OLED 有机电致发光材料

有机电致发光 (electroluminescent, EL) 是由电能激发有机材料而发光的现象，早在 50 多年前就被发现。长久以来，这种电致发光现象一直没有引起广泛关注，而只进行了一些有机分子结晶的电荷注入、传输及发光的基础研究。但自 1987 年有机发光二极管 (organic light emitting diode, OLED) 诞生以后，这种情况就发生了变化。简单来说，OLED 是一种由多层有机薄膜结构形成的电致发光器件，OLED 显示器具有自发光、广视角 (达 170° 以上)、反应时间快 (微秒级)、发光效率高、驱动电压低 (3~10 V)、面板厚度薄 (小于 2 mm)、可制作大尺寸与可弯曲式面板及制作简单等特性，且具有低成本的潜力，因此被喻为下一代的“明星”平板显示技术。

有机电致发光的原理可以用三个步骤来说明。如图 10-1 所示，第一步，当施加一正向外加偏压，空穴和电子克服界面能垒后，经由阳极和阴极注入，分别进入空穴传输层 (hole transporting layer, HTL) 的 HOMO 能级 (类似于半导体中所谓的价带) 和电子传输层 (electron transporting layer，ETL) 的 LUMO 能级 (类似于半导体中所谓的导带)；第二步，电荷在外部电场的驱动下，传递至空穴传输层和电子传输层的界面，由于界面的能级差，使得界面会有电荷的累积；第三步，当电子、空穴在有发光特性的有机物质内复合，形成处于激发态的激子 (exciton)，它在一般的环境中是不稳定的，能量将以光或热的形式释放出来而回到稳定的基态，因此电致发光是一个电流驱动的现象[1]。

1987 年，美国柯达公司的邓青云 (C. W. Tang) 及 S. VanSlyke 使用 8-羟基喹啉铝 (Alq_3，如图 10-2 所示) 获得效率高的有机电致发光[2]。金属配合物具有良好的可设计性，已作为空穴传输层、电子传输层或主发光层被广泛开发并应用于 OLEDs 中。

Alq_3 具有热稳定性好 (玻璃化转变温度 T_g 约为 172 ºC)、在真空下较易沉积成无孔洞薄膜的特点，现在仍被广泛使用。Alq_3 在固态时的荧光量子产率为 25%~32%，而 8-羟基喹啉镓 (Gaq_3) 和 8-羟基喹啉铟 (Inq_3) 的荧光量子产率却降低了近 4 倍[3]。在使用 Alq_3 作为 OLED 发光层时，亮度为 11050 $cd \cdot m^{-2}$，但换成 Inq_3 则将为 6483 $cd \cdot m^{-2}$，不过将其作为电子传输材料 (ETM) 使用，比 Alq_3 更优越，这可能与 Inq_3 有较高的电子亲和能 (EA 约 3.4 eV) 和电子迁移率 (会随着中心金属离子电子层数的增加而增加) 有关。

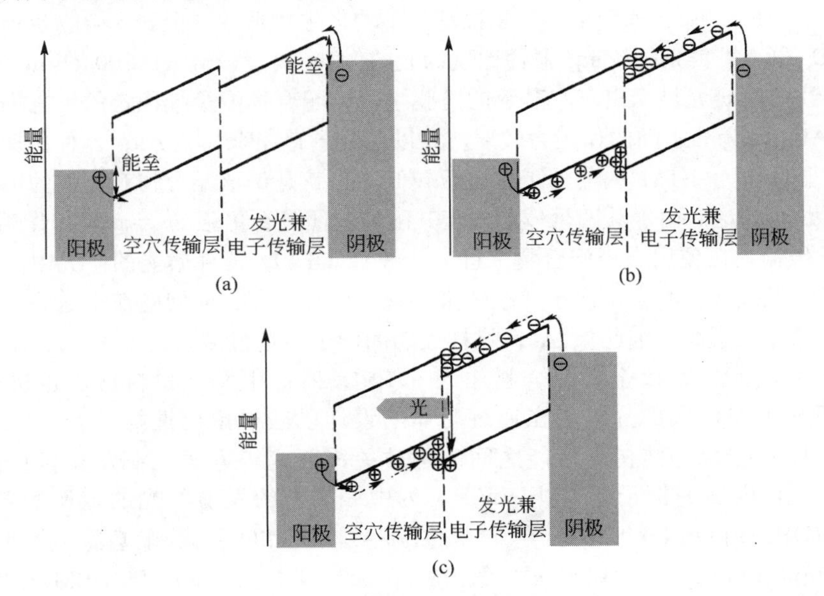

图 10-1 有机电致发光的三个步骤

(a) 电子、空穴注入；(b) 电荷传递；(c) 电子-空穴复合

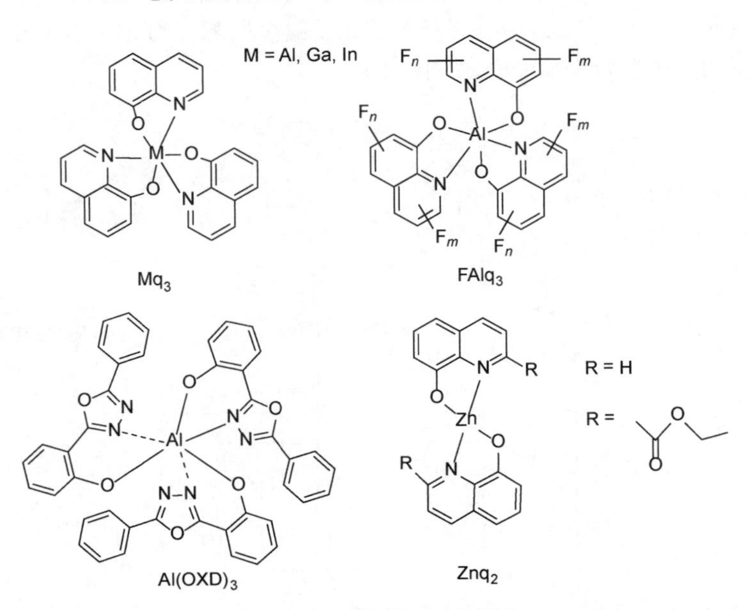

图 10-2 金属配合物的结构

另外还有一些金属配合物也被当作发光性 ETM 使用 (图 10-2)[4]。2004 年，日本三菱材料株式会社在专利中披露如果用 $FAlq_3$ 取代 Alq_3 作为 ETL，不但可以使驱动电压降低、效率提高，更使器件寿命增加约 3 倍[1]。有人将噁唑分子作为配体合成出金属配合物 $Al(OXD)_3$，得到一个发蓝光的电子传输分子，但不如 Alq_3 稳定[5]。另外，使用 Be^{2+} 和 Zn^{2+} 与 8-羟基喹啉的衍生物形成的金属配合物也被应用于 OLED 中，发黄光的 Znq_2 器件比发绿光的 Alq_3 亮度较高 (16200 $cd \cdot m^{-2}$)，利用 X 射线衍射研究显示出真空蒸镀的薄膜中，该配合物能量最稳定的形态为四聚体，而 Alq_3 因为分子间的作用力较弱，均以单分子存在[6]。与 Alq_3 器件相比，使用 Znq_2 器件作为 ETM 的器件工作电压较低，也就是说该配合物有较佳的电子注入和传导性质。这是由于其四聚体形式使其配位基团具有更强的 π-π 堆积作用，有利于电子传输。在使用金属配合物来进一步改善 OLED 器件效能的研究中，人们发现可以通过改变中心金属离子和配体来实现。但目前存在的问题在于这些金属配合物往往稳定性不高，因此像 Alq_3 这样成功的例子不是很多。

近年来，人们在以金属配合物作为 OLED 器件中发光材料方面也进行了大量的研究工作，大部分集中在通过配体的设计以获得单色性好、光色鲜艳的配合物，以及配合物结构与性能之间的构效关系研究等方面。在发光材料的研究中，具有代表性的例子如：以 Eu(Ⅲ) 为中心离子的发射红光的金属配合物，包括 $Eu(DBM)_3(TPPO)$ (DBM = 二苯甲酰甲烷; TPPO = 三苯基膦氧化物)、$Eu(TTFA)_3(phen)$ (TTFA = 噻吩甲酰三氟丙酮; phen = 邻二氮杂菲)、$Eu(DBM)_3(EPBM)$ [EPBM = 1-乙基-2-(2-吡啶基)苯并咪唑] 等，其中黄春辉等人报道的 $Eu(DBM)_3(EPBM)$ 配合物在一个三层 OLED 器件中 (图 10-3)[7]，获得高达 180 $cd \cdot m^{-2}$ 的亮度值；以 Al(Ⅲ)、Be(Ⅱ) 和 Li(Ⅰ) 为中心离子的蓝光发射金属配合物 (图 10-4)；以 Eu(Ⅲ) 为中心离子的白光发射金属配合物 (图 10-5) 等[8]。

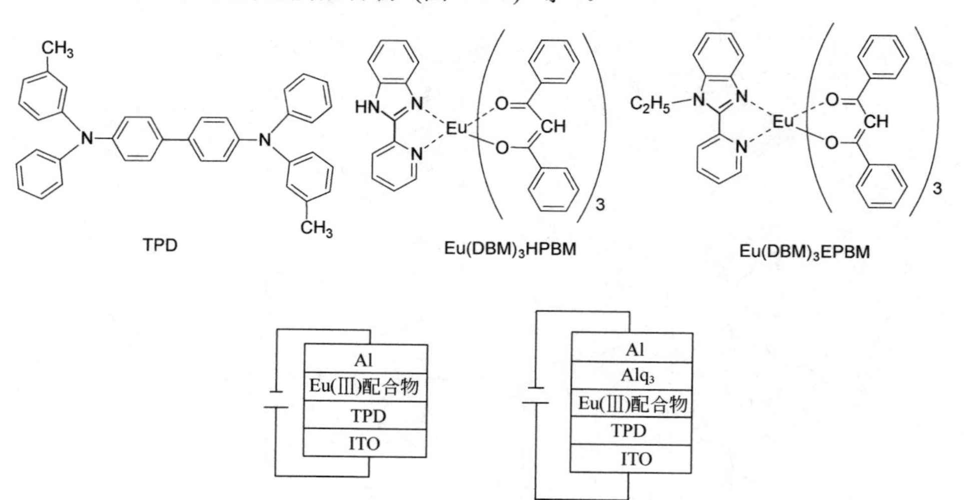

图 10-3 $Eu(DBM)_3(EPBM)$ 等材料参与的 OLED 器件的结构示意图

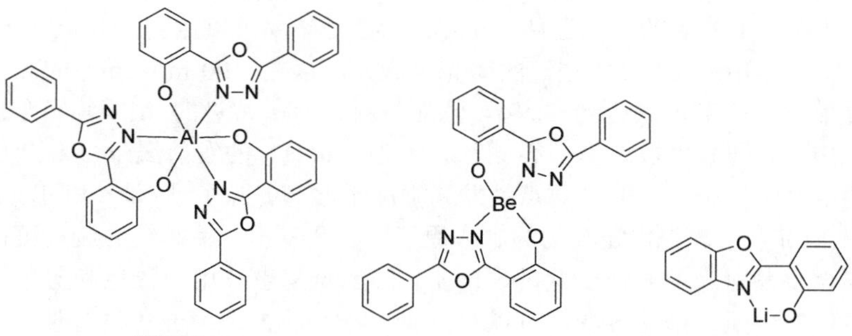

Al(POP)$_3$

图 10-4　部分发射蓝光的金属配合物的结构

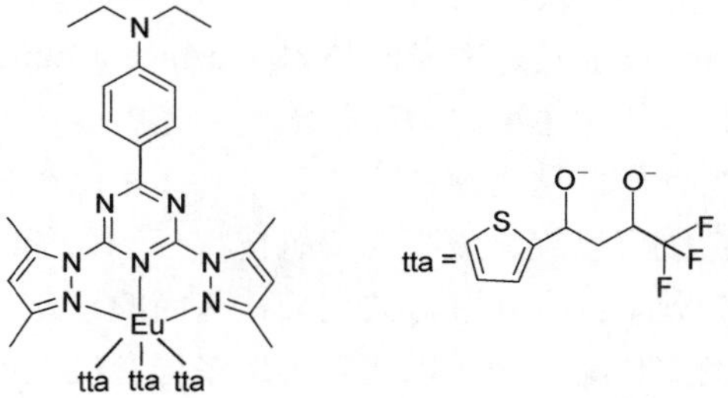

tta =

图 10-5　Eu^{3+} 为中心离子的发射白光的配合物的结构

近年来，在 OLED 科学及技术领域，具有突破性的关键发展之一是电致磷光现象 (electrophosphorescence) 的发现，可使一般常用于器件的荧光掺杂物的内量子产率由 25% 提升至接近于 100%。

1999 年，有人报道了以 Pt(Ⅱ) 为中心金属的红色磷光体 2,3,7,8,12,13,17,18-八乙基-12*H*,23*H*-卟啉铂(Ⅱ) (PtOEP) (图 10-6)，是最早被用来制成 OLED 器件的三重态磷光材料[9]。利用共蒸镀的方式掺杂在主发光体 CBP 中，器件的最大外部量子产率可达到 5.6%。但因为 PtOEP 的磷光寿命过长，因此在高电流密度下，易造成三重态与三重态之间的自湮灭现象，使得器件的量子产率大幅下降。

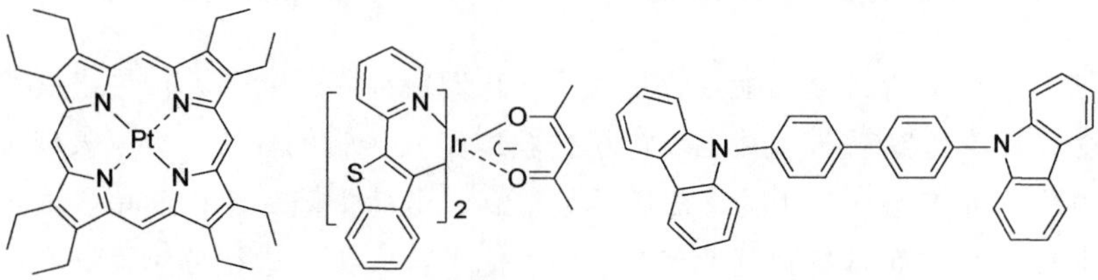

PtOEP　$Btp_2Ir(acac)$　CBP

图 10-6　PtOEP、$Btp_2Ir(acac)$ 和 CBP 的结构式

在 PtOEP 被发现后，另一个新的以 Ir(Ⅲ) 为中心原子的红色磷光材料二-2-(2′-苯并[4,5-α]噻吩基)吡啶-$N,C^{3'}$-铱 (乙酰丙酮) [$Btp_2Ir(acac)$] 也随之闻名[10]。掺

杂于主发光体 CBP 中的磷光器件，最大外部量子产率可以达到 7.0%±0.5%。相比于 PtOEP，$Btp_2Ir(acac)$ 具有较短的磷光寿命，所以在 100 $mA \cdot cm^{-2}$ 的高电流密度下，其外部量子产率可以达到 2.5%。磷光材料中除了常见的 Ir(Ⅲ) 配合物外，在相关文献中 Eu(Ⅲ) 也被用作中心原子。因为 Eu(Ⅲ) 的发射属于 f-f 跃迁，所以发射峰的半峰宽都很窄，但是缺点是发光强度不够高。除了 Ir(Ⅲ) 和 Eu(Ⅲ) 的配合物外，Os(Ⅱ) 也被用作配合物的中心原子，并开发出一系列化合物，可以通过改变配体来调整发射光的光色。此外，Ir(Ⅲ) 的配合物也被用于绿色和蓝色磷光材料的研究中，借由配位基的改变，可以对 Ir(Ⅲ) 配合物的发射光色进行调节。

有人在 2002 年提出以树枝状分子 (dendrimer) 的方式将 Ir^{3+} 的绿色磷光配合物 (图 10-7) 应用在有机发光二极管器件中，并以湿法旋涂成膜制成单层器件 [11]。树枝状分子的结构主要包括：共轭发光中心 (conjugated light-emitting core)、共轭分枝基团 (conjugated branches) 及外围表面基团 (surface groups)，其中发光中心为主要发光基团，共轭分枝基团则主要将电荷传输到发光中心，外围表面基团的主要功能则是改善分子的加工性质。这类树枝状分子发光体相比小分子及高分子发光二极管而言，有以下优点：①可以旋涂成膜；②树枝状分子分子结构设计可以控制分子间的作用力，提升发光效率；③通过对共轭分枝基团的设计，可以有效地在发光中心引入适当的电子或空穴传输基团，以达到类似多层有机发光二极管器件的效果。

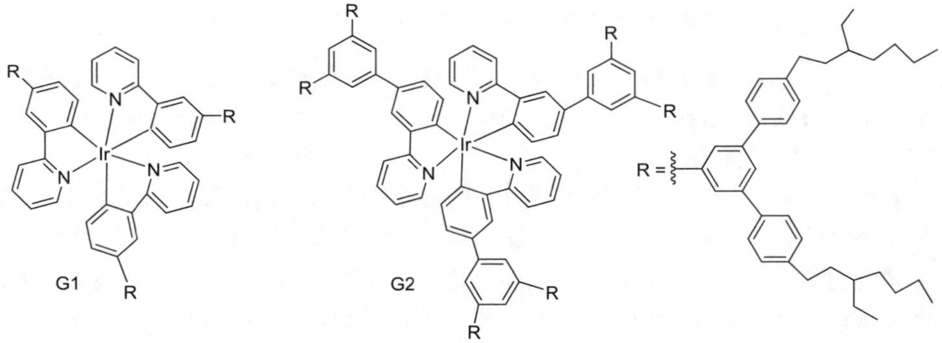

图 10-7　第一代 (G1) 及第二代 (G2) 树状物磷光发光体结构式

在过去几年中，将金属配合物应用于 OLED 器件已取得了长足进展。这些金属配合物兼具荧光/磷光发光中心、电子传输或空穴传输的性质，可以表现出可调的电荷传输及三重态光发射性质。在量子效率高、电荷平衡、结构简单、成本低廉的 OLED 器件组装方面具有独到的优势。基于化学合成策略进行分子设计和分子性质控制，使得这类多功能金属有机磷光体的发展充满着无限诱人的前景。

10.1.2　发光金属凝胶

发光金属凝胶 (metallogel) 是发光配合物作为胶凝剂通过分子间作用固化溶剂而形成的软固态材料。胶凝剂通过氢键、范德华力和 π-π 堆积等弱相互作用自组装形成长度在微米尺度和直径在纳米范围的纤维状结构[12~15]。大量的纤维状结构间交联缠绕进一步形成三维网络状结构，从而使溶剂凝胶化。这些弱相互作用可能在加热、超声、振荡以及外加离子等外在刺激下被弱化甚至完全破坏，撤离这些外在刺激则可以返回到原始凝胶态，形成多响应发光材料。迄今为止，人们对具有 d^6 (Re^+)、d^8 (Pt^{2+}) 和 d^{10} (Au^+) 电子组态及稀土金属配合物形成的金属凝胶进行了研究。这些金属配合物具有发光寿命长和量子产率高等特点。

设计合成金属胶凝剂的关键是通过配体设计有效控制体系分子间的氢键和范德华力等非共价键。而对具有 d^8 (Pt^{2+}) 和 d^{10} (Au^+) 电子组态的平面型发光配合物而言，其成胶过程可能还与配合物之间金属-金属、π-π 堆积等弱相互作用密切相关。

铂(Ⅱ)配合物具有平面四边形结构，在特定条件下表现出 Pt-Pt 和 π-π 相互作用[16,17]，再利用基于酰胺基团所形成的氢键以及长烷基链之间的范德华力可以获得发光金属凝胶。典型的铂胶凝剂包括含有 3,4,5-三(正十二烷氧基)苯甲酰胺基团的 8-羟基喹啉铂(Ⅱ)[18] (图 10-8) 和 3,4,5-三(正十二烷氧基)苯甲酰胺取代的苯乙炔基三吡啶铂(Ⅱ)[19]。光谱研究显示前者表现出基于 *J* 型聚集的强 π-π 相互作用 (*J* 聚集体是指染料分子之间通过头对尾排列形成的聚集体，其吸收光谱较单分子染料的吸收发生了红移，并且吸收峰更为尖锐)，而后者具有强 Pt-Pt 相互作用，因而导致了 ^{3}MMLCT ($d\sigma^* \rightarrow \pi^*$) 发射。通过透射电子显微镜可以观察到纳米尺度的纤维状聚集结构。这些凝胶展示了热可逆的溶液/凝胶相变。与其溶液状态相比，凝胶有效降低了氧气对其三重态发光的猝灭[18]。随后的研究发现即使没有酰胺基团，此类胶凝剂如 3,4,5-三(正十二烷氧基)苯乙炔三吡啶铂(Ⅱ)也能形成凝胶[20~22]。有趣的是随着其抗衡阴离子的改变，这些凝胶呈现出不同的颜色[21]。这是由于抗衡离子能够有效调节配合物间的 Pt-Pt 和 π-π 相互作用，使配合物在凝胶形成过程中聚集程度不同所致。

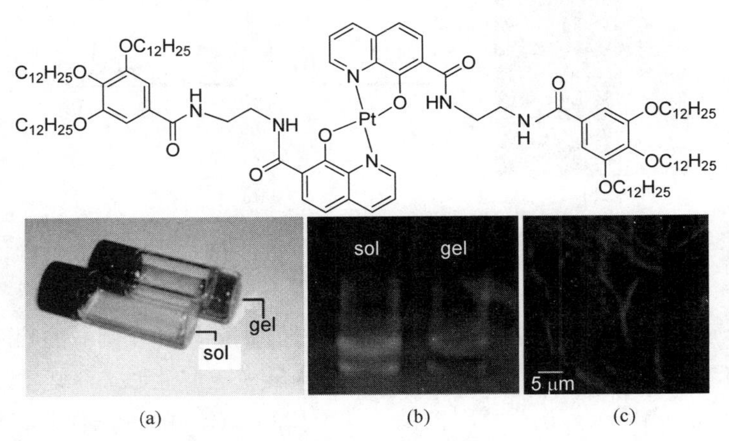

图 10-8　(上) 胶凝剂的结构式[18]；(下) (a) 溶胶和凝胶在可见光下的照片，(b) 紫外灯下的照片，(c) 干胶的荧光显微镜照片

具有 d^6 (Re^+) 电子组态的金属离子一般是球形配位微环境，因此此类配合物之间经常缺少直接的金属-金属、π-π 相互作用。但是，通过选择和设计配体，可有效调节配合物之间的超分子作用，从而获得一系列铼的发光配合物凝胶[23]。和过渡金属凝胶相比，基于稀土发光配合物的凝胶还处于起步阶段。如文献中报道了基于 2,6-二(吡唑)吡啶多羧酸两亲性配体的三价铕离子配合物可以在十二烷中形成凝胶[24]，其发射光谱形状和溶液不同，可能源于凝胶中各种形式的超分子相互作用 (图 10-9)。

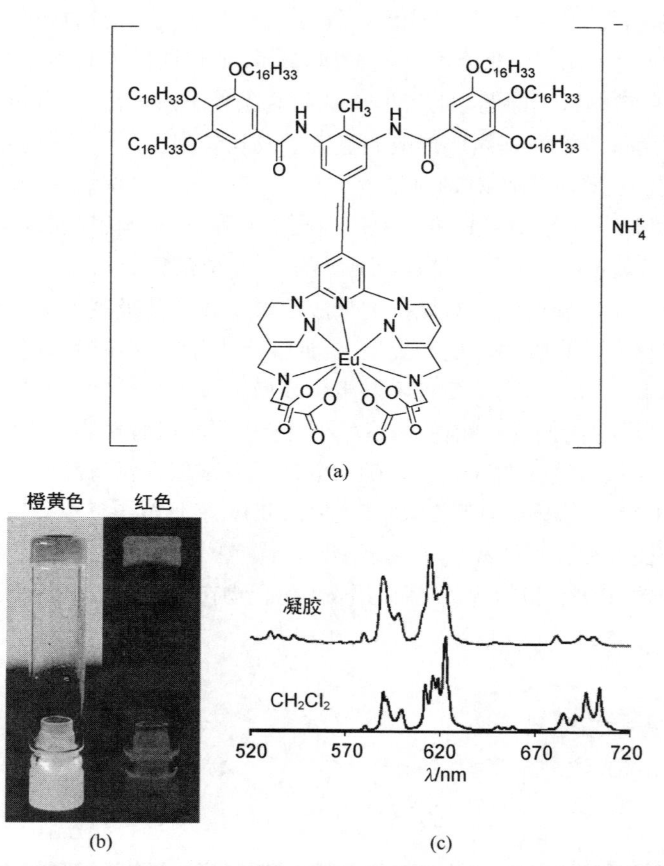

图 10-9　(a) 胶凝剂的结构式；(b) 胶凝剂在十二烷烃中所形成的凝胶在紫外 (左) 及可见光 (右) 下的照片；(c) 胶凝剂的二氯甲烷溶液及凝胶的发射光谱

发光金属凝胶最吸引人之处是其对加热和外加离子等外在刺激的响应性。一般情况下，随着温度的升高，发光配合物凝胶逐渐转变成溶液形式，其发光强度随着温度的升高而逐渐降低。出乎意料的是，基于 2,6-二(苯并咪唑基)吡啶苯乙炔基三吡啶铂(Ⅱ)凝胶表现出基于金属微扰的配体分子内跃迁三重态发射 (^{3}IL)，而随着温度的升高出现基于激基缔合的 $^3(\pi\text{-}\pi^*)$ 磷光增强 (图 10-10)[22]。3,5-二(十八烷氧基)

苄基取代的吡唑三核金(Ⅰ)配合物在正己烷中能形成凝胶[25]。通过加热，这一凝胶变为透明的溶液，其中凝胶的红色磷光消失，冷却溶液则可以返回到原始的红发光凝胶态。往红色发光凝胶加入少量的 Ag^+ 会产生蓝色磷光凝胶，加入 Cl^- 产生 AgCl 沉淀，可以返回到原始红发光凝胶。加热 Ag^+ 掺杂的蓝发光凝胶可产生发绿色光的溶液。当加入 Cl^- 产生 AgCl 沉淀时，溶液的绿色磷光会消失。这些过程展现了一个可逆的“红绿蓝”磷光开关循环 (图 10-11)。

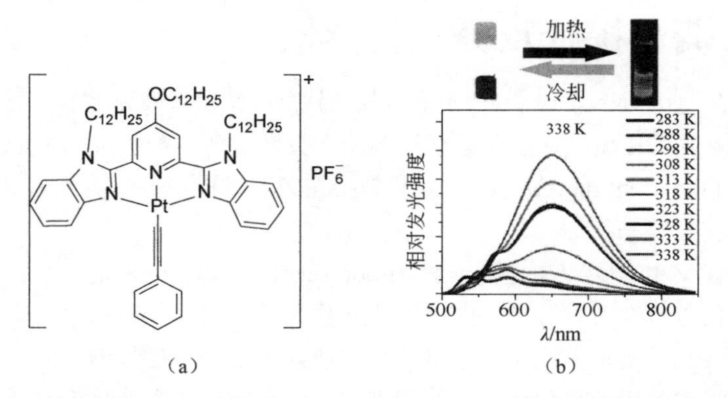

图 10-10 (a) 胶凝剂的化学结构式；(b) 由凝胶转变为溶液的磷光增强照片（上），及随温度变化的发光光谱（下）[24]

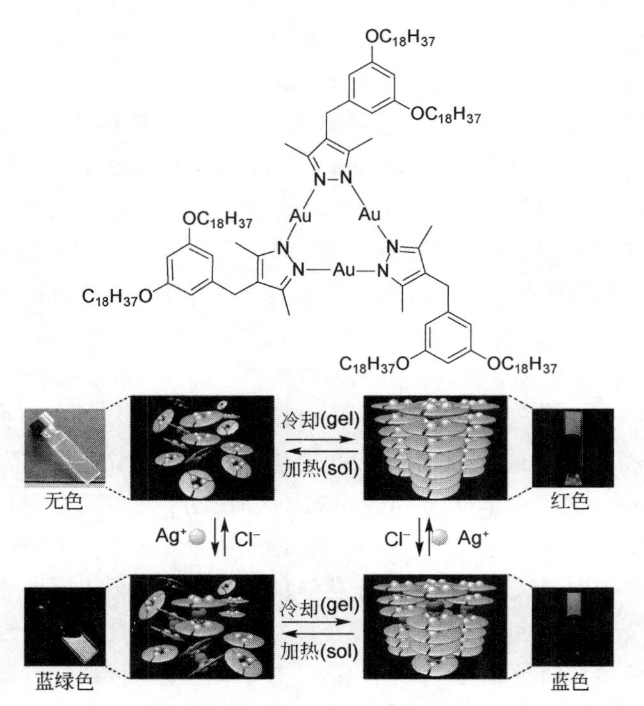

图 10-11 三核金胶凝剂的结构式及可逆的凝胶-溶胶“红绿蓝”磷光开关循环[25]

发光金属凝胶既具有配合物的发光性能，又兼具凝胶材料的多响应性和可加工性，已在化学传感和光电器件等方面显示出潜在的应用前景。从目前的研究进展来看，发光金属凝胶的响应性主要集中在热方面，只有极少数例子表现出对外加离子的响应性。将来的工作集中在发展具有多级有序结构的多响应发光金属凝胶，并系统研究其材料形态、外在刺激响应与光物理性质，以期获得三者之间的内在关系。

10.2 荧光探针及分子传感器

荧光探针 (fluorescence probe) 是其荧光性质 (激发和发射波长、强度、寿命、偏振等) 可随所处环境的性质和组分等改变而灵敏改变的一类荧光性分子。荧光分子传感器 (fluorescent molecular sensor) 是指在识别过程中分子荧光信号能够快速、可逆响应的荧光分子探针。

从严格意义上来说，荧光传感器 (fluorescent sensor) 应该是一个完整的器件或设备，它不仅包含有对被分析物响应的化合物分子的部分，还应包括光源、光系统和光检测器（光电倍增管或光电二极管）等能显示出响应信号信息的部分。目前很多文章中作者们都用荧光传感器这个词来表示荧光探针，本教材为避免概念上的混淆，使用荧光分子传感器 (fluorescent molecular sensor) 这个词。

10.2.1 荧光探针的机理

荧光探针由于方法简单、操作方便、检测快速和灵敏度高等优点近年来受到科研工作者的关注。荧光探针一般是由荧光团 (fluorophore)、间隔基 (spacer) 和受体 (receptor) 三部分组成，其设计原理主要基于光诱导电子转移 (photoinduced electron transfer，PET)、分子内电荷转移 (intramolecular charge transfer，ICT)、电子能量转移 (electronic energy transfer，EET)、激基缔合物 (excimer) 等机理。

荧光分子传感器可分为三类不同类型。第一类，荧光团与被分析物 (如 O_2, Cl^-) 之间直接发生碰撞反应导致荧光猝灭。第二类，荧光团同被分析物之间直接发生可逆的螯合作用，如果被分析物为氢质子，则称为 pH 荧光指示剂 (fluorescent pH indicator)，如果被分析物为离子，则称为荧光螯合剂 (fluorescent chelating agent)；传感器与离子配位结合后，发光可能增强，称为螯合增强荧光效应 (chelation enhanced fluorescence effect，CHEF)，也可能导致荧光的猝灭，称为螯合增强猝灭效应 (chelation enhancement quenching effect，CHEQ)。第三类，荧光团分子通过间隔基或直接与受体连接。这类传感器主要依据受体对离子或分子的选择性识别来设计合成的。分子识别可认为属于超分子化学的范畴。荧光分子同被分析物配位后其光物理性能的变化，是由于改变了电子转移、电荷转移、能量转移过程以及激基缔合物等的形成或消失而导致的。其中，第二类和第三类荧光探针与被分析物之间主要发生配位反应，配合物的解离常数应该位于被分析物的浓度范围内，但该范围随被分析物所处的环境不同而变化。如钙离子在血液中为毫摩尔浓度级，而在细胞内为微摩尔浓度级。有关荧光探针的详细知识，一些专著和许多综述已有专门论述，本节只介绍一些近年来用于氢离子（pH）和某些金属荧光分子探针的设计合成、性能及其应用一些例子，使大家明白有关荧光探针及分子传感器的一些基本原理及应用。

10.2.2 pH 荧光探针

pH 值的精确测量对化学、生物学研究十分重要，荧光 pH 指示剂用于测定氢离子浓度。pH 荧光探针相对于依靠颜色随 pH 值改变而变化来测定 H^+浓度的酚酞、百里酚蓝及酚红等传统 pH 染料来说具有更高的测定灵敏度。pH 荧光探针广泛用于分析化学，生物分析化学，细胞生物学（检测细胞内 pH 值），医学领域当中（监测血液中 pH 和 pCO_2 值）。玻璃电极，由于存在电化学干扰、可能的机械损伤等缺陷而不适于活体 pH 监测，相比较于电极法，荧光显微技术具有不破坏细胞结构，能提供细胞内实时酸碱度值信息的优点。

用 Hendersson-Hasselbalch 方程 $\mathrm{pH} = \mathrm{p}K_\mathrm{a} + \lg([\mathrm{B}]/[\mathrm{A}])$，可测定酸碱平衡时的 H^+ 浓度，B 为荧光探针的碱式形态的浓度，A 为其质子化形态的浓度。为了能准确定量的测量细胞内的 pH 值，指示剂的 $\mathrm{p}K_\mathrm{a}$ 值应与所测量体系的 pH 值相当或相近。正常细胞胞浆内的 pH 值一般在 6.8~7.4 的范围，而某些细胞器如溶酶体的 pH 值则在 4.5～6.0 之间。其设计原理主要涉及光诱导质子转移 (photoinduced proton transfer，PPT)、光诱导电子转移 (PET) 等机理。为研究方便，根据检测对象 pH 值的不同，我们在此将荧光探针分为用于中性和酸性两类进行介绍。

10.2.2.1 中性 pH 荧光探针

常用于偏中性 pH 即细胞胞浆 pH 值检测的荧光探针有 seminaphthorhodafluors (SNARF) 类 (SNARF-1、SNARF-钙黄绿素)、seminaphthofluorescein (SNA FL) 类 (SNA FL-1、SNA FL-钙黄绿素)、2′,7′-(羧甲基)-5-(和-6)-羧基荧光素 (BCECF) 等[26]。这些探针均为疏水性探针，需使用其乙酰氧基甲酯形式。

荧光素 (fluorescein) 作为目前常用的中性 pH 荧光指示剂，它在水溶液中可依据 pH 值的不同而以四种不同存在形态中的一种或多种形态存在，在中性溶液里主要以二价阳离子和一价阳离子形态存在，它的 $\mathrm{p}K_\mathrm{a}$ 是 6.4，由于它在细胞内比较容易泄漏，影响测量的准确性，所以不常被用在细胞内 pH 值的测量中。BCECF 是 20 世纪 80 年代新合成出的激发波长比率测量的中性 pH 指示剂 (图 10-12)[27]，它在细胞内不易泄漏，它的 $\mathrm{p}K_\mathrm{a}$ 值为 6.97，接近生理 pH 值，它可以灵敏地监测细胞内溶液 pH 的变化。细胞内 pH 值较低时 BECEF 的荧光很弱，随着 pH 值的升高，荧光增强幅度很大。505 nm 和 439 nm 通常是非常有用的用于比率测量的激发波长，比率法测量一般是在 530 nm 的相对荧光强度下进行的。羧基 SNARF-1 和羧基 SNAFL-1[28] 则是发射波长比率测量的另一类中性 pH 指示剂，它们的 $\mathrm{p}K_\mathrm{a}$ 值为 7.8，较其它中性 pH 指示剂的 $\mathrm{p}K_\mathrm{a}$ 值要高些。

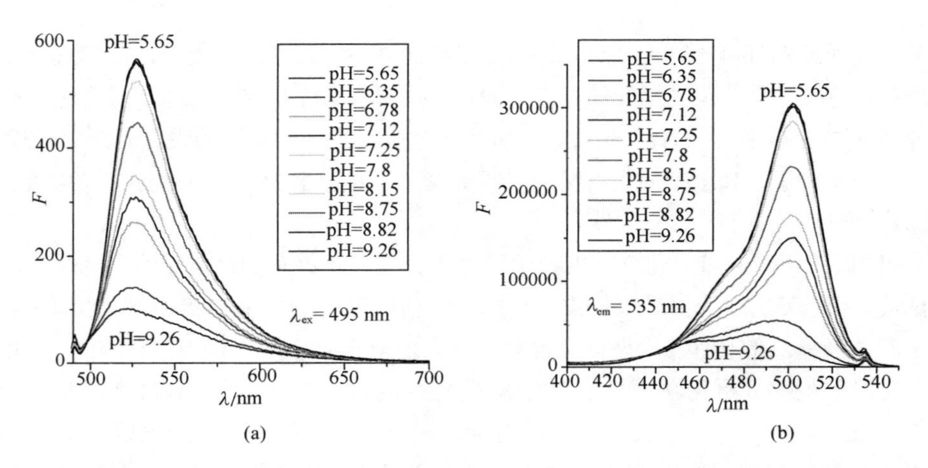

图 10-12 BCECF 在 100 mmol·L^{-1} KCl 溶液中在不同 pH 条件下的荧光光谱 (a) 和激发光谱 (b)

10.2.2.2 酸性 pH 荧光探针

LysoSensor 类荧光探针则适用于 pH 值范围在 4.5~6.0 之间，由于质子化抑制了其光诱导电子转移过程，所以该类探针同其它 pH 荧光探针不同，它们在 pH 值较低时荧光很强，故用于偏酸性条件下的测定。

10.2.3 阳离子荧光探针

10.2.3.1 设计原理

荧光探针的设计原理以 PET 和 ICT 最为广泛，此外，还有其它机理。下面我们按不同的设计原理介绍不同种类的阳离子荧光探针。

(1) PET 阳离子荧光探针 在各种阳离子荧光分子探针中，利用 PET 原理设计的荧光分子探针最为常见。典型的 PET 荧光探针体系是由具有电子给予能力的识别基团，通过连接基团和荧光基团相连，三部分构成的功能分子。其中荧光团的功能是光吸收和荧光信号的发射，并且它的发射强度与识别基团的结合状态相关；识别基团的功能是结合客体并将结合信息传递给荧光团；这两部分被连接基团连成一个分子并且使识别信息有效地转化为荧光强度变化。

在 PET 传感器中，识别基团与荧光团之间的识别信息与荧光信号之间的转化是靠光诱导电子转移完成的。荧光团因电子激发形成空轨道，这时具有电子给予能力的受体会将其最高能级的电子通过间隔基转入荧光团空轨道，由于被激发的电子无法回到原来基态轨道导致荧光团荧光猝灭。当受体结合金属离子后，PET 过程受到抑制而荧光恢复（图 10-13）。这类传感器一般会引起螯合荧光增强效应。对这类传感器，其中的接受器和发光部分间原则上是相互隔离的。

PET 应用到传感器上一般需要如下几个条件：首先，传感器分子中要包含一个荧光团，它应具有高的荧光量子产率；其次，还应包含电子给体 (electron donor) 基团，可以发生向荧光团的 PET 过程；最后，当结合目标分子 (或离子) 后，会引发或抑制电子给体与电子受体间的光诱导电子转移，引起荧光团荧光猝灭或荧光恢复。

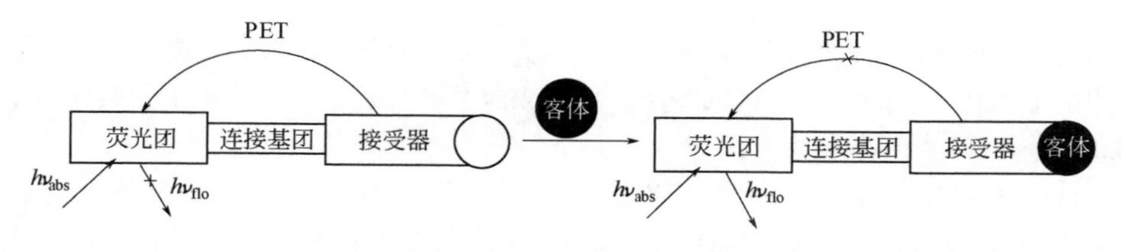

图 10-13 “off-on” 型荧光分子传感器 PET 过程示意图

(2) 光诱导电荷转移阳离子荧光探针 典型的分子内电荷转移 (ICT) 荧光探针是由荧光团与识别基团直接相连构成的。在 ICT (又称光诱导电荷转移，photoinduced charge transfer，ICT) 传感器中，荧光团两边分别连有给电子基团和吸电子基团，形成“推-拉”电子体系，并且给电子基或吸电子基团本身又充当识别基团或识别基团的一部分，该分子被光子激发后会进一步增加从电子给体向电子受体的电荷转移。当识别基团与受体结合后，会对荧光团的推-拉电子作用产生影响 (减弱或强化电荷转移)，引起其偶极矩的变化，从而导致荧光光谱的变化，主要是光谱蓝移或红移。这类体系其接受器和发光部分间的隔离并不十分严格，其对荧光强度的影响不像 PET 荧光探针那样显著。

这类传感器，由于传感器内的发光部分，除一般常用的共轭刚性多环化合物外，大多发光部件均具有分子内电荷转移的特征，如香豆素、黄酮类化合物等均为分子内电荷转移化合物。由于这类化合物在光的激发下会引起分子的强烈激化，如果在该类化合物分子的一端连接接受体部件，而接受的物种又具有某种极性，比如为阳离子物种，则它的引入必然导致发光化合物极性的改变，从而影响其发光强度。

(3) 扭曲的分子内电荷转移 扭转分子内电荷转移 (twisted intramolecular charge transfer，TICT) 属于分子内电荷转移 (ICT) 的一部分，在具有推-拉电子共轭体系的荧光体系中，如果推电子基 (如 *N*,*N*-二甲氨基) 是通过单键与荧光团相连的，当荧光团被光激发时，由于强烈的分子内光诱导电子转移，导致原来与芳环共平面的电子给体绕单键旋转，而与芳环平面处于正交状态，原来的共轭系统被破坏，部分电荷转移变为完全的电子转移，形成 TICT 激发态。当形成 TICT 激发态时，原有的 ICT 荧光则被猝灭。TICT 态常常不发射荧光或者发射弱的长波荧光，少数情况下出现 ICT 与 TICT 双重荧光现象。

(4) 激基缔合物 当两个相同的荧光团，如多环芳烃萘、蒽和芘等连接到一个受体分子的合适距离时，其中一个被激发的荧光团 (单体) 会和另一个处于基态的荧光团形成分子内激基缔合物。它的荧光光谱不同于单体的荧光光谱，表现为一个新的、强而宽、长波、无精细结构的发射峰。此时可观察到双重荧光。位于短波长处且具有振动结构的荧光为单体荧光，长波长无振动结构的荧光为激基缔合物荧光。

缔合物的形成需要两个荧光团之间轨道的堆叠，所以可利用各种超分子作用力改变两个荧光团之间的距离，从而利用结合客体前后单体-激基缔合物的荧光光谱变化识别金属离子。所以利用各种分子间作用力改变两个荧光团之间的距离，如用结合客体前后单体或激基缔合物的荧光光谱变化表达客体被识别的信息。萘、蒽和芘等荧光团由于具有较长的激发单重态寿命，易形成激基缔合物，常常被用于此类探针中。

10.2.3.2　PET 类阳离子荧光探针

(1) 冠醚类 (crowns) **PET 荧光探针**　在传统的主体分子中，冠醚分子由于具有神奇的双亲(亲水和亲脂) 性能，将其和荧光团连接成的超分子体系是非常理想的也是研究最多的一类阳离子荧光探针。将蒽及萘等荧光发色团与具有选择配位能力的氮杂冠醚相结合，就可获得一系列针对碱金属、碱土金属离子识别的 PET 体系化合物。如图 10-14 所示，PET-1 为一个简单的光诱导电子转移类荧光探针例子，在甲醇溶液中当它同钾离子配位后其荧光量子产率由 0.003 增加到 0.14[29]。PET-2 为含有水溶性大环多氨基团的锌离子荧光探针，因为含有氮原子，该荧光探针对 pH 值的变化敏感。在 pH 值为 10 时，同锌离子结合后其荧光强度能增加 14 倍[30]。不含有氮原子而含有四个硫原子的 PET-3 荧光探针可用于测定金属铜离子，但它与 PET-1 和 PET-2 不同的是由于光诱导电子转移过程是从荧光基团到金属铜，所以与铜离子配位后其荧光猝灭[31]。

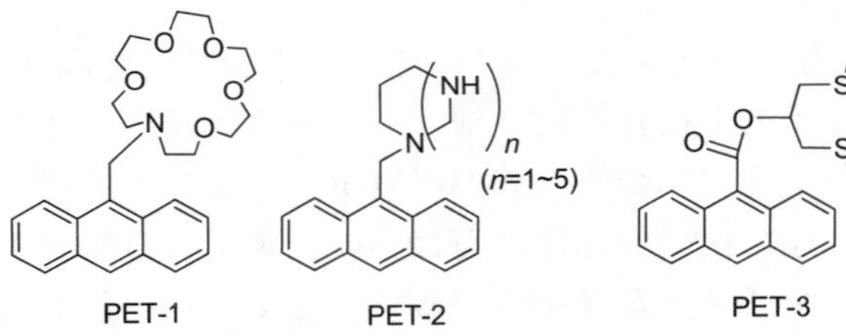

图 10-14　冠醚类 PET 荧光探针

(2) 穴醚类 (cryptands) **PET 荧光探针**　图 10-15 中的 PET-4[32] 和 PET-5[33] 均是由不同结构的穴状配体合成的，对阳离子的识别遵循 PET 原理的荧光探针。PET-4 适合检测 Na^+；而 PET-5 的空穴更适合检测 K^+，它已经成功用于测定血液中的钾离子浓度。由于此类配体中氮原子孤对电子的影响，使它们易质子化而对 pH 值敏感引起荧光变化，故检测时必须控制体系的 pH 值。

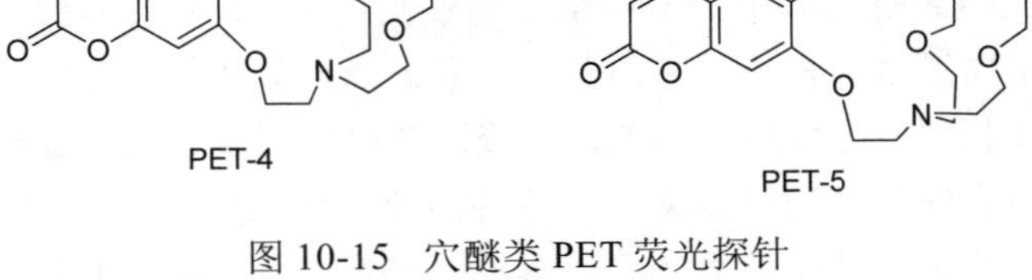

图 10-15　穴醚类 PET 荧光探针

(3) 多足类 (podands) **PET 荧光探针**　另一个例子是用链状多胺类化合物作为荧光化学传感器，用以识别金属离子。这类传感器化合物和冠醚或环糊精等有具体形状的接受体不同，是属于接受体结构形状不够确定的传感器体系，包括链状多胺(多乙烯多胺) 或链状多醚[34] (聚乙二醇) 类等。由于链的柔顺性，因此可和过渡金属离子相配合，达到进行识别的目的。

由于锌离子之类的某些金属离子同氮原子有很强的结合能力，图 10-16 中含有链状多胺的多足体探针 PET-6[35]和 PET-7[36]可用于识别锌离子，但它们使用的 pH 范围比较窄。PET-8[37] 探针以荧光素作为发光基团，双(2-吡啶甲基)胺作为锌离子的配位基团，由于该配位基团不同钙和镁离子配位，故 PET-8 可用于测定细胞内的锌离子，它同锌离子配位后，荧光量子产率从 0.39 增加到 0.87，可测定纳摩尔数量级的锌离子浓度。

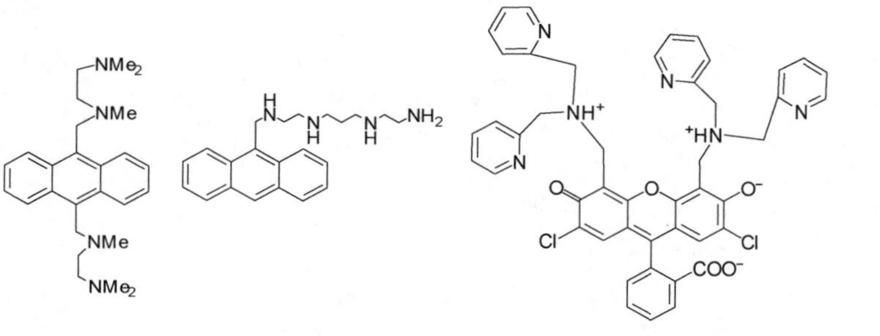

PET-6 PET-7 PET-8

图 10-16 多种类型的多足类 PET 荧光探针

具有较好性质的钙试剂可应用于钙造影诊断，乙二胺四乙酸 (EDTA) 和乙二醇二乙醚二胺四乙酸 (EGTA) 是对钙有非常高的配位选择性的配体，但 EDTA 和 EGTA 自身缺少芳香共轭基团，本身没有荧光，所以 Tsien 在保留 EDTA 和 EGTA 配位基团的基础上引入芳香共轭发光基团，合成了 EDTA 和 EGTA 类似物 APTRA (邻氨基酚-*N*,*N*,*O*-三乙酸) 和 BAPTA [1,2-双(邻氨基酚)乙烷-*N*,*N*,*N'*,*N'*-四乙酸] 这两类荧光钙探针。在此基础上，Tsien 及其同事以及 Molecular Probes 公司的科学家们开发出一系列含 APTRA 和 BAPTA 基团的荧光钙试剂。由于不受质

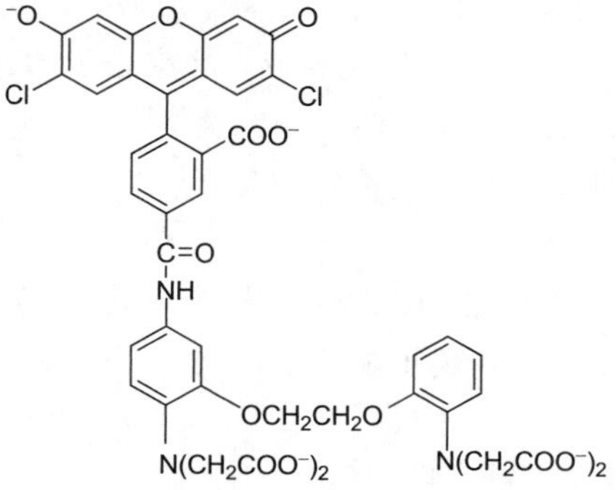

Calcium Green-1

子的干扰，它们的螯合率比 EDTA 和 EGTA 要高很多。它们中的大多数按照 ICT 原理而不是 PET 原理来设计。Calcium Green-1 是按照 PET 原理设计的可测定钙离子的荧光探针，由于配位后荧光强度的改变伴随有荧光寿命的改变，所以它适合于荧光寿命成像技术中测定细胞钙。

10.2.3.3 ICT 类阳离子荧光探针

(1) 冠醚类 ICT 荧光探针 该类荧光探针基于以下原理来设计，含有氮原子的氮杂冠醚为金属离子配位基团，它同吸电子基团通过共轭作用连接。图 10-17 中荧光探针 ICT-1[38]至 ICT-3[39]有着共同的特点，它们同金属配位后，吸收光谱比荧光光谱发生更大程度的蓝移。

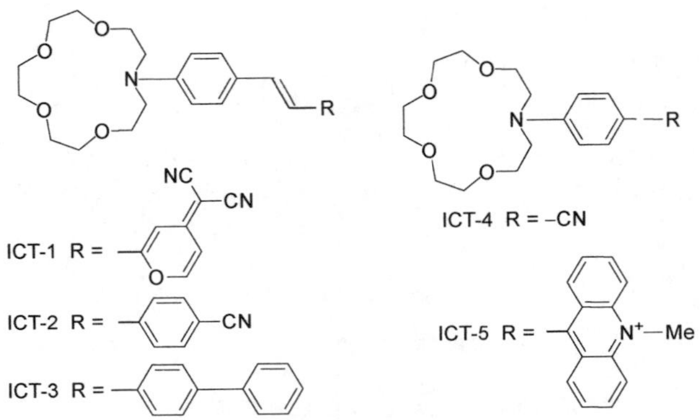

图 10-17 冠醚类 ICT 荧光探针

一个值得注意的问题是：当分子内存在强烈的电荷转移时，可引起分子从部分的电荷转移转变为整个电子转移。在此时，分子内给电子与受电子部分会发生正交扭曲，出现所谓扭曲的分子内电荷转移现象 (twisted intramolecular charge transfer，TICT) 并使荧光强度降低。原则上 TICT 应是整个电子的转移，但有时看到仍有荧光。这是因体系处于热振动的条件下，上述的扭曲并非完全正交，因此也就可观察到一定程度的电荷转移发光。

ICT-4 分子[40] 有可能观察到其两个荧光峰，短波长的荧光峰来自于局部激发态 (locally excited state，LE)，而长波长处的荧光峰来自于 TICT，当冠醚环同金属配位后，由于抑制了 TICT 状态，其长波长处的荧光峰强度将会减弱，同时伴随着短波长处的荧光峰强度的增加。

由于形成非荧光的 TICT 态，ICT-5 分子[41] 本身无荧光，但它同氢离子或银离子配位后，又可重新观察到吖啶的荧光。

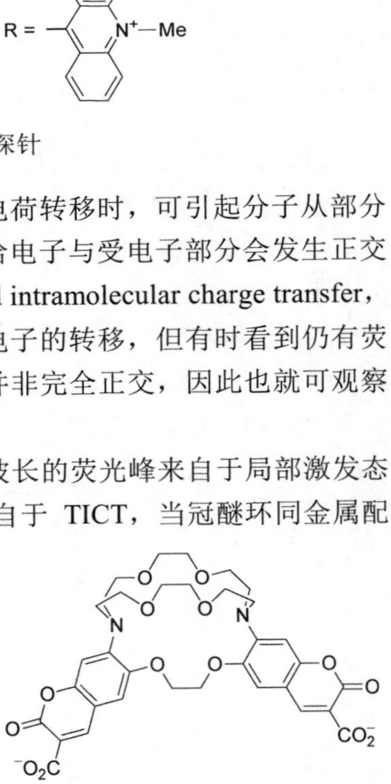

(2) 穴醚类 ICT 荧光探针 图 10-18 中穴醚类荧光探针 ICT-6[42] 的空穴更适合检测 K^+。

图 10-18 穴醚类 ICT 荧光探针

受此类配体中氮原子孤对电子的影响，它们易质子化而对 pH 值敏感引起荧光变化，故检测时必须控制体系的 pH 值。

(3) 多足类 ICT 荧光探针　前面我们已经提到，大多数的钙和镁离子的荧光探针属于 ICT 类型的。图 10-19 中 Fura-2 可以和钙离子结合，结合钙离子后在 330~350 nm 激发光下可以产生较强的荧光，而在 380 nm 激发光下则会导致荧光减弱。这样就可以使用 340 nm 和 380 nm 这两个荧光的比值来检测细胞内的钙离子浓度，以消除不同细胞样品间荧光探针装载效率的差异、荧光探针的渗漏、细胞厚度差异等一些误差因素。

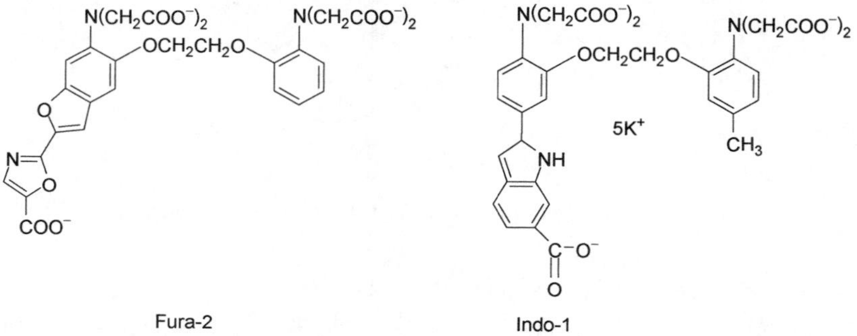

$N(CH_2COO^-)_2$　OCH_2CH_2O　$N(CH_2COO^-)_2$　COO^-

Fura-2

$N(CH_2COO^-)_2$　OCH_2CH_2O　$N(CH_2COO^-)_2$　$5K^+$　CH_3　NH　$C-O^-$　O

Indo-1

图 10-19　多足类 ICT 荧光探针

Indo-1 是另一种改进的用于比率测量的钙荧光指示剂。Indo-1 的比率测量使用两个不同波长的发射光谱，一般是 410 nm 和 480 nm。Indo-1 适用于可测量两种波长荧光信号的流式细胞仪进行比率测量。

基于 ICT 机理设计合成的 Hg^{2+} 荧光传感器见图 10-20 中的 ICT-7[43]，该配体中香豆素 6,7-位的两个氮原子为给电子基团而内酯羰基和苯并噻唑为吸电子基团构成了 ICT 体系。当 Hg^{2+} 存在时，荧光光谱从 567 nm 蓝移至 475 nm，荧光由橙色变为蓝绿色，因此该配体可用比率法测定 Hg^{2+}。

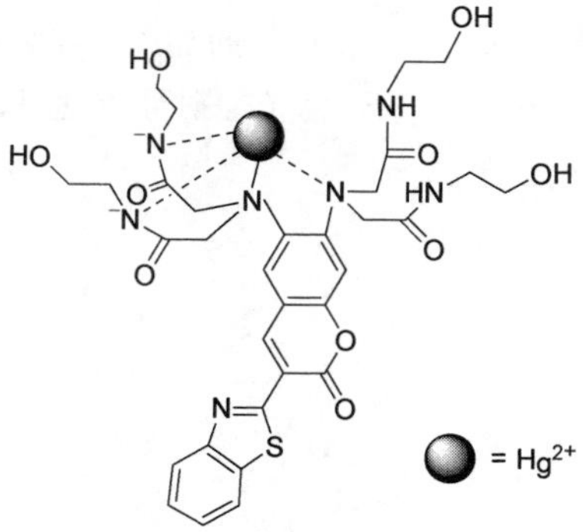

HO　OH　NH　HO　^-N　O　N　N　HN　OH　^-N　O　O　O　O　N　S　= Hg^{2+}

ICT-7

图 10-20　基于 ICT 机理设计合成的 Hg^{2+} 荧光传感器

(4) 杯芳烃类 ICT 荧光探针 具有杯芳烃结构的配体在阳离子识别中也发挥了很重要的作用。Valeur 小组以杯[4]冠醚为受体设计合成了可选择性识别 Cs^+ 的化合物 ICT-8（图 10-21），在水中产生强荧光（Φ = 0.4）。但它与 Cs^+ 配位后荧光增强并导致吸收光谱红移。作者认为在配合物中，Cs^+ 与两个磺酸根的近距离作用导致香豆素 6,7-位氧原子附近负电荷笼罩，提高了氧原子的给电子能力使 ICT 效应增强[44]。

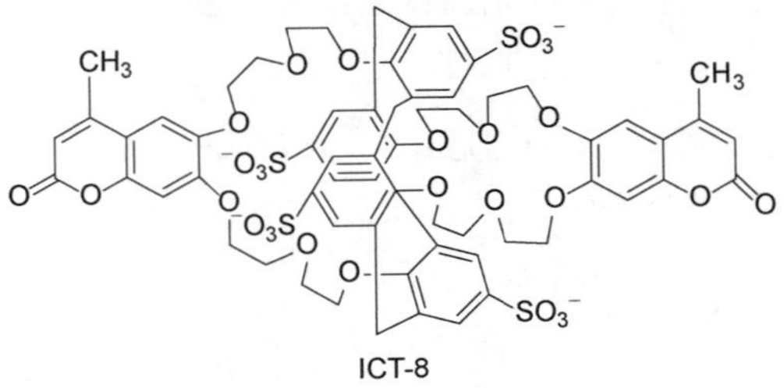

图 10-21 可选择性识别 Cs^+ 的杯芳烃类 ICT 荧光探针

10.2.3.4 基于单体/激基缔合物的阳离子传感器

如图 10-22 (a) 的双蒽冠醚配体。未结合阳离子时分子的荧光主要为单体和激基缔合物荧光，当在乙醇溶液中加入钠离子，配合物的形成导致两个蒽环的距离靠近，有利于促进激基缔合物的形成，导致激基缔合物荧光增强，单体荧光猝灭，配体与钠离子在乙醇溶液中形成 2:1 (金属/配体) 的配合物，而同钾离子形成的是 1:1 的配合物[45]。

10.2.3.5 基于 TICT 机理的阳离子传感器

对二甲氨基苯甲酸、对二甲氨基苯乙酮、对二甲氨基苯甲醛等不同电子受体的分子都有双重荧光现象。丰富的取代基为设计双重荧光比例传感器提供了合成条件。如图 10-22 (b) 的配体[46]利用 TICT 机理对分子结构的敏感来进行离子识别。在未同金属离子配位时，配体中的吡啶环可以绕其与氨氮原子之间的单键旋转，因此可以观察到双重荧光现象。随着金属离子 (Zn^{2+}) 的加入，吡啶环上的氮原子会参与金属配位，形成分子扭转结构，不利于 LE 荧光发射而促进 TICT 的长波长荧光发射。因此可以通过比例荧光法检测金属离子。

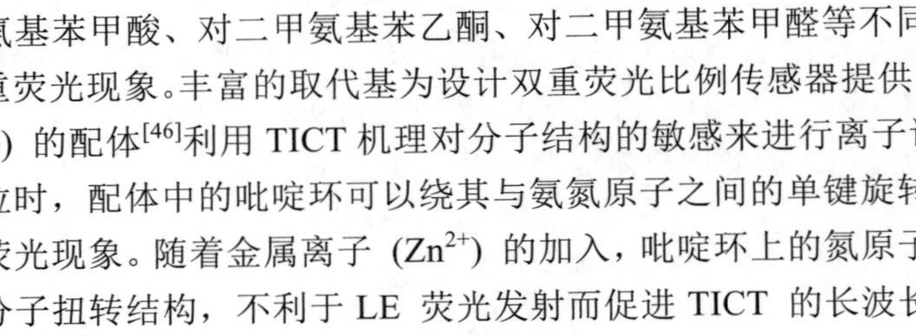

(a) (b)

图 10-22 阳离子传感器

10.2.4 配合物作为荧光探针

以含有 Re(Ⅰ) 多吡啶作为发光团而冠醚作为受体的荧光探针分子如图 10-23 中 **A** 和 **B** 所示，钙离子的加入能使分子 **A** 的发光增强 8 倍，而氮杂冠醚质子化后其发光增强倍数则为钙离子增强倍数的 2 倍。由于分子 **A** 中 Re(Ⅰ) 到多吡啶的 MLCT 态变为氮杂冠醚到多吡啶的无荧光的 LLCT 态，这就很好地解释了分子 **A** 未加入其它金属离子时荧光量子产量和寿命都较低的原因，当然，PET 效应也是导致其荧光猝灭的一种途径。加入金属离子后该过程被抑制使荧光增强。尽管铅离子有重金属效应，但铅离子的加入能使分子 **B** 的发光显著增强。

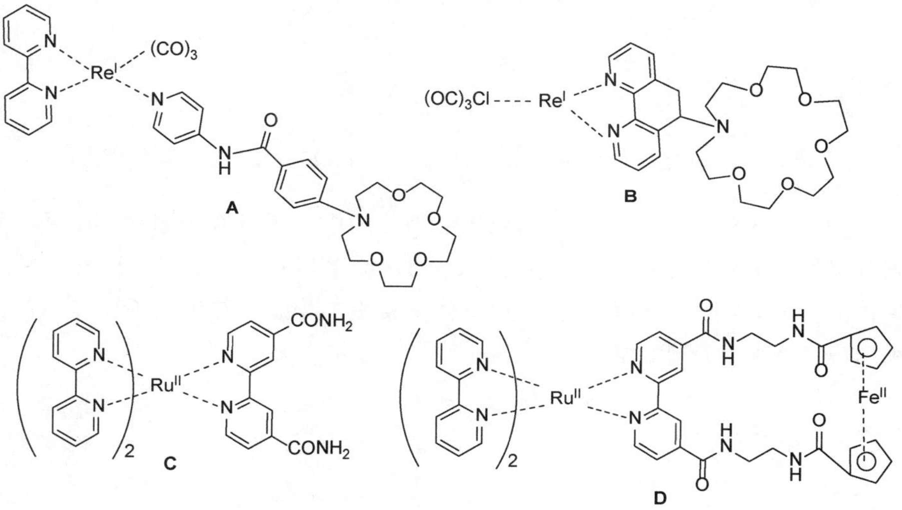

图 10-23 可作为荧光探针的配合物分子

Beer[47,48]研究发现图 10-23 中配合物 **C** 和 **D** 的发光对阴离子 Cl^- 和 $H_2PO_4^-$ 有选择性识别，联吡啶钌与二茂铁以酰胺键相连，配合物通过静电引力及氢键同阴离子配位，控制因二茂铁而引起的联吡啶钌荧光猝灭，以此来识别阴离子。其中配合物 **D** 表现出一些令人感兴趣的性质，其大环对 Cl^- 的选择性要比对 $H_2PO_4^-$ 的选择性高，同时，Cl^- 也使配合物 **D** 的发光大大增强。

10.2.5 阴离子荧光探针

阴离子在许多化学和生物学过程中起着重要作用，许多阴离子本身就作为亲核试剂、碱性试剂、氧化还原试剂或者相转移催化剂而存在，与酶结合的大多数阴离子则可作为底物或辅酶。对阴离子的检测对于生物和医学领域的研究显得非常重要。在设计阴离子受体分子时，一般选择正电荷基团或中性的缺电子基团作为阴离子的结合位点，通过氢键、静电作用等非共价作用实现对阴离子的识别与传感。

Sapphyrin 是由 5 个吡咯组成的大环化合物，具有芳香性，能与阴离子发生有效键合，可用作阴离子荧光受体。含有 Sapphyrin 的荧光探针 **A-1**[49]，在甲醇溶液中对氟离子比对氯离子和溴离子有更高的选择性 (图 10-24)。氟离子的半径为 1.19 Å，它能进入 **A-1** 分子的空穴在平面上形成 1:1 配合物，配合物稳定常数约 10^5。氯离子和溴离子半径较大 (分别为 1.67 Å 和 1.82 Å)，形成的是面外离子对配合物，配合物稳定常数小于 10^2。加入氟离子后 **A-1** 分子的荧光强度增强大约两倍。

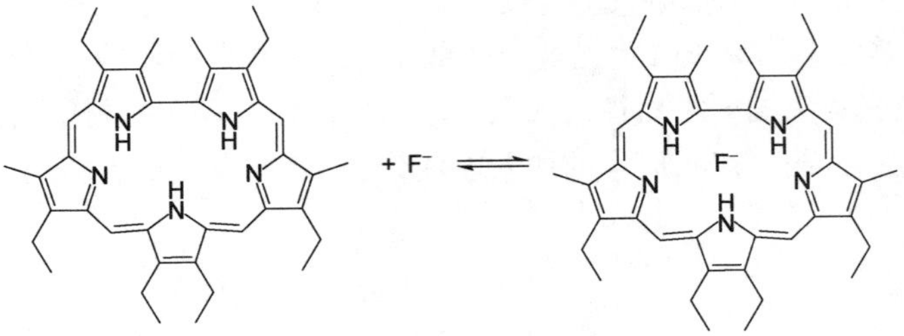

图 10-24　阴离子荧光探针 **A-1** 的分子结构及其同氟离子的配位模式

磷酸根加入到 **A-2~A-6** 分子 (图 10-25)[50]的中性水溶液 (pH = 7.0) 后，可观测到分子的荧光强度增强。这是由于 Sapphyrin 单体有强的荧光，而其二聚体和多聚体的荧光较弱，与磷酸根键合后单体变得更加稳定，导致溶液中原本由 π-π 堆积形成的多聚体逐渐解聚。

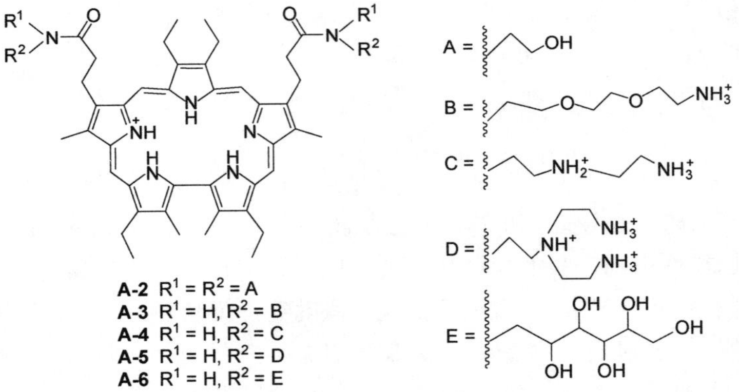

图 10-25　阴离子荧光探针 **A-2~A-6** 的分子结构

蒽的多胺分子 **A-7** 可以识别磷酸根 (图 10-26)[51]。在 pH 在 6.0 左右时，分子中有三个氮原子质子化，靠近蒽的氮原子则未被质子化，由于从这个未质子化的氮原子到缺单子的蒽之间存在光诱导电子转移效应，**A-7** 分子的荧光很弱。当它和磷酸氢根反应时，磷酸氢根的三个氧原子 (离子) 与三个质子化的氮通过正负电荷连接，剩余的一个 −OH 通过分子内氢键使中性的氮原子质子化，从而抑制了光诱导电子转移导致的荧光猝灭效应，故使其荧光强度极大地增强。**A-7** 分子也能识别

ATP、柠檬酸和硫酸阴离子。**A-7** 分子与阴离子的配位识别模式十分有趣，但缺点是所形成的配合物稳定常数较低。

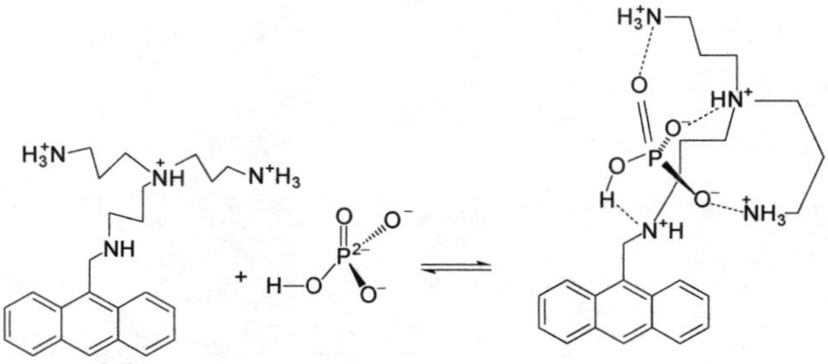

A-7
荧光弱

荧光强

图 10-26　阴离子荧光探针 **A-7** 的分子结构及其与磷酸根的配位模式

相同的策略可用于设计阴离子荧光探针 **A-8** 分子 (图 10-27)[52]，它能识别焦磷酸离子 (PPi)，它与焦磷酸离子的配位能力比与磷酸根的要强 2000 倍。

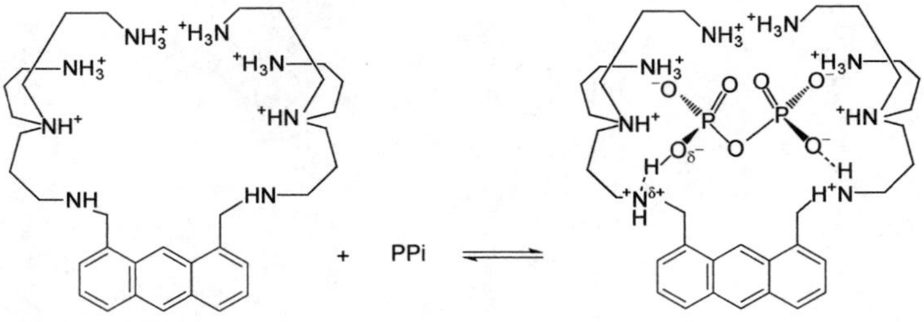

A-8
荧光弱

荧光强

图 10-27　阴离子荧光探针 **A-8** 的分子结构及其与焦磷酸离子的配位模式

金刚烷-二吡咯类阴离子荧光探针 **A-9~A-16** [53]可以在乙腈溶液中识别 F^-、AcO^- 和 $H_2PO_4^-$，它们同这些碱性的阴离子形成的配合物稳定常数较高（$\lg\beta$ 在 3~5 之间）。图 10-28 为荧光探针分子 **A-9~A-16** 的分子结构及 **A-16** 与阴离子形成配合物示意图。

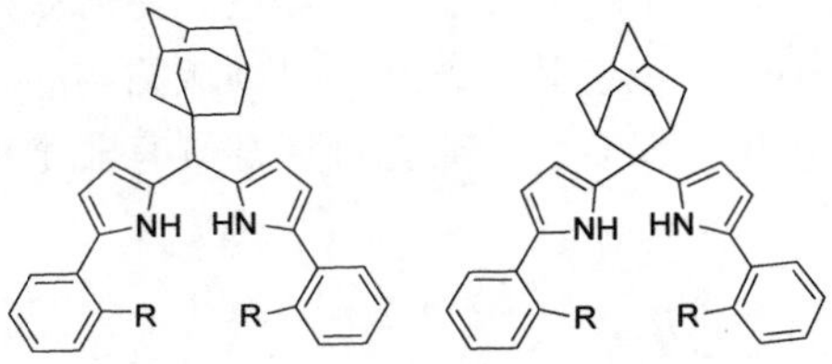

A-9 R = H
A-10 R = NO_2
A-11 R = NH_2
A-12 R = CN

A-13 R = H
A-14 R = NO_2
A-15 R = NH_2
A-16 R = CN

图 10-28

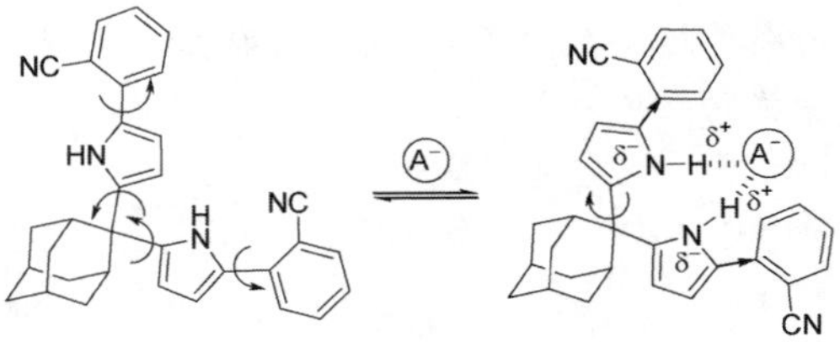

图 10-28 荧光探针分子 **A-9~A-16** 的分子结构及 **A-16** 与阴离子形成配合物示意图

另一类比较经典的阴离子受体是金属和 Lewis 酸的受体，1996 年 Beer 设计的分子含有 Lewis 酸和金属钌吡啶配合物部分，它能通过电化学或光谱学的变化用两种模式识别阴离子。**A-17** 分子 (图 10-29) 在 DMSO 溶液中同 $H_2PO_4^-$ 形成稳定常数高的配合物[54]。含有三联吡啶钌和 1,4,8,11-四氮杂环十四烷铜的阴离子受体 **A-18** 分子 (图 10-29)[55]，在特定 pH 值范围对 ATP 具有很好的选择性识别作用。

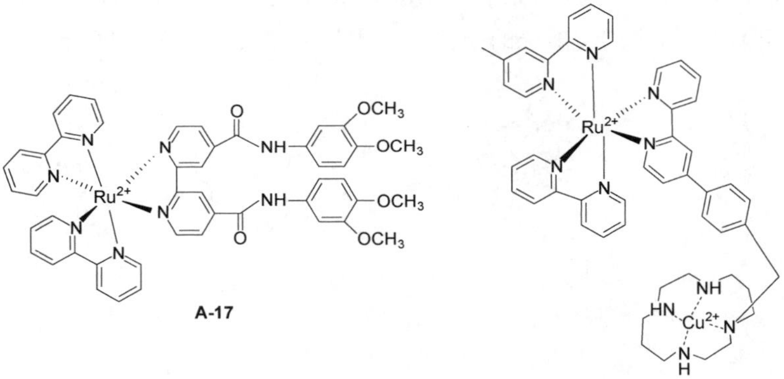

图 10-29 阴离子荧光探针 **A-17** 和 **A-18** 的分子结构

阴离子识别研究已经走过了 30 多年的历程。近年来有关阴离子荧光探针和分子传感器的研究越来越受到科学家们的重视，相关的文章和综述每年都在不断增多。总之，荧光探针和分子传感器的设计合成及应用研究已成为目前化学科学、材料科学、生物科学、医学和环境科学等领域的研究热点。如何更好地优化已有荧光探针和分子传感器的性能，进一步推进其在各个研究领域的实际应用，以及开发性能更佳的新的荧光探针和分子传感器对各个研究领域都具有非常重要的意义。

10.3 导电配合物

按照电导率大小，通常可以将固体材料区分为绝缘体、半导体、导体和超导体。一般认为，有机化合物和配合物绝大多数都是绝缘体，非绝缘体占的比例极小，而超导体更是凤毛麟角。究其原因，是因为它们不存在强的分子间相互作用 (这里所指的是小于范德华半径的原子间近距离接触或 π 轨道的有效重叠)。

1973 年，美国科学家发现了一种具有金属性质的有机电荷转移复合物 TTF-TCNQ (TTF, 四硫富瓦烯；TCNQ，四氰基对苯醌二甲烷，见图10-30)[56]。1980 年，丹麦的 Bechgaard 等发现的 $(TMTSF)_2PF_6$ 甚至具有超导特性[57]。由于它们是依靠分子间 S···S 或 Se···Se 近距离相互作用而形成一维或准二维结构，我们称之为有机低维导体。1986 年，法国 Cassoux 研究小组合成了第一个金属配合物超导体 $[TTF][Ni(dmit)_2]_2$ (dmit=1,3-dithiole-2-thione-4,5-dithiolate, 1,3-二硫-2-硫酮-4,5-二硫烯)[58]。由此，导电配合物的研究受到了各国科学家的高度重视。经过二十多年的努力，有机超导体和配合物超导体的数量已迅速超过了一百种。随着富勒烯、碳纳米管、石墨烯等新型材料的不断发现，分子导体 (又可称为分子金属或合成金属，这其中包括导电金属配合物) 已经发展成为物理学、化学、材料学及理论研究等多学科互相交叉渗透、具有潜在应用前景的研究领域[59]。

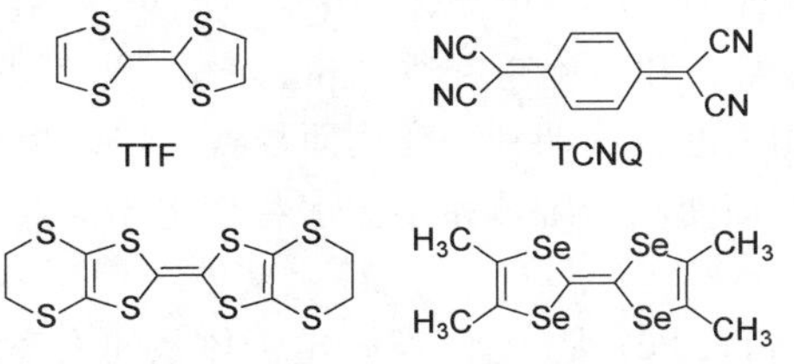

TTF　TCNQ

BEDT-TTF　TMTSF

图 10-30　部分电子给体和受体

分子导体相对于金属及无机氧化物而言，有其自身的优越性。它们密度小 (密度约为 1.5~2.0 $g\cdot cm^{-3}$，而铜为 8.9 $g\cdot cm^{-3}$)，易于调节和改造。如果将它们制成分子电子器件，就可以满足分子电子学的要求。目前，有机超导体的最高临界温度 (T_c) 已达到 45 K。尽管分子超导体与无机氧化物超导体相比，T_c 离室温还有相当大的差距，但分子超导体的发展速度是非常惊人的。本文将分子导体分为四类进行介绍：①低维配位聚合物，如基于平面大环如酞菁、卟啉等堆砌成柱的导电材料；②电荷转移复合盐；③富勒烯 (fullerene) 金属盐，主要是指 C_{60} 的碱金属或碱土金属盐；④石墨烯和碳纳米管材料。其中前三类与导电配合物密切相关，对于石墨烯和碳纳米管材料仅作简单说明。

10.3.1　低维配位聚合物

如果共轭平面配合物的聚集状态为层状结构，而层状结构中又存在轨道间较大的重叠，就有可能表现出分子导体的特性。按照分子间相互作用的类型，我们将这类导电配位聚合物分为 M-M、M-π 和 π-π 三类。

例如四氰铂酸盐，$K_2[Pt(CN)_4]Br_{0.3}\cdot 3H_2O$ (KCP)，是依靠邻近中心金属离子延展的 d_z^2 轨道的重叠 (M-M 型，金属间距离通常小于 3.0 Å) 而形成一维的类似金属的导电通道 (图 10-31)，电子可以在这样的堆积柱间传输[60]。通过对一些金属配合物进行掺杂适当的电子给体或受体，形成部分电荷转移盐后，其电导率将有很大的提高。这类一维分子晶体的金属特性满足两个条件：①它的结构单位 (分子) 的 HOMO 轨道为部分占据；②晶体中分子的排列有利于其分子间前线轨道的重叠。理论计算表明，这类纯粹的一维导电体系总是不稳定的。在电子的库仑相互作用和振动的相互作用下，其初始的能带会在费米面附近分裂，由此形成的能隙较大时就会使导体变为绝缘体。这种和电荷密度波 (charge density wave, CDW) 相关的周期性晶格遭受破坏并导致 1D 导体转变为绝缘体的现象称为 Peierls 相变[61]。纯粹的一维导电的体系中，除上述的 Peierls 畸变外，和自旋密度波 (spin density wave, SDW) 相关的自旋调制态变化而导致反铁磁相变的所谓"磁性 Peierls 效应"、Mott-Hubbard 畸变和一维体系中欠序将使电子非定域化，都会使一维金属变得不稳定。

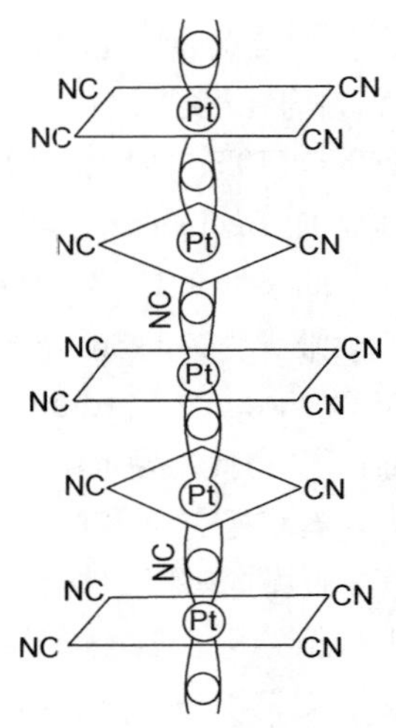

图 10-31 $[Pt(CN)_4]^{x-}$ 阴离子中铂离子 $5d_z^2$ 轨道柱状堆积结构示意图

酞菁 (phthalocyanine, Pc) 是一种 18π 电子体系的大环共轭平面配体。酞菁配合物通过掺杂碘而部分氧化后，能隙变小，导带、价带变宽，致使电导率明显升高。如 PcCuI、PcNiI 和 PcH_2I 室温电导率可达 500~2000 $S \cdot cm^{-1}$[62]。电导呈现出明显的各向异性。理论计算表明，对 Cu、Ni 等配位聚合物是通过平面酞菁配体分子间 π 轨道的重叠所形成的一维导电柱而发挥电子 (空穴) 传递作用。

线型共轭分子是分子导线研究的重要内容之一，图 10-32 是炔基桥联的含三个双金属钌基元的新型分子线，两端双金属钌基元间的距离是 18.04 Å。研究表明它们表现出多个可逆的氧化还原态，电子可通过共轭炔基在双金属核间传递，具有优异的分子电子导线性能。同时实验观测并用理论解释了该分子线存在自旋转化现象[63]。

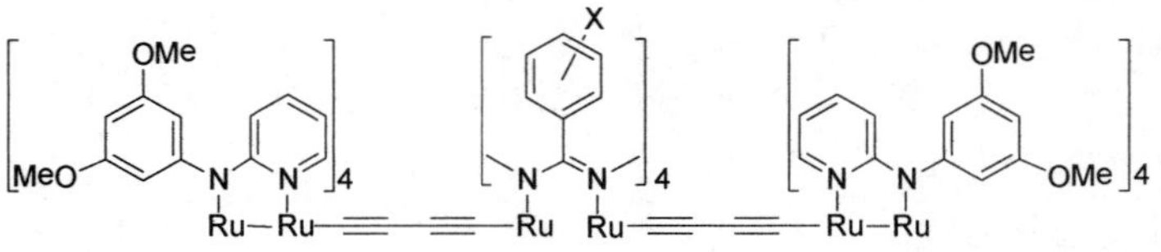

X = 3-OMe 或 3,5-$(OMe)_2$

图 10-32 炔基桥联的含三个双金属钌基元的新型分子线

10.3.2 电荷转移复合物

由电子给体 (D) 和受体 (A) 形成的电荷转移盐有可能是良好的导体。这些具有导电功能的给体或受体分子具有如下特点：①分子具有平面型的几何结构，电子高度离域，分子易于沿一个方向堆积而形成能带结构。②进行堆积的分子具有非偶数电子并且在垂直分子平面具有扩展的未充满轨道，使得邻近位置间电子有良好的重叠，而且在分子堆积中易于接近，以通过金属-金属成键（例如 $K_2[Pt(CN)_4]Br_{0.3}·3H_2O$）或轨道重叠（如 BEDT-TTF 的部分电荷转移盐）而增加带宽。③非整数的氧化态，通过电荷转移或部分氧化还原作用使导带部分填充是形成导体的重要因素。④规则的堆积，分子应该有规则均匀地排列以防止导带的分裂（类似 Peierls 畸变）。在 DA 体系中，电子给体和受体应该分列成柱。但这一点在实验上难以控制。因为还有其它影响因素，如同一分子或邻近分子间的库仑推斥、邻近分子自旋的交换作用、极化作用、平衡离子的大小和对称性、晶体的无序性、电子振动偶合等。⑤对于电荷转移盐来说，只有在适当的给体（D）和受体（A）间才能发生部分电荷转移。D、A 之间的氧化还原电位差值应为 0.1~0.4 V。

BEDT-TTF（简写为 ET）的电荷转移盐是最常见而且也是研究得最多的有机给体。κ-$(ET)_2Cu[N(CN)_2]Br$ 和 κ-$(ET)_2Cu[N(CN)_2]Cl$ 的超导转变温度分别达到 11.6 K（常压）和 12.8 K（0.3 kbar）[64]，而后者是这类有机超导体系中临界温度最高的。

金属二硫醇配合物，如 $[M(S_2C_2R_2)_2]^{n-}$（M = Ni、Pd、Pt 和 Cu 等），常被用来作为受体分子，合成 DA 化合物并研究它们的导电性质[65]。这些金属二硫醇配合物具有平面型结构，易于形成一维堆积；有较为延展的 π 电子体系，可逆的氧化还原行为和低电荷的稳定氧化态。从 Hoffmann 的等瓣相似理论出发，我们可以把金属二硫醇配合物看作是 TTF 的等瓣相似分子，即 TTF 的乙烯碎片（C_2^{4+}）被 d^8 金属离子替代。

科学家们成功合成了一系列多硫代二硫烯配体，如 dmit、dddt、tmdt 和 btdt 等[66~70]，以及相应的金属配合物（图 10-33）。与上述的二硫烯配合物相比，引入这些多硫配体，不仅进一步扩大了配合物的共轭范围，使分子具有提供或储存电子的能力，而且通过向分子中引入更多的硫族原子（氧、硫、硒、碲），在晶体中易于形成紧密堆积和分子近距离的 S…S 或 Se…Se 相互作用。从而形成优良的低维导体。

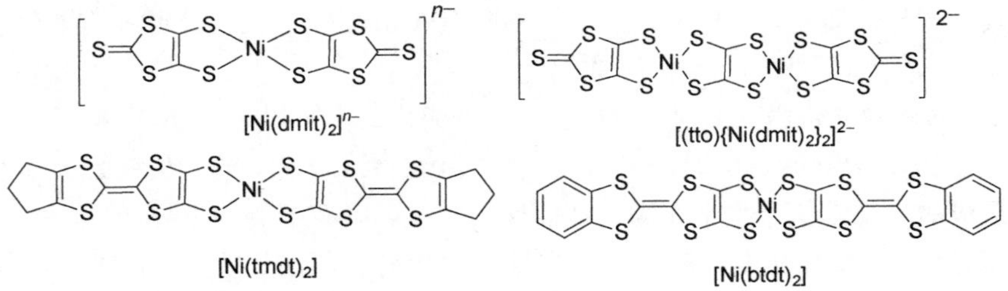

$[Ni(dmit)_2]^{n-}$　$[(tto)\{Ni(dmit)_2\}_2]^{2-}$

$[Ni(tmdt)_2]$　$[Ni(btdt)_2]$

图 10-33　含多硫代二硫烯配体的金属配合物

超导配合物 $(Me_4N)[Ni(dmit)_2]_2$ 的晶体结构［图 10-34(a)］显示，阴离子部分沿 [110] 方向成柱[71]。在分子柱内，阴离子略微以二聚体形成堆砌，二聚体内与二聚体之间的面间距离分别为 3.53 Å 和 3.58 Å。在分子柱间沿着 *b* 方向存在 S⋯S 近距离相互作用 (3.49 Å)，从而将分子联成网络结构。而 (TTF)[Ni(dmit)$_2$]$_2$ 具有准三维结构，被认为是第一个准三维超导体 [图 10-34(b)]。

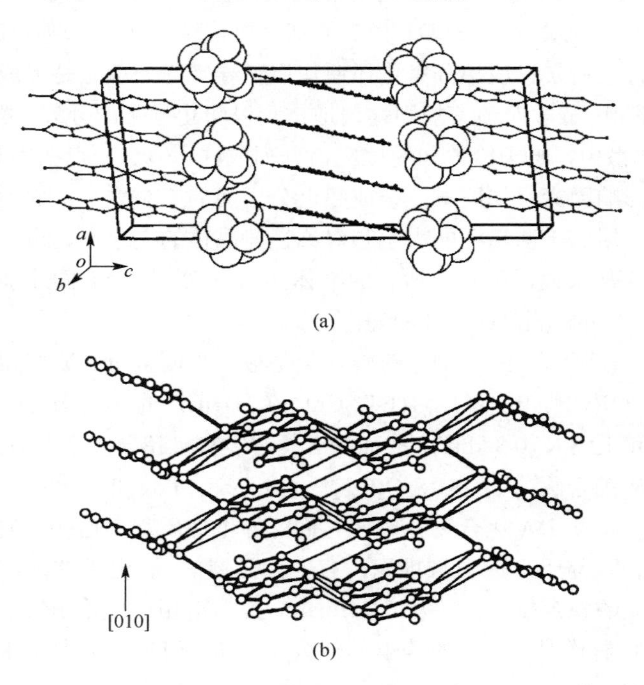

图 10-34 (Me$_4$N)[Ni(dmit)$_2$]$_2$ (a) 和 (TTF)[Ni(dmit)$_2$]$_2$ (b) 的晶体结构

10.3.3 C_{60} 的金属盐超导体

石墨烯、富勒烯[72]、碳纳米管、石墨和金刚石都是碳的同素异形体。其中，C_{60} 碱金属、碱土金属的化合物的导电和超导性质，已成为分子超导研究中的一个引人注目的领域。

1991 年，Hebard 等[73]首先观察到了 K_xC_{60} 存在零电阻和 Meissner 效应，证明其具有超导性质，$T_c = 18$ K。此后，不断有 C_{60} 与碱金属、碱土金属掺杂超导体相出现。

C_{60} 固体的导带由 C_{60} 分子的 π 能级组成，最多可以容纳 6 个电子，因此对于 A_xC_{60} 来说，当 $0<x<6$ 时应具有金属性质。在 K_3C_{60} 中，电子从钾原子转入由 π 能级组成的导带，能带呈半充满，从而比其它成分具有更高的电导。

C_{60} 化合物超导转变温度是分子超导体中最高的，这是因为一般的有机超导体 (如前面所述的 ET 系列) 是一维或准二维结构，而 K_3C_{60} 等则是三维晶体结构的超导体。晶体结构研究表明，K_3C_{60} 具有和 C_{60} 完全一样的立方面心结构，其中 K^+ 填充在立方面心结构中的四面体空隙和八面体空隙中。而在 M_3C_{60} 系列中，大的金属离子优先占据 C_{60} 密堆积的八面体空隙，从而使 T_c 升高。

10.3.4 石墨烯和碳纳米管材料

石墨烯是一种从石墨材料中剥离出的单层碳原子面材料，是碳的二维结构。石墨烯的厚度只有 0.335 nm。石墨烯和石墨一样属于复式六角晶格，在二维平面上每个碳原子以 sp^2 杂化轨道相衔接，也就是每个碳原子与最邻近的三个碳原子间形成三个 σ 键。剩余的一个 p 电子轨道垂直于石墨烯平面，与周围原子形成 π 键，碳原子间相互围成正六边形平面蜂窝形结构，这样在同一原子面上只有两种空间位置相异的原子。石墨烯是个巨大的芳环高分子，在二维尺度范围内，它具有良好的导电、导热性。

碳纳米管的主体管部分可以看作是由一部分石墨烯片层卷曲而成，两端各由半个富勒烯封口。碳纳米管中的碳原子除了 sp^2 杂化外，还有部分的 sp^3 杂化，这样才能呈现出弯曲的管状结构。碳纳米管也具有奇特的导电性质，它会因石墨烯形成碳纳米管时的卷曲方式不同而呈现出金属性和半导体性。

10.4 磁性配合物

任何物质都具有磁性。早在先秦时代人们对磁铁矿就有了一定的认识。春秋时代的《管子・地数》和战国时代的《鬼谷子》中就有关于磁石和磁石取针的记载。在公元前 3 世纪，人们利用天然磁石制成了司南，我国是最早将磁学现象进行技术应用的国家。一直到 1819 年丹麦的汉斯・奥斯特（Hans Christian Øersted）发现电流可以使小磁针偏转的现象，从此拉开了对磁性现象深入理解的序幕。1831 年，英国的迈克尔・法拉第（Michael Faraday）发现了电磁感应现象——动电生磁和动磁生电，并于 1845 年首先提出了顺磁性与抗磁性的概念。19 世纪末，法国的皮埃尔・居里 (Pierre Curie) 发现磁性物体会因温度的增加而减少其磁性。在此基础上，法国的皮埃尔・外斯 (Pierre Weiss) 于 1907 年提出了分子场自发磁化假说，并推导出了居里-外斯 (Curie-Weiss) 定律。1928 年，德国的维尔纳・海森伯 (Werner Heisenberg) 提出了铁磁体的自发磁化来源于量子力学中交换的理论模型，从此揭开了现代磁学研究的全新篇章。1988 年，法国的阿尔贝・费尔 (Albert Fert) 和德国的彼得·格林贝格尔 (Peter Andreas Grünberg) 分别独立发现了微弱的磁场变化可以导致电阻大小显著变化的巨磁阻效应。如今巨磁阻技术已成为世界上几乎所有电脑、数码相机、MP3 播放器的标准技术，磁性材料的应用已经为人类社会的发展带来了巨大的影响。

随着配位化学的迅速发展，配位化合物的磁性研究已成为磁学研究的重要分支。与传统的金属氧化物和金属合金磁性材料相比，此类材料可通过低温合成的方法制备；可通过配体的修饰来调节材料的性能；还可通过引入功能配位基团或金属离子易于将磁性与其它物理性质相结合形成多功能磁性材料。由于配体种类繁多、金属离子配位几何多样，各种新的配位化合物被合成和表征，新的磁学现象被不断地发现，此领域现已得到了迅猛的发展，并在信息存储、分子器件、生物和医药等方面展现了诱人的应用前景。

本节将对物质磁性的基本概念、配合物分子的磁现象以及配合物基分子磁体研究前沿等内容分别进行介绍[74~79]。

10.4.1 磁性的基本概念

在磁场中，物质的磁化强度 M 与外加均匀磁场 H 有如下关系：

$$\partial M/\partial H = \chi \tag{10-1}$$

式中，χ 为摩尔磁化率。当磁场足够弱，χ 不依赖于外加磁场 H 时，上式可写为：

$$M = \chi H \tag{10-2}$$

在这里需要说明的是，磁学研究中人们仍倾向于使用高斯单位制，而不是国际单位制。磁化率是无量纲的数值，体积磁化率常表示为 $emu \cdot cm^{-3}$，摩尔磁化率则表示为 $emu \cdot mol^{-1}$ 或 $cm^3 \cdot mol^{-1}$。

10.4.2 抗磁性

在与外磁场相反的方向诱导出磁化强度的现象称为抗磁性。抗磁性是所有物质的一个根本属性，它源于电子在轨道中运动时与外磁场的相互作用。经典电磁学理论认为，外磁场穿过电子轨道时，引起的电磁感应使轨道电子加速。根据楞次定律，由轨道电子的这种加速运动所引起的磁通，总是与外磁场变化相反，因而抗磁磁化率是负的。它的数值很小，一般只有 10^{-5} $emu \cdot mol^{-1}$，而且与场强和温度无关。

抗磁性物质可以通过实验直接精确测量出抗磁磁化率的大小。帕斯卡 (Pascal) 根据抗磁磁化率具有加和性的特点提出了估算抗磁磁化率的经验方法：分子的抗磁磁化率等于组成该分子的所有原子 (χ_{Di}) 和化学键 (λ_i) 的抗磁磁化率之和。附录Ⅳ列出了每个原子和化学键的帕斯卡常数 (Pascal's constants)，表中还包含了一些共轭分子的结构修正值、常见的配体分子和溶剂的数值[80]。

例如配体 2,2′-联吡啶的抗磁磁化率根据帕斯卡常数法计算如下：

$$\chi_D(\text{bipy}) = 10\chi_D(\text{C}_{环}) + 2\chi_D(\text{N}_{环}) + 8\chi_D(\text{H}) + 2\lambda(吡啶) + \lambda(\text{Ar}-\text{Ar})$$

$$= [10\times(-6.24) + 2\times(-4.61) + 8\times(-2.93) + 2\times(0.5) + (-0.5)]\times 10^{-6}\ \text{emu}\cdot\text{mol}^{-1}$$

$$= -95\times 10^{-6}\ \text{emu}\cdot\text{mol}^{-1}$$

从附录 Ⅳ 中也可以直接查出配体 2,2′-联吡啶的抗磁磁化率，它的值为 -105×10^{-6} $emu \cdot mol^{-1}$。通过帕斯卡常数得出的值跟实验测量值 (-91×10^{-6} $emu \cdot mol^{-1}$) 还是比较吻合的。

化合物的抗磁磁化率也可通过公式近似求得：

$$\chi_D \approx k\times M\times 10^{-6}\text{emu}\cdot\text{mol}^{-1} \tag{10-3}$$

式中，k 是一个常数，取值范围为 0.4~0.5 之间；M 为化合物的分子量。如 k 取值 0.5 时，通过公式计算出 2,2′-联吡啶的抗磁磁化率为 -78×10^{-6} $emu \cdot mol^{-1}$，通过比较可以看出通过帕斯卡常数计算出来的数值跟实验值更接近一些。

对于电子壳层完全填满的物质，其抗磁性是非常重要的。而对于具有未成对电子的过渡金属离子来说，实验测得的磁化率 χ_{exp} 中不仅包含抗磁性 χ_D 贡献，而且还包含顺磁性 χ_P 贡献：

$$\chi_{exp} = \chi_D + \chi_P \tag{10-4}$$

顺磁性是与外磁场相同的方向诱导出磁化强度，是一个正值，其数值一般为 10^{-4}~10^{-2} emu·mol^{-1} 数量级，因此顺磁性比抗磁性的贡献要大得多。需要注意的是这仅在分子量较小的情况下适用，如果体系的分子量很大而磁性离子较少时情况则完全不同。例如含一个高自旋 Fe(Ⅲ) 而分子量有 50000 的金属蛋白，根据式 (9-3) 求得的 χ_D 为 -2.5×10^{-2} emu·mol^{-1}，而在室温时 χ_P 的贡献为 1.5×10^{-2} emu·mol^{-1}，它已不能抵消抗磁性的贡献。在计算物质的顺磁磁化率时，抗磁性的贡献需从实验测的总磁化率中扣除掉，其数值可以通过帕斯卡常数估算，也可以通过测量一个类似抗磁性金属化合物近似得到。

10.4.3　顺磁性

所有的物质都具有抗磁性，而只有未成对电子的物质才具有顺磁性。在顺磁性物质中，磁性原子或离子分开得很远，以致它们之间没有明显的磁相互作用。在没有外磁场时，由于热运动作用，原子磁矩无规则混乱取向，对外不显示宏观磁性。当有外磁场作用时，原子磁矩有沿磁场方向取向的趋势，于是在外磁场方向产生了数值为正值的顺磁磁化率，其大小通常与场强无关，而与温度有关。按照一级 (高温) 近似，磁化率 χ_P 与温度 T 成反比例变化，这就是居里 (Curie) 定律：

$$\chi_P = \frac{C}{T} \tag{10-5}$$

式中，C 为居里常数。此式可变换为 $\chi^{-1} = C^{-1}T$，通过 χ^{-1} 对 T 的关系曲线可以确定出居里常数。需注意的是居里定律仅可适用于磁性离子之间没有磁相互作用的自由离子。

当磁性离子之间存在着磁相互作用时，物质的磁化率将偏离居里定律，但在较高温度区间服从居里-外斯定律：

$$\chi_P = \frac{C}{T-\theta} \tag{10-6}$$

式中，θ 为外斯常数，具有温度的单位。当 θ 为负值时，表明磁性离子之间的磁相互作用为反铁磁性耦合，不要将它与无物理意义的负温度相混淆；当 θ 为正值时，磁相互作用为铁磁性耦合。

在描述磁化率数据时，人们常使用有效磁矩 μ_{eff} 对温度的关系图来表示。有效磁矩的定义为：

$$\mu_{eff} = \sqrt{3\kappa\chi T / N\beta^2} = g\sqrt{J(J+1)} \tag{10-7}$$

式中，g 是朗德 (Landé) 因子，当总轨道角动量 $L=0$ 时，$J=S$，$g=2$；κ 是玻尔兹曼常数，等于 1.38×10^{-23} J·K^{-1}；N 是阿伏伽德罗常数，等于 6.022×10^{23} mol^{-1}；β 是玻尔磁子，$\beta = |e|\hbar/2mc = 9.27\times10^{-24}\,\mathrm{J\cdot T^{-1}}$。

10.4.4 范弗列克（van Vleck）方程和磁化率

10.4.4.1 范弗列克方程

在经典力学中，物质在磁场中产生的磁场强度与分子能态的关系为：

$$M = -\partial E / \partial H \tag{10-8}$$

如果在磁场中每个分子具有不同的能级分布 E_n $(n=1, 2, \cdots)$，则每一个能级可定义一个微观磁矩 $\mu_n = -\partial E_n / \partial H$。在热扰动作用下，磁性粒子在每个能级上的分布符合玻耳兹曼 (Boltzmann) 分布规律，即：

$$N_i / N_j \propto \exp(-\Delta E_i / kT) \tag{10-9}$$

式中，ΔE_i 为能级 i 和基态 j 之间的能级间距。将所有能级上磁性粒子的微观磁矩加和便得到宏观摩尔磁化强度：

$$M = \frac{N\sum_n(-\partial E_n / \partial H)\exp(-E_n / kT)}{\sum_n \exp(-E_n / kT)} \tag{10-10}$$

此式是一个通式，它需要知道所有热布居能级与磁场强度的关系 $E=f(H)$ 才可求解。

1923 年，范弗列克对此提出了两点假设：

① 假设外磁场中的能级 E_n 按级数展开：

$$E_n = E_n^{(0)} + HE_n^{(1)} + H^2E_n^{(2)} + \cdots \tag{10-11}$$

式中，$E_n^{(0)}$ 是零场时的第 n 个能级的能量；$E_n^{(1)}$ 和 $E_n^{(2)}$ 分别被称为一阶和二阶塞曼项。此时微观磁矩为

$$\mu_n = -E_n^{(1)} - 2E_n^{(2)}H + \cdots \tag{10-12}$$

② 假设 H/kT 比值较小，则

$$\exp(-E_n / kT) \approx (1 - E_n^{(1)}H / kT)\exp(-E_n^{(0)} / kT) \tag{10-13}$$

经过以上两个近似，体系的总磁化强度 M 变为：

$$M = \frac{N\sum_n(-E_n^{(1)} - 2E_n^{(2)}H)(1 - E_n^{(1)}H / kT)\exp(-E_n^{(0)} / kT)}{\sum_n(1 - E_n^{(1)}H / kT)\exp(-E_n^{(0)} / kT)} \tag{10-14}$$

对于顺磁性物质，在零场时，总磁化强度为零，即 $H=0$ 时，$M=0$，则从上式可推导出

$$\sum_n E_n^{(1)}\exp(-E_n^{(0)} / kT) = 0 \tag{10-15}$$

在这里，此情况已经排除了那些可以自发磁化的磁性物质。将式 (10-15) 代入式 (10-14)，并仅保留 H 的一次项。由于磁化率 $\chi = M / H$，结果得到：

$$\chi = \frac{N\sum_n[(E_n^{(1)})^2 / kT - 2E_n^{(2)}]\exp(-E_n^{(0)} / kT)}{\sum_n \exp(-E_n^{(0)} / kT)} \tag{10-16}$$

此式就是著名的范弗列克方程。在这里需要注意的是在利用范弗列克方程之前，需

确定假设条件在此体系中是适用的，尤其值得强调的是方程中的磁化率仅在 M 与 H 呈线性时的磁场范围内适用。

下面将举例介绍方程的应用。分子基磁体中最简单情况就是没有轨道角动量贡献仅有自旋磁矩的唯自旋型顺磁离子，且基态和激发态能级间隔较大以至于它们之间的任何耦合作用都可以被忽略。在没有外加磁场时，基谱项为 $^{2S+1}\Gamma$，$2S+1$ 个自旋态是简并的，为方便起见，一般将此简并态定为能量的原点。当外加磁场后，简并被解除，各能级的能量变为

$$E_n = M_S g\beta H \tag{10-17}$$

式中，M_S 从 $-S$ 以 1 为步距变化到 S。因此可以得出 $E_n^{(0)} = E_n^{(2)} = 0$，$E_n^{(1)} = M_S g\beta$。若 H/kT 比值较小，将各个能级代入到范弗列克方程中得到

$$\chi = \frac{Ng^2\beta^2}{kT}\sum_{-S}^{+S}\frac{M_S^2}{2S+1} \tag{10-18}$$

最终结果是推导出了顺磁性物质的居里定律：

$$\chi = \frac{Ng^2\beta^2}{3kT}S(S+1) = \frac{C}{T} \tag{10-19}$$

式中，居里常数 $C = \dfrac{Ng^2\beta^2}{3k}S(S+1)$。在利用量子力学推导出公式之前，皮埃尔·居里 (Pierre Curie) 已于 1910 年通过实验数据提出了居里定律。在高斯单位制中 $N\beta^2/3k$ 等于 0.12505。始终需要牢记的是居里定律仅在 H/kT 比值较小和 M 与 H 呈线性关系时适用。

如果 H/kT 比值较大，则超出了范弗列克方程应用的范围，此时总磁化强度的推导必须从式 (10-10) 开始。对于考虑轨道贡献的一个任意体系来说，由电子的轨道角动量和自旋角动量耦合形成的总角动量和总磁矩在外磁场中的取向是量子化的，其磁矩的绝对值为

$$\mu = g_J\beta\sqrt{J(J+1)} \tag{10-20}$$

式中，$g_J = 1 + \dfrac{[S(S+1) - L(L+1) + J(J+1)]}{2J(J+1)}$。在外磁场中的能级为 $E_n = M_J g_J \beta H$，其中 M_J 的值从 $-J$ 改变到 $+J$。从式 (10-10) 不经任何近似可推导出体系的总磁化强度 M 为：

$$M = Ng_J\beta J B_J(y) \tag{10-21}$$

式中，$B_J(y)$为布里渊函数：

$$B_J(y) = \frac{2J+1}{2J}\coth\left(\frac{2J+1}{2J}y\right) - \frac{1}{2J}\coth\left(\frac{1}{2J}y\right) \tag{10-22}$$

其中，$y = g_J\beta JH / kT$。

下面将检验两个极限情况：当 H/kT 和 y 值较小时，$B_J(y) \approx y(J+1)/3J$，可推导出：

$$\chi = \frac{Ng_J{}^2\beta^2 J(J+1)}{3kT} \tag{10-23}$$

这个结果跟居里定律是一致的。

当 H/kT 比值非常大时，即在高的外磁场和极低的温度下，$B_J(y)$ 趋近于 1，M 趋近饱和磁化强度值：

$$M_s = N\beta g_J J \tag{10-24}$$

假如化合物的饱和磁化强度以 $N\beta$ 为单位，它可以简化为 $g_J J$。表 10-1 和表 10-2 分别给出了自由的过渡金属离子和镧系离子的相关信息。

表 10-1　具有 3dⁿ 高自旋组态过渡金属离子的基态原子谱项、单电子自旋-轨道耦合参数 ζ_{3d}、S、$2[S(S+1)]^{1/2}$ 和 μ_{eff}^{exp}

金属离子	$3d^n$	$^{2S+1}L_J$	ζ_{3d} / cm^{-1}	S	$2[S(S+1)]^{1/2}$	μ_{eff}^{exp} ①
Ti^{3+}	$3d^1$	$^2D_{3/2}$	154	$^1/_2$	1.73	1.65~1.79
V^{3+}	$3d^2$	$^3F_2$	209	1	2.83	2.75~2.85
V^{2+}	$3d^3$	$^4F_{3/2}$	167	$^3/_2$	3.87	3.80~3.90
Cr^{3+}	$3d^3$	$^4F_{3/2}$	273	$^3/_2$	3.87	3.70~3.90
Cr^{2+}	$3d^4$	$^5D_0$	230	2	4.90	4.75~4.90
Mn^{3+}	$3d^4$	$^5D_0$	352	2	4.90	4.90~5.00
Mn^{2+}	$3d^5$	$^6S_{5/2}$	347	$^5/_2$	5.92	5.65~6.10
Fe^{3+}	$3d^5$	$^6S_{5/2}$	(460)	$^5/_2$	5.92	5.70~6.00
Fe^{2+}	$3d^6$	$^5D_4$	410	2	4.90	5.10~5.70
Co^{3+}	$3d^6$	$^5D_4$	(580)	2	4.90	5.30
Co^{2+}	$3d^7$	$^4F_{9/2}$	533	$^3/_2$	3.87	
Ni^{3+}	$3d^7$	$^4F_{9/2}$	(715)	$^3/_2$	3.87	4.30~5.20
Ni^{2+}	$3d^8$	$^3F_4$	649	1	2.83	2.80~3.50
Cu^{2+}	$3d^9$	$^2D_{5/2}$	829	$^1/_2$	1.73	1.70~2.20

① 在 295 K 下测定。

表 10-2　镧系离子的基态原子谱项、单电子自旋-轨道耦合参数 ζ_{4f}、g_J、$g_J J$、$g_J[J(J+1)]^{1/2}$ 和 μ_{eff}^{exp}

Ln^{3+}	$4f^N$	$^{2S+1}L_J$	ζ_{4f} / cm^{-1}	g_J	$g_J J$	$g_J[J(J+1)]^{1/2}$	μ_{eff}^{exp} ①
La^{3+}	$4f^0$	$^1S_0$				0	
Ce^{3+}	$4f^1$	$^2F_{5/2}$	625	$^6/_7$	$^{15}/_7$	2.535	2.3~2.5
Pr^{3+}	$4f^2$	$^3H_4$	758	$^4/_5$	$^{16}/_5$	3.578	3.4~3.6
Nd^{3+}	$4f^3$	$^4I_{9/2}$	884	$^8/_{11}$	$^{36}/_{11}$	3.618	3.4~3.5
Pm^{3+}	$4f^4$	$^5I_4$	1000	$^3/_5$	$^{12}/_5$	2.683	2.9
Sm^{3+}	$4f^5$	$^6H_{5/2}$	1157	$^2/_7$	$^5/_7$	0.845	1.6
Eu^{3+}	$4f^6$	$^7F_0$	1326	0	0	0	3.5
Gd^{3+}	$4f^7$	$^8S_{7/2}$	1450	2	7	7.937	7.8~7.9
Tb^{2+}	$4f^8$	$^7F_6$	1709	$^3/_2$	9	9.721	9.7~9.8
Dy^{3+}	$4f^9$	$^6H_{15/2}$	1932	$^4/_3$	10	10.646	10.2~10.6

续表

Ln^{3+}	$4f^N$	$^{2S+1}L_J$	ζ_{4f} / cm^{-1}	g_J	$g_J J$	$g_J[J(J+1)]^{1/2}$	μ_{eff}^{exp} ①
Ho^{3+}	$4f^{10}$	$^5I_8$	2141	$^5/_4$	10	10.607	10.3~10.5
Er^{3+}	$4f^{11}$	$^4I_{15/2}$	2369	$^6/_5$	9	9.581	9.4~9.5
Tm^{3+}	$4f^{12}$	$^3H_6$	2628	$^7/_6$	7	7.561	7.5
Yb^{3+}	$4f^{13}$	$^2F_{7/2}$	2870	$^8/_7$	4	5.436	4.5
Lu^{3+}	$4f^{14}$	$^1S_0$				0	

① 在 295 K 下测定。

10.4.4.2　磁化率

在处理两个磁性离子间的各向同性磁耦合作用时，通常采用 Heisenberg-Dirac-Van Vleck (HDVV) 哈密顿算符来处理：

$$\boldsymbol{H} = -J\,\boldsymbol{S}_A\boldsymbol{S}_B \tag{10-25}$$

式中，$\boldsymbol{S}_A$、$\boldsymbol{S}_B$ 为顺磁离子 A 和 B 的自旋角动量算符；J 为交换常数，表示磁耦合作用的强度。J 值为负时，表示反铁磁性耦合作用，J 值为正时，表示铁磁性耦合作用。

由于体系的总自旋为

$$\boldsymbol{S}^2 = \boldsymbol{S}_A{}^2 + \boldsymbol{S}_B{}^2 + 2\boldsymbol{S}_A\boldsymbol{S}_B \tag{10-26}$$

哈密顿算符可变换为

$$\boldsymbol{H} = -J(\boldsymbol{S}^2 - \boldsymbol{S}_A{}^2 - \boldsymbol{S}_B{}^2)/2 \tag{10-27}$$

能量的本征值为

$$E(S,S_A,S_B) = -\frac{J}{2}[S(S+1) - S_A(S_A+1) - S_B(S_B+1)] \tag{10-28}$$

在计算中可略去后面两项常数，上式简化为

$$E(S) = -\frac{J}{2}S(S+1) \tag{10-29}$$

进一步考虑到外加磁场后能级分裂的塞曼效应，完整的哈密顿算符应为

$$\boldsymbol{H} = -J\,\boldsymbol{S}_A\boldsymbol{S}_B + \beta(\boldsymbol{S}_A g_A + \boldsymbol{S}_B g_B)H \tag{10-30}$$

假设 g_A 和 g_B 都是各向同性的，且数值都为 g。能量的本征值为：

$$W(S,m_s) = g\beta m_s H - \frac{J}{2}S(S+1) \tag{10-31}$$

将每个能级代入范弗列克方程得到摩尔磁化率公式

$$\chi = \frac{Ng^2\beta^2}{3\kappa T}\frac{\sum_S S(S+1)(2S+1)\exp[-E(S)/kT]}{\sum_S (2S+1)\exp[-E(S)/kT]} \tag{10-32}$$

以高自旋的双核 Fe(Ⅲ) 为例，$S_A = S_B = 5/2$，由上式可得出其磁化率公式为

$$\chi = \frac{2Ng^2\beta^2}{kT}\frac{e^x + 5e^{3x} + 14e^{6x} + 30e^{10x} + 55e^{15x}}{1 + 3e^x + 5e^{3x} + 7e^{6x} + 9e^{10x} + 11e^{15x}} \tag{10-33}$$

式中，$x = J/\kappa T$。对于 $S_A = S_B = 2$ 体系，将式 (10-33) 中分子和分母上的最后两项 $55e^{15x}$ 和 $15e^{15x}$ 去掉便得到自旋为 2 的双核化合物的摩尔磁化率公式。对于 $S_A = S_B = 3/2$ 体系，再分别去掉分子和分母上最右边的一项便可，以此可类推其它自旋值。

10.4.5 铁磁性

铁磁性物质与顺磁性物质有很大的不同，它们在很小的磁场作用下就能被磁化到饱和。近邻原子的磁矩由于耦合作用自发磁化而在同一个方向上平行排列。即使没有外加磁场，在铁磁性物质内部也形成了许多微小的区域，每个这样的区域内原子磁矩一致整齐排列形成磁畴。然而由于热扰动作用，各个磁畴的磁矩取向紊乱，在未被磁化之前不显示磁性。引入外磁场后各个磁畴的磁化方向趋于一致，从而表现出宏观磁性。

当晶格上的所有磁矩自发平行排列在同一个方向上时所形成的有序态为铁磁态。铁磁性物质由铁磁性转变为顺磁性的临界温度称为居里温度 (T_c)。当 T 低于 T_c 时，物质自发磁化，呈现铁磁性；当 T 高于 T_c 时，由于热扰动，物质内部只呈现出短程的铁磁相互作用，表现为顺磁性。有趣的是在居里温度处会伴随着某些相变，例如比热突变、热膨胀系数突变、电阻的温度系数突变等。

铁磁性材料属于强磁性材料，对外加磁场有明显的响应特性，其典型的磁化曲线和磁滞回线如图 10-35 所示。磁化强度 M 与磁场强度 H 之间呈非线性的复杂函数关系，起初随 H 急剧变化，渐渐趋于饱和，所对应的磁化强度称为饱和磁化强度，以 M_s 表示。从饱和磁化强度开始，逐步减小外磁场，M 值随之减小，但不再沿着原曲线返回。当磁场减小到 $H=0$ 时，材料仍具有一定的磁化强度，称为剩余磁化强度，用 M_r 表示。再沿相反方向增加磁场，M 继续下降。与 $M = 0$ 时对应的磁场强度称为内禀矫顽力，用 H_C 表示。进一步增大反向磁场，M 将在反方向上达到饱和。从反向磁化状态开始增大磁场，M 的变化与上述过程相对称再回到正的最大，结果形成一条回线，被称为磁滞回线。其中内禀矫顽力是铁磁性材料一个重要的参数，是划分软磁和硬磁材料的依据，一般前者小于 800 A·L·mol^{-1}，后者大于 10^3 A·L·mol^{-1}。

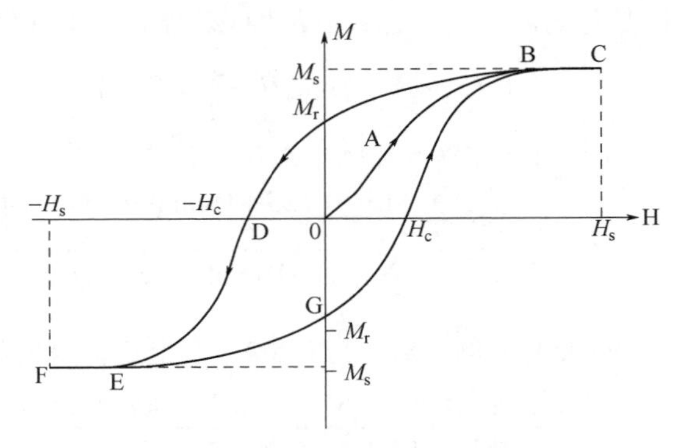

图 10-35 铁磁性材料的磁滞回线

10.4.6 反铁磁性与亚铁磁性

反铁磁性与铁磁性都属于磁有序态，然而与铁磁性物质不同的是，在反铁磁状态下，相邻原子或电子磁矩在空间分布呈反平行排布，且大小相等，因而互相抵消，宏观自发磁化强度为零。只有在外磁场中才出现微弱的沿磁场方向的合磁矩，χ 值约为 10^{-5}~10^{-2} emu·mol^{-1}，属于弱磁性物质。反铁磁性可以看作是由两种互相渗透的亚晶格组成，亚晶格内部的自旋平行排列，但两种亚晶格之间的自旋呈反平行排列。反铁磁性物质也存在着一个从高温顺磁性到低温反铁磁性的临界温度，称为奈尔 (Néel) 温度 (T_N)。在 T_N 温度以上，表现为顺磁性。在 T_N 以下，磁矩自发地反平行排列，呈现反铁磁性质，其磁化率随温度降低反而减小。因此在 T_N 点磁化率具有极大值，同时也会伴随着比热和热膨胀系数的反常。

如果反平行排列的两种自旋磁矩大小不同或磁矩反向的离子数目不同，从而不能相互抵消而保留一个小而永久的磁矩，存在着自发磁化，则为亚铁磁性。在微观磁相互作用的角度来看，亚铁磁性与反铁磁性在本质上都是自旋磁矩反平行排列，只是磁矩的大小不同而已；从宏观磁性上看，亚铁磁性又类似于铁磁性，都具有自发磁化，为强磁性物质。众所周知的磁铁矿 Fe_3O_4 就是典型的亚铁磁性物质。图10-36 中显示了铁磁性、反铁磁性和亚铁磁性的 χ^{-1} 对 T 的关系图，它们在高温区的磁化率符合居里-外斯定律。

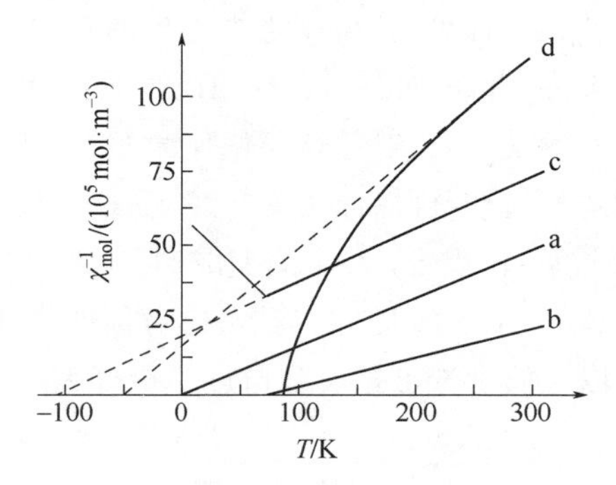

图 10-36 χ^{-1} 对 T 的关系图

曲线：a. 符合居里定律；b. EuO，铁磁性，$\theta = 74.2$ K，$T_c = 69$ K；c. MnF_2，反铁磁性，$\theta = -113$ K，$T_N = 74$ K；d. Na_2NiFeF_7，亚铁磁性，$\theta = -50$ K，$T_c = 88$ K

10.4.7 自旋倾斜和弱铁磁性

若自旋磁矩不是完美的平行或反平行，而是相互倾斜并具有一定的夹角，此物理现象称为自旋倾斜（spin canting）。若只包含两个亚晶格，自旋倾斜会产出一个小的净磁矩，使体系具有弱的自发磁化，表现出弱铁磁性。如果涉及多个亚晶格，有可能产生的净磁矩会相互抵消，此时称为隐藏的自旋倾斜。产生自旋倾斜的原因有两种：①反对称的交换作用，又称为特若洛辛斯基-莫里亚（Dzyaloshinky-Moriya，

D-M）作用。它依赖于相邻原子的对称性，当自旋相互垂直时，耦合能最小。D-M作用可用$(g-2)/g$来大致估计，体系的各向异性越强，倾斜作用就越重要。②单离子的各向异性，它导致两个亚晶格上的磁矩具有不同的择优取向，从而造成自旋的不平行取向产生一个小的净磁矩，使物质呈现弱铁磁性。

一个经典的自旋倾斜的例子是β形的酞菁锰（MnPc）化合物[81]。MnPc分子单元沿b方向堆积形成两种一维链结构，两条链之间的夹角大约为90°。单晶样品的磁性测量表明自旋基态为$S=3/2$，其自旋磁矩方向垂直于四方形平面分子，每一维链内MnPc单元间为铁磁性相互作用自旋相互平行，而相邻一维链之间的自旋磁矩几乎垂直，因此产生了由自旋倾斜导致的弱铁磁性，其临界温度为8.6 K。该化合物在3 kOe时就已经近似饱和，而在50 kOe时仍不能完全饱和，其磁矩为2.17 μ_B，小于基态为$S = 3/2$时的理论值3.0 μ_B。

10.4.8 零场分裂

零场分裂是指无外加磁场下，通过旋-轨耦合使自旋多重度大于2的基态与激发态相互作用导致塞曼能级分裂的现象。通常用D来表示它的大小。零场分裂会引起单离子的各向异性，常常是造成磁化率偏离居里定律的原因，也是引起自旋倾斜的原因之一。

下面以八面体场中的镍(Ⅱ)离子为例对零场分裂进行定性分析。若为标准的正八面体场时，对称性为O_h，由$(t_2)^6(e)^2$电子组态产生的基态为$^3A_2$，而与$(t_2)^5(e)^3$电子组态对应的第一激发态为$^3T_2$。如图10-37所示，假设镍(Ⅱ)的配位环境首先经过三角畸变，对称性由O变为D_3。对称性降低使激发态$^3T_2$分裂成$^3A_1$+^3E，而对基态$^3T_2$无影响。然后再经过旋-轨耦合激发态演变成A_1+$2A_2$+$3E$，而基态$^3A_2$分裂成$A_1 + E$。假设先经过旋-轨耦合，$^3A_2$演变成$T_1 \times A_2 = T_2$，基态没有分裂，之后再发生三角畸变才分裂成$A_1 + E$。因此单独考虑对称性降低或旋-轨耦合都不会影响基态能级的简并度。以上的讨论可扩展到自旋多重度大于2的体系。

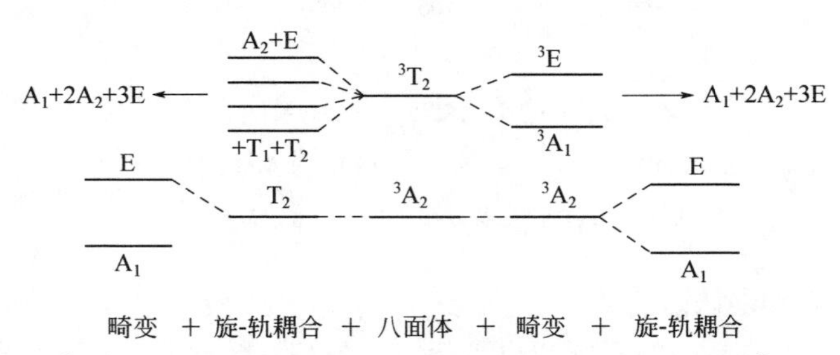

图10-37 三角畸变的八面体场中Ni(Ⅱ)离子的基态和第一激发态的零场分裂

下面将对零场分裂进行定量分析。对于发生三角畸变的八面体场中Ni(Ⅱ)离子来说，当外场H_z与晶场轴平行时，基态在外场作用下各能级的能量为：$E_0 = 0$;

$E_{1,2}=\pm g_z\beta H_z+D$。代入范弗列克方程，得到平行磁化率 χ_z 的表达式为：

$$\chi_z=\frac{2Ng_z^2\beta^2}{kT}\frac{\exp(-D/kT)}{1+2\exp(-D/kT)} \tag{10-34}$$

当外场 H_z 与晶场轴垂直时，其能量为 $E_1=D$；$E_{2,3}=(\pm\sqrt{4g_x^2\beta^2H_x^2+D^2}+D)/2$。假设 $|D|$ 远大于 $g_x\beta H_x$，则 $\sqrt{4g_x^2\beta^2H_x^2+D^2}\approx D\left(1+\frac{2g_x^2\beta^2H_x^2}{D^2}\right)$，$E_{2,3}$ 的能量可近似为：$E_2=-g_x^2\beta^2H_x^2/D$；$E_3=g_x^2\beta^2H_x^2/D+D$。将能量代入到范弗列克方程，得到垂直磁化率 χ_x 的表达式为

$$\chi_x=\frac{2Ng_x^2\beta^2}{D}\frac{1-\exp(-D/kT)}{1+2\exp(-D/kT)} \tag{10-35}$$

平均磁化率可用下式近似求得：

$$\chi=(\chi_z+2\chi_x)/3 \tag{10-36}$$

10.4.9　近年来配合物基分子磁体的研究前沿

分子基磁性材料研究的主要目的：①获得新的磁功能材料和发现新的物理现象，为分子电子学提供材料基础，为未来人们的应用需求提供材料保障；②探索磁性与结构之间的相关性，为设计和合成新的磁功能材料提供指导。

10.4.9.1　高 T_c 分子基磁体

与传统的金属氧化物或合金磁性材料相比，分子基磁性材料的 T_c 一般比较低。出于应用的需要，人们希望得到 T_c 在室温以上的分子磁体，因此高 T_c 分子磁体的设计合成和理论研究备受重视。T_c 的高低很大程度上取决于分子间磁耦合作用的类型和大小以及结构的维数。除非轨道正交，双核配合物中反铁磁组分通常占据主导地位。分子间磁耦合作用的强弱顺序为：直接磁交换作用 > 间接磁交换作用或超交换作用 > 偶极-偶极作用。因此为了增强磁性离子之间的相互作用，通常会选择短的和共轭性强的桥联配体，例如 O^{2-}、CN^-、N^{3-}、ox^{2-} 等抗磁配体，或者选择自由基作为桥联配体，例如$[TCNE]^{\cdot-}$ 和 $[TCNQ]^{\cdot-}$等[82]。

目前 T_c 高于室温的分子基磁体仍较少，主要存在于两大类分子磁体中：一类是普鲁士蓝类体系。已报道的高 T_c 配合物有：$KV^{II}[Cr(CN)_6]\cdot 2H_2O$ (T_c = 376 K)[83]，$K_{0.058}V^{II/III}[Cr(CN)_6]_{0.79}(SO_4)_{0.058}$ (T_c = 372 K)，$K_{0.5}V^{II/III}[Cr(CN)_6]_{0.95}\cdot 1.7H_2O$ (T_c = 350 K)[84]等。根据大量的实验数据和理论分析，人们得出该体系的经验规律：当两个顺磁离子的电子构型为 $t_{2g}{}^m$–$t_{2g}{}^n$ 时往往得到强的反铁磁耦合作用，若为 $t_{2g}{}^m$–$t_{2g}{}^n e_g$ 和 $t_{2g}{}^m$–$t_{2g}{}^n e_g{}^2$ 时得到稍弱的反铁磁作用，而当电子构型为 $t_{2g}{}^m$–$t_{2g}{}^6 e_g{}^2$ 时得到铁磁耦合作用。Ruiz 从理论上推测，选择轨道耦合作用强的顺磁离子可以有效提高体系的 T_c 值，并预言普鲁士蓝类配合物中铁磁有序的最高温度可能出现在 $Ni^{II}{}_3[Mn^{IV}(CN)_6]_2$ 体系中，而更高临界温度的亚铁磁有序体系可能出现在下列配合物中：$Mo^{II}{}_3[Cr^{III}(CN)_6]_2$ (T_c = 355 K)，$V^{II}{}_3[Mn^{III}(CN)_6]_2$ (T_c = 480 K)，$V^{II}{}_3[Mo^{III}(CN)_6]_2$ (T_c = 552 K) 等[85]。另一

类是金属自由基体系，其中最典型的是 $V(TCNE)_x \cdot y(CH_2Cl_2)$ ($x \approx 2, y \approx 1/2$)。它的热分解温度为 350 K，而亚铁磁有序临界温度根据推测可高达 400 K[86]。它可作为自旋注射器和探测器实现在自旋电子学方面的潜在应用[87]。Jain 等报道了介于传统无机磁体和真正意义上的分子基磁体之间的一类磁性材料 $[Ni_2A\cdot(O)_x\cdot(H_2O)_y\cdot(OH)_z]$[88]。它通过在溶液中空气氧化 NiA_2 而获得，因此结构中既含有氧分子，又含有有机分子。当 A 为 DDQ、TCNE 或 TCNQ 时，其临界温度分别高达 405 K、440 K 和 480 K，这为设计和合成稳定的高 T_c 磁体指明了一条新的道路。

10.4.9.2　低维分子基磁体研究

单分子磁体和单链磁体是低维分子基磁体研究中的热点。

(1) 单分子磁体 (Single-Molecule Magnet，SMM)　1980 年，波兰学者 Lis 首次报道了纳米级的金属离子簇合物 $[Mn_{12}O_{12}(OAc)_{16}(H_2O)_4]\cdot 2HOAc\cdot 4H_2O$ (Mn_{12}) 的合成、结构与简单的温度依赖的直流磁化率测量结果[89]。直到 1993 年，Roberta Sessoli 和 Dante Gatteschi 等首次发现其具有异常的单分子磁弛豫效应[90,91]，从此开辟了分子磁学研究的一个新领域——单分子磁体 (SMM)。从此，单分子磁体因其在高密度信息存储、量子计算机和自旋电子学等方面的应用而引起国际上合成化学、凝聚态物理以及材料等领域科学家们的密切关注[92~98]。

单分子磁体是一种可磁化的分子。与金属或金属氧化物类的长程有序磁体相比，单分子磁体的性质只来源于单个分子本身，分子单元之间不存在明显的磁相互作用。由于其分子单元尺寸单一固定而不是在一定范围内分布，因此是一种真正意义上的纳米尺寸（分子直径 1~2 nm）的分子基磁体。它可以简单地通过溶液法制备，易纯化，易溶于有机溶剂，易化学修饰。单分子磁体在外加磁场的作用下，其磁矩可以统一取向。去掉外磁场后，在低温下分子磁矩发生翻转时需要克服较大的能垒 U（图 10-38），重新取向的速度相当缓慢，出现磁滞现象，即在零场下磁化作用可以保持。在高温区，该能垒远比热振动能量

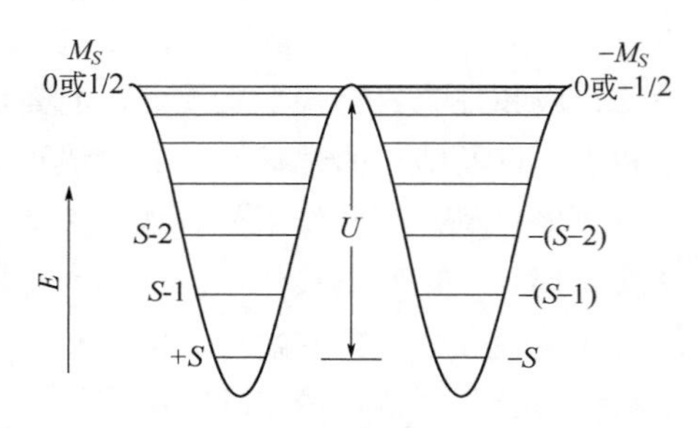

图 10-38　单分子磁体在零场下的能级图

$\kappa_B T$ 要小，磁矩取向速率非常快，整个分子表现为顺磁性。当温度下降到某个温度时，热激发的能量已经无法克服这个能垒，磁矩被冻结在某个方向上，自旋翻转很慢，此温度为“阻塞”温度 (T_B，blocking temperature)。翻转时间可以用阿伦尼乌斯定律 [Arrhenius law，$\tau = \tau_0 \exp(U / k_B T)$] 来描述。由此可见，随着温度降低，翻转时间以自然数 e 为底的幂指数增长。单分子磁体在 T_B 温度下在分子磁化强度矢量变化时存在明显的磁化强度弛豫现象。

作为单分子磁体需具备以下两个条件：①具有较大的基态自旋 S_T；②具有明显的负的各向异性 D（negative anisotropy），以保证最大的自旋态能量最低，常用的过

渡金属离子有 Mn^{III}、$Fe^{III/II}$、V^{III} 等。单分子磁体在磁化强度矢量重新取向时弛豫过程中需克服的最大能垒（从 $M_S = \pm S_T$ 到 $M_S = 0$ 之间的能量）为：

$$U = -DS_T^2 \ (S_T = \text{整数}) \ \text{或} \ U = -D(S_T^2 - 1/4) \ (S_T = \text{半整数})$$

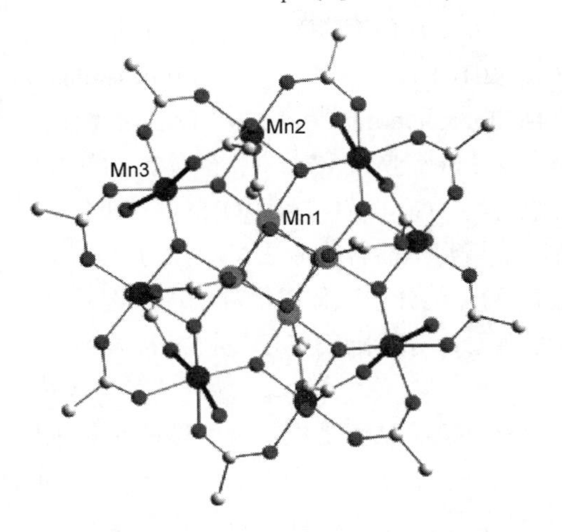

图 10-39 Mn_{12} 的分子结构图

自 Mn_{12} 独特的磁性质被发现之后，过渡金属单分子磁体便受到了广泛的研究。Christou 等系统地总结了 Mn_{12} 家族的成员 $[Mn_{12}O_{12}(O_2CR)_{16}(H_2O)_4]$ (R = Me, Et, …)[99]。该系列的结构特征是：锰的氧化态为 $Mn^{III}{}_8Mn^{IV}{}_4$，中心的 4 个 Mn^{IV} 形成 $[Mn^{IV}{}_4O_4]$ 立方烷结构，外围由 8 个 Mn^{III} 通过 μ_3-O^{2-} 与中心的 Mn^{IV} 连接（图 10-39）。Mn^{III} 离子与 Mn^{IV} 离子间存在明显的反铁磁耦合作用，其自旋拓扑结构为外围 8 个 Mn^{3+} 自旋取向与中心 4 个 Mn^{4+} 取向相反，因此分子的基态自旋值 $S_T = 8S_{Mn(IV)} - 4S_{Mn(III)} = 8 \times 2 - 4 \times 3/2 = 10$。$Mn_{12}$ 中每个 Mn^{III} 的拉长姜-泰勒轴取向趋于一致，整个分子表现出易磁化轴（easy-axis）各向异性，零场分裂参数为 $D = -0.5\ cm^{-1}$，因此它的能垒为 50 cm^{-1}。实测的有效能垒 U_{eff} 为 44 cm^{-1}，T_B 温度为 2.1 K。目前对于 Mn_{12} 家族的研究已越来越深入，各种物理化学方法和测试手段被派上用场。例如用 ^{55}Mn NMR 来测研究磁化强度的量子隧穿效应，用中子核磁回声法测磁化强度的弛豫时间等[100]。除了经典的 Mn_{12} 簇合物外，还有 Mn_3、Mn_6、Mn_8、Mn_{10}、Mn_{18}、Mn_{22}、Mn_{25}、Mn_{84} 等多种类型的锰氧簇合物，此外还有 Fe、Ni、Co 和 V 等过渡金属的簇合物[101,102]。然而，在不断深入的研究中，人们逐渐发现与提高体系的基态自旋相比，对各向异性的控制尤为重要。旨在改进 D 值的单核过渡金属单分子磁体，即单离子磁体 (single-ion magnet，SIM) 受到人们的重视。例如，2013 年 Long 课题组报道的 S 仅为 3/2 的二配位的线型单核 Fe^{I} 配合物 [K(2.2.2-cryptand)] $[Fe\{C(SiMe_3)_3\}_2]$ 的有效能垒可达 226 cm^{-1}，T_B 温度为 4.5 K[103]。

2003 年，第一例单核稀土单分子磁体 $TBA[TbPc_2]$ ($TBA^+ = N(C_4H_9)_4^+$, Pc = 酞菁二负离子) 被 Ishikawa 等报道[104]，其四方反棱柱构型的各向异性能垒可达到 260 cm^{-1}。此后，由于稀土离子具有大的磁各向异性，稀土单分子磁体迅速成为单分子磁体研究的第二类体系。Coronado 和 Torres 通过对 Pc 配体进行修饰得到的 [TbPcPc′] 能垒高达 652 cm^{-1}，在 1000 Hz 的频率下交流信号出峰的温度高达 58 K[105]。2011 年高松课题组报道了一例金属有机单分子磁体 [ErCp*(COT)] (Cp* = 五甲基环戊二烯，COT = 环辛四烯) 具有两个磁弛豫过程，其有效能垒分别为 224 cm^{-1} 和 137 cm^{-1}，并在 5 K 时具有蝴蝶状的磁滞回线[106]。Long 课题组通过引

入 N_2^{3-}自由基与 Tb^{3+}离子产生强的磁耦合作用，$[K(18\text{-冠-}6)(THF)_2][Tb_2(\mu\text{-}\eta^2:\eta^2\text{-}N_2)\{N(SiMe_3)_2\}_4(THF)_2]$ 的 T_B 温度高达 14 K[107]。

2004 年，Matsumoto 课题组报道了首例过渡−稀土单分子磁体 $[CuLTb(hfac)_2]_2$，从此揭开了单分子磁体研究第三类体系的序幕[108]。2014 年，童明良课题组报道了一个铁磁交换的三核配合物 $[Fe_2Dy(L^{Cl})_2(H_2O)]ClO_4\cdot 2H_2O$ (L^{Cl} = 2,2′,2″-(((nitrilotris(ethane-2,1-diyl))tris(azanediyl))tris(methylene))tris(4-chlorophenol))[109]，其中 Dy^{3+} 的配位几何构型为准 D_{5h}，有效能垒可达到 319 cm^{-1}。将 Fe^{2+} 换成 Co^{2+}，将配体上的 Cl 取代基换成 Br 取代基后可得到类似结构的配合物 $[Co_2Dy(L^{Br})_2(H_2O)]NO_3\cdot 3H_2O$，其有效能垒为 293 cm^{-1}。非常有趣的是，通过单晶到单晶转换脱去外界水分子的配合物具有高达 416 cm^{-1} 的能垒，这是目前过渡-稀土单分子磁体中最高的能垒纪录[110]。寻找更高能垒和更高 T_B 温度的单分子磁体，无论对基础研究还是材料科学领域，都显得相当重要。

(2) 单链磁体 (single chain magnet，SCM) 单链磁体是指具有缓慢的磁化强度弛豫现象的一维 Ising 链。单链磁体的形成必须具备的条件：①磁链必须是一维 Ising 铁磁链或亚铁磁链，即自旋载体具有强的单轴各向异性，且磁链有净的磁化值；②链内和链间磁耦合作用的比例必须非常大，即磁链必须尽可能是孤立的，以避免三维有序。

1963 年，Glauber 从理论上预言一维 Ising 链在低温下会出现缓慢的磁化强度弛豫现象。直到 2001 年，意大利的 Gatteschi 合成了一维链状化合物 $[Co(hfac)_2](NITPhOMe)$ (NITPhOMe = 4′-甲氧基-苯基-4,4,5,5-四甲基咪唑-1-羰基-3-氧化物，hfac = 六氟乙酰丙酮)[111]，从实验上证实了 Glauber 的推测，并以此为基础定义了“单链磁体”。迄今为止，单链磁体在设计与合成上仍具有一定的挑战。文献已报道了 20 多个单链磁体的例子，尽管数目不多，但种类丰富、结构迥异[112,113]。

与 SMM 类似，SCM 的磁化强度在低温下弛豫非常缓慢，伴随着磁滞回现象，因此有望应用于高密度信息存储材料。在设计 SCM 时需考虑的策略：①选择强的单轴各向异性的自旋载体，如 Co^{2+}、Ni^{2+}、Mn^{3+}、Fe^{2+} 和 Ln^{3+} 等；②选择合适的桥联配体以形成具有较大磁耦合作用的铁磁链、亚铁磁链或自旋倾斜链；③选择合适的抗磁分子将磁链进行有效的分隔以避免三维有序，可利用大的配体或电荷平衡离子来减小链间磁相互作用，也可用长的间隔配体将磁链嵌入到二维或三维聚合结构中（图 10-40），以此获得具有高维聚合结构的单链磁体。

10.4.9.3 自旋交叉材料（spin-crossover material）

一些具有 $3d^4$~$3d^7$ 电子构型的八面体过渡金属配合物在其晶体场分裂能 (Δ) 和平均电子成对能 (P) 大小接近的时候，通过温度、光照和压力等外界微扰可引起轨道电子重新排布，从而导致高自旋 (HS) 和低自旋 (LS) 两种状态的相互转换，这一现象称为自旋交叉 (spin-crossover)。到目前为止，研究最多的是 Fe(Ⅱ) 的过渡金属配合物，其 d^6 电子在弱场和强场下分别产生高自旋 $(t_{2g})^4(e_g)^2(S=2)$ 和低自

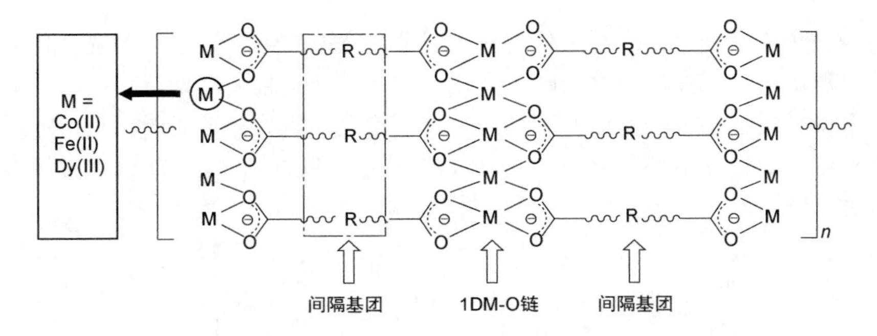

图 10-40　单链磁体的网络合成策略示意图

旋 $(t_{2g})^6(e_g)^0$ $(S = 0)$ 两种电子组态。后者在反键轨道 e_g 上无电子分布，从而具有较小的平均 Fe—N 键距离。当体系从高自旋转变到低自旋时，Fe—N 键键长可减小 0.2 Å，并伴随着结构、磁性和颜色等物理性质的改变（图 10-41）。若两个自旋态间的转换是突跃的、可逆的、并伴有大的滞回现象和颜色变化，则此类分子体系是显色器件、光开关、压力传感器和信息存储材料的理想材料[114]。

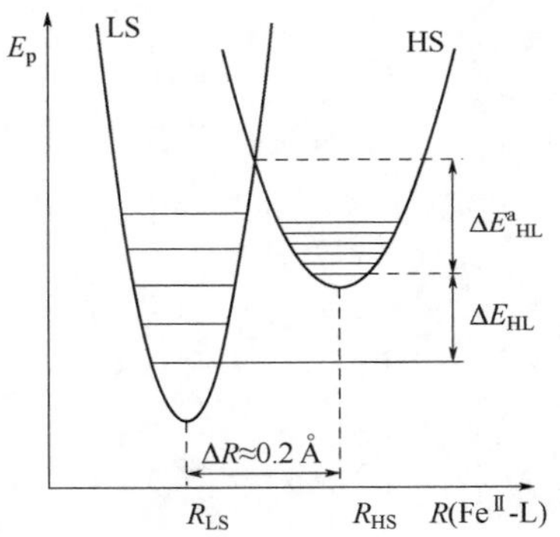

图 10-41　高自旋和低自旋能级示意图

早在 20 世纪 30 年代，Cambi 首次在 Fe(Ⅲ) 配合物中观察到随温度变化磁矩发生了突变，然而其机理未明。待配体场理论建立后，Orgel 于 1956 年提出上述磁矩的突变可能是由于自旋态之间的转换所致。1964 年 Baker 报道了首例 Fe(Ⅱ) 自旋交叉配合物 $[Fe(phen)_2(NCX)_2]$ (X = S, Se) 和 $[Fe(bipy)_2(NCS)_2]$[115]。从此该领域的研究得到了快速的发展，研究体系也扩展到了 Co(Ⅱ)、Co(Ⅲ)、Mn(Ⅲ)、Cr(Ⅲ) 等过渡配合物体系。1984 年，Gütlich 等首次在 $[Fe(1\text{-propyltetrazole})_6](BF_4)_2$ 体系中观察到光致激发自旋态捕获现象 (LIESST)，这种可通过不同的激发光来控制高低自旋态转换的特性使它在信息存储领域展现了诱人的应用前景[116,117]。

在自旋交叉领域研究最多的是热诱导的自旋交叉配合物。高自旋态和低自旋态能垒间的差值 (图 10-41) 与热能相当是产生热诱导自旋交叉现象的条件。它可以通过变温磁化率、穆斯堡尔谱和红外光谱等实验来得到高自旋态所占的比例 γ_{HS} 与温度 T 变化的关系。如图 10-42 所示，根据曲线的形状自旋交叉现象可以分为以下几类：(a) 渐变型；(b) 突变型；(c) 滞回型；(d) 阶梯型；(e) 不完全型。其自旋转变温度 $T_{1/2}$ 定义为 $\gamma_{HS} = 0.5$ 时的温度。在溶液中自旋交叉曲线为渐变型，此时没有晶格间相互作用，自旋转变本质上源于分子自身，其高低自旋态的布居基本呈现玻耳兹曼分布。在固态体系中，晶格间的协同作用非常重要，以上五类转变曲线都已经被观察到。而要成为信息存储材料，自旋交叉配合物需满足以下条件：①自旋交叉行为必须为突变型；②必须伴随滞回现象，宽度以 50 K 左右为宜，且滞回中心处于室温附近；③伴随明显的颜色变化；④体系稳定且无污染。欲提高自旋转变温度至室温，需提高分子间的协同效应，一个途径是增大分子间弱相互作用，如芳环堆积作用、氢键作用等，另一个更有效的途径是通过共价键连接自旋交叉离子形成聚合物。

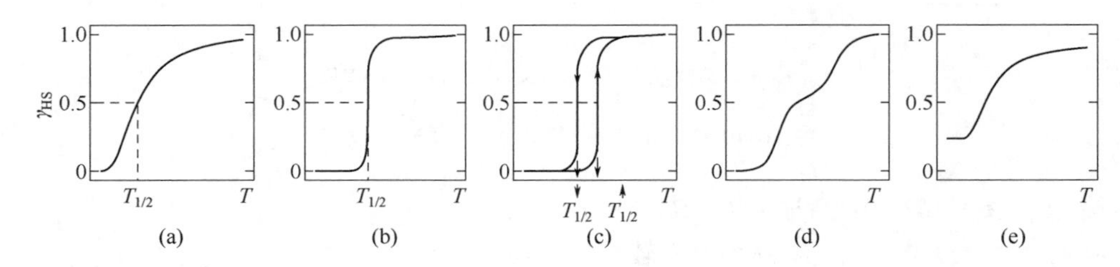

图 10-42　自旋交叉的类型：(a) 渐变型；(b) 突变型；(c) 滞回型；(d) 阶梯型；(e) 不完全型

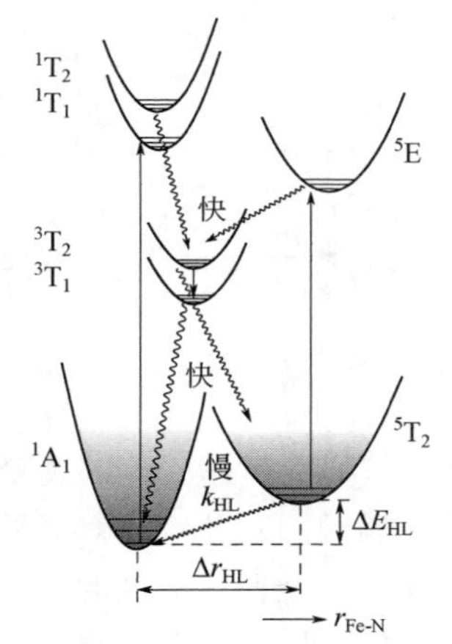

图 10-43　Fe^{II} 自旋交叉配合物中的 LIESST 和反转 LIESST 效应

光诱导自旋交叉现象由于其潜在的应用价值自发现以来便受到人们极大的关注。如图 10-43 所示，处于基态的低自旋 $^1A_1$ 态经 514 nm 的绿光激发至 $^1T_1$ 态，其激发态寿命在纳秒级，其中一部分可通过系间窜跃从激发态 $^1T_1$ 弛豫到中间自旋态 $^3T_1$，接着弛豫到高自旋的 $^5T_2$ 态。从 $^5T_2$ 态回到 $^1A_1$ 态是自旋禁阻的，具有更长的寿命，其弛豫的速度与两者之间的能垒 ΔE_{HL} 以及温度有关。因此通过光激发可以得到一定数量的亚稳态 $^5T_2$ 态，此现象称为光致激发自旋态捕获 (light-induced excited spin state trapping，LIESST) 效应。从亚稳态 $^5T_2$ 态也可通过 820 nm 的红光激发返回到低自旋的 $^1A_1$ 态，此过程被称为反转 LIESST 效应。

压力对自旋交叉体系的影响仍可以用双势能曲线来理解。因为高自旋态比低自旋态的体积要大，因此压力的主要影响会使高自旋态变得不稳定。当压力增大时，Fe—N 键的键长会略微减小，而高自旋态的势能曲线会向上移动，因此导致高自旋态和低自旋态之间零点能的差值 ΔE_{HL} 变大，而高自旋态的零点能到高低自旋势能曲线相交点处的能量差 ΔE^a_{HL} 减小，即活化能变小，其结果是压力倾向于低自旋态，自旋转变温度向高温区移动。

配合物的自旋交叉性质还受其它很多因素的影响，例如配体、非配位阴离子和溶剂等。首先，配体直接关系到配位场分裂能的大小，只有在合适的配位场中配合物才具有自旋交叉性质，配体上的取代基可对配位场分裂能大小进行调节。其次，非配位阴离子和溶剂分子都可以通过分子间弱相互作用影响分子间协同作用，以此影响配合物的自旋交叉性质。对于同质多晶体系，由于分子间堆积方式的差异，导致了不同的分子间协同作用，从而得到不同的自旋交叉性质。如对配合物中的自旋交叉离子进行其它金属离子的掺杂，则可减弱自旋交叉离子间的协同作用，会使转变温度降低，转变曲线变平缓。

10.4.9.4　多功能分子基磁性材料

多功能分子基磁性材料是指将磁性与其它物理或化学性能结合到同一个分子材料中，以形成具有复合功能的分子材料。例如通过研究光-磁、电-磁、孔-磁、磁-热等各种性能间的相互作用和相互联系，进而探索新型多功能分子基磁性材料。近年来研究的热点有光诱导磁体、导电磁体、手性磁体、微孔磁体和磁冰箱等。

(1) 光诱导磁体　化合物在光激发条件下可以改变其结构和电子性质，若将光与磁性质结合在一起将得到光诱导磁体，它可通过光激发对化合物的宏观磁性质进行调控，此类材料有望应用于信息储存和光开关器件。到目前为止，研究的较多的光诱导磁体体系有：

① 光诱导自旋交叉材料[118]。理论上所有具有热诱导自旋交叉现象的 Fe(Ⅱ)配合物都有可能存在 LIESST 和反转 LIESST 效应，所不同的是光诱导激发自旋态的寿命在给定的温度下依赖于高低自旋态的零点能的差值 ΔE_{HL} 和金属配体之间键长的差值 ΔR。一般性的规律是 ΔE_{HL} 越小，ΔR 越大，LIESST 态的寿命就越长。

② 电荷转移体系[119,120]。此类体系中研究最早的是普鲁士蓝类似物，Sato 等人在 1996 年报道了首例光诱导电荷转移型磁体 $K_{0.4}Co_{1.3}[Fe(CN)_6]\cdot 5H_2O$，在光激发前体系的电子态为 $Fe^{II-LS}(t_{2g}^6e_g^0)-CN-Co^{III-LS}(t_{2g}^6e_g^0)$，在 5 K 时经光激发之后发生金属-金属间电荷转移，电子态变为 $Fe^{III-LS}(t_{2g}^5e_g^0)-CN-Co^{II-HS}(t_{2g}^5e_g^2)$，体系的宏观磁性由顺磁性变为铁磁性[121]。除 FeCo 和 FeMn 普鲁士蓝体系之外，人们还采用 $[M(CN)_n]$ 为前驱物合成了很多具有光磁效应的簇合物和聚合物。例如 $CsCo^{II}(3\text{-}CN\text{-}py)_2[W^V(CN)_8]\cdot H_2O$ 化合物出现明显的温滞效应，在降温和升温过程中都有磁化率突变现象，其转变温度 $T_{1/2}$ 分别为 167 K 和 216 K[122]。随着温度的变化体系出现了如下电荷转移过程：$W^V(S=1/2)-CN-Co^{II-HS}(t_{2g}^5e_g^2, S=3/2) \leftrightarrow W^{IV}(S=0)-CN-Co^{III-LS}(t_{2g}^6e_g^0, S=0)$。在 5 K 时通过光激发体系可从 $Co^{III}–W^{IV}$ 相经电荷转移转变为 $Co^{II}–W^V$ 相，宏观磁性变为铁磁性，停止光照后磁性可保持一天以上。

③ 价态互变异构体系[123]。除了上述的不同自旋态转换的自旋交叉现象和不同金属间电荷转移现象之外，还有一个重要的动态电子过程就是金属和氧化还原配体之间的价态互变异构转换现象。例如在 $[Co^{II-HS}(3,5\text{-dbsq})_2(phen)]$ (3,5-dbsq = 3,5-二叔丁基-1,2-半醌酸根，S = 1/2) 化合物在低温可观察到光磁效应，两种互变异构体由配体和

Co 之间进行分子内单电子转移，其过程为 $[Co^{III-LS}(3,5\text{-dbsq})(3,5\text{-dbcat})(phen)]\leftrightarrow[Co^{II-HS}(3,5\text{-dbsq})_2(phen)]$，其中 3,5-dbcat 为3,5-二叔丁基-1,2-儿茶酚酸根，$S=0$[124]。

(2) 导电磁体 1988 年法国科学家阿尔贝·费尔和德国科学家彼得·格林贝格尔独立发现了“巨磁电阻”效应，即磁性材料的电阻率在有外磁场作用时和无磁场作用时存在显著的变化。由此效应发展出的读取磁盘数据的技术使得硬盘在近年来迅速变得越来越小，为此他们获得了 2007 年的诺贝尔物理学奖。如今作为凝聚态物理新兴学科的自旋电子学已得到快速的发展，然而基于一个分子内的电-磁相互影响与调控仍较为少见。西班牙 Coronado 等人将具有导电功能的 BEDT-TTF 阳离子引入到具有二维蜂窝层状结构的铁磁性阴离子体系中，得到了金属导体与铁磁性共存的电-磁双功能化合物 $[BEDT\text{-}TTF]_3[MnCr(C_2O_4)_3]$[125]。在此分子基体系中导电的 BEDT-TTF 阳离子并没有对阴离子的磁性产生影响，但是在居里温度以下体系的导电行为却受到外加磁场的影响，导电层在铁磁性阴离子层产生的内场作用下表现出一定的磁场依赖性。2014 年，左景林课题组将含有电化学活性 TTF 单元的席夫碱配体和酞菁与镝离子组装成一个非中心对称的三层夹心的配合物，它不仅具有场诱导的单分子磁体性质，而且在扫描隧道显微镜下可观察到在固体表面上有外加电场依赖的选择性吸收[126]。

(3) 手性磁体 在多功能配合物中，手性磁体的设计与合成颇具挑战性。手性物质因为中心对称性的缺失可以观察到自然圆二色性 (natural circular dichroism，NCD)。依赖于物质的空间群，它还可以观察到更多有趣的光电现象，例如压电 (piezoelectricity)、热电 (pyroelectricity) 和铁电 (ferroelectricity)。进一步与磁性质相结合可产生出更加新奇的物理性质，例如磁-手性二色性 (magneto-chiral dichroism，MChD)，磁诱导的二次谐波发生 (magnetisation-induced second harmonic generation，MSHG) 和多铁性 (multiferroicity)[127]。

1811 年，Arago 发现了手性晶体的自然光学活性。1846 年，Faraday 发现了磁场也可以使偏振光的偏振方向发生旋转的磁光学活性。前者源于物质镜面对称性的缺失，而后者则源于在磁场中时间反转对称性被打破。1982 年，物理学家曾从理论上预言，如果两个对称性都被打破，自然光学活性和磁光学活性的交叉效应将会出现，手性物质的光学性质会受到磁场的影响。当光的传播方向与磁场平行或反平行时，手性物质的光学性质会有一定的差别，它不依赖于光的偏振状态，而对于两个对映体具有相反的符号。这一效应被称作“磁-手性二色性”(MChD)。1997 年，Rikken 和 Raupach 在顺磁性物质 $[Eu((\pm)tfc)_3]$ (tfc = 3-三氟乙酰基-±-莰酮根) 的溶液中首次观察到微弱的 MChD 效应[128]。圆偏振光对光化学反应具有一定的对映体选择性早已被人们所熟知，2000 年他们在 $K_3Cr(ox)_3$ 水溶液中证实了磁场对非偏振光照射的光化学反应也具有对映选择性，这为 MChA 可能在生命的同手性起源中扮演着某种角色提供了实验依据[129]。根据预测 MChD 效应的强弱与物质的磁化强度成比例，因此铁磁性物质会比顺磁性物质具有更强的 MChD 效应。2008 年，

Train 等人在 $[N(CH_3)(n\text{-}C_3H_7)_2(s\text{-}C_4H_9)][MnCr(ox)_3]$ 体系中观察到温度从 11 K 降低到 3 K 时，化合物从顺磁态转变为铁磁态，与此同时 MChD 的强度也增大了 17 倍[130]。在居里温度以下时，他们在该体系中还发现了 MSHG 效应，而在居里温度以上 SHG 信号不依赖于外加场强的方向[131]。Ohkoshi 等人在 $[\{Mn^{II}(H_2O)_2\}\{Mn^{II}(\text{pyrazine})(H_2O)_2\}\{Nb^{IV}(CN)_8\}]\cdot 4H_2O$ 和 $\{[Mn^{II}(H_2O)(\text{urea})_2]_2[Nb^{IV}(CN)_8]\}_n$ 中也观察到了 MSHG 效应，在磁有序状态时的 SHG 强度分别是其顺磁态时的 3 倍和 4 倍[132]。

(4) 多铁性材料　多铁性材料是指同时具有铁电性、铁磁性和铁弹性中的两种或三种铁性的材料。它们在高密度存储器、多态记忆元件、磁场控制的压电传感器和电场控制的压磁传感器等方面有着广泛的应用潜力，已成为当前国际研究的一个热点。目前研究最多的是具有铁电性和铁磁性的多铁性磁电材料，它具有铁电性和铁磁性之间的耦合性能，如磁矩可以被电场操控，电偶极矩也可以被磁场操控。人们已在具有钙钛矿结构的金属氧化物中观察到这种磁电耦合效应，而对于分子基材料而言目前大多是一些铁电性和铁磁性共存的例子被报道。例如：2006 年，Ohkoshi 报道了首例铁电性和铁磁性共存的分子基材料 $Rb^{I}_{0.82}Mn^{II}_{0.20}Mn^{III}_{0.80}[Fe^{II}(CN)_6]_{0.80}[Fe^{III}(CN)_6]_{0.14}\cdot H_2O$[133]。之后甲酸配合物的研究受到了极大的关注，例如 Cheetham 发现在 $\{(CH_3)_2NH_2\}M(HCOO)_3$ (M = Mn, Fe, Co 和 Ni) 体系中二甲胺阳离子的氢键有序和无序在 160~185 K 温度区间产生铁电性，而甲酸传递磁耦合作用在 8~36 K 产生磁有序[134]。高松和王哲明课题组在甲酸配合物方面也做了大量的研究，例如在三维手性 $[NH_4][M(HCOO)_3]$ (M = Mn, Fe, Co 和 Ni) 体系中孔洞中的铵根离子的无序和有序在 191~254 K 温度区间产生顺电相到铁电相的转变，而金属甲酸框架在 8~30 K 显示了自旋倾斜的反铁磁有序[135]。2015 年他们系统调节 $[(NH_2NH_3)_x(CH_3NH_3)_{1-x}][Mn(HCOO)_3]$ (x = 0.67~1.00) 体系中甲胺阳离子的比例，从而有效地将相变温度从 355 K (x = 1.00) 降低到 301 K (x = 0.67)[136]。最近孙阳课题组对铁配合物的进一步实验研究证明在磁有序温度下存在磁电耦合效应[137]。2015 年，他们还在 $[C(NH_2)_3]Cu(HCOO)_3$ 配合物中再次观察到电场控制磁性和磁场控制极化的磁电耦合效应[138]。2013 年，王新益课题组报道了一系列由叠氮桥联的具有钙钛矿型结构的配合物 $[(CH_3)_nNH_{4-n}][Mn(N_3)_3]$，它们显示了源于结构相变的磁耦合强度变化所引起的温度依赖的磁双稳态性质[139]。熊仁根课题组一直致力于铁电材料的研究，并取得了一系列令人瞩目的突出成绩[140~142]。他们对 AMX_3 (A = 一价有机胺阳离子，X = Cl 和 Br) 体系进行了大量而细致深入的研究，他们通过调控有机阳离子来调控铁电性，通过调控金属与卤素离子来调控铁磁性，为多铁体系的研究及其多功能化做出了突出的贡献。例如：他们报道了具有荧光性质的铁电性材料 (pyrrolidinium)MnX_3 (X = Cl 和 Br) 和 (3-pyrrolinium)$MnCl_3$，从而为设计多功能铁电器件指明了方向[143~145]。

(5) 微孔磁体 (microporous magnet)　多孔材料在分离、气体存储或异相催化方面有着很好的应用潜力[146]。将磁性离子引入到多孔材料的骨架中便形成微孔磁体，它同时具有多孔性和磁性。若在外界的微扰下，例如孔洞中客体分子的吸附或去吸附可以调节磁性质，则此类材料可开发成为磁传感器、磁开关和多功能磁性器件。客体分子可以有多种形式影响孔洞的结构参数，进而对磁性质进行调控。①客体分子调节磁性金属离子的配位环境。例如配合物 $[\{Mn(HL)(H_2O)\}_2Mn\{Mo(CN)_7\}_2]\cdot 2H_2O$ (L = *N*,*N*-dimethyl-alaninol) 脱水后 Mn 的配位数从 6 变成 5，体系亚铁磁性的临界温度从 85 K 升高到 106 K[147]。②客体分子调节结构的维数。双核配合物 $[Co_2(8\text{-qoac})_2(N_3)_2(H_2O)_2]$ (8-qoac = quinoline-8-oxy-acetate) 经脱水后从零维变成二维结构，磁性质也从短程铁磁耦合变成长程自旋倾斜反铁磁有序[148]。③客体分子作为磁交换的路径对磁行为进行调节。在配合物 $[Co^{II}{}_3(OH)_2(C_4O_4)_2]\cdot 3H_2O$ 中水分子通过氢键作用在铁磁耦合的 $[Co_3(\mu_3\text{-}OH)_2]^{4+}$ 簇之间传递反铁磁耦合作用，通过脱水-吸水过程可以可逆的实现从铁磁性到反铁磁性基态的转换[149]。④客体分子通过主客体之间的弱相互作用力影响体系的协同效应。很多自旋交叉体系对客体分子非常敏感。通过客体分子的吸附和去吸附可以实现磁性质的开与关。例如无客体分子的 $\{Fe(pyrazine)[Pt(CN)_4]\}$ 配合物显示滞回型的自旋交叉性质，其降温和升温过程的自旋转变温度分别为 285 K 和 309 K，当客体分子为苯时，体系在室温呈高自旋态，而当客体分子为 CS_2 时，体系在室温呈低自旋态[150]。童明良课题组报道的霍夫曼类金属有机框架材料 $[Fe(2,5\text{-bpp})\{Au(CN)_2\}_2]$ (2,5-bpp = 2,5-二(吡啶-4-基)吡啶) 可以通过调控溶剂分子实现自旋转变温度向室温移动达 130 K[151]。他们还通过调控芳香性客体分子实现 $[Fe(dbb)\{Au(CN)_2\}_2]$ [dpb = 1,4-二(吡啶-4-基)苯] 的热滞回宽度从 0 K 增大到 73 K，从而有效调节了体系的协调效应[152]。

(6) 磁冰箱 (magnetic refrigerator) 磁冰箱是利用磁热效应 (magnetocaloric effect，MCE) 制冷的冰箱。它的原理是磁制冷材料等温磁化时，磁矩趋向于沿磁场方向规则排列，有序度提高，磁熵显著下降，向外界放出热量；绝热退磁时，磁矩重新无序，混乱度增大，磁熵增大，从外界吸收热量，从而达到制冷的目的。它的制冷效率可达到卡诺循环的 60%，远高于传统的气体压缩式制冷机 (效率小于 40%)；而且固态磁制冷材料的熵密度远大于气体，制冷体积小，噪声低、可靠性好；更重要的是不需要使用氟里昂、氨等制冷剂，无环境污染，因此被誉为绿色制冷技术。目前在超低温领域利用磁制冷原理制取液态氦、氮、氢已得到广泛应用。绝热去磁法可获得 0.001 K 的低温，是现代获得低温的有效方法[153~155]。

磁热效应是磁性材料的一种本质属性，对于分子基磁性材料而言，它们的磁有序温度一般都较低，因此被开发用作低温磁制冷材料[156]。理想的分子制冷剂具有以下特征：①大的基态自旋 S，对于一个没有零场分裂、旋-轨耦合和超精细相互作用影响的孤立磁体系来说，其最大的等温磁熵变 $-\Delta S_M$ 为 $R\ln(2S+1)$；②磁各向异性要尽可能的小，在弱磁场下自旋便于翻转；③存在低能量的激发自旋态，它可提高场依赖的 MCE 效应；④铁磁交换占主导，可获得较大 S 值；⑤分子量相对较低或较大的金属/配体质量比，以提高材料的磁密度。2000 年，Tejada 等人在研究单分子磁体 Mn_{12} 和 $[Fe_8O_2(OH)_{12}(tacn)_6]Br_8 \cdot 2H_2O$ (tacn = 1,4,7-三氮杂环壬烷) 时发现它们具有磁热效应，从此分子基磁制冷材料开始受到人们的关注[157]。2005 年 Evangelisti 等人报道的簇合物 $[Fe^{III}{}_{14}O_6(bta)_6(OMe)_{18}Cl_6] \cdot 2MeCO_2H \cdot 4H_2O$ (bta = 苯并三唑) 在 7 T 的磁场变下的单位质量 $-\Delta S_M$ 为 17.6 $J \cdot kg^{-1} \cdot K^{-1}$[158], 之后这一纪录不断被人们打破。2011 年他们发现双核化合物 $[\{Gd(OAc)_3(H_2O)_2\}_2] \cdot 4H_2O$ 的 $-\Delta S_M$ 为 41.6 $J \cdot kg^{-1} \cdot K^{-1}$[159]。2012 年童明良课题组报道的三维框架材料 $[Mn(H_2O)_6][MnGd(oda)_3]_2 \cdot 6H_2O$ (oda = 氧代二乙酸根) 的 $-\Delta S_M$ 达到 50.1 $J \cdot kg^{-1} \cdot K^{-1}$[160]。2013 年 Evangelisti 等人发现 $Gd(HCOO)_3$ 的 $-\Delta S_M$ 达到 55.9 $J \cdot kg^{-1} \cdot K^{-1}$[161]。2014 年童明良课题组合成的 $[Mn(glc)_2(H_2O)_2]$ (glc = 乙醇酸根) 的 $-\Delta S_M$ 可达到 60.3 $J \cdot kg^{-1} \cdot K^{-1}$[162]，之后他们再次刷新纪录，$Gd(OH)CO_3$ 的 $-\Delta S_M$ 已达到 66.4 $J \cdot kg^{-1} \cdot K^{-1}$[163]。2015 年他们报道的 GdF_3 在 7 T 的磁场变下的 $-\Delta S_M$ 已高达 71.6 $J \cdot kg^{-1} \cdot K^{-1}$，更令人欣喜的是受益于结构的紧密堆积和铁磁性的磁耦合作用，该化合物在 2 T 的磁场变下便有 45.5 $J \cdot kg^{-1} \cdot K^{-1}$ 的磁熵变化，进而向磁制冷材料在低磁场变下的实际应用迈进了一大步[164]。

10.5 磁共振成像造影剂

10.5.1 磁共振成像技术

自 1973 年 Lauterbur[165]首次将磁共振成像 (magnetic resonance imaging，MRI) 技术应用于人体诊断以来，这一技术由于分辨率高、成像参数多、可在任意层面断层、对人体无电离辐射损伤等优点在生物、医学、脑功能及脑化学过程的成像等领域得到了迅速发展和广泛的应用。磁共振成像是采用傅里叶图像重建及空间定位等技术形成的一种崭新的医学影像学 (medical imagology) 诊断方法[166]。磁共振成像的基本原理是核磁共振现象 (图 10-44)，也就是具有磁矩的原子核，在外磁场 H_0 的作用下，将会产生绕外磁场的进动，其进动角频率 ω_0 与外磁场 B_0 成正比 (γ 为核的旋磁比；h 表示普朗克常数；ΔE 表示相邻能级之间的能量差；^1H 的旋磁比 $\gamma = 2.675 \times 10^8\ S^{-1} \cdot T^{-1}$)。

$$\Delta E = h\,\gamma B_0/2\pi = h\omega_0/2\pi \quad (\omega_0 = \gamma B_0) \tag{10-37}$$

如果在垂直于外磁场方向加上一个共振频率 $\nu_0 = \omega_0/2\pi$ 的射频场，将发生原子核对此射频场的能量的吸收，核由低能级跃迁到高能级，即产生核磁共振现象。核磁共振分析能够提供四种信息：化学位移、偶合常数、各种核的信号强度比和弛豫时间。正常情况下高能级的核可以不用辐射的方式回到低能级，这种现象称为弛豫。弛豫有两种方式[167]：

① 自旋-晶格弛豫 (spin-lattice relaxation) 又叫纵向弛豫。核与环境 (晶格)

进行能量交换，高能级的核把能量以热运动的形式传递出去，由高能级返回低能级，这个弛豫过程需要一定的时间，其半衰期用 T_1 表示。T_1 越小表示弛豫过程的效率越高。

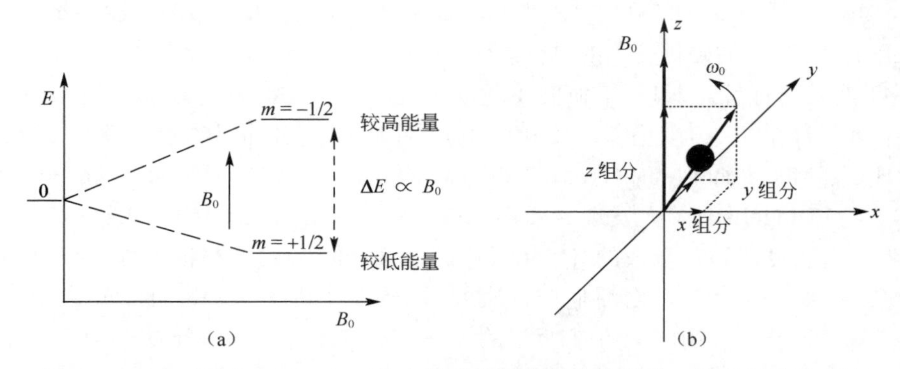

图 10-44 (a) 根据 Boltzmann 分布简并核在磁场中的裂分，较低能量状态较较高能量状态包含更多自旋核，差值正比于 B_0；(b) 直角坐标系中原子核以向量的形式运动，核在 B_0 中的运动

② 自旋-自旋弛豫 (spin-spin relaxation) 又叫横向弛豫。高能级核把能量传递给邻近的一个低能级核。在此弛豫过程前后，各种能级核的总数不变，其半衰期用 T_2 表示。

在磁共振成像分析中，获得足够用以重建图像的信号并按照一定时序和周期施加的射频脉冲与梯度脉冲的组合通常叫脉冲序列。临床上最常用的脉冲序列大体分为三类[168]：自旋回波（Spin Echo，SE）、反转恢复（inversion-recovery，IR）和梯度回波（gradient echo, GRE），每一类又分别包含各自的变体。图 10-45 所示为最常用的 SE 脉冲序列。首先用 90° 射频脉冲激发样品物质，在它的作用下，宏

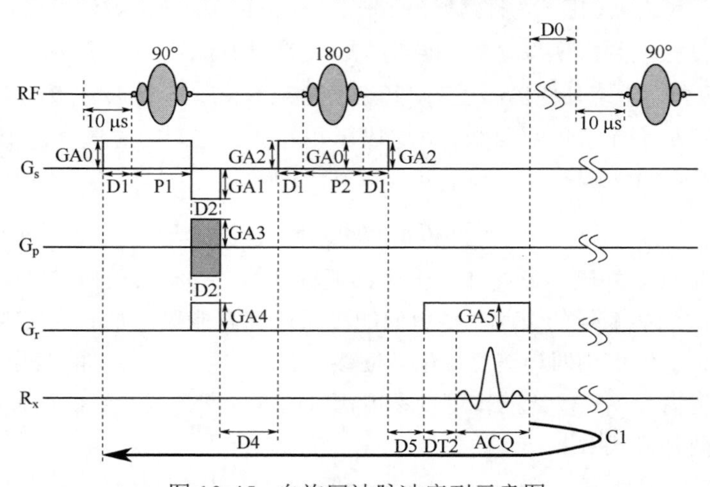

图 10-45 自旋回波脉冲序列示意图

观磁化矢量迅速倒向 XY 平面上，因此，90° 射频脉冲是 SE 序列的准备脉冲。之后再施加一个选层梯度 G_x 作用在样品上，以选择并激发某一特定层面，接下来是一个 180° 脉冲，其主要作用是改变 XY 平面内质子的进动方向，使失相的质子重新相位重聚，此时吸收 180° 脉冲射频能量后的质子，将在后面以自旋回波的形式放出能量，从而产生自旋回波信号。选择一个层面后，接下来就是在相位编码和频率编码的作用下进行数据的采集，G_y 是相位编码梯度，在每次重复时相位编码梯度递增或递减一步，G_z 是读出梯度，即频率编码梯度，已实现对每个体素的最终定位，从而确定视野 (field of view，FOV) 的大小，即频率编码上的取样点数决定了 Y 方向的大小，相位编码上方向上的编码梯度步数决定了 X 方向上的大小。因此在成像过程中，相位编码梯度和频率编码梯度的选择对最终的自旋回波成像效果有重要的影响，总体说来 SE 序列的执行过程可分为激发、编码、相位重聚和信号采集四个阶段。自旋回波成像信号强度的依赖关系如式 (10-38) 所示：

$$\rho(X, Y, Z) = \rho_0(X, Y, Z)\{1-\exp[-T_R/T_1(X, Y, Z)]\}\exp[-T_E/T_2(X, Y, Z)] \quad (10\text{-}38)$$

式中，T_E，T_R 分别为回波时间和重复时间。

(1) T_1 加权成像 根据上面的信号强度公式，当回波时间很短，即 $T_E << T_2$，重复时间不是很短时，随着 T_R 时间的缩短，T_1 的影响程度增大。这种条件下获取的图像亮度差别主要体现了组织 T_1 的差别，故称为 T_1 加权成像。

(2) T_2 加权成像 当重复时间很长，即 $T_R >> T_1$，回波时间不很短时，随着 T_E 时间的延长，T_2 影响程度增大。这种条件下获取的图像亮度差别主要体现组织 T_2 差别，故称 T_2 加权成像。

磁共振成像技术在医学临床应用中主要是利用生物体不同组织中水分子质子在外加磁场影响下产生的不同共振信号来成像。信号的强弱取决于组织内水的含量和水质子的弛豫时间。磁共振成像技术弥补了计算机 X 射线断层照相术 (CT 扫描术) 的不足，对检测组织坏死、局部缺血和各种血性病变特别有效，是进行早期诊断的无损诊断技术，对人体的一些系统的代谢过程进行临床监测，其成像对比度优于 CT 术。MRI 还是脑肿瘤常规随访的手段，是综合性临床检查的一部分。MRI 也能对脑肿瘤进行定量分析，评价脑肿瘤进展及疗效。因此，这一技术已经成为当今临床诊断中最为有力的检测手段之一[169,170]。

10.5.2 核磁共振成像造影剂

MRI 临床应用的早期，由于其优良的软组织分辨力，许多学者认为不需要造影剂 (contrast agent)。但随着临床应用的逐步开展，人们发现某些不同组织或肿瘤组织的弛豫时间相互重叠使 MRI 诊断困难。这是因为人体内很多相邻部位自发产生的磁共振信号的差别不够大，且在较大幅度内波动。有的部位磁信号很弱，不能形成清晰的磁共振图像，这就需要通过改变局部的磁共振信号来增加影像对比度。因此，为确保临床诊断的准确性，30% 以上的 MRI 诊断需要使用造影剂来提高图像的对比度和清晰度。20 世纪末全球年消耗钆基造影剂达 30 t 以上。随着我国医疗诊断事业的迅速发展以及人们对更高生命质量的期望，对 MRI 造影剂的研究显得更为重要。

磁共振成像造影剂也叫磁共振成像对比剂，是一类用来缩短成像生物体不同组织在外磁场影响下产生不同的共振时间、增强对比信号差异、提高成像对比度和清晰度的磁性物质。MRI 所用的造影剂一定是磁性物质，其本身不产生信号，信号来自于氢原子核。MRI 造影剂接近有关质子后，间接地改变这些质子所产生的信号强度，即改变体内组织中局部水质子的弛豫速率，提高正常的与患病部位的成像对比度，从而显示体内器官或组织的功能状态。MRI 造影剂可以说是用来缩短成像时间的成像增强对比剂。图 10-46 是某患者肝部横断面成像图，其中 (a) 图为未使用造影剂所得图像，(b) 图为使用造影剂 Mn-DPDP 1 h 后所得图像，其成像图明确显示出肿瘤的大小和位置[171]。

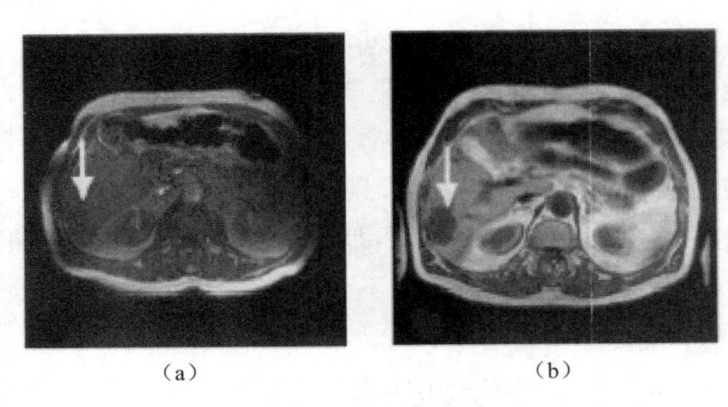

（a）　　（b）

图 10-46　肝癌患者肝部横断面磁共振成像图

（a）未使用造影剂；（b）使用造影剂 1 h 后

目前应用于临床的磁共振成像造影剂一般是水溶性顺磁性造影剂和超顺磁性造影剂。水溶性顺磁造影剂由顺磁性金属离子和配体组成，金属离子主要以 Gd(III) 居多。第一代用于临床的水溶性钆基磁共振造影剂为德国 Schering 公司 H. J. Weinmenn 研制开发的 Gd-DTPA (商品名：Magnevist，马根维显)，是二乙三胺五乙酸 (DTPA) 与 Gd(III) 的配合物，在完成药理与毒理实验后，于 1983 年首次用于临床[172]。除 Gd-DTPA 外，已经进入临床应用的含钆 MRI 造影剂还有 Gd-DTPA-BMA (商品名：Omniscan)[173]，Gd-DOTA (商品名：Dotarem)[174]，Gd-HP-DO3A (商品名：ProHance)[175]，Gd(DO3A-butrol) (商品名：Gadovist)，Gd(BOPTA) (商品名：MultiHance)[176]和 Gd-DTPA-BMEA (商品名：OptiMARK)[177]。除钆基配合物作为磁共振成像对比剂外，部分锰基配合物也作为磁共振成像对比剂用于临床。例如：Mn-DPDP (商品名：Telsascan)。配合物相应的结构式如图 10-47 所示。

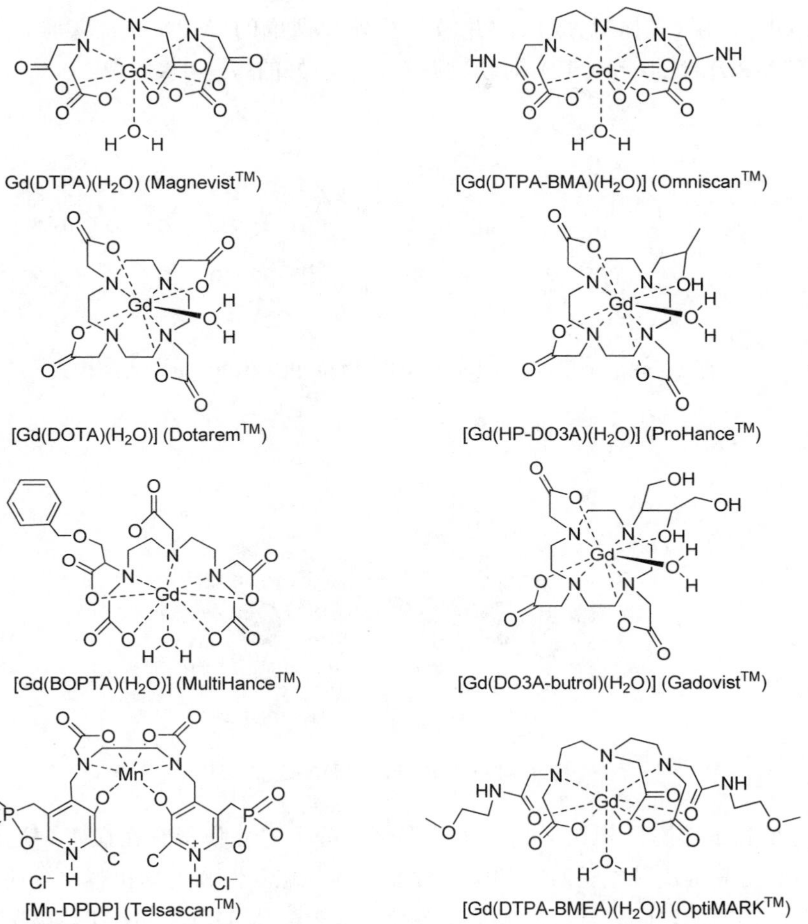

Gd(DTPA)(H2O) (MagnevistTM)

[Gd(DTPA-BMA)(H2O)] (OmniscanTM)

[Gd(DOTA)(H2O)] (DotaremTM)

[Gd(HP-DO3A)(H2O)] (ProHanceTM)

[Gd(BOPTA)(H2O)] (MultiHanceTM)

[Gd(DO3A-butrol)(H2O)] (GadovistTM)

[Mn-DPDP] (TelsascanTM)

[Gd(DTPA-BMEA)(H2O)] (OptiMARKTM)

图 10-47　用于磁共振成像造影剂的配合物的结构式

但是作为临床诊断药物，应用于人体的 MRI 造影剂除了应满足一般药物的基本要求：具有生物适应性、良好水溶性和自身有足够的稳定性外，还应满足低毒性、靶向性及高弛豫率。近年来，对常用的造影剂的修饰改性以提高选择性和适应性是磁共振成像领域研究的热点之一。1999 年，有学者利用肿瘤能选择摄取叶酸的特性，合成了含叶酸基团的造影剂，实验证明这类造影剂对肿瘤具有较好的靶向性[178]。另外，有人合成了一系列卟啉衍生物 Temptlyrins，这类造影剂的 Gd(III) 含有较多的配位水分子 (4~5 个)，弛豫率较高，能检测微小的肿瘤病灶，利于肿瘤的早期诊断，如 PCI-0120 Gd^{3+} (见图 10-48)[179]。

将平均分子量为 1450 的 PEG (聚乙二醇) 转换成末端 *N*-甲氨基 DTPA 衍生物，其钆螯合物注入大鼠体内后，对 V22 癌瘤也能够产生显著的 MRI 增强。2005 年，有人合成了新的大环稀土螯合物 Ln/DTPA-PDA-C_n (Ln = Gd^{3+}, Dy^{3+})[180]

(图 10-49)，用作 MRI 成像，并做了体外和裸鼠的 MRI 成像实验，结果表明 Gd/DTPA-PDA-C_n (n=10, 12) 对动物肝脏有着较好的 T_1 加权成像。

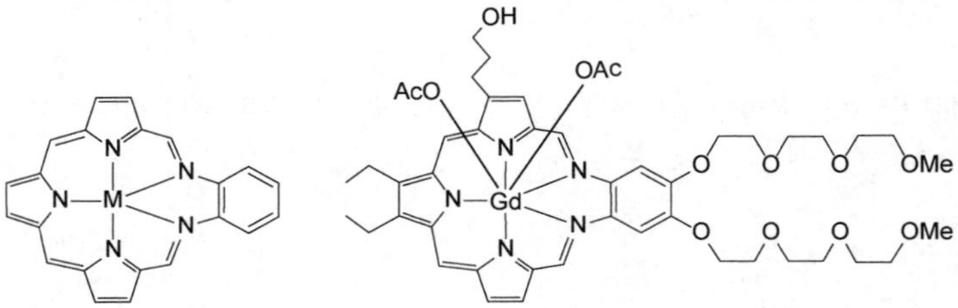

图 10-48　金属-Temptlyrins 配合物和 PCI-0120 Gd^{3+} 的结构式

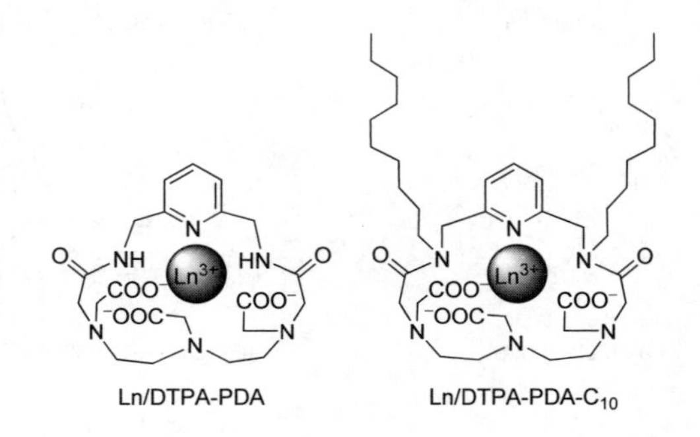

图 10-49　Ln/DTPA-PDA-C_n 的结构

与小分子造影剂相比，高分子造影剂的分子尺寸使得它在血管中运动速度变缓，能够提高其旋转相关时间和弛豫性能，增强靶向性和生物相容性等性能，以改善血池造影性能。研究学者一般是将多胺多酸类配体 DTPA、DOTA 以聚酰胺或聚酯等形式引入高分子的主链，或者将配体与线型、树枝状的聚合物 (图 10-50)[181]、

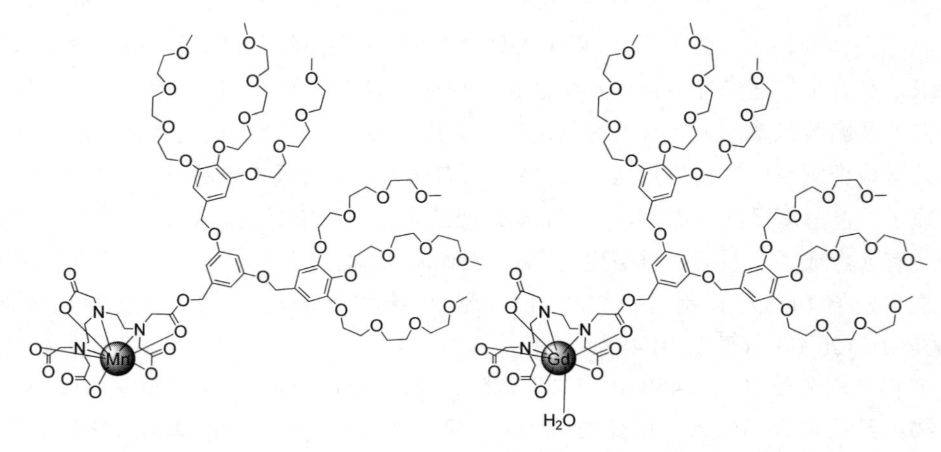

图 10-50　树枝状的 Mn(Ⅱ) 和 Gd(Ⅲ) 的 DTPA 配合物

生物天然大分子进行共价偶联形成大分子造影剂，降低分子的旋转速率，提高弛豫效率。同时，如果在高分子载体上连接对人体某一组织或器官具有亲和性的基团，还能增强对组织或器官的靶向性。

在高分子造影剂的研究方面，有人提出将 Gd-DTPA 与血清白蛋白 (Albumin) 结合制备大分子造影剂 Albumin-(Gd-DTPA)。通过对造影剂的弛豫效率、磁共振成像性能以及在动物体内的代谢过程的研究，发现 Albumin-(Gd-DTPA) 具有较高的弛豫率，而且成功得到了心血管的清晰成像图。2009 年，有学者分别在 DNA 和蛋白的侧链引入 Gd-DOTA (图 10-51)，得到了大分子造影剂，其弛豫效率大大提高[182]。

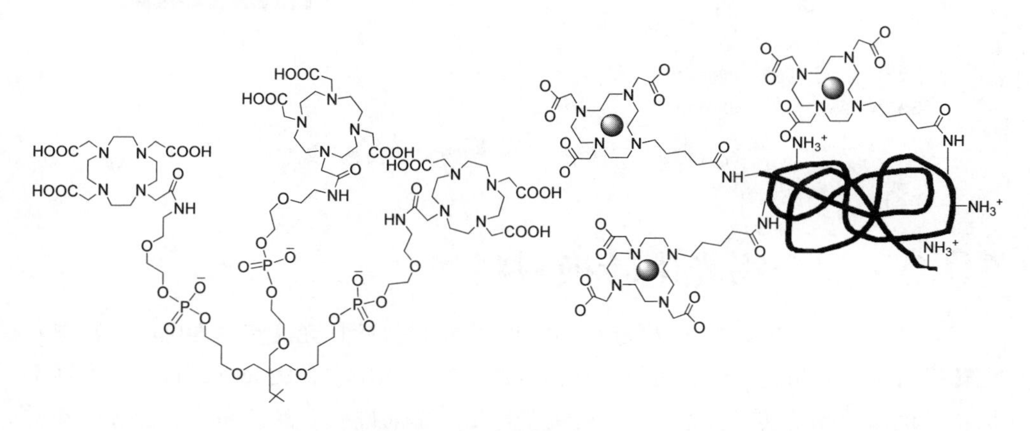

图 10-51　DNA 和蛋白侧链链接 Gd-DOTA 后的结构

近年来，除了对造影剂用配体进行修饰以提高其性能外，新型的手性功能配合物作为造影剂的合成研究也在发展之中。2012 年，有人最新合成了手性的三胺钆基配合物，其纵向弛豫率分别为 11.4 $L\cdot mmol^{-1}\cdot s^{-1}$ (*R* 构型) 和 11.1 $L\cdot mmol^{-1}\cdot s^{-1}$ (*S* 构型)，远高于商业化的造影剂 Gd-DTPA。对比 T_1 加权成像，获取的图像亮度也明显提高[183] (图 10-52)。

除上述所述造影剂外，目前对超顺磁性氧化铁粒子 (SPIO) 的研究也比较多，其原因是磁矩比其它顺磁性物质高，对邻近组织中的氢核的弛豫效率有明显的加速作用，给药量可大大减小，主要选择葡聚糖为包裹材料，此类造影剂对于肝和脾肿瘤有着很好的靶向作用。国外已经成功开发出 AMI-25、MION、AMI-121 等型号的超顺磁性造影剂。近年来，MRI 造影剂的研究飞速发展。处于研究阶段的磁共振成像造影剂的种类与数量很多，大部分已用于肝脏成像、脾脏成像、血液成像及其它功能性成像。利用多功能成像造影剂同时完成临床诊断和治疗评价工作是今后发展的趋势。

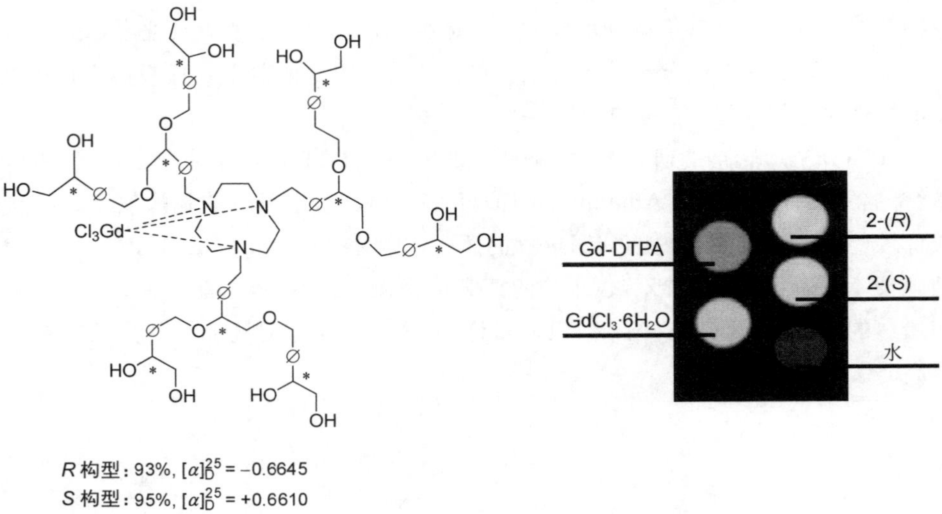

Cl3Gd
Gd-DTPA
GdCl3·6H2O
2-(R)
2-(S)
水
R 构型：93%, [α]D25 = −0.6645
S 构型：95%, [α]D25 = +0.6610

图 10-52　手性配合物的结构及 T_1 加权成像

10.6 配合物光电转换材料

通过光电效应或者光化学效应，太阳能电池可直接把光能转化为电能。新型光电转换材料及太阳能电池在可持续清洁能源研究及应用中备受关注。目前，占据市场主导地位的光电转换（光伏）材料主要包括：单晶硅、多晶硅和非晶硅等硅基材料，砷化镓 Ⅲ-Ⅴ 族化合物、硫化镉、铜铟镓硒等多元化合物材料等。然而，基于这些无机半导体材料的太阳能电池生产成本较高、环境污染严重，这在某种程度上限制了它们的应用。因此，寻求新型光伏材料与器件是太阳能电池领域里的一个关键研究方向。分子基光伏材料，尤其是金属配合物因其丰富的电子结构、光谱可调、光吸收能力强等优点，可作为新一代半导体材料被广泛应用于太阳能电池中。下面主要阐述配合物在有机太阳能电池、染料敏化太阳能电池和钙钛矿太阳能电池中的应用。

10.6.1 配合物在有机太阳能电池中的应用

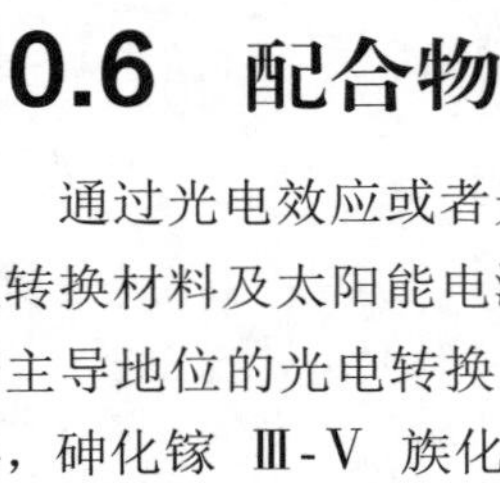

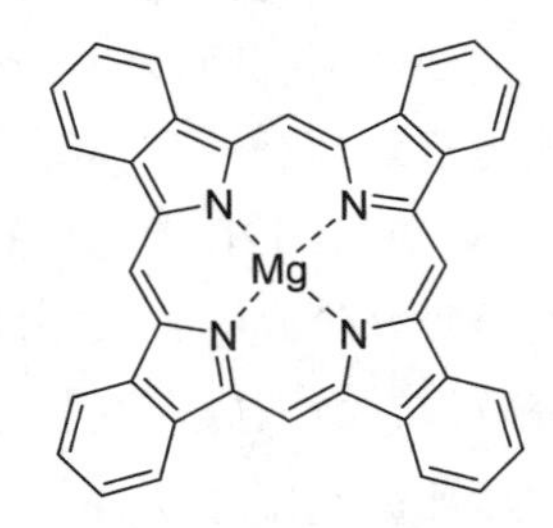

图 10-53　镁酞菁配合物（MgPc）的结构

早在 1958 年，Kearns 和 Calvin 等人将镁酞菁配合物（MgPc）染料（图 10-53）夹在两个功函数不同的电极之间，其制备的器件在光照下获得了 200 mV 的开路电压，但光电流非常低[184]。这类器件的原理为有机半导体内的电子在光照下从 HOMO 能级激发到 LUMO 能级，产生电子-空穴对，也就是通常所说的激子。电子被低功函数的电极提取，空穴则被高功函数电极的电子填充，从而在光照下形成光电流。此后二十多年间，有机太阳能电池研究进展不大，只不过是在不同电极之间选择各种有机半导体材料。

1986 年，有机太阳电池（organic photovoltaics，OPV）研究领域出现了一个里程碑式的突破。美国柯达公司科学家邓青云博士采用酞菁铜配合物 CuPc 作为电子给体与四羧基苝衍生物（PV）作为电子受体（图 10-54）制备了一种具有双层膜异质结结构的有机太阳能电池，光电转化效率达到 1% 左右[185]。虽然与硅电池相比，其光电转换效率相差甚远，但与之前的有机太阳能电池相比却有了明显的提高，这为有机太阳能电池研究开拓了一个新的方向。至今双层膜异质结的结构仍然是有机太阳能电池研究的重点之一。

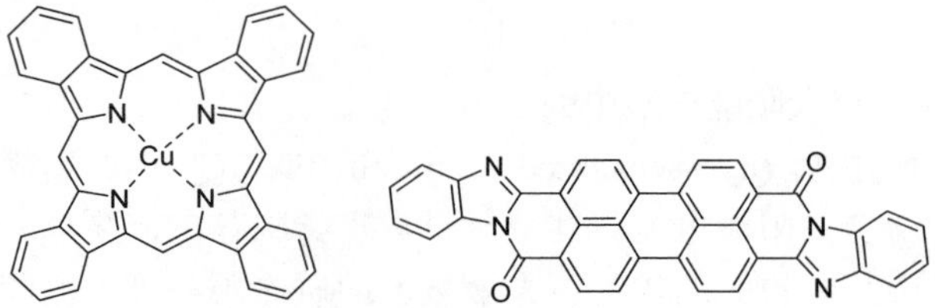

图 10-54　铜酞菁配合物（CuPc）和四羧基苝衍生物（PV）的结构

双层膜异质结型有机太阳能电池的结构如图 10-55 所示。作为给体的 p 型有机半导体材料吸收光子之后产生电子-空穴对（激子），电子注入作为受体的 n 型有机半导体材料后，空穴和电子得到分离并分别传输到两个电极上，形成光电流。该结构的特点在于引入了电荷分离的机制。载流子在有机半导体中的迁移，需要经由电荷在不同分子之间的“跳跃”机理来实现，宏观的表现就是其载流子迁移率要比无机半导体低得多。同时，有机半导体吸收光子而被激发后，并不能像硅半导体那

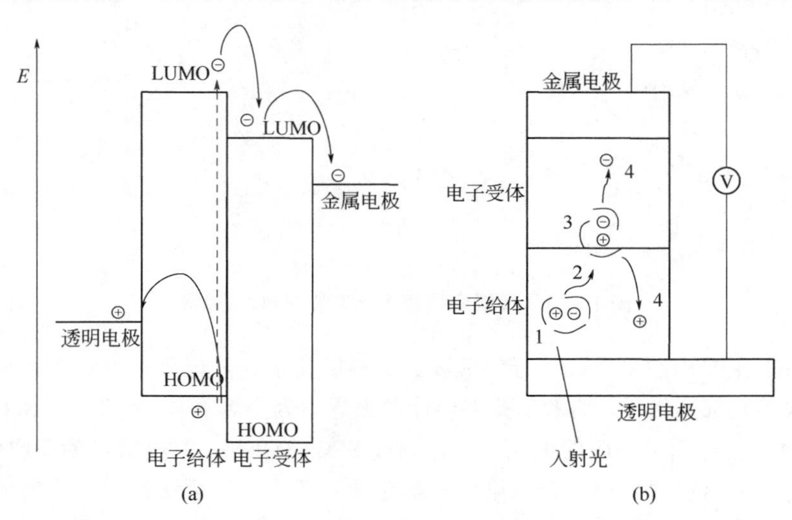

图 10-55　双层膜异质结有机太阳能电池的能级结构 (a) 和工作原理 (b)

样在导带中产生自由电子并在价带中留下空穴。光激发的有机半导体产生的是通过静电作用结合的空穴-电子对（激子），激子寿命非常有限，通常在毫秒量级以下。未经彻底分离的电子和空穴会复合，对光电流是没有贡献的。因此，有机半导体中激子分离效率对电池的光电转化效率非常关键。

在有机电池中引入异质结可以明显地提高激子的分离效率，从而提高器件的光电转换效率。电子给体和受体的吸收光谱、载流子迁移率与其结构密切相关，并对电池的光电转换效率有很大的影响。科学家们通过电子给体和受体的分子结构设计，开发了一系列有机半导体应用于有机太阳能电池中。例如，Takahashi 等人采用卟啉类锌配合物作为电子给体，吡啶取代的卟啉作为电子受体制备双层异质结有机太阳能电池，获得了一定的光电转换效率[186]。目前为止，有机太阳能电池的光电转换效率最高为 11.5%。

10.6.2 配合物在染料太阳能电池中的应用

染料敏化太阳电池（dye-sensitized solar cell，DSSC）主要是模仿光合作用原理研制出来的一种新型太阳能电池。其原材料丰富、制备工艺简单、成本低廉，在大面积工业化生产中具有较大的优势。光敏技术的研究历史可以追溯到 19 世纪早期的照相术。1988 年，瑞士 Grätzel 小组采用基于金属钌配合物的染料敏化多晶二氧化钛薄膜，和 Br_2/Br^- 氧化还原电对制备了太阳能电池，表现出一定的光电流响应特性[187]。1991 年，Grätzel 与 O’Regan 采用比表面积很大的纳米 TiO_2 颗粒作为光阳极，钌配合物 N3 为敏化剂（图 10-56），I^-/I_3^- 为电解质制备 DSSC，电池的光电转换效率提升到 7.1%，取得了 DSSC 领域的重大突破[188]。

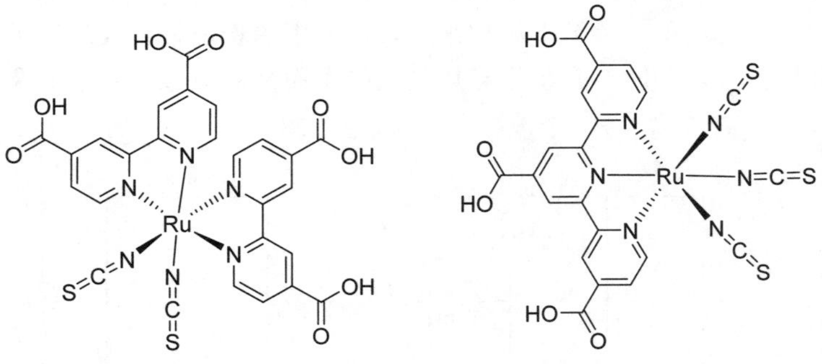

N3　　N749

图 10-56　钌配合物染料 N3 和 N749 的结构

DSSC 主要由纳米多孔半导体薄膜、染料敏化剂、氧化还原电解质、对电极和导电基底等几部分组成。纳米多孔半导体薄膜通常为金属氧化物（TiO_2、SnO_2、ZnO 等），聚集在有透明导电膜的玻璃板上作为 DSSC 的负极。对电极作为还原催化剂，通常在透明导电玻璃上镀上铂。染料吸附在纳米多孔二氧化钛膜上。正负极间填充的是含有氧化还原电对的电解质，最常用的是 I^-/I_3^-。DSSC 的工作原理如图 10-57

所示：①染料分子受太阳光照射后由基态跃迁至激发态；②处于激发态的染料分子将电子注入半导体的导带中；③电子扩散至导电基底后流入外电路中；④处于氧化态的染料被还原态的电解质还原再生；⑤氧化态的电解质在对电极接受电子后被还原，从而完成一个光电转换循环。

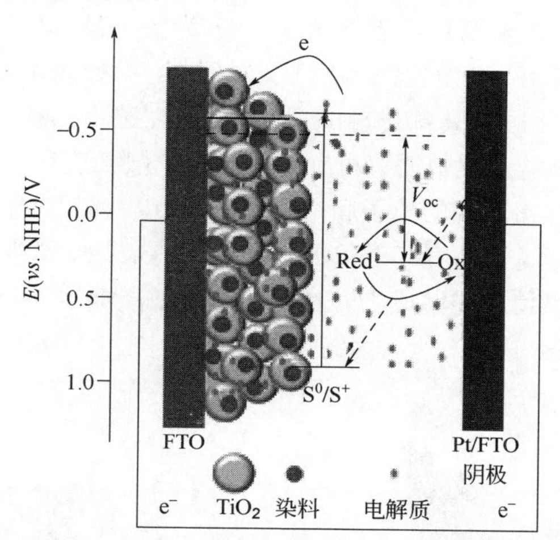

图 10-57 染料敏化太阳电池的器件结构及工作原理

染料分子作为 DSSC 中的光捕获剂，其分子结构及光电性质对 DSSC 的光电转换效率具有非常大的影响。例如，通过改变钌配合物的结构，开发了最大吸收波长达到 920 nm 的宽光谱吸收染料 N749 (图 10-56)[189]。基于配合物染料 N749 的 DSSC 光电转换效率已超过 11%。考虑到钌为贵金属，科学家们也开发了一系列过渡金属配合物（如 Fe、Zn 配合物等）作为敏化剂应用到 DSSC 中，并获得了较好的光电转换效率。

此外，由于 I^-/I_3^- 电解质具有很强的腐蚀性和光降解性，大大降低了器件的稳定性。因此，需要开发新型的氧化还原电对作为电解质应用于染料敏化太阳能电池中。最具代表性的氧化还原电对当属钴配合物 (图 10-58)[190,191]，采用 Co(Ⅱ)/Co(Ⅲ) 电解质不仅能改善电池的稳定性，而且还能提升器件的开路电压，这得益于 Co(Ⅱ)/Co(Ⅲ) 电对比 I^-/I_3^- 电对的氧化还原电位低。

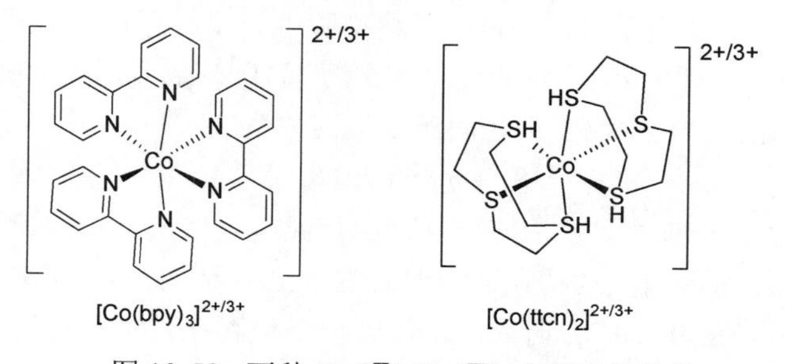

图 10-58 两种 Co(Ⅱ)/Co(Ⅲ) 电解质的结构

10.6.3 配合物在钙钛矿太阳能电池中的应用

近年来，基于 ABX_3 型金属卤化物的无机-有机杂化钙钛矿太阳能电池 (perovskite solar cells) 取得了突破性进展，在国内外引起广泛关注[192]，《科学》杂志把它评为 2013 年的十大科学突破之一[193]。在 ABX_3 化合物中，通常 A 为有机胺离子（例如 $CH_3NH_3^+$），B 为金属铅或者锡离子，X 为氯、溴、碘等卤素离子或者硫氰酸根离子。以 $CH_3NH_3PbI_3$ 为代表的钙钛矿材料是一种成本低廉、带隙狭窄 (约 1.55 eV)、易于成膜、并同时具备传输电子和空穴能力的双极性半导体。更引人注目的是，不同于有机太阳能电池中的有机半导体激子扩散长度只有数十纳米，钙钛矿材料 $CH_3NH_3PbI_3$ 具有非常可观的电子和空穴扩散长度，都超过了 100 nm，并且可以通过改变元素组成、提高结晶度等手段提升到几百纳米乃至微米级别。ABX_3 型有机金属卤化物的诸多优点使它能够成为一种高效的太阳能电池光吸收剂，可适用于不同结构的太阳能电池。图 10-59 所示为钙钛矿太阳能电池的基本结构和工作原理。

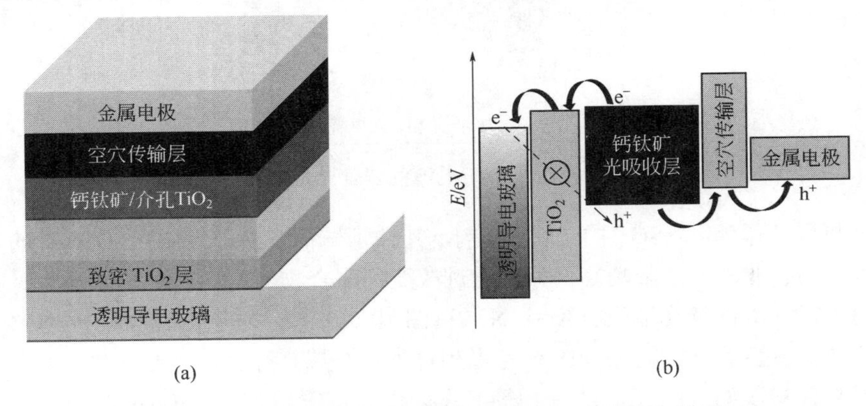

图 10-59 钙钛矿太阳能电池的基本结构 (a) 和工作原理 (b)

ABX_3 的结构和性质与其元素组成密切相关，可以通过化学修饰进行调控，设计并合成性质优良的光电功能材料。通常离子半径增大时，晶胞扩展，禁带宽度变窄，吸收红移，反之亦然。此外，钙钛矿 ABX_3 的晶体结构通常会随着温度的不同在正交、立方、四方、单斜和三斜构型等晶系之间相互转换。在理想的钙钛矿晶体结构中，典型的晶胞如图 10-60 所示。BX_6 八面体顶点相连构成了钙钛矿结构的基本三维骨架，A 离子填充于 12 配位的晶格空隙中。A 离子的半径通常比 B 离子大，A 离子位于立方体的 8 个顶点上，B 离子位于体心，X 离子则位于 6 个面心点上。在这种晶体结构中离子半径间满足下列关系：

$$R_A + R_B = t\sqrt{2}(R_A + R_X)$$

式中，t 为容限因子。理想结构只在 t 接近 1 或高温情况下出现，多数结构是它的不同畸变形式，这些畸变结构在高温时转变为立方结构，当 t 在 0.77~1.1 时，以钙钛矿型结构存在；$t < 0.77$ 时，以铁钛矿型结构存在；$t > 1.1$ 时以方解石或文石型结构存在。

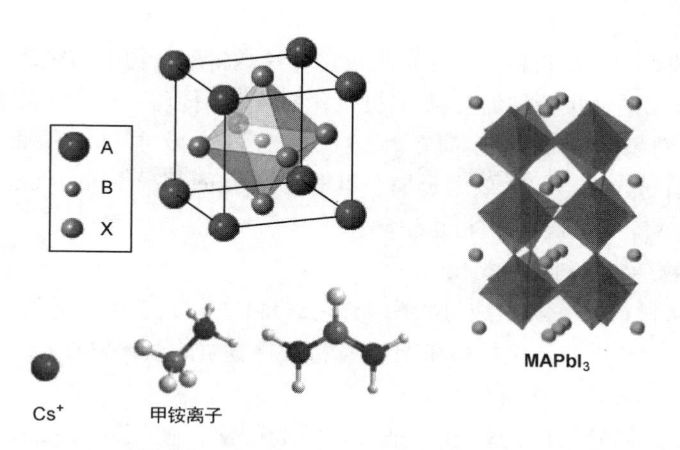

图 10-60 理想钙钛矿晶体结构的晶胞 [B = Cs^+, $CH_3NH_3^+$, $HC(NH_2)^+$]

通过改变 ABX_3 的元素组成可以调控其光电性质。将 $CH_3NH_3PbI_3$ 中甲铵离子 $CH_3NH_3^+$ (简称 MA) 用离子半径较小的 Cs^+ 取代后得到禁带宽度较大的 $CsPbI_3$，约为 1.7 eV。理论上，采用离子半径较大的阳离子会使得钙钛矿 ABX_3 晶格扩大，禁带宽度变窄，吸收光谱红移，有利于获得更高的光电流。然而，阳离子半径太大不利于 ABX_3 结晶在三维钙钛矿结构中，从而不具备钙钛矿材料的光电性能。例如，采用乙胺、丙胺、长链烷基或芳基胺的阳离子代替 $CH_3NH_3PbI_3$ 中的 MA 后，有机胺阳离子半径过大，导致 ABX_3 三维骨架坍塌，形成二维层状结构。因此，选择半径大小合适的有机胺阳离子对构建 ABX_3 三维钙钛矿结构至关重要。甲脒胺阳离子 [$HC(NH_2)^+$，简称 FA] 的离子半径 (1.9 Å) 小于乙铵阳离子 (2.3 Å) 但大于甲铵阳离子 (1.8 Å)，它与 PbI_2 反应能形成三维钙钛矿材料 α-$FAPbI_3$，其禁带带宽 (1.47 eV) 小于 $CH_3NH_3PbI_3$ 的禁带宽度 (1.51 eV)，更接近半导体最佳带宽 (1.1~1.4 eV)。将 $CH_3NH_3PbI_3$ 中的金属 Pb 被 Sn 取代，其吸收光谱可以从 800 nm 红移到 1050 nm。而其中的 I 被 Br 取代，吸收光谱可以从 800 nm 蓝移到 540 nm。此外，混合离子钙钛矿的制备同样引人注目[194]，Seok 等人采用 $MA_{0.05}FA_{0.95}PbI_{2.85}Br_{0.15}$ 制备的钙钛矿太阳能电池，其光电转换效率达 20.1%[195]。我们相信，配位化学理论对于开发新型 ABX_3 光电材料及钙钛矿类太阳能电池研究具有重要指导意义。

10.7 配合物杂化材料

杂化材料 (hybrid material) 是一种均匀的多相材料。通过两种或两种以上材料在组成、结构和功能等方面的复合或杂化，可以制备出各种性能优异的杂化材料。例如 SiO_2 凝胶玻璃、分子筛、层状化合物、胶体、液晶、胶束、聚离子、蛋白质和 DNA 等有组织的介质 (即基质) 被用于超分子组装使之成为杂化材料，可用于催化剂、光能的转换与储存、发光材料和传感器等[196~198]。

在众多种类的杂化材料中，配合物杂化材料是将配合物作为客体，通过主客体相互作用组装出的一类新型的有机-无机杂化材料。下面将从分类、制备和应用三个方面对配合物杂化材料进行简单概述。对有些文献中提出的将配位聚合物 (coordination polymer，CP) 或者金属有机框架物 (metal-organic framework，MOF) 也作为杂化材料，不属于本节讨论范畴。

10.7.1 配合物杂化材料的分类

根据杂化材料的基质组成可将配合物杂化材料分成三类：无机基质的杂化材料、有机聚合物基质的杂化材料和无机/有机杂化基质的杂化材料。

10.7.1.1 无机基质的杂化材料

(1) 以二氧化硅凝胶为基质 采用溶胶凝胶法，使正硅酸乙酯 (tetraethoxysilane, TEOS) 在水-乙醇溶液中控制水解、缩聚得到的二氧化硅凝胶，因含有大量 15~50 nm 的介孔及结构缺陷，并具有很好的化学与热稳定性，因此成为一种被广泛研究和应用的无机基质。尽管无机凝胶能够极大地改善配合物的性质，有效提高它们的光热稳定性，但无机凝胶是一种多孔材料，除了缺乏优良的机械加工性能外，还存在着诸如微孔会产生严重的光吸收和光散射现象等缺点，为此近年来人们采用有机改性凝胶玻璃较好地克服了以上缺点。如有人将 $Eu(tta)_3(phen)$ 以溶胶-凝胶法掺杂于有机改性的 SiO_2 凝胶中，制备出透明的发光杂化干凝胶，在紫外光激发下，发出很强的 Eu^{3+} 特征荧光[199]。

(2) 以层状结构的无机物为基质 近年来为了进一步改善杂化材料中有机配合物的稳定性与性能，在层状结构的无机盐，尤其是以天然或人工合成的层状硅酸盐(如蒙脱石、水滑石、磷酸氢锆等) 中嵌入有机配合物的研究越来越多。以蒙脱石为例，蒙脱石属于 2:1 型层状硅酸盐，由两层硅氧四面体和夹在其间的一层铝(镁)氧八面体构成单元片层，厚度约为 1 nm，层间距也约为 1 nm，层内表面具有负电荷，过剩电荷通过层间吸附的阳离子如 Na^+、K^+、Ca^{2+} 等来补偿，这些阳离子很容易与外界无机或有机阳离子进行交换，且其二维片层空间可由于外界分子的嵌入而膨胀(结构如图 10-61 所示)。由于层状硅酸盐的可膨胀二维结构、层间电场与阳离子的静电作用，以及有机分子间的氢键、π-π 堆积等次键作用力的协同效应，可以使功能分子插入层间，而插入层间的分子可以自组装成平行于无机纳米晶片层的单分子层、双分子层以及垂直于无机纳米晶片层的多分子层等稳定的纳米团簇，进一步通过超分子自组装成高度有序的有机-无机多层功能性纳米复合膜。

(3) 以微孔/介孔分子筛为基质 沸石是含有硅铝结晶的一种微孔材料，其化学式为 $M^{n+}_{x/n}[(AlO_2)_x(SiO_2)_y]\cdot mH_2O$。自然界中存在约 50 余种沸石矿物，而人工合成的沸石则有 150 余种。常用于杂化材料的沸石有 X 型和 Y 型，但沸石孔道较小(0.6~1.0 nm)，容纳配合物的能力较弱。近年来在溶胶-凝胶技术基础上通过模板法人工合成的介孔分子筛引人注目。这是一类孔径可调范围大、结构有序均一的人工

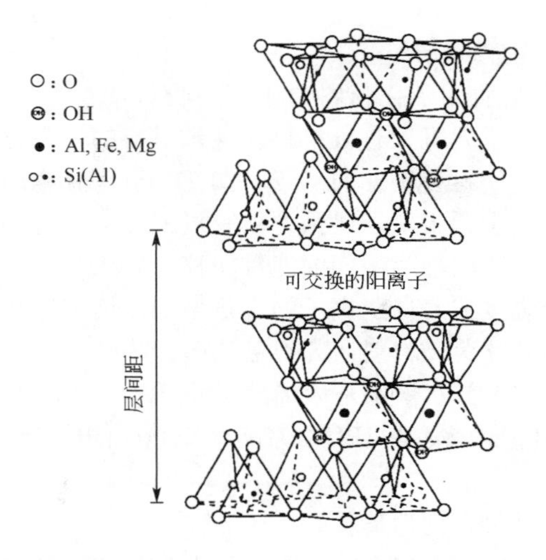

图 10-61 蒙脱石的结构示意图

合成无机材料。最具代表性的是美孚公司 (Mobil Corporation) 合成的 MCM-41 (mobil composition of matter No. 41，孔径 1.5~10 nm)[200]、MCM-48 和赵东元等人合成的 SBA-15 (Santa Barbara Amorphous No. 15, 8.9~30 nm)[201]。通过对特选微孔/介孔分子筛进行有机改性后，再引入有机功能配合物，得到兼有无机物和有机物特点的微孔/介孔分子筛基质杂化材料 (如图 10-62 所示)[198]，其中无机的介孔分子筛基质提供机械结构、热稳定性，而有机改性组分及功能配合物可大大增强其无机骨架的水解稳定性，并赋予其功能，从而大大扩展其应用范围。

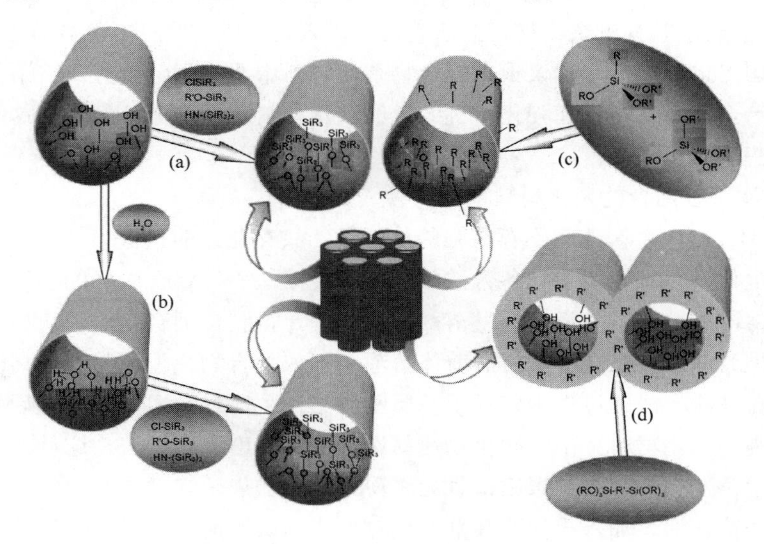

图 10-62 介孔分子筛的功能化[198]

(a) 后嫁接处理法 (post-synthesis grafting procedure)；(b) 涂覆法 (coating procedure)；
(c) 共浓缩法 (co-condensation procedure)；(d) 杂化管壁 (hybrid wall)

10.7.1.2　以有机聚合物为基质

以有机聚合物为基质的杂化材料由于具有良好的可加工性以及它们对有机配合物的保护作用，综合了无机、有机材料和纳米材料的优良特性，越来越受到人们的关注，并已成为近几年材料研究的热点。如在有机聚合物中掺杂稀土发光配合物制备杂化发光材料，由于稀土离子已预先被有机配体配位饱和，在杂化体系中稀土金属间距较大，不易发生同种离子间的能量转移，所以在一定掺杂范围内不出现浓度猝灭，表现为荧光强度随着稀土离子的含量增加而增强。如今在有机聚合物基质中掺杂稀土配合物的杂化荧光材料研究日益增多，掺杂基质材料几乎涉及所有热塑性和热固性树脂。较常见的有聚甲基丙烯酸甲酯 (PMMA)、聚乙烯醇 (PVA)、聚乙烯 (PE)、聚苯乙烯 (PS)、聚氨酯 (PU)、聚酯 (PET)、聚碳酸酯 (PC)、聚酰亚胺 (PI) 和环氧树脂等。

10.7.1.3　以 SiO_2/有机聚合物为基质

用传统溶胶-凝胶法制得的凝胶，在干燥过程中由于弱的机械强度，很容易出现龟裂，而且有机配合物在无机 SiO_2 中的掺杂量也比较低。为了克服这些缺点，人们将聚合物引入无机基质，得到力学性能和其它功能较好的无机 SiO_2/有机聚合物基杂化材料。

此类杂化基质具有以下几方面的优势：兼具有机聚合物韧性和无机网络高硬度；基质组成易调节；有机聚合物的引入可以增加配合物在基质中的“溶解度”——掺杂量大，分散均匀；杂化基质的微孔结构具有可控性，可以使掺杂材料在基质中达到纳米级、甚至分子级分散的水平。

10.7.2　配合物杂化材料的制备

目前随着无机-有机杂化材料的研究日益深入，其制备方法多种多样，品种日益繁多。法国 Sanchez 等人建议根据配合物杂化材料中两相间结合方式将杂化材料分为次价键结合的杂化材料和强化学键结合的杂化材料[202]。下面分别介绍这两类材料常见的一些制备方法。

10.7.2.1　次价键结合的杂化材料

在这类材料中主客体间不存在强的化学键，只存在弱的次键力，如氢键、范德华力和静电作用等。其主要制备方法如下：①浸渍法——将合成好的基质材料浸泡于配合物溶液中，通过洗涤或挥发溶剂等后处理，得到含配合物的杂化材料；②掺杂（或包埋）法——在合成基质的前体溶液中加入配合物或配体与金属离子，使配合物分子在基质形成的过程中包埋于基质网络结构中，最后通过加热等后处理形成分散程度高的杂化材料。由于配合物在基质中的溶解度一般较差，这种方法合成的杂化材料中常发生配合物的聚集，且无法得到配合物掺杂浓度高的杂化材料。目前的研究工作往往通过加入相容改性剂，或对形成基质的前体进行修饰改性，来改善配合物分子在溶胶-凝胶体系中难以分散均匀、配合物掺入浓度不大，以及因分子间缔合导致功能下降等缺点。下面举几个该类杂化材料制备的例子。

2006年，K. Lunstroot 等将稀土配合物的离子液体用溶胶-凝胶技术固定于干凝胶 (xerogel) 中，得到含稀土配合物的离子胶 (ionogel)。由于离子胶具有较好的单色性、热稳定性、透明度和导电性，且可容纳多达 80% (体积分数) 的离子液体，此类杂化材料有望在电致发光器件等方面得到应用 (如图 10-63 所示)[203]。

蒋维等人通过离子交换反应将 Eu(Ⅲ) 配合物插层组装到蒙脱石层板间[204]；E. Benavente 等人将 Eu(Ⅲ) 的 2,2′-联吡啶配合物通过离子交换反应插层组装到斑脱土层板间 (如图 10-64 所示) 组装出能发出 Eu(Ⅲ) 特征荧光的杂化材料[205]。杂化材料中配合物的发光性能、光稳定性和热稳定性较配合物有明显提高，有望用作新型发光材料。

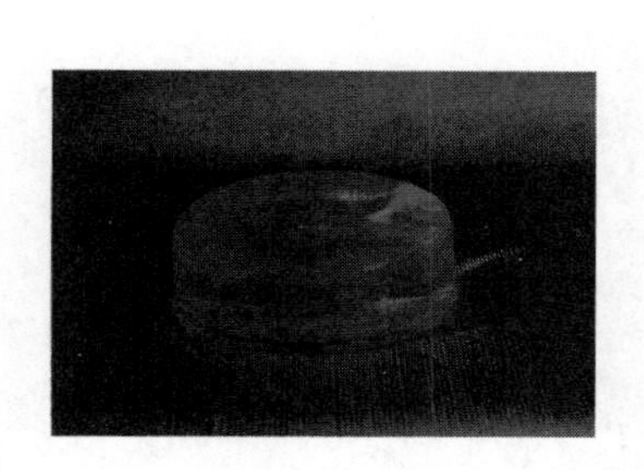

图 10-63 含离子液体配合物的离子胶在紫外灯照射下的红色强荧光发射[203]

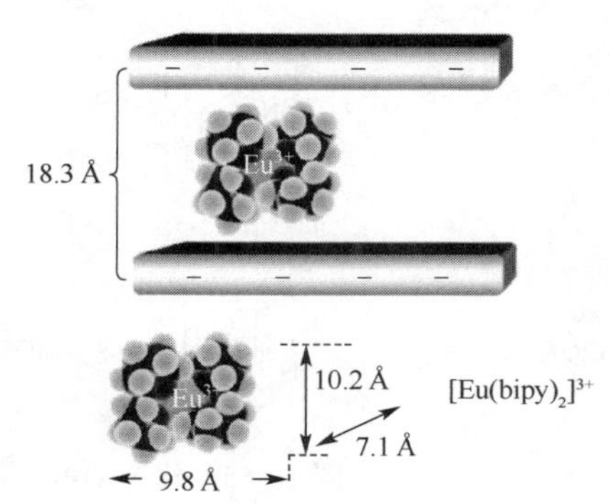

图 10-64 稀土配合物插层组装到斑脱土层板间结构示意图[205]

通过上述方法制备的杂化材料，由于配合物与基质之间以次键力结合，仍存在以下缺陷：①由于配合物是吸附或包裹在基质中，受基质孔隙率和吸附表面特性的影响，配合物的吸附量或掺杂量通常较低；②由于配合物与基质间以弱相互作用结合，两相间存在明显的界面，无机基质的高稳定性在此类杂化材料中没有得以充分体现，杂化材料的光、热稳定性还有待于进一步提高；③配合物在此类杂化材料中分散性较差，容易在材料的局部产生聚集体。

10.7.2.2 强化学键结合的杂化材料

为了克服次价键结合的杂化材料的不足，人们将配合物组分以化学键的形式与基质连接。这类杂化材料是通过共价键或配位键将两相连接在一起的，两组分的杂化更接近分子水平。下面简单介绍两种制备方法。

(1) 原位合成法 通常对基质前驱体进行有机修饰，在合成基质的过程中引入可与金属离子配位的官能团。这些官能团可来自于第二配体，也可直接来自于改性的配体。因此配合物分子与基质之间可能存在多个连接点。但由于情况复杂，一般无法完全确定杂化材料中配合物的形式。

近年来用原位合成法在凝胶基质中以共价键引入稀土配合物的研究受到广泛关注。一般是先对有机硅烷做进一步改性，将配体结合到硅烷上形成带配位基团的有机硅烷，然后在合适条件下将其与稀土盐混合，在配合物形成的过程中同时形成溶胶网络结构（配合物分子也可认为是溶胶网络的结构单元）。A. C. Franville等人合成了一系列 2,6-二羧基吡啶 (2,6-pyridinedicarboxylic acid，DPA) 衍生物 (图 10-65)[206,207]，并用于含 Eu^{3+} 凝胶杂化材料的制备。将配体与稀土离子以 3:1 溶于乙醇，水解后最终得到含稀土的杂化材料。

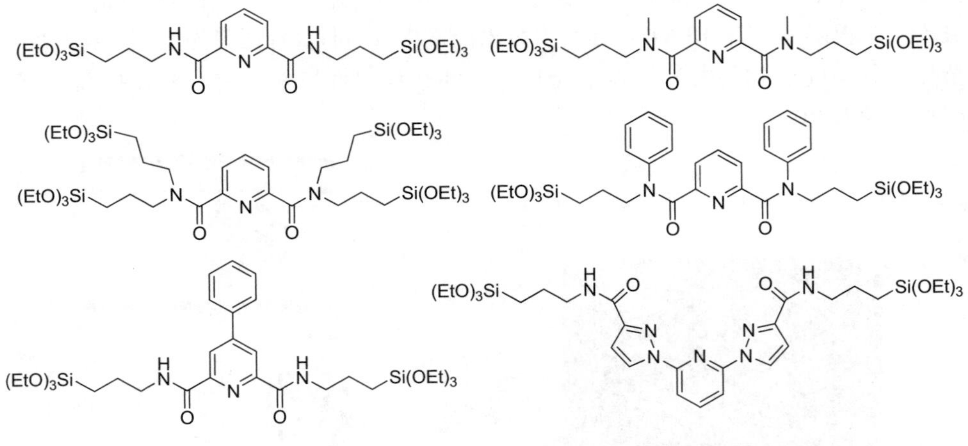

图 10-65 修饰 DPA 得到的一系列有机改性硅烷[206,207]

(2) 后嫁接处理法 在基质材料表面接枝修饰可与金属离子配位的官能团，使配合物以配位键结合于基质。这种方法得到的杂化材料可认为配合物分子与基质之间存在一个连接点。唐瑜等人对天然黏土材料凹凸棒石 (attapulgite clay，atta) 提纯后进行有机改性，以后嫁接处理法合成出首例将稀土配合物共价接枝到黏土表面的杂化材料，并研究了配合物在黏土表面的存在形式，确认存在 $Eu(tta)_3(cpa)$ 形式的三元配合物 (图 10-66)[208]。

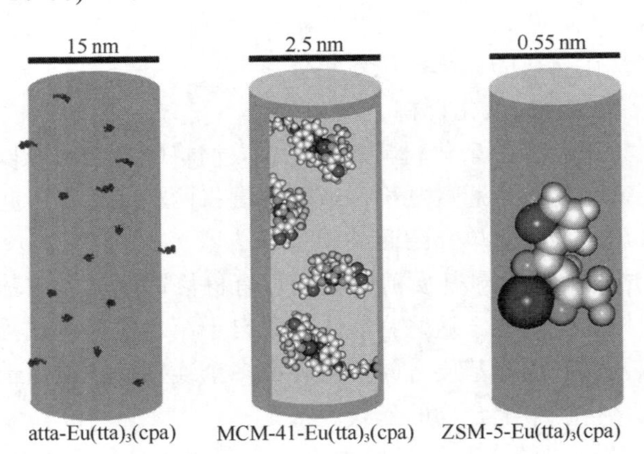

图 10-66 atta-$Eu(tta)_3(cpa)$、MCM-41-$Eu(tta)_3(cpa)$ 和 ZSM-5-$Eu(tta)_3(cpa)$ 的微结构示意图[208]

对于两相间以共价键连接的第二类杂化材料尚需做进一步开发，目前的研究多集中在通过选择不同的有机配体和不同的有机硅酸盐制得多种前驱体，从而以共价键将配合物嫁接到无机基质骨架上，制备性能结构不同的杂化材料。

目前配合物杂化材料的研究和开发还处于起步阶段，有待于进一步研究的理论和实际问题还很多。例如杂化材料的形成机理，配合物与基质的键合方式、界面的稳定性，材料的结构与性能，各种功能的开发以及原料种类、含量、杂化条件、配体组成等对材料性能的影响等，都是很重要的研究课题。

10.7.3　配合物杂化材料的应用

配合物杂化材料兼有有机材料与无机材料的特性，并能通过材料功能的复合，实现性能的互补与优化。该材料并不是无机相与有机相的简单加合，而是由无机相和有机相在纳米范围内结合形成，两相界面间存在着较强或较弱化学键，有机相与无机相间的界面面积很大，界面相互作用强，从而使常见的尖锐清晰的界面变得相对模糊，微区尺寸通常为纳米级，有时还可以达到分子级复合的水平。它们的复合将得到集无机、有机、纳米粒子的诸多特异性质于一身的新材料，特别是无机与有机的界面特性使其具有更广阔的应用前景。有机材料优异的光学性质、高弹性和韧性以及易加工性，可改善无机材料的脆性，实现其特殊性能的微观控制，在光、电、磁、催化等方面的特性得到更好的运用，甚至可能产生奇异特性的新型材料。

2005 年，C. Sanchez 等人详细探讨了杂化材料的机械性质与其微结构及有机-无机相界面之间作用的形式和程度间的关系，并指出对此构效关系的认识还有待于进一步深入的研究[209]。

2009 年，D. Bahadur 等人成功的制备出 $[Fe(CN)_6]^{3-}$ 插层 Ni^{II}/Fe^{III} 水滑石的杂化材料，并以该材料为前体在较高的焙烧温度下合成出单分散的尖晶石铁氧体纳米晶 (如图 10-67 所示)[210]。该水滑石杂化材料在热分解的过程中形成了铁磁/反铁磁交换耦合的氧化物。铁磁性尖晶石 $NiFe_2O_4$ 相与反铁磁 NiO 相的相互作用在结构和磁性方面表现出诱人的应用前景。

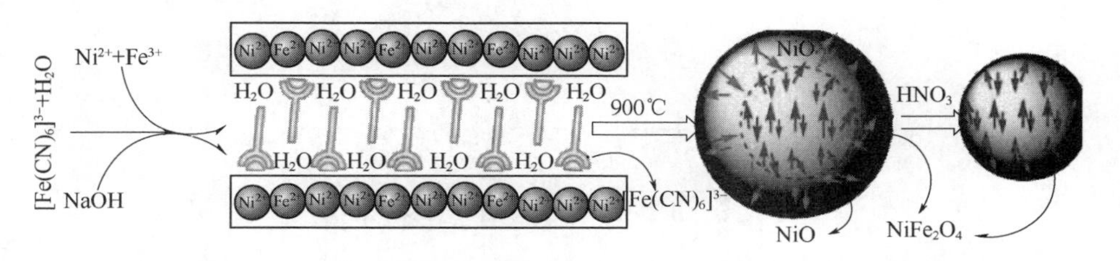

图 10-67　水滑石及其形成杂化氧化物和尖晶石铁氧体示意图[210]

MCM-41 具有孔径大小均匀、排列整齐、可方便裁剪、比表面积大和孔表面含有大量的羟基等特点，是均相催化剂的理想载体。有人把手性 Pd(dppf) 催化剂通过化学键连接到 MCM-41 分子筛的孔表面，并应用于烟酸乙酯的不对称氢化反应研究。与均相小分子催化剂得到消旋的氢化产物相比，负载催化剂得到了 17% ee 的氢化产物。这种正的“载体效应”可能是手性配体与载体孔壁立体因素共同作用的结果 (如图 10-68 所示)[211]。

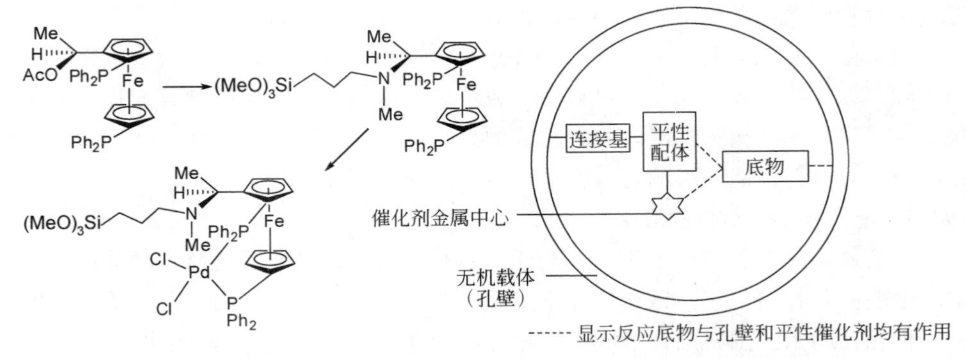

图 10-68 Pd(dppf) 催化剂杂化材料“载体效应”示意图[211]

近年来配合物杂化材料的研究逐渐成为新的研究热点，通过配合物与各种基质的复合杂化，可提高配合物的稳定性、改善其机械加工性能、利用配合物与基质之间的相互作用及纳米效应调制其功能，以获得具有实用价值和特殊性能的新型配合物功能材料。随着人们对配合物杂化材料组成、制备、结构与性能的深入研究及新的功能杂化材料的开发应用，它作为一种性能优异的新型材料，必将发挥更大的作用。

10.8 配合物分子器件

在分子尺寸上通过组装成具有特殊功能的器件可称为分子器件 (molecular device)。分子机器 (或分子发动机) 是将能量转变为可控运动的一类分子器件[212,213]。分子发动机在自然界中很常见，图 10-69 所示的 ATP 合成酶就是一个分子马达化

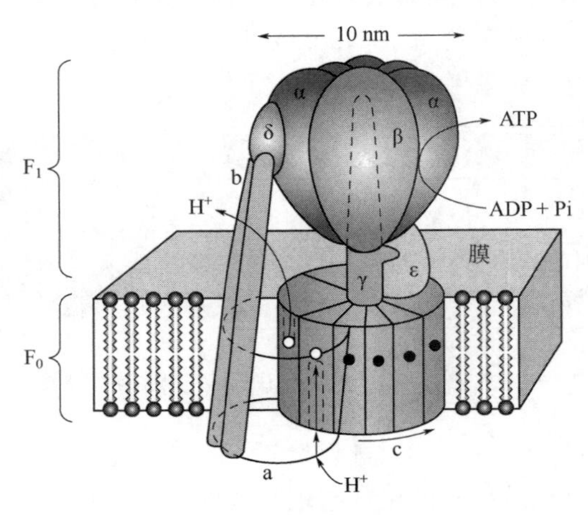

图 10-69 ATP 合成酶结构与工作原理

F_1 部位由 ATP 的水解能驱动，F_0 部位由质子流驱动

合物，是世界上最小的发动机，它催化无机磷酸酯与 ADP 反应合成 ATP，其活性中心部位蛋白受 pH 梯度驱动的旋转运动已有研究直接观察到。

利用非共价键组装原理设计构造分子器件与机器已经成为当代科学的前沿领域。采用超分子组装技术来开发超分子器件，是超分子材料研究的一个重要方向。通过自组织、自组装以及自复制构筑纳米结构在自然界相当普遍，生物体系中已有大量分子水平的开关执行着多种生理功能，例如新陈代谢物质通过细胞膜的迁移、神经信号的传递，以及蛋白质组分 (如细胞色素中的血红素、氨基酸) 通过氧化还原发生折叠等。分子机器的一个重要条件是它的组成部分有相对大的运动。这种运动往往对应着化学反应的发生，由于机器是在重复循环下运行的，因此必须要求发生在体系中的化学变化或反应都是可逆的。这一类化学反应通常包括顺-反异构、酸碱反应、氧化还原过程、配合-解配以及氢键的产生与破坏等。大多数的化学反应是通过混合反应物产生的热量来提供活化能而发生的。但对于分子机器来说，以热能驱动显然是不容易操作的，使分子机器运转的能源最好是光和电。因此，选择合适的光化学或电化学驱动的反应就成了设计分子机器的一个关键步骤。化学分子的运动通常是绕着单键的转动，通过化学、光、电信号可以控制这类运动的方向设计的分子器件与机器，近十年来国际上开始了这方面的研究，已有不少新的研究成果 (图 10-70)[214~217]。1959 年 12 月 29 日，诺贝尔物理奖获得者 Richard P. Feynman (1918—1988) 在加州理工学院的物理年会上所作题为“There’s Plenty of Room at the Bottom”演讲中所预言的分子机器已经成为现实。由于在设计和合成分子机器方面的突出贡献，三位化学家法国的 Jean-Pierre Sauvage，美国的 Sir J. Stoddart 以及荷兰的 Bem L. Feringa 分享了 2016 年的诺贝尔化学奖。

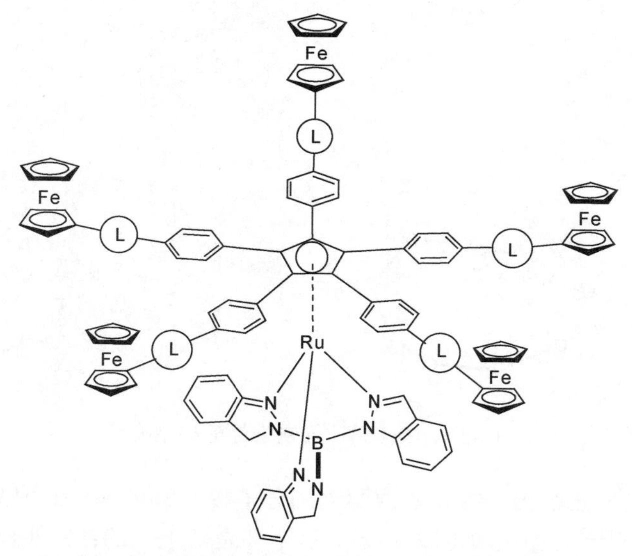

图 10-70 基于五苯基环戊二烯三(吲哚基)硼酸盐钌配合物的潜在分子马达

金属配位化合物作为分子机器是特别引人注目的。过渡金属离子的配位作用和金属离子价态对配位数和构型的影响以及配合物特殊的光、电、磁性质引起了人们的重视。它们不仅结构特殊，而且将具有电子转移、能量转移和光、电、磁、机械运动等多种新颖的性质，对于发展分子器件和仿生研究提供了新的手段和方法[218]。分子器件将可能取代现今的以无机材料为主的微电子器件，它的优点是尺寸极小、材料来源丰富、容易制备、成本低。它必须具备以下几个条件：①应含有光、电或者离子活性功能基；②必须有特定需要组装成器件，大量的组件有序排列能形成信息处理的超分子体系；③输出信号必须为易检测。依据分子器件的功能和用途可以分为分子开关、分子插座、分子转子、分子刹车、分子电梯和分子导线等[219]。

10.8.1 分子机器

(1) 第一代分子机器：氧化还原驱动的金属超分子配合物体系 法国的 Louis Pasteur 大学的 Sauvage[212a]等利用过渡金属离子铜（Ⅰ）或铜（Ⅱ）生成索烃后，两者对配位空间的要求十分不同，这一特点提供了分子内部各组分相对运动的推动力。如图 10-71 中，由两个不对称大环组成索烃。在初始状态时，Cu(Ⅰ) 和两个环的菲咯啉基团构成配位数为 4 的四面体构型，如果用电化学将 Cu(Ⅰ) 氧化为 Cu(Ⅱ)，可通过环的旋转形成配位数为 5 的四方锥，为 Cu(Ⅱ) 最稳定的构型，故转化反应是定量的，环的旋转易被可见光谱跟踪。

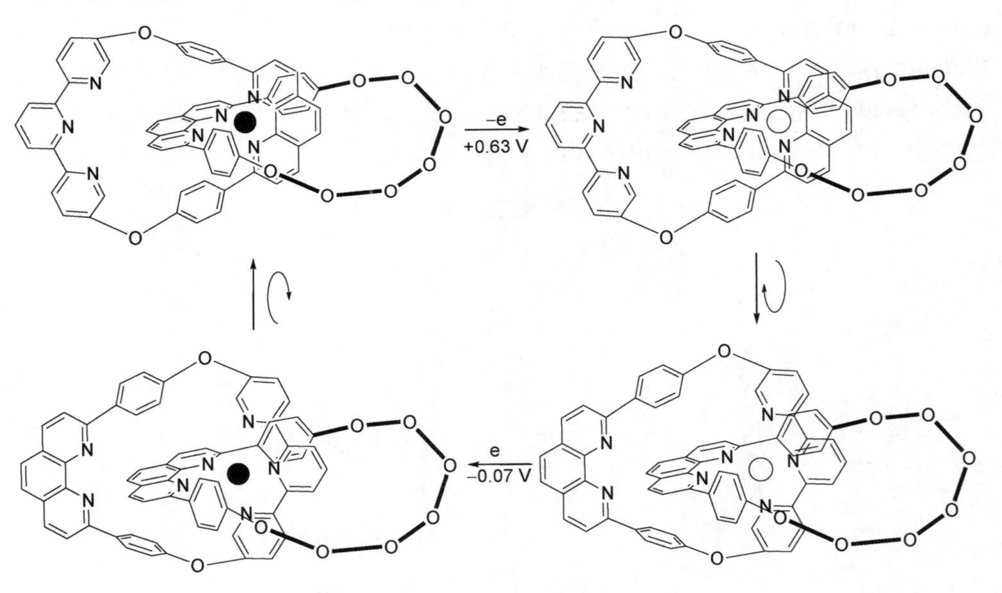

图 10-71 电化学诱导铜索烃的构型变化

(2) 第二代分子机器：氧化还原驱动的分子梭 Stoddart 在 1991 年制造了一个开放的有机环[220]，如图 10-72 所示，这个环是缺电子的；另外合成了一个长链柱状分子，且是富电子的。前者作为电子接受体，后者作为电子给予体，在溶液中两个分子在这种给-受体作用下，相互结合自组装成“类轮烷”超分子。当作为“轴”的长链分子的两端被封闭后，环状分子就能限制在长链分子轴作穿梭运动，即所谓的“分子梭”，也叫“轮烷”。

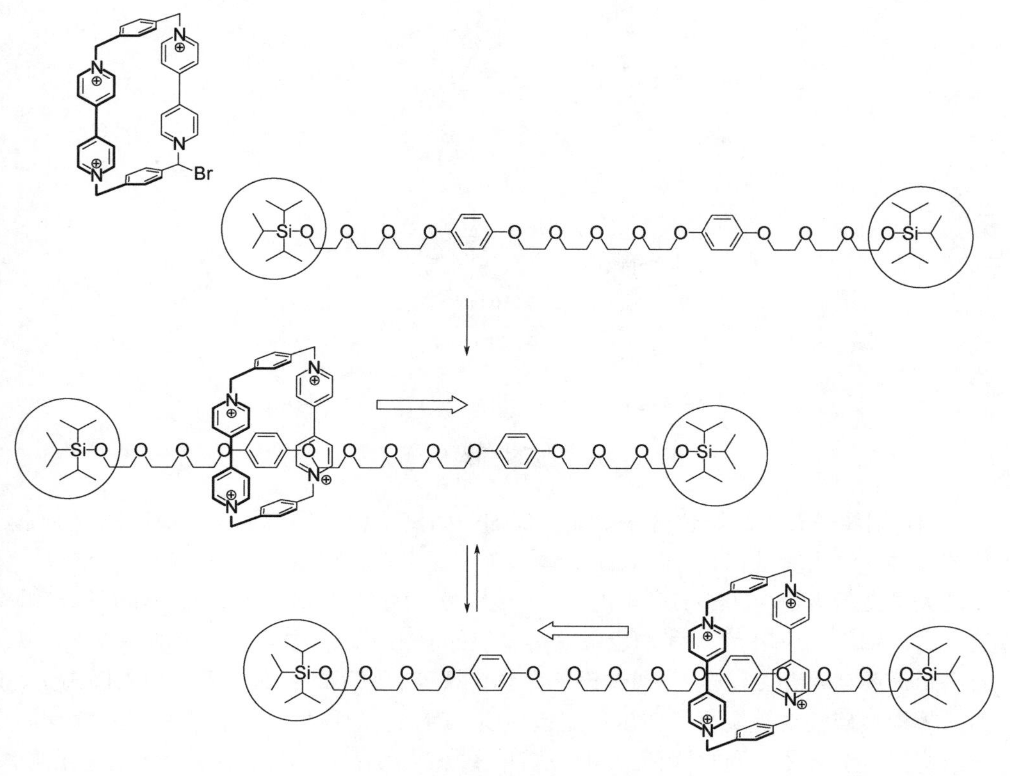

图 10-72 氧化还原驱动的分子梭

Stoddart 和 Sauvage 两个研究组在 20 世纪 90 年代以来，就已经能够证明这种机械互锁的分子可以通过外部输入能量来控制迁移和转动运动。Stoddart 研究组利用电化学氧化还原或 pH 变化来提供能量输入，来控制两个不同 π 电子给-受体的运动状态，从而设计制造出“分子梭”(molecular shuttle)、“分子电梯”(molecular elevator) 等分子机器。Sauvage 团队也发展出能够控制拉伸和收缩移动的“分子肌肉”(molecular muscle)。

(3) 第三代分子机器：光驱动的单向分子马达 直到 1999 年，第一例可以控制的单向转动，具有预期的旋转马达器件特征的分子机器才由荷兰化学家 Bernard (Ben) L. Feringa 报道[221]，如图 10-73 所示。

该分子马达不是基于单键，而是利用可异构化的双键。利用一个所谓过度拥挤的烯烃，构造出分子的不对称性来为单向转动提供可能。经过“光照⇌热弛豫⇌光照⇌热弛豫”的四步循环，完成一次单向转动。

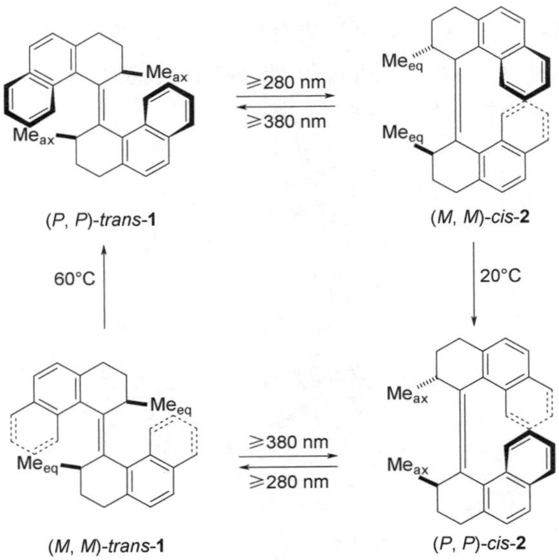

图 10-73　光驱动的单向分子马达

(4) 阴离子开关的配位分子机器　C−H…阴离子相互作用是一类最近发现的非传统氢键，这类氢键在超分子自组装体系中广泛存在，现在已经越来越受到重视。以前大量文献报道中，X−H…阴离子 (X = N，O 等) 在阴离子中心的功能有机自组装技术得到广泛应用[222]，我们也在这类传统的阴离子超分子化学 (识别与传感) 中做出了一系列重要工作[223]。通过设计含氮、氧等杂原子的生命物质与卤素阴离子、四面体构型硫酸根等阴离子作用稳定蛋白质 (DNA) 的模板自组装成有序的含有多级结构的自组装体，同时这种 X−H…阴离子 (X = N，O 等) 作用能够稳定蛋白质等大分子的二级结构。相对于其他类型的 X−H…阴离子 (X = N，O 等)，C−H…阴离子的相关研究还不多见，在生命体系中存在大量的含碳功能基团，运用这种设计思想，我们有可能在人工合成和组装条件下，探索和发展出与 X−H…阴离子（X = N，O 等）作用机制类似的大分子（如蛋白质、DNA 等）自组装体系。同时，由于 C−H…阴离子的键合能力和能量的差异，可以作为一些敏感有机和无机阴离子的识别剂和传感器，通过 C−H…阴离子的键合诱导作用，可以形成利用多途径调控构型翻转的多功能分子机器用于有机小分子的催化合成以及传感、传输等潜在用途。

最近，于澍燕成功将 C−H…阴离子作用引入超分子化学体系自组装出构型翻转的金属-有机超分子机器，该类人工分子机器在 C−H…阴离子的诱导驱动下高度有效地实现构型运动和翻转。有意思的是，于澍燕等[224]利用阴离子 NO_3^- 和 BPh_4^- 与配位“分子碗”通过多重氢键作用使具有构型异构的配合物产生结构翻转，该研究通过设计阴离子 BPh_4^- 对配合物分子产生部分翻转，然后阴离子 NO_3^- 通过多重 C−H…阴离子氢键作用使金属-有机超分子大环从半碗结构转化到碗状结构 (图 10-74)。在该分子机器中金属-有机超分子和阴离子通过多重氢键作用驱动进行分子转动。该系列分子机器对无机和有机阴离子 (NO_3^-、PO_4^-、卟啉磺酸离子) 有较好的识别功能，可能用于阴离子识别、传感、传输与催化等领域。

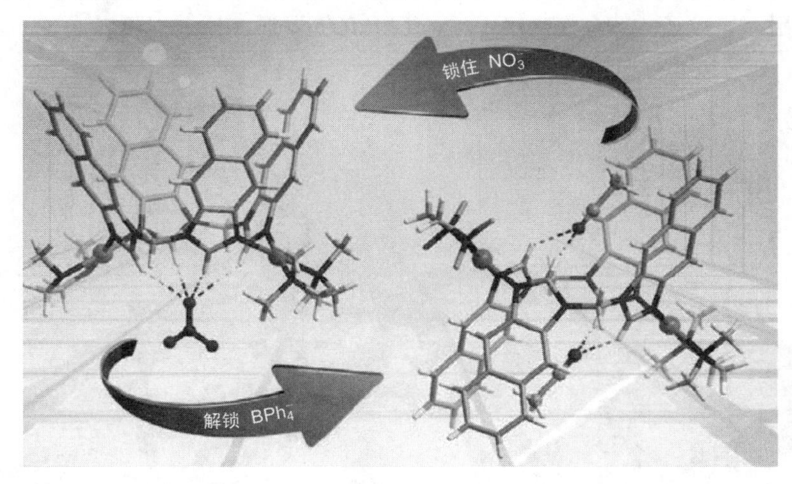

图 10-74 阴离子氢键驱动的分子开关的工作示意图

10.8.2 分子开关

所谓分子开关就是具有双稳态的量子化体系。当外界光电热磁酸碱度等条件发生变化时，分子的形状、化学键的断裂或者生成、振动以及旋转等性质会随之变化。通过这些几何和化学的变化，能实现信息的传输的开关功能。分子开关的触发条件有能量和电子转移、质子转移、构相变化、酸碱反应、氧化还原反应、光致变色和超分子自组装等。人工合成的分子开关主要有金属超分子配合物体系及纯有机轮烷、索烃体系等。

(1) 光驱动的金属超分子配合物体系 如图 10-75 所示，由诺贝尔奖获得者、超分子化学之父莱恩 (Lehn) 设计的联吡啶构成的穴醚与 Eu(Ⅲ) 形成的穴合物有光转换功能，能增强 Eu(Ⅲ) 对紫外光的吸收，并转换成荧光进行发射。Eu(Ⅲ) 和 Tb(Ⅲ) 的穴合物的能量转换功能为在水溶液中发展具有长发射和长寿命的分子器件开辟了道路。

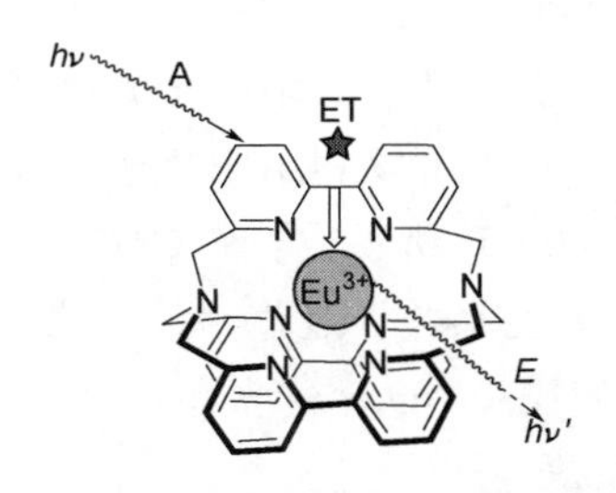

图 10-75 Eu(III) 的穴合物分子开关

(2) 金属-金属成键组装新型光转换分子开关 金属-金属成键作用已经被广泛用于构筑超分子功能组装体。2014 年，于澍燕研究组和任詠华研究组合作报道了第一例概念新颖的光转换开关和荧光传感器，如图 10-76 所示。他们还设计合成了一系列杯芳烃基二硫代酰胺配体，与 Au(Ⅰ) 组装成笼状手性胶囊[225]。

该笼状分子对 Ag^+ 具有高选择性和光响应性能。空的胶囊呈螺旋手性结构，荧光发射在 560 nm。随着 Ag^+ 的滴加，明显的红移发生了，荧光发射从 560 nm 红移到 660 nm，且荧光强度增加了 35 倍，归属于从 $Au^I\cdots Au^I$ 成键作用向 $Au^I\cdots Au^I\cdots Ag^I$ 成键作用，导致了 $Au^I\cdots Au^I\cdots Ag^I$ 的 ^{3}LMMCT 发射。该过程可以通过加入 I^- 从笼中移走 Ag^+ 又能可逆地循环回来。

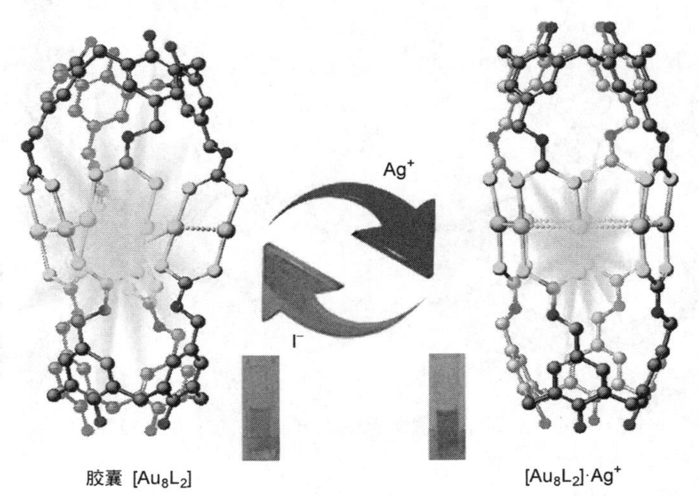

图 10-76 $[Au_8L_2]$ 手性杯芳烃基超分子胶囊的 Au-Ag 杂金属成键引导的光开关行为

(3) 有机配体光致异构化的配位分子开关 有机配体的构型异构主要是一些含有 C=C、N=N 等双键的有机化合物，通过光照或温变条件下进行异构体之间的互变，从而实现对金属有机配合物分子开关的操控。同时金属离子与配体的配位作用可以使有机功能配体在配位前后产生两种特性，有可能使有机配体产生“开”和“关”的两种状态。其中冠醚类化合物具有双亲性能，将它与发光团连接成的化合物就是一类阳离子光分子开关。近年来以冠醚为功能团的阳离子配位化合物分子开关可以利用阳离子的配位作用，也可以利用氧化还原或质子化来实现。如图 10-77 所示，含有 C=C 双键的共轭芳香化合物通过光的作用实现结构的互变，完成“开-关”过程，化合物 **2** 与 **3** 是通过配位作用和光致异构作用实现分子开关的操控。

10.8.3 分子插座

依赖于铵离子和冠醚之间氢键形成的配合物是实现化学驱动分子开关的优良载体。Stoddart 等报道的基于冠醚对铵的配位作用的轮烷体系 (图 10-78) 代表了向着这一目标努力的新进展。在质子化状态下,其中的冠醚组分通过静电作用或氢键固定在铵的周围，去质子化促使冠醚完全固定地环绕在联二吡啶盐片段上，使得溶液从无色转变为黄色，形成了新的电荷转移配合物这一过程完全可逆，可通过连续的质子化和去质子化重复[225~228]。

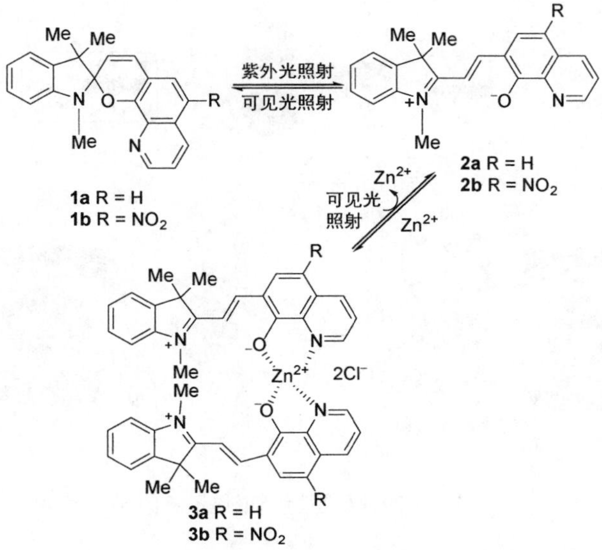

图 10-77　有机光致异构体和配位作用驱动的分子开关

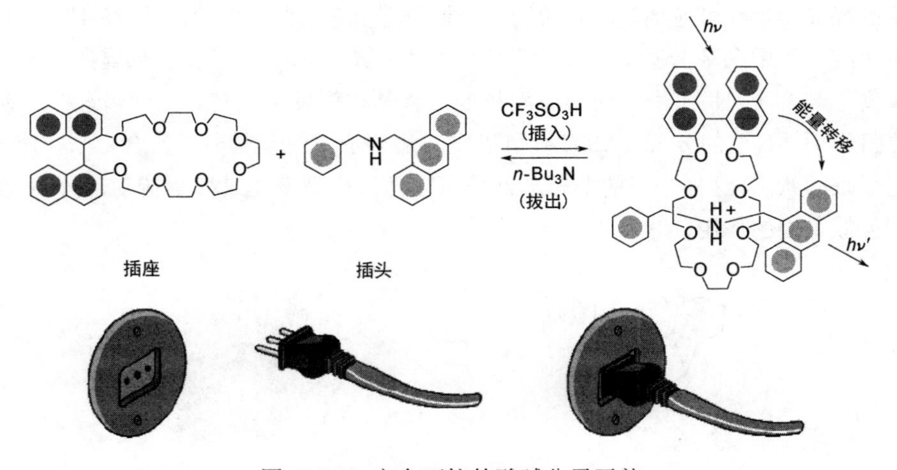

图 10-78　完全可控的酸碱分子开关

10.8.4　分子转子

分子转子可以定义为一个分子体系中的一个分子或一个分子的部分面对分子的另一部分或面对一个宏观实体 (如一个表面或固体) 进行旋转。事实上，仅依靠分子热运动来克服旋转能垒，得到但方向的旋转是不可能的，因为这违反热力学第二定律。如图 10-79 所示，Hawthorne 等人[229a]利用碳硼烷与金属离子镍 (Ⅲ) 形成的三明治型的中心对称的金属有机分子转子，通过电子传输作用使金属离子镍 (Ⅲ) 转变为镍 (Ⅳ) 从而驱动该分子转子绕以金属中心为对称轴进行转动。王乐勇等人[229b]利用三苯基膦衍生物与羰基铑配位形成了分子转子。

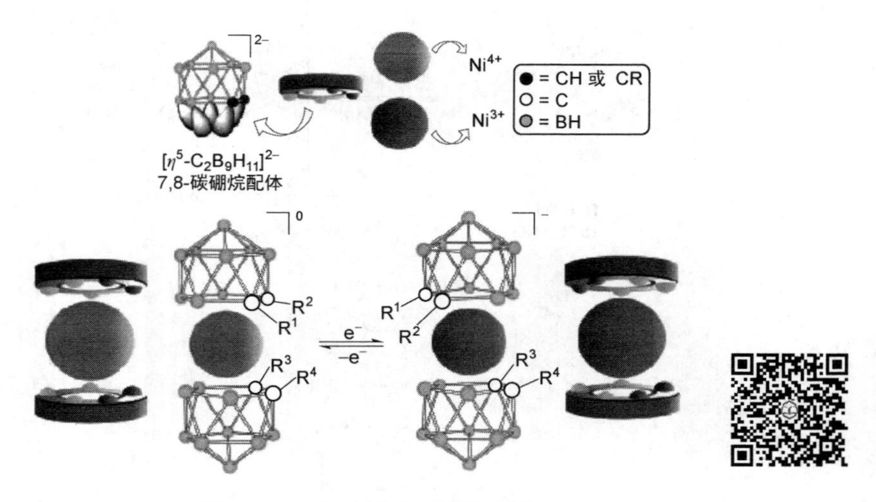

图 10-79 分子转子工作示意图

10.8.5 分子刹车

T. R. Kelly 等人[230]用金属离子配位在分子的可动位置引起的构型变化，使分子齿轮围绕 C−C 键可逆地旋转，成为第一例分子刹车 (图 10-80)。在图 10-80 所示的左边的分子中杂环芳基对“叶轮”旋转基本不造成阻碍，当加入金属离子 M 时，金属离子与两个 N 原子之间形成配位键，芳基构型发生扭转，与“叶轮”苯环产生位阻作用 (右边的分子)。EDTA 可以将右边分子中的金属离子螯合出来，使分子恢复原来的状态，这样分子的非转动部分可以通过构型变化来控制转动部分的运动，起到类似车闸的作用。

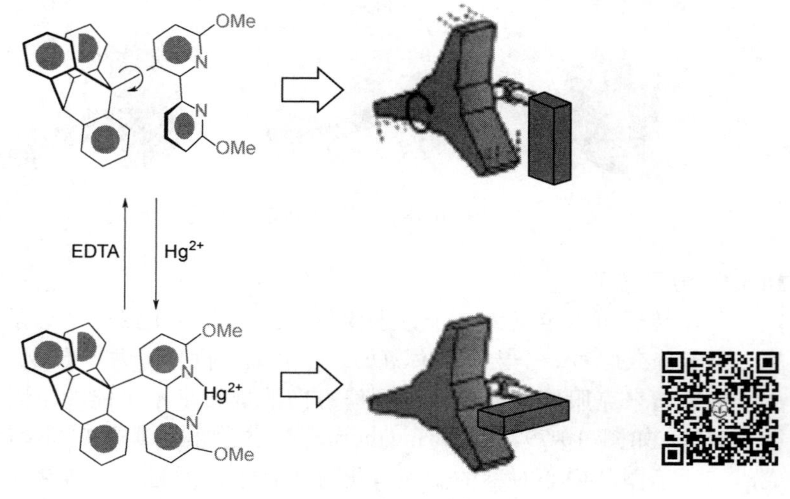

图 10-80 金属离子配位驱动的分子刹车

10.8.6 分子电梯

J. F. Stoddart 等[231]设计出一个纳米级的分子电梯（如图 10-81 所示），大小为 2.5 nm× 3.5 nm，高度为 2.5 nm，直径为 3.5 nm，平台是一个三叉的设备。具体构造：一个三叉的车，每个腿有两个不同高度的凹口，而且每一个脚被一个平台锁住；平台由环线组分组成 (三个大环)，三个大环连在一起形成一个中央的平台。三叉车的三条腿带有一个体积较大的脚，可以预防脱离平台。电梯升高或降低需要的能量由酸碱反应来提供。电梯大约能升降 0.7 nm。

在图 10-81 中 (a) 图是可控的、双稳态的轮烷，包含在哑铃状组分间的两个不同识别点或驻停点，环组分中的一个要吸引得更强一些，分子的两个不同的状态能通过外部的刺激导通，如 pH 的改变等。(b) 图在轮烷 $[\mathbf{1}H]^{3+}$ 中，哑铃状组分包含一个 $-NH^{2+}-$ 中心和一个 $BIPY^{2+}$ 单元作为驻停点，在酸中对于冠醚环更好地驻停点是 $-NH^{2+}-$ 中心，因为能形成强的氢键，一旦加入碱，$-NH^{2+}-$ 中心会去质子化并且冠醚环部分向 $BIPY^{2+}$ 单元移动，这样给体与受体相互作用起到稳定化作用。(c)图在三冠醚 **2** 和三铵离子 $[\mathbf{3}H_3]^{3+}$ 之间的平衡在乙腈和二氯甲烷溶剂中更倾向于形成右边的化合物。

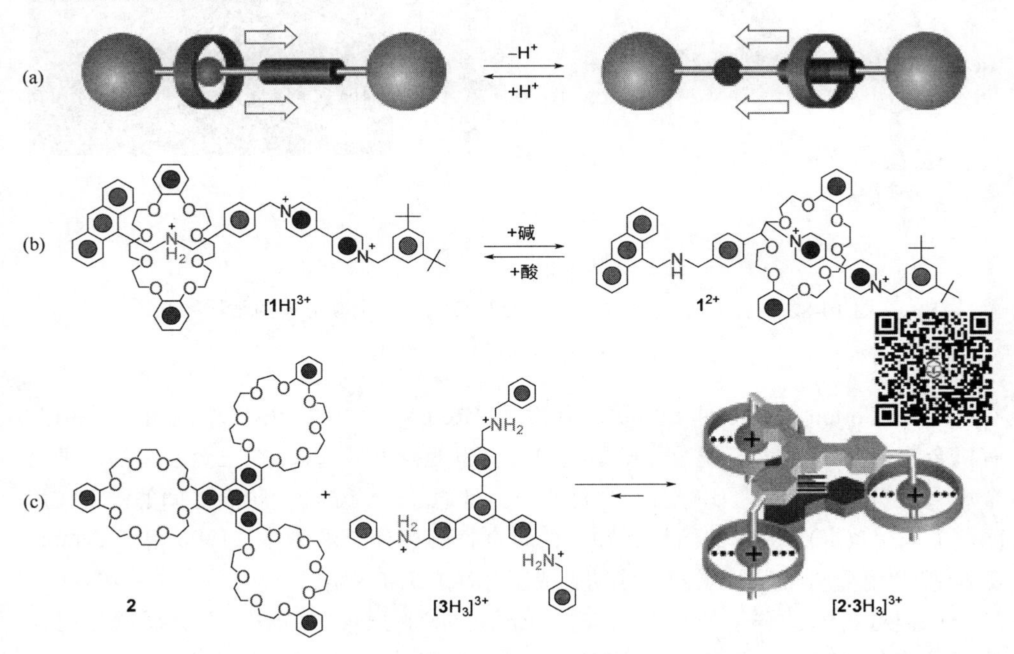

图 10-81 分子电梯的工作示意图

10.8.7 分子导线

分子导线是指电荷载体 (电子、空穴、孤立子、极化子、双极化子和光子) 能够沿着分子链传输的准一维分子。在众多扮演着电子功能的分子器件中，分子导线允许电子有一个器件流向另一个器件，起到连接整个分子电子系统的作用，是分子器件与外界相连接的桥梁。有效的分子导线是实现分子机器的关键单元，因此它的研究备受关注。通过一系列重要的实验，人们认识到单分子也可以传输电流。

20 世纪 70 年代，美国 Alan J. Heeger、Alan G. MacDiarmid 和日本白川英树发现，聚乙炔掺杂后电导率 103 $S\cdot cm^{-1}$，该导电高分子有机化合物与金属掺杂后具有与金属接近的电导率。聚乙炔类导电高分子聚合物的研究已经成为有机高分子导线材料的研究热点[232]。1842 年，Knop 偶然合成出第一个全金属骨架一维分子导体材料 $K_2[Pt(CN)_4]X_{0.3}\cdot nH_2O$，直到 1968 年，Krogmann 测定了该化合物的晶体结构，这类材料现在被称为 Krogmann 盐 (图 10-82)。到 1972 年，Zeller 发现了 Krogmann 盐的导电性能，从此引起了材料科学界、化学界、物理学界的研究人员对全金属骨架的分子材料的持久研究兴趣[232~235]。

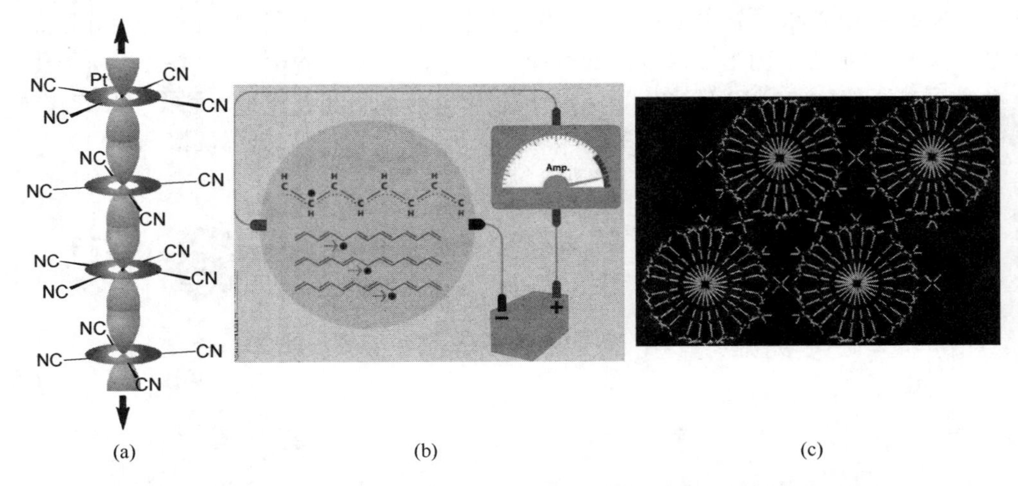

图 10-82 (a) Krogmann 盐、(b) 有机聚乙炔导电高分子的结构图和 (c) Dunbar 合成的分子导线

F. A. Cotton 在 20 世纪 60 年代发现 $[Re_2Cl_8]^{2-}$ 中的金属-金属多重键，由此有机金属一维含金属-金属键分子导线的研究也变得丰富起来。在已经发现的一维全金属骨架分子材料中，比较引人注目的一类是通过一价金和一价金之间的键合作用 [Au(Ⅰ)⋯Au(Ⅰ)] 形成的结构新颖、性质奇特的超分子聚集体。1996 年，Dunbar 等人[236]利用金属-金属成键技术成功合成了 $[Rh_6(CH_3CN)_{24}]^{9+}$ 分子导线 (图 10-82)，该一维混合价态的分子导线是由双核 Rh 单元通过分子间的金属-金属键作用连接而成的金属链状分子导线。如 1998 年，R. Eisenberg 课题组[237]报道了一个含有 Au(Ⅰ)⋯Au(Ⅰ) 键合作用的一维线状超分子聚合物，由其制备的膜材料可作为易挥发性有机气体传感器。Crossley 等人[238]首次合成出由稠状卟啉低聚物组成的准一维、全共轭的分子导线，并在主链的周围有叔丁基作为保护套，以保证共轭核心与周围绝缘，并在大多数的溶剂中有较好的溶解度。2005 年，R. Tong 等人[239]利用吡啶胺双钌化合物组装出具有电子传输功能的分子导线，该分子导线的超导性

质较好。2005 年 Mitsumi 等人[240]利用邻苯二酚与 $[Rh_4(CO)_{12}]$ 组装出 M-π 型导电配合物 [图 10-83(a)]，在室温时，该一维 M-M 链状全金属骨架导电分子的电导率为 17~34 $S \cdot cm^{-1}$。有意思的是，该中性一维 MMF 配合物通过改变内在条件 (光照、加热和压强等) 从而诱导金属和配体之间的电荷转移，改变导电分子的导电能力。混合价态一维链状导电配合物 (metal to metal framework，MMF) 有着很好的导电性能，在光、电、磁等方面有着潜在的应用价值[241]。2006 年，Yamashita 等人[242]利用乙二胺作螯合配体、卤素离子作桥联配体，以 M⋯X⋯M (M = Pd 和 Pt) 模式配位的一维混合价态 MXM 型导电配合物，电子转移是在四价铂和二价铂之间进行 [图 10-83(b)]。

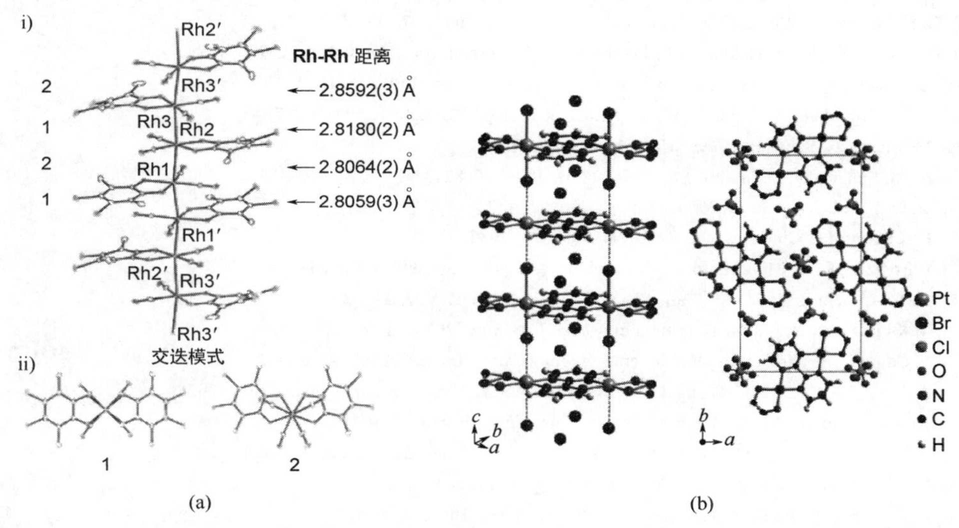

图 10-83　R.Tong 等人合成的分子导线 (a) 和 Yamashita 等人合成的 M-X-M 型分子导线 (b)

(a) 图中 i) 为分子的线型结构，ii) 为配合物的两种交迭模式

2006 年，支志明等人[241]合成了 $[Pt(CNtBu)_2(CN)_2]$ 一维 MMF 纳米线，该化合物具有较强的发光性能，在 550 nm 左右发绿色荧光，如图 10-84 所示。

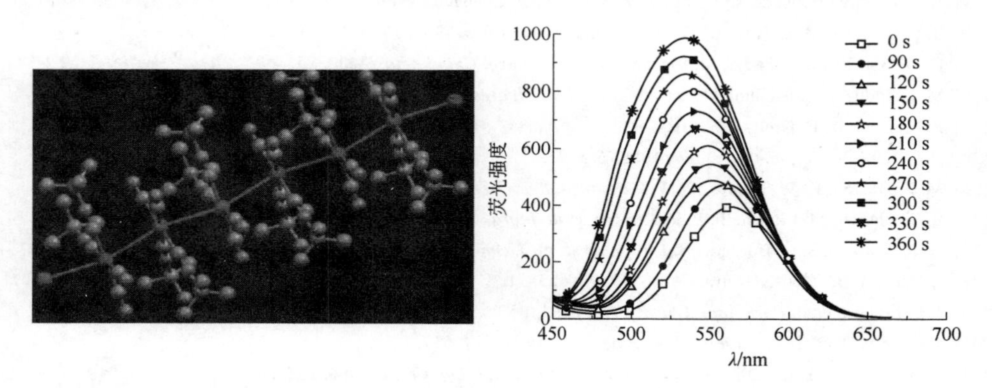

图 10-84　支志明等人合成的 $[Pt(CNtBu)_2(CN)_2]$ 一维 MMF 纳米线和荧光光谱

参考文献

[1] 陈金鑫，黄孝文，田民波. OLED 有机电致发光材料与器件. 北京：清华大学出版社，**2007**.

[2] C. W. Tang, S. A. VanSlyke. *Appl. Phys. Lett.*, **1987,** *51*, 913.

[3] P. E. Burrows, L. S. Sapochak, D. M. McCarty, et al. *Appl. Phys. Lett.*, **1994,** *64*, 2718.

[4] J. Kido, K. Hongawa, K. Okuyama, K. Nagai. *Appl. Phys. Lett.*, **1993,** *63*, 2627.

[5] S. Tokito, K. Noda, H. Tanaka, et al. *Synth. Mett.* **2000,** *111*, 393.

[6] (a) Y. Hamada, T. Sano, M. Fujita, et al. *Jpn. J. Appl. Phys., Part 2*, **1993,** *32*, L514. (b) L. S. Sapochak, F. E. Benincasa, R. S. Schofield, et al. *Jpn. J. Am. Chem. Soc.*, **2002,** *124*, 6119.

[7] L. Huang, K. Z. Wang, C. H. Huang, et al. *J. Mater. Chem.*, **2001**, *11*, 790.

[8] G. L. Law, K. L. Wong, H. L. Tam, et al. *Inorg. Chem.*, **2009**, *48*, 10492.

[9] D. F. O'Brien, M. A. Baldo, M. E. Thompson, S. R. Forrest. *Appl. Phys. Lett.*, **1999**, *74*, 442.

[10] C. Adachi, M. A. Baldo, S. R. Forrest, et al. *Appl. Phys. Lett.* **2001**, *78*, 1622.

[11] J. P. J. Markham, S. C. Lo, S. W. Magennis, et al. *Appl. Phys. Lett.*, **2002**, *80*, 2645.

[12] M. Llusar, C. Sanchez. *Chem. Mater.*, **2008**, *20*, 782.

[13] N. M. Sangeetha, U. Maitra. *Chem. Soc. Rev.*, **2005**, *10*, 821.

[14] G. O. Lioyd, J. W. Steed. *Nature Chem.*, **2009**, *1*, 437.

[15] G. Cravotto, P. Cintas. *Chem. Soc. Rev.*, **2009**, *38*, 2684.

[16] I. Eryazici, C. N. Moorefield, G. R. Newkome. *Chem. Rev.*, **2008**, *108*, 1834.

[17] K. M.-C. Wong, V. W.-W. Yam. *Coord. Chem. Rev.*, **2007**, *251*, 2477.

[18] M. Shirakawa, N. Fujita, T. Tani, et al. *Chem. Commun.*, **2005**, 4149.

[19] F. Camerel, R. Ziessel, B. Donnio, et al. *Angew. Chem., Int. Ed.*, **2007**, *46*, 2659.

[20] A. Y.-Y. Tam, K. M.-C. Wong, G.-X. Wang, V. W.-W. Yam. *Chem. Commun.*, **2007**, 2028.

[21] A. Y.-Y. Tam, K. M.-C. Wong, V. W.-W. Yam. *Chem. Eur. J.*, **2008**, *15*, 4775.

[22] A. Y.-Y. Tam, K. M.-C. Wong, V. W.-W. Yam. *J. Am. Chem. Soc.*, **2009**, *131*, 6253.

[23] S.-T. Lam, G. Wang, V. W.-W. Yam. *Organometallics*, **2008**, *27*, 4545.

[24] P. Kadjane, M. Starck, F. Camerel, et al. *Inorg. Chem.*, **2009**, *48*, 4601.

[25] A. Kishimura, T. Yamashita, T. Aida. *J. Am. Chem. Soc.*, **2005**, *127*, 179.

[26] Haugland, R. P. *The Handbook. A Guide to Fluorescent Probes and Labeling Technologies*, 10th Ed.; Molecular Probes: Eugene, Oregon, **2005**, 935.

[27] T. J. Rink, R. Y.Tsien, T. Pozzan, *J. Cell Biol.*, **1982**, *95*, 189.

[28] J. E. Whitaker, R. P. Haugland, F. G. Prendergast. *Anal. Biochem.*, **1991**, *194*, 330.

[29] A. P. de Silva, S. A. de Silva. *J . Chem. Soc., Chem. Commun.*, **1986**, 1709.

[30] E. U. Akkaya, M. E. Huston , A. W. Czarnik. *J. Am. Chem. Soc.*, **1990**, *112*, 3590.

[31] G. De Santis, L. Fabbrizzi, M. Licchelli, C. et al. *Inorg. Chim. Acta.*, **2000**, *257*, 69.

[32] M. Doludda, F. Kastenholz, E. Lewitzki, et al. *J. Fluoresc.*, **1996**, *6*, 159.

[33] F. Kastenholz, E. Grell, J. W. Bats, et al . *J . Fluoresc.*, **1994** , *4*, 243.

[34] H.G. Lohr, F. Vogtle. *Chem. Ber.* **1985**, *118*, 915.

[35] M. E. Huston, K. W. Haider, A. W. Czarnik. *J. Am. Chem. Soc.*, **1988**, *110*, 4460.

[36] L . Fabbrizzi, M. Liucchelli, P. Pallavicini, et al. *Inorg. Chem.*, **1996**, *35(6)*, 1733.

[37] G. K. Walkup, S. C. Burdette, S. J. Lippard, et al. *J. Am. Chem. Soc.*, **2000**, *122* (*23*), 5644.

[38] J.Bourson, B.Valeur. *J. Phys. Chem.*, **1989**, *93*, 3871.

[39] J. F. Le′tard, et al. *Pure Appl. Chem.* **1993**, *65,* 1705.

[40] J. F. Le′tard, et al. *Rec. Trav. Chim. Pays-Bas.*, ***1995***, *114*, 517.

[41] S. A.Jonker, S. I.Van Dijk, K. Goubitz, et al. *Mol. Cryst. Liq. Cryst.*, **1990**, *183,* 273.

[42] R. Crossley, Z. Goolamali, P.G. Sammes, *J. Chem. Soc., Perkin Trans. 2*, **1994**, *7*, 1615.

[43] J. B. Wang, X. H. Qian, J. N. Cui, *J. Org. Chem.*, **2006**, *71*, 4308.

[44] B. Valeur, I. Leray. *Inorg. Chim, Acta*, **2007**, *360*, 765.
[45] H. *Bouas-Laurent,* A. Castellan, M. Daney, et al. *J. Am. Chem. Soc.* **1986**, *108*, 315.
[46] S. Aoki, E. Kinura, et al. *J. Am. Chem. Soc.,* **2004**, *126,* 13377.
[47] P. D. Beer, S. W. Dent, T. J. Wear.*J. Chem. Soc., Dalton Trans.*, **1996**, 2341.
[48] P. D.Beer, A. R.Graydon, L. R.Sutton, *Polyhedron,* **1996**, *15*, 2457.
[49] M. Shionoya, H. Furuta, V. Lynch, et al. *J. Am. Chem. Soc.*, **1992**, *114*, 5715.
[50] J. L. Sessler, J. M. Davis, V. Král, et al *Org. Biomol. Chem.*, **2003**,*1*,4113.
[51] M. E. Huston, et al., *J. Am. Chem. Soc.*, **1989**, *111*, 8735.
[52] D. H. Vance and A. W. Czarnik. *J. Am. Chem. Soc.*, **1994**, *116*, 9397.
[53] M. Aleskovic, N.Basaric, I. Halasz. et al. *Tetrahedron*, **2013**, *69*, 1725.
[54] P. D. Beer. *Chem. Commun.*, **1996**，689.
[55] M. E. Padilla-Tosta, J. M. Lloris, R. Martínez-Máñez, et al. *Eur. J. Inorg. Chem.*, **2001**, *5*, 1221.
[56] J. Ferraris, D. O. Cowan, V. Walatka, J. H. Perlstein, *J. Am. Chem. Soc.*, **1973**, *95*, 948.
[57] K. Bechgaard, C. S. Jacobsen, H. J. Pedersen, N. Thorup, *Solid State Commun.*, **1980**, *33*, 1119.
[58] M. Bousseau, L. Valade, J. P. Legros, et al. *J. Am. Chem. Soc.*, **1986**, *108*, 1908.
[59] 游效曾，孟庆金，韩万书. 配位化学进展. 北京：高等教育出版社, **2000**, 289.
[60] K. Krogmann, H. D. Hausen, *Z. Anorg. Allg. Chem.*, **1968**, *358*, 67.
[61] R. E. Peierls. Quantum Theory of Solids. Oxford: Clarendon, **1975**, 108.
[62] M. Y. Ogawa, J. Martinsen, S. M. Palmer, et al. *J. Am. Chem. Soc.*, **1987**, *109*, 1115.
[63] J. W. Ying, I. P. C. Liu, B. Xi, et al. *Angew. Chem.*, *Int. Ed.*, **2010**, *49*, 954.
[64] J. M. Williams, A. J. Schultz, U. Geiser, et al. *Science*, **1991**, *252*, 1501.
[65] J. S. Miller, Extended Linear Chain Compounds. Plenum: New York, **1982**, Vols. 1-3.
[66] P. Cassoux, L. Valade, H. Kobayashi, et al. *Coord. Chem. Rev.*, **1991**, *110*, 115.
[67] C. T. Vance, R. D. Bereman, J. Border, et al. *Inorg. Chem.*, **1985**, *24*, 2905.
[68] M. Tanaka, Y. Okano, H. Kobayashi, et al. *Science*, **2001**, *291*, 285.
[69] H. R. Wen, C. H. Li, Y. Song, et al. *Inorg. Chem.*, **2007**, 46, 6837.
[70] A. E. Pullen, S. Zeltner, R. M. Olk, et al. *Inorg. Chem.*, **1996**, *35*, 4420.
[71] A. Kobayashi, H. Kim, Y. Sasaki, et al. *Chem. Lett.*, **1987**, 1819.
[72] H. W. Kroto, J. R. Heath, S. C. O'Brien, et al. *Nature*, **1985**, *318*, 162.
[73] A. F. Hebard, M. J. Rosseinsky, R. C. Haddon, et al. *Nature*, **1991**, *350*, 600.
[74] R. L. Carlin. Magnetochemistry. Berlin, Heidelberg, New York, Tokyo: Springer-Verlag, **1986**.
[75] 理查德 L. 卡林著. 磁化学. 万纯娣，臧焰，胡永珠，万春华译；王国雄校. 南京：南京大学出版社, **1990**.
[76] O. Kahn. Molecular Magnetism. New York, Weinheim, Cambridge: VCH Publishers Inc, **1993**.
[77] 章慧等. 配位化学——原理与应用. 北京：化学工业出版社, **2008**.
[78] 游效曾. 分子材料——光电功能化合物. 上海：上海科学技术出版社, **2001**.
[79] 姜寿亭，李卫. 凝聚态磁性物理. 北京：科学出版社, **2003**.
[80] G. A. Bain, J. F. Berry. *J. Chem. Ed.*, **2008**, *85*, 532.
[81] S. Mitra, A. K. Gregson, W. E. Hatfield, R. R. Weller. *Inorg. Chem.*, **1983**, *22*, 1729.
[82] J. S. Miller. *Chem. Soc. Rev.*, **2011**, *40*, 3266.
[83] S. M. Holmes, G. S. Girolami. *J. Am. Chem. Soc.*, **1999**, *121*, 5593.
[84] Ø. Hatlevik, W. E. Buschmann, J. Zhang, et al. *Adv. Mater.*, **1999**, *11*, 914.
[85] E. Ruiz, A. Rodríguez-Fortea, S. Alvarez, M. Verdaguer. *Chem. Eur. J.*, **2005**, *11*, 2135.
[86] J. M. Manriquez, G. T. Yee, R. S. Mclean, et al. *Science*, **1991**, *252*, 1415.
[87] J.-W. Yoo, C.-Y. Chen, H. W. Jang, et al. *Nat. Mater.*, **2010**, *9*, 638.
[88] R. Jain, K. Kabir, J. B. Gilroy, et al. *Nature*, **2007**, *445*, 291.
[89] T. Lis. *Acta Crystallogr. Sect. B: Struct. Sci.*, **1980**, *36*, 2042.
[90] R. Sessoli, D. Gatteschi, A. Caneschi, M. A. Novak. *Nature*, **1993**, *365*, 141.

[91] R. Sessoli, H. L. Tsai, A. R. Schake, et al. *J. Am. Chem. Soc.*, **1993**, *115*, 1804.
[92] E. M. Chudnovsky. *Science*, **1996**, *274*, 938.
[93] L. Thomas, F. Lionti, R. Ballou, et al. *Nature*, **1996**, *383*, 145.
[94] J. Ahn, T. C. Weinacht, P. H. Bucksbaum. *Science*, **2000**, *287*, 463.
[95] M. N. Leuenberger, D. Loss. *Nature*, **2001**, *410*, 789.
[96] W. Wernsdorfer, N. Aliaga-Alcalde, D. N. Hendrickson, G. Christou. *Nature*, **2002**, *416*, 406.
[97] S. Hill, R. S. Edwards, N. Aliaga-Alcalde, G. Christou. *Science*, **2003**, *302*, 1015.
[98] M. Mannini, F. Pineider, C. Danieli, et al. *Nature*, **2010**, *468*, 417.
[99] R. Bagai, G. Christou. *Chem. Soc. Rev.*, **2009**, *38*, 1011.
[100] E. J. L. McInnes. Spectroscopy of single-molecule magnets. In Single-Molecule Magnets and Related Phenomena, Winpenny, R., Ed. **2006**, Vol. 122, pp 69.
[101] G. Aromi, E. K. Brechin. Synthesis of 3d metallic single-molecule magnets. In Single-Molecule Magnets and Related Phenomena, Winpenny, R., Ed. **2006**, Vol. 122, pp 1.
[102] J. N. Rebilly, T. Mallah. Synthesis of single-molecule magnets using metallocyanates. In Single-Molecule Magnets and Related Phenomena, Winpenny, R., Ed. **2006**, Vol. 122, pp 103.
[103] J. M. Zadrozny, D. J. Xiao, M. Atanasov, et al. *Nat. Chem.*, **2013**, *5*, 577.
[104] N. Ishikawa, M. Sugita, T. Ishikawa, et al. *J. Am. Chem. Soc.*, **2003**, *125*, 8694.
[105] C. R. Ganivet, B. Ballesteros, G. de la Torre, et al. *Chem. Eur. J.*, **2013**, *19*, 1457.
[106] S.-D. Jiang, B.-W. Wang, H.-L. Sun, et al. *J. Am. Chem. Soc.*, **2011**, *133*, 4730.
[107] J. D. Rinehart, M. Fang, W. J. Evans, J. R. Long. *J. Am. Chem. Soc.*, **2011**, *133*, 14236.
[108] S. Osa, T. Kido, N. Matsumoto, et al. *J. Am. Chem. Soc.*, **2004**, *126*, 420.
[109] J.-L. Liu, J.-Y. Wu, Y.-C. Chen, et al. *Angew. Chem. Int. Ed.*, **2014**, *53*, 12966.
[110] J.-L. Liu, J.-Y. Wu, G.-Z. Huang, et al. *Sci. Rep.*, **2015**, *5*, 16621.
[111] A. Caneschi, D. Gatteschi, N. Lalioti, et al. *Angew. Chem. Int. Ed.*, **2001**, *40*, 1760.
[112] H. L. Sun, Z. M. Wang, S. Gao. *Coord. Chem. Rev.*, **2010**, *254*, 1081.
[113] C. Coulon, H. Miyasaka, R. Clerac. Single-chain magnets: Theoretical approach and experimental systems. In Single-Molecule Magnets and Related Phenomena, Winpenny, R., Ed. **2006**, Vol. 122, pp 163.
[114] P. Gütlich, H. A. Goodwin. Spin crossover in Transition Metal Compounds I-III. New York: Springer, **2004**, Vol. 233-235.
[115] W. A. Baker, H. M. Bobonich. *Inorg. Chem.*, **1964**, *3*, 1184.
[116] S. Decurtins, P. Gütlich, C. P. Köhler, et al. *Chem. Phys. Lett.*, **1984**, *105*, 1.
[117] S. Decurtins, P. Gutlich, K. M. Hasselbach, et al. *Inorg. Chem.*, **1985**, *24*, 2174.
[118] P. Gütlich, Y. Garcia, T. Woike. *Coord. Chem. Rev.*, **2001**, *219*, 839.
[119] O. Sato. *J. Photochem. Photobiol., C*, **2004**, *5*, 203.
[120] Y. Einaga. *J. Photochem. Photobiol., C*, **2006**, *7*, 69.
[121] O. Sato, T. Iyoda, A. Fujishima, K. Hashimoto. *Science*, **1996**, *272*, 704.
[122] Y. Arimoto, S. Ohkoshi, Z. J. Zhong, et al. *J. Am. Chem. Soc.*, **2003**, *125*, 9240.
[123] O. Sato, A. L. Cui, R. Matsuda, et al. *Acc. Chem. Res.*, **2007**, *40*, 361.
[124] A. Cui, K. Takahashi, A. Fujishima, O. Sato. *J. Photochem. Photobiol., A*, **2004**, *167*, 69.
[125] E. Coronado, J. R. Galan-Mascaros, C. J. Gomez-Garcia, V. Laukhin. *Nature*, **2000**, *408*, 447.
[126] F. Gao, X.-M. Zhang, L. Cui, et al. *Sci. Rep.*, **2014**, *4*, 5928.
[127] C. Train, M. Gruselle, M. Verdaguer. *Chem. Soc. Rev.*, **2011**, *40*, 3297.
[128] G. L. J. A. Rikken, E. Raupach. *Nature*, **1997**, *390*, 493.
[129] G. L. J. A. Rikken, E. Raupach. *Nature*, **2000**, *405*, 932.
[130] C. Train, R. Gheorghe, V. Krstic, et al. *Nat. Mater.*, **2008**, *7*, 729.
[131] C. Train, T. Nuida, R. Gheorghe, et al. *J. Am. Chem. Soc.*, **2009**, *131*, 16838.
[132] Y. Tsunobuchi, W. Kosaka, T. Nuida, S. Ohkoshi. *Crystengcomm.*, **2009**, *11*, 2051.

[133] S.-i. Ohkoshi, H. Tokoro, T. Matsuda, et al. *Angew. Chem.*, *Int. Ed.*, **2007**, *46*, 3238.
[134] P. Jain, V. Ramachandran, R. J. Clark, et al. *J. Am. Chem. Soc.*, **2009**, *131*, 13625.
[135] G.-C. Xu, W. Zhang, X.-M. Ma, et al. *J. Am. Chem. Soc.*, **2011**, *133*, 14948.
[136] S. Chen, R. Shang, B.-W. Wang, et al. *Angew. Chem.*, *Int. Ed.*, **2015**, *54*, 11093.
[137] Y. Tian, A. Stroppa, Y. Chai, et al. *Sci. Rep.*, **2014**, *4*, 6062.
[138] Y. Tian, A. Stroppa, Y.-S. Chai, et al. *Phys. Status Solidi RRL*, **2015**, *9*, 62.
[139] X.-H. Zhao, X.-C. Huang, S.-L. Zhang, et al. *J. Am. Chem. Soc.*, **2013**, *135*, 16006.
[140] T. Hang, W. Zhang, H.-Y. Ye, R.-G. Xiong. *Chem. Soc. Rev.*, **2011**, *40*, 3577.
[141] W. Zhang, R.-G. Xiong. *Chem. Rev.*, **2012**, *112*, 1163.
[142] D.-W. Fu, H.-L. Cai, Y. Liu, et al. *Science*, **2013**, *339*, 425.
[143] H.-Y. Ye, Q. Zhou, X. Niu, et al. *J. Am. Chem. Soc.*, **2015**, *137*, 13148.
[144] Y. Zhang, W.-Q. Liao, D.-W. Fu, et al. *J. Am. Chem. Soc.*, **2015**, *137*, 4928.
[145] Y. Zhang, W.-Q. Liao, D.-W. Fu, et al. *Adv. Mater.*, **2015**, *27*, 3942.
[146] S. Kitagawa, R. Kitaura, S.-i. Noro. *Angew. Chem.*, *Int. Ed.*, **2004**, *43*, 2334.
[147] J. Milon, M.-C. Daniel, A. Kaiba, et al. *J. Am. Chem. Soc.*, **2007**, *129*, 13872.
[148] X.-N. Cheng, W.-X. Zhang, X.-M. Chen. *J. Am. Chem. Soc.*, **2007**, *129*, 15738.
[149] M. Kurmoo, H. Kumagai, K. W. Chapman, C. J. Kepert. *Chem. Commun.*, **2005**, 3012.
[150] M. Ohba, K. Yoneda, G. Agustí, et al. *Angew. Chem.*, *Int. Ed.*, **2009**, *48*, 4767.
[151] J.-Y. Li, Y.-C. Chen, Z.-M. Zhang, et al. *Chem. Eur. J.*, **2015**, *21*, 1645.
[152] J.-Y. Li, C.-T. He, Y.-C. Chen, et al. *J. Mater. Chem. C*, **2015**, *3*, 7830.
[153] E. Bruck. *J. Phys. D: Appl. Phys.*, **2005**, *38*, R381.
[154] K. A. Gschneidner, V. K. Pecharsky, A. O. Tsokol. *Rep. Prog. Phys.*, **2005**, *68*, 1479.
[155] B. G. Shen, J. R. Sun, F. X. Hu, et al. *Adv. Mater.*, **2009**, *21*, 4545.
[156] J.-L. Liu, Y.-C. Chen, F.-S. Guo, M.-L. Tong. *Coord. Chem. Rev.*, **2014**, *281*, 26.
[157] F. Torres, J. M. Hernandez, X. Bohigas, J. Tejada. *Appl. Phys. Lett.*, **2000**, *77*, 3248.
[158] M. Evangelisti, A. Candini, A. Ghirri, et al. *Appl. Phys. Lett.*, **2005**, *87*, 072504.
[159] M. Evangelisti, O. Roubeau, E. Palacios, et al. *Angew. Chem.*, *Int. Ed.*, **2011**, *50*, 6606.
[160] F. S. Guo, Y. C. Chen, J. L. Liu, et al. *Chem. Commun.*, **2012**, *48*, 12219.
[161] G. Lorusso, J. W. Sharples, E. Palacios, et al. *Adv. Mater.*, **2013**, *25*, 4653.
[162] Y.-C. Chen, F.-S. Guo, J.-L. Liu, et al. *Chem. Eur. J.*, **2014**, *20*, 3029.
[163] Y.-C. Chen, L. Qin, Z.-S. Meng, et al. *J. Mater. Chem. A*, **2014**, *2*, 9851.
[164] Y.-C. Chen, J. Prokleska, W.-J. Xu, et al. *J. Mater. Chem. C*, **2015**, DOI: 10.1039/C5TC02352A.
[165] P. C. Lauterbur. *Nature,* **1973**, *242*, 190.
[166] R. B Lauffer. *Chem. Rev.,* **1987**, *87*, 901.
[167] 张华. 现代有机波谱分析. 北京：化学工业出版社, **2005**.
[168] 汪红志, 张学龙, 武杰. 核磁共振成像技术实验教程. 北京：科学出版社, **2008**.
[169] Z. P. Liang, P. C. Lauterbur. *Principles of Magnetic Resonance Imaging*. New York: IEEE Press, **2010**.
[170] P. Caravan, J. J. Ellison, T. J. McMurry, R. B. Lauffer. *Chem. Rev.,* **1999**, *99*, 2293.
[171] 罗丽, 郑书展, 张世平, 常建华. 西北大学学报, **2004**, *2*, 1.
[172] J. Haustein, H. P. Niendorf, G. Krestin, et al. *Invest. Radiol.,* **1992**, *27*, 153.
[173] C. A. Chang. *Invest Radiol.*, **1993**, *28*, 22.
[174] J. C. Bousquet, S. Saini, D. D. Stark, et al. *Radiology*, **1988**, *166*, 693.
[175] P. Wedeking, C. H. Sotak, J. Teleser, et al. *Magn. Reson. Imag.*, **1992**, *10*, 97.
[176] F. Cavagna, M. Daprà, F. Maggioni, et al. *Magn. Reson. Med.*, **1991**, *22*, 329.
[177] K. Adzamli, M. P. Periasamy, M. Spiller, S. H. Koenig. *Invest. Radiol.*, **1999**, *34*, 410.
[178] E. C. Wiener, S. Konda, A. Shadron, et al. *Invest. Radiol.,* **1997**, *32*, 748.
[179] J. Sessler. *Chemistry in Britan*, **1998**, *5*, 18.

[180] Q. Zheng, H. Q. Dai, M. E. Merritt, et al. *J. Am. Chem. Soc.,* **2005**, *127*, 16178.

[181] A. Bertin, J. Steibel, A. I. Michou-Gallani, et al. *Bioconjugate Chem.,* **2009**, *20*, 760.

[182] J. F. Cai, E. M. Shapiro, A. D. Hamilton. *Bioconjugate Chem.,* **2009**, *20*, 205.

[183] Y. Miyake, Y. Kimura, S. Ishikawa, et al. *Tetrahedron Lett.* **2012**, *53*, 4580.

[184] D. Kearns, M. J. Calvin, *Chem. Phys.*, **1958**, *29*, 950.

[185] C. W. Tang, *Appl. Phys. Lett.*, **1986**, *48*, 183.

[186] K. Takahashi, T. Goda, T. Yamaguchi, T. Komura, *J. Phys. Chem. B*, **1999**, *103*, 4868.

[187] N. Vlachopoulos, P. Liska, J. Augustynski, M. Grätzel, *J. Am. Chem. Soc.*, **1988**, *110*, 1216.

[188] B. O'Regan, M. Grätzel, *Nature*, **1991**, *353*, 737.

[189] M. K. Nazeeruddin, P. Péchy, T. Renouard, et al. *J. Am. Chem. Soc.*, **2001**, *123*, 1613.

[190] S. A. Sapp, C. M. Elliott, C. Contado, et al. *J. Am. Chem. Soc.*, **2002**, *124*, 11215.

[191] Y. Xie, T.W. Hamann, *J. Phys. Chem. Lett.*, **2013**, *4*, 328.

[192] M. M. Lee, J. Teuscher, T. Miyasaka, et al. Snaith, *Science*, **2012**, *338*, 643.

[193] Science News, Breakthrough of the Year, Newcomer Juices Up the Race to Harness Sunlight, *Science*, **2013**, *342*, 1438.

[194] J. Liu, Y. Shirai, X. Yang, et al. *Adv. Mater.*, **2015**, *27*, 4918-4923.

[195] W. S. Yang, J. H. Noh, N. J. Jeon, et al. *Science*, **2015**, *348*, 1234-1237.

[196] 吴璧耀，张超灿，章文贡等. 有机-无机杂化材料及其应用. 北京：化学工业出版社, **2005**.

[197] K. Binnemans. *Chem. Rev.*, **2009**, 4283

[198] L. D. Carlos, R. A. S. Ferreìra, V. de Z. Bermudez, S. J. L. Ribeìro. *Adv. Mater.,* **2009**, *21*(*5*), 509.

[199] H. H. Li, S. Inoue, K. Machida, and G. Adachi. *Chem. Mater.*, **1999,** *11,* 3171.

[200] C. T. Kresge, M. E. Leonowicz, W. J. Roth, et al. *Nature,* **1992**, *359*(6397), 710-711.

[201] D. Zhao, Q. Huo, J. Feng, et al. *J. Am. Chem. Soc.,* **1998**, *120*(24), 6024.

[202] P. Judeinstein, C. Sanchez, *J. Mater. Chem.*, **1996**, *6*(4), 511.

[203] K. Lunstroot, K. Driesen, P. Nockemann, et al. *Chem. Mater.,* **2006**, *18*(*24*), 5711.

[204] 蒋维，唐瑜，刘伟生，谭民裕. 高等学校化学学报，**2006**, *27(12)*, 2243.

[205] A. Sánchez, Y. Echeverría, C. M. Sotomayor Torres, et al. *Mater. Res. Bull.*, **2006**, *41*, 1185.

[206] A. C. Franville, D. Zambon, R. Mahiou, et al. *J. Alloys Compd.,* **1998**, *275-277*, 831.

[207] A. C. Franville, R. Mahiou, D. Zambon, J. C. Cousseins. *Solid State Sci.,* **2001**, *3(1-2)*, 211.

[208] Y. F. Ma, H. P. Wang, W. S. Liu, et al. *J. Phys. Chem. B*, **2009**, *113*, 14139.

[209] F. Mammeri, E. Le Bourhis, L. Rozesa, C. Sanchez. *J. Mater. Chem.*, **2005**, *15*, 3787.

[210] H. S. Panda, R. Srivastava, D. Bahadur, *J. Phys. Chem. C*, **2009,** *113,* 9560.

[211] S. A. Raynor, J. M. Thomas, R. Raja, et al. *Chem. Commun.*, **2000**, *19*, 1925.

[212] (a) Lehn, J.-M. *Supramolecular Chemistry, Concepts and Perspectives*, VCH, Weinheim. **1995**. (b) 超分子化学——概念和展望. 沈兴海等译. 北京：北京大学出版社，**2002**. (c) Sauvage, J.-P.; Gaspare, P. *From Non-Covalent Assemblies to Molecular Machines*. Wiley-VCH, Weinheim. **2011**.

[213] (a) Balzani, V.; Credi, A.; Venturi, M. *Molecular Devices and Machines*. Concepts and Perspectives for the Nanoworld, 2nd ed., Wiley-VCH, Weinheim. **2008**. (b) 分子器件与分子机器——纳米世界的概念和前景. 马骧, 田禾译. 上海: 华东理工大学出版社. **2009**.

[214] (a) R. Cross, T. Duncan. *J. Bioenerg. Biomem.*, **1996**, *28*, 403. (b) P. Boyer. *Biochim. Biophys. Acta.*, **1993**, *1140*, 215; (c) S. M. Block. *Nature*, **1997**, *386*, 317. (d) S. Engelbrecht, W. Junge. *FEBS Lett.* , **1997**, *414*, 485. (e) W. S. Allison. *Acc. Chem. Res*., **1998**, *28*, 819. (f) T. Elston, H. Wang, G. Oster. *Nature*, **1998**, *391*, 510. (g) R. H. Fillingame. *Science*, **1999**, *286*, 1687. (h) D. Stock, A. G. W. Leslie, J. E. Walker. *Science*, **1999**, *286*, 1722.

[215] P. F. Barbara, J. F. Stoddart. *Acc. Chem. Res.*, **2001,** *34(6)*, 410.

[216] S. Gregg et al. *Chem. Rev.*, **2005**, *105(4)*, 1281.

[217] K. Kinbara, T. Aida. *Chem. Rev.*, **2005**, *105(4)*, 1377.

[218] G. R. Newkome, E. He, C. N. Moorefield. *Chem. Rev.* **1999**, *99*, 1689.

[219] 朱龙观. 高等配位化学. 上海: 华东理工大学出版社, **2009**.

[220] J. F. Stoddart et al . *J. Am. Chem. Soc.*, **1991**, *113(13)*, 5131.

[221] B. L. Feringa, et al . *Nature*, **1999**, *401(6749)*, 152.

[222] (a) J. L. Sessler, P. A. Gale,W.-S. Cho, *Anion Receptor Chemistry*, RSC, London, **2006**. (b) 罗勤慧. 大环化学——主-客体化合物和超分子. 北京: 科学出版社, **2009**.

[223] (a) S. Y. Yu, H. Huang, H.-B. Liu, et al. *Angew. Chem.*, **2003**, *115*, 710; **2003**, *42*, 686. (b) X. Li, H. Li, S. Y. Yu, Y. Z. Li. *Science in China, Series B: Chemistry*, **2009**, *52(4)*, 471. (c) L. Qin, L. Y. Yao, S. Y. Yu: *Inorg. Chem.*, **2012**, *51(4)*, 2443. (d) L. Y. Yao, L. Qin, T. Z. Xie, et al. *Inorg. Chem.*, **2011**, *50 (13)*, 6055. (e) S.-H. Li, H.-P. Huang, S.-Y. Yu, et al. *Dalton Trans.*, **2005**, 2346. (f) L.-X. Liu, H.-P. Huang, X. Li, et al. *Dalton Trans.*, **2008**, 1544. (g) G.-H. Ning, T.-Z. Xie, Y.-J. Pan, et al. *Dalton Trans.*, **2010**, *39*, 3203.

[224] T. Z. Xie, C. Guo, S. Y. Yu, Y. J. Pan. *Angew. Chem., Int. Ed.* **2012**，*51(5)*, 1177-1181.

[225] X. F. Jiang, F. K. Hau, Q. F. Sun, et al. *J. Am. Chem. Soc.*, **2014**, *136*, 10921.

[226] A. Credi, V. Balzani, S. J. Langford, J. F. Stoddart. *J. Am. Chem. Soc.*, **1997**, *119*, 2679.

[227] E. Ishow, A. Credi, V. Balzani, et al. *Chem. Eur. J.*, **1999**, *5*, 984.

[228] P. R. Ashton, R. Ballardini, V. Balzani, et al. *J. Am. Chem. Soc.*, **1998**, *120*, 11932.

[229] (a) M. Frederick Hawthorne, Jeffrey I. Zink, *Science*, **2004**, *33*, 1849. (b) L. Y. Wang. *Angew. Chem., Int. Ed.*, **2006**, *45*, 4372.

[230] (a) T. R. Kelly, M. C. Bowyer, K. V. Bhaskar, et al. *J. Am. Chem. Soc.*, **1994**, *116*, 3657. (b) T. R. Kelly. *Acc. Chem. Res.*, **2001**, *34*, 514. (c) J. P. Destelo, T. R. Kelly. *Appl. Phys. A.: Mater. Sci. Proc.*, **2002**, *75*, 337. (d) T. R. Kelly, I. Tellitu, J. P. Sestelo. *Angew. Chem., Int. Ed. Engl.*, **1997**, *36*, 1866. (e) T. R. Kelly, J. P. Sestelo, I. Tellitu. *J. Org. Chem.*, **1998**, *63*, 3655. (f) T. R. Kelly, R. A. Silva, H. De Silva, et al. *J. Am. Chem. Soc.*, **2000**, *122*, 6935.

[231] J. D. Badjic, V. Balzani, A. Credi, et al. *Science*, **2004**, *303*, 1845.

[232] (a) F. A. Cotton, C. A. Murillo, R. A. Walton. *Multiple Bonds Between Metal Atoms,* third edition, Springer Science and Business Media, Inc. New York. **2005**. (b) F. A. Cotton, R. A. Walton. *Multiple Bonds Between Metal Atoms.* 2nd Ed. Oxford: Clarendon Press, **1993**. (c) Alan J. Heeger. *Angew. Chem., Int. Ed.*, **2001**, *40*, 2574-2580.

[233] (a) W. Knop. *Justus Liebig's Ann. Chem.*, **1842**, *43*, 111. (b) W. Knop, G. Schnederman. *J. Prakt. Chem.*, **1846**, *37*, 461.

[234] K. Krogmann, H. D. Hausen. *Z. Anorg. Allg. Chem.*, **1968**, *67*, 358.

[235] (a) H. R. Zelle, *Phys Rev Lett.*, **1972**, *28*, 1452. (b) H. R. Zelle, A. Beck. *J. Phys. Chem. Solids*, **1973**, *35, 77.*

[236] Dunbar, et al. *Angew. Chem., Int . Ed.*, **1996**, *35*, 2771.

[237] R. Eisenberg, et al. *J. Am. Chem. Soc.*, **1998**, *120*, 1329.

[238] M. J. Crossley, P. L. Burn. *J. Chem. Soc., Chem. Commun.*, **1987**, *1*, 39.

[239] R. Tong, et al. *J. Am. Chem. Soc.*, **2005**, *127*, 10010.

[240] M. Mitsumi, H. Goto, S. Umebayashi, et al. *Angew. Chem., Int. Ed.*, **2005**, *44*, 4164.

[241] Y. H. Sun, K. O. Ye, C.-M. Che, et al. *Angew. Chem., Int. Ed.*, **2006**, *45*, 5610.

[242] D. Kawakami, M. Yamashita, S. Matsunaga, et al. *Angew. Chem., Int. Ed.*, **2006**, *45*, 7214.

附录Ⅰ 配位化学与诺贝尔化学奖

1913 年

维尔纳 (Alfred Werner) (1866—1919)，瑞士人，苏黎世大学教授。维尔纳开创了现代配位化学的基础，他大胆地提出了新的化学键——配位键，并用它来解释配合物的形成，结束了当时无机化学界对配合物的模糊认识，而且为后来电子理论在化学上的应用以及配位化学的形成开了先河。另外，维尔纳和化学家汉奇共同建立了碳元素为主的立体化学，并用它来解释无机化学领域中立体效应引起的许多现象，为立体无机化学奠定了扎实的基础。

1963 年

纳塔
(Giulio Natta)
(1903—1979)
意大利人

齐格勒
(Kafl Ziegler)
(1898—1973)
德国人

这两位科学家以三氯化钛和烷基铝为催化剂，将其应用于烯烃、二烯烃及乙烯基等单体的立体定向聚合反应，开拓了高分子科学和工艺的崭新领域，成为配位催化聚合发展史上的里程碑。

1973 年

费歇尔
(Ernst Otto Fischer)
(1918—2007)
德国人

威尔金森
(Cerffrey Wilkinson)
(1921—1996)
英国人

这两位科学家是过渡金属有机化学和茂金属化学的开拓者，他们主要从事过渡金属有机化学的研究，尤其是二茂铁、二苯铬、环烯烃与过渡金属离子形成的π夹心配合物以及著名的能催化氢化烯烃的威尔金森催化剂——氯化三(三苯基膦)合铑^{I} $[RhCl(PPh_3)_3]$ 的研究。这些以二茂铁为代表的有机金属化合物的合成，打破了划分无机和有机化学的旧界限，同时这些配合物可作为高效高选择性催化剂、汽油防爆剂、火箭助燃剂和抗辐射剂等等，开创了合成材料的新天地。

1983 年

亨利·陶布 (Henry Taube) (1915—2005)，美国人。陶布于 1952 年发表的论文《溶液中无机配位化合物取代反应的速率及机理》，指出取代反应速率与过渡金属配位化合物的电子构型间存在着密切关系，确切地阐明了配位化合物电子结构和活性的关系，并提出了外界和内界电子转移机理。他的研究成果及重要发现所产生的影响几乎涉及整个化学领域，如对理解金属配位化合物在催化中的作用很有帮助。他还在 1967 年将氮气通入 $[Ru(NH_3)_5H_2O]^{2+}$ 水溶液中制得了 Ru^{II} 分子氮配合物。这一工作是对化学模拟生物固氮研究的有力推动。

1987 年

佩德森 (Charles Pedersen) (1904—1989)，美国人，超分子化学奠基人。1961 年佩特森发现了环状醚的合成方法，并将这种环状醚命名为冠醚，同时佩特森还发现了环状分子冠醚具有可进行离子识别这一非常有意义的性质。

莱恩 (Jean-Marie Lehn) (1939—)，法国人，合成了穴醚化合物并首次提出超分子概念，被称为“超分子之父”。莱恩早期研究奠定了“分子识别”的化学基础，即从化学和生物的基础上认识分子识别的本质和过程及其在化学和生物科学中的应用。最近又将超分子化学的研究深入到一个全新的、更为宽广的化学和生物学交叉的领域——自组织过程的研究，在超分子化学的研究中引入了分子程序化和程序化的化学体系——化学信息的概念。这些研究更为深远的目标

是在确定的化学原理基础上理解和控制从凝聚态物质到有组织的物质的通道。通过将生物科学的概念引入到材料科学，莱恩的工作也导致了一些全新的研究领域的出现，如超分子聚合物化学、超分子液晶以及如何由无机的阵列通过自组织来构筑分子电子学器件和纳米材料的探索。

克拉姆 (Donald James Cram) (1919—2001)，美国人。克拉姆合成和研究了一系列具有光学活性的冠醚化合物，试图模拟酶和底物的相互关系，以具有显著的“分子识别”能力的冠醚作为主体，有选择地作为客体的底物分子发生络合作用，从而创立了“主-客体化学”(host-guest chemistry) (也称“主-客体配合物化学”)。

2001 年

威廉·诺尔斯
(W. S. Knowles)
(1917—)
美国人

野依良治
(R. Noyori)
(1938—)
日本人

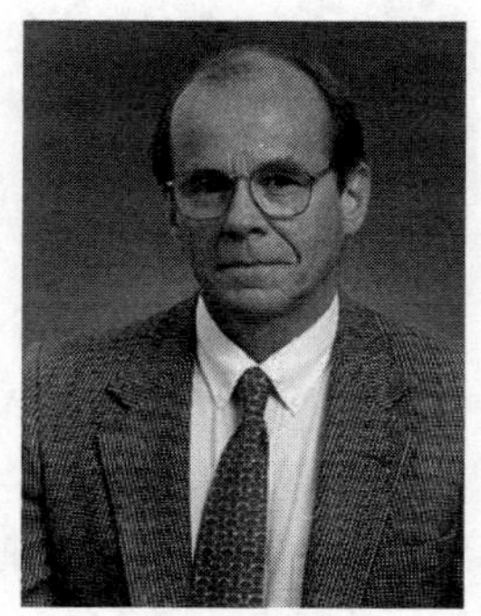

巴里·夏普雷斯
(Karl Barry Sharpless)
(1941—)
美国人

这三位化学奖获得者的发现为合成具有新特性的分子和物质开创了一个全新的研究领域。诺尔斯的贡献是应用手性磷配体与金属铑形成的配合物为催化剂，在世界上第一个发明了不对称催化氢化反应，从而获得具有所需特定镜像形态的手性分子。他的研究成果很快便转化成工业产品，如治疗帕金森症的药 L-DOPA 就是根据诺尔斯的研究成果制造出来的。日本的野依良治对诺尔斯的工作进行了创造性的发展。发明了以手性双膦 BINAP 为代表的配体分子，通过与合适的金属配位形成了一系列新颖高效的手性催化剂，用于不对称催化氢化反应，得到了高达 100% 的立体选择性，以及反应物与催化剂比高达几十万的活性，实现了不对称催化合成的高效性和实用性，将不对称催化氢化反应提高到一个很高的程度。这些催化剂用于氢化反应，能使反应过程更经济，同时大大减少产生的有害废弃物，有利于环境保护。

夏普雷斯也独立地进行不对称氧化催化反应的研究工作。他利用 C_2-对称的天然手性分子酒石酸与四氯化钛形成的配合物为催化剂，实现了烯烃的不对称环氧化反应，并从实验和理论两方面对这一反应进行了改进和完善，使之成为不对称合成研究领域的又一个里程碑。此后，夏普雷斯又把不对称氧化反应拓展到不对称双羟基化反应。目前，不对称环氧化反应和双羟基化反应已成为世界上应用最为广泛的化学反应。近年来，夏普雷斯还提出了不对称催化氧化反应中的手性放大及非线性效应等新概念，这一发现在理论和实际上都具有重要意义。

2005 年

伊夫·肖万
(Yves Chauvin)
(1930—)
法国人

罗伯特·格拉布
(Robert H. Grubbs)
(1942—)
美国人

理查德·施罗克
(Richard R. Schrock)
(1945—)
美国人

1970 年法国科学家伊夫·肖万和他的学生发表了一篇论文，提出烯烃复分解反应中的金属卡宾作为催化剂形成金属杂环的环丁烷中间体的反应机理，这一理论为催化剂的定向合成与开发提供了理论基础。1990 年，施罗克和他的合作者报告称，金属钼的卡宾化合物可以作为非常有效的烯烃复分解催化剂，这是第一种实用的此类催化剂，该成果显示烯烃复分解可以取代许多传统的有机合成方法，并用于合成新型有机分子。1992 年，格拉布等人设计开发了具有明确结构的钌的复分解催化剂，此后，格拉布又对钌催化剂作了改进，这种“格拉布催化剂”成为第一种被普遍使用的烯烃复分解催化剂，并成为检验新型催化剂性能的标准。以这些发现为基础，学术界和工业界掀起了研究烯烃复分解反应、设计合成新型有机物质的热潮，这些发现为合成有机分子开辟了全新途径。

2016 年

让-皮埃尔・索维奇
(Jean-Pierre Sauvage)
(1944—)
法国人

弗雷泽・斯托达特
(Sir J.Fraser Stoddart)
(1942—)
美国人

伯纳德・费林加
(Bernard L. Feringa)
(1951—)
荷兰人

1983 年，借助铜配位模板的方法，Sauvage 的研究组掌握了对分子的控制技术，把两个环状分子组装起来，然后移走铜离子，得到机械键连接的两个环状分子。这是分子机器的突破性进展，分子部件从此可以连接在一起了。后来 Sauvage 又利用金属离子配位空间的要求，设计合成了氧化还原反应控制的两个相锁分子环的相对运动，这是非生物分子机器的第一个雏形。在 1991 年，Stoddart 的研究组制造了环状分子结构与轴状分子结构的机械结合体——“分子梭”。在 1994 年，Stoddart 已经能够做到对其运动状态的完全控制，从而打破了化学体系中原先占据主导的随机性。Sauvage 团队也发展出能够控制拉伸和收缩移动的“分子肌肉”。在 1999 年，荷兰化学家 Feringa 报道了第一例可以控制的单向转动的、具有预期的旋转马达器件特征的分子机器。作为超分子化学一个很重要的分支，三位科学家的开创性工作使得化学家在纳米层次上控制单分子和多分子的运动达到了前所未有的高度。

附录Ⅱ　常见配合物的稳定常数

(1) 金属-无机配体配合物的稳定常数（291～298 K）

配位体	金属离子	配位体数目 n	$\lg K_n$
NH_3	Ag^+	1, 2	3.24, 7.05
	Au^{3+}	4	10.3
	Cd^{2+}	1, 2, 3, 4, 5, 6	2.65, 4.75, 6.19, 7.12, 6.80, 5.14
	Co^{2+}	1, 2, 3, 4, 5, 6	2.11, 3.74, 4.79, 5.55, 5.73, 5.11
	Co^{3+}	1, 2, 3, 4, 5, 6	6.7, 14.0, 20.1, 25.7, 30.8, 35.2
	Cu^+	1, 2	5.93, 10.86
	Cu^{2+}	1,2,3,4,5	4.31, 7.98, 11.02, 13.32, 12.86
	Fe^{2+}	1,2	1.4, 2.2
	Hg^{2+}	1, 2, 3, 4	8.8, 17.5, 18.5, 19.28
	Mn^{2+}	1, 2	0.8, 1.3
	Ni^{2+}	1, 2, 3, 4, 5, 6	2.80, 5.04, 6.77, 7.96, 8.71, 8.74
	Pd^{2+}	1, 2, 3, 4	9.6, 18.5, 26.0, 32.8
	Pt^{2+}	6	35.3
	Zn^{2+}	1, 2, 3, 4	2.37, 4.81, 7.31, 9.46
Br^-	Ag^+	1, 2, 3, 4	4.38, 7.33, 8.00, 8.73
	Bi^{3+}	1, 2, 3, 4, 5, 6	2.37, 4.20, 5.90, 7.30, 8.20, 8.30
	Cd^{2+}	1, 2, 3, 4	1.75, 2.34, 3.32, 3.70
	Ce^{3+}	1	0.42
	Cu^+	2	5.89
	Cu^{2+}	1	0.30
	Hg^{2+}	1, 2, 3, 4	9.05, 17.32, 19.74, 21.00
	In^{3+}	1, 2	1.30, 1.88
	Pb^{2+}	1, 2, 3, 4	1.77, 2.60, 3.00, 2.30
	Pd^{2+}	1, 2, 3, 4	5.17, 9.42, 12.70, 14.90
	Rh^{3+}	2, 3, 4, 5, 6	14.3, 16.3, 17.6, 18.4, 17.2
	Sc^{3+}	1, 2	2.08, 3.08
	Sn^{2+}	1, 2, 3	1.11, 1.81, 1.46
	Tl^{3+}	1, 2, 3, 4, 5, 6	9.7, 16.6, 21.2, 23.9, 29.2, 31.6
	U^{4+}	1	0.18
	Y^{3+}	1	1.32

续表

配位体	金属离子	配位体数目 n	$\lg K_n$
Cl^-	Ag^+	1, 2, 4	3.04, 5.04, 5.30
	Bi^{3+}	1, 2, 3, 4	2.44, 4.7, 5.0, 5.6
	Cd^{2+}	1, 2 , 3, 4	1.95, 2.50, 2.60, 2.80
	Co^{3+}	1	1.42
	Cu^+	2, 3	5.5, 5.7
	Cu^{2+}	1, 2	0.1, –0.6
	Fe^{2+}	1	1.17
	Fe^{3+}	2	9.8
	Hg^{2+}	1, 2, 3, 4	6.74, 13.22, 14.07, 15.07
	In^{3+}	1, 2, 3, 4	1.62, 2.44, 1.70, 1.60
	Pb^{2+}	1, 2, 3	1.42, 2.23, 3.23
	Pd^{2+}	1, 2, 3, 4	6.1, 10.7, 13.1, 15.7
	Pt^{2+}	2, 3, 4	11.5, 14.5, 16.0
	Sb^{3+}	1, 2, 3, 4	2.26, 3.49, 4.18, 4.72
	Sn^{2+}	1, 2, 3, 4	1.51, 2.24, 2.03, 1.48
	Tl^{3+}	1, 2, 3, 4	8.14, 13.60, 15.78, 18.00
	Th^{4+}	1, 2	1.38, 0.38
	Zn^{2+}	1, 2, 3, 4	0.43, 0.61, 0.53, 0.20
	Zr^{4+}	1, 2, 3, 4	0.9, 1.3, 1.5, 1.2
CN^-	Ag^+	2, 3, 4	21.1, 21.7, 20.6
	Au^+	2	38.3
	Cd^{2+}	1, 2, 3, 4	5.48, 10.60, 15.23, 18.78
	Cu^+	2, 3, 4	24.0, 28.59, 30.30
	Fe^{2+}	6	35.0
	Fe^{3+}	6	42.0
	Hg^{2+}	4	41.4
	Ni^{2+}	4	31.3
	Zn^{2+}	1, 2, 3, 4	5.3, 11.70, 16.70, 21.60
F^-	Al^{3+}	1, 2, 3, 4, 5, 6	6.11, 11.12, 15.00, 18.00, 19.40, 19.80
	Be^{2+}	1, 2, 3, 4	4.99, 8.80, 11.60, 13.10
	Bi^{3+}	1	1.42
	Co^{2+}	1	0.4
	Cr^{3+}	1, 2, 3	4.36, 8.70, 11.20
	Cu^{2+}	1	0.9
	Fe^{2+}	1	0.8
	Fe^{3+}	1, 2, 3, 5	5.28, 9.30, 12.06, 15.77

续表

配位体	金属离子	配位体数目 n	$\lg K_n$
F^-	Ga^{3+}	1, 2, 3	4.49, 8.00, 10.50
	Hf^{4+}	1, 2, 3, 4, 5, 6	9.0, 16.5, 23.1, 28.8, 34.0, 38.0
	Hg^{2+}	1	1.03
	In^{3+}	1, 2, 3, 4	3.70, 6.40, 8.60, 9.80
	Mg^{2+}	1	1.30
	Mn^{2+}	1	5.48
	Ni^{2+}	1	0.50
	Pb^{2+}	1,2	1.44, 2.54
	Sb^{3+}	1, 2, 3, 4	3.0, 5.7, 8.3, 10.9
	Sn^{2+}	1, 2, 3	4.08, 6.68, 9.50
	Th^{4+}	1, 2, 3, 4	8.44, 15.08, 19.80, 23.20
	TiO^{2+}	1, 2, 3, 4	5.4, 9.8, 13.7, 18.0
	Zn^{2+}	1	0.78
	Zr^{4+}	1, 2, 3, 4, 5, 6	9.4, 17.2, 23.7, 29.5, 33.5, 38.3
I^-	Ag^+	1, 2, 3	6.58, 11.74, 13.68
	Bi^{3+}	1, 4, 5, 6	3.63, 14.95, 16.80, 18.80
	Cd^{2+}	1, 2, 3, 4	2.10, 3.43, 4.49, 5.41
	Cu^+	2	8.85
	Fe^{3+}	1	1.88
	Hg^{2+}	1, 2, 3, 4	12.87, 23.82, 27.60, 29.83
	Pb^{2+}	1, 2, 3, 4	2.00, 3.15, 3.92, 4.47
	Pd^{2+}	4	24.5
	Tl^+	1, 2, 3	0.72, 0.90, 1.08
	Tl^{3+}	1, 2, 3, 4	11.41, 20.88, 27.60, 31.82
OH^-	Ag^+	1, 2	2.0, 3.99
	Al^{3+}	1, 4	9.27, 33.03
	As^{3+}	1, 2, 3, 4	14.33, 18.73, 20.60, 21.20
	Be^{2+}	1, 2, 3	9.7, 14.0, 15.2
	Bi^{3+}	1, 2, 4	12.7, 15.8, 35.2
	Ca^{2+}	1	1.3
	Cd^{2+}	1, 2, 3, 4	4.17, 8.33, 9.02, 8.62
	Ce^{3+}	1	4.6
	Ce^{4+}	1, 2	13.28, 26.46
	Co^{2+}	1, 2, 3, 4	4.3, 8.4, 9.7, 10.2
	Cr^{3+}	1, 2, 4	10.1, 17.8, 29.9
	Cu^{2+}	1, 2, 3, 4	7.0, 13.68, 17.00, 18.5

续表

配位体	金属离子	配位体数目 n	$\lg K_n$
OH^-	Fe^{2+}	1, 2, 3, 4	5.56, 9.77, 9.67, 8.58
	Fe^{3+}	1, 2, 3	11.87, 21.17, 29.67
	Hg^{2+}	1, 2, 3	10.6, 21.8, 20.9
	In^{3+}	1, 2, 3, 4	10.0, 20.2, 29.6, 38.9
	Mg^{2+}	1	2.58
	Mn^{2+}	1, 3	3.9, 8.3
	Ni^{2+}	1, 2, 3	4.97, 8.55, 11.33
	Pa^{4+}	1, 2, 3, 4	14.04, 27.84, 40.7, 51.4
	Pb^{2+}	1, 2, 3	7.82, 10.85, 14.58
	Pd^{2+}	1, 2	13.0, 25.8
	Sb^{3+}	2, 3, 4	24.3, 36.7, 38.3
	Sc^{3+}	1	8.9
	Sn^{2+}	1	10.4
	Th^{3+}	1, 2	12.86, 25.37
	Ti^{3+}	1	12.71
	Zn^{2+}	1, 2, 3, 4	4.40, 11.30, 14.14, 17.66
	Zr^{4+}	1, 2, 3, 4	14.3, 28.3, 41.9, 55.3
NO_3^-	Ba^{2+}	1	0.92
	Bi^{3+}	1	1.26
	Ca^{2+}	1	0.28
	Cd^{2+}	1	0.40
	Fe^{3+}	1	1.0
	Hg^{2+}	1	0.35
	Pb^{2+}	1	1.18
	Tl^{+}	1	0.33
	Tl^{3+}	1	0.92
$P_2O_7^{4-}$	Ba^{2+}	1	4.6
	Ca^{2+}	1	4.6
	Cd^{3+}	1	5.6
	Co^{2+}	1	6.1
	Cu^{2+}	1, 2	6.7, 9.0
	Hg^{2+}	2	12.38
	Mg^{2+}	1	5.7
	Ni^{2+}	1, 2	5.8, 7.4
	Pb^{2+}	1, 2	7.3, 10.15
	Zn^{2+}	1, 2	8.7, 11.0

续表

配位体	金属离子	配位体数目 n	$\lg K_n$
SCN^-	Ag^+	1, 2, 3, 4	4.6, 7.57, 9.08, 10.08
	Bi^{3+}	1, 2, 3, 4, 5, 6	1.67, 3.00, 4.00, 4.80, 5.50, 6.10
	Cd^{2+}	1, 2, 3, 4	1.39, 1.98, 2.58, 3.6
	Cr^{3+}	1, 2	1.87, 2.98
	Cu^+	1, 2	12.11, 5.18
	Cu^{2+}	1, 2	1.90, 3.00
	Fe^{3+}	1, 2, 3, 4, 5, 6	2.21, 3.64, 5.00, 6.30, 6.20, 6.10
	Hg^{2+}	1, 2, 3, 4	9.08, 16.86, 19.70, 21.70
	Ni^{2+}	1, 2, 3	1.18, 1.64, 1.81
	Pb^{2+}	1, 2, 3	0.78, 0.99, 1.00
	Sn^{2+}	1, 2, 3	1.17, 1.77, 1.74
	Th^{4+}	1, 2	1.08, 1.78
	Zn^{2+}	1, 2, 3, 4	1.33, 1.91, 2.00, 1.60
$S_2O_3^{2-}$	Ag^+	1, 2	8.82, 13.46
	Cd^{2+}	1, 2	3.92, 6.44
	Cu^+	1, 2, 3	10.27, 12.22, 13.84
	Fe^{3+}	1	2.10
	Hg^{2+}	2, 3, 4	29.44, 31.90, 33.24
	Pb^{2+}	2, 3	5.13, 6.35
SO_4^{2-}	Ag^+	1	1.3
	Ba^{2+}	1	2.7
	Bi^{3+}	1, 2, 3, 4, 5	1.98, 3.41, 4.08, 4.34, 4.60
	Fe^{3+}	1, 2	4.04, 5.38
	Hg^{2+}	1, 2	1.34, 2.40
	In^{3+}	1, 2, 3	1.78, 1.88, 2.36
	Ni^{2+}	1	2.4
	Pb^{2+}	1	2.75
	Pr^{3+}	1, 2	3.62, 4.92
	Th^{4+}	1, 2	3.32, 5.50
	Zr^{4+}	1, 2, 3	3.79, 6.64, 7.77

(2) 金属-有机配体配合物的稳定常数

配　　体	金属离子	配体数目 n	$\lg K_n$
乙二胺四乙酸 (EDTA) $[(HOOCCH_2)_2NCH_2]_2$	Ag^+	1	7.32
	Al^{3+}	1	16.11
	Ba^{2+}	1	7.78

续表

配　体	金属离子	配体数目 n	$\lg K_n$
乙二胺四乙酸 (EDTA) $[(HOOCCH_2)_2NCH_2]_2$	Be^{2+}	1	9.3
	Bi^{3+}	1	22.8
	Ca^{2+}	1	11.0
	Cd^{2+}	1	16.4
	Co^{2+}	1	16.31
	Co^{3+}	1	36.0
	Cr^{3+}	1	23.0
	Cu^{2+}	1	18.7
	Fe^{2+}	1	14.83
	Fe^{3+}	1	24.23
	Ga^{3+}	1	20.25
	Hg^{2+}	1	21.80
	In^{3+}	1	24.95
	Li^{+}	1	2.79
	Mg^{2+}	1	8.64
	Mn^{2+}	1	13.8
	Mo^{5+}	1	6.36
	Na^{+}	1	1.66
	Ni^{2+}	1	18.56
	Pb^{2+}	1	18.3
	Pd^{2+}	1	18.5
	Sc^{2+}	1	23.1
	Sn^{2+}	1	22.1
	Sr^{2+}	1	8.80
	Th^{4+}	1	23.2
	TiO^{2+}	1	17.3
	Tl^{3+}	1	22.5
	U^{4+}	1	17.50
	VO^{2+}	1	18.0
	Y^{3+}	1	18.32
	Zn^{2+}	1	16.4
	Zr^{4+}	1	19.4
乙酸 CH_3COOH	Ag^{+}	1,2	0.73, 0.64
	Ba^{2+}	1	0.41
	Ca^{2+}	1	0.6
	Cd^{2+}	1, 2, 3	1.5, 2.3, 2.4

续表

配　体	金属离子	配体数目 n	$\lg K_n$
乙酸 CH_3COOH	Ce^{3+}	1, 2, 3, 4	1.68, 2.69, 3.13, 3.18
	Co^{2+}	1, 2	1.5, 1.9
	Cr^{3+}	1, 2, 3	4.63, 7.08, 9.60
	Cu^{2+}①	1, 2	2.16, 3.20
	In^{3+}	1, 2, 3, 4	3.50, 5.95, 7.90, 9.08
	Mn^{2+}	1, 2	9.84, 2.06
	Ni^{2+}	1, 2	1.12, 1.81
	Pb^{2+}	1, 2, 3, 4	2.52, 4.0, 6.4, 8.5
	Sn^{2+}	1, 2, 3	3.3, 6.0, 7.3
	Tl^{3+}	1,2,3,4	6.17, 11.28, 15.10, 18.3
	Zn^{2+}	1	1.5
乙酰丙酮 $CH_3COCH_2COCH_3$	Al^{3+}②	1, 2, 3	8.6, 15.5, 21.3
	Cd^{2+}	1, 2	3.84, 6.66
	Co^{2+}	1, 2	5.40, 9.54
	Cr^{2+}	1, 2	5.96, 11.7
	Cu^{2+}	1, 2	8.27, 16.34
	Fe^{2+}	1, 2	5.07, 8.67
	Fe^{3+}	1, 2, 3	11.4, 22.1, 26.7
	Hg^{2+}	2	21.5
	Mg^{2+}	1, 2	3.65, 6.27
	Mn^{2+}	1, 2	4.24, 7.35
	Mn^{3+}	3	3.86
	Ni^{2+}①	1, 2, 3	6.06, 10.77, 13.09
	Pb^{2+}	2	6.32
	Pd^{2+}②	1, 2	16.2, 27.1
	Th^{4+}	1, 2, 3, 4	8.8, 16.2, 22.5, 26.7
	Ti^{3+}	1, 2, 3	10.43, 18.82, 24.90
	V^{2+}	1, 2, 3	5.4, 10.2, 14.7
	Zn^{2+}②	1, 2	4.98, 8.81
	Zr^{4+}	1, 2, 3, 4	8.4, 16.0, 23.2, 30.1
草酸 HOOCCOOH	Ag^{+}	1	2.41
	Al^{3+}	1, 2, 3	7.26, 13.0, 16.3
	Ba^{2+}	1	2.31
	Ca^{2+}	1	3.0
	Cd^{2+}	1, 2	3.52, 5.77
	Co^{2+}	1, 2, 3	4.79, 6.7, 9.7

续表

配　　体	金属离子	配体数目 n	$\lg K_n$
草酸 HOOCCOOH	Cu^{2+}	1, 2	6.23, 10.27
	Fe^{2+}	1, 2, 3	2.9, 4.52, 5.22
	Fe^{3+}	1, 2, 3	9.4, 16.2, 20.2
	Hg^{2+}	1	9.66
	Hg_2^{2+}	2	6.98
	Mg^{2+}	1, 2	3.43, 4.38
	Mn^{2+}	1, 2	3.97, 5.80
	Mn^{3+}	1, 2, 3	9.98, 16.57, 19.42
	Ni^{2+}	1, 2, 3	5.3, 7.64, 8.5
	Pb^{2+}	1, 2	4.91, 6.76
	Sc^{3+}	1, 2, 3, 4	6.86, 11.31, 14.32, 16.70
	Th^{4+}	4	24.48
	Zn^{2+}	1, 2, 3	4.89, 7.60, 8.15
	Zr^{4+}	1, 2, 3, 4	9.80, 17.14, 20.86, 21.15
乳酸 $CH_3CHOHCOOH$	Ba^{2+}	1	0.64
	Ca^{2+}	1	1.42
	Cd^{2+}	1	1.70
	Co^{2+}	1	1.90
	Cu^{2+}	1, 2	3.02, 4.85
	Fe^{3+}	1	7.1
	Mg^{2+}	1	1.37
	Mn^{2+}	1	1.43
	Ni^{2+}	1	2.22
	Pb^{2+}	1, 2	2.40, 3.80
	Sc^{2+}	1	5.2
	Th^{4+}	1	5.5
	Zn^{2+}	1, 2	2.20, 3.75
柠檬酸 $(HOOCH_2C)_2C(OH)COOH$	$Ag^{+}(HL^{3-})$	1	7.1
	$Al^{3+}(L^{4-})$	1	20.0
	$Cu^{2+}(L^{4-})$	1	11.2
	$Fe^{2+}(L^{4-})$	1	15.5
	$Fe^{3+}(L^{4-})$	1	25.0
	$Ni^{2+}(L^{4-})$	1	14.3
	$Zn^{2+}(L^{4-})$	1	11.4

续表

配　体	金属离子	配体数目 n	$\lg K_n$
水杨酸 $C_6H_4(OH)COOH$	Al^{3+}	1	14.11
	Cd^{2+}	1	5.55
	Co^{2+}	1, 2	6.72, 11.42
	Cr^{2+}	1, 2	8.4, 15.3
	Cu^{2+}	1, 2	10.60, 18.45
	Fe^{2+}	1, 2	6.55, 11.25
	Mn^{2+}	1, 2	5.90, 9.80
	Ni^{2+}	1, 2	6.95, 11.75
	Th^{4+}	1, 2, 3, 4	4.25, 7.60, 10.05, 11.60
	TiO^{2+}	1	6.09
	V^{2+}	1	6.3
	Zn^{2+}	1	6.85
磺基水杨酸 $HO_3SC_6H_3(OH)COOH$	Al^{3+}③	1, 2, 3	13.20, 22.83, 28.89
	Be^{2+}③	1, 2	11.71, 20.81
	Cd^{2+}③	1, 2	16.68, 29.08
	Co^{2+}③	1, 2	6.13, 9.82
	Cr^{3+}③	1	9.56
	Cu^{2+}③	1, 2	9.52, 16.45
	Fe^{2+}③	1, 2	5.9, 9.9
	Fe^{3+}③	1, 2, 3	14.64, 25.18, 32.12
	Mn^{2+}③	1, 2	5.24, 8.24
	Ni^{2+}③	1, 2	6.42, 10.24
	Zn^{2+}③	1, 2	6.05, 10.65
酒石酸 HO—CHCOOH / HO—CHCOOH	Ba^{2+}	2	1.62
	Bi^{3+}	3	8.30
	Ca^{2+}	1, 2	2.98, 9.01
	Cd^{2+}	1	2.8
	Co^{2+}	1	2.1
	Cu^{2+}	1, 2, 3, 4	3.2, 5.11, 4.78, 6.51
	Fe^{3+}	1	7.49
	Hg^{2+}	1	7.0
	Mg^{2+}	2	1.36
	Mn^{2+}	1	2.49
	Ni^{2+}	1	2.06
	Pb^{2+}	1, 3	3.78, 4.7
	Sn^{2+}	1	5.2
	Zn^{2+}	1, 2	2.68, 8.32

续表

配　　体	金属离子	配体数目 n	$\lg K_n$
丁二酸 CH_2COOH—CH_2COOH	Ba^{2+}	1	2.08
	Be^{2+}	1	3.08
	Ca^{2+}	1	2.0
	Cd^{2+}	1	2.2
	Co^{2+}	1	2.22
	Cu^{2+}	1	3.33
	Fe^{3+}	1	7.49
	Hg^{2+}	2	7.28
	Mg^{2+}	1	1.20
	Mn^{2+}	1	2.26
	Ni^{2+}	1	2.36
	Pb^{2+}	1	2.8
	Zn^{2+}	1	1.6
硫脲 $H_2NC(=S)NH_2$	Ag^{+}	1, 2	7.4, 13.1
	Bi^{3+}	6	11.9
	Cd^{2+}	1, 2, 3, 4	0.6, 1.6, 2.6, 4.6
	Cu^{+}	3, 4	13.0, 15.4
	Hg^{2+}	2, 3, 4	22.1, 24.7, 26.8
	Pb^{2+}	1, 2, 3, 4	1.4, 3.1, 4.7, 8.3
乙二胺 CH_2NH_2—CH_2NH_2	Ag^{+}	1,2	4.70, 7.70
	Cd^{2+}①	1, 2, 3	5.47, 10.09, 12.09
	Co^{2+}	1, 2, 3	5.91, 10.64, 13.94
	Co^{3+}	1, 2, 3	18.7, 34.9, 48.69
	Cr^{2+}	1, 2	5.15, 9.19
	Cu^{+}	2	10.8
	Cu^{2+}	1, 2, 3	10.67, 20.0, 21.0
	Fe^{2+}	1, 2, 3	4.34, 7.65, 9.70
	Hg^{2+}	1, 2	14.3, 23.3
	Mg^{2+}	1	0.37
	Mn^{2+}	1, 2, 3	2.73, 4.79, 5.67
	Ni^{2+}	1, 2, 3	7.52, 13.84, 18.33
	Pd^{2+}	2	26.90
	V^{2+}	1, 2	4.6, 7.5
	Zn^{2+}	1, 2, 3	5.77, 10.83, 14.11
吡啶 C_5H_5N	Ag^{+}	1, 2	1.97, 4.35
	Cd^{2+}	1, 2, 3, 4	1.40, 1.95, 2.27, 2.50

续表

配 体	金属离子	配体数目 n	$\lg K_n$
吡啶 C_5H_5N	Co^{2+}	1, 2	1.14, 1.54
	Cu^{2+}	1, 2, 3, 4	2.59, 4.33, 5.93, 6.54
	Fe^{2+}	1	0.71
	Hg^{2+}	1, 2, 3	5.1, 10.0, 10.4
	Mn^{2+}	1, 2, 3, 4	1.92, 2.77, 3.37, 3.50
	Zn^{2+}	1, 2, 3, 4	1.41, 1.11, 1.61, 1.93
甘氨酸 H_2NCH_2COOH	Ag^{+}	1, 2	3.41, 6.89
	Ba^{2+}	1	0.77
	Ca^{2+}	1	1.38
	Cd^{2+}	1, 2	4.74, 8.60
	Co^{2+}	1, 2, 3	5.23, 9.25, 10.76
	Cu^{2+}	1, 2, 3	8.60, 15.54, 16.27
	Fe^{2+}①	1, 2	4.3, 7.8
	Hg^{2+}	1, 2	10.3, 19.2
	Mg^{2+}	1, 2	3.44, 6.46
	Mn^{2+}	1, 2	3.6, 6.6
	Ni^{2+}	1, 2, 3	6.18, 11.14, 15.0
	Pb^{2+}	1, 2	5.47, 8.92
	Pd^{2+}	1, 2	9.12, 17.55
	Zn^{2+}	1, 2	5.52, 9.96
2-甲基-8-羟基喹啉 (50%二噁烷)	Cd^{2+}	1, 2, 3	9.00, 9.00, 16.60
	Ce^{3+}	1	7.71
	Co^{2+}	1, 2	9.63, 18.50
	Cu^{2+}	1, 2	12.48, 24.00
	Fe^{2+}	1, 2	8.75, 17.10
	Mg^{2+}	1, 2	5.24, 9.64
	Mn^{2+}	1, 2	7.44, 13.99
	Ni^{2+}	1, 2	9.41, 17.76
	Pb^{2+}	1, 2	10.30, 18.50
	UO_2^{2+}	1, 2	9.4, 17.0
	Zn^{2+}	1, 2	9.82, 18.72

① 在 20 °C 下；
② 在 30 °C 下；
③ 浓度为 0.1 $mol \cdot L^{-1}$。

注：本表数据摘自 James G. Speight “LANGE’s Handbook of Chemistry” TABLE 1.75-1.76, 16th, edition, 2005。

附录Ⅲ　八面体场中 d^2-d^8 组态的 Tanabe-Sugano 能级图

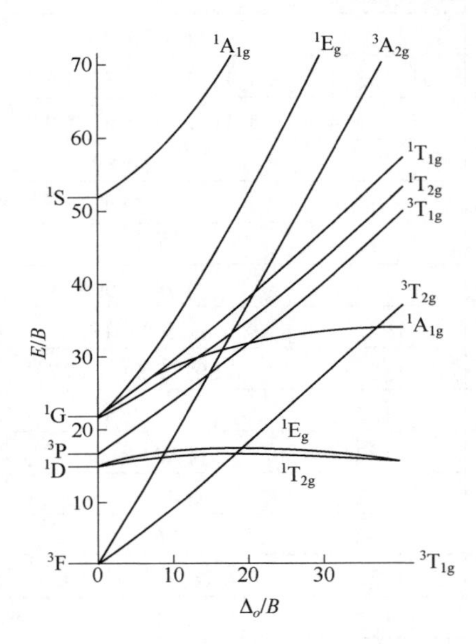

图 A　d^2 组态（$C = 4.42\ B$）

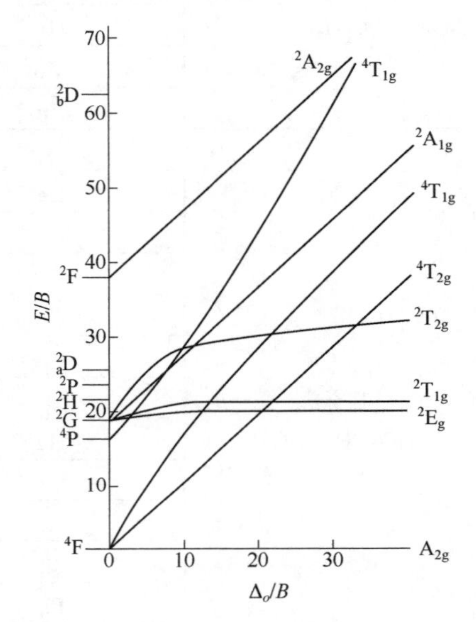

图 B　d^3 组态（$C = 4.5\ B$）

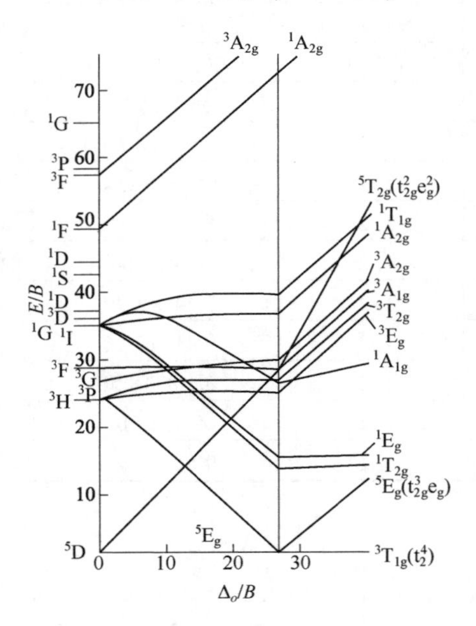

图 C　d^4 组态（$C = 4.61\ B$）

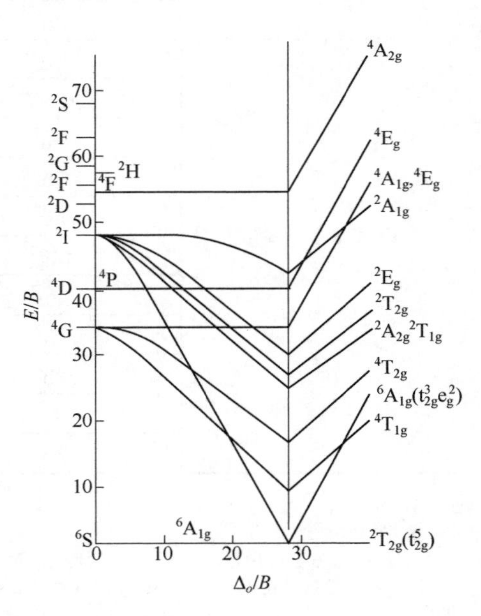

图 D　d^5 组态（$C = 4.477\ B$）

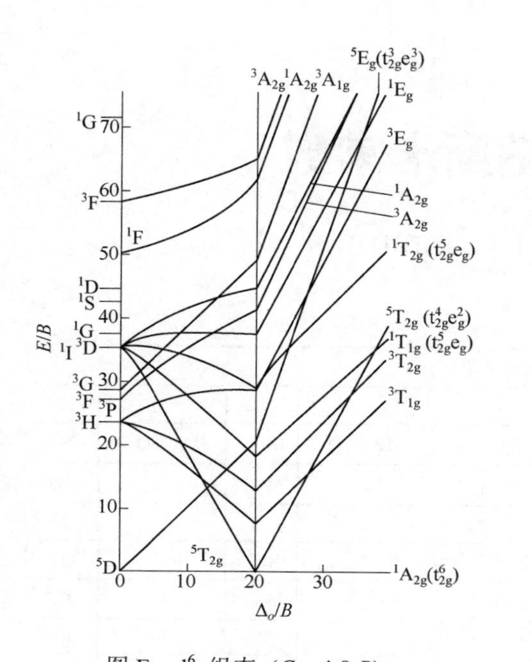

图 E　d^6 组态 ($C = 4.8\ B$)

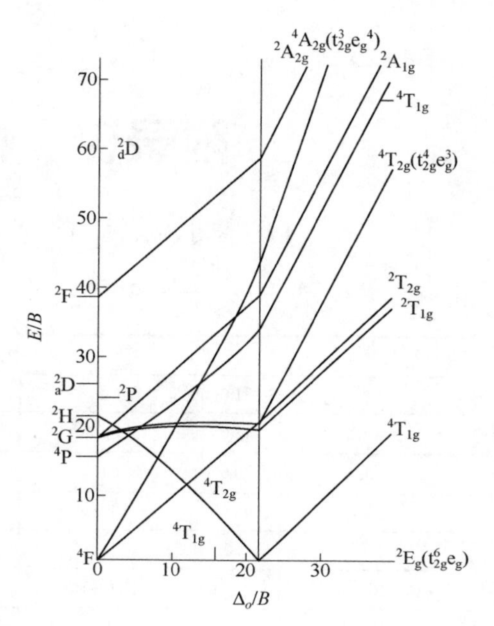

图 F　d^7 组态 ($C = 4.633\ B$)

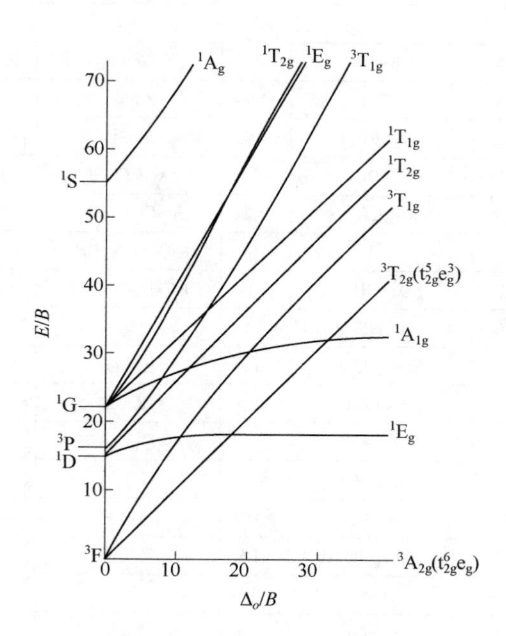

图 G　d^8 组态 ($C = 4.709\ B$)

注：图 A~图 G 引自项斯芬、姚光庆编著的《中级无机化学》(北京大学出版社，2003)，85~86 页，并重新修改制图。该图最先是由 Y. Tanabe 和 S. Sugano 提出的，参见文献 *J. Phys. Soc. Jpn.*, **1954**, *9*, 753.

附录Ⅳ 帕斯卡常数

（摩尔磁化率 $\times 10^{-6}$ emu·mol^{-1}）

中性原子							
Ag	–31.0	C(环)	–6.24	Li	–4.2	S	–15.0
Al	–13.0	Ca	–15.9	Mg	–10.0	Sb(Ⅲ)	–74.0
As(Ⅲ)	–20.9	Cl	–20.1	N(环)	–4.61	Se	–23.0
As(V)	–43.0	F	–6.3	N(开链)	–5.57	Si	–13
B	–7.0	H	–2.93	Na	–9.2	Sn(Ⅳ)	–30
Bi	–192.0	Hg(Ⅱ)	–33.0	O	–4.6	Te	–37.3
Br	–30.6	I	–44.6	P	–26.3	Tl(l)	–40.0
C	–6.0	K	–18.5	Pb(Ⅱ)	–46.0	Zn	–13.5
结构的修正							
C=C	+5.5	Cl–CR_2CR_2–Cl	+4.3	Ar–Br	–3.5	咪唑	+8.0
C≡C	+0.8	R_2CCl_2	+1.44	Ar–Cl	–2.5	异噁唑	+1.0
C=C–C=C	+10.6	$RCHCl_2$	+6.43	Ar–I	–3.5	吗啉	+5.5
Ar–C≡C–Ar[b]	+3.85	C–Br	+4.1	Ar–COOH	–1.5	哌唑	+7.0
CH_2=CH–CH_2–(烯丙基)	+4.5	Br–CR_2CR_2–Br	+6.24	Ar–C(=O)NH_2	–1.5	哌啶	+3.0
C=O	+6.3	C–I	+4.1	R_2C=N–N=CR_2	+10.2	哌嗪	+9.0
COOH	–5.0	Ar–OH	–1	RC≡C–C(=O)R	+0.8	吡啶	+0.5
COOR	–5.0	Ar–NR_2	+1	苯	–1.4[c]	嘧啶	+6.5
C(=O)NH_2	–3.5	Ar–C(=O)R	–1.5	环丁烷	+7.2	α- 或 γ-吡喃酮	–1.4
N=N	+1.85	Ar–COOR	–1.5	环乙二烯	+10.56	吡咯	–3.5
C=N–	+8.15	Ar–C=C	–1.00	环乙烷	+3.0	吡咯啉	+0.0
–C≡N	+0.8	Ar–C≡C	–1.5	环己烯	+6.9	四氢呋喃	+0.0
–N≡C	+0.0	Ar–OR	–1	环戊烷	+0.0	三唑	–3.0
N=O	+1.7	Ar–CHO	–1.5	环丙烷	+7.2	噻吩	–7.0
–NO_2	–2.0	Ar–Ar	–0.5	二噁烷	+5.5	三嗪	–1.4
C–Cl	+3.1	Ar–NO_2	–0.5	呋喃	–2.5		
阳离子							
Ag^+	–28	Ga^{3+}	–8	Ni^{2+}	–12	Sm^{2+}	–23
Ag^{2+}	–24[a]	Ge^{4+}	–7	Os^{2+}	–44	Sm^{3+}	–20
Al^{3+}	–2	Gd^{3+}	–20	Os^{3+}	–36	Sn^{2+}	–20

续表

阳离子							
As^{3+}	–9[a]	H^{+}	0	Os^{4+}	–29	Sn^{4+}	–16
As^{5+}	–6	Hf^{4+}	–16	Os^{6+}	–18	Sr^{2+}	–19.0
Au^{+}	–40[a]	Hg^{2+}	–40.0	Os^{8+}	–11	Ta^{5+}	–14
Au^{3+}	–32	Ho^{3+}	–19	P^{3+}	–4	Tb^{3+}	–19
B^{3+}	–0.2	I^{5+}	–12	P^{5+}	–1	Tb^{4+}	–17
Ba^{2+}	–26.5	I^{7+}	–10	Pb^{2+}	–32.0	Te^{4+}	–14
Be^{2+}	–0.4	In^{3+}	–19	Pb^{4+}	–26	Te^{6+}	–12
Bi^{3+}	–25[a]	Ir^{+}	–50	Pd^{2+}	–25	Th^{4+}	–23
Bi^{5+}	–23	Ir^{2+}	–42	Pd^{4+}	–18	Ti^{3+}	–9
Br^{5+}	–6	Ir^{3+}	–35	Pm^{3+}	–27	Ti^{4+}	–5
C^{4+}	–0.1	Ir^{4+}	–29	Pr^{3+}	–20	Tl^{+}	–35.7
Ca^{2+}	–10.4	Ir^{5+}	–20	Pr^{4+}	–18	Tl^{3+}	–31
Cd^{2+}	–24	K^{+}	–14.9	Pt^{2+}	–40	Tm^{3+}	–18
Ce^{3+}	–20	La^{3+}	–20	Pt^{3+}	–33	U^{3+}	–46
Ce^{4+}	–17	Li^{+}	–1.0	Pt^{4+}	–28	U^{4+}	–35
Cl^{5+}	–2	Lu^{3+}	–17	Rb^{+}	–22.5	U^{5+}	–26
Co^{2+}	–12	Mg^{2+}	–5.0	Re^{3+}	–36	U^{6+}	–19
Co^{3+}	–10	Mn^{2+}	–14	Re^{4+}	–28	V^{2+}	–15
Cr^{2+}	–15	Mn^{3+}	–10	Re^{6+}	–16	V^{3+}	–10
Cr^{3+}	–11	Mn^{4+}	–8	Re^{7+}	–12	V^{4+}	–7
Cr^{4+}	–8	Mo^{2+}	–31	Rh^{3+}	–22	V^{5+}	–4
Cr^{5+}	–5	Mo^{3+}	–23	Rh^{4+}	–18	VO^{2+}	–12.5
Cr^{6+}	–3	Mo^{4+}	–17	Ru^{3+}	–23	W^{2+}	–41
Cs^{+}	–35.0	Mo^{5+}	–12	Ru^{4+}	–18	W^{3+}	–36
Cu^{+}	–12	Mo^{6+}	–7	S^{4+}	–3	W^{4+}	–23
Cu^{2+}	–11	N^{5+}	–0.1	S^{6+}	–1	W^{5+}	–19
Dy^{3+}	–19	NH_4^{+}	–13.3	Sb^{3+}	–17[a]	W^{6+}	–13
Er^{3+}	–18	$N(CH_3)_4^{+}$	–52	Sb^{5+}	–14	Y^{3+}	–12
Eu^{2+}	–22	$N(C_2H_5)_4^{+}$	–101	Sc^{3+}	–6	Yb^{2+}	–20
Eu^{3+}	–20	Na^{+}	–6.8	Se^{4+}	–8	Yb^{3+}	–18
Fe^{2+}	–13	Nb^{5+}	–9	Se^{6+}	–5	Zn^{2+}	–15.0
Fe^{3+}	–10	Nd^{3+}	–20	Si^{4+}	–1	Zr^{4+}	–10
阴离子							
AsO_3^{3-}	–51	$C_6H_5COO^{-}$	–71	NCO^{-}	–23	$S_2O_3^{2-}$	–46
AsO_4^{3-}	–60	CO_3^{2-}	–28.0	NCS^{-}	–31.0	$S_2O_8^{2-}$	–78
BF_4^{-}	–37	$C_2O_4^{2-}$	–34	O^{2-}	–12.0	HSO_4^{-}	–35.0
BO_3^{3-}	–35	F^{-}	–9.1	OAc^{-}	–31.5	Se^{2-}	–48
Br^{-}	–34.6	$HCOO^{-}$	–17	OH^{-}	–12.0	SeO_3^{2-}	–44
BrO_3^{-}	–40	I^{-}	–50.6	PO_3^{3-}	–42	SeO_4^{2-}	–51

续表

阴离子							
Cl^-	–23.4	IO_3^-	–51	$PtCl_6^{2-}$	–148	SiO_3^{2-}	–36
ClO_3^-	–30.2	IO_4^-	–51.9	S^{2-}	–30	Te^{2-}	–70
ClO_4^-	–32.0	NO_2^-	–10.0	SO_3^{2-}	–38	TeO_3^{2-}	–63
CN^-	–13.0	NO_3^-	–18.9	SO_4^{2-}	–40.1	TeO_4^{2-}	–55
$C_5H_5^-$	–65						
常见的配体分子							
$acac^-$	–52	乙烯	–15	NH_3	–18	哌嗪	–50
bipy	–105	Glycinate	–37	Phen	–128	吡啶	–49
CO	–10	H_2O	–13	*o*-PBMA	–194	$Salen^{2-}$	–182
$C_5H_5^-$	–65	Hyrdazine	–20	酞菁	–442	脲	–34
En	–46.5	Malonate	–45	PPh_3	–167		
溶剂分子							
CCl_4	–66.8	CH_3CN	–27.8	$CH_3CH_2CH_2CN$	–50.4	己烷	–74.1
$CHCl_3$	–58.9	1,2-$C_2H_4Cl_2$	–59.6	$CH_3C(=O)OCH_2CH_3$	–54.1	三乙胺	–83.3
CH_2Cl_2	–46.6	CH_3COOH	–31.8	$CH_3CH_2CH_2CH_2OH$	–56.4	苯甲腈	–65.2
CH_3Cl	–32.0	CH_3CH_2OH	–33.7	$CH_3CH_2OCH_2CH_3$	–55.5	甲苯	–65.6
CH_3NO_2	–21.0	$HOCH_2CH_2OH$	–38.9	戊烷	–61.5	异辛烷	–99.1
CH_3OH	–21.4	CH_3CH_2SH	–44.9	*o*-二氯苯	–84.4	萘	–91.6
CCl_3COOH	–73.0	$CH_3C(=O)CH_3$	–33.8	苯	–54.8		
CF_3COOH	–43.3	$CH_3C(=O)OC(=O)CH_3$	–52.8	环乙烷	–68		

注：本数据摘自 G. A. Bain, J. F. Berry. *J. Chem. Ed.*, **2008**, *85*, 532.